空间微电子(第二卷)
空间用集成电路设计
Space Microelectronics Volume 2
Integrated Circuit Design for Space Applications

〔白俄〕阿纳托利·贝卢斯 (Anatoly Belous)

〔白俄〕维塔利·萨拉杜哈 (Vitali Saladukha)　著

〔白俄〕西亚尔·史维道 (Siarhei Shvedau)

李京苑　等译

中国宇航出版社

·北京·

著作权合同登记号：图字：01－2023－0405 号

版权所有　侵权必究

图书在版编目（ＣＩＰ）数据

空间微电子. 第二卷，空间用集成电路设计/
（白俄）阿纳托利·贝卢斯（Anatoly Belous），（白俄）维塔利·萨拉杜哈（Vitali Saladukha），（白俄）西亚尔·史维道（Siarhei Shvedau）著；李京苑等译. --
北京：中国宇航出版社，2024.2
书名原文：Space Microelectronics Volume 2
Integrated Circuit Design for Space Applications
ISBN 978－7－5159－2299－7

Ⅰ.①空… Ⅱ.①阿… ②维… ③西… ④李… Ⅲ.
①航天工业－微电子技术 Ⅳ.①V442

中国国家版本馆 CIP 数据核字（2023）第 201824 号

责任编辑 张丹丹　　　　**封面设计** 王晓武

出　版
发　行 中国宇航出版社

社　址 北京市阜成路 8 号　**邮　编**　100830		**版　次** 2024 年 2 月第 1 版
（010）68768548		2024 年 2 月第 1 次印刷
网　址 www.caphbook.com		**规　格** 787×1092
经　销 新华书店		**开　本** 1/16
发行部 （010）68767386　（010）68371900		**印　张** 30.75
（010）68767382　（010）88100613(传真)		**字　数** 768 千字
零售店 读者服务部　　（010）68371105		**书　号** ISBN 978－7－5159－2299－7
承　印 北京中科印刷有限公司		**定　价** 218.00 元

本书如有印装质量问题，可与发行部联系调换

译 者 序

以运载火箭、卫星等飞行器为代表的航天工程系统是高复杂度的系统,具有高风险性,要求高质量、高可靠性和高安全性。传统航天质量保证的基本思路是逐级验证的,需要在微电子或元器件级基本解决空间环境下的可靠应用问题,特别是空间辐射环境的影响,并留有足够的裕度。当前,成本的优化、研发周期的缩短、技术的发展和系统工程手段的进步,要求我们改变过去线性的思维模式,把微电子等基础问题与系统在多个维度下一并考虑。火箭专家谢光选院士曾归纳运载火箭技术涉及 70 多个主要的技术领域和学科,作为总体研制单位需要关心这些技术或专业的具体应用,才能更好地解决分系统、单机的技术协调和可靠性问题,才能更好地把握系统工程规律,解决产品质量要素的保证以及技术风险的控制问题,实现系统的最优。

航天微电子技术是空间飞行器的基本构成和基础技术,几乎渗透到了系统的各个方面。随着航天系统小型化、信息化、集成化和智能化的发展,航天微电子技术的研究与应用发挥的作用和影响也日益彰显,特别是在国产化元器件的应用、微电子元器件的工艺制程和质量控制、大规模集成电路抗辐射等特殊环境应用方面。

阿纳托利·贝卢斯、维塔利·萨拉杜哈、西亚尔·史维道三位专家基于俄罗斯和白俄罗斯航天工业微电子技术应用和发展实践,编著了《空间微电子》,结合微电子技术和工艺制程的新发展,介绍了俄罗斯和白俄罗斯航天工业在微电子元器件选用、工艺制程、降耗、抗辐射等方面的实践与思考,可为国内相关行业提供参考和借鉴。本书为《空间微电子》第二卷,共九章,主要介绍了空间微电子的设计、生产工艺、测试及应用等相关内容,特别是结合空间应用的环境对元器件的可靠性要求,就相关的设计和工艺原理结合数据和案例进行了细致的讨论。

第 1 章主要介绍了选用进口电子元器件设计俄罗斯航天器时应考虑的问题,包括国外对俄罗斯元器件的出口限制、电子元器件的伪造、电子元器件的抗辐射性能等。

第 2 章主要介绍了亚微米级晶体管和肖特基二极管的工艺制程特点和基本结构。综述了微电子结构的发展趋势以及在其不断迭代过程中出现的问题,如栅极的隧穿、氧化物中热载流子的注入、源漏之间的针孔、亚阈值区的泄漏、沟道中载流子迁移率的降低以及源漏之间导通电阻的增大等。本章主要表述了微电子学的基本内容,综述了 MOS 晶体管和肖特基二极管的发展趋势、目前存在的问题以及针对上述问题的解决措施。这对从事相关研究的读者有比较好的借鉴意义。

第 3 章主要介绍了微电子元器件的功耗最小化方法,分析了 CMOS 工艺的 LSIC 中功耗的主要来源,以及降低 CMOS 工艺 LSIC 功耗等级的方法,给出了低功耗 CMOS 工艺 LSIC 逻辑设计方法,包括确定 CMOS 微电路的功耗来源、设计低功耗 CMOS 工艺 VLSIC 基础元器件的选择、基于元器件库的 CMOS 工艺 LSIC 逻辑综合、针对功耗的两层逻辑电路优化、多输入门组成的多层逻辑电路的优化等方面。

第 4 章介绍了亚微米大规模集成电路（LSIC：CMOS、双极、数字、模拟和存储电路）在辐射作用下的具体特性和性能变化的物理机理，以及其抗辐射能力的主要保障方法，并提出了辐射对硅基微电路性能影响的实验研究要素、对辐照实验样品所采用设备和方法的建议，以及辐射实验后的测量方法。

第 5 章重点描述了预测和提高双极（数字、逻辑和模拟）以及标准 CMOS 集成电路的辐射容限水平的测试计算和试验方法。此外，还研究了与提高 CMOS 和 BiCMOS 微电路的抗辐照能力相关的主要设计、工艺以及电路配置方法。

第 6 章主要介绍了在工艺尺寸缩减到亚微米级下，出现的温度、工艺参数以及漏电流等问题对电路性能的影响，对其产生机理进行分析，并从系统设计、逻辑设计和电路设计方面提出一系列解决方案。

第 7 章主要介绍了基于 SOS 和 SOI 结构的空间应用微电路设计，并在此基础上，提出了采用 SOI 工艺的数字微电路和存储电路有更强的抗电离辐射能力的观点，提出了提高 SOI 工艺 MOS 晶体管暴露于电离辐射的耐受性的设计和相关技术方法。

第 8 章介绍了片上系统（SOC）和系统级封装（SIP）两种封装形式各自的特点并就各自优缺点进行对比。随着封装技术、制程节点及先进工艺的发展，芯片乃至微系统的封装技术需要更全面地考虑布线设计、热设计、可靠性设计等其他因素，因此不同的仿真建模软件、设计语言在芯片制造上中下游的交互也愈发频繁。本章更多地从设计的角度揭示 SIP 与 SOC 封装的发展，其中穿插了大量经典深刻的案例。

第 9 章围绕批量生产过程中剔除带有潜在缺陷元器件的方法开展讨论，主要讨论内容包括：对参数敏感度的构想、潜在缺陷对统计数据的影响分析、试验模型的建立以及部分新出现的可靠性筛选方法。

本书的翻译工作由李京苑策划，组织研讨解决翻译过程中出现的问题，并参与了部分章节的译稿、校对和审核工作。航天一院质量与体系运营部胡云副部长和十九所杨秋皓副所长组织实施，航天一院十九所卢兆勇、高鲲等和电子元器件可靠性中心熊盛阳、张伟等先期开展了大量基础工作，由于涉及微电子的设计和工艺，北京微电子技术研究所王勇所长及研究人员给予了大力支持。第 1 章由张晖、李京苑翻译，第 2 章由周军、李京苑翻译，第 3 章由蒋安平翻译，第 4～8 章由范隆翻译，第 9 章由张伟、李京苑翻译。全书由李京苑、胡云、范隆、蒋安平审校、统稿。

本书翻译时力求忠于原著，表达简练，针对原著中有歧义的部分以译者注的形式进行了注释，同时按照中文习惯，对原著中有些省略掉的指代内容，进行了适当补充，对于原著中一些不影响阅读理解但是描述不够清晰的内容也进行了适当删减。中国宇航出版社的编辑们又进一步对译稿进行了全面细致的审读和校对，提出了许多宝贵意见，在此表示感谢。由于我们才疏学浅，书中难免存在一些疏漏，恳请读者批评指正。

目　　录

绪　　论

本书主题的独特之处在于空间和特殊用途（极端）微电子学，这是现代火箭和空间技术（Rocket‐and‐Space Technology，RST）、武器系统和军事装备的基础元器件（Element Base）的基础。

据我们所知，本书是国内（指"俄罗斯"，下同）科技领域首次尝试研究 RST 电子产品开发的所有相关阶段的文献，包括从组成（系统）的单元及其所需的基础电子元器件的需求开发开始，到其实现的工艺基础的选择，以及微电路和基于这些微电路的空间和特殊应用机载控制设备的设计方法等。

本书的结构和顺序旨在使复杂的材料能够被容易理解，但并未以牺牲质量为代价来达到该目的。我们向读者提供较少但足以理解本书主题的信息，从航天器及其机载系统的配置和分类、事故和故障的统计分析结果，到进口基础电子元器件的选择和应用特色。本书的主要内容涵盖了空间应用微电路设计的各个方面，从生产工艺的选择到涉及深亚微米特征的设计方法的应用等。

为了实现这一目的，本书的章节安排如下。

第 1 章主要介绍了国产航天器建造中选择和应用国外基础电子元器件的特点。考虑了选用这类电子元器件所面临的方方面面的问题。分析了美国和欧盟（EU）限制向俄罗斯出口此类产品的管控文件，并提出了解决相关问题的途径和机制。

由于采购国外宇航级基础电子元器件具有相当大的挑战，国外工业级基础电子元器件（工业应用）被广泛用于开发空间应用电子设备（Radio‐Electronic Equipment of Space Applications，REE SA）。本书详述了在火箭和空间技术中使用此类元器件的特点，指出了宇航应用电子设备的开发者应遵循的一系列必要程序，还用单独的一节重点介绍了国内战略性任务用电子设备开发中选用进口基础电子元器件所面临的问题。

假冒产品是 REE SA 选择进口微电子产品时面临的主要问题之一。值得注意的是，不仅俄罗斯开发者面临这样的问题，事实上，这也是一个全球性的问题。美国和北大西洋公约组织（NATO）的潜艇和战斗机的电子系统以及美国国家航空航天局（NASA）和欧洲空间局（ESA）的空间设备均遭遇过低质量的仿制（伪造、克隆）微电路。

近年来，越来越多的假冒伪劣产品被俄罗斯的专家发现。有证据表明，多起 RST 故障是由于这些假冒产品所致。

假冒伪劣产品的分类如下：盗版（克隆）；元器件不符合原厂产品的制造标准；元器件产自非认证制造商；产品存在缺陷或为二手产品，但伪装成新产品；该元器件具有无效的或伪造的标记或产品证明文件。因此，假冒伪劣产品可能属于以下特定分组之一，如重复使用（二手）的、重新标记的、有缺陷（故障）的、非法（例如超过合同量）生产的、克隆的、非法修改（翻新）的和伪造产品证明文件的元器件。

本书针对上述各类假冒伪劣产品提供了有效的检测方法，其中一个是电气和温度测试的特殊组合方法，相关章节提供了经验示例。

第 1 章考虑了在国内航天器中选择和应用国外制造的处理器和微控制器，来为有效载荷和航天器平台（Payload and Spacecraft Platform）构建高性能和高可靠机载数字计算机复合体（On-Board Digital Computer Complexes，ODCC）的特点。本章详细分析了自2009 年以来已在美国和欧盟航天工业中广泛使用的 Aeroflex 公司开发的 LEON 3FT（UT 699 和 GR712 处理器），重点围绕其应用选项、鉴定特性、体系结构和硬件选项以及程序设计的特点进行讨论。

本章用单独的一节集中讨论了空间和军事用国外抗辐射直流电源（DC）转换器，这是因为俄罗斯对该类产品的进口量在过去 5 年中增加了一个数量级。卫星设备的电源供电系统必须能够适应高时钟频率和电源总线上负载快速变化的应用场景。DC/DC 转换器和稳压器必须能够在全输出量程范围内对负载变化的瞬态响应不低于 $10A/\mu s$，并且转换器输出电压的最大偏差必须控制在 $\pm 5\%$ 以内。否则，在这种负载变化情况下，任何超出处理器或可编程逻辑元器件（PLD）的最大允许电压的偏差都可能导致 REE 微电路发生瞬时或潜在的失效。

此外，本章总结了组织制造航天器机载设备电子元器件的国际经验。由于航天用基础电子元器件的一个特点是其发展路线不同于通用电子产品，后者面向大规模生产，生命周期短，产品类型更替快。同时，还重点介绍了美国（包括国防部 DOD、能源部 DOE 和美国国家航空航天局 NASA）、欧洲、日本和中国的航天用基础电子元器件发展的组织特征。

第 2 章重点介绍了用于设计和制造空间微电路和半导体元器件的现代晶体管和肖特基二极管的生产工艺和基本结构特点。

本章对现代微电子学在深亚微米领域的发展趋势和前景进行了深入分析。集成电路几何尺寸的缩减问题日益成为广受关注的重点，包括线性（横向）和垂直（基本晶体管有源结构的参数）方向尺寸的缩减。这催生了这一代微电路出现新的、前所未知的失效机制。

因此，本章对亚微米金属氧化物半导体（MOS）晶体管的生产工艺及其所具备的设计特性进行了专门论述。其中，不仅对此类设计进行了总体分析，还介绍了大规模集成电路（LSIC）设计人员最广泛使用的设计方法。通过使用此类方法，设计人员能够改善采用 90nm、65nm、45nm 及更小线宽设计规则开发的 MOS 晶体管的工作特性。本章也就绝缘体上硅（SOI）的 MOS 晶体管的优点和主要缺点，在 LSIC VC 中应用的双栅、三栅和圆柱栅，以及其他类型结构的晶体管的特性分别进行了讨论。本章用专门的一节内容讨论了使用特殊晶体管设计 LSIC SA 中模拟电路部分的特性。此外，本章也用单独的一节重点介绍了高温肖特基二极管的设计和工艺特点以及其在微电子元器件中的应用，集中介绍了超过 50 个此类二极管的设计版本，并根据其作为特定空间应用微电路和分立半导体元器件的组成部分所实现的功能做出了相应的说明。

第 3 章讨论了空间微电子技术最具挑战性的课题之一——降低空间应用微电子元器件的功耗。这是一个很重要的问题，因为一个明显的事实是机载电子设备（REE）的功能和性能在不断提高，而能量守恒定律也始终必须遵守。

在本章中，要求火箭和太空技术的设计者提供 1000kg（即 1t）级的有效载荷，以减少冗余功能，而实现电子单元的功耗最小化需要基于基础电子元器件（ECB）生产的微电子工艺技术以及一整套独特的电路设计方法。本章重点描述了这些方法。

　　本章的开头部分介绍了广泛应用于航天器中的互补金属氧化物半导体（CMOS）微电路功耗产生的主要机理，以及空间应用微电路的设计者与用户都应考虑的物理、电路设计、工艺和系统（架构）等相关因素的限制。同时，还应对接口电路的重要性给予特别关注，因为该类元器件主要用于确保各种模块、单元和元器件作为一个整体来实现特定的功能，从而实现航天器内各机载系统间的信息交互，保证这些内部系统之间及其与外部设备间的快速数据交换。如果没有先进的接口电路，尖端航天器机载计算机和控制系统的高效运行就无法得到保证。接口电路的主要元器件包括用于构造接口通道的特定微电路，通过使用这些微电路能够使接口通道在多种类型、功能能力、电路设计、技术解决方案、电气参数系统和应用特性等方面各具特色。此类元器件作为 REE SA 系统的组成部分，应能够确保设备在适应运行环境条件［高水平的外部噪声、大开关（换向）及负载电流、极端电气负载、辐射暴露环境和机械应力］的前提下，实现设备功耗的最小化。A. I. Belous 和 O. Y. Blinkov 在《自动控制系统接口用双极微电路》（1990 年著）中对上一代接口微电路的设计与应用特点进行了详细讨论。

　　然而，新一代接口微电路也面临着新的问题，需要给出新的解决方案。因此，相对于并行数据传输方式，读者应对现代接口微电路低功耗模式下主要使用的串行数据组织方式给予更多关注。第 3 章讨论了机载电子设备（REE）开发人员最常用的 RS‑232 和 RS‑485 型低功耗收发器用微电路，介绍了它们的结构和电路设计的特性，并给出了一个发送器电子单元以及与温度无关的电压源电路设计的参考实例。

　　第 3 章在一个独立小节中专门讨论了低功耗集成电路（IC）电压比较器（VC）的主要设计特性。考虑到存储单元（嵌入式存储器）在接口（和其他）微型电路中的广泛应用，第 3 章的最后一部分详细分析了最常用的基本存储单元，也就是各种 D 型触发器的电路设计特性和应用。而针对航天器（空间站、导航卫星、行星际飞行器）上产生的各种噪声水平不断增加的问题，第 3 章用了一个小节，详细分析了在设计定制微型电路的早期阶段，以及它们作为机载空间应用电子设备（REE SA）的一部分在应用时的噪声源和噪声消除电路的设计方法。

　　第 4 章讨论了暴露于空间电离辐射条件下的亚微米集成电路和半导体元器件的理论与实验分析。尽管已有大量国内外出版物对采用前亚微米工艺制造（Pre‑Submicron）的微电路辐射效应的物理机理进行过深入研究，但关于亚微米设计规则的研究信息仍很匮乏，不同出版物发布的信息之间存在矛盾，某些文献甚至声称由于亚微米微电路对外层空间电离辐射的耐受能力过低而不适于在空间设备中应用。

　　这在很大程度上可以解释为是由空间应用大规模集成电路（LSIC SA）市场的激烈竞争以及纯粹的经济因素所导致。例如，90nm 级亚微米工艺的开发需要数亿美元[①]，而 45nm 级亚微米工艺的开发却需要数亿乃至数十亿美元。不幸的是，国内火箭技术领域领导者，即空间设备用 ECB 研发应用领域的决策者，在这种误导信息的基础上做出了一系列错误决策。

　　为此，第 4 章深入探讨了暴露于辐射下的亚微米大规模集成电路（LSIC；CMOS、

——————————

　　① 　原文为 "not hundreds of thousands"，不到几十万美元。——译者注

双极、数字、模拟和存储电路）的具体特征和物理机制以及确保其辐射耐受能力的主要方法，同时还讨论了测试设备的组成建议、辐射对硅基微电路性能影响的试验研究要素、对辐照试验样品的采用设备和方法的建议以及辐射试验后的测量方法。

本章的一个特点是，文中未对亚微米大规模集成电路基本设计的辐射耐受能力（或不耐受能力）进行假设，而是提供了不同类型辐射对各种微电子元器件性能影响的实际试验研究结果（此类试验主要由俄罗斯联邦专家、本书作者以及国外著名研究人员完成），包括伽马辐射对亚微米 MOS 晶体管、MOS 电容器、MOS 存储单元、MOS 逻辑集成电路、互补金属氧化物半导体随机存取存储器（CMOS RAM）、只读存储器（ROM）、双极互补金属氧化物半导体（BiCMOS）大规模集成电路、MOS/SOI 结构和基于这些结构的大规模随机存取存储器（LSIC RAM）特性影响的实验研究汇总结果。

考虑到空间应用电子设备开发方因技术及财务等客观因素导致无法对有关元器件进行辐射效应全面测试的实际情况［在苏联时期，塞米巴拉金斯克（Semipalatinsk）核试验场曾用于解决这类问题］，本章在最后一部分介绍了所采用辐射效应研究的仿真方法的应用特点和物理合理性，以及预测互补金属氧化物半导体和双极互补金属氧化物半导体微电路辐照容限的方法。

此外，本章还介绍了增强不同种类大规模集成电路（LSIC）对穿透性辐射（γ 射线、α 射线、β 射线、重带电粒子、质子、中子和其他种类的电离辐射）作用耐受能力的具体方法（相关方法均已在国内外实践中得到验证）。同时，本章也详细描述了辐射处理、主要类型大规模集成电路典型样品及测试结构的电参数测量方法，以及用于这些过程的设备、工具和软件的组成和特点。

第 5 章重点描述了预测和计算双极（数字、逻辑和模拟）以及标准 CMOS 集成电路的辐射容限水平的测试计算和实验方法。此外，还研究了与提升 CMOS 和 BiCMOS 微电路抗辐照能力相关的主要设计、工艺以及电路设计方法。

第 6 章重点分析了面向空间应用的亚微米大规模集成电路（LSIC SA）设计问题和基于此类集成电路研制的电子设备的设计问题。亚微米工艺（设计规则为 90nm 及以下）的使用对数字和模拟 CMOS LSIC 芯片的设计提出了新的挑战。其中一些挑战前所未有，而另一些则曾经出现过，现在它们正逐步变得重要起来。当亚微米工艺从 90nm 转换到 65nm，尤其是再到 45nm 后，由于内部电气互连（Interconnections）和晶体管封装的高密度集成而引发的电学和物理效应影响越发显著，导致设计者面临着新问题（如电阻的动态电压损失、天线效应、交叉耦合效应、漏电流的影响持续增长、电迁移和许多其他的影响）。

本章讨论了芯片缩减的发展趋势，以及相关的问题和解决方案。其中的一个主要问题是由漏电流引起的芯片静态功耗和动态功耗的持续增长。同时，本章也就设计阶段如何实现整个芯片表面耗散功率的最佳分布提供了建议。

本章也详细分析了晶体管的有源和无源结构中存在的所有主要电流类型（如亚阈值泄漏电流、栅极隧穿电流、导通电流、开关电流），以及它们产生的原因和计算公式。同时，还对标准亚微米硅 MOS 晶体管结构中动态功耗值的计算和控制进行了专门讨论，包括使用具有开关时延设定值的电路单元设计、正确考虑互连的信号分配时延和层间触点的过渡电阻、降低开关过程中功耗的方法、库优化的方法等。

　　本章还考虑了两个对开发者来说很重要的问题，即温度对深亚微米工艺制造的 MOS 晶体管特性的影响（亚阈值泄漏电流、栅极隧穿电流、输入和输出电流、结电流与温度的关系）以及工艺参数散布（波动）对亚微米 MOS 晶体管主要电参数的影响。而与工艺相关的元器件特性偏差一直是电路设计人员和工艺工程师面临的一个严重问题。在技术俚语中，这种现象被称为"良品率杀手"（Yield Killer）。令研究人员惊讶的是，亚微米工艺的"良品率杀手"实际上限制了 MOS 晶体管的主要性能特征。设计规则特征尺寸越小，就越难以消除这种影响。

　　根据其性质，工艺过程参数的波动（随机散布）大致可分为两大类，即全局波动和局部波动。全局波动显著影响所有相同的组件（反应炉中的各个晶圆因其所处的具体位置不同而受到非一致的加热），而局部波动不仅影响单个晶圆，也影响单个芯片（在高温氧化过程中晶圆的中心与边缘受到的加热状态不一致）。因此，应高度关注这种工艺波动对泄漏电流的影响。需要特别指出的是，研究表明亚阈值电流 I_{sub}（它的散布还取决于掺杂剂量、栅极介质层厚度、沟道长度的波动）与晶体管的主要特性（即阈值电压和栅极隧穿电流）显现出指数对应关系。即使在工艺参数散布增加不明显的情况下，这种对应也具有明显的非线性特征。

　　本章也就减少亚微米工艺制造的 MOS 晶体管的泄漏电流问题提出了具体建议，列出了与芯片设计特征尺寸减小相关的主要约束因素，并分别从系统（架构）设计、逻辑设计和电路设计三个层面就微电路设计过程中实现泄漏电流最小化的方法提出了具体建议。

　　第 7 章重点介绍了基于蓝宝石上硅（SOS）和绝缘体上硅（SOI）结构的空间应用微电路设计。这两种工艺结构是目前抗辐射集成电路发展最快的技术领域。由于这一技术领域具备完善的理论基础，故本章对这一微电子技术领域的发展进行了基础性分析与介绍，包括就伽马量子脉冲辐射在硅和多晶硅中导致其受损的过程进行分析，并对辐射效应、硅和多晶硅的络合物和簇合物以及辐射暴露对介电层电导率、Si/SiO_2 界面性质等影响效果起决定性作用的物理机理进行了介绍。

　　本章也对使用不同工艺制造的绝缘体上硅（SOI）集成电路的辐射特性进行了比较，并分析了提高不同介电层结构稳定性和可靠性的方法。

　　本章还专题介绍了绝缘体上硅大规模集成电路（SOI LSIC）暴露在各种电离辐射下发生的物理现象和过程〔单粒子翻转、单粒子闩锁、单粒子烧毁、单粒子栅穿、单粒子快速反向（snapback）〕以及脉冲辐射效应和总剂量效应，这无疑是本章的明显特点。本章提出的结论和建议均基于对样本的实验研究结果。本章也给出了全部实验所使用的大规模集成电路（LSIC）的基本元器件清单（各种结构的晶体管、电阻、二极管、电容器）以及这些基本元器件的实验结果。

　　最后，本章对在增强绝缘体上硅（SOI）芯片抗辐照能力的工作中得到最广泛应用的设计和技术方法以及电路设计方法进行了总结，包括（通过注入氢离子和氟）在绝缘体上硅（SOI）结构埋置电介质层中的电荷稳定性，以及带环形栅极的绝缘体上硅（SOI）MOS 晶体管、短沟道绝缘体上硅（SOI）MOS 晶体管和带环形栅极的自对准绝缘体上硅（SOI）MOS 晶体管的形成特性。同时，还用单独的一节总结分析了美国开放专利中提出的增强绝缘体上硅（SOI）结构对外层空间暴露因素耐受能力的设计和工艺方法，并且另用一小节讨论了增强蓝宝石上硅（SOS）和绝缘体上硅（SOI）LSIC RAM 对危险脉冲电离辐射的耐受能力（包括导致基本元器件和微电路故障的辐射缺陷分析、辐射实验的方法和硬件实现描述、SOS 和 SOI 结构中半导体层的电离效应、SOS MOS 晶体管的电离反应和脉冲电离辐射的分析、CMOS SOS MLSIC 的介电区域的局部电离效应等）。

第 8 章讨论了用于机载空间应用电子设备（REE SA）、武器系统和军事装备的片上系统（SOC）和系统级封装（SIP）的设计特性。按照定义，SIP 是将数字逻辑、存储器、接口组件、无源组件、滤波器和天线等多种不同芯片组合并封装在标准（或专门设计的）陶瓷和金属壳体中（或其他特殊封装）形成的元器件。

本章分析了 SIP 和 SOC 设计的具体特点，并在比较了它们的主要参数和设计过程后认为，实施标准 SOC 项目的成本要比 SIP 同等项目的成本高出 7～10 倍。SIP 项目开发周期为 6～9 个月，而 SOC 的开发则需要 18～36 个月。SIP 可以由标准的设计师团队开发，而 SOC 则需要大量训练有素的高素质工程师开发。此外，调试一个 SIP 和 SOC 样机分别需要 1～2 个月和 12～20 个月。其中，对 SIP 中射频模块设计的特性进行了单独考虑。这是因为，被动射频设备的参数化单元（P - Cells）是计算机辅助设计（CAD）市场中的标准组件，但它们通常未考虑设计者选择的特定封装类型的特性，所以在元器件设计初期，开发人员必须找到许多现成的解决方案（例如决定是否在芯片上占用宝贵空间布放所需的电感，还是放在基板、电路板或封装元器件上）。

本章也在一节中单独讨论了在为 SOC 和 SIP 设计专门的微电路时应考虑的关于深亚微米工艺的某些其他特性。这样安排主要是因为，这将涉及使用 CAD 时应考虑相关不稳定因素对数字微电路运行速度的影响。因此，在设计规则大于 $0.25\mu m$、100 万门以下的微电路时，工艺离散和脉冲噪声对数字微电路输出参数的影响可以忽略。然而，在 $0.18\mu m$ 及以下的电路设计中，实际值与计算值偏差所导致的影响却是显著的。功率电路中脉冲噪声对电路输出参数影响的最大值可以达到几十个百分点，此类噪声的峰值通常出现在工作频率范围 30～300MHz（这是芯片内部同步所最常使用的频率范围）的组件中。

本章表明，对于 $0.25\mu m$ 设计规则，计算动态参数时仅需考虑互连（Interconnections）导体间的电容就足够了。对于 $0.18\mu m$ 设计规则，则需要考虑通信线路的欧姆电阻和电感。而对于 90nm 设计规则而言，则应充分考虑寄生电阻的影响。

此外，本章还详细分析了用于 SOC 和 SIP 芯片布图的设计特性，并给出了如何最大限度地减少各种寄生影响的建议。例如，为了消除天线效应（在等离子蚀刻和抛光过程中，在导体上积累的静电荷可能导致 MOS 晶体管的击穿），建议限制连接总线的内部金属化的最大面积；为了平衡导体中的电流密度并减少化学抛光和机械抛光后的热机械损伤，推荐使用虚设元器件（如在宽电介质间隙处布置虚设导体，在宽导体附近布置虚设电介质间隙体）。

第 9 章讨论了在大规模生产过程中剔除含有潜在缺陷的硅基微电路的主要方法。提出的方法能够使电子设备的开发人员在无法购买外国制造的宇航级或工业级 ECB 的情况下提高产品的可靠性，使用已经过附加测试的国产双重或特殊用途微电路构建设计样机。这涉及特殊统计方法的应用（输出参数的敏感性因素、工作范围）、强制试验结果的数学处理模型、用强制静电放电检测潜在不可靠的微电路、老炼过程的特殊模式，以及根据动态应力制定特殊的剔除标准等。

第1章　国产航天器选用进口基础电子元器件时应考虑的问题

1.1　空间工程用电子设备元器件选型工作的共性问题

所有国家的航天工程项目，从简单项目（发射通信、导航卫星）到超级工程项目（载人火星任务），都是通过用基础模块搭积木的方式构建的，而这些基础模块正是基础电子元器件（Electronic Component Base，ECB）。为满足日常消费和工业生产需求而开发的各种电子设备（REE，包括电视、移动电话、个人计算机、工业控制器、数控机器的自动控制系统等）也存在同样的情况。但对于特殊用途和空间应用来说，基础电子元器件在所有构件中极其重要。可以认为，基础电子元器件是火箭和空间技术的基石，决定着所有航天大国国家安全根基的牢固性。在特定的政治经济条件下，基础电子元器件相对于这些国家工程项目的重要性显而易见，对超级工程项目来说更是如此。

举一个典型例子，目前许多俄罗斯企业为全球导航系统"GLONASS"生产星载设备，该系统在与美国全球定位系统（GPS）竞争中表现得相当出色。同时，这些企业会使用美国生产的电子元器件，并且大多数情况下此类电子元器件的交付需要获得美国国务院授权的出口许可。但在极端情况下，美国国务院会在先期允许交付全套元器件的试验样品或原型样品的前提下，无故取消对相同元器件全系列正式产品的出口许可。

应该指出的是，现代俄罗斯电子工业生产空间应用电子元器件的能力，与客户对航天器技术特性和暴露于空间环境条件下有效寿命期限的高要求极度不匹配。因此，航天器机载系统的开发者只有通过两种途径来解决基础电子元器件的需求。

第一种方法是对国产基础电子元器件进行更为复杂的测试。测试项目包括：来料控制、筛选试验、无损诊断检测和选择性破坏性试验。除此之外，还需对每个批次的元器件进行抗辐射和抗重带电粒子的测试。针对上述每项附加测试项目，均需要在相应的专业技术储备、必要的设备采购以及有关工作人员的培训方面予以投入。目前，一批将此类测试作为基本和营利性业务的公司已经成立。

这存在一种矛盾情况，即通常国产电子元器件的选型成本要超出元器件自身成本的1.5～3倍[1]。然而，这种方法却存在本质上的缺陷，即投入精力和经费不是为了促进国产产品生产质量的提升，而是为了对已经售出的产品进行筛选，以期其中的一些产品恰巧适用或满足使用要求。此外，利用非破坏性测试方法的可行性仍然有限，而破坏性分析方法也仅适用于某一批次的特定样品。所有这些测试工作的结果是，从全部批次中筛选出来的电子元器件的失效概率只是有了略微的降低。这已经被在轨运行航天器的经验所证实。有相当多的使用经过筛选的电子元器件的设备仍然因电子元器件出现故障。只有通过多重冗余才能够提升航天器的可靠性，尽管这将降低航天器的功能特性。

第二种方法涉及进口基础电子元器件的使用。进口电子元器件的使用正在快速且稳步增长。针对宇航级电子元器件，使用"国外进口元器件"改称为使用"美国制造的电子元器件"可能更为恰当。因为美国在该领域处于绝对的垄断地位，甚至欧洲的卫星公司也依赖于美国制造的电子元器件。

美国制造的宇航用基础电子元器件具有诸多优点，包括适当的抗辐射能力和抗重带电粒子能力以及高可靠性等，因而避免了在后续使用过程中的非必要冗余设计。但是，这些电子元器件也存在两个主要缺点：一是价格昂贵，二是美国对该等级元器件的出口管制程序相当复杂。目前，尚不确定美国国务院是否会为特定最终用户发放特定批次的交付许可。此外，由于基础电子元器件与特定工程项目密切相关，从而使得开展元器件储备也是有难度的。

上述这些问题，加之利益最大化和风险可接受的原则，最终形成了在航天器机载设备商业应用中选用进口元器件的需求。同时，应采取相关措施（例如第一种方法中描述的检测方法）提升电子元器件在空间环境中长期稳定工作的可行性。由于从公开市场获得的元器件产品不具备所需的规范指标（质量和可靠性），使得后续工作变得复杂，需要在独立研究的基础上为每种类型的电子元器件制定相应的技术要求。因为在这种情况下，诸如"批次"或"电子元器件成分和材料的一致性"等术语已不再适用，并且同时也缺乏对特定生产线进行严格约束的能力。因此，对个别元器件样品的研究结果不能代表该种元器件全体。由于全部元器件都需要考虑抗辐射能力，所以必须对采购的各组元器件进行抽样测试，以期望焊接到正式飞行设备上的同组元器件的抗辐射能力不低于被测样品。即便如此，所选用元器件也依然缺乏保障。尽管更加复杂的技术开发与更先进测试设备的引进持续进行，但工作原则依然是：购买电子元器件，然后花费时间和金钱来降低与其应用相关的风险。

文献［2］提供了一个典型案例。某批次进口电子元器件采购价格为 140 万卢布（24000 美元），却需要花费 200 万卢布进行测试验证，外加 700 万卢布进行抗辐射能力测试。这种情况对开展该项业务的工程技术中心来说是有利的，但对于俄罗斯联邦的航天工业则是死路一条。

1.2　国外针对俄罗斯的元器件出口限制

美国国务院负责本国航天及军事用途产品的出口管理[1,2]。俄罗斯联邦机构的相关企业曾屡次遭到美国国务院的有关制裁。

第一次限制俄罗斯联邦购买电子元器件的事件发生在美国国家安全局前雇员爱德华·斯诺登的丑闻之后，美国要求俄罗斯联邦协助将其引渡回美国。此后，美国以 Geo-IK-2 卫星涉及军事用途为由，禁止向该项目提供电子元器件。然而 Geo-IK-2 不应被视为军事项目，其任务包括进行高精度大地测量，以满足俄罗斯更新地球模型、确定地球物理参数的需求。该星座由两颗卫星组成，第一颗卫星 Geo-IK-2 发射于 2010 年 12 月，因其运载火箭上面级工作异常，该星被送入了错误的轨道。为此，第二颗卫星的发射被推迟。同时，俄罗斯的 Reshetnev 卫星公司依据新规范启动了以宇航级电子元器件为基础的新型卫星研发，以替代已失效的卫星。

国际武器贸易条例（International Traffic in Arms Regulations，ITAR）是由美国政府制定的一整套规则，借以管理与防务相关的物资及服务的出口行为。美国制造的军用及军民两用系统的零部件（包括在美国进行过测试或调试的产品）的出口行为也受此条例约束。

依据 ITAR 的规定，只有在美国国务院许可的前提下，才能向俄罗斯出口军用（用于军事系统）和航天用（抗辐射）电子元器件。鉴于俄罗斯每年仅在航天领域就需进口超过20 亿美元的电子元器件，俄罗斯已在考虑从中国进口有关电子元器件。

截至撰写本书之时，俄罗斯还没有使用过来自中国的电子元器件。因此，对中国相关产品的质量水平也暂时无法确定。可以看到的是，中国的航天工业近年来发展迅猛，相关产品的故障率一直低于俄罗斯。

长期以来，美国由于（有充分的理由）担心中国会仿制美国制造的军用和宇航级别的电子元器件，因此一直拒绝向中国提供此类产品。因此，中国被迫转向在其国内解决此类产品的供应问题，中国专家迅速解决了这个问题。目前，中国航天器的元器件国产化率已达到 98%，并同时促进了中国国内微电子技术的进步。

值得注意的是，GLONASS 的地面产品已经遭到美国的相关制裁。为此，俄罗斯国内的 REE 开发人员应充分了解并考虑在现行国际监管及法律框架下与获取进口基础电子元器件相关的规则和条例。

1.2.1　美国对 ECB 的出口限制

国外元器件制造商提供了各种类型的电子元器件和相关产品。然而，由于涉及乌克兰冲突的国际政治因素，外国政府对于向俄罗斯提供所需的电子元器件施加了新的限制措施。因此，对于俄罗斯而言，获得用于空间或军事用途的相关产品变得愈发困难。因此，宇航用 REE 的用户、电子产品设计人员和负责采购进口电子元器件的部门和机构，应在设计和实现订单的过程中全面了解有关限制措施。对具有军民两用目的的基础电子元器件，则更应该关注此问题。

由于军民两用产品同时满足了商业项目和军事项目的需求，因此在过去的 15 年间，该领域快速发展出了一大批先进的技术，并同时满足防务相关项目的需求。这些产品的制造商也由此成为两个市场的参与者。由于军用产品和商用产品可以共用同一条生产线实施生产，从而减少了产品的研发支出。

基础电子元器件市场的主要技术趋势包括小型化、高性能、高集成度、集成多种电子和射频组件（ERC）、向新型材料以及向更高频率范围的拓展。由于航天工业和军事项目对 ERC 的需求显著增加，应对 ERC 产品对不稳定因素的能力、可靠性、容错性和生命周期等问题给予高度关注。

放眼国际 ECB 市场，由于产品的最终用途是影响元器件选择的决定性因素，对产品用途的追踪便成了元器件制造国出口管制的重要组成部分。对这些产品提出出口要求是基于美国（NASA，DOD）制定的美国军用标准（MIL - STD、MIL - SPEC 系列）及国际组织（如欧洲空间局，ESA）发布的相关标准。对这些标准的符合性评估则是在国际认证体系的框架内进行的。

作为世界新技术开发的领导者，美国严密监控着新技术在世界范围内的传播。由于芯片已经成为当今制造高效能军事装备的基础，相关制造技术的获取以及产品的采购供应都受到严格的管制。

美国政府对出口的管制始于第二次世界大战之后，此时技术已经成为美国军事战略的一个关键因素，并进而催生了 ITAR。美国国会于 1976 年制定的《军备出口管制法》（the Arms Export Control Act，AECA）[2]首次提出了第一批限制性措施。该法案第 38 条专门要求提供一份出口武器和军事装备清单及其相关出口规则。美国的技术和武器出口管制体系是总统-议会协调机制。根据 AECA，以美国总统为首的行政部门在军事技术合作和军品进出口管制领域执行政府政策，而国会则行使立法、限制和控制职能。

需重点了解的是，美国对技术和军事产品出口行为进行规范的责任由几个政府部门共同承担，包括国防部、国务院、商务部和财政部。与此项管制相关的有若干个产品清单，最具代表性的是美国军火清单（USML）和商业管制清单（CCL）。

美国国务院的职能包括实施军事援助计划、促进对外武器出售、授权美国国防部与其他国家之间的交易。为此目的，美国国务院负责武器出口许可和 USML 的定期修订工作。美国国防部直接实施武器出口。国务院负责在 AECA（22 U.S.C. 2778）的基础上根据 ITAR 清单批准销售。ITAR 的条款与 USML[3]的有关条款保持一致。美国国防部依据主要紧急清单（MUL）开展工作，该清单具有最高优先级。

美国商务部下属的工业与安全局（Bureau of Industry and Security，BIS）负责规范军民两用技术的出口事务。美国国土安全部、财政部和其他几个部门都参与此项工作。

根据美国的《出口管理条例》（Export Administration Regulations，EAR），下列出口产品受到管制：

1）抗辐射 ERC；

2）具有扩展温度范围（-55~125℃、-55℃以下、125℃以上）的电子元器件，如微控制器、处理器、模数转换器（ADC）、数模转换器（DAC）和可编程逻辑元器件（PLD）等；

3）高压和高速处理器（8 位、2.5MSPS 及以上产品）；

4）射频（RF）电子组件，特别是超高频（SHF）组件（取决于功率和频率）；

5）用于构建实现密码功能的射频/无线电系统（如 SOC 微控制器和射频收发机）。

除上述元器件产品本身之外，针对利用上述元器件产品及附属技术开发形成的软件、技术和产品的出口行为，在美国及其他国家也同样受到监管。

世界上几乎所有国家都会受到美国的某些出口限制，限制程度取决于相关国家对美国的潜在威胁，而是否存在相关潜在威胁则由美国国务院判定。美国的《出口管理条例》的第 746 编"禁运和其他特殊管制"中列举了一份禁止贸易的国家清单。此外，在第 744 编（744 编附录 4，实体名单）中规定了与之进行任何货物往来都必须获得许可的组织及人员清单。美国对于向俄罗斯供应 ECB 的出口管制更加严厉，管制对象包括国防部、俄罗斯国家原子能公司、俄罗斯航天局和相关的研究机构。ECB 供应商被要求提供 ERC 的最终接收者信息以及使用 ERC 生产的最终产品类型信息。

对于出口到俄罗斯的 ECB，合同各方必须采取严格措施以控制产品的接收、运输、储存和使用。为此，当货物在俄罗斯入境清关后，必须置于供应商仓库中的特殊保护区域并限制人员进入。每笔交易的文件资料必须保存 5 年以上。每 6 个月，出口商必须向 BIS 提交一份自查报告。被退回的产品，包括有缺陷的、损坏的或拆机解焊的，都将被送返美国制造商。

电子元器件制造商和供应商都要遵守 EAR。制造商确保向供应商在销售其产品时移交分销责任，包括强制性遵守合同中规定的美国法律法规。否则，制造商保留相关权利，如有权单方面终止与供应商的合同。在美国司法管辖区内的违反者会承担巨额罚款，其公司的对外贸易许可证将被注销，相关管理人员将被起诉。不受美国司法管辖的违规公司（终端用户、供应商以及个人）将被列入限制性 EAR 清单。在这种情况下，他们将更难以获得美国制造的产品，因为供应商的每笔交易也必须获得特别许可。这通常等同于禁止双方的业务往来。因此，每个制造商都建立了自己的产品分销监控系统。根据 EAR，这种系统还包括对产品和出口目的地的分类。

BIS 制定了一套关于 EAR 的货物分类、许可证和执行控制的文件。第 774 编《商业管制清单》（Commerce Control List，CCL）包含受出口管制的货物完整清单，其中包含 10 个类别的产品，包括类别 3（电子）及类别 5（第 1 部分电信、第 2 部分信息安全）。

为了获得出口许可证，出口商必须在向 BIS 提出申请时提供有关 ERC、产品、公司最终产品、最终客户和供应链的信息。在安全服务技术专家和专业人员的协助下，BIS 从产品在特定领域流通的危险性的角度对出口行为进行评估和审查。申请的审议期限为 3～4 个月，许可证的有效期为 1～2 年。

应该强调的是，对于大多数 RF 和 SHF 部组件制造商来说，每个 USML 类别中的细节部分很重要。通常，这些类别包括导弹、运载器和航天器。依据规定，上述分类中所使用的全部元器件（特别是为军事用途而设计或修改的）都属于 USML 类别。为此，美国国务院根据元器件用户的产品规范对 ERC 的开发或现代化程度实施核查，以确定相关产品是否存在军事用途的可能性。事实上，专家们甚至不需要解释理由就可以禁止商业 ERC 的出口[1]。

目前，美国的《出口管理条例》在某些情况下会批准某些包含受控零部件货物的出口，但这些受控零部件的价值不能超过货物总值的 25%。如果美国管制的技术在相关产品总值中所占比例低于 25%，也有可能将此产品再出口给外国合作伙伴。然而，在现实中，这类出口行为并不总是能够实现。

获得出口许可证的算法（图 1-1）是对商品分类进行逐步判断的过程[1,4]。首先，确定产品是否有出口分类控制代码（Export Classification Control Number，ECCN）。此外，还需判断该产品是否已被列入需要出口许可的产品清单（EAR99）。应注意到，被列入 EAR99 的产品需要取得出口许可证，也可能被禁止发送到禁运国家或缔约方。

出口许可申请书中应写明产品的目的地，并附有发票、提货单或其他随货物到达最终目的地和美国境外消费者的单据副本。这些物品在装船前受到管制，美国海关有权对运到码头的货物进行检查并予以没收。发货后，公司要提供货物转移和使用情况的证明，政府主管机构可以派出代表到收货地和出口许可申请地检查货物。

美国前总统奥巴马实施了出口管制的现代化计划，其目标是实现对属于 USML 各类别技术的生产和转让进行更有效的监督和控制，同时进一步加强与伙伴的合作。USML

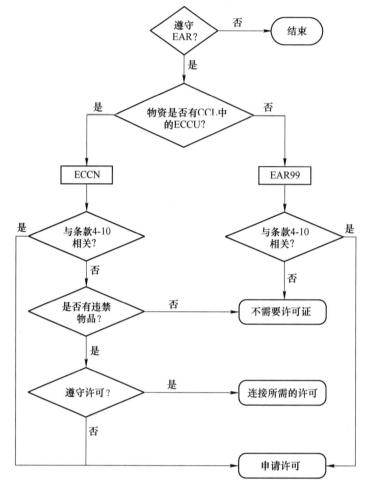

图 1-1　获得出口许可证的算法（Algorithm）

中的一些技术已转化为民用，例如民用航空雷达。同时，对相关设备和两用技术的出口行为规定了更严格的许可程序，以便获得更多的进口商信息，并保证美国商务部在设备出口后有对其进行检测的权利。在这方面，针对中小企业的相关程序则更为严格。文献［5］讨论了在单一信息平台上建立单一专家机构的问题。总的来说，尽管美国在对外贸易方面表现出自由化的趋势，但其出口管制政策仍将收紧。

RST 用户在制定具体技术要求时，必须统筹考虑上述因素。

1.2.2 欧洲和其他国家对 ECB 的出口限制

各国政府对本国军事和技术合作的控制在世界大部分地区都很普遍，尤其是在一些出口军事产品的国家，例如奥地利、瑞士、意大利、瑞典、葡萄牙、比利时等。

英国是仅次于美国的世界第二大武器出口国。2007 年，美英两国签署了《美英国防贸易合作条约》（DTCT）。出台该条约的目的是优化和改进两国间的国防出口流程、安全和防务，加速美国生产企业在英国的部署并促进两国军工企业间的合作。根据 DTCT 的规定，出口商必须在美国国防贸易办公室登记，并在美国有关政府机构取得出口许可证

（或其他形式的出口授权）。出口货物的收货人必须是英联邦成员国。此类出口所需的所有文件应由出口商和收货人共同保存，供美国政府检查。

法国的武器出口和军事装备领域的公共行政系统包括一个军品出口的多级决策机制。军事产品出口研究部门间委员会就生产和向外国供应武器与军事装备做出必要的决定。在对外贸易中涉及军品的交易，外交部通过发布适当的授权，监督外交政策的遵守情况，经济和财政部根据授权，通过海关和间接税的综合管理，向国外出口军品发放许可证。

在德国，根据 1961 年 4 月 20 日的《军备控制法》，考虑出口武器的制造、使用、储存、取得、转让和运输，必须根据联邦政府的出口许可证进行。

以色列拥有发达的国防工业，但美国阻止以色列出售其含有美国军事和空间技术部组件的最先进武器。

1.2.3　国际出口管制组织

除了美国等国家对出口行为实行立法限制外，还存在专门负责出口管制的国际组织。1949 年，美国成立了全球首个国际出口管制机构——多边出口管制协调委员会（CoCom），此后，1995 年制定的《瓦森纳协定》取代了 CoCom。该组织由北约国家和俄罗斯等 23 个国家组成，目的包括：

1）确保在武器、敏感货物和技术转让方面具有更高的透明度以及建立问责机制；

2）防止向一个政策扰乱国际社会的国家供应用于军事目的的物资及军民两用技术；

3）在出口控制两用产品和技术方面，促进信息交流和国家政策间的协调。

同时，《瓦森纳协定》不针对特定国家，不妨碍公平贸易的实施，不侵犯各国获得合法自卫手段的权利（《联合国宪章》第 51 条）。

欧洲防御局（EDA）负责欧盟（EU）的防御能力和军事技术的发展。EDA 认为，作战能力是基于数字技术和信息链所有环节的良好协调运作。这就要求在 RF 和 SHF 工程领域提出新的解决方案。EDA 支持军用电子和无线电电子领域最先进技术的发展，并控制其不扩散[6]。

综上所述，我们只能得出一个结论：在现有的制约条件下，俄罗斯航天工业装备应主要以俄罗斯国内具有竞争力的零部件为基础，这就要求国家有相应的扶持微电子产业的计划。

在空间和军事用途的设备中，使用未经许可进口的工业级 ECB 存在诸多不利因素。首先，难以从制造商处获得足够的针对产品可靠性及抗辐射能力的承诺。其次，对这些元器件进行额外测试和认证的费用与专用 LSICs 的开发和制造成本相当。对于需要从认证供应商处购买经认证的军用和宇航级 ECB 的航空航天和军事用途设备，性能监测和测试必须符合俄罗斯的要求[1]。由于无法获得 ERC 的技术信息，俄罗斯国内检测实验室难以对进口 ERC 的所有参数进行测试。

ERC 进口要求证明相关产品购买许可的正当性。如果最终产品设计用于特定的使用条件或对可靠性要求极高的应用场景（医疗、生命支持系统），则需要对预期用途进行彻底的说明。提供产品的正确分类、全面的信息以及所有需要特别批准和许可证的登记是确保 ERC 供应的必要条件。

在撰写本书时，我们只看到了少数放宽 ERC 出口限制的迹象。例如，ECCN 的最新规定中已允许向俄罗斯交付具有高达 200MHz 转换速率、12 位字长和 125MHz 转换速率、14 位字长的高速 ADC。允许向俄罗斯出口频率高达 26GHz 的 SHF 元器件及部组件的愿景也是可以预期的。

1.3　国外工业 ECB 在俄罗斯火箭和航天科技中应用的特点

在此我们就俄罗斯联邦国内火箭和空间技术项目及相关产业中所应用的最新型国外基础电子元器件的主要趋势和特点进行讨论。需要特别指出的是，这里所指的最新型国外基础电子元器件也意味着在俄罗斯联邦内部并没有此类元器件的国产宇航级或军用级的同等替代品。同时，着眼于现代电子元器件技术和市场的发展趋势，在此也尝试针对工程项目中元器件选用工作提出一些基本性建议。

考虑到诸多客观因素，俄罗斯的火箭和空间技术对现代国外制造的工业用基础电子元器件的使用需求长期存在。在过去的 20 年间，军事和航天用电子元器件市场格局发生了重大变革，总市场规模约为每年 20 亿美元。航天用电子元器件在全球 3000 亿美元的基础电子元器件总市场份额中所占比例仅为 1% 左右。相对于用户对产品提出的极高的质量与可靠性要求而言，军事和航空航天用 ECB 的预期经济收益极低，所以大多数电子元器件制造商并没有参与军事和航空航天业务的经济动力。因此，伴随着应用了最先进技术及大量航天特殊需求的英国 Constellation（星座）系列卫星的研发过程，工业级电子元器件的应用必要性和诸多优势逐步凸显出来。美国的铱星（Iridium）项目和全球星（Globalstar）项目是最先使用工业级电子元器件的案例。

在俄罗斯类似项目中使用国外生产的工业级 ECB 时，应优先考虑供货稳定的大型航天用 ECB 制造商。因为这些制造商在产品生产中采用了现代化精密制造工艺。

事实证明，一个用于生产 $0.35 \sim 0.25 \mu m$ 设计规则的微电子电路产品的现代化工厂的先期建造成本大约为 20 亿～30 亿美元；而对于生产 45nm 及更小尺寸设计规则的产品生产厂来说，此项成本则超过 50 亿～60 亿美元。

在缺乏成熟的国内市场和经验丰富的管理人员以及世界市场分工的现有条件下，俄罗斯即使倾举国之力成功成立一家专门服务于航天工程应用的半导体工厂，其获得经济效益的可能性也颇为渺茫。

然而，大多数情况下在俄罗斯国内 REE 中选用进口工业级 ECB 的优势足以补偿因此所付出的元器件筛选、可靠性测试以及相关 REE 的长期生产与修复成本。在此有必要提醒大家关注一点，即采用新技术生产的国外 ECB 从投放市场到停产的时间间隔正在稳步缩短。这一事实反映到 REE 的设计和制造过程中，则表现为：为测试设备的改进设定了目标，并且改变了 REE 的长期生产规划。

国外制造 ECB 的技术革新左右着 REE 开发商对产品的组成和结构的开发思路。REE 开发商如果使用早期出现的（技术过时的）零部件进行产品研发，所研发产品在后续实施设计改进的可能性就会降低或消失。在这种情况下，当国外 ECB 出现供应中断时，早期设备所使用的最关键元器件极可能无法提供所需要的功能模式和特性（例如不同的电源电压和更高的工作频率等），而这也正是由 ECB 技术变革所导致的国外 ECB 产品加速更新换代的特征。这种情况如图 1-2 所示，图上方的工艺相比图下方的工艺而言，更加新颖且具有更广阔的市场前景。例如，当微电子电路速度提高后，连接器和电路板的信号延迟问题就将显现出来。

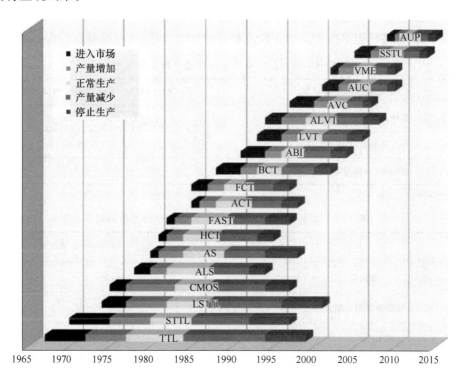

图 1-2　国外最新工艺生产的基础电子元器件的生命周期在缩短

新型封装需要重新设计印制板布局布线或使用其他的连接解决方案以及改变生产工艺。

国外 ECB 仍在持续发展，其生命周期也在不断发生变化，如表 1-1 所示的国外未来几代 ECB 的生命周期将会持续缩短。表 1-2 给出了下一代国外制造基础电子元器件的平均生命周期。

图 1-3 以存储器单元为例，展示了国外 ECB 生命周期的变化，包括从进入市场到停止供应期间存储器容量、存储器类型、封装类型和电源电压的技术标准的变化；每代微电子电路的使用寿命为 2 年。

表 1-3 依据全部市场供应方的信息展示了国外 ECB 生命周期之中的不同阶段，这些信息包括国外 ECB 制造商和生产类似元器件的竞争工厂信息，以及与电子元器件生产过程相关的数据。成本随时间的变化可被视为伴随产量增加和下降的反应。产品的研制历程和经济生命周期既决定了在当前的 REE 中应使用哪些元器件最有利于获得最佳的产品功能及收益，也决定了哪些元器件应该从新型 REE 产品零部件配套清单中删除。

这些市场需求之间的任何不协调都可能危害到产品的顺利应用，或者使最终的 REE 缺乏市场竞争力。导致不利结果产生的原因可能就是由于选用了处于生命阶段后期的元器件而引入的供应保障性差，从而使生产时间增加。最终造成所生产的 REE 技术过时，产品功能缺乏市场竞争力。在此，可以借用由英国元器件淘汰机构（Components Obsolescece Group，COG）提出的依赖关系模型来说明。模型描述了根据国外 ECB 制造商单位时间内的产品生产数量以及经济利益确定的国外 ECB 生命周期的主要阶段（见图 1-4）。在正式批量生产之前，制造商有权对元器件的结构设计和制造程序进行更改（见表 1-3），消费者将承担采购依据初步规范制造的 ECB 所带来的风险。

表 1-1 国外基础电子元器件的平均生命周期

基础电子元器件种类	国外基础电子元器件完全淘汰的时间（年）
国外军事和宇航级基础电子元器件 *	＞12.5
国外工业级基础电子元器件 * *	＜8.5
所有级别基础电子元器件	≈10

* 最初成熟的； * * 最先进化。

表 1-2 国外工业级基础电子元器件的平均生命周期

ECB 种类	国外 ECB 完全淘汰的时间
存储器	小于九个月
可编程逻辑元器件	大于一年
微处理器，门	小于两年
数字信号处理器	约等于 3 年
逻辑单元系列	约等于 6 年

表 1-3 国外 ECB 生命周期的主要阶段

阶段	引入	增加产量	生产	饱和	减少产量	停止供应
销售量	缓慢增加	快速增加	稳定	大幅减少	减少	唯一且按照协议
价格	最高	降低	稳定	稳定	大幅上升	高
应用	低	增加	稳定	稳定	下降	单一
元器件改变	经常	持续	阶段性改变	几乎不明显	几乎不明显或不存在	没有
竞争力	极低	高	高且稳定	开始降低	降低	降低
制造商收益	低	增加	稳定	稳定	与消费者有关	与消费者有关

对于是否支持使用工业级 ECB 一直存在许多的争议。其中一些在佩里指令（Perry Directives）中进行了说明。1994 年 6 月 29 日，在美国国防部长威廉·佩里发布的指令中要求，在美国武装部队的所有分支机构有关军事装备采购和新武器系统开发方面强制使用工业级微电子电路的技术特性、规范和标准。只有在国防部长的批准下才允许违反这一规

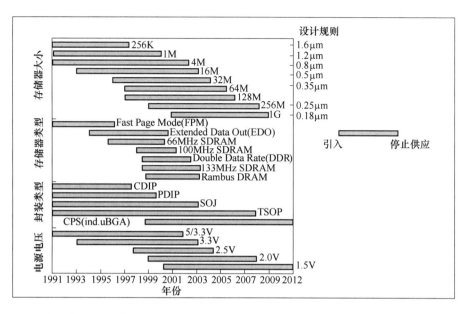

图 1-3　生命周期时间、存储器大小和类型、工作频率、封装类型和存储器模块电源电压的变化

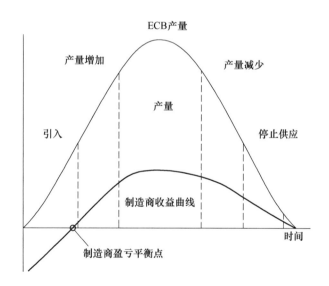

图 1-4　国外 ECB 生命周期的各个阶段，以产量为特征，显示国外基础电子元器件制造商的收益曲线

则。有必要强调的是，该指令并未规定只应使用为商业或工业应用制造的产品，具体要求如下。

1）产品规范必须注明所交付产品的全部特性；

2）商业和工业产品的边限规格[①]也必须同样适用于 ECB 交付批；

3）应优先使用工业级规范和标准；

---

① 原文为 margin specifications。——译者注

4）仅在不具备相应工业规范和标准的情况下，才可使用军用规范和标准。

推荐使用美军标所规定的有关筛选（JANTXV）、控制和有限筛选（JANS）方法[7,8]，作为使用工业级 ECB 的质量保证方法。

我们认为工业级 ECB 存在下述显著优势。

主要且最重要的因素是，是否能够及时采购到符合相关制造商标准要求的工业级 ECB，即能以最低价格购买到满足要求的产品。在这种情况下，制造商的标准可能是指相关 ECB 产品具有标准特性，并且其所使用的部组件筛选符合军用接收要求。

在这种情况下，选用工业级 ECB 不仅可以获得大规模生产的优势，而且更重要的是，也无须设置军品专用的生产线。以往传统 ECB 生产通常是通过设置专用的生产线以满足军事和航天应用的需要。工业级 ECB 的交付方案可以通过批次抽样的方式进行特定的筛选，识别并消除潜在的异常产品。通过这种方式，可以避免产生对全部产品进行筛选与鉴定过程所需的高昂经济与时间成本。

目标选择要求如下[8]：

1）制造商信息的有效性；

2）空间环境辐射暴露条件和破坏性物理分析（DPA）测试结果的有效性；

3）为 ECB 合伙人提供信息支持，如 IGG（英国朴茨茅斯）、Technologica（西班牙塞维利亚）；

4）熟悉设计阶段指定的应用条件；

5）与 ECB 的开发人员和硬件专家联系密切，并了解彼此的要求。

例如，从经销商或制造商那里购买的 JANTXV 级元器件是工业级元器件，它是相当于符合美军 883B 标准相应质量保证等级的元器件或制造商质量水平的工业级元器件。从期刊中可以知悉，许多消费者长期使用工业 ECB，包括有限筛选的工业产品①。

但这一过程的副作用是，专门针对军事和航天应用领域的 ECB 市场规模正在显著下滑，图 1-5 给出了相关的市场份额统计数据。2000 年，军用和航天市场在 2500 亿美元的全球市场份额中的占比还不足 1%。

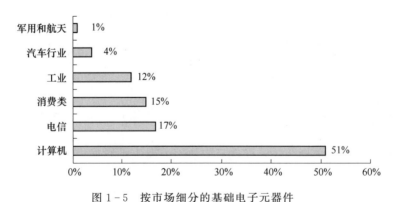

图 1-5　按市场细分的基础电子元器件

工业、军用和航天应用 ECB 的成本及交付时间的对比评估参见表 1-4。

---

① 相当于美军标的 JANS 级。——译者注

表 1-4　不同质量等级的 ECB 的价格和供应条款

参数	工业 ECB	军用 ECB	航天 ECB
ECB 价格	低	中等	最高
装备一个 ECB 控制场所的费用		中等	低
辐射耐受测试费用	中等（测试是必要的）	中等（选择性测试）	低
拟订规格书的费用	高（大量的规格，信息最少）	中等（信息和技术材料，简要模拟规格）	低（规范随 ECB 提供，但需要翻译）
准备许可和证明文件的费用	高	中等	低
现代 ECB 购买的可能性	高	中等	低
在规定期限内交货的概率,%	95（从仓库发货）	40	0～5（禁运）

工业级 ECB 的优势是：

1）重量可减小 60%；

2）体积可节省高达 70%；

3）产品种类繁多，对于每一个列入美军标 QML 清单的 ECB，有多达 100 种达到工业质量等级的对应产品；

4）新技术与新设计的快速升级换代；

5）许多标准工业级 ECB 清单中包含的产品没有出现在美军标 QML 清单中。

图 1-6 显示了用于商业和军事应用的功能相似的元器件。应该考虑到这一方法的经济因素。在 2010 年，塑料封装 74AC 产品的成本为 0.76 美元，还可以快速从库存发货，而同类的 MIL-M-38510 S 级陶瓷封装的 NSC 54AC 电路交货周期在 32 周以上，且价格为 132 美元。

新的设计特性及参数通常会作为标准的产品性能指标最先出现在商业市场中供消费者使用。根据军用标准要求，一般需要 6～12 个月的时间完成对这些产品的鉴定。为了设计出最高效和高性能的航天电子设备和电子产品，REE 开发人员经常会选择最新型的 ECB。有时这些产品只能在商业市场上买到。

值得注意的是，除了上述优点之外，使用工业级 ECB 也带来了一些问题。

首要的问题是工业级 ECB 的质量和可靠性方面的统计离散性大，几乎无法找到反映质量的特征指标。通常没有关于可靠性定量指标的具体信息，也没有军用产品应有的严格装配和质量控制，并缺乏关于工业级 ECB 可靠性的有效数据。

另一个问题与所设计电子产品的重量和尺寸有关（见图 1-6），即工业级 ECB 使用非密封的封装。PEM 是塑封微电路的缩写。由于 PEM 通常为非密封的封装，所以需要对棘手的气体释放问题加以关注。

客户必须对工业级 ECB 实施抗辐射测试，但有限批次所获得的数据通常不能反映实际批次的产品特性。同时也有必要考虑到工业级 ECB 较短的生命周期，如某些工业级 ECB 的市场生命周期只有 6 个月。

但是，如果航天应用 REE 的开发人员决定使用工业级 ECB，则须对以下建议加以考虑。

在对工业级 ECB 产品进行自行评估时，应该通过有针对性的筛选对相关产品的信息开展详细确认，以完全确定其质量。要做到这一点，必须使用自己的或借用的累积测试结果数据。建议在生产制造整批次的 REE 设备过程中使用相同批次的 ECB 产品。几乎每种规格型号的产品都有一个测试结果数据库，其中包括一致性和可靠性等参数。美军标的 B 级、M 级和 883 级都属于此类产品。

在塑料和陶瓷封装工业级 ECB 产品批次的重复性和一致性有足够保证的前提下，可在新设备的开发过程中采纳上述关于工业级 ECB 的应用建议。

设计师应熟悉航天器中能够提供最大辐射防护的区域，从而确保将仪器放置在航天器上时，可为辐射敏感的元器件（存储器和 CPU）提供最佳防护。此类设备通常安装在防辐射结构遮蔽部位，从而有效增加可利用的金属屏蔽厚度。为了提高系统的可靠性，我们建议使用两倍或三倍的冷备份冗余。

(a)　　　　　　　　　　　　　(b)

图 1-6　用于商业（a）和军事应用（b）的产品外观

对子系统进行热循环测试或高温工作测试可有效提高发现产品早期失效的可能性。所以，应将此类检测方法纳入相关测试程序。

通常，为提高系统的可靠性会引入不必要的冗余（增加了安全系数），使得工业级 ECB 产品在重量和尺寸方面的优势被削弱。

为了实现航天系统自身的可靠性，建议按照文献［9］中的方法，在子系统一级、在模拟运行条件下进行额外测试，以便发现早期故障，如图 1-7 所示。

综上所述，简要总结如下：

1）工业级元器件已成功应用于航天工业。通过使用工业级元器件可有效缩减项目的总成本。在某些情况下，使用进口新型工业级电子元器件可以为诸如系统减重和功能提升等提供独特的解决方案。

2）由于工业级元器件的断档和无预告的设计更改发生的可能性更高，所以对工业级元器件的使用务必谨慎对待。同时，需要对工业级元器件的各个方面进行监测，特别是其抗辐射特性。

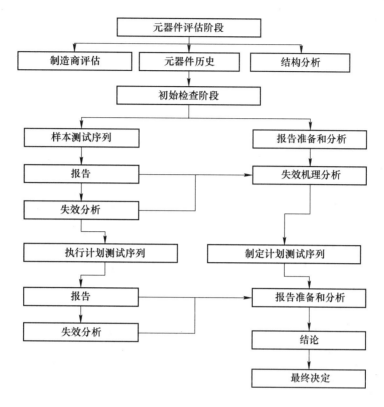

图 1-7　航天用工业级元器件的筛选程序

1.4　伪造微电子产品及其甄别方法

1.4.1　伪造电子元器件的分类

伪造电子元器件对组装消费电子系统以及工业和军用设备构成严重威胁[10—12]。其中一些是原装产品的复制品（克隆），其他的（在铭牌上有虚假或伪造的标识，如同伪造被盗车辆的车牌一样）则被伪装为昂贵的原装产品。例如，将用于家用电器生产的元器件作为用于军用和航空航天设备的元器件交付，而后者有着更严格的要求。即使是具有正确独立样品数量的原产宇航级产品，当对其进行重复使用时，也将其视为伪造产品。

众所周知，伪造的元器件会导致设备的故障和失效。其使用将会威胁到人民的健康甚至是整个国家的安全，也有损相关公司的声誉，并降低许多有苛刻应用要求的系统的可靠性。

用于检测伪造产品的现代标准确定方法[13]可适用于市场上已有的元器件。这些标准通常只适用于两种类型的伪造产品，即被重新标记（以新生产元器件的名义使用和销售）和非法（无生产许可证）生产的产品。这些伪造产品实际上都不符合技术要求。然而，上述标准并不适用于所有非法生产的元器件，比如对克隆或复制的元器件，上述方法就没有任何效果。目前，防伪方法已经应用于现代集成电路的安全保护，包括使用芯片上的特殊传感器等，以便于区分哪些是旧的元器件，哪些是尚未使用的元器件[14]，也可以通过为每个芯片生成唯一的识别代码使用物理不可克隆的功能[15]。

下面我们将更详细地讨论已知的伪造元器件种类。伪造电子元器件可分为以下几种情况：

1）元器件是对正品的无许可证（盗版）复制；

2）元器件不符合元器件原始制造商规定的设计、模型和应用质量标准；

3）元器件不是由经过认证的制造商生产的（或由未经授权的承包商生产的）；

4）元器件不符合产品规范，是有缺陷或用过的物品，却冒充全新的产品；

5）元器件有无效或伪造的标记或证明文件[16]。

与此相应，根据伪造产品的鲜明特征，国内个别研究实验室利用自身的内部分类将其分为七大类，分别是被重复使用、被重新标记、有缺陷、非法生产（如超过合同数量）、克隆、非法修改（翻新）的产品以及伪造文件的元器件。

被重复使用和重新标记的元器件通常包括从印制板上拆解下来的元器件，或者对失效产品的外观进行重新打标。还有将芯片从封装中取出后，再将其植入另一个有正常标识的封装中。这些元器件打着新产品的旗号在公开市场上销售。它们可能根本不能工作或不符合制造商的产品规范要求。由于此类元器件在之前的长期使用中已经产生了内部（隐藏）缺陷，再次使用将极大地降低系统的可靠性。有两种类型的重新打标元器件。第一种包括功能相同的元器件，标识为廉价（知名度较低）生产商生产的产品。第二种被标识为更高等级的新生产元器件。例如，将一个新的工业级元器件标记为军用级（用于生产军事设备）或宇航级（用于航空航天工程）。

非法生产（未经许可）的元器件包括制造商生产的产品，这些制造商拥有开发者的知识产权，他们绕过与设计中心的主要合同约定，设计、制造、封装并在公开市场上销售元器件。由于此类元器件通常未经过由开发人员所确定条件下的测试，所以它们不能保证自身可靠性。

另一种类型的伪造元器件是未经授权制造交付的不合格产品，或是已被主流制造商筛选剔除掉的有明显缺陷的元器件。

克隆元器件是由未经合法授权的制造商生产的不具备知识产权的产品。克隆也经常通过反向设计开展研制生产，可能涉及专利侵权。

伪造产品证明文件可能是最简单和成本最低的伪造方式，其中包括使用客户所需的产品规范替换真实产品的产品规范。在某些情况下，伪造文件的芯片在来料检查的测试阶段就会被发现。然而，这是一种非常昂贵的方法，在没有原始元器件制造商所使用的昂贵的测试仪器和测试程序的情况下，几乎不可能实现。

最后还有一类伪造元器件，是指被非法更改过的 IC，其中包含那些存在设备瑕疵（Bug）的产品。打个比方，这类元器件在任务系统中就像是延时启动的地雷。通常此类元器件是在专门的技术机构的指导下，通过特殊渠道实施设计制造。人们绝不可低估对此类技术机构的专业能力。而使用了此类伪造元器件的系统也将存在巨大的安全隐患。

1.4.2　甄别伪造产品的有效方法

由于伪造元器件的种类繁多，缺陷类型千差万别，加之造假策略不断推陈出新，使得识别伪造元器件已经成为一个极为复杂的问题。一旦出现识别某类伪造产品的新方法，造假者就会反过来发明规避此项检测的新手段。既然简单的检测不能辨别产品真伪，就必须采取一整套昂贵且复杂的测试来甄别伪造产品。这些方法可分为三类，即物理化学测试、外部条件影响测试和电学测试。

物理化学测试通常对元器件组成成分的物理和化学特性进行分析，包括封装、引脚、芯片等，其研究分为以下四类：

1）通过使用视觉监测手段（显微镜、成像仪等）的外部目检，对产品外观的每个细节进行彻底检查与记录；

2）通过封装分析进行产品检验，对某些封装部件进行测试。如果检查结果与有关要求存在偏离，相关样品将接受下一阶段的测试。封装检查主要是检查产品是否有重新标记或翻新处理的迹象，表现为涂黑（Blacktopping）、喷砂精加工或平面研磨。在第一种情况下，对微电路封装的塑料表面进行机械抛光，直到原始标记的痕迹消失，然后将清洁的表面涂上黑色环氧树脂，再印刷（雕刻）一个新的编号和独特代码。为了去除元器件表面的标记，除了机械抛光外，造假者还使用不同类型的精细物质进行湿化学微喷砂。第三种方法在"地下工厂"中应用时，使用的是一种特殊的机器，它有一个低速旋转的抛光轮，并将松散的混合物低压涂抹在表面上，在此基础上对微电路封装表面进行逐步加工（更新）。为了避免留下抛光的痕迹，抛光轮在微电路封装的处理表面按 8 种形状运动。当检查一个封装表面的标记或新的涂层时，可以使用活性化学溶剂快速去除制造商使用的顶部油漆层，以暴露出微电路封装的原始表面。由于使用化学品属于破坏性试验，这种类型的测试通常是在一个批次中随机选择部分样品开展。

3）剥除封装是一种用于检查产品内部的方法，完全去除封装或绝缘的外部保护层，暴露内部结构，以辨别元器件的真伪。在某些情况下，专家使用 X 射线进行内部结构分析。

4）对所涉及材料进行全面的结构和形态分析，包括对元器件化学成分的分析。分析方法主要有 X 射线荧光（XRF）、傅里叶变换红外光谱（FTIR）、拉曼（Raman）光谱和能量色散光谱（EDS）。当使用 FTIR 和 Raman 方法时，也同时测定了材料的红外光谱。

有些测试手段可用于识别以旧充新的元器件，来料控制便是其中之一。首先，是暴露环境因素测试（热循环、抗振动、热冲击、机械测试和水压测试）。这些测试可以发现与产品的可靠性或质量有关的问题。然后，再将被测元器件置于一定的电负载条件下，以确定其物理和电学特性。一般来说，根据这一系列测试结果对相关产品是否可以使用进行决策，这对于测试机构和产品用户来说都是一个重要挑战。因为这需要明确界定各种失效的原因，进而确定相关产品是一个伪造的产品或是质量低下的元器件。不管怎样，上述测试都实现了对缺陷产品的筛选。

电学测试方法主要用于确定被测元器件的相关功能、性能规范的符合性。不同的测试方法适用于不同类型的元器件，包括模拟电路、微处理器、现场可编程门阵列（FPGA）、存储器 IC、接口 IC 等。大多数现代数字 IC 和模拟 IC 都需要额外的自动化测试设备。

电学测试分为以下几种类型：

1）进行参数测试，以直流（DC）和交流（AC）方式测量半导体芯片的所有参数值。这些测试包括电气连接可靠性测试、功耗测试、输出（负载）电流测试、阈值电压、电压信号的上升沿和下降沿时间等。最终将测试值与产品规范规定的标准值（典型值和边界值）进行比较。

2）功能测试是确定元器件实际性能的最有效方法，可能也是最昂贵的方法。因此，为了检查 IC 存储器在各种模式下的性能，需要在测试期间执行存储器读/写操作的能力。例如，MARCH 类型测试用于识别伪造的存储电路。另一个例子是用于识别伪造的微处理器的 F_{max} 功能分析，即在此测试过程中，典型的克隆 IC 和二手元器件的性能会低于正品的表现。

3）强制失效试验是通过使元器件在高温条件下运行，以检测其不可靠的早期和意外故障。具体实现方法是根据功能算法向放置于高温箱中的被检测 IC 发出各种指令序列。该方法是基于高温会加速各种物理缺陷暴露这一原理。

4）强度测试也是发现不合格产品的潜在制造缺陷有效方法。然而，这些测试的有效性可能很低，因为 IC 设计中心通常不提供测试所必需的 IC 内部电路布局布线信息。

针对伪造电子元器件的检测方法研究仍处于发展的早期阶段，为提高现有的防伪方法的效率，还需要解决许多问题。有必要采取更有效的方法来阻止伪造产品的广泛传播。因为除了航天和军事装备的电子系统之外，在现代电子生命维持系统中也可能用到伪造产品。例如 2011 年 12 月，美国国会签署了《国防授权法案》（NDAA2012）[17]。该法案的第 818 条规定了美国国防部检测伪造元器件的新要求，以及实施必要的风险评估技术，以最大限度地降低使用伪造产品的可能性。

应关注 SAE AS6171、CTI CCAP - 101 和 IDEA STD - 1010 等检测和避免使用伪造元器件的新标准。这些标准主要用于识别两种类型的伪造产品（重新标记的二手元器件和不符合技术规范要求的非法生产的元器件），而并不适用于其他类型的伪造产品。此类测试缺乏系统性，也不是基于基准测试。大多数此类测试是在非自动化的手工方式下进行的，检测结论很大程度上取决于主观评估和专家对测试结果的解释。有时，一个实验室证明芯片是伪造的，另一个实验室却证明是正品，而评估结论存在如此大的分歧将给消费者带来灾难性的后果。此外，针对某些特定类型的伪造产品（通过非法手段生产的、克隆或再加工的元器件）测试时，也难以形成明确的结论。用任何已知的测试方法都难以充分判定被测样品的真伪，而时间和成本也是阻碍标准的防伪方法实施的主要因素。

目前使用的一些破坏性物理方法要求对试验样品进行精细的制备，并要求具备实施完整统计测试所需的丰富的随机抽样经验。最后，为防止伪造产品进入分销渠道，已开发专用的防伪设计方法，从而简化了 OCM、OEM 厂商以及该领域检测实验室的工作。

1.4.3　航天应用微电子产品的电学测试

电子元器件制造技术日益复杂，需要使用更复杂的检测手段来识别伪造产品。封装相同且具有用户所需的产品标识的伪造元器件的外观与正品完全相同，甚至可以通过功能和参数测试。这使得通过对封装进行外部目检甚至是打开封装的内部目检都不足以识别伪造产品。为此，需要一个更全面的测试方案来加以辨别。

完整的分析方案包括认证最小设计规则、物理尺寸、随附文件中规定的芯片上的所有标签（标识）以及荧光分析和电学测试。

在此仅详细讨论一种最常用的识别伪造产品的方法——电学测试。

我们以新泽西州微电子测试公司（NJMET）的经验为例，该公司在分析程序"冒名顶替者任务"（Mission Imposter）中开发并使用了许多特定的测试，该程序旨在识别出伪造电子元器件。

根据电学性能与温度的关系进行测试是一种常见的手段，它用以确认产品的功能和参数在供应商推荐的工作温度范围内与相关规范要求的符合性。电学测试的目的是确定每个产品的真实质量。测试程序用于验证元器件的功能和参数特性。由于在测试期间获得的数据是完整全面的，因此可用于在无法使用其他分析方法的情况下对伪造的元器件进行有效识别。

如上所述，应用该类测试的关键之一是如何选择最适合于这种分析的测量指标、控制方法以及测试设备。

首先，为了实现上述目标，不能使用标准的（用于半导体元器件生产）测量和控制设备，因为标准生产设备不具备所需功能，即根据所设计的数据处理算法，对芯片上的所有内部元器件及其互连进行最大覆盖率检查，以确保最好的测量性能。有时，这些测试设备可以很容易地发现伪造产品的痕迹，但不能提供功能和参数数据。其次，新的测量设备允许将每个输出参数与另一个已知标准元器件（参考）的参数进行比较。在这种情况下，只测试了输出端和地之间以及输出端和电源之间的电压，以及每个输出相对于其他接地点的电压。因此，需要专用的测量设备来开展高质、高效的电学分析。

因此，根据测试 I - V 特性的方法，将电压施加到正品微电路的每个输出端并测量电流，从而可以创建输出阻抗曲线。然而，这种确定某些类型元器件特征的有效方法无法测试产品的功能。此外，测试还需要一个经过充分测试的参考（正品）IC 的设计。这种方法对于检测静电放电引起的损伤是有效的，但不适合作为功能测试手段。

完整的电子元器件电性能测试需要最充分的测试来获取和记录所有主要功能和参数数据。最合适的电学测试方法包括使用可以执行几种不同的功能和参数测试的专用自动化 IC 测试设备。

这些自动化测试装置可以根据给定的程序快速地进行自动测试并判定测试结果。该系统通常由 10 个相互连接的复杂工具组成，用于自动测试和诊断封装、晶圆甚至板上电子元器件的故障。这些测试系统不仅广泛用于航空电子设备和航天应用集成电路的测试，也广泛用于汽车电子模块、雷达和无线系统、医疗电子设备和工业应用设备的测试。

应用这些系统进行分析的一个重要特点是，电学测试期间，在电子元器件和测控设备之间创建一个接口。独立的测试和测量由 PC 端控制，它协调开展特定的功能和参数测试。此类测试由元器件制造商或专门的测试实验室负责实施。无论采取何种方式，对航天应用 IC 的测试结果，都需取得最终客户的认可。

测试设备与控制 PC 之间的通信通过并行和串行接口实现，其中就包括通用接口总线（GPIB）。然而，现代技术已经要求使用通用串行总线（USB）、PXI、VXI 和 LXI/以太网端口等具有更强大功能的接口。

测试程序和测试设备就绪后，即可实施元器件测试工作。初始测试均在 25℃下进行，而对于在特定极端温度下的元器件的后续测试，可通过使用精密温控系统（PTFS）或借助液氮实现。

精密温控系统使用压缩空气和定制的硬件实现低至 −100℃ 的低温测试环境及高达

300℃的高温环境。与以前使用的高低温箱不同，作为向 IC 封装传递热量的环境，现代 PTFS 使用氟碳化合物填充腔室，测试过程中被测试模块将被浸入设定温度的氟碳化合物中。优选的氟碳化合物可在极端温度下提供实施测试所需的黏度。

表 1-5 列出了国外各检测中心针对不同应用场景对电子元器件进行检测时所使用的温度范围。例如，军用或航空航天设备所使用的元器件（微电路、晶体管、二极管）需依次经历在 25℃、125℃ 及 -55℃ 的环境温度条件下的电性能测试。其中任何一个功能或参数测试未能满足规范要求，产品均被判定为不合格。

表 1-5　电子元器件测试的类型和温度范围

元器件的用途	温度/℃	测试类型
商业目的	0～70	功能和参数测试 DC/AC
工业设备	-40～85	功能和参数测试 DC/AC
汽车电子	-45～110	功能和参数测试 DC/AC
军事/航空航天设备	-55～125	1-11 分组
空间设备	-65～150	1-11 分组

表 1-6 至表 1-9 列出了用于检测伪造产品的标准测试。

表 1-6　在测试温度范围内控制的数字 IC 的标准电学参数

所测参数（国际名称）	所测参数（俄语名称）
导通性测试	Проверка целостности соединений
VOH-输出高电平	Высокое выходное напряжение
VOL-输出低电平	Низкое выходное напряжение
IIH-输入电流，高电平（漏电流）	Входной ток при высоком логическом уровне сигнала（утечка）
IIL-输入电流，低电平（漏电流）	Входной ток при низком логическом уровне сигнала（утечка）
IOH-输出电流，高电平（输出电流）	Выходной ток при высоком логическом уровне сигнала（вытекающий）
IOL-输出电流，低电平（输入电流）	Выходной ток при низком логическом уровне сигнала（втекающий）
IOS-输出短路测试	Тест выходного тока короткого замыкания
ICEX-输出高漏电测试/集电极截止电流	Тест тока утечки на выходе/обратный ток коллектора
ICCL-电源电流（输出低电平）	Ток потребления（на выходе - низкие логические уровни）
ICCH-电源电流（输出高电平）	Ток потребления（на выходе - высокие логические уровни）
ICCZ-电源电流（输出 3 态）	Ток потребления（выходы в третьем логическом состоянии）
ICCQ-静态电流	Собственный ток потребления
BV/IBVI-输入击穿电压/电流	Входное напряжение/ток пробоя
IOZH-3 态输出电流高	Выходы с тремя логическими состояниями; выходной ток при высоком логическом уровне

续表

所测参数（国际名称）	所测参数（俄语名称）
IOZL – 3 态输出电流低	Выходы с тремя логическими состояниями; выходной ток при низком логическом уровне
VIH –输入高电压	Высокое входное напряжение
VIL –输入低电平	Низкое входное напряжение
VIK/VIC –输入钳位二极管电压	Входной ограничительный диод
IOFF –关态输入/输出电流	Входной/выходной ток в выключенном состоянии
IOD –输出驱动电流	Выходной управляющий ток
功能测试	Функциональный тест
AC 动态测试（时序）	Динамические характеристики（синхронизация）

表 1 – 7　在温度测试期间测量的双极晶体管的标准验证参数

所测参数（国际名称）	所测参数（俄语名称）
ICBO –集电极截止电流	Обратный ток коллектора
IEBO –发射极截止电流	Обратный ток эмиттера
ICES –集电极截止电流	Обратный ток коллектора
ICER –集电极截止电流	Обратный ток коллектора
ICEX –集电极截止电流	Обратный ток коллектора
VF –正向电压	Прямое напряжение
BVZ –齐纳电压	Напряжение туннельного пробоя p – n – перехода
BVCBO –集电极-基极击穿电压	Напряжение пробоя база – коллектор
BVCEO –集电极-发射极击穿电压	Напряжение пробоя коллектор – эмиттер
BVEBO –发射极-基极击穿电压	Напряжение пробоя база – эмиттер
BVCES –集电极-发射极击穿电压	Напряжение пробоя эмиттер – коллектор
VCE（sat）–集电极-发射极饱和电压	Напряжение насыщения эмиттер – коллектор
VBE –基极-发射极电压	Напряжение эмиттер – база
VBE（sat）–基极-发射极饱和电压	Напряжение насыщения эмиттер – база
HFE –直流电流增益	Коэффициент усиления по постоянному току

表 1 – 8　二极管标准验证参数

所测参数（国际名称）	所测参数（俄语名称）
VF –正向电压	Прямое напряжение
BVZ –齐纳电压 BVR –击穿电压	Напряжение туннельного пробоя p – n – переходаНапряжение пробоя
IR –反向电流	Обратный ток
ZZ –齐纳阻抗	Полное сопротивление диода при лавинном пробое
ZZL –齐纳阻抗	Полное сопротивление диода при лавинном пробое

表 1 - 9　场效应晶体管的标准控制参数

所测参数（国际名称）	所测参数（俄语名称）
BVGSS -栅源击穿电压	Напряжение пробоя затвор – исток
VDS（on）-漏源电压	Напряжение сток – исток
BVDSS -漏源击穿电压	Напряжение пробоя сток – исток
RDS（on）-静态漏源导通电阻	Статическое сопротивление исток – сток в открытом состоянии
IGSS -栅极反向电流	Обратный ток затвора
GFS -正向跨导	Проводимость в прямом направлении
IDSS -零栅极电压下漏极电流	Начальный ток стока при нулевом напряжении затвора
VSD -二极管正向电压	Прямое напряжение диода
VGS -栅源电压	Напряжение исток – затвор

在所采购的一批元器件中同时含有正品和伪造产品的情况极为少见。图 1 - 8 中展示了两批此类产品。其中的伪造产品尽管外观存在明显不同，但所有伪造元器件都有原始编号。

(a) 伪造元器件　　　　　　(b) 原厂元器件

图 1 - 8　从同一目录编号下接收的用于测试的元器件

为了更好地理解专业测试设备的分析工作，表 1 - 10 和表 1 - 11 分别显示了伪造产品和正品的测试结果，即 A 批次产品未通过 T4、T5、T6 和 T7 测试，而 B 批次则通过了所有 7 项测试。

表 1 - 10　来自 A 批次的测试结果（T4、T5、T6、T7 测试失败）

ST＃ 3 SORT＃ 2 RTN＃ 75T SER＃ 1

T1；IEV＝88. 80 mA T2；IBV＝88. 00 mA T3；ICV＝86. 80 mA

FT4；ICBO＝O. R. FT5；VCE＝O. R. FT6；HFE＝O. R.

T7；HFE＝O. R.

STA＃ 3 SORT＃ 2 RTN＃ 75T SER＃ 2

T1；IEV＝88. 50 mA T2；IBV＝88. 00 mA T3；ICV＝87. 20 mA

FT4；ICBO＝204. 8 NA FT5；VCE＝O. R. FT6；HFE＝O. R.

T7；HFE＝O. R.

STA＃ 3 SORT＃ 2 RTN＃ 75T SER＃ 3

T1；IEV＝88.50 mA T2；IBV＝88.00 mA T3；ICV＝87.20 mA

FT4；ICBO＝O.R. FT5；VCE＝O.R. FT6；HFE＝O.R.

T7；HFE＝O.R.

O.R.＝out of range.

表 1－11　来自 B 批次的测试结果 （T1～T7 测试通过）

STA＃ 3 SORT＃ 1 RTN＃ 75T SER＃ 1

T1；IEV＝88.00 mA T2；IBV＝87.40 mA T3；ICV＝86.60 mA

T4；ICBO＝5.000 pA T5；VCE＝63.50 mV T6；HFE＝153.9

T7；HFE＝153.9

STA＃ 3 SORT＃ 1 RTN＃ 75T SER＃ 2

T1；IEV＝88.00 mA T2；IBV＝87.40 mA T3；ICV＝86.80 MA

T4；ICBO＝5.000 pA T5；VCE＝63.50 mV T6；HFE＝160.5

T7；HFE＝159.0

　　据了解，没有一种通用的检测方法可以确保对伪造产品完全识别。由于电子元器件及其应用场景各不相同，所以相应测试方案 （程序） 必须考虑这些差异。伪造元器件的识别工作会用到全部的测试方法，但即便采取了上述所有的测试计划和测试设备，所获得的数据也往往不足以可靠地识别伪造产品。

　　将功能测试和参数测试方法用于识别伪造元器件已有 40 多年的历史，在一定程度上抑制了伪造产品在电子行业的传播。由于受到时间和经费投入的限制，虽然按照相应产品规范对每个产品进行功能和参数测试似乎不可行，但由测试实验室和元器件用户联合进行的测试可以显著降低伪造产品进入俄罗斯战略系统的风险。众所周知，现代伪造电子元器件在某些环境条件下可以正常工作，但在其他条件下则有可能无法正常工作。通过在较大的温度范围内对产品进行功能测试和参数测试，能够大幅提升客户对被测产品是否为正品的了解程度。

　　购买伪造元器件的风险可以通过遵循一个简单的规则来规避，即仅通过官方供应渠道进行采购，产品制造商网站上提供了授权分销商名单。通过官方渠道 （免去中间商） 采购元器件至少有两个好处：100％的质量保证和更低的价格。

　　本章将会在下一节深入讨论为高可靠性的电子设备和系统选择国外制造的 ECB 时需要考虑的一些重要事项。

1.5　俄罗斯航天器在选择和应用国外处理器方面的特点

1.5.1　国外处理器在俄罗斯航天器中的应用情况

　　现代航天器机载计算机系统的功能非常灵活，可实现对有效载荷系统和航天器平台信息的控制和处理。对机载数字综合计算机 （On－Board Digital Computer Complexes,

ODCC）在设计和生产过程中对可靠性和所选电子元器件的特性要求均在相关国家指南和工业标准中被明确规定。

在 ODCC 的 ECB 列表中，微处理器占据了一个特殊的位置。因为其体积小，功耗低，功能强大，并具有相应的接口，它们是所有机载计算设备的核心。

在过去 25 年中，各种具有不同架构、功能和应用软件开发工具的俄罗斯国产或进口微处理器已经作为俄罗斯国内航天设备的一部分接受了测试。基于它们在标准 ODCC 中的表现，可以总结如下几方面的不足[18]：

1）有效载荷系统和航天器平台级别的技术解决方案缺少统一性和连续性；

2）所选用的商用和工业用微电路的可靠性低；

3）缺少现代航天机载设备所必需的基本嵌入式接口（SpaceWare、CAN、MIL‑STD‑1553V、JTAG、Telemetry & Telecommand 接口）；

4）由于开发人员不能按照需求选择特定配置，导致微处理器电路设计的灵活性不足；

5）多核处理器的实现问题以及流水线多处理器配置效率不足的问题；

6）在 ODCC 级别嵌入式软件与应用软件的异质性问题；

7）单独的微处理器及 ODCC 级嵌入式自测系统的不完善问题。

"21 世纪第一个 10 年的中期"或"2005 年左右起"以来，欧盟和美国的航天工业已经在 ODCC 设备中广泛使用 Aeroflex Gaisler 公司（瑞典和美国）开发的 Leon 系列微处理器。

2007 年，该处理器的第一个版本在 PLD RTAX 200s 上实现，其时钟频率为 25 MHz。2009 年，时钟频率为 75 MHz 的全新一代微电路 UT 699 被发布。2011 年，一种双核处理器 GR 712（140 MHz）上市。欧洲空间局和美国国家航空航天局认证并推荐将 UT 699 和 GR 712 应用于 ODCC。2014 年，Aeroflex 公司宣布推出首批四核处理器 NGMP（400 MHz）。

由 ESA 订购并由 Aeroflex Gaisler 公司于 2008 年开发的处理器 Leon 2FT 的升级版本也被 Atmel 在其 AT 697 中应用，但由于多种原因（包括这些公司在太空领域 ECB 市场的竞争）其并未被 ESA 采用，Aeroflex Gaisler 公司的产品库也不再支持这款产品。

Leon 3FT 的现代基础版本是一个基于 SPARC V8/V9 架构和 AMAB 总线的、具有模块化容错功能的 32 位微处理器。Aeroflex Gaisler 公司同时设计了现已商用化的微处理器 IP 核单元库。其设计环境包括 GRMON、TSIM、GRSIM 和包含 6U/3U 板（Leon 3 UT 699 或 Leon DR 712）的硬件原型设计套件，同时包含带有嵌入式电源和连接器 [RASTA、以太网/SpaceWire 路由桥（Space Wire Routing Bridge）、CCSDS/ECSSTM 和 TCEGSE] 的桌面设计模块[18]。

1.5.2　UT 699 和 GR 712 微处理器的版本和鉴定

Leon 3FT 的电路设计实现分为两个版本，一个是基于 PLD 的微处理器，另一个则是基于 ASIC 的微处理器，该处理器又可分为 UT 699 和 GR 712 两个版本。开发人员可以根据微处理器实现途径的差异而选择不同版本的库（IP 核）。

GRLIB（IP 核库）对 PLD 和 ASIC 两种模式的处理器均可适用。此外，GRLIB 还可以定制为容错版本（同时适用 PLD 和 ASIC）。通常，GRLIB 所有的免费（演示）版本都不是 FT 版本。还应注意的是，处理器的抗辐射版本需要使用抗辐射 PLD 或抗辐射硅单元库，这些抗辐射硅单元库应当针对适合的 250nm、130nm 或 65～45nm 工艺（分别对于 UT 699、GR 712 或 NGMP 处理器）。

不同版本处理器的时钟频率［从 25MHz（PLD）到 75～140 MHz（UT 699 和 GR 712）甚至高达 400 MHz（UGMP）］和性能各不相同。

根据美国国防部和美国国家航空航天局对应用于军事（QMLQ）和太空领域（QMLV）的微电路的鉴定要求（MIL - PRF - 38535、MIL - PRF - 38534、MIL - STD - 883），被认定为 QML 微电子产品制造商的 Aeroflex，其产品都会被纳入 QMLQ 和 QMLV 类产品。为了降低这些类微电路在原型设计和调试阶段的成本，Aeroflex 公司还提供了一个原型产品，即一个具有完整功能和结构的、与 QMLQ/V 版本类似的微电路，该电路芯片和航天微电路产自同一片晶圆，但其功能测试是在室温下进行的。

UT 699 和 GR 712 版本微电路具有原厂承诺的抗辐射特性（根据 MIL - STD - 883 标准），采用金属和陶瓷封装，能够适应－55～＋125℃的军用温度范围，允许的累积辐射剂量为 100～300 krad（Si），并且在＋125℃下对闩锁效应的抵抗能力超过 115MeV · cm^2/mg。抗辐射布局（例如，单个逻辑单元包含 12 个晶体管）和嵌入式系统确保了对单个重带电粒子（HCP）效应的耐受性，该嵌入式系统用于检测和纠正芯片上所有类型存储器的失效情况。

1.5.3　Leon 3FT 系列 UT 699 和 GR 712 微处理器的架构和硬件特性

图 1 - 9 和图 1 - 10 分别显示了 UT 699 和 GR 712 微电路的架构[18]。

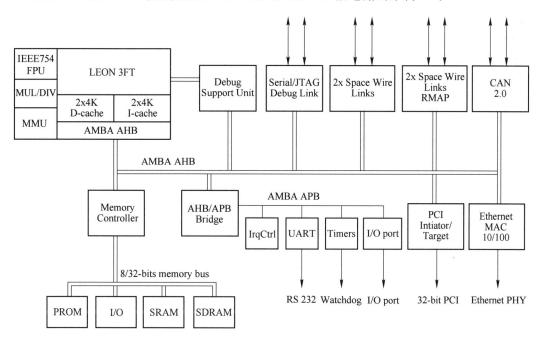

图 1 - 9　UT 699 架构[18]

所呈现架构的共同特征如下：

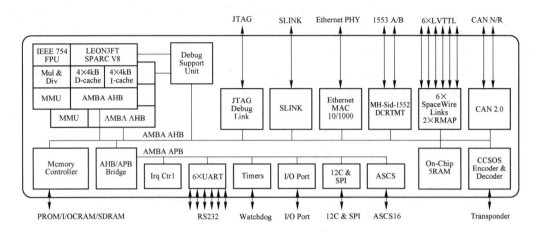

图 1-10　GR 712 架构[18]

1）具有 7 级流水线的 CPU；

2）SPARC V8 指令集；

3）IEEE 754 FPU；

4）乘法和除法硬件模块；

5）CAN2.0，以太网 MAC 10/100，PCI，带有 LVTTL 的 SpW，JTAG，RS-232 接口（两个处理器中的接口数量有所不同）；

6）通过 JTAG 接口进行嵌入式诊断；

7）优先访问 AMBA 总线（AHB 总线的高速段和 APB 总线的外围段）；

8）8/32 位控制器，可用于可编程只读存储器（PROM）/静态随机存取存储器（SRAM）/同步动态随机存取存储器（SDRAM）/外部存储器（通过 DMA 和 CPU 交换数据）；

9）用于检测和纠正 PROM 和 SRAM 存储器中错误的 7 位 BCH 电路；

10）16 位 Reed-Solomon SDRAM 存储器；

11）无需外部存储器即可配置处理器的能力；

12）处理器内核电压为 1.8V，I/O 缓冲器电源电压为 3.3V。

双核 GR 712 和单核 UT 699 的主要区别如下：

1）具有对称多处理（SMP）的 2 个 Leon 3FT CPU；

2）32 KB 高速缓存，每个字有 4 个奇偶校验位（UT 699 只有 16 KB）；

3）每个 CPU 含有独立浮点单元；

4）嵌入式诊断和通过 SpW 接口访问的能力；

5）1553B BC/RT/BM，SATCAN，SPI I2C SLINK，ASCS16，支持 Reed-Solomon 编码的 CCSDS/ECSS TS&TM 接口。

6）使用嵌入式软件控制的开关矩阵配置特定微处理器应用的接口（因为 240pin 的封装不能保证芯片全部接口能力）；

7）用于初步检测和分析程序各分支节点的模块；

8）SPARC V9 SASA 指令集；

9）指令速度 150 MIPS/125 MFLOPS@125 MHz（CPU）；

10）片上 SRAM 150 DMIPS/核；

11）基于 Whetstone 基准测试程序的 55 MFLOPS/核。

应当考虑到，当一个 CPU 在 100 MHz 频率下工作时，其满载功耗为 1W，待机模式下功耗为 0.5W（对于两个 CPU 而言都是如此）。

表 1-12 显示了在测试期间确定的 UT 699 和 GR 712 处理器的性能比较。2 个处理器配置了 32 位 SDRAM，并在 50 MHz 的时钟频率下执行了一组包含 12 个标准程序的集合。表中的数据都是相对于 AT 697 的测量值给出的，AT 697 测量值由 Atmel 相关文档提供[18]。

表 1-12　UT 699 和 GR 712 处理器性能测试对比

测试程序	AT 697	UT 699	GR712
164. gzip	1	0.94	1.1
176. gcc	1	0.79	0.97
256. bzip2	1	0.93	1.06
AOCS	1	1.2	1.52
Basicmath	1	1.3	1.46
Coremark，1 thread	1	0.89	1.09
Coremark，4 threads	1	0.89	2.05
Dhrystone	1	0.94	1.05
Dhrystone，4 instances	1	0.94	1.61
Unpack	1	1.2	1.26
Whetstone	1	1.94	2
Whetstone，4 instances	1	1.94	3.7

1.5.4　微处理器 Leon 3FT 编程特点

为 Leon 处理器提供的软件工具环境包括以下工具集[18]。

（1）标准工具

1）汇编语言、C 和 C++的交叉编译器；

2）实时操作系统。

（2）Aeroflex Gaisler 开发的工具

1）GRLIB IP 核库；

2）适用于 Windows 和 Linux 的 GRMON 集成工具环境；

3）TSIM（Leon 3）和 GRSIM（Leon 4）仿真器。

软件环境的技术实现顺序如下：

1）将汇编语言、C 或 C++的源代码预编译为中间代码；

2）编译汇编代码形式的中间代码；

3）生成目标文件；

4）使用现成的目标文件库（动态和静态）、二进制文件和带有调试程序的库，将目标文件链接生成二进制代码；

5）执行并调试生成的二进制文件。

我们不在此详细讨论广泛使用的 C 和 C++编译器。但应指出的是，上述软件工具环境还允许我们使用广泛的标准实时操作系统，如 BCC、ThreadX、eCOS、RTEMS、Nucleus、VxWorks 和 Linux。对于这种多样性的需求，是由 Leon 处理器在面对具有不同实时特性的应用程序时的灵活性决定的，例如：

1）使用受保护的地址空间管理进程并且使用外部存储控制器（图 1-9 和图 1-10 中的 MMU）：VxWorks 和 Linux；

2）在没有 MMU 的情况下，使用受保护地址空间的管理进程：BCC 和 RTEMS；

3）多任务模式：ThreadX、eCOS、RTEMS、Nucleus、VxWorks 和 Linux；

4）非对称多处理（ASMP）：RTMES 和 Linux；

5）对称多处理（SMP）：eCOS、Vxworks 和 Linux。

需要特别关注的是，操作系统占用的内存量对很多应用程序来说非常重要。根据这个参数进行升序排序，操作系统依次为 BCC、ThreadX、eCOS、RTEMS、Nucleus、VxWorks 和 Linux。在这一方面，BCC、ThreadX、eCOS 和 Nucleus 属于小型操作系统，RTEMS 属于中型操作系统，VxWorks 和 Linux 则属于大型操作系统。

GR 712 的一个重要优势是允许同时运行两种操作系统（一个 CPU 使用 RTEMS、另一个 CPU 使用 Linux），从而实现管理各种用途航天器有效载荷的特定任务。

由此可知，在 ODCC 领域 UT 699 和 GR 712 相对于其他进口处理器的主要优势如下：

1）ESA 和 NASA 批准使用 Leon 系列产品来建造航天器。由 Aeroflex 负责开发和维护（在技术支持方面）；

2）国内 ODCC 开发人员可以使用多种硬件和软件开展原型设计、调试；

3）软件和硬件可分开进行开发和调试，也可以依托互联网进行；

4）由于自身性能指标、多任务处理能力和对总线结构的高度适应性，GR 712 版本的微处理器为实时管理航天器有效载荷提供了机会；

5）在操作系统和应用程序方面，这些处理器可配备灵活的和结构化的端到端（End to End）实时软件。能够通过模块化结构，在抗辐射和航天认证的处理器中创建同构计算环境；

6）通过对 UT 699 的改进，可以在通用切换（原文为：Common Switching）环境下，通过最多 4 个处理器的三维（3D）组装，为高性能中央控制单元创建高性能多处理器结构；

7）每个处理器中的嵌入式诊断功能及其接口功能允许实施端到端的实时自动诊断；

8）Leon 系列处理器与 Aeroflex 生产的很多抗辐射和经过认证的微电路相兼容，这些 ECB 产品具有广泛的航天器应用实例。

图 1-11 显示了 Aeroflex 开发该系列处理器的路线图。

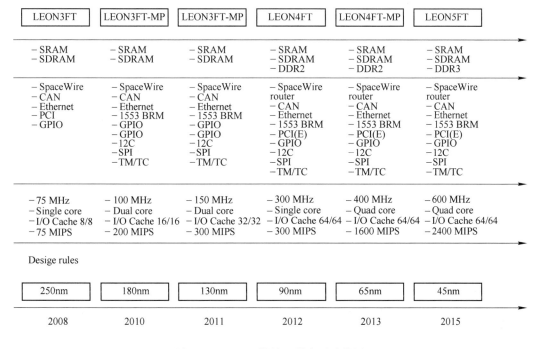

图 1 - 11　Leon 微处理器发展路线图

1.6　航天和军用抗辐射直流转换器

直流转换器是所有航天和军事系统中重要且最广泛使用的元器件，用户对其可靠性和抵抗外部因素影响的要求特别是抗辐射的要求，越来越高。因此，我们将简要讨论抗辐射 DC - DC 转换器最重要的技术特性和相关标准中所规定的要求，并描述其设计所用的方法，包括在国外一流制造商的一些最广泛使用的转换器电路型号中电路的实现特点和技术解决方案[19]。

如前所述，美国对高可靠抗辐射 DC - DC 转换器的相关要求在美国国防部后勤局（DLA）批准的 MIL - PRF - 38534 中的附件 G 中进行了规定。这些 DC - DC 转换器必须符合 DLA 的标准微电路图（SMD）的规范。

MIL - PRF - 38534 标准不仅规定了对最终产品的要求，而且还规定了用于其制造的部件、材料和工艺的要求。这意味着 DC - DC 转换器要按照 DLA 要求制造，并通过相关测试。依据此标准制造出来的抗辐射 DC - DC 转换器被认证为 K 级。

我们来探讨国外抗辐射 DC - DC 转换器的典型特性和基本要求[19—24]。

1.6.1　总剂量效应（TID）

总剂量效应是一种由质子、电子和其他电离粒子引起的逐渐增长（累积）的永久性辐射损伤。所有航天和军事应用都需要具备一定程度的抗总剂量效应的能力。对于在近地轨道（LEO）或 DC - DC 转换器被充分屏蔽的航天器，通常抗 TID 水平达到 30krad（Si）

就足够了。对于更高的轨道或更长期的任务，抗 TID 水平需要达到 100krad（Si）。通过对电子设备进行适当屏蔽可以减少总剂量效应。总剂量效应水平应由制造商通过交付前的元器件测试或通过研究最坏情况分析来保证，研究和测试的结果也应提供给客户。

1.6.2　低剂量率辐照损伤敏感性增强效应（ELDRS）

为缩短检测时间并降低检测成本，抗 TID 能力检测通常在高剂量率环境下进行。根据 ELDRS 要求，在更低的剂量率下进行测试的结果，能够更接近在实际空间环境中的辐射影响［当受到的剂量率低于 $10^3 \sim 10^2$ rad（SiO_2）/s 的真实空间电离辐射时，累积剂量限值降低］，通常在某些元器件中表现出对辐射的敏感性增加，特别是对于采用双极工艺制造的元器件。现代航天和军事应用的强制性要求是根据 ELDRS 方案进行低辐射剂量效应的验收试验。

1.6.3　单粒子效应（SEE）

SEE 是由高能粒子（宇宙射线、质子、电子、α粒子、热中子）与 DC-DC 转换器内的半导体材料相互作用而产生的。SEE 保护不能通过屏蔽来保证，因此，在 DC-DC 转换器电路设计阶段（元器件选型、电路设计方案、制造工艺）就应考虑如何解决这一问题。单粒子辐射效应可能导致微电路输出出现不必要的瞬变、电压骤降、关闭、重启，最坏情况下可能出现硬失效（hard failure）。DC-DC 转换器永久性失效的原因之一往往是功率 MOSFET 的失效。

在整个生命周期中，航天器可能遇到的大多数粒子的电离粒子线性传输能不超过 44MeV·cm^2/mg，不会产生单粒子效应，这对于大多数已知的航天项目来说已经足够了。航天器寿命周期内可能遭遇的所有电离粒子的线性传输能基本不可能超过 85MeV·cm^2/mg。抗 SEE 指数的验证主要是在 DC-DC 转换器进行完整测试的过程中进行，其中应该包括高温闩锁测试[19—24]。

1.6.4　最坏情况下的参数限制分析

航天器运行条件的特点包括温差大、各种振动条件的影响、机械冲击、辐射等。由于国外客户总是要求 DC-DC 转换器在使用 10～15 年后仍然保持其元器件特性，制造商应该对元器件特性在最坏的外部因素组合下如何变化开展广泛而深入的研究（并向客户展示结果），这包括辐射效应的检查和 DC-DC 转换器寿命终止特性的评估。在对辐射暴露期间和之后的电路特性进行建模时，应考虑元器件的辐射退化效应。对于这种分析，实践中常用的方法有极值法、均方误差法、蒙特卡罗法。

1.6.5　MIL-PRF-38534 标准的 K 级要求

通常，抗辐射 DC-DC 转换器必须满足 MIL-PRF-38534 标准中对 K 级产品的要求。该级别元器件需通过 FI 级①要求之上的额外测试和筛选。大多数宇航级 DC-DC 转换器符合标准微电路图（SMD）。

---

① 原文为 FI 级；但 MIL-PRF-38534 中并没有 FI 级，只有 H 级。此处可能是英文排版错误。——译者注

1.6.6　无光耦混合型 DC – DC 转换器

尽管 DC – DC 转换器中反馈控制电路的隔离可以通过在线性区域工作的光耦来实现，但光耦内的 LED 对暴露在高能粒子下导致的 SEE 和晶格位移损伤非常敏感。因此，一个可靠的宇航级 DC – DC 转换器不应使用光耦。由于磁反馈对辐射效应不敏感，所以设计人员使用磁反馈代替光电耦合器反馈。

为了减少太空环境中的辐射效应特别是单粒子效应对微电路的影响，需要采用特殊的技术来设计 DC – DC 转换器，例如使用冗余部件和特殊的布局解决方案，以抑制高能粒子引起的输出电压瞬态偏差。例如，PLD 等微电路的电源电压分布要求规定，当出现 SEE 时，对电离粒子的线性传输能为 $86\text{MeV} \cdot \text{cm}^2/\text{mg}$ 的情况，DC – DC 转换器输出电压的典型偏差应限制在 $\pm 5\%$ 以内。此外，这些元器件必须能抵抗 TID，通常要达到高剂量水平的 100krad（Si）或低剂量水平的 50krad（Si）[20—24]。在这里，较低的剂量率更准确地反映了真实的空间条件。

为确保为航天和军事应用而设计的 DC – DC 转换器具有好的抗辐射能力，国外开发者通常采用以下途径和设计方法：

1）使用耐栅极介质击穿效应和脉冲电压变化的 MOSFET，并使用限流电阻；
2）选择高阻抗 DC – DC 转换器布局；
3）设计双极元器件时充分考虑到辐射所造成的晶体管增益的显著降低；
4）使用对电离辐射不太敏感的双极放大器；
5）限制施加在元器件有源区的允许电压值；
6）使用小规模集成电路；
7）使用允许显著改变偏置电压和偏置电流的控制方案；
8）MOSFET 的截止采用负栅源电压来控制，以补偿最坏情况下的阈值电压变化。

此外，对所有辐射敏感组件进行测试和筛选也发挥了重要作用，但这需要额外的时间和费用。

基于上述抗辐射功率控制元器件的设计方法，IR 公司（the International Rectifier Company）开发了能够承受高水平电离辐射的 LS 系列 DC – DC 转换器。这些元器件基于多层混合技术构建，并在符合 MIL – PRF – 38534 要求的生产线上生产，拥有高达 30W 的输出功率和宽输入电压范围，能够保证在空间环境中外壳温度为 35℃ 时平均无故障时间（MTBF）达到 480 万小时。

图 1 – 12 展示了这种 DC – DC 转换器的简化电路图，其中设计布局解决方案使用标称固定频率为 500 kHz、磁反馈、前馈补偿、电压控制和内置 EMI 滤波器的特殊非对称元器件布局（允许使用这些转换器而无需额外的外部组件来抑制传导干扰）[19]。

图 1 – 12 使用以下术语表示微电路内部元器件，包括 EMI 滤波器（电磁干扰滤波器）、辅助电源、电平转换器和 FET 驱动器、短路和过载保护、振荡器、PWM 控制器、斜波发生器、采样和保持模块、反馈触发器和 EA（误差放大器）。

图 1 – 13 显示了该转换器在温度为 +25℃、输出电压为 ±15V 的效率曲线。

此 DC – DC 转换器中安装的磁反馈电路代替了光耦，最大限度地降低了电路对温度、元器件老化和辐照的敏感性。该转换器提供多种输出电压，单输出包括 1.5V、1.8V、

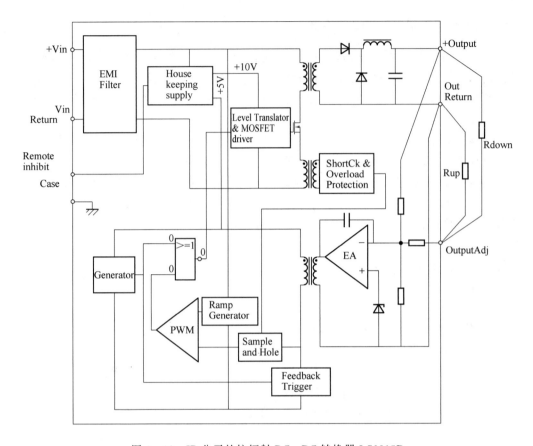

图 1-12　IR 公司的抗辐射 DC-DC 转换器 LS2815D

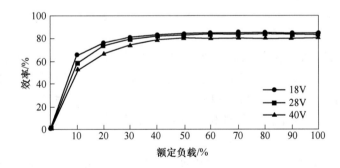

图 1-13　LS2815D DC-DC 转换器在三种不同输入电压下的效率（±15V 输出）

2.5V、3.3V、5V 和 12V，双输出包括 ±5V、±12V 和 ±15V。此外，该转换器在较宽范围的工作负载电流和输入电压下工作时表现出较为理想的效率。

数据显示了在 25℃ 的壳温条件下，从最小（18V）到最大（40V）的三个输入电压的情况。图 1-13 显示，从 50% 到最大负载以及在很宽的输入电压范围内，转换器效率能够保持在 80% 以上[19]。

LS 系列 DC-DC 转换器采用密封的 1.5in×2.3in×0.425in 金属封装，质量不到 80g。

该封装采用坚固的陶瓷馈通铜芯引脚，并使用平行缝焊进行密封。根据 MIL - STD - 975，转换器的标称参数被降低以提高高温、高电压和大电流下的可靠性。这些 DC - DC 转换器的制造商提供所有必要的文档，文档内容包括热分析数据、最坏情况分析结果、故障模式记录以及元器件整个生命周期的可靠性特性。

LS 系列的抗辐射直流转换器可以承受超过 100krad（Si）的累积 TID。它们具备一定的抗单粒子效应能力，例如单粒子翻转（SEU）、单粒子闩锁（SEL）和单粒子烧毁。根据 MIL - STD - 883，单粒子效应中重离子的线性传输能设定为 $82MeV \cdot cm^2/mg$。

为了检查微电路的质量水平并向客户证明这一点以及确认元器件暴露在 150 krad（Si）辐射后没有大幅降级，对 LS 系列转换器进行了 TID 和 SEE 测试，参见文献 [19]。测试使用了四种 LS 系列转换器型号模型，分别是两个单路输出元器件、两个双路输出元器件。被测试的单路输出转换器的输出电压为 5V，双路输出转换器的输出电压为 15V。被测试的转换器的输出负载是电阻，其阻值相当于最大允许负载的一半。

TID 测试在剂量率约为 1krad（SiO）/min 的实验腔体中进行。在辐射暴露后，将元器件在 100℃下退火 160 小时。

SEE 测试是对随机抽取的两个样本进行的，包括一个 2.5V 单输出转换器和一个 15V 双输出转换器。在辐射环境中，两个元器件均被置为满负载的工作条件。用氙离子和金离子进行辐照，其线性离子传输能分别为 $47.6MeV \cdot cm^2/mg$ 和 $83MeV \cdot cm^2/mg$。

结果表明，LS 系列转换器通过了高达 150krad（Si）的 TID，和对应于 $83MeV \cdot cm^2/mg$ 水平的线性离子传输能的 SEE 测试。

图 1 - 14 显示，经过 TID 辐照后产品的参数变化可以忽略不计，尽管在增加辐射剂量的同时输出电压工作点有轻微下降的趋势，但这些变化在样品退火后得到补偿。此外，在经过 150krad 的总剂量辐照后，转换效率略有下降（小于 1%）。

Intersil（英特锡尔）公司是美国国防部国防后勤局所发布的合格制造商名单（QML）中 15 家抗辐射产品供应商之一。Intersil 提供航天用的抗辐射 DC - DC 转换器，其产品具有单独的标准微电路图（SMD）。

专家们知道，任何卫星设备的电源系统都必须适应电源总线的高时钟频率和快速负载变化。这就要求抗辐射 DC - DC 转换器和稳压器在 $dI/dt = 10A/\mu s$ 的水平下对 0% 至 100% 范围内的负载变化具有良好的瞬态响应。在负载快速变化的情况下，有必要确保转换器输出电压的最大偏差在 ±5% 以内；否则，在这种负载变化条件下，任何超出 PLD 或处理器最大允许电源电压的情况都可能导致微电路的瞬时或潜在故障。对于具有高达 2A 负载的电源系统的集成，通常的做法是使用带有集成 MOSFET 的 2~12A 负载开关稳压器的低压差（LDO）稳压器。

通常，快速瞬态响应和高转换速率需要使用宽带补偿闭环反馈，该反馈应在一定的输出负载范围内保持稳定。在某种程度上，元器件响应时间也决定了瞬时辐射效应后的恢复时间。

LDO 稳压器通常使用 PMOS 晶体管作为输出级，以允许元器件以 2.2V 的最小输入电压和低自电流运行。LDO 稳压器在 ON 模式下具有非常低的电阻和电压降。例如，ISL75051SRH 型 LDO 压降的典型值在 1A 负载电流下为 65 mV，在 3A 负载电流下为 225mV。低压降和低电流有助于降低航天器电源系统的整体功耗并限制转换器的

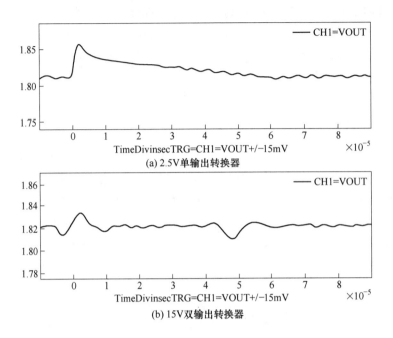

(a) 2.5V单输出转换器

(b) 15V双输出转换器

图 1-14　转换器输出电压对总剂量效应的依赖性

温升[19]。

综上所述，只有在考虑了特殊的设计技术并实施了特殊的研究和测试循环的情况下，为航天和军事应用而设计的抗辐射 DC-DC 转换器，才能在各种类型的辐照影响下保障机载设备可靠并稳定地运行。

1.7　生产空间系统机载设备用电子元器件工作部署的最佳实践

火箭和航天技术的发展对硬件开发人员提出了严格的要求，包括改善质量-尺寸特性、满足增长的功能需求、延长设备的生命周期，同时兼具可靠性方面的考虑。用于航天器机载设备上的基础电子元器件，应具备如下特征（见图 1-15）：

1）航天器需要执行的多种任务使其对各类基础电子元器件都有需求，但需求极小。

2）在多功能基础电子元器件的生产过程中，需要采用多种工艺和技术（其中许多特殊的工艺和技术不能在俄罗斯联邦实现）。

3）在无法维修的情况下，对使用寿命的严格要求导致航天器需要具有优异的可靠性和抗空间不稳定因素的特性（见图 1-15）。

空间应用 ECB 的发展不像一般工业电子元器件那样专注于大规模生产生命周期短、类型变化快的产品。而航天器自身的使用特征决定了其机载设备的极长生命周期。因此，对零部件的生命周期也有严格的要求。这使得对设备生命周期的要求与实际的 ECB 更新换代周期之间出现了矛盾。此外，在生产火箭和航天设备用基础电子元器件时，另一项重要的任务是将小规模生产的成本控制在可接受的范围内，同时能够提供多品种、长寿命、高可靠、抗不稳定因素和容错能力强的产品。

用户对航天器 REE 开发人员提出了越来越严格的要求，如增加设备功能的同时减小质量、尺寸并增加使用寿命。至于降低终端产品的成本、提高产品的可靠性和功能，这些都是全球空间设备工程领域需要解决的主要问题。这些需求也不断激励研究人员和制造商开发并应用新的技术。

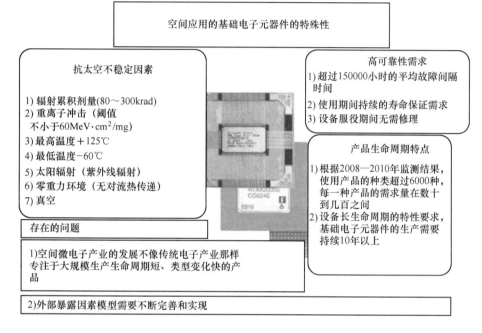

图 1-15　应用于空间设备的基础电子元器件的特殊性

全球电子行业的发展包括几个阶段（见图 1-16）：

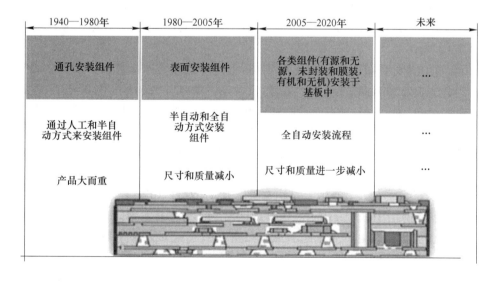

图 1-16　装配和安装技术的发展

　　第一阶段为 20 世纪 40 年代到 80 年代，通孔安装元器件被大量采用主要通过手工焊接和组装，最终产品的质量和尺寸都很大。

　　第二阶段开始于 20 世纪 80 年代，随着表面安装元器件的应用，印制电路板研制生产得到充分发展，与之相匹配的半自动和自动安装工艺得到了广泛的应用，使得产品的质量和尺寸减小了 6～7 倍。

　　第三阶段大约开始于七年前，出现了在印制电路板中内嵌元器件的新技术。印刷电路组件组装后形成复杂的 3D 结构，其中分立元器件和薄膜元器件均位于印制电路板内部。这使得产品的尺寸更小、功能更加强大（见图 1 - 16）。

　　与微电子学中广为人知的摩尔定律相类比，这些发展趋势被称为超越摩尔，因为除了将基本单元设计到纳米尺寸级别外，异质集成技术（将使用不同微技术和纳米技术制造的元器件集成在一个封装模块中）也取得了显著的成果。这一技术在现代航天器机载设备的研制中具有广阔的应用前景。

　　如上所示，由于国内基础电子元器件缺乏必要的成套产品，开发人员被迫使用国外制造的基础电子元器件。目前，这些进口产品在现代机载设备中的使用比例超过 70%。

　　长期以来，期刊一直在讨论与基础电子元器件技术相关的国家科技安全问题。然而，目前没有哪个国家能够完全承担所有元器件技术的全面开发。BAE 系统公司和 Aeroflex 公司作为世界上领先的组件、模块和元器件制造商，也必须与其他公司开展多项合作，不仅包括美国，还包括中国台湾、以色列和欧洲等地区的公司。

　　最重要的是，国家的技术安全是确保国家计划实施的基础，相应产品应能够维持所需的生命周期，并无条件满足所需的功能、适应特定的应用环境并保持成本效益。

　　如上所述，生产小批量高可靠元器件对以大规模生产为目标的电子行业来说是无利可图的。然而，这对于针对特定客户群的专业化公司却有可能成为一个高利润、快速增长的业务。在美国和一些欧洲国家有许多这样的企业。它们可以是独立的公司，例如 Aeroflex 公司，也可以是制造复杂系统的大公司的一个部门，例如波音公司。

　　如前所述，在美国抗辐射元器件生产计划的组织和实施由三个部门承担，分别为国防部、能源部和 NASA。

　　自 2001 年以来，美国国防部一直在 Title Ⅲ 计划（国防产品方案）的框架内实施加速发展抗辐射基础元器件的计划。在美国国防部内部，该计划由国防威胁压制局（Defense Threat Reduction Agency）监管，并直接向负责采购、技术开发和后勤的国防部副部长报告。美国国防部和其他机构所需要的抗辐射元器件的供应由哥伦布国防供应中心（DSCC）控制。哥伦布国防供应中心为美国国防部管理元器件认证合格厂商的名单（QML）。

　　除经过认证的公司外，其他政府部门未经认证的公司（如隶属于能源部的桑迪亚国家实验室）或私营公司（如 Peregrine 半导体）也在生产抗辐射元器件。位于加利福尼亚州萨克拉门托的美国国防微电子局（DMEA）负责在抗辐射元器件领域协调与其他部门以及美国相关工业领域之间的合作。

　　美国能源部在桑迪亚国家实验室微电子中心生产专门的抗辐射基础电子元器件，并在洛斯阿拉莫斯核中心进行相关研究。美国能源部对抗辐射元器件有自己的要求，但大部分都与美国国防部的标准要求相一致。

美国 NASA 在其下属研究中心，例如加州理工学院的喷气推进实验室（JPL）进行抗辐射微电子学研究。1998 年，在与英特尔的合作中，喷气推进实验室将抗辐射的奔腾（Pentium）处理器技术转移（非免费）给了桑迪亚实验室。

2010 年，在美国国防部的赞助下，著名的 BAE 系统公司完成了晶圆制造的现代化升级，在抗辐射微电子生产能力方面为美国下一代军事战略和空间应用提供有力保障。晶圆生产完全按照 250nm 和 150nm 的设计规则进行。BAE 系统公司作为抗辐射设备的国家供应商，在下一代产品的生产和利用新技术提供晶圆生产服务方面具有重要作用。

Aeroflex 公司参与的国际工业合作不仅包括生产定制芯片，还包括对已完成测试的芯片进行金属陶瓷封装。

日本也是如此。日本宇宙航空研究开发机构（JAXA）与一些公司合作，具备了专门生产抗辐射基础电子元器件产品的能力。空间与宇航科学研究所（ISAS）隶属于日本宇宙航空研究开发机构，ISAS 具有灵活开发并生产逻辑微电路的技术基础，他们将抗辐射电路设计技术集成到三菱重工（一家高可靠电子产品的制造商）的现代 SOI 工艺中，实现了逻辑微电路的高抗辐射能力和较低的价格。此外，日本还建立了用于微电路设计的模块库，旨在应用于航空航天以外的领域。

为制造专用的 ECB，欧洲空间局与 Atmel 以及 Aeroflex 建立了合作关系。已有国际经验表明，空间设备工程所需的 ECB 技术可通过有关的国家机构组织建立公私合作的途径来进行开发。

开发能够抵抗空间不稳定因素的特定 ECB 的现有方法可分为以下几大类：提高耐受力的工艺方法、结构和电路设计方法、在部件设计阶段建立空间不稳定因素的模型等（见图 1 - 17）。

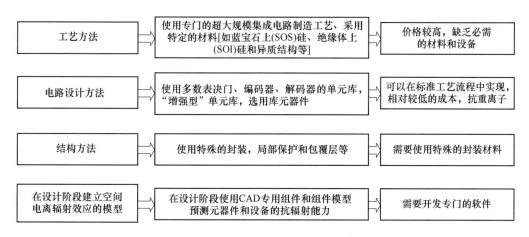

图 1 - 17　研制抗空间不稳定因素专用基础电子元器件的方法

在工艺方法层面，需要使用专用制造工艺来生产超大规模集成电路和材料。特别是蓝宝石上硅（SOS）和绝缘体上硅（SOI）以及特殊掺杂工艺。由于此类工艺的成本都极度昂贵，因此只在少数公司中的得到应用，如美国的霍尼韦尔（Honeywell）、佩尔格林半导体（Peregrine Semiconductors）和其他的主要制造商。

增强抗辐射包括抗带电重粒子（HCP）性能的电路设计方法是：使用多数表决门、

编码器单元库、增强型汉明码单元库，选用库单元以及一些其他技术。这种方法的主要优点是可以在现有和未来的生产厂中使用标准工艺实现（旨在大规模生产）。这种方法在国际上被称之为通过设计抗辐射（RadHard‐by‐Design）[25]。通过采用这种方法，法国的MNS公司能够保障体硅耐受大约100krad的辐射。Aeroflex采用了同样的方法，即基于领先制造商的传统成熟技术开展设计和生产。在这里既可以使用国外工厂的现有生产设备，也可以使用JSC美光和JSC Angstrem正在试运行的设备。与采用特殊工艺相比，使用这种方法可以将抗辐射性能提高到同等水平，同时显著降低成本（5～7倍）。

增强抗辐射性能的结构方法包括使用特殊的封装和局部防护。目前，通过采用将不同工艺制造的芯片集成到一个封装中，即使用系统级封装（SIP）的方法，可以在一个可承受的成本范围内获得高性能且满足质量和尺寸要求的基础电子元器件。

设计和制造高度集成的空间用元器件（LSIC和SIP）的技术流程包括多个相互独立的步骤，这些步骤原则上可以在各种生产设备中进行，并且有正规的程序来控制和验收每个步骤的结果。理想情况下，整个生产链应尽量位于俄罗斯联邦境内，并在客户代表的监督下运行。

这个过程中最重要的步骤之一是批量制造集成芯片的晶圆。由于现代亚微米芯片生产成本极高，许多类型产品的生产将不得不在工厂（包括外国工厂）中按照商用工艺进行生产，但未建立符合航天或军用产品生产要求的质量管理体系。这就意味着在技术链条中存在合适的切入点，能够利用未经认证的元器件，这些元器件以半成品的晶圆形式存在。从技术上讲，在俄罗斯联邦境内对这种晶圆进行认证并在国内企业开展后续生产、加工是可行的。

随着3D封装技术的发展，将所有的有源和无源元器件通过多层结构组合在一个微型设计中得以实现。与当前的系统相比，这些技术在空间设备工程上的应用不但可将系统的质量和外形尺寸降低至少5～10倍，还可提高可靠性。这主要源于焊接点数量的减少、结构热特性的改善以及通过统一的结构、电路设计和硬件解决方案来降低批量生产的成本。

所举的系统级封装（SIP）产品的3D装配技术的例子由EADS公司发明，其中包括处理器内核、接口电路和存储器电路（见图1-18）。这些模块的使用可以将未来设备的质量和尺寸相对于当前水平减少10～12倍。

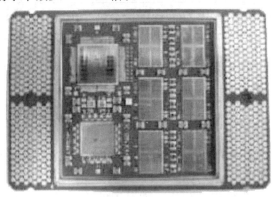

图1-18 EADS公司的SIP

这种 SIP 系统的典型装配参数如下：

1) 最大线性尺寸：$150mm \times 50mm$；

2) 芯片数量：$1 \sim 20$ 颗；

3) 表贴元器件数量：多达 100 个；

4) 微型焊接数量：250 个焊点；

5) 衬底材质：多层低温陶瓷；

6) 可控气氛密封封装；

7) 批数量：$1 \sim 500$，视市场需求而定；

8) 产量和命名：中小批量、多品种生产。

基于以上对制造航天 ECB 最佳实践的概括，类似的方案可供国内 REE 和 ECB 设计中心的开发商和制造商参考。图 1 - 19[25] 展示了国内航天基础电子元器件质量管理体系的基本要素，以及空间应用电子设备开发商和制造商与国内空间应用基础电子元器件设计中心之间合作的一种可能的组织方式。

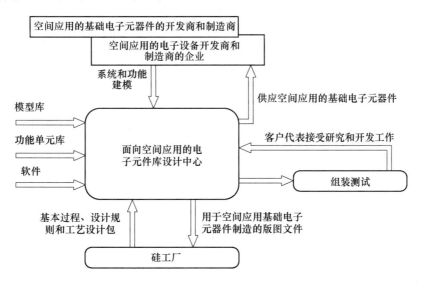

图 1 - 19　面向空间应用的电子设备制造商和开发商与超大规模集成电路设
计中心之间的合作方式[7]

1.8　面向空间应用的基础电子元器件的加速可靠性试验

评估集成电路无故障运行和耐久性的加速（压力）测试是获取某些场景下拟用集成电路可靠性的及时反馈信息的一种有效方法。这些场景包括需要快速评估制造商提供的一批元器件的可靠性参数以及评估集成电路的亚微米制造工艺（因为深亚微米工艺的广泛性特征数据库并不总是可用的）[26]。

对于设计规则为 $0.09 \mu m$ 或更小的 CMOS 工艺制造的集成微电路结构中的物理和化学过程以及退化机制的数据是缺失的。

目前国内已有且广泛使用的实践文件 RD 11 0755 - 90《集成微电路：无故障运行和

耐久性的加速试验方法》发布于 1990 年，它是包含集成微电路结构基本失效机理激活能的重要可靠性因素参考信息的唯一的行业文件。不幸的是，RD 11 文件中的微电子工艺参考数据只更新到 20 世纪 80 年代末，当时的设计规则为 $2.0 \sim 1.0 \mu m$。

经过 30 多年的发展，集成微电路的工艺控制水平和生产质量都有了显著的提高，设计规则已经达到了亚微米和纳米级，并且现代电子元器件生产质量管理软件的开发和半导体结构参数重复生产的稳定性也得到增强，使得先前已知和新的元器件失效机理的激活能值更高，从而提高了元器件的可靠性。

近年来，如世界领先的制造商的可靠性报告数据所证明，先进集成电路在长时间加速测试中没有出现故障。因此，根据 2010 年世界最大的可靠性信息分析中心数据，得到了按故障原因划分的一般民用电子设备故障分布图，如图 1-20 所示。

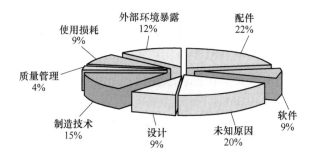

图 1-20　无线电电子设备故障分布图

在过去的 15 到 20 年中，由部件缺陷引起的硬件故障发生率从 30% 下降到 22%，这表明由于工艺质量水平的提高和现代质量管理体系的应用，使得基础电子元器件可靠性得以提升。

通过分析图 1-20 中的数据，可以得出许多其他有趣的结论。因此，尽管微电子技术的质量控制水平有所提高，在微电子生产中使用了先进的方法、质量控制设备，工艺过程几乎完全自动化，并且在生产操作模式的设置过程中消除了人为的因素，但是 15% 的电子设备失效是因为在其模块的生产和组装过程中引入的缺陷，另有 4% 的故障来自电子设备质量管理体系中的失误。软件错误和电子设备设计过程中引入的错误所占比例大致相同（9%），但其故障率仍然高得令人无法接受，其他 9% 则来自磨损（老化、金属疲劳、塑料特性退化）等因素。

在这样的背景下，22% 的硬件故障率过高，这对微电子行业的设计师和技术人员提出了一个挑战，即需要制定一套适合的措施来提高现代电子设备的可靠性。

考虑到几乎五分之一（20%）的电子设备故障的真实原因尚未明确，因此，可以假设元器件缺陷也是导致这部分电子设备故障的部分原因，而这些故障的存在只会加剧电子设备可靠性问题的发生。

另外，关于特殊（军事和空间）用途的电子设备失效原因统计分布的类似数据没有在可公开获取的期刊杂志上发布，因此这一数字很可能也适用于特殊微电子领域。

因此，在目前这种情况下，俄联邦国内集成电路制造商和独立测试中心不得不使用从实验研究中获得的参考数据来进行现代产品可靠性评估，而这些数据研究则是根据基于对使用 20 世纪后期工艺制造的具有明显较低可靠性的产品试验获得的。

根据近 5～7 年间俄联邦国内期刊的报道，为解决现代集成微电路可靠性加速评估问题，俄联邦国内的测试中心已经开展了一系列旨在开发亚微米微电路可靠性和失效时间加速测试方法的研究。研究的主要目的是支撑新版 RD 11 0755 - 90《集成微电路：无故障运行和耐久性的加速试验方法》的相关修订工作。

这项工作的实质是对国内外先进集成微电路样品进行研究，用适用于不同类型的设计规则，如 $0.09\mu m$、$0.12\mu m$、$0.18\mu m$、$0.25\mu m$、$0.35\mu m$、$0.42\mu m$、$0.5\mu m$、$0.6\mu m$ 和 $1.0\mu m$ 的 CMOS 工艺失效机理激活能值来补充 RD 11 文件的表 1 内容。根据 RD 11 文件中的方法 1.2 "基于不同模式下样品平行测试的激活能测定"，通过取样进行试验，测定失效机理激活能的值。试验过程至少应对三个样品并在三种不同温度条件下进行测试，样品由表 1 - 13 中列出的集成微电路形成。其中，测试样品的失效时间达到 10000 小时。一般来说，在所研究的样本中存在具有最大封装密度的存储器芯片和单片电路，这些电路的设计规则应包括 $1.0～0.12\mu m$ 整个范围。

表 1 - 13　被测微电路的抽样

元器件类型	制造商	制造工艺/μm	样品测试温度/℃
SRAM 4M	JSC NIIME and Micron	0.18	
SRAM 8M		0.09	
5559ИН19Y	CJSCICC Milandr	0.18	130
1636PP1Y		0.25	
1645PY1Y		0.35	140
1886BE1Y		0.6	
5559ИН14Y		0.6	150
1645PY2T		1.0	
XC95216 - 10PQ1601	Xilinx 公司	0.5	
XC2V250 - 5FG2561		0.12	85
XCV300E - 6BG352I		0.12	
XCV300E - 6BGG432I		0.12	105
XC V4010E - 3PQ208I		0.35	
EPF10K50RI240 - 4N	Altera	0.42	125
EPM7128SQI - 100 - 10		0.5	
EP2C50F484C6N		0.09	

这些集成微电路的实验研究结果确定了平均失效机理激活能的数值。测试结果表明，在 71～150℃ 的温度范围内，亚微米集成微电路的平均失效机理激活能为 $0.7～0.8\mathrm{eV}$。当计算这些值时，使用激活能可将可靠性试验加速系数比以前计算的系数值增加 2～3 倍。在 25～70℃、151～200℃ 和 201～250℃ 的温度范围内，通过 Van't Hoff 方程计算化学反应速率的温度系数 （$y=2$）确定失效机理激活能的值[5]。

根据在 OJSC RNII Elektrostandart 进行的集成电路实验研究结果，RD 11 表 1 的补充草案如表 1 - 14 所示。

表 1 - 14　根据加速测试方法对 RD 11 0755 - 90 表 1 进行的补充

集成微电路	芯片（结）在不同温度下的失效激活能的平均值/eV			
	Ea1	Ea2	Ea3	Ea4
	25～70℃	71～150℃	151～200℃	201～250℃
CMOS 1.0～0.5μm	0.84～0.95eV	0.78～0.83eV	0.7～0.62eV	
CMOS 0.5～0.09μm				

除了对集成电路进行抽样研究外，该测试中心还对专用测试用例（Dedicated Test Pattern Chips）进行同样的研究。与集成电路测试类似，在三种不同温度下采集三个样品的数据。测试用例的研究结果也可用以确定现代集成电路制造技术中某些失效机理的激活能，这对于 RD 11 中"基于测试结构加速试验的可靠性指标预测方法"部分的开发是非常必要的。

表 1 - 15 列出了所研究的测试结构及其对应的失效机理。

表 1 - 15　用于加速测试的测试模式芯片的使用

测试用例	被激发的失效机理	测定值
并行金属化总线，包括那些带有瞬态触点的总线	电扩散、电迁移（金属化层破坏）	铝铜金属化层的活化能
具有最小间距（0.45μm、0.5μm、0.6μm），最小宽度（0.5μm、0.6μm、0.7μm、0.8μm、0.9μm）平行蛇形金属层，每层无馈通端口，各层都有金属－金属瞬态触点	氧化物层和氧化物-半导体边界的电荷不稳定性（阈值电压漂移，沟道漏电增加，在 EPROM 电荷损失，存储单元内容的随机变化）	阈值电压变化的活化能，沟道漏电的活化能
金属半导体 100 个最小尺寸（$W = 0.5μm$，$L = 0.35μm$）的并联绝缘 n 沟道晶体管，它们具有共同的源、漏、衬底和栅极	电击穿 （薄氧化层击穿；导致漏电增加的微击穿，扩散区 p - n 结击穿）	薄栅氧化物击穿的活化能，p - n 结击穿的活化能
100 个最小尺寸（$W = 0.5μm$，$L = 0.35μm$）的并联绝缘 p 沟道晶体管，它们具有共同的源、漏、衬底和栅极	扩散总线界面漏电（光刻缺陷，参数漂移超出 TU 规范要求）	金属化总线漏电的活化能
晶体管组用漏极金属层桥分隔（以防止失效元器件分析计算时发生机械破坏）	金属化-半导体界面相互作用 芯片体缺陷	金属化-半导体相互作用的活化能 芯片缺陷的活化能

失效机理激活能的测量值可用于开发阶段早期对所设计的集成电路的激活能平均值进行基于实验的计算评估，以使得研究者可在设计过程中适时开展适当的改进。

用测试数据补充 RD 11 0755 将有助于集成微电路的开发人员和用户使用更可靠的数

据源来制定加速可靠性试验方案。

为获得关于集成微电路结构失效机理激活能值的可靠数据库，有必要对每个测试样本进行足够数量的故障分析。通过积累大量测试结果可提高评估的准确性，并提高亚微米设计规则集成微电路失效机理激活能与经验值之间的一致性。

1.9 2009—2011 年间俄罗斯购买微电路的测试结果分析

如前所述，由于种种客观原因导致了近年来俄罗斯境外生产的 ECB 在俄罗斯国产航天器设计中的应用量呈现出稳定的上升趋势。当在建造具有重要战略意义的设施和先进航天器的控制系统时，需要更加关注所选用的国外制造 ECB 的质量水平。

以下是可以公开获取的关于国外 ECB 的多年研究和测试结果，这些数据是由具有行业领先地位的俄罗斯 RNII Electrostandard 测试中心进行了一段时期的国外 ECB 电子元器件测试后得出的。该测试中心在国外 ECB 认证测试方面具有多年的经验，并积累了大量关于国外 ECB 质量水平的统计数据。

上述测试中心的数据具有重要价值。由于这些数据是基于对实际测试的可靠数据进行统计分析得出的，所以对所有现代航天器的开发人员都大有裨益。

以下是 2009—2011 年间 OJSC RNII Electrostandard 测试中心对国外电路测试的一些重要的统计分析结果。所选择的微电路的主要特性如下。

（1）被测试的微电路的样品组成

1）元器件：单片微电路和混合微电路；

2）制造商：105 家公司的产品。

（2）样本的测试数量

1）总样本数量：99836 个微电路（近 100000 个）；

2）微电路的品种规格数量：1102（几乎涵盖了俄罗斯航天局认证清单内的全部元器件品种规格）。

（3）根据影响样本选择的独立因素主要考虑的因素

1）公司的营销策略：确保其产品在俄罗斯市场推广的微电路制造商；

2）航天器控制系统开发者的国外 ECB 知识储备以及基于外部环境因素模型选用微电路的能力；

3）由不同级次供应商进行采购；

4）认证测试的组成和结果分析均由 RNII Electrostandard 测试中心主导完成。

上述分析（RNII Electrostandard 测试中心）的目的是确定样品元器件的定性组成，即检测开发人员最常用的选择。

以下因素是统计分析的基础：

1）确定从航天器开发人员处获取的国外 ECB 范围，作为后续开展质量水平和抗辐射能力测试的评估范围；

2）根据关键指标对 ECB 厂商进行评价，如供货总量、特定质量水平微电路的供货率、抗辐射微电路产品的供货率；

3）识别特定类型的微电路：根据国内航天器电子系统开发商和制造商的订单量确定

优先的供应商。

接着，每个微电路样品的分析按照两个阶段进行。第一阶段分析某特定微电路制造公司的信息，特别是该公司在国际上的公众认可度。这种公众认可的标准作为政府机构对该公司技术和产品现有资格评估工作的一部分，纳入政府机构对高科技应用（主要是军事和太空应用）相关 ECB 评估工作。如上所述，以下国际组织在当前 ECB 质量等级评估和相关限制性清单的制定过程中发挥着至关重要的作用：

1）哥伦布国防供应中心（DSCC），隶属于美国国防部国防后勤局（DLA）；

2）戈达德太空飞行中心（GSFC），隶属于美国国家航空航天局；

3）欧洲空间元器件协调委员会（ESCC），隶属于欧洲空间局（ESA）；

4）日本宇宙航空研究开发机构（JAXA）。

根据这一阶段的静态分析结果可以将这些公司分为两组。第一组制造商至少获得了上述国际组织之一的认证资格（即被收纳在 QML 名录中）。第二组包括其产品质量没有得到这种公开认证的制造商，但这些制造商能够向俄罗斯联邦的 ECB 接收者提供相关证明材料。

而在第二阶段，专家们关注每一个特定型号规格微电路已被赋予的质量等级的有效性。

首先，对于由认证合格制造商根据上述中心发布的产品规范生产的微电路（鉴定合格的国外 ECB），与其对应的质量等级及其抗辐射等级是明确的。这些数据决定了在高可靠航天和军用领域选用这些微电路的可行性。

在分析过程中，根据公司内部产品规范（通常是国外商业级 ECB）生产的微电路可以成为以下两种应用类型之一：

1）工业环境使用：前提是生产企业有该产品满足相应的非政府专业机构标准（主要是外部环境因素、产品控制条件、生产过程检测）的证书，这些专业机构包括国际电工委员会（IEC）、美国电子工业协会（EIA）的电子元器件工程联合委员会和汽车电子委员会（AEC）；

2）商业环境使用：产品的生产过程及其控制工序由基于市场情况的公司内部文件确定。

通过对经历了第一阶段测试的所有微电路的分析可知，只有略多于四分之一（具体为26.7%）的制造商（只有 28 家公司）被正式列入著名的（公开的）美国国防部合格制造商名单（QML）。令人惊讶的是，即使是研究人员自己，真正合法、合格的航天工业制造商（根据 GSFC、ESCC、JAXA 认证制造商名录）竟完全没有被识别。

但应注意的是，俄罗斯消费者购买的全部微电路的定性评估显示，其中 67.4% 的此类微电路由至少有一个产品被列入美国国防部已知合格制造商名单的公司生产。

图 1-21 显示了供应给俄罗斯联邦的微电路制造商的统计评级（以总供应量计算）。从图中可以看出，在认证合格的制造商中〔如图 1-21（a）所示〕，10 家公司（前 10 位）的供应量约占微电路总供应量的 60%。值得注意的是，在这些认证合格的制造商中，只有以下两家公司是处于明显领先地位：

1）美国 AD 公司：总样品中 163 个型号规格，16889 只微电路（16.9%）；

2）德州仪器（TI）公司：总样品中的 175 个型号规格，16677 只微电路（16.7%）。

在整个分析期间，仅上述这两家公司就向俄罗斯联邦提供了至少 338 种型号部件的微电路，总计至少 3.35 万只产品。

另外，据统计数据分析可知，在第一组公司中与上述两家处于领先地位的公司最接近的竞争对手（国家半导体公司、英特锡尔公司、凌力尔特公司、国际整流器公司）在产品供应量方面大约不到前两家公司的 1/3，其微电路的供货率不超过各自公司总样品量的 2.5%。

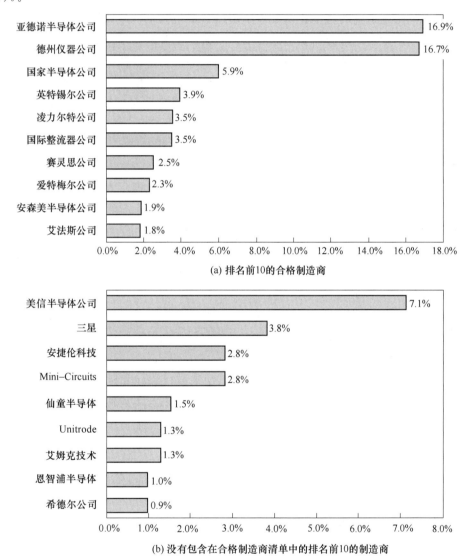

图 1-21　2009—2011 年间为俄罗斯联邦提供电路的制造厂商（按其供应量进行评级）

如图 1-21（b）所示，第二组的供应能力处于领先地位的 10 家制造商供应量约占微电路总供应量的 23%，这些微电路设计用于特殊（军事和航天）应用，与第一组供应能力处于领先地位的制造商相比较，第二组中公司提供的样品量是相当多的。这一组中供应能力处于最明显领先地位的是 Maxim 公司，该公司生产了 75 种型号的微电路产品，其样品为 7109 只（占总样品的 7.1%）。在这组微电路制造商公司中，供应能力最接近的竞争对手在产量上落后于这家处在领先地位的公司 2 到 3 倍，这些公司提供的产品在进口微电路总数中的占比如下：

1) 三星电子公司：7 种、3816 只微电路样品（占总样品的 3.8%）；
2) 安捷伦科技公司：13 种、2794 只微电路样品（占总样品的 2.5%）；
3) MINI-Circuits：59 种、2793 只微电路样品（占总样品的 2.5%）。

第二组中其他制造商的微电路供货率不超过各个公司总样品量的 1.5%。

在微电路总体数量统计分析的第二阶段，专家们主要聚焦于为各种具有重要战略意义的电子设备定购定制和购买的微电路定性分析。这主要是指根据制造厂商所提供的微电路质量水平将整个样品分成两大组，分别为认证合格产品（根据国家机构发布的监管文件生产的军用和航天应用产品）和商用产品（根据公司内部监管文件生产的产品）。在第二阶段静态分析中，专家们对这些微电路的样品进行分析后发现，在 REE 开发商的俄联邦国外微电路订单中，商业元器件的份额达到了令人难以接受的 88.1%，而只有 11.9% 的微电路在 QML 中。

上述结果在某种程度上可用于回答非专业人士的问题，即"为什么俄罗斯的火箭事故如此频繁？"根据 Elektrostandart[9] 可知，这类微电路在不同公司的订单中差别很大。例如，俄罗斯科罗廖夫能源火箭航天集团（OJSC RSC Energia）的商业元器件占比仅为 28%，而 FSUE SRPSRC TSSKB-Progress 公司的商业元器件占比却为 77%，FSUE Central Research Institute Kometa 公司的商业元器件比例为 90%，OJSC IRZ 公司的商业元器件占比甚至达到了 99%。

尽管有必要对这些统计数据进行严谨的技术分析，但这不是本书的主要任务。同时，我们也提醒本书的读者不要草率地得出类似于"这就是俄罗斯国内卫星经常发生故障的原因"的非专业判断。

对 QML 中所列制造商生产的微电路的测试结果进行统计分析，可以区分七种主要的等级。在此基础上，标准技术文档规范了微电路的生产以及该如何进行质量等级划分。统计分析的结果在图 1-22 中展示。

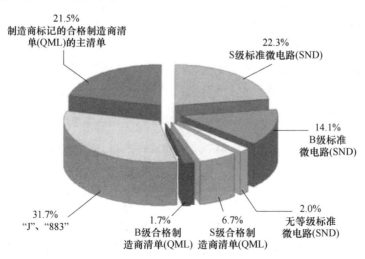

图 1-22　2009—2011 年间，供应给俄罗斯联邦的微电路的质量等级分布

由图 1 - 22 分析可知，为空间应用设计的最高质量等级的微电路组（S 级）仅占 29%（该百分比为产品主清单中所包含的样品电路）。其中，只有 22.3% 的微电路是按照标准规范［标准化微电路图（SMD）］生产的，6.7% 的微电路具有特定的生产商标记，表明该产品是 QML 认证计划的产品。

军用微电路产品（B 级）也占据了一个较小的数值（15.8%）。其中，按标准规范生产的微电路仅占 14.1%，有制造商标记的通过 QML 认证的微电路仅占 1.7%。

与此同时，根据所述文件评估的微电路中与军用产品相对应的商用产品占 21.5%。这类微电路产品制造商均为经过认证合格的 QML 厂家，其产品带有制造商的标记并且包含在该公司生产的产品清单中。与此同时，空间应用 REE 的开发者应该知道，事实上这类微电路产品只是商业产品，它们的设计目标是工业应用环境（此类微电路的应用条件由美国国防部确定，而产品的参数控制和制造过程则由制造商的内部文件确定）。

最具代表性的特定样品（占总样品的 31.7%）是使用军用监管文件控制其生产并被制造商标记的，即按照过渡计划控制生产的微电路。此类产品被标识为 J 级或 883 级。

在俄罗斯联邦购买的所有微电路中，抗辐射微电路只占 4.4%。这一出人意料的事实将引起好奇的读者对俄罗斯国内空间应用 REE 开发者的诸多疑问。特别是，在 Electrostandard 中心专家所做的分析中，俄罗斯购买的抗辐射微电路只有 52 种。图 1 - 23 分别给出了俄罗斯购买的抗辐射微电路总量的分析结果。

可以看到，应用最为广泛的（或最受开发者欢迎的）是图 1 - 23（a）所示的微电路。与此同时，如图 1 - 23（b）所示，这些抗辐射微电路中只有大约一半具有适合空间应用的最高质量水平。值得注意的是，排在第二位的抗辐射微电路（占总量的 31.3%）是与军用产品相对应的商用产品。该组由 19 种型号规格的 1389 只微电路组成。

对高质量等级元器件的进一步分析表明，在这一类别中，这个列表对应的排名与总体微电路供应率的排名有显著不同。为更加直观地展示分析结果，分析人员在对微电路进行了分析后展示了简化统计的分析数据。这些微电路的质量等级由 GSFC、ESCC、JAXA 三家认证机构之一进行了认证，而对于抗辐射微电路的辐射耐受水平之前也已经被有关鉴定机构进行了确认和记录。

总体而言，在分析开展的时间段内，鉴定合格的微电路供应涉及 17 家公司（少于一半），它们均在第一个分析阶段的第一组 28 家制造商范围内。图 1 - 24（a）显示了生产高质量水平的微电路排名前 5 的制造商（按其产品在样品中所占的数量计算）。应该指出，这 5 个生产商向俄罗斯联邦提供的高质量水平的微电路占总量的 69.7%。其余 30.3% 的高质量微电路（包括 77 种型号规格的 3619 只微电路）由其他 12 家微电路制造商提供。

在分析期间，共有 7 家生产微电路的外国公司向俄罗斯联邦提供抗辐射产品。图 1 - 24（b）显示了提供抗辐射微电路能力排名前 5 的制造商（按其产品在样品中所占有的总数量计算）的名单。值得注意的是，这五个生产商提供的抗辐射微电路占总量的 92%。其余 8% 的抗辐射微电路（包括 7 个型号规格的 357 只微电路）全部由美国 AD 公司和 XILINX 公司两家供应商供应。

那些最经常被采购的微电路也是大家最感兴趣的产品，相关统计结果如图 1 - 25 所示，这些产品的单一品种采购量均超过了 1000 只。

基于对上述 2009—2011 年间俄罗斯联邦所采购微电路的分析，可以为选择俄罗斯联

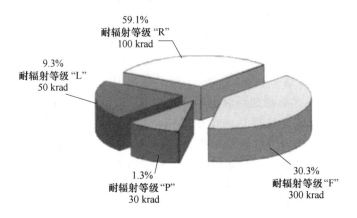

(a) 按抗辐射等级的分布情况

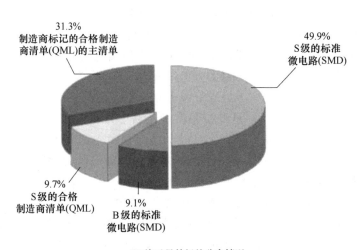

(b) 按质量等级的分布情况

图 1-23　2009—2011 年供应给俄罗斯联邦的抗辐射微电路样品评估情况

邦之外制造的微电路提供一些通用的指导性建议：

1）根据对具有重要战略意义的设备所选用的微电路和 RNII Electrostandard 测试中心收到的微电路（俄罗斯在 2009—2011 年间采购的微电路）的统计分析可知，商业级元器件在其中占比最高，而抗辐射微电路所占的比例极低。

2）由于某些原因，那些在世界市场上享有良好声誉并为军用和航天应用生产高可靠集成电路的专业公司的巨大潜力没有得到充分利用。

3）在已购元器件产品中存在大量具有相同功能的产品，这种情况清楚地表明相关设备针对国外 ECB 的统一选型工作水平极其低下。

4）考虑到所分析微电路具有的代表性（通过它们的数量、型号规格及各种其他影响因素），可以认为在分析过程中得出的结论也适用于当前及后续阶段所有供应给国内军用和航天用 REE 开发人员的国外制造微电路产品。

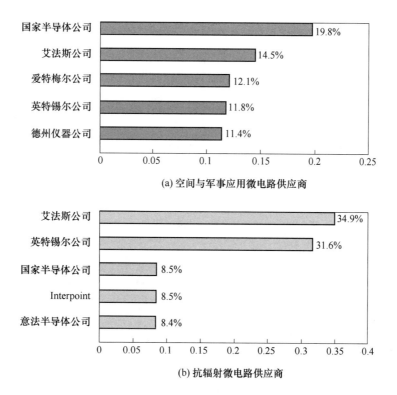

(a) 空间与军事应用微电路供应商

(b) 抗辐射微电路供应商

图 1-24　鉴定合格的微电路供应商排名

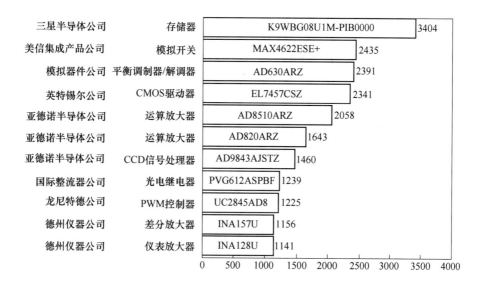

图 1-25　2009—2011 年间，俄罗斯联邦购买较多的基础电子元器件

参 考 文 献

[1] Kochemasov D V，Kuvshinov V V，Stroganov E P. Quality of Electronic and Radio – Electronic Components for Modern Industry [J] . Components and Technologies，2012 (1)：17 – 20.

[2] The Arms Export Control Act [EB/OL] . 2014 [2015 – 10 – 24] http：//pmddtc. state. gov/regulations _ laws/aeca. html.

[3] Chandler J. ITAR：What Does It Mean for You？ [J] . Military Microwaves Supplement，2008：8 –19.

[4] Cheadle S. Export Compliance：Understanding ITAR and EAR [J] . Microwave Journal，2005：80 –91.

[5] Fallon J. U S Export Control Reform：Getting It Right This Time [J] . Military Microwaves Supplement，2011：6 – 18.

[6] Vikulov I. Modernization of Military HF and Microwave Electronics in Europe [J] . Electronics：NTB，2011 (3)：86 – 89.

[7] Belous A I，Merdanov M K，Shvedau S V，Microwave Electronics in Systems of Radiolocation and Communication [M] . Technical Encyclopedia, 2 volumes, Moscow：Techsphere，2016.

[8] Urlichich Y M，Danilin N S. Quality Management of Space Electronic Equipment in the Global Open Economy Conditions [M] . Moscow：MAKS Press，2003.

[9] Basayev A S. In – Process Testing：A Tool to Ensure Space ECB Reliability [J] . Petersburg Electronics Journal，2011 (2)：7 – 14.

[10] Kondratiev V. Functional Tests for Detection of Counterfeit and Non – Standard Components [J]. Electronic Components，2013 (7)：15 – 17.

[11] Rykov I. How to Detect Counterfeit Electronic Components？ [J] . Technologies in the Electronics Industry，2013 (4)：38 – 42.

[12] International Chamber of Commerce. Estimating the Global Economic and Social Impacts of Counterfeiting and Piracy [C] . February 2011.

[13] SAE. Counterfeit Electronic Parts：Avoidance，Detection，Mitigation，and Disposition [EB/OL]. 2009，http：//standards. sae. org/as5553.

[14] Zhang X，Tuzzio N，Tehranipoor M. Identification of Recovered ICs using Fingerprints from a Light – Weight On – Chip Sensor [C] . Proc. of IEEE/ACM on Design Automation Conference (DAC)，2012.

[15] Suh G，Devadas S. Physical Unclonable Functions for Device Authentication and Secret Key Generation [C] . Proc. of IEEE/ACM on Design Automation Conference (DAC)，2007.

[16] U. S. Department of Commerce. Defense Industrial Base Assessment：Counterfeit Electronics [C]. January 2010 (2010 年 1 月).

[17] U. S. Congress. National Defense Authorization Act for Fiscal Year 2012 [EB/OL] . http：//www. gpo. gov.

[18] Danilin N S，Features of LEON 3FT Microprocessor Family [J]. Petersburg Electronics Journal，2012 (3)：69 – 75.

[19] Zhdankin V. Radiation – Tolerant DC – DC – Converters of LS Series Provide Space – Level Reliability，[J] . Modern Electronics，2011 (8)：12 – 17.

[20] Butler S. Selecting the Correct Level of DC – DC Converter for Your Application [EB/OL] . VPT WhitePaper，2013. http：// www. vpt – inc. com.

[21] Pathak A D，Arroyo A. Rad – Hard DC/DC Converters Deliver Space – Grade Reliability [EB/OL].

2014. http：//www. epn – online. com.

［22］ Hybrid – High Reliability Radiation Hardened DC – DC Converter：LS – Series 28V Input，Single/Dual Output" ［EB/OL］. IRF Datasheet，2013. http：//www. irf. com.

［23］ Broline J，Vanvonno N，Bernard T. Latest Radiation Hardened Power Management Products Solve New Design Challenges ［EB/OL］. Intersil White Paper，2012. http：//www. intersil. com.

［24］ Space Qualified，Radiation Tolerant Point – of – Load Converters Combine High Efficiency and Electrical Performances in a Small Form Factor ［EB/OL］. 2012. http：//www. militaryaerospace. com.

［25］ Prospects for the Development of Electronic Components for the Onboard Equipment of Space Systems ［EB/OL］. 2012. http：//www. elcomdesign. ru/market/interview/.

［26］ Belous A I，Ovchinnicov V I，Turtsevich A S. Features of Microwave Devices Design for Spacecrafts ［D］. Ministry of Education of the Republic of Belarus，Gomel University of Francysk Skoryna，Gomel，2015.

第 2 章　亚微米级晶体管和肖特基二极管的工艺制程特点和基本结构

2.1　关于亚微米级微电子学的术语

传统结构在突破 130nm 设计规范时面临着物理限制。因此，21 世纪的晶体管应该具有不同的结构并且使用新材料，特别是栅介质材料。

随着晶体管几何尺寸的减小，晶体管的芯片面积和寄生电容随之降低，晶体管响应速度提高，并且使得超大规模集成电路（VLSIC：Very - Large - Scale - Integration - Circuit）与之前相比的功耗也随之降低。在过去的 40 年里，金属氧化物半导体（MOS）晶体管的栅极长度与原来相比减少了 700 倍（从 20 世纪 70 年代初期的 $10\mu m$ 减小到如今的 15nm）[1]。

晶体管尺寸缩小的每一次技术性跨越，都与晶体管设计与生产新增的问题相关。这些问题必须得到解决才能确保晶体管具有理论上可预测的特性。在晶体管迭代过程中，对某些参数的任何改善都会使得晶体管其他参数变得更差，并且随着晶体管尺寸的减小，其参数之间的相互影响会变得更加明显。

随着 VLSIC 和片上系统集成度的增加，包含模拟单元在内的芯片数量也在增加。这就确保了规模较大且功能完整的系统所必需的与外部世界的交互。模拟电路和数字电路对于晶体管有着截然不同的使用要求。数字 VLSIC 的阈值电压不应该无限制地降低，因为在这种情况下，在到达阈值之前的电流会增加，这种电流的增加会影响 VLSIC 在待机状态下的功耗。阈值电压的上限值应该被限制在电源电压的四分之一[2]，并且为了减少功耗，这个值应该尽可能地降低。然而模拟电路的理想阈值电压却是 0V，这会增加模拟电路的动态变化范围。模拟电路的动态范围由栅极电压 V_{gs} 和阈值电压 V_t 的差值决定，即 $(V_{gs}-V_t)$。

对于模拟电路晶体管的具体要求还包括有更高的负载能力（饱和状态下的漏极电流）、线性度和用于小信号的非线性偏置，并且晶体管性能的一致性对于差分放大电路和电流镜像电路来说非常重要。

MOS 晶体管超小型化的主要问题是栅极的隧穿、氧化物中热载流子的注入、源漏之间的针孔、亚阈区的泄漏、沟道中载流子迁移率的降低以及源漏之间导通电阻的增加。晶体管导通电阻的增加保证了阈值电压和电源电压之间留有余量。晶体管需要具备较低的阈值电压依赖性，该依赖性来自漏极电压以及沟道长宽，并且晶体管还需要有更高的转移电导率、更高的输出电阻、更低的源漏电阻以及更高的负载电容。栅极和 p - n 结的电容应该是最小的。随着晶体管尺寸的减小，其工艺制程参数的差异也随之增加。但这种差异不应该成为降低芯片成品率的因素。

当人们讨论生产集成电路（IC）的 45nm 或 65nm 工艺制程时，这些词是什么意思？它有什么物理意义？技术规范是什么？有时对于某个特定的问题，并没有直接的答案。正如文献［3］中所提到的一个事例那样。

最初，IC 工艺制程是根据使用的光刻设备所能达到的最窄线条的宽度进行分类的。然后，这个尺度标准转换为晶圆表面的结构元素。实际上，这个结构元素就是形成 MOS 晶体管栅电极的线条。因此工艺制程的名字开始用栅电极的尺寸来区分。

为了获得更全面的定义，开发人员把工艺制程标准更名为栅极宽度。通过电流如何在晶体管中流动的分析表明，栅电极的宽度决定了电流流过路径的长度，该路径流过沟道区域。栅极长度是晶体管响应速度的近似度量单位，同时也是晶体管密度（即拓扑分布）的量度。

市场部门接受了这一术语作为效率的量度，并迅速把曾经用作物理量度的名词转变为销售方面的优势。这导致 350nm 技术（在那些年被称作 $0.35\mu m$ 技术）变成了工艺制程的名字，而不是物理量度。正如示例中的这种工艺制程，它的线宽分辨率是 380nm，但是通过使用各种技巧，工程师设法使晶体管表现得像是 350nm 的沟道长度一样。

如今，这个数字作为工艺物理精度的量度又恢复了其原本的意义。因此，65nm 技术通常是指栅极的接触宽度大约是 65nm。然而也有例外，例如一家公司可以开展最终能产生 65nm 线条的工艺制程，但是由于经济原因，它没有考虑设备的一些关键部分的特性，这些特性应该用于确保产生更小的线条。正如通常所接受的，一些公司会宣布这一工艺制程为 65nm 技术，尽管事实上其并不能生产 65nm 尺寸的元器件。

应当注意的是，如今对于使用 193nm 波长的光刻设备，使用该光刻设备从掩膜到晶圆表面精准地投影 65nm 的线条在理论上是不可能实现的。由于制程中衍射污点和失真，设计师和工程师做了非常复杂的工作，来确保掩膜最终可以提供等同于 65nm 长度的线宽。这些工作包括沿着掩膜进行修饰以及在边缘进行小范围的灼烧，这样最终会使得矩形看起来更像一个墨水点。

因此，现代 65nm 和 45nm 工艺并没有反映出真实的线宽，该线宽是由现代光刻技术所确定的，且它只是指出了晶体管之间的距离。最后，这一数字仅仅代表了这项技术的名字，而不是指具体工艺特征的绝对数值。

2.2 现代微电子技术发展趋势与展望

微电子技术的集约式发展以及改善微电子产品供应商与顾客间反馈的需求催生了以路线图形式对该行业现状和发展前景进行分析的需要。

这个问题对开发运载火箭、航天器、在轨空间站和地面技术设施的电子系统和火箭-空间系统单元的工作者至关重要，开发者应当对该技术的现状及发展前景有所了解，以便选择列入航天器设计文件中的电子元器件。

在美国，半导体工业协会（SIA）扮演了绘制美式路线图的角色（国家半导体技术路线图，NTRS）。从 1998 年起，由于欧洲、日本、韩国和中国台湾的加入，NTRS 成为全球信息分析联合体，2016 年超过 1000 家公司联合发布了国际半导体技术路线图

（ITRS）。

　　ITRS 每年发行一套由半导体行业杰出专家编著的分析文件，这套文件是微电子技术研究现状及发展方向最可靠的意见，并且包含了对以下领域（包括系统设计、测试和测试设备等方面）长期发展前景（最长可至 15 年）的分析：测试与测试设备、前端工艺、光刻、IC 互连、工厂集成、装配和封装、提高产量、计量学、建模和仿真、新型元器件和材料研究。

　　图 2-1 为微电子技术性能现状和发展前景分析，其与主题设计规范和新型微电子集成系统发展展望相关。

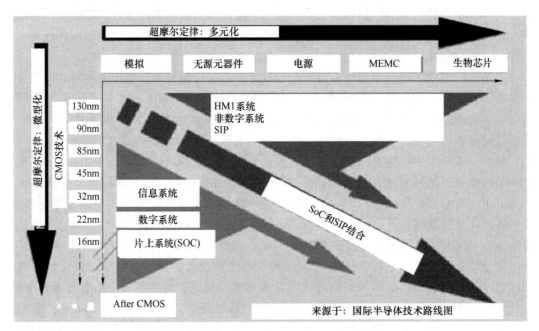

图 2-1　微电子技术的发展以及与摩尔定律的一致性

　　当微电子系统包括了系统级芯片（SOC）和系统级封装（SIP）时，开发包含模拟和射频元器件、高电压强功率产品、传感器、仪器仪表和使用 130nm 以下技术的生物芯片的异构整合系统十分重要。图 2-2 中展示了微电子系统的两个领域，可通过对摩尔定律的符合程度对两者进行区分。

　　增加封装密度并将工艺规范降低至 22nm 的需求带来了在新结构和材料基础上创建晶体管基本单元的问题，同时也并行解决了晶体管等比例缩小问题。

　　图 2-3 显示了微处理器芯片上晶体管数量与时间的关系，它在一定程度上反映了传统摩尔定律的有效性。

　　使用各种工艺制程生产模拟集成电路的情况如图 2-4 所示，可以看到，该技术每两年更新换代一次，而在最近几年，这个速度放缓到三年。正如我们所见，技术的发展是波浪式的，这是由于存在两种相关联因素的影响，即技术的直接进步（技术因素）和基础电子元器件制造商间针对销售市场的竞争规律（经济因素）。

　　比如，在 2000 年初全球制造的 IC 中使用 0.25μm 设计规范的占绝对多数，为了进一

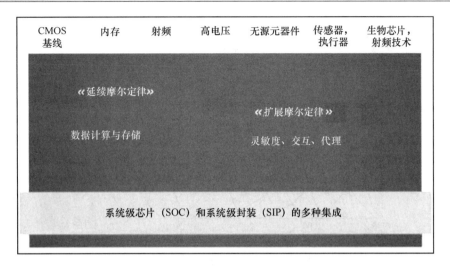

图 2-2　通过对摩尔定律符合程度区分的微电子系统元器件两大领域

延续摩尔定律部分符合传统摩尔定律（≤0.13μm）；扩展摩尔定律部分符合超摩尔定律（≤65nm）

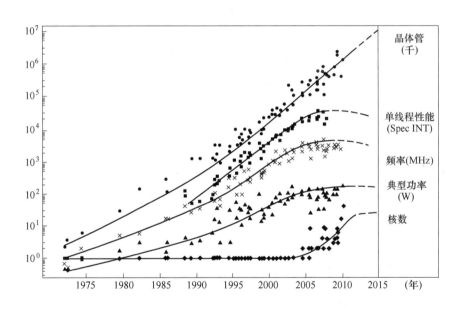

图 2-3　微处理器中晶体管数量与生产年份的关系

步降低主要成本，具有领先地位的制造商将技术产线转为 0.18μm 设计规范，到年末时，他们的产量几乎与使用 0.25μm 技术产线的生产商相当——他们可以通过降低价格获得足够的收入。而为了不被市场淘汰，失去市场份额的 0.25μm 元器件制造商不得不投资研发新技术和设备，使得 IC 制造进入下一个阶段，在这种竞争态势下，2000 年末 0.13μm IC 设计规范应运而生。

如图 2-5 所示，从晶体管设计的角度来看，为了推进摩尔定律，每一代 MOS 晶体管栅极的物理长度 L_g 应当缩减约 30%。

尤其是在 90nm 技术中晶体管栅极的物理长度 L_g 为 50nm，而在 65nm 技术中 CMOS

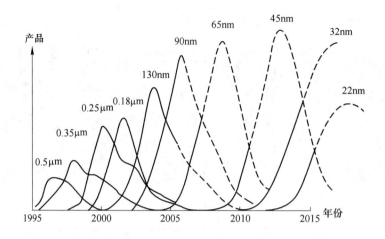

图 2-4　市场上每两年出现的采用更小设计规范的新产品

晶体管的 L_g 达到了 10nm。

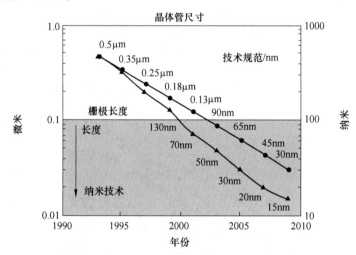

图 2-5　缩小 MOS 晶体管物理尺寸（栅极长度 L_g）以保持与摩尔定律的符合性

　　至少在不久的将来，如图 2-6 和图 2-7 所示，应用在高 k 介电常数的金属栅极晶体管上的新型硅（Si）技术[6-8]、非轴向应变 Si 沟道[9-10]、双轴向应变 Si 和锗硅（SiGe）沟道[11-12]以及非平面全耗尽三栅极 CMOS 晶体管架构[14]可以保证 CMOS 晶体管尺寸按比例缩小并更加符合摩尔定律。

　　2003 年，先进纳米电子元器件的研究取得了显著的进展，如碳纳米管场效应晶体管[15-16]、硅纳米线场效应晶体管[17-18]和 $A^{III}B^{V}$ 型化合物半导体场效应晶体管[19,21]。这些先进元器件为未来纳米电子学的应用提供了保证。可以说，通过将硅技术的创新与领先的传统硅基纳米技术相结合，我们可以期待微电子技术性能会出现相当大的提升。

2.2.1　微缩问题

　　专家们对两种不同微缩方式进行了区分，分别为按几何比例缩小［缩小结构水平和竖

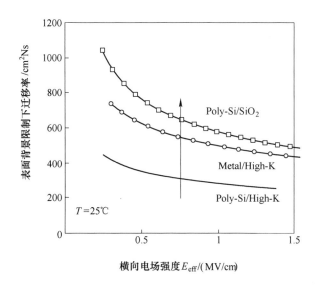

图 2-6　在 CMOS 晶体管中使用金属栅极是屏蔽声子与沟道中载流子相互
作用以及提高 MOS 晶体管沟道中载流子迁移率的有效方法

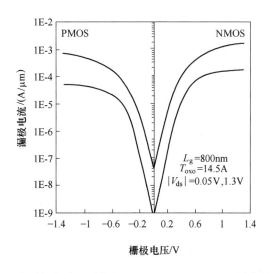

图 2-7　高 k 介质栅极或金属栅极（$L_g = 80$nm）CMOS 晶体管 I_d / V_g 特性

直尺寸以提高集成度（减少成本和功能/性能间的相关性）及可靠度〕和等效（或积分）缩小（即在按几何比例缩小），同时对所设计元器件三维结构进行改进（设计余量），并考虑其他非结构因素，包括使用新材料对芯片总体电气性能的影响。

　　通常此类解决微缩问题的理论被称为"延续摩尔定律（More Moore）"，这是一种有别于传统理论（对＜13μm 技术），持续保持与摩尔定律符合性的理论。而另一种方法"扩展摩尔定律（More than Moore）"，则允许将非数字性能（射频通信、电源控制、无源元器件、传感器、仪器仪表）从常规系统移植到 SOC 或 SIP 级别特定解决方案中。

　　芯片生产中另一个应当被注意到的技术特点是原始晶圆片尺寸和厚度的不断增加（如

图 2-8 所示）。如果说在微电子时代初期，生产第一代集成电路使用的晶圆直径为 50mm，厚度为 $270 \sim 300 \mu m$，那么今天的晶圆直径已经达到 300mm，厚度超过 $700 \mu m$，这就对芯片的进一步加工和组装提出了新的挑战。

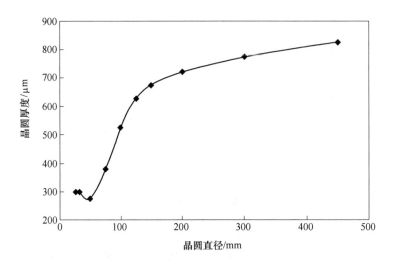

图 2-8 晶圆直径（mm）与厚度（μm）间的关系

2.2.2 现代亚微米技术：微处理器生产应用实例

电子系统和电子单元的开发者应当对现代微电子技术的可能性有清晰的理解，这样在选择处理器接口架构及存储器电路来创建特定功能的元器件时，能够了解那些执行相似功能但可能使用不同技术生产（或使用相同技术但基于不同设计规范）的微芯片的优缺点。另外，多功能微电子元器件（如微处理器）的架构与其生产技术（最小设计规范）间紧密的联系是可追溯的。

有时候，研发人员所开发的处理器体系架构会超前于现有技术实际能力（这促进了它的发展：即有一个实际任务，并且通常是一个有利可图的市场）。在某些情况下，可以基于早期技术设计架构（这将导致这种微处理器的市场价格出现不合理增长）。

同样需要考虑到，每一代微电子技术都有其特定的故障机理、对各种类型的电离作用的反应、抗噪性以及应用这些技术下集成电路的噪声防护。

上述事实证明，随着芯片基片理化性质的明显变化，亚微米设计规范向下一阶段的过渡需要工程师们使用全新的、从未研究过的材料和化学试剂以获得更小的漏电流，并保证在不降低单片消耗能量效率的前提下提升芯片性能。

有时候这种新的改变会导致 IC 架构的变化，但全球趋势是明显的，即新一代基片的架构变化与新一代微电子技术升级是相对应的。因此，在 2007 年 1 月，Intel 在半导体工业历史上首次推出了采用 45nm 技术生产的处理器，该处理器工作名称为 Penryn，包含数亿个晶体管，使用复杂的 45nm 技术生产，其单个晶体管栅极宽度只有 35nm（如图 2-9 所示）。

随着电路元器件理化性质发生明显变化，向亚微米精度生产标准转变需要工程师们应用新的材料和技术以获取更小的漏电流，并在不降低单片消耗能量效率的前提下取得更多经济效益。为了解决这个问题，处理器核心架构已经发生了变动，尽管其目前仍为酷睿微架构的代表之作（Merom）。

让我们以英特尔（Intel）这家世界领先企业为例，来仔细了解技术发展与架构之间的联系。应当注意的是，处理器微架构的世代交替频率低于内核设计（Core design）的交替（甚至低于新的技术工艺）。比如，于 2000 年取代 P6［最后的 P6 代表作是 $0.18\mu m$ 科铂曼处理器（Coppermine）］及 2001 年发布的 $0.13\mu m$ 图拉丁处理器（Tualatin）的 Net-Burst 微架构，它曾在不同时期以多个内核设计架构为代表，例如威拉默特处理器（Willamette）（2000 年，$0.18\mu m$、$0.13\mu m$）、诺斯伍德处理器（Northwood）（2002 年，$0.13\mu m$）、普雷斯考特处理器（Prescott）和史密斯菲尔德处理器（Smithfield）（2004 年，90nm）以及 Cedor Mill Presler（2006 年，65nm），在使用同一种微架构的六年里产生了四代内核设计。于 2003 年推出和发展的巴尼亚斯处理器（Banias）微架构同样囊括了一系列内核架构，例如 Banias（2003 年，$0.13\mu m$）、多森处理器（Dothan）（2004 年，90nm）以及双核处理器（Yonah）（2006 年，65nm）。

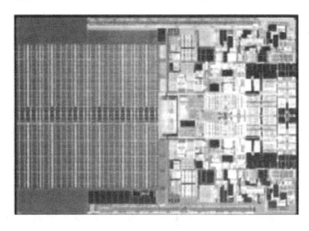

图 2 - 9　使用 45nm 技术制造的 Intel Penryn 处理器（2007 年 1 月）

事实上，新内核设计的发展可以被视为在同一微架构内逐步改进、添加新功能、重新设计和缩小以适应新工艺流程的过程。不同于其他大型集成电路开发商，凭借位于俄勒冈州和以色列的两大处理器研发制造中心，Intel 可以同时开发和增强至少两种微架构，在集百家之长的同时，避免犯下同样的错误。

2006 年，酷睿微架构代替了 NetBurst 和 Banias，它继承了前代处理器的优势，具有全新的工程理念和技术。因此，从效率和性价比角度来看，基于酷睿微架构的第一款内核设计 Merom（2006 年，65nm）非常成功。

Penryn 的内核设计是对 Merom 的增强并过渡到 45nm 制程工艺。45nm Penryn 系列芯片是新型酷睿双核芯片 Wolfdale 和四核芯片 Yorkfield 的基础，这两者分别替代了 65nm 的 Core 2 双核处理器和 Core 2 四核处理器。因此，Penryn 家族成了新一代 Intel 迅驰移动计算技术的基础，代号为 Montevina。新的 Montevina 移动平台于 2008 年进入市场，取代了 Santa Rosa 版本。

基于酷睿微架构的 Penryn 内核设计直到 2013 年退出市场，而使用 Penryn 内核的处理器一直生产到 2015 年新一代 32nm 工艺制程上马。

2008 年，Intel 推出另一种基于 45nm 技术的微架构 Nehalem。2012 年，第一批基于 Gesher 微架构的芯片样品使用 25nm 技术生产（见图 2-10）。

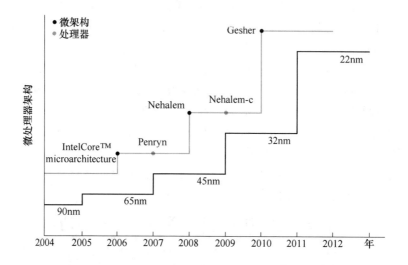

图 2-10　Intel 处理器架构发展阶段（2004—2012 年）

Penryn 双核版本有超过 4.1 亿个晶体管（Conroe 65nm 双核版本中有 2.91 亿个），四核版本 Yorkfield 有超过 8.2 亿个，同时芯片面积减小到 110mm² （Conroe 为 143mm²），这一点与摩尔定律吻合，即晶体管的数量大约每两年翻一番，晶体管生产单价降低并且效率提高。

2016 年后，Intel 产品线的发展主要向 Core 2 四核、Corei 7（见图 2-13）的多核多线程方向推进。"高 k 介电技术和金属材料的应用标志着晶体管技术自 60 年代末引进多晶硅栅 MOS 晶体管以来最大的变化。"Intel 创始人之一 Gordon Moore 如是说。

Intel 于 2007 年宣布在电子行业中首次使用 45nm 微处理器生产技术，其采用基于金属铪的高 k 金属栅极介质的新一代晶体管具有以下特性：

1）晶体管密度增加约两倍；

2）晶体管开关速度提高超过 20%；

3）晶体管开关功耗降低约 30%。

现代技术发展的趋势是在硅晶体管中加入更多非硅元素以提高其尺寸缩小能力及性能，特别是 Intel 正在完成其基于锑化铟（InSb）的量子阱晶体管的研究（见图 2-11）。

在硅晶体管中使用非硅元素的效果如图 2-12 所示，在所有用于场效应硅晶体管的 $A^{III}B^{V}$ 型化合物中，InSb 拥有最佳的性能，其通过（功耗×延迟/沟道宽度）计算得到晶体管尺寸。

2008 年，英特尔扩大了 45nm 酷睿 2 双核和酷睿 2 四核处理器的范围，推出五种新架构，具有 2GHz 频率、1066MHz 系统总线和 45W 功耗的 Q9000 四核移动芯片在其中名列前茅，首个使用这款新处理器的笔记本电脑是宏碁（Acer）的 Aspire 8930G。

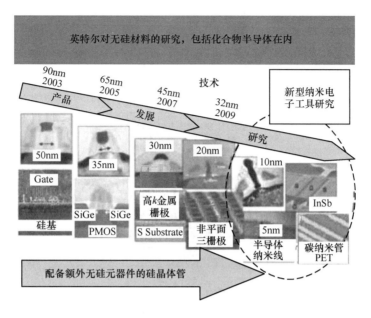

图 2 - 11　在硅晶体管中引入非硅元素可减小尺寸并提升性能

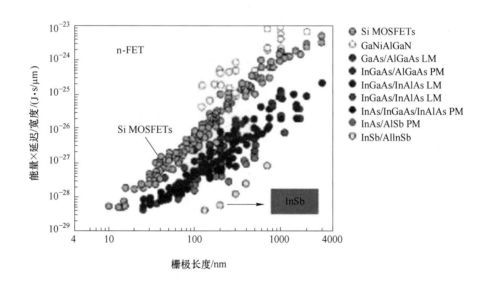

图 2 - 12　InSb 拥有最佳的物理性能，可使场效应晶体管的关键特性得以提升

2010 年，Intel 开始销售代号为 Clarksdale 和 Arrandale 的集成图像处理器产品，其将 32nm CPU 和 45nm GPU 组合在一起。

图 2 - 13 所示图表接近实际比例，它显示了 Intel 采用 45nm 技术生产的处理器的尺寸分布，从大型服务器处理器到为笔记本电脑设计的微型 Atom 模型，这取决于 2010 年的芯片面积。

Atom 处理器面积最小、功耗最低，芯片面积为 24.2mm²，双核 Atom 处理器的芯片面积是该尺寸的两倍为 24.2mm²×2，带有 3Mb L3 高速缓存的 45nm 酷睿 2 双核处理器的面积为 81mm²，带有 6Mb 缓存的 45nm 酷睿 2 双核处理器的面积为 107mm²。酷睿 2 四核处理器的面积为 81mm²×2，高性能酷睿 i7 处理器为 263mm²，而 Xeon 7400 服务器处理器的面积为 503mm²。

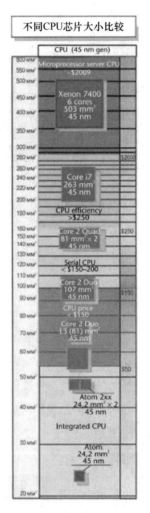

图 2 - 13　英特尔微处理器芯片面积演变史

AMD 将类似解决方案命名为 Fusion。早前曾有预测估计 AMD Fusion 处理器将于 2009 年底推出，并使用 45nm 制程工艺，但是 AMD 认为当时的技术已经过时，因此叫停了这些芯片的开发。可以认定，继 Intel 之后，AMD 也将把 CPU＋IGP 系统转移到 32nm 技术上。尽管如此，AMD 还是宣布 Fusion 处理器将于 2012 年底——专家研发出更小的 22nm 生产技术时推出。然而，2009 年底 AMD 还是推出了两款新的双核处理器和一款四核处理器。AMD Phenom Ⅱ X4 495 四核处理器，拥有 3GHz 频率和 8 MB 缓存，TDP 不超过 95W，比之前的型号少 30W。AMD Athlon Ⅱ X2 245 和 240 双核处理器，拥有 2Mb L2 缓存，TDP 不超过 65W，频率分别为 2.9GHz 和 2.8GHz。

2.3　亚微米 MOS 晶体管的特性

随着 MOSFET 工艺尺寸的缩小，投入研究经费大大增加，同时会伴随着一系列设计和工艺制造的问题，这些问题往往可以通过研究者建立的相关晶体管模型以实现理论方面的预测来解决。在这个过程中，研究人员必须解决许多与经典能量守恒定律相关的问题。

随着 VLSIC 和 SOC 集成度的增加，集成电路设计与生产的难度也在增加。为实现现代所需的集成度和功能要求，一个完整系统中所包含的模拟单元芯片数量也在增加，使得这个系统可以充分与外部环境进行交互。晶体管可以用于数字应用与模拟应用，只是对于不同应用有不同的要求。例如，应用于数字 VLSIC 的晶体管阈值电压不能够无节制降低，因为随着阈值电压的降低，亚阈值电流将会增大，而亚阈值电流正是导致 VLSIC 关态损耗的主要原因。

模拟电路应用下的晶体管还对负载能力（饱和工作模式下的漏电流大小）和小信号模式下非线性偏置时的线性度有要求。当应用于差分放大电路和电流镜像电路时，还需要考虑晶体管之间的特性匹配。

MOSFET 缩小到亚微米级会存在许多设计和技术问题，例如栅极载流子隧穿、热载流子注入氧化物中、源漏之间的穿通效应、栅极区域的大量泄漏电流、沟道中载流子迁移率降低，以及为了确保元器件阈值电压和电源电压之间所需的最小电压差，研究人员需要设计一定的源漏电阻。上述举例只是一些主要的技术、结构和电路设计问题。对于亚微米级晶体管还存在其他很多的限制（例如栅电容和 p-n 结电容应尽可能小），同时对于芯片生产制造，随着晶体管尺寸的减小，基于物理限制的工艺参数的多样性不应降低芯片产量。

总之，上述问题只是在生产过程中很小的一部分问题，为满足用户各种使用需求，仍然需要研究者提供新的解决方案。正如晶体管发展历史上，当一个设计标准取代另一个设计标准时（如特征尺寸从 180nm 过渡到 90nm，以及从 90nm 过渡到 65nm），都需要解决大量的问题。很明显，随着特征尺寸的减小，晶体管都会出现独特的、不同于以往的物理失效机理，而不同晶体管对于不稳定因素（例如电离碰撞）的影响也会有不同的反应。

2.3.1　超大规模集成电路中 MOS 晶体管结构

轻掺杂漏极（LDD）是 MOSFET 中应用最广泛的结构，在半导体产业中有 10 多年的应用历史（见图 2-14、图 2-15）。

LDD 是一块小的、轻掺杂的区域，它是源漏区域向沟道一侧的延伸。工艺上使用一定浓度的掺杂（磷和硼）以及特殊的扩散方式以确保获得光滑的 p-n 结。

一般而言，掺杂的浓度在 $4 \times 10^{18} \, \text{cm}^{-3}$ 到 $8 \times 10^{18} \, \text{cm}^{-3}$ 之间，而在 n 型重掺杂区域，掺杂浓度达到 $5 \times 10^{19} \, \text{cm}^{-3} \sim 1 \times 10^{20} \, \text{cm}^{-3}$。通过制作 LDD 结构，能够降低沟道与漏极边界上的电场强度，降低热电子的能量。我们知道，热电子能量过高是导致晶体管长期性能退化的原因之一。同时，LDD 还可以增加晶体管的针孔张力、注入浓度和雪崩击穿电压并减小漏致势垒降低效应（DIBL）和沟道长度调制效应。

对于沟道长度为 $0.25 \mu\text{m}$ 的晶体管来说，源漏两端的 LDD 深度通常为 $50 \sim 100 \text{nm}$

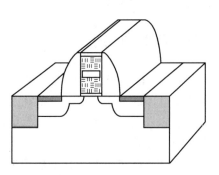

图 2-14 MOSFET 的典型结构（其中栅下具有 LDD 结构）

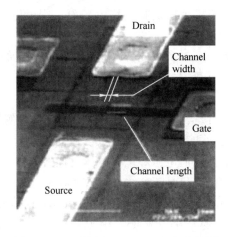

图 2-15 亚微米 MOSFET 拓扑布局[5]

（见图 2-16 和表 2-1）。p-n 结深度若减小到 10nm 必然导致源漏区域的电阻增加到 10kΩ/平方，这样将会导致晶体管的负载能力下降。通过建模仿真以及大量实验，研究者确定了 LDD 与栅极的重叠区域应不小于 15～20nm，以防止晶体管的负载能力急剧下降。目前，多晶硅栅厚度约为 300nm。

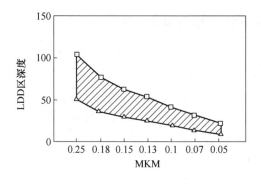

图 2-16 随工艺发展，源漏 LDD 区域 p-n 结深度降低

为了降低亚微米晶体管的电容，通常选用轻掺杂衬底，并且为了达到所需的阈值电压

和降低针孔电压，沟道采用与衬底相同类型的掺杂。掺杂大约占据了栅极下空间电荷面积的一半。

表 2 - 1　MOSFET 根据半导体技术路线图（NTRS）进行缩小

设计规则/nm	250	180	130	100	70
氧化层厚度/nm	4～5	3～4	2～3	1.5～2	<1.5
p－n 结深/nm	50～100	36～72	26～52	20～40	15～30
电源电压/V	1.8～2.5	1.5～1.8	1.2～1.5	0.9～1.2	0.6～0.9
漏电流/（nA/μm）	1	1	3	3	10
带载能力/（mA/μm）	600/280	600/280	600/280	600/280	600/280
功率/芯片/W	70	93	121	120	114

在源漏区域与多晶硅栅之间淀积约 40nm 厚的二硅化钛（$TiSi_2$）或二硅化钴（$CoSi_2$），这使得电阻率约为 5Ω/平方。淀积氮化硅（Si_3N_4）形成多晶硅栅与源漏极接触点之间的隔离侧墙（见图 2 - 17）。

沟道中的掺杂浓度为 $5 \times 10^{17} \sim 1 \times 10^{18} \, cm^{-3}$，当晶体管沟道长度小于 100nm，高于这个浓度范围的掺杂将会导致源漏之间 p－n 结的电子隧穿效应。

当晶体管沟道长度为 0.1μm 时，栅氧厚度 t_{ox} 为 3～4nm。在过去的 30 年中，Intel 公司生产的 MOSFET 氧化层厚度 t_{ox} 和沟道长度 L 之间存在经验关系 $L = 45 t_{ox}$[2]。

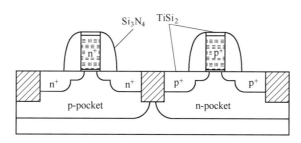

图 2 - 17　互补金属氧化物半导体（CMOS），可使用 0.25μm 工艺生产英特尔赛扬和奔腾Ⅱ微处理器

磷和硼分别用于形成 MOSFET 的 n 阱和 p 阱（见图 2 - 17）。阱与阱之间用凹槽进行隔离，凹槽壁具有氧化层，内部填充多晶硅。这种隔离技术已成为晶体管隔离的主流技术，能够用于 0.25μm 工艺中，并已取代局部硅氧化隔离技术（LOCOS）。

晶体管的结构如图 2 - 17 所示，栅长从 20 世纪 70 年代的 10μm 减小到目前的 0.03μm，这是通过简单的几何缩放实现的（见表 2-1），即通过减少栅极长度、介质厚度和 p－n 结深度。然而，在传统晶体管结构中，要突破 130nm 的栅长设计将会面临来自物理层面的限制（见表 2-2）。

如表 2-2 所示，氧化物厚度的减小将会导致栅极的隧穿漏电流的增加，而 p－n 结深度的减小将会导致晶体管区域的串联电阻的增加。同时，随着沟道长度和阈值电压的降低，亚阈值电流将会增加。因此，现代技术中的晶体管应具有不同的结构，并使用新材料作为栅介质。

2.3.2　改善 MOSFET 性能的方法

随着沟道长度的减小，元器件会受到一些非理想效应的影响，例如短沟道效应以及所表现出来的阈值电压下降。同时，随着晶体管结构尺寸的减小，还会受到来自材料层面的阻碍。为了克服短沟道效应，研究人员会在元器件的垂直和水平方向设计不同的掺杂浓度分布。水平方向上，在源漏向沟道延伸形成 LDD 结构，这个可以通过离子注入完成；在垂直方向上，实现非均匀的（逆向的）掺杂分布，形成非常小的源漏区域。同时，可以使用高 k 介电材料代替二氧化硅来作为栅介质。除此之外，还有很多其他的方法可用于改进元器件性能。

漏区的耗尽区向沟道一侧延伸是造成短沟道效应的主要原因。然而，这种现象不能简单地通过增加元器件的体区掺杂浓度来消除。因为如果体区浓度过大，会导致亚阈值电流增加，沟道中载流子迁移率降低，晶体管负载能力下降。解决该问题最广泛使用的方案是利用反短沟道效应，即随着沟道长度减小，阈值电压增加。这种方法可以通过在源区和漏区周围使用如图 2-18 所示的晕环（Halo）结构来实现。

表 2-2　元器件缩小的限制

参　　　数	限　　　度	限 制 原 因
氧化层厚度	2.3nm	氧化层隧穿电流
p-n 结深度	30m	源漏区电阻
沟道掺杂	$V_t = 0.25V^*$	亚阈值电流
最小源漏面积	15nm	电阻
沟道长度	60nm	亚阈值电流
栅长	100nm	亚阈值电流

* V_t 为阈值电压。

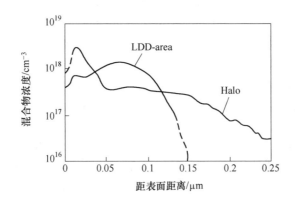

图 2-18　0.25μm 工艺中 Halo 结构与源漏 LDD 区域掺杂浓度分布

图 2-18 中的 Halo 结构是通过离子注入与衬底相同导电性的杂质来形成的（对于 n 沟道元器件，注入硼或铟；对于 p 沟道晶体管为砷）。与硼相比，铟能够减弱阈值电压随

沟道长度下降而减小的幅度，并减小了亚阈值斜率的变化量。可以垂直注入离子，但实际工艺中，离子注入一般是具有一定角度的。入射离子束与硅平面的垂直线具有 20°到 30°的偏角，可以直接将离子注入栅的下方。这种工艺的实现通常需要特定的设备，这种技术也通常掌握在特定的生产制造公司中。Halo 结构与轻掺杂源漏形成于同一个光刻步骤，为了增加 Halo 结构的深度可以用更高能量的离子注入来实现。基本结构形成后，对元器件进行退火，注入的杂质会扩散到 LDD 区域外，形成了如图 2-18 所示的掺杂分布轮廓。

　　Halo 结构的工作机理基于一个众所周知的事实，即 MOSFET 的阈值电压取决于栅下的平均掺杂浓度，而不是杂质的水平分布。这就导致 Halo 结构增加了阈值电压，但对于沟道载流子的迁移率没有影响。

　　在衬底中的离子注入不同于 Halo 结构，前者不会覆盖整个 LDD 区域，只存在于它的表面或者底部区域（见图 2-19）。

　　如图 2-19 所示，浓度突变形成的阱区 ［Super Steep Retrograde Well（SSRW）］，在接近表面处掺杂浓度突然减小，这是通过砷或锑的缓慢扩散（对于 p 沟道晶体管）和铟的缓慢扩散（对于 n 沟道晶体管）形成的。通过这种方法，可以使半导体表面的掺杂浓度与内部体区的掺杂浓度独立开来，于是研究者对于阈值电压和衬底掺杂浓度的设计具有更多的自由度，而这两项影响着空间电荷区的面积以及短沟道效应。正确地使用 SSRW 能够极大减轻短沟道效应的影响、增加表面载流子的迁移率，然而这种方法会使得亚阈值电流有轻微的增大。

　　由于对照条件选择十分复杂，有时甚至会得出矛盾的结论，均匀浓度分布和具有突变浓度分布这两种结构比较依旧具有不确定性。其中一种突减分布的结构是衬底 δ 掺杂结构，具有与 SSRW 相似的性质。

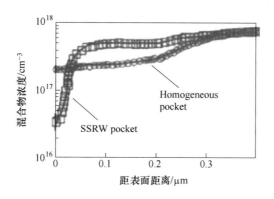

图 2-19　SSRW 结构浓度分布示意图

　　提高 MOSFET 传输电导率和负载能力的传统方法之一是减小栅氧化层厚度[23]。但同时，栅氧化层厚度又受到栅隧道电流的限制，隧道电流会导致系统功耗的增加，同时可能造成氧化层击穿，降低了元器件工作的可靠性。

　　实验展示了将栅介质厚度减小到 1.5nm 的可行性。在实验中，元器件沟道长度约为 0.1μm，晶体管的负载能力为 1mA/μm，室温下的电导率为 1000mS/mm。

　　栅泄漏电流的增加并不是减薄栅氧厚度的唯一阻碍。对栅介质为 1.2～2.8nm 的元器件进行实验，结果表明阈值电压的静态变化随着隧穿电流的变大而增加。这种现象可以解释为阈值电压开始依赖于栅极欧姆电阻上的压降，而电压降是由隧道电流产生的。在这种情况下，阈值电压也与元器件的栅电阻组成部分相关。

　　反型层中的量子效应是阻碍亚微米级晶体管尺寸进一步缩小的另一个物理因素，这种效应使得电子无法停留在硅表面。电子最近可以位于距表面约 1nm 处，这将使氧化层的实际等效厚度增加约 0.3nm。此外，由于多晶硅栅极中掺杂浓度有限，多晶硅栅中会出现耗尽区，这将同样增加栅极介质层的有效厚度。综上，栅极介质层的有效厚度的总增加量约为 0.7nm，这导致了晶体管漏电流减小和负载能力减弱。

　　文献［23］的研究者进行了一次著名的实验研究，该文作者设计了栅介质厚度为 1.3~1.5nm[23] 的元器件，结果表明通过增加介质层的均匀性，可以显著降低通过栅极电介质的隧道电流。因此，为了获得均匀的介质层，可以在未掺杂 Si 上进行选择外延获得 MOSFET 的沟道层，而在外延生长 Si 上生长的氧化层会有更好的均匀性。为了实现沟道的功能，要在 n 沟道晶体管的沟道区域进行硼离子注入，在 p 沟道晶体管的沟道区域进行磷离子注入。然后再利用气相外延生长未掺杂的 Si 层，厚度为 5~20nm。再加上前面一系列的掺杂，于是便在表面的外延区域形成了突然减小的浓度分布。下一步，利用干氧氧化在外延 Si 层上氧化形成一层薄氧化层（1.5nm）。和传统方法不同的是，栅极不是由多晶硅制成的，而是由氮化钛（TiN）组成。TiN 的粒度大约为多晶硅的三分之一，这提高了栅极电介质的均匀性。

　　对于长度小于 100nm 的沟道，工艺流程开发的关键是制成小于 20nm 的 p－n 结。然而，小尺寸使得源区和漏区具有了不可接受的高电阻。为了降低电阻，通常会引入 TiSi$_2$ 或 CoSi$_2$ 的中间层。这种解决方法来源于如图 2－20 所示的原始结构。当形成了 4.6nm 厚度的栅氧化层后，再利用电子束光刻形成多晶硅栅极。在栅极和场氧之间具有 0.35μm 的间距来制成源漏区域。多晶硅栅会用 10~20nm 厚度的薄 Si$_3$N$_4$ 层侧壁保护起来，用以将栅极与源漏隔离开来。下一步，利用选择性外延，生长 50nm 厚度的 SiGe 层，并进行磷掺杂。之后，在多晶硅栅的侧墙外再淀积一层保护层，同时这也是进一步用于源漏区域注入的掩膜。接下来，将会利用事先外延得到的掺磷 SiGe 进行杂质扩散，形成轻掺杂源漏。用选择性生长钨制备源、漏和栅区域的电极。最终实现的结构如图 2－20 和图 2－21 所示，位于源区和漏区上方的外延层部分降低了元器件的欧姆电阻。

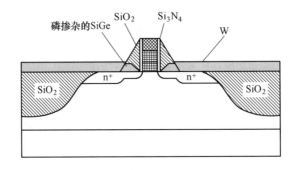

图 2－20　MOSFET 结构（利用磷掺杂的 SiGe 进行杂质扩散，
制成具有较小面积的源漏）

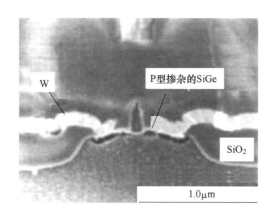

图 2 - 21　MOSFET 显微照片，结构示于参考文献 [10]

2.3.3　绝缘体上硅结构的 MOS 晶体管

利用绝缘体衬底上的硅（SOI）生产的 MOSFET 对于制造低功率、高速以及电源为 1.2V 及以下的 VC VLSIC 具有相当大的意义。由于源漏区域下方厚氧化层替代了原有的 Si 层，大大降低了衬底上的寄生电容。SOI 的第二个优点是无需场氧隔离，不同元器件之间隔离工艺相对简单，元器件集成度高。

SOI 结构具有较强的抗辐射能力，并在高温下具有较好的可靠性。SOI 结构中的短沟道效应可以通过减小硅层厚度来抑制。SOI 晶体管的亚阈值斜率接近于理想。利用 SOI 技术在厚度为 8～10nm 的硅薄膜上可获得高质量晶体管。

然而，SOI 结构的可行性并非无可争议。主要问题在于 SOI 晶体管由于衬底浮空效应而导致了亚阈值电流增加，从而导致了晶体管开关在关态下功耗的增加。若要降低该电流会导致阈值电压升高，这使得不可以通过降低电源电压来降低功率损耗。第二个争议点在于，随着元器件尺寸的不断减小，SOI 晶体管的小体积不再是优势，因为在现代 VLSIC 中，互连延迟已经超过了元器件本身的延迟。

SOI 结构隔离一般采用三种方式，分别是硅局部氧化（LOCOS）、浅槽隔离（STI）和台面隔离。对于低于 0.25nm 的设计尺寸，使用 LOCOS 进行隔离会很困难，由于鸟嘴效应，使得 LOCOS 很难获得小面积隔离区，而 STI 又是一个相对昂贵的工艺。

具体的 SOI 结构晶体管如图 2 - 22 和图 2 - 23 所示。

图 2 - 22 中，结构中埋氧厚度为 390nm，氧化层上的硅层厚度为 190nm。栅氧化层厚度为 4.7nm，沟道长度为 9.1μm，多晶硅栅厚度为 300nm。通过调节沟道掺杂浓度可以获得所需的阈值电压。袋状掺杂区域（见图 2 - 22，pocket 部分），对 n 沟道晶体管掺杂硼，对 p 沟道晶体管掺杂磷，能够防止源极和漏极连通，并能够防止由于沟道长度减小而导致阈值电压降低。为了减小接触电阻，在源极、漏极和栅极区域会淀积一层厚度为 50nm 的 $TiSi_2$ 硅化物。晶体管电极由钨组成，晶体管与设计电路之间的连接由铝制成。芯片上晶体管之间的隔离由二氧化硅侧墙组成（见图 2 - 22，spacer 部分）。

在硅薄膜上制作晶体管存在的问题之一是源区和漏区之间的高串联电阻。为了降低该电阻，研究人员采用自对准硅化物工艺，其中使用了钛硅化物或钴硅化物。然而，如果所

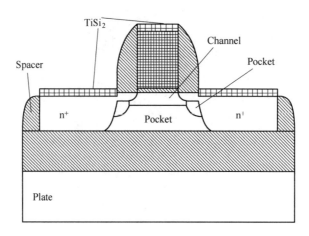

图 2 - 22　沟道长度为 $0.28\mu m$、栅宽为 $9.1\mu m$ 的 SOI 结构

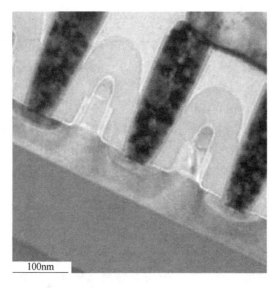

图 2 - 23　IBM 公司利用 SOI45nm 技术生产的沟道场效应晶体管

使用的硅膜厚度小于 20nm，硅化物层下方的硅薄膜将完全被合金化，硅化物与硅薄膜之间的接触面积将减小，从而导致接触电阻增大。当电极由钨制成时，通过观察发现硅的合金转化率很低，但在与 p 型重掺杂硅接触的情况下，钨形成的触点具有非常低的稳定性。

　　要解决与接触电极相关的问题，可以尝试通过在源极和漏极区域上方外延硅膜，或者通过剥离用来作为晶体管沟道的硅区域来解决。

　　如图 2 - 24 所示，为上述方法的一个实际例子。该晶体管的沟道长度为 40nm，利用 SOI 技术在极薄的硅层上制造元器件，其中硅薄膜的厚度分别为 4nm、11nm 和 18nm。

　　绝缘层上初始硅层的比电阻为 $3\Omega \cdot cm$。埋置氧化层的深度为 100nm，它位于 n 型硅片上，比电阻为 $0.02\Omega \cdot cm$。氧化层上方用于形成源漏区域的硅膜厚度为 80nm。在源漏区域之间通过选择性刻蚀在其中获得厚度为 4～18nm 的凹陷区域，随后在其中形成导电沟道。这个例子中（见图 2 - 24），利用薄硅层制作沟道、源区和漏区，硅膜已经具有足够的厚度来确保元器件的低电阻。利用干燥氧气环境条件下制作 4.7nm 的栅氧化层。

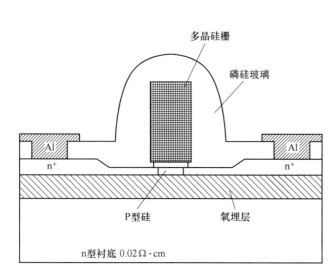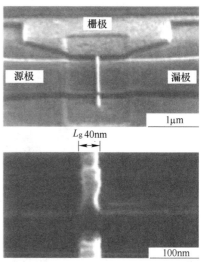

图 2 - 24　左侧为 SOI 结构示意图，具有超薄硅膜（4～18nm），沟道长度为 40nm；
右侧为晶体管栅极放大照片

栅长为 40～135nm 的多晶硅栅极可以利用超高分辨率的电子束光刻技术进行制备。在 p 型超薄硅层中，n 型源漏区域是利用事先准备好的磷硅玻璃进行磷的扩散而形成的（见图 2 - 24）。

与源极、漏极和栅极相连的触点是由铝制成的。扫描电子显微镜得到的结构照片如图 2 - 24 所示。沟道长度为 40nm 的晶体管具有 75 mV/dec 的亚阈值摆幅，这证明了对短沟道效应的有效抑制。

对于金属钨与 p 型区接触稳定性差的问题，可以进行氢等离子体刻蚀硅工艺，利用氢原子使硅中的硼原子失活。通过这种方式制备的硅表面，可以获得和金属钨更稳定的接触。图 2 - 25 为制作在 21nm 硅薄膜上的 MOS 晶体管的照片，沟道长度为 $0.18\mu m$，栅氧化层厚度为 3.6nm，多晶硅栅厚度为 150nm。

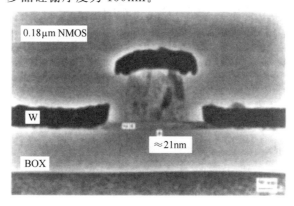

图 2 - 25　在 21nm 厚的无源漏区的硅薄膜上制备的沟道长度为 $0.18\mu m$ 的 MOS 晶体管

钨层厚度为 48nm，接触电极下的硅层厚度为 6nm（见图 2 - 26）。所获得的接触电阻率为 10 Ω/square，小于同等硅合金化程度时钴、钛硅化物的电阻。n 沟道晶体管的亚阈值摆幅为 70 mV/dec，p 沟道晶体管的亚阈值摆幅为 75 V/dec。

初始的 SOI 结构在文章中进行了说明（见图 2 - 27）。它使用空气作为绝缘层，于是这种技术也被称为 Silicon - on - Nothing（SON）。这种技术结合了常规结构晶体管和 SOI 技术的优点。

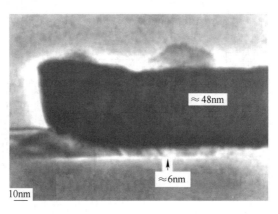

图 2 - 26　与漏区接触的电钨极，对于 n 沟道晶体管，Si 层厚度减小到 15nm

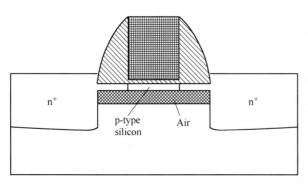 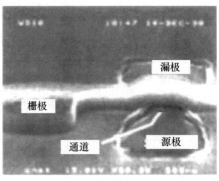

图 2 - 27　左侧为 SON 技术 MOS 结构图
右侧为制作空气通道对应的实物照片（使用标准衬底）

这类元器件的工艺流程如下。在硅片上外延生长厚度为 10～30nm 的 SiGe 外延层，外延层上为厚度为 5～20nm 的硅层。SiGe 层在稍后的工艺中会被蚀刻掉，因此硅层下面会形成空缺（空气），可以用二氧化硅填充，但也可以不进行填充。接下来，制作栅氧、多晶硅栅，在源漏靠近栅极处制作隔离侧墙（见图 2 - 28），利用各向异性等离子体蚀刻制作凹槽。进行到这一步，于是可以与先前准备的 SiGe 层相通，再通过选择性等离子蚀刻就可以完全蚀刻掉 SiGe 层。通过这种方法，可以在硅层下形成高度约 20nm 的空洞。当获得空洞后，将四周用薄氧化层进行钝化处理。图 2 - 27 右侧为制作空气通道对应的实物照片。

图 2 - 28 显示了沟道高度为 30nm 元器件的横截面照片。源漏区使用选择性外延硅进

行制备。

SON 技术可以生产 p－n 结深度为 5nm、沟道厚度为 5nm 的 MOSFET。当沟道长度小于 30nm 时，元器件的沟道长度调制效应和漏感应势垒降低效应（DIBL）便只与材料特性有关。工艺流程中不需要使用特殊设备或材料，并且所有流程操作都是非常有代表性的。

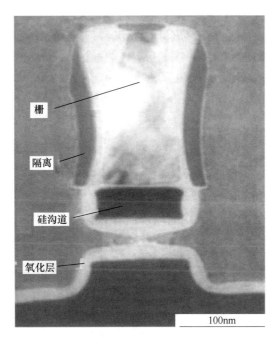

图 2 - 28   SON 结构横截面图

2.3.4   双栅、三栅和圆柱形栅晶体管

根据缩放规律，研制沟道长度小于 100nm 的 MOSFET，必须减小 p－n 结深度和氧化物厚度。然而，当晶体管的沟道长度小于 100nm 时，栅极的隧穿泄漏电流会变得非常高，导致了 VLSIC 在关态模式下的功耗增大，并且同时较小的 p－n 结会导致接触电阻较大。为了防止源漏穿通，必须要使用高掺杂的阻挡层。然而，设置阻挡层削弱了晶体管的负载能力，增加了亚阈区泄漏电流。

基于上述原因，具有双栅或环栅的晶体管引起了 VLSIC 研究人员的关注，这种晶体管的栅极可以从两侧（或者全方位）覆盖沟道区域。利用这种方法，能够非常有效地控制源极和漏极之间的势垒大小，并在当元器件尺寸低于 50nm 时，能够大大削弱晶体管中大部分短沟道效应。这种方法可以减小辐射电阻的增加。反型层电荷浓度增加为原有的两倍，从而增强了晶体管的负载能力。

双栅、多栅晶体管的工作原理如图 2 - 29 和图 2 - 30 所示。在较厚的氧化层上形成一个类似砖块状的硅区域，作为晶体管的导电沟道。元器件的栅极从三个方向覆盖了沟道区域。通过这种结构，使晶体管具有更高的传输电导和更低的亚阈区泄漏电流。关断状态时，晶体管沟道能够被完全耗尽。晶体管的载流子沟道存在于整块砖形的源漏当中。当其厚度减小时，亚阈特性的斜率增大，即在亚阈区泄漏电流减小。这是由于耗尽层容减小，表面电位的增加使得栅能够更好地控制元器件的开启与关断。在极薄沟道（2nm）的晶体管中，能量量子化效应变得非常重要，它影响半导体中电子的分布和晶体管的各种性能参数。随着栅极面积的增加，载流子在二氧化硅边界的分散性也增加。

在撰写本书时，所述的双栅晶体管结构已经相当成熟，有着稳定的性能，能够与现有的大规模生产工艺相兼容。晶体管的氧化层厚度为 2.5nm，沟道长度为 10nm，沟道高度为 50nm，厚度为 10～120nm。随着晶体管的发展，其拓扑结构与常规的集成 MOSFET 相同。然而，这种结构特殊性在于两个栅极是自对准的，同时栅极和源漏也是自对准的，栅极由 SiGe 制成，低电阻源漏极区域由进行了掺磷的多晶硅和聚锗硅化合物（poly - $Si_{0.85}Ge_{0.15}$）制成。

三栅 MOSFET 的结构示意图以及平面和非平面 MOSFET 的特性比较如图 2 - 31～图 2 - 40 所示。

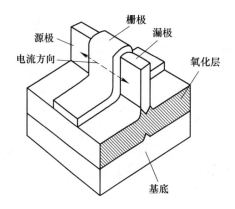

图 2 - 29　双栅 MOSFET 结构示意图

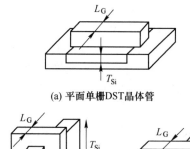

(a) 平面单栅 DST 晶体管

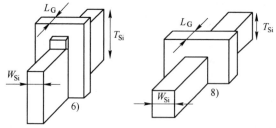

(b) 非平面双栅鳍式场效应晶体管　　(c) 非平面三栅晶体管

图 2 - 30　多栅晶体管

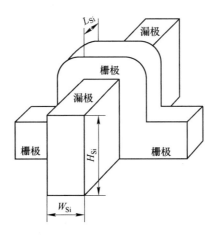

图 2 - 31　英特尔三栅晶体管（栅极从三面环绕 Si 沟道）

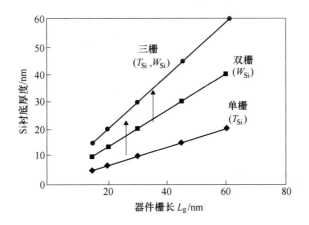

图 2 - 32　元器件建模结果（分别为单栅极 DST 晶体管、双栅非平面
　　　　　　鳍式场效应晶体管和三栅非平面晶体管的尺寸要求）

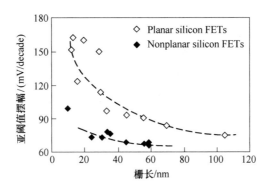

图 2 - 33　平面硅元器件和非平面硅元器件亚阈值摆幅随栅长的变化

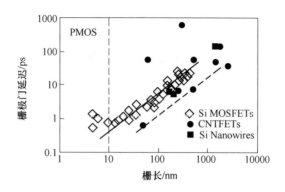

图 2-34　纳米元器件 PMOS 晶体管和场效应晶体管（MOSFET）中，栅极门延迟
（元器件自身的响应速率 CV/I）随栅长的变化[16]

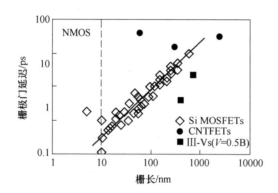

图 2-35　纳米元器件 NMOS 晶体管和场效应晶体管（MOSFET）中，栅极门延迟
（元器件自身的响应速率 CV/I）随栅长的变化[16]

从工艺流程的角度来看，非平面三栅晶体管工艺是很容易做到的，在大规模生产中很容易实现。

带有环形（圆柱形）栅极的晶体管（见图 2-39）中沟道电流垂直于芯片表面流动，而且栅极环绕沟道［环栅晶体管（Surrounding Gate Transistor，SGT）］。这种结构保证了耗尽层的最小容积，栅极总的电荷与沟道和薄耗尽层中载流子的电荷平衡。因此这种结构具有最小的亚阈值电流和高转移导纳。垂直的导电沟道保证了高集成度。这种环形栅晶体管可以用来构建静态、动态和带电的可编程存储器的存储单元。

而上述结构存在的缺点是导电沟道和衬底之间有着很高的热阻，当晶体管开关时，会引起强烈的自热效应，因此会增加载流子的声子色散以及增加源区和漏区寄生串联电阻。

2.3.5　其他类型的晶体管结构

前文已经描述了最有前景的或是已经广泛应用的晶体管结构。本书中还将描述现代 VLSIC 的研究人员应该知道的其他晶体管结构。

具有垂直沟道的晶体管可作为 100nm 以下元器件结构的候选。文献［25］报道了一种沟道长度至少为 50nm 的垂直沟道晶体管，该晶体管兼容标准生产工艺。垂直方向的沟道

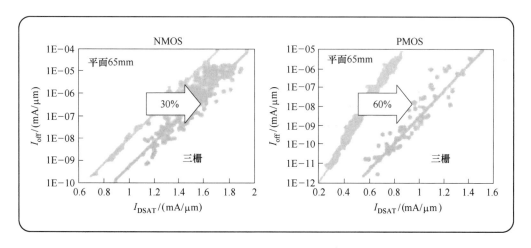

图 2 - 36　集成三栅 NMOS 和 PMOS 晶体管中，输出电流 I_{off} 随控制电流 I_{DSAT} 的变化关系

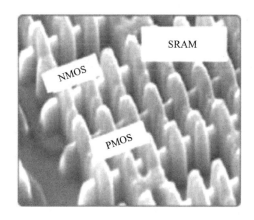

图 2 - 37　三栅 MOS 晶体管组成的 SRAM 静态存储单元

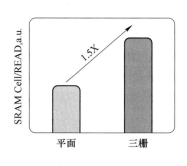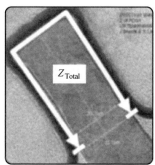

图 2 - 38　使用三栅 MOS 晶体管制成的 SRAM 静态存储单元相比由普
通平面 MOS 晶体管制成的标准单元具有 1.5 倍的速度提升

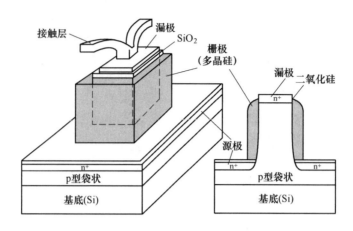

图 2-39　具有柱形沟道的 MOS 晶体管（右侧展示了该结构的截面图）

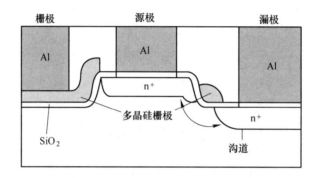

图 2-40　具有垂直栅极的 MOS 晶体管结构（其中两部分多晶硅栅电气连接）

结构能够减少芯片的面积，同时可以通过沟道变长从而消除短沟道效应，特别是减少亚阈电流，这对于存储单元是非常重要的。如图 2-40 所示，如果从上方俯视晶体管，可以看到多晶硅围绕着源区域，也就是图中所示的多晶硅区域是电气连接的。

通过改变图 2-40 中的元器件结构，可以得到具有双栅 70nm 沟道长度的垂直晶体管[25]。这种结构将源的 n^+ 区域做得很薄，然后将垂直方向的沟道电流限制在两个栅极之间，从而减小了短沟道效应的影响，降低了亚阈电流。

有研究表明[26]，环栅 MOS 晶体管（GAT）有两个栅极，分别位于沟道上方和下方。其特点是多晶硅沟道的制造，在金属的作用下，将原有的横向结晶再结晶。不定形硅经再结晶后，在有源区形成了多晶结构。该晶体管的特性类似于 SOI 元器件。与单栅晶体管相比，它改善了亚阈特性以及具有更好的负载能力。

文献 [27] 中的三栅晶体管（U 型栅晶体管）是在双栅晶体管结构基础上的改进。元器件的栅极不同于两面覆盖或者环形围绕，而是以矩形接触面从三侧覆盖来控制沟道，其横截面类似于字母 U。这种结构比环栅结构更具有工艺可实现性。

为了解决短沟道晶体管中载流子迁移率降低的问题，目前正在研究生长在 SiGe 表面上的应变硅技术。由于 Si 和 SiGe 晶格常数不同，硅会受到两个方向下的拉伸机械应力。研究发现，载流子在应变硅中的迁移率高于正常值，当 Ge 在 SiGe 中含量为 30% 时，应变硅中的电子迁移率增加了约 80%[28]。

　　为了提高文献［22］中的 PMOS 晶体管中的载流子迁移率，研究人员采用 SiGe 作为元器件沟道，可以获得比 Si 更高的空穴迁移率。在 SiGe 上制作一层薄层硅（4nm），以改善氧化层与半导体交界面的质量。Si 和 SiGe 之间形成异质结导电通道，这是可以容纳空穴的势阱。在这个阱中，空穴的浓度要高于 Si－SiO_2 交界面边缘的空穴浓度。因此在 SiGe 沟道中，电流是由空穴电流决定的，因为空穴在 SiGe 中的迁移率更高。

　　降低 Si 功耗的传统方法之一是降低电源电压值。然而，电源电压不能低于阈值电压的 4 倍。同时，阈值电压不能降低到 0.2V 以下，阈值电压过低会导致亚阈电流增加，从而导致 VLSIC 关态模式下的功耗增大。要解决这个问题可能需要更为复杂的结构，文献［29］展示了一个具有动态变化阈值电压的 MOS 晶体管结构（DTMOS）。当栅极电压降低（即当晶体管切换到关态工作模式时），该晶体管的阈值电压增加，因此亚阈电流下降。当栅极电压增加，阈值电压减小，因此漏极电流的增大以及晶体管的负载能力增强。DTMOS 晶体管的结构与普通 SOI MOS 晶体管相同，其中栅极与衬底相连。在这种情况下，阈值电压受衬底控制，阈值电压会随着栅极上电压的增长而降低。这种晶体管的缺点是低输入电压（0.6V），原因是受源极和漏极 p－n 结开启电压的限制。

2.3.6　模拟电路中晶体管特性

　　随着晶体管的几何尺寸越来越小，其性能（尤其是模拟电路中的关键性能参数）会有相对严重的退化。这些参数包括漏极电阻、传输电导、（由于热电子导致的）元器件老化速度、工艺参数、信噪比以及工作动态范围。

　　对于低功率、低电压的数字电路，要削弱短沟道效应的影响很容易。但对于模拟电路来说，通过增大体区掺杂浓度来减小漏区、耗尽区向沟道的延伸长度来抑制短沟道效应，会导致阈值电压变大以及减小载流子的迁移率，从而导致晶体管的负载能力减弱。

　　设计模拟电路晶体管的主要问题是由热电子引起的退化。对于模拟电路用元器件，它表现为元器件使用一段时间后参数的不稳定性（老化），这是一个非常重要的指标，特别是在航天应用和特殊应用领域。

　　减小热电子影响的方法之一是大倾角离子注入漏技术（LATID），也就是利用离子束进行大角度离子注入，它可以降低漏极附近沟道的电场应力。在这种情况下，热载流子的产生速率降低，同时也降低了热载流子进入氧化层中形成表面态的概率。与一般的 LDD 结构相比，漏区的应力和电阻减小了几倍。文献［30］中研究人员对差分晶体管的参数退化问题进行了研究。研究人员给其中一个晶体管的漏极加电压到 7V，以此增加元器件的热载流子数量；给另一个晶体管加上正常的工作电压。差分对零点漂移量是呈周期性变化的，这个数值表示了热载流子进入氧化层的数量。研究结果表明，LATID 技术可以将由热电子引起的差分晶体管零点漂移电压不稳定的持续时间降低近 10 倍。

　　模拟电路性能对参数的变化影响很敏感，因此模拟芯片上晶体管的参数变化很小。评价参数变化的主要标准也是差分晶体管零点漂移电压。为了减少元器件参数的变化，模拟电路晶体管的尺寸一般大于可用最小尺寸的三倍及以上。与晕环结构和袋装区注入相比，在这种尺寸的晶体管中，参数变化的减少提供了急剧变化的掺杂逆向分布。[31]

　　下一个关键是确保模拟微电路单元的低阈值电压，因为阈值电压与电源电压会限制模拟电路的动态范围。如前所述，模拟电路与数字电路对于阈值电压的要求相矛盾，数字电路的阈值电压决定了噪声和亚阈电流，从而决定了关态模式下的功耗。模拟电路中，因为关态电流通常由电流发生器决定，所以元器件亚阈电流不影响关态功耗。解决这一问题的关键是将电路和工艺复杂化，例如在单个芯片上生产不同阈值电压的 MOS 晶体管[32,33]。为此，研究人员开发了一种特殊的 $0.18\mu m$ 工艺，这种工艺中可以在模拟单元上生产零阈值电压的晶体管，在数字单元上生产阈值电压为 0.4V 的晶体管。其中的零阈值电压晶体管是由两种附加的工艺步骤制成，分别是选择性刻蚀氧化物以及外延生长 30nm 厚的未掺杂硅。另一种在实际生产中使用过改变阈值电压的方法，是通过对不同工作原理的晶体管使用两种不同的栅极材料（例如多晶锗硅和多晶硅[34]）。

由于开发数字 VLSIC 技术的低成本以及目前可用并且持续发展的自动化设计和生产基础设施，使得这种产品的市场得到快速发展，同时引起开发者兴趣的还有用数字 VLSIC 技术开发和生产模拟电路。然而，数字电路的这种应用面临着一些问题，包括可用的有源元器件和无源元器件种类相当有限，仅能在响应速度和功耗两个方面上进行优化；有源元器件仅能在几个方面上进行优化（如门延迟和负载能力）等。尽管如此，这种研究方向被认为是有前途的，并逐渐得到研究和发展[30,35,36]。

总之，综合现代社会状况，科技发展趋势，以及未来微电子在设计、生产、材料方面的前景，可以分析得出 130nm 及以下尺寸的亚微米半导体元器件生产设计方面的结论：

1）当特征尺寸小于 130nm 时，微电子元器件，特别是 MOS 晶体管的一般的设计标准和传统结构将会受到物理层面的限制，这导致研究者不能够使用传统方法来解决元器件尺寸缩小时面临的各种问题，而需要使用新材料、新设计和新工艺方案；

2）亚微米 MOS 晶体管的主要问题有：栅极隧穿效应，栅氧中热载流子注入的、源漏之间的针孔，栅区泄漏，沟道中载流子迁移率降低以及源极和漏极之间串联电阻增加，保证阈值电压和电源电压之间的预留余量以及晶体管工作过程中的量子效应。

栅寄生电容和 p-n 结寄生电容应该优化到最小。随着晶体管尺寸的减小，工艺逐渐复杂化，工艺参数具有多样性，但同时芯片的成品率不应该有所降低。

前面介绍了部分亚微米级元器件设计方法，例如 MOS 晶体管的立体结构（双栅、三栅和柱形栅 MOS 晶体管）、晶体管中的不同掺杂方式（例如 Halo 结构）、使用介电常数更高的绝缘材料从而可以减小栅介质的厚度、使用特殊的光刻方法、使用 SOI 技术制造晶体管以及在源漏极使用硅化物，除上述之外，其他方法将在第 9 章详细讨论。

2.4　高温环境下肖特基二极管构造技术特点

2.4.1　肖特基二极管工作的物理机制

当金属与半导体接触时，在接触界面处会出现一个势垒，称为肖特基势垒。这种势垒的形成是由于金属与半导体的功函数不同。如图 2-41 所示，对于 n 型半导体，如果金属逸出功 φ_m 大于半导体逸出功 φ_s，金属和半导体的能带被拉直。这是因为当金属和半导体相互接触时，它们的费米能级统一，使电子从 n 型半导体流向金属。结果，半导体的表面附近缺少电子，导带底发生弯曲，引起接触电势差，用 V_{bi} 表示。它阻止了电子的连续流动并重新建立了存在肖特基势垒时的平衡。但是，如果 φ_m 小于 φ_s，则形成欧姆接触，因为电子从半导体到势垒的运动路径上没有势垒阻挡。对于 p 型半导体和 n 型半导体分别有 $\varphi_m > \varphi_s$ 和 $\varphi_m < \varphi_s$ 的情况，因此势垒有四种不同的情况。

如果没有其他因素影响金属-半导体接触，则势垒的高度确定为：

$$\varphi_b = \varphi_m - q_x \tag{2-1}$$

式中，φ_b 是肖特基势垒高度；q_x 是半导体的电子亲和能，即真空能级与导带底能级之间的差值，如图 2-41 所示。

根据普遍接受的热电子发射理论，金属半导体紧密接触时的伏安特性如下式所示：

$$J = A^* T^2 \left[\exp\left(-\frac{q\varphi_B}{kT} \right) \right] \left[\exp\left(-\frac{qV}{nkT} \right) - 1 \right] \tag{2-2}$$

式中，J 是电流密度；A^* 是理查森常数；T 是绝对温度；n 是二极管非理想因子；q 是电子电荷；k 是玻耳兹曼常数；V 是整个结构的外加电压。

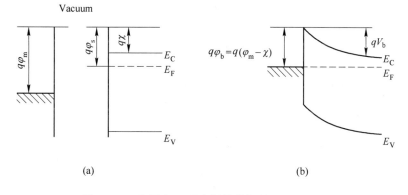

图 2-41　金属和 N 型半导体接触前后的区域图
E_C、E_F 和 E_V 分别是导带、费米能级和价带

实际中的肖特基势垒高度受半导体表面态、金属和半导体之间存在中间层所引起的肖特基势垒的附加静态下降以及镜像力或肖特基效应的影响。

势垒高度 φ_{ST} 的附加静态降低由金属-半导体界面存在厚度为 a 的中间层决定，该中间层使肖特基势垒高度降低的大小与半导体中电场强度的最大值 E_m 成正比：

$$\Delta\varphi_{ST} = \alpha E_m \tag{2-3}$$

肖特基效应是由镜像力引起的肖特基势垒值 $\Delta\varphi$ 的下降：

$$\Delta\varphi = \sqrt{\frac{qE}{4\pi\varepsilon_s}} \tag{2-4}$$

式中，E 是半导体中的电场张力；ε_s 是半导体的介电常数。半导体中的最大电场出现在金属半导体的界面，其值为：

$$E_m = \frac{2(V_{bi} - V - kT/q)}{W} \tag{2-5}$$

式中，W 代表半导体的耗尽区宽度。反过来，值 W 由以下等式确定：

$$W = \sqrt{\frac{2\varepsilon_s}{qN_D}\left(V_{bi} - V - \frac{kT}{1}\right)} \tag{2-6}$$

式中，N_D 是半导体中施主杂质的浓度。

肖特基二极管的典型结构如图 2-42[37] 所示。通常，肖特基二极管是在相同导电性类型的重掺杂衬底 1 上生长 n 型轻掺杂外延层 2，并金属化阳极 5 来实现。

在掺杂程度相同的情况下，与 p 型导电结构相比，n 型半导体结构电阻率更低，因此优先使用 n 型半导体结构。为了阻挡边缘泄漏电流，在保护层 3 的窗口中实现阳极金属化，并沿其周围形成 p 型保护环 4。为了确保与衬底的良好欧姆接触以及封装组合成单个元器件的可能，需要衬底的背面进行阴极金属化。肖特基二极管的等效电路图如图 2-43 所示。

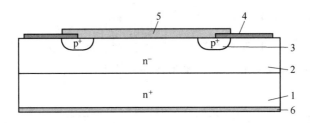

图 2-42　肖特基二极管的典型结构

1—衬底；2—外延层（EL）；

3—保护带（GB）；4—保护层；5—阳极金属化层；6—阴极金属化层

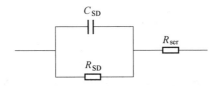

图 2-43　肖特基二极管等效电路图

C_{SD}—二极管电容；R_{SD}—金属-半导体接触电阻；

R_{ser}—串联电阻（包含了半导体和欧姆接触的电阻）

肖特基二极管的主要参数包括正向导通电压 V_F、最大反向电压 V_R、反向电流 I_r。肖特基二极管的反向电流值由式（2-2）决定。为了确定直流电压的值，考虑到二极管的电阻连续[37]，式（2-2）可以表示为以下形式：

$$V_F = \Phi_{Bn} + \frac{kT}{q}\ln(I_F/A^* T^2 S) + I_F R_{ser} \qquad (2-7)$$

式中，I_F 是正向电流；S 是金属半导体直接接触的面积。反过来，最大反向电压值由保护部分 p-n 结的雪崩针孔电压决定：

$$V_r = 60\left(\frac{E_g}{1.1}\right)^{3/2}\left(\frac{N_D}{10^{22}}\right)^{-3/4} \qquad (2-8)$$

式中，E_g 是半导体的禁带宽度。

因此，根据式（2-2）～式（2-4），肖特基二极管的主要参数由肖特基势垒高度和二极管结构的设计技术参数决定，即其结面积、厚度和各层的电阻率，也就是其组成部分（掺杂杂质混合物的浓度）。

2.4.2　耐高温肖特基二极管的设计技术特点

耐高温肖特基二极管结构的最高工作温度通常超过 125℃。这种结构的问题在于反向电流较大，这也是肖特基二极管的特征。如式（2-2）所示，温度的升高导致肖特基二极管的反向电流增加，温度达到 125℃ 以上时，反向电流达到几十或几百毫安。这反过来又引起了在反向偏置下结构耗散的附加功率，从而得到了产生的附加热量。因此，可以观察到肖特基二极管工作温度的正反馈，这通常是其结构发生热击穿的原因。如果肖特基二极管的最大反向电压增加，伴随的问题也随之增多，因为附加的耗散功率与反向电压成正比。

对式（2-2）的分析表明，通过增加肖特基势垒高度或减小二极管的结构面积，可以降低反向电流。由于元器件结构的面积是根据元器件导通状态下可接受的最大电流密度来选择的，因此肖特基势垒高度的增加是提高肖特基二极管温度稳定性的唯一有效手段[37]。通常，耐高温肖特基二极管金半接触的势垒高度超过 0.71V。然而，从式（2-7）可以看出，这种方法会使肖特基二极管的正向电压增加。

此外，从式（2-8）可以看出，肖特基二极管最大反向电压的增加会导致类似的后果。因此，为了得到有效的耐高温肖特基二极管结构，应确保以下两点：

1) 最小反向电流和正向电压；

2) 最小正向电压且最大反向电压。

为了获得具有给定电物理参数的肖特基二极管，需要确定制造二极管结构所需的工艺技术以及提供对应的金属-半导体接触的肖特基势垒高度。一般来说，选择相应的金属半导体接触就可以确定势垒高度。表 2-3 给出了不同金属计算肖特基势垒时用到的功函数值和硅与这些金属接触时的势垒高度。使用纯金属作为肖特基势垒材料的缺点是中间接触界面存在高密度的表面态，这会引起额外的泄漏电流。此外，一些金属本身倾向于与半导体表面相互作用，形成化合物（硅化物）或难溶解物。这也是势垒高度发生改变的原因，从而使肖特基二极管的电物理参数不稳定。

纯金属除了作为肖特基势垒材料外，它们的硅化物也被广泛使用。硅化物的优点包括具有更好的化学稳定性。同时，硅化物可以在硅表面退火金属膜期间通过金属与硅发生硬质相（Hard-Phase）反应获得。在这种情况下，确保了更好的界面特性，削弱了势垒高度静态降低的影响。各种硅化物的肖特基势垒高度值如表 2-4 所示。

如表 2-3 和表 2-4 所示，使用纯金属及其硅化物只能提供有限的一组肖特基势垒高度值。为了扩大所获得的肖特基势垒高度值的范围，目前广泛使用以下设计技术方法：

表 2-3　一些金属的功函数和在 300℃ 下与 n 型硅接触时的肖特基势垒高度[1]

接触金属	功函数/eV	势垒高度/eV
Ag	4.3	0.78
Al	4.25	0.72
Au	4.3	0.80
Cr	4.58	0.61
Cu	4.4	0.58

接触金属	功函数/eV	势垒高度/eV
Hf	3.53	0.58
Mo	4.3	0.68
Ni	4.5	0.61
Pd	4.8	0.81
Pt	5.32	0.9
Ti	3.95	0.5
W	4.54	0.67

表 2-4 n 型硅上各种硅化物产生的肖特基势垒高度

硅化物	势垒高度/eV
$TiSi_2$	0.60
VSi_2	0.65
$ZrSi_2$	0.55
$MoSi_2$	0.55
$TaSi_2$	0.59
WSi_2	0.65
$CoSi_2$	0.64
$NiSi_2$	0.70
$RhSi_2$	0.74
Pd_2Si_2	0.74
$PtSi_2$	0.87
$IrSi_2$	0.94

1）半导体表面掺杂（Shannon 法）；

2）使用不同肖特基势垒高度的材料并行接触；

3）使用金属合金；

4）使用硅化物混合物。

2.4.2.1 Shannon 方法

Shannon 方法的本质是使用离子注入混合物掺杂半导体的表面薄层。为了降低势垒高度，可以使用与二极管衬底导电类型相同的混合物，或使用相反类型的混合物来增加势垒高度。如果表面掺杂层足够薄，肖特基二极管的反向特性不会有明显的退化，这与耗尽区的畸变有关[38]。然而，Shannon 方法的缺点是在硅表面产生相当大的辐射损伤，从而导致界面状态的恶化。通过在硅表面掺杂低能离子，可以一定程度地解决这个问题。

2.4.2.2 并行接触

在两种不同势垒高度的接触同时作用的情况下，产生的肖特基势垒 φ_{C0} 由以下公式确定：

$$\varphi_{C0} = -\frac{kT}{q}\ln\left\{\frac{S_{L}}{S}\left[\exp\left(\frac{-q\varphi_{L0}}{kT}\right) - \exp\left(\frac{-q\varphi_{H0}}{kT}\right)\right] + \exp\left(\frac{-q\varphi_{H0}}{kT}\right)\right\} \quad (2-9)$$

式中，φ_{H0} 为较大的肖特基势垒高度；φ_{L0} 为较小的肖特基势垒高度；S_{L} 为势垒高度较小部分的接触面积，由二元合金中相应组分的含量决定。

最简单的并行接触肖特基二极管的结构如图 2-44[38] 所示，其边界位于外延层的表面。为了阻止由于并行接触边界上的反向电流增加而导致的反向电压降低，给出了一种含有额外 p-n 结和利用耗尽区关断的结构，如图 2-45[39] 所示。

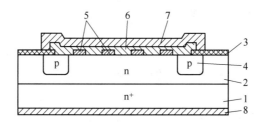

图 2-44　并行接触的肖特基二极管结构

1—衬底；2—外延层；3—SiO₂ 层；4—保护带；

5—势垒高度较小的接触；6—势垒高度较大的接触；7—阳极金属化；8—阴极金属化

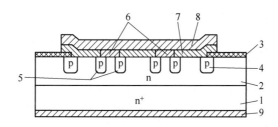

图 2-45　并行接触且有附加 p-n 结的肖特基二极管结构

1—衬底；2—外延层；3—SiO₂ 层；4—保护带；5—额外的 p-n 结；

6—势垒高度较小的接触；7—势垒高度较大的接触；8—阳极金属化；9—阴极金属化

还有一种具有并行接触和硅上凹槽的肖特基二极管结构，其较低势垒的材料位于凹槽底部（见图 2-46）[40]，或者较低势垒的材料填满整个凹槽（见图 2-47）[41]。

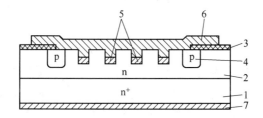

图 2-46　肖特基二极管结构，在硅中具有平行接触和凹槽

1—衬底；2—外延层；3—SiO₂ 层；4—保护带；

5—势垒高度较小的接触；6—势垒高度较大的接触；7—阴极金属化

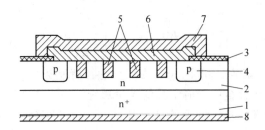

图 2-47　硅中平行接触和沟槽肖特基二极管结构

1—衬底；2—外延层；3—SiO_2 层；4—保护带；5—势垒高度较大的接触

6—势垒高度较小的接触；7—阳极金属化；8—阴极金属化

　　并行接触的肖特基二极管的共同缺点是需要在淀积第二种接触材料之前清洁半导体表面。然而，这会导致被第一种接触材料的金属杂质污染。

2.4.2.3　金属合金

　　一般来说，具有不同势垒高度的两种金属的合金，它们之间不会形成金属间的化合物。势垒高度与合金成分呈线性相关[42]。表 2-5 给出了在双金属合金中形成金属间化合物的可能性的参考数据[42]。

表 2-5　二元金属合金形成金属间化合物

	Sc	Er	Y	Ti	Mn	Zr	V	Cr	Co	Ni	Ta	Mo	Pt	
Sc		•	•	•	•	•	•	•	×	×	•	•	•	Sc
Er			•	•	×	•	•	?	×	•	•	•	×	Er
Y				•	×	•	•	×	×	•	•	•	×	Y
Ti					×				×	•	•	•	×	Ti
Mn						×	•	•	•	×	×	×	×	Mn
Zr							×			•	×	×	×	Zr
V								•	×	×	•	×	×	V
Cr									×	•	×	•	×	Cr
Co										×	×	×	•	Co
Ni											×	×	•	Ni
Ta												•	×	Ta
Mo													×	Mo

　　注：×—不能形成金属间化合物；•—可形成金属间化合物。

2.4.2.4　硅化物混合物

　　同样的方法可用于控制肖特基势垒高度，形成双合金的硅化物[15,16]。在这种情况下，硅化物可以通过二元合金和硅的相互扩散[15]由薄膜结构回火形成，或通过二元合金与热激活的硅的硬质相相互作用得到[16]。应当注意的是，形成特定含量的硅化物层是一项相当复杂的技术任务，尤其是在含量需要变化的情况下。在一定程度上，可以根据与要求的硅化物相对应的厚度，通过逐层淀积形成硅化物所需的金属来解决该问题，然后在结构回火期间通过与外延层硅的硬质相相互作用来形成硅化物[43,44]。此外，一些材料可以通过渐进的结构回火方式，通过要求的硅化物相的主要含量进行控制[45]。

2.4.3　确保最小反向电流和最小正向电压的方法

对式（2-2）、式（2-3）和式（2-7）的分析表明，可以通过减少势垒高度的附加静态降低来获得这些参数。式（2-3）表明这需要降低系数 a，以及金属-半导体接触的最大电场值 E_m。系数 a 的值受接触成形方式影响。对于这个问题，需要得到反应药剂的使用频率，而回火本身应确保元器件表面特性的均匀性并应具有选择性。此外，元器件表面的起伏应最小。对各技术媒介的使用频率的要求见参考文献 [45]。在应用接触层之前，通常先用化学液体刻蚀，因为接触界面上离子和等离子体的化学刻蚀会在硅的表面附近形成缺陷。通常采用基于氟酸的刻蚀溶液：（$HF+H_2O$、$HF+NH_4F+H_2O$、$HF+H_2O+NHO_3+CH_3COOH$）去除天然硅氧化层和表面层中有缺陷的部分，再应用接触层。研究表明在应用接触层之前，利用 $H_2SO_4+H_2O_2+H_2O$ 溶液进行刻蚀形成的表面更不均匀。

减小 $\Delta\varphi_{cm}$ 的有效解决方案是采用结构上的方法来控制 E_m 值。如式（2-5）所示，该方法基于 E_m 值对耗尽层深度 W 的依赖性，其主要的设计技术方法见表 2-6 [40]。

表 2-6　通过增大耗尽区宽度来降低肖特基二极管的反向电流和正向电压的工艺制造方法

编号	结构特征	技术特征	示意图编号
1	在阳极金属下方形成 p 型区域	p 型区域与保护带（GB）一起形成	2-48
2	两层外延，在阳极金属下方形成 p 型区域	第二层外延（EL）在 GB 上，单独光刻 p 型区域	2-49
3	两层外延，结合 p 型埋层	单独光刻埋层	2-50
4	两层外延，结合埋层和阳极金属化下的 p 型区域	采用独立光刻在阳极金属下方形成 p 型区域埋层形式和阳极下金属化	2-51
5	三层外延，结合埋层和阳极金属化的 p 型区域	在第一和第二个 EL 中形成埋层	2-52
6	以纵向排列的方式形成 p 型埋层的多层外延	在每层 EL 中都形成 p 型埋层，降低 GB 上方 EL 的供体浓度	2-53

在最小反向电流和最小反向电压的要求之间进行折中的另一种方法是在不改变二极管结面积的情况下降低正向电压。通常，可以增加金属-硅结的特定面积和降低 EL 的连续电阻来解决这一问题，其主要的设计技术方法见表 2-7 [24,46-50]。

表 2-7　降低了正向电压和结面积的肖特基二极管的设计-工艺特征

编号	结构特征	技术特征	示意图编号
1	在阳极金属下方形成凹槽	通过局部化学刻蚀硅形成凹槽	2-55
2		先生长氮化硅掩膜再局部氧化硅，然后去除二氧化硅和氮化硅而形成凹槽	2-56
3		U 型槽由硅 APCT 形成	2-57
4	在阳极金属下方形成凹槽，槽中掺杂相反导电类型的混合物杂质	沿槽的表面扩散掺杂	2-58

编号	结构特征	技术特征	示意图编号
5	在阳极金属下方形成凹槽，槽中掺杂相反导电类型的混合物杂质	在 EL 表面形成 p 型区域，同时形成 U 型槽，槽的底部利用离子注入进行掺杂	2-59
6		U 型槽的底部利用离子注入进行掺杂	2-60
7	两层外延，上层 EL 施主浓度较高，阳极金属下方形成凹槽	U 型沟槽由硅 APCT 形成	2-61
8		离子注入 U 型槽底部进行掺杂	2-62

2.4.4　获得最小正向电压和最大反向电压的方法

根据式（2-7）和式（2-8），解决该任务的主要问题是当使用低掺杂浓度的半导体

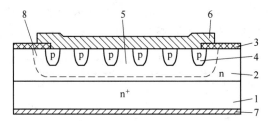

图 2-48　有 p 型区域的肖特基二极管结构

1—衬底；2—外延层；3—SiO₂ 层；4—p 型区域；

5—耗尽区；6—阳极金属；7—阴极金属；8—耗尽区

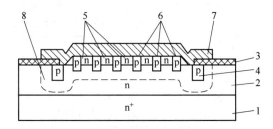

图 2-49　有两层外延和 p 型区域的肖特基二极管结构

1—衬底；2—第一外延层；3—SiO₂ 层；

4—保护带；5—第二外延层；6—p 型区域；7—阳极金属；8—耗尽区

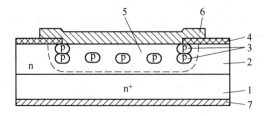

图 2-50　有 p 型埋层的肖特基二极管结构

1—衬底；2—多层衬底；3—p 型埋层；

4—SiO₂ 层；5—耗尽区；6—阳极金属；7—阴极金属

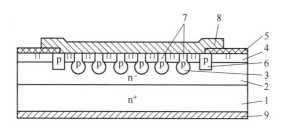

图 2-51　有两层外延与 p 型区域和 p 型埋层的肖特基二极管结构

1—基底；2—第一外延层；3—隐藏 p 型层；4—第二外延层；5—SiO_2 层；

6—保护带；7—p 型区域；8—阳极金属；9—阴极金属

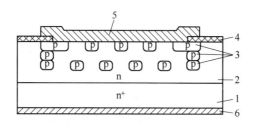

图 2-52　有三层外延与 p 型区域和 p 型埋层的肖特基二极管结构

1—衬底；2—多层衬底；3—p 区和 p 型埋层；4—SiO_2 层；

5—阳极金属；6—阴极金属

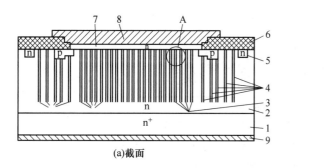

(a)截面

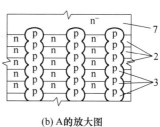

(b) A 的放大图

图 2-53　多层外延并有 p 型埋层的肖特基二极管结构

1—衬底；2—n 型多层衬底；3—纵向排列的多层 p 型层；4—p 型场保护带；5—n 型场防护带；

6—SiO_2 层；7—多层衬底上的 n 型层；8—阳极金属；9—阴极金属

来保证高的反向电压时，二极管的连续电阻增加。这就是肖特基二极管一般是两层结构的原因。该结构包括高掺杂衬底 1，其表面有一个相对较薄的轻掺杂外延层，表现出二极管的基本功能（见图 2-54）。为了降低边缘泄漏电流并降低阳极金属 5 附近的击穿电压，引入了 p 型保护带，其击穿电压比金属-半导体结击穿电压低[56—57]。

在不会使反向电压发生恶化的条件下[51—57]，通过减小外延层的厚度、改变外延层的掺杂，或使用多层外延结构来减少二极管结构的连续电阻，可以找到最大反向电压和最小正向电压之间的平衡点。这种肖特基二极管固体结构的设计-工艺特征见表 2-8。

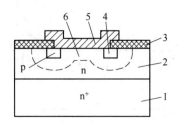

图 2-54　带保护带的肖特基二极管的典型结构

1—衬底；2—外延层；3—二氧化硅层；

4—p 型保护带；5—阳极金属；6—耗尽区

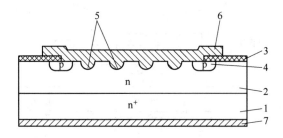

图 2-55　金属-半导体结面积增大的肖特基二极管结构

1—衬底；2—外延层；3—二氧化硅层；4—保护带；5—硅中凹槽；

6—阳极金属；7—阴极金属

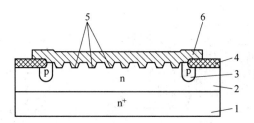

图 2-56　金属-半导体结面积增大的肖特基二极管结构

1—衬底；2—外延层；3—保护带；

4—二氧化硅层；5—硅中凹槽；6—阳极金属

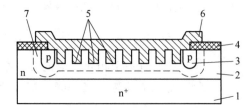

图 2-57　硅槽肖特基二极管结构

1—硅；2—外延层；3—保护带；4—二氧化硅层；

5—硅槽；6—阳极金属；7—耗尽区

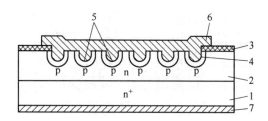

图 2-58　硅中掺杂凹槽的肖特基二极管结构，p 掺杂剂

1—衬底；2—外延层；3—二氧化硅层；4—p 型区域；

5—硅中掺杂凹槽；6—阳极金属；7—阴极金属

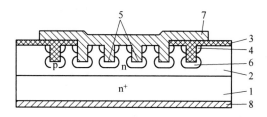

图 2-59　局部掺杂硅槽的肖特基二极管结构，局部掺杂

1—衬底；2—外延层；3—二氧化硅层；4—表面 p 型区域；

5—硅中凹槽；6—槽底部的 p 型区域；7—阳极金属；8—阴极金属

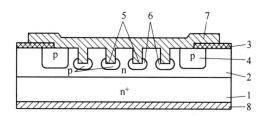

图 2-60　硅中掺杂底槽的肖特基二极管结构

1—衬底；2—外延层；3—二氧化硅层；4—保护带；

5—硅中凹槽；6—槽底的 p 型区；7—阳极金属；8—阴极金属

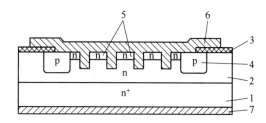

图 2-61　带硅凹槽的肖特基二极管结构，底掺杂外延层

1—衬底；2—外延层；3—二氧化硅层；4—保护带；

5—n^+ 区域；6—阳极金属；7—阴极金属

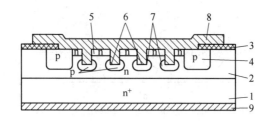

图 2-62　掺杂硅槽底和亚掺杂外延层的肖特基二极管的结构

1—衬底；2—外延层；3—二氧化硅层；4—保护带；5—n⁺区域；

6—硅中凹槽；7—槽底的 n⁺ 型区域；8—阳极金属；9—阴极金属

对反向耐压在 100V 以上的二极管结构，应特别注意确保其最大电压的设计-工艺方法。由于硅热氧化形成的二氧化硅层具有电荷态，因此将它们应用在高压结构中是无效的。在这种情况下，增加肖特基二极管的反向耐压在于增加保护带的击穿电压，可以利用基于 p-n 结的高压结构，例如引入额外的电位带、限制带、阻性场板和多层钝化结构等。设计技术方案的主要示例见表 2-8。

表 2-8　设计具有降低的直流电压和升高的最大反向电压的肖特基二极管的技术特点

序号	实现方法	结构特点	技术特点	图
1	提高保护带（GB）的击穿电压	复合 GB	GB 分两个阶段生成	2-63
2		经由多晶硅层的具有平滑 p-n 结的 GB	掺杂的 GB	2-64
3	减小外延层（EL）厚度	把 GB 的 p-n 结的深度加深到外延层上	不平整表面平面化的复杂性	2-65
4	非均匀外延层掺杂分布	在极板边缘的重掺杂层	需要额外的光刻	2-66
5		减小下表层的供体浓度	用相反类型的混合物掺杂表面	2-67
6			从多晶硅辅助层掺杂供体	
7			在外延层控制供体浓度	2-68
8	多层外延结构	在第一个外延之上形成第二个外延层	与 7 类似	2-68
9		第二个外延层在 GB 之上形成	第二个外延层通过电子束外延生长	2-69
10		在第一个外延层中形成一个埋层	需要额外的光刻	2-70

2.5　具有增强抗静电放电能力的肖特基二极管结构的设计技术特点

如果两个材料样品接触，其中一个是绝缘体，那么在摩擦的情况下，电荷可能会在它们的表面积累，这将可能产生相当高的电压。这种通过将电子从一个表面转移到另一个表面而获得的电荷具有较高的电子亲和力，其值取决于接触表面的大小、性质和能量状态以及施加到这些表面的能量（通常是机械能）。这种类型的电荷被称为静电荷（ESC），它可以是正电荷也可以是负电荷。这些电荷的极化是由每对材料的电子密度决定的。如果两种 ESC 等级不同的材料相互接触，且在两者之间由于受静电势差的影响而形成导电通路，电荷就会从一种材料流向另一种材料。

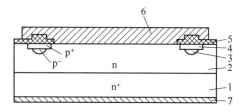

图 2-63　带复合保护带的肖特基二极管结构

1—衬底；2—外延层；3—保护带的底部；4—保护带的表面部分；
5—SiO₂ 层；6—金属阳极；7—金属阴极

　　因此，静电电荷在不同静电电位的物体之间当两者直接接触或者间距足够小的情况下具有脉冲转移的特性。ESC 可能由于人体与无线电电子设备或其组件接触而出现，也可能出现在设备部件的组件受到机械冲击的情况下。在设备工作期间形成 ESC 时，可通过电缆实现设备间连接。

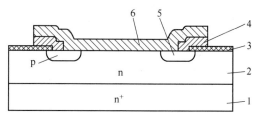

图 2-64　带保护带的肖特基二极管结构，经由硅层掺杂

1—衬底；2—外延层；3—SiO₂ 层；4—多晶硅层；5—保护带；6—金属阳极

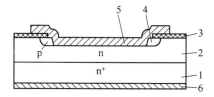

图 2-65　向外延层中加深的肖特基二极管结构

1—衬底；2—外延层；3—SiO₂ 层；4—保护带；5—金属阳极；6—金属阴极

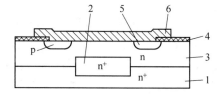

图 2-66　带有 n⁺ 层的肖特基二极管的结构

1—衬底；2—埋层；3—外延层；4—SiO₂ 层；5—保护带；6—金属阳极

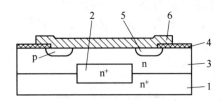

图 2-67　外延层表面混合浓度降低的肖特基二极管结构

1—衬底；2—埋层；3—外延层；4—保护带；5—保护带；6—金属阳极

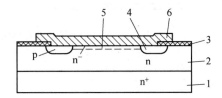

图 2-68　外延层掺杂非均匀分布的肖特基二极管结构

1—衬底；2—外延层；3—SiO$_2$ 层；4—保护层；5—外延层表面积；6—金属阳极

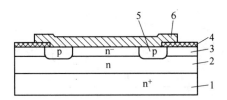

图 2-69　双外延层的肖特基二极管结构

1—衬底；2—第一外延层；3—第二外延层；4—SiO$_2$；5—保护层；6—金属阳极

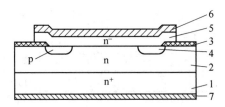

图 2-70　具有双外延层和隐藏的重掺杂层的肖特基二极管结构

1—衬底；2—第一外延层；3—SiO$_2$；4—保护带；5—第二外延层；6—金属阳极；7—金属阴极

　　由 ESC 造成的损伤可以分为两类，以通过功耗过大或电压梯度过大来进行区分。

　　在第一种情况下，ESC 会导致放电电流通过，并且该电流（它的影响可能会由于制造过程中形成的结构不均匀或缺陷而被放大）通常试图从最优路径通过。在这种情况下产生的大量热辐射会导致肖特基二极管发生故障，这种现象被称为热击穿。

　　在第二种情况下，即使是相当厚的氧化层，材料电压梯度过大也会导致击穿，从而造成绝缘区域之间出现短路和漏电的可能性。

　　由 ESC 引起的肖特基二极管的各种损伤，可分为以下几种[58]：

1) 氧化层击穿；

2) 金属和多晶硅互连烧毁；

3) 热载流子注入氧化层；

4) 当通过 p-n 结和肖特基势垒形成导电通道时，p-n 结和肖特基势垒会被烧毁。

肖特基二极管最具特点的失效类型是最后一种，这种情况导致肖特基势垒电性能下降，这主要表现为其反向漏电流增加和击穿电压降低。根据图 2-54 所示的结构，在肖特基接触的边缘和拐角处观察到的电场密度最大[59]。这就是为什么这些区域最有可能形成雪崩击穿，即在强电场冲击下，半导体中产生电荷载流子雪崩的过程。结果就是，电流将通过电场密度最高的区域（电流的流动，从重掺杂区沿着电场的电力线到达肖特基接触的边缘）。此外，电场集中在分界金属-半导体上的结构缺陷上，也可能成为雪崩突破的原因（例如在肖特基势垒的中心部分）。电流的泄漏导致半导体的局部发热，半导体的局部发热导致其在电流流动通路上的电阻降低，而这种原始的正反馈将导致电流熔融。

如果在短期雪崩击穿期间（ESC 持续时间在 1~100ns 之间），电流线中的半导体温度没有达到其熔化温度，那么当 ESC 停止的时候，电流线冷却下来，肖特基势垒仍保持其电特性。如果半导体在电流线区熔化，肖特基势垒的初级雪崩击穿成为二次热击穿。在这种情况下，要么肖特基势垒失效，要么其反向漏电流显著增加。

保护肖特基二极管免受 ESC 影响的方法通常分为两类，分别是组织保证技术和设计技术。第一类方法是在肖特基二极管制造阶段实现的，其目的是防止 ESC 的形成以及电荷泄漏的加速。ESC 排放的途径可能通过电晕放电、材料的体和表面电导。

旨在提高肖特基二极管对 ESC 冲击的抵抗力的设计技术方法（第二类方法）通常可分为三类：

1) 通过具有较小反向击穿电压的集成 p-n 结桥接金属-半导体接触的势垒[59—62]；

2) 在结构的关键点降低由 ESC 引起的电场强度[59,63,64]；

3) 肖特基二极管反向漂移时半导体材料的电导降低。

上述方法的主要设计技术解决方案如表 2-9 所示。

表 2-9　设计-增加肖特基二极管抗 ESC 冲击的技术方法

序号	实现方法	结构特点	技术特点	图
1	通过集成限幅二极管桥接	沿金属硅接触的周边形成保护带	保护带采用硼扩散法形成	2-71
2		防护带是分布式的，表现为一个外部 p+ 带和一个由众多 p+ 区域（胞状）组成的网络	分布式保护带的所有元素都是在单个技术周期中形成的	2-72
3		在凹槽 MOS 中，限幅二极管远离肖特基势垒	保护带内部形成了凹槽与氧化壁的组合；凹槽填充金属	2-73
4	通过使用场电极降低 ESC 感应电场强度	p+ 保护带上方形成场氧化物，势垒金属保护场氧化物	场氧化层厚度大于 0.5μm，场电极金属应与 SiO_2 有良好的附着力	2-74

续表

序号	实现方法	结构特点	技术特点	图
5	通过使用场电极降低 ESC 感应电场强度	形成表面电阻为 50～500MΩ/square 的氧化钛层作为场氧化层	钛氧化物层是通过铝掩膜氧化钛形成的	2-75
6		在场电极顶部应用表面电阻为 50MΩ/square 的 SIPOS 层	SIPOS 层由气相镀成	2-76
7	肖特基二极管反向漂移时硅电导率降低	具有分布式保护环的肖特基二极管中的保护带比单元掺杂的更强	需要额外的光刻	2-77
8		在 n 外延层中形成具有表面 n 型沟道的 p 型（阳极）区域，在反向漂移的情况下，发生 n 沟道的反转，并在 p-n 结上施加反向电压	在结构表面生长 50nm 厚的栅氧化层，通过栅氧化层中的窗口形成硅化物来建立直接接触	2-78

因此，可以根据第 2.4 节和第 2.5 节中材料的结果得出一些一般性结论。

对抗 ESC 冲击高温肖特基二极管形成问题进行分析，包括在保证给定电物理参数和肖特基二极管对 ESC 冲击稳定性条件下的主要设计工艺方法。

支持肖特基二极管的耐温性与低正向电压的要求相矛盾。为了解决这个矛盾，需要对肖特基二极管的电参数进行数学建模，在这过程中要考虑到环境温度来确定肖特基势垒的最小高度，以保证结构在给定温度下的运行范围。

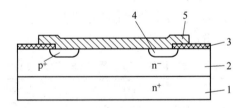

图 2-71　保护带的肖特基二极管结构

1—衬底；2—外延层；3—SiO₂ 层；4—保护带；5—金属阳极

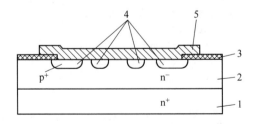

图 2-72　具有分布式保护带的肖特基二极管的结构

1—衬底；2—外延层；3—SiO₂ 层；4—分布式保护带；5—金属阳极

建议使用分布式保护带的结构，以确保肖特基二极管的抗 ESC 能力。这需要考虑其设计工艺参数对抗 ESC 程度的影响。

为了确保肖特基二极管的最优参数，有必要在每个特定情况下对具有分布式保护带的肖特基二极管的电气参数进行物理拓扑建模。

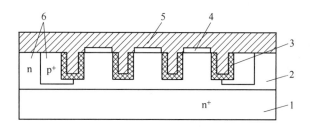

图 2-73　带限幅二极管的凹槽 MOS 肖特基二极管结构

1—衬底；2—外延层；3—SiO₂ 层；4—势垒金属；5—金属阳极；6—金属阴极

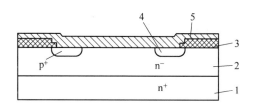

图 2-74　带场氧化物的肖特基二极管结构

1—衬底；2—外延层；3—场氧化物；4—保护带；5—金属阳极

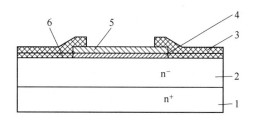

图 2-75　具有氧化钛场电极的肖特基二极管结构

1—衬底；2—外延层；3—SiO₂ 层；4—Ti 层；5—金属阳极；6—氧化钛层

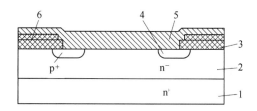

图 2-76　具有场氧化层和 SIPOS 层的肖特基二极管结构

1—衬底；2—外延层；3—场氧化物；4—保护带；5—金属阳极；6—SIPOS 层

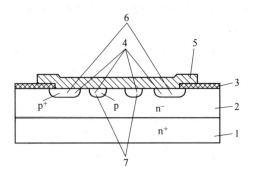

图 2-77　具有分布式保护带和轻掺杂单元的肖特基二极管结构

1—衬底；2—外延层；3—SiO_2 层；4—分布式保护带；

5—金属阳极；6—重掺杂的外部保护带；7—轻掺杂单元

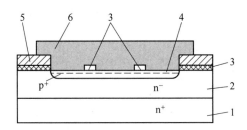

图 2-78　带绝缘栅的肖特基二极管结构

1—衬底；2—外延层；3—栅氧化层；4—n 沟道；5—SiO_2 层；6—金属阳极

参 考 文 献

［1］Thompson S. 130nm Logic Technology Featuring 60nm Transistors，High-k Dielectrics，and Cu Interconnects ［J］. Intel Technology Journal，2002，6（2）：5-13.

［2］Thompson S，Packan P，Bhor M. MOS Scaling：Transistor Challenges for the 21st Century ［J］. Intel Technology Journal，1998，3：1-19.

［3］Belous A I，Merdanov M K，Shvedau S V. Microwave Electronics in Radiolocationand Communication Systems ［J］. Technical Encyclopaedia，Moscow：Technosphera，2016，2：1415.

［4］International Technology Roadmap for Semiconductors ［EB/OL］. Semiconductor Industry Association，2007［2015-1-1］. http：//large. stanford. edu/courses/.

［5］Tuomi I. The Lives and Death of Moore's Law ［EB/OL］. DBLP，dblp. org，DOI：10. 5210/fm. v7i11. 1000.

［6］Chau R. International Workshop on Gate Insulator ［C］. Extended Abstract of International Workshop on Gate Insulator，2003.

［7］Chau R. High-K/Metal-Gate Stack and Its MOSFET Characteristics ［C］. Proceedingsof AVS 5th International Conference on Microelectronics and Interfaces，2004，p. 3.

［8］Chau R. High-K/Metal-Gate Stack and Its MOSFET Characteristics ［C］. IEEE Electron Device Letters，June 2004.

[9] Ghani T. A 90nm High Volume Manufacturing Logic Technology Featuring Novel45nm Gate Length Strained Silicon CMOS Transistors IEDM Tech Dig，2003：978.

[10] Thompson S. A Logic Nanotechnology Featuring Strained – Silicon IEEE Electron Device Letters，2004（25）：191.

[11] Datta S. High Mobility Si/SiGe Strained Channel MOS Transistors with HfO2/TiNGate Stacks IEDM Tech Dig，2003：653.

[12] Jin B. Advanced Si and SiGe Strained Channel NMOS and PMOS Transistors withHigh – K/Metal – Gate Stack ［C］. SiGe：Materials，Processing，and Devices at the ECS Meeting，Honolulu，HI，October 2004.

[13] Chau R. Research Needs for Extending CMOS to Its Ultimate Limit ［C］. Proceedings Int. Conf. on Solid State Devices &. Materials，Nagoya，Japan，2002：68.

[14] Doyle B. Tri – Gate Fully – Depleted CMOS Transistors：Fabrication，Design andLayout ［J］. VLSI Symp Tech Dig，2003：133.

[15] Radosavljevix M. Drain Voltage Scaling in Carbon Nanotube Transistors ［J］. Appl. Phys. Lett，2003（83）：2435.

[16] Javey A. Carbon Nanotube Transistor Arrays for Multistage ComplementaryLogic IEDM Tech Dig，2003：741.

[17] Lauhon L J. Epitaxial Core – Shell and Core – Multishell Nanowire Heterostructures ［J］. Nature，2002，420：57.

[18] Cui Y，et al. High Performance Silicon Nanowire Field Effect Transistors ［J］. Nano Lett，2003，3：149.

[19] Ashley T，et al. High – Speed，Low – Power InSb Transistors ［J］. IEDM Tech Dig，1997：751.

[20] Royter Y. Uncooled High – Speed InSB Field – Effect Transistors ［J］. IEDM Tech Dig，2003：731.

[21] Belous A I，Ovchinnicov V I，Turtsevich A S. Features of Microwave Devices Design for Spacecrafts ［D］. Ministry of Education of the Republic of Belarus，Gomel University of Francysk Skoryna，Gomel，2015.

[22] Momose H S. Ultrathin Gate Oxide CMOS with Nondoped Selective Epitaxial SiChannel Layer ［J］. IEEE Trans. on Electron Devices，2001，48（6）：1136 – 1144.

[23] Jurczak M. Silicon – on – Nothing（SON）—An Innovative Process for Advanced CMOS ［J］. IEEE Trans ED，47（11）：2179 – 2187.

[24] Schulz T. Short – Channel Vertical Sidewall MOSFETs ［J］. IEEE Trans. on Electron Devices，2011，48（8）：1783 – 1788.

[25] Chan V W C，Chan P C H. Fabrication of Gate – All – Around Transistors UsingMetal Induced Lateral Crystallization ［J］. IEEE Electron Device Letters，2001，22（2）：80 – 82.

[26] Park J – T，Colinge J – P，Diaz D H. Pi – Gate SOI MOSFET ［J］. IEEE Electron Device Letters，2001，22（8）：405.

[27] Rim K，Hoyt J L，Gibbons J F. Fabrication and Analysis of Deep SubmicronStrained – Si N – MOSFET's ［J］. IEEE Trans. on Electron Devices，2000，47（7）：1406 – 1415.

[28] Yeo Y – C. Design and Fabrication of 50 – nm Thin – Body pMOSFETs with a SiGeHeterostructure Channel ［J］. IEEE Trans. on Electron Devices，2002，49（2）：279 – 286.

[29] Chang S – J. High Performance 0. 1μm Dynamic Threshold MOSFET Using Indium Channel Implanta-

tion［J］. IEEE Electron Device Letters，2000，21（3）：127－129.

［30］ Zhao J. Improved Hot－Carrier Immunity for CMOS Mixed－Signal Applicationswith LATID Technology IEEE Trans. on Electron Devices，1996，46（6）：954－957.

［31］ Cornelius C. Deep Submicron Technology：Opportunity or Dead End for DynamicCircuit Techniques VLSI Design，2007［C］. 6th International Conference on Embedded Systems，2007，pp. 330－338.

［32］ Battaglia M. Monolithic Pixel Sensors in Deep－Submicron SOI Technology［C］. The Pixel 2008 Workshop，April 15，2009.

［33］ Battaglia M. Monolithic Pixel Sensors in Deep－Submicron SOI Technology withAnalog and Digital Pixels［C］. Proceedings of the 8th International Conference on PositionSensitive Detectors Nuclear Instruments and Methods in Physics Research Section A：Accelerators，Spectrometers，Detectors and Associated Equipment，2009，604（1－2）：380－384.

［34］ Battaglia M. Monolithic Pixel Sensors in Deep－Submicron SOI Technology［J］. Journal of Instrumentation，2009，4（4）：04007.

［35］ Rauly E，Iciguez B，Flandre D. Investigation of Deep Submicron Single and DoubleGate SOI MOSFETs in Accumulation Mode for Enhanced Performance［J］. Electrochem. Solid－State Lett.，2001，4（3）：G28－G30.

［36］ Ferri M. Fabrication of DETF Sensors in SOI Technology with Submicron AirGaps Using a Maskless Line Narrowing Technique［C］. 7th IEEE Conference on Sensors，Lecce，Italy，October 26－29，2008.

［37］ Popov S. Schottky Diodes for Converter Equipment［J］. Electronic Components，2002（3）：35－38.

［38］ Michimaro K. Schottky Barrier Diode，Japanese Patent 2000022178，MPK H01L 29/872［P］. 2000－1－21.

［39］ Sarukai K. Semiconductor Diode Structure，U. S. Patent 5371400，MPK H 01L 29/48［P］. 1994－6－12.

［40］ Tu Shang－Bui L，BaligaBantval J. Schottky Barrier Rectifier Including Schottky Barrier Regions of Different Barrier Height，U. S. Patent 5262668，MPK H 01L 29/48［P］. 1993－11－16.

［41］ Michimaro K. Schottky Barrier Diode，Japanese Patent 2000031505，MPK H01L 29/872［P］. 2000－1－28.

［42］ Kanemaru H，Ogino S. Schottky Barrier Diode，U. S. Patent 6483164，MPK H 01L31/00［P］. 2002－11－19.

［43］ Takashi K，Toshiyuki S，Yuji N. Manufacture of Schottky Barrier Diode，Japanese Patent 2000196108，MPK H 01L 29/872［P］. 2000－7－14.

［44］ Rossano C，Carmelo S. Process for Forming Schottky Rectifier with PtNi Silicide Schottky Barrier，U. S. Patent 7749877，MPK H 01L 29/47［P］. 2010－6－6.

［45］ Turtsevich A S，Granko V I，Krasnitsky V Y. Special Technological Media in VLSIand ELSI Production［J］. Foreign Electronic Technologies，1991（4）：3－38.

［46］ Tetsuhiro M. Schottky Barrier Diode，Japanese Patent 9283771 Japan，MPK H 01L29/872［P］. 1997－10－31.

［47］ Takafumi T，Shigeru Y，Michimaro K. Schottky Barrier Diode，Japanese Patent2000022177，MPK H 01L 29/872［P］. 2000－1－21.

［48］ Chang P. Schottky Diode Having Increased Active Surface Area and Method ofFabrication，U. S. Patent 6399996，MPK H 01L 29/47 ［P］. 2002 -7 - 4.

［49］ Tu Shang – Bui L，BaligaBantval J. Merged p – i – n/Schottky Power Rectifier HavingExtended p – i – n Junction，U. S. Patent 5241195，MPK H 01L 29/48 ［P］. 1993 - 8 - 31.

［50］ Lim H – S. Low – Loss Schottky Rectifier Utilizing Trench Sidewall as Junction – Barrier – Controlled Schottky Contact ［J］. Jap. J. Appl. Phys.，1995，34（28）：913 – 916.

［51］ Scocki S. Termination for High Voltage Schottky Diode，U. S. Patent 6657273，MPK H01L 31/108 2003 – 2 – 12.

［52］ Kenji I. Schottky Barrier Diode and Manufacture Thereof，Japanese Patent 2000332266，MPK H 01L 29/872 ［P］. 2000 – 11 – 30.

［53］ Kenji I，Atsuhito N. Schottky Barrier Diode and Manufacture Thereof，Japanese Patent 2001007350 Japan，MPK H 01L 29/872 ［P］. 2001 – 1 – 12.

［54］ Scace R I. Schottky Barrier Diode ，U. K. Patent 1312678，MPK H 01L 5/00 ［P］. 1973 – 4 – 4.

［55］ Kenji I. Manufacture of Schottky Barrier Diode，Japanese Patent 11097717，MPK H01L 29/872 ［P］. 1999 – 4 – 9.

［56］ Kenji I. Schottky Barrier Diode and Manufacture of the Same，Japanese Patent2000315806，MPK H 01L 29/872 ［P］. 2000 – 11 – 4.

［57］ Michimaro K. Schottky Barrier Diode，Japanese Patent 2000036607，MPK H01L 29/872 ［P］. 2000 -2 - 2.

［58］ Semenov O，Sarbishaei H，Sachdev M. ESD Protection Device and Circuit Designfor Advanced CMOS Technologies ［M］. New York：Springer，2008.

［59］ Laroch J E A. Design of Edge Termination for GaN Power Schottky Diodes ［J］. J. of Electronic Materials，2005，34（4）.

［60］ Festa T A. Schottky Diode with Voltage Limiting Guard Band，U. S. Patent 4110775，MPK H 01L 29/48 ［P］. 1978 – 8 – 29.

［61］ Buchanan W R，Distributed Reverse Surge Guard，U. S. Patent 6717229，MPK H01L 29/66 ［P］. 2004 – 6 – 4.

［62］ Williams R K. Trench – Gated Schottky Diode with Integral Clamping Diode，U. S. Patent 6078090，MPK H 01L 29/66 ［P］. 2000 – 6 – 20.

［63］ Koji O. High Voltage，High Speed Schottky Semiconductor Device and Methodof Fabrication，U. S. Patent 5027166，MPK H 01L 29/872 ［P］. 1991 -6 – 25.

［64］ Gould H J. Schottky Diode with Titanium or Like Layer Contacting the DielectricLayer，U. S. Patent 4899199，MPK H 01L 23/52 ［P］. 1990 – 6 – 2.

选 定 书 目

［65］ Chau R. Silicon Nano – Transistors for Logic Applications ［C］. Proceedings of Device Research Conference，June 2003.

［66］ Hiroshi K. Semiconductor Rectifying Diode with PN Geometry，U. S. Patent 5256889，MPK H 01L 29/90 ［P］. 1993 – 10 – 26.

［67］ Ken M. Sumino K. Schottky Barrier Diode，Japanese Patent 2154464，MPK H 01L29/48 ［P］. 1990 -6 – 13.

［68］Kenji I. Schottky Barrier Diode and Its Manufacture，Japanese Patent 2000294805，MPK H01L 29/ 872 ［P］．2000 - 10 - 20.

［69］Koji O，Norisumi O. Schottky Barrier Semiconductor Device，Japanese Patent 1272154，MPK H 01L 29/48 ［P］．1989 - 10 - 31.

［70］Lepselter M P，Sze S M. Silicon Schottky Barrier Diode with Near - Ideal I - V Characteristics ［J］. The BellSystem Technical Journal，1968，47：195 - 208.

第3章 微电子元器件的功耗最小化方法

3.1 微电子元器件功耗参数的主要变化趋势

半导体集成电路生产工艺的快速发展，特别是向亚微米和纳米电子工艺的转变，对基于这些工艺实现的微电子元器件的设计提出了新的挑战。其中一项任务是开发低功耗元器件的特殊工艺解决方案和设计方法[1]。这项任务的紧迫性是由以下因素决定的：

1）航天微电子元器件必须兼备高可靠、抗辐射及低功耗前提下的必要性能，也包括要实现元器件自足（Self‐Sufficient）运行的目标；

2）需要降低功耗来解决散热问题，因为它在很大程度上决定了元器件的可靠性和质量-尺寸（Weight‐Size）参数；

3）已经具备了制造复杂功能的产品以及加工大规模集成电路（LSIC）、片上系统（Systems‐on‐Chip）、晶圆上系统（Systems‐on‐Wafer）和其他超大规模集成产品的能力。

为了更好地理解降低基础微元器件（Micro‐Element）功耗问题的本质，我们应该考虑作为所有计算和控制元器件架构基础（Architecture Primitives）的微处理器的最重要技术参数的发展趋势。这些参数包括决定元器件性能的微处理器运行时钟频率 F 和功耗 P_W 等。微处理器最早出现在 1971 年（Intel‐4004），其发展遵循著名的摩尔定律。图 3‐1 显示

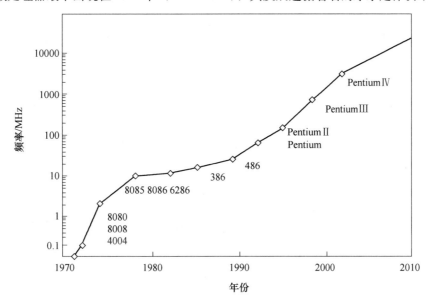

图 3‐1 Intel 微处理器工作频率的变化

了微处理器自引入市场至今的工作频率变化动态。图中只显示了在工业系统中使用最广泛的英特尔微处理器的基本产品类型。图 3－2 展示了相同类型微处理器的功耗变化趋势。

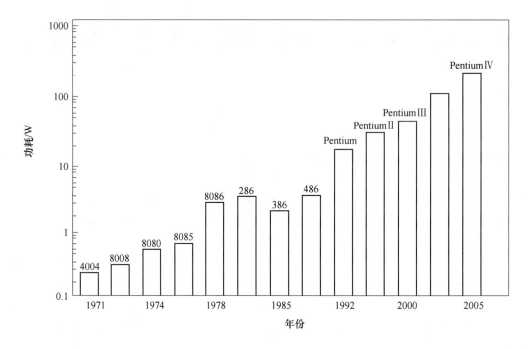

图 3－2　Intel 微处理器的功耗趋势

　　从这两张图的对比可以看出，两个特性参数（F 和 P_w）也遵循摩尔定律的影响，并且几乎每隔一两年，它们的数值就会翻一番。应当记住的是，其他特性参数（数字位数、功能复杂性和集成度）也平均每 1.5 年翻一番。

　　这种趋势是普遍和典型的，不仅适用于微处理器，也适用于其他类型的微电子元器件，包括存储器芯片、数字信号处理器、模拟多路复用器和数模转换 LSIC 等[2]。

　　因此，我们观察到微电路元器件（晶体管、二极管、电阻器）的几何尺寸呈现持续减小的趋势。但是，源自外部和在芯片上的功耗也有类似的持续增长趋势。此时，散热问题成为重点。我们如何将因功耗增加而产生的热量从芯片中排出，如何保证基本元器件（晶体管）和微电路的可靠性？

　　为了分析这个问题，使用功率密度（P_{ws}）这样的参数会比较方便，它的度量单位是 W/cm^2。图 3－3 显示了自第一款微处理器问世以来，由该领域世界领先的 Intel 公司从 1970 年到 2010 年间开发并销售到市场上的相同类型处理器的功率密度值。

　　该参数的性质随时间变化而发生改变，这对于理解本书后续章节中的内容很有意义。于是，在完成了经过充分验证的微处理器 Intel－8080 的开发和上市工作之后，开发人员进行了下一步工作，即他们设计并销售了两个新的改进版本，分别是 Intel－8085（1974）和 Intel－8086（1976）。与原型相比，它们都具有更强的功能。其中，Intel－8085 的时钟频率提高了 1.27 倍，Intel－8086 的时钟频率提高了 1.75 倍。如图 3－2 所示，它们的功耗以大致相同的比例增加。

　　微电子①设备的开发人员以及英特尔产品的客户都对更强的功能和更高的时钟频率感到满意，这使他们能够继续提高设备的性能。然而，英特尔的开发人员却被第一次敲了警钟。一些消费者反馈运行 Intel－8086 微处理器的主板上的个别单元出现了故障，但没有向开发者反馈与 Intel－8085 微处理器相关的类似情况。通过分析最终确定了故障原因，该故障原因后来被专家命名为热板效应（Hot Plate Effect）（见图 3－3）。这是由于 Intel－8086 微处理器的功耗值比 Intel－8080 高 1.8 倍所致，而 Intel－8085 微处理器的功耗仅比 Intel－8080 高了 1.1 倍。这种效应的实质是由于散热不足导致不符合微处理器晶体管的操作条件所致。

　　与此同时，英特尔公司的研发部门当时正开发下一代微处理器 Intel－286，在当时其特性能够显著扩展基于该处理器的计算和控制系统功能。

　　开发人员通过采用复杂的设计、工艺以及电路方面的措施设法解决了这个问题，同时 Intel－286 微处理器的频率和功耗值与 Intel－8086 相比仅增加了 $10\%\sim15\%$，而不是计划的 $25\%\sim30\%$，其功率密度值 P_{WS} 甚至有所下降。

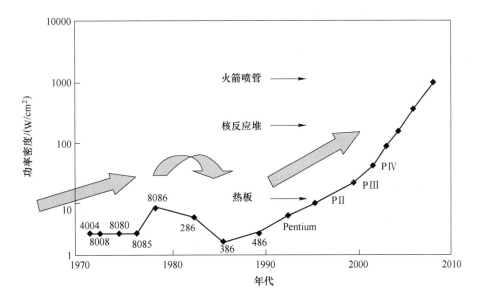

图 3－3　不同时代微处理器 LSIC 功率密度的变化

　　所找到的技术解决方案以及向新设计规则的转变保证了随后各代复杂微处理器（Intel－386、Intel－486、Pentium. pro 及后续的产品）的 P_{WS} 值低于 Intel－8086（也就是开发者第一次发现该问题的产品）的 P_{WS} 数值。

　　如图 3－3 所示，微电子产品（微处理器）所达到的 P_{WS} 值与航天装备（火箭发动机喷管）或核能（核反应堆）中使用材料所特有的值相比仅有一到两个数量级的差别，这证明了寻找降低 P_{WS} 的解决方案的重要性。

　　图 3－4 显示的是笔记本计算机这一类计算设备功耗降低问题的相关情况。可以看出，

---

　　①　原文为 radio－electronic 无线电电子，根据上下文情况修改为微电子，文中其他出现类似情况的地方进行了相应的修改。——译者注

显示器只消耗总功耗的 20%，硬盘消耗 10%，计算机的心脏（处理器）平均要消耗总功耗的 37%，而外围基本逻辑电路（没有它就不可能实现所有的计算机服务功能）消耗总功耗的 30%。

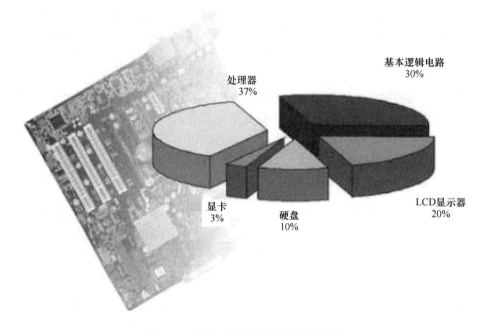

图 3-4　笔记本计算机的典型功耗分布

3.2　降低 CMOS LSIC 功耗等级的方法

过去二十年间，CMOS 工艺是半导体集成电路市场上的最主要工艺。通过该工艺成功实现了计算机系统的所有功能模块，使得可以在单个芯片上实现功能完备的高度集成单元。这显著提升了芯片的功能，减小了最终产品的质量-尺寸参数，提高了生产率并降低了功耗。例如，2007 年英特尔开始量产代号为 Penryn 的处理器，该处理器采用 45nm 工艺制造，有双核（约 4.1 亿个晶体管）和四核（超过 8.2 亿个晶体管）两种配置[3]。同时，尽管晶体管数量显著增加并改进了功能（增加了约 50 条新指令的 Intel SSE4 以增强多媒体数据处理的性能），但新处理器的功耗并没有增加。因此，移动 PC 处理器的功耗约为 35W，台式机系统处理器的功耗约为 65W，四核服务器处理器的功耗约为 80W。

对于微米级 CMOS 工艺，动态功耗占了总功耗的最大份额，它是由单元寄生电容的充放电电流和逻辑电平变化时从电源到地线的直通电流决定的。后续章节将介绍在 CMOS LSIC 设计阶段降低功耗的主要方法。

不存在适用于所有情况的通用解决方案。这就是为什么需要考虑所设计元器件的特性（诸如处理速度、实现成本、可靠性、可测试性和可维护性），以便有针对性地选择功耗最小化的方法和工具。

在此，我们来考虑在设计 CMOS LSIC 时以整体或独立使用方式降低功耗的主要方法[2,3]。图 3-5 给出了主要的功耗最小化方法的总体分类。

当使用传统的 CMOS 工艺时（元器件的最小尺寸没有进入亚微米范围），微电路功耗的主体是动态功耗。任何参数（电源电压、开关电压、充电电容或开关频率）的降低都会导致功耗降低。

通常，科学家们最关注的是降低电源电压值。这是因为对于大多数 CMOS 电路来说电源电压等于开关电压。LSIC 的动态功耗与电源电压之间存在二次方依赖关系。此外，当降低电源电压时，静态功耗也随之降低。

在微功耗 VLSIC 的改进方面，可以分为三个主要方向。第一个方向是通过系统级升级来使电信设备和便携式计算机系统的微电路功耗最小化。大多数研究都集中在并行化数据处理的同时降低电源电压和时钟频率。因此，系统开发是基于 CMOS 电路的，相应地也是基于现有工艺基础上的。在这个方向上取得的一些成功与纯系统解决方案有关，特别是诸如同步系统替代方案。这种情况下的功耗收益主要是通过改进系统本身的架构来实现的[1]。

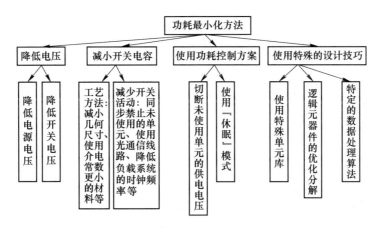

图 3-5　CMOS LSIC 设计时的主要功耗最小化方法分类

第二个方向可以描述为电路级。可以使用 VLSIC CAD 的能力来缩短数字 VLSIC 内的数据传输路径，在不牺牲性能的前提下通过降低时钟频率来降低功耗，特别是可以通过使用传输门和其他电路技术降低功耗。这种方法主要基于传统的 CMOS 工艺[2—5]。

第三个方向是 VLSIC 制造的新工艺与新流程的开发。对于新一代导航和通信系统，也包括将计算机系统作为其主要组成部分的系统，最有前景的仍然是 CMOS 工艺。这一方向被认为是主要方向，包括改进光刻工艺以减小版图尺寸以及开发降低（调整）n 沟道和 p 沟道 MOS 晶体管阈值电压的方法。

总之，降低功耗是一个涉及多方面的复杂问题，其解决方案依赖于上述这三个领域的进展。它们都将功耗与电源电压（E）、时钟频率（f）和寄生电容的有效值（C）的已知相关性作为理论基础，这种相关性由如下公式定义：

$$P = kC\Delta UEf + I_{th}E + I_{leak}E \qquad (3-1)$$

式中，k 是元器件的开关活动因子；C 是逻辑门寄生电容的有效值；ΔU 是逻辑电平范围；

I_{th}是瞬态过程直通电流；I_{leak}是稳态漏电流。

目前，在这三个领域都有大量的研究和专利，以最大限度地减少用于电信和便携式计算机设备的 CMOS LSIC 的功耗。创造新的电路解决方案并不需要花费大量时间，不需要昂贵的物理和工艺实验，因此也不需要新的昂贵的工艺设备和材料。这些工作是通过使用各种 CAD 软件包进行的数字化实验来解决的[6]。但是，这种方式的前提是发展中的公司应具备强大的专业能力（Intellectual Potential）。国外有实力的公司比如 IBM、AT&T 贝尔实验室、英特尔、摩托罗拉以及许多高校都在朝这个方向努力。在独联体国家，这一方向由 RPC Integral（明斯克）、OJSC Micron 和 Angstrem（莫斯科，泽勒诺格勒）等公司主导。

电路方法与工艺和系统方法密切相关，但也有其自身的特点。我们来看看 CMOS 型基本门功耗的计算公式。当 $\Delta U = E$ 时[①]，式（3-1）可转换为：

$$P = kCE^2 f + I_{\text{th}}E + I_{\text{leak}}E \qquad (3-2)$$

开关活动系数 k 取决于系统的特定形式，其值等于或小于 1。工艺方法的目的是降低稳态下 MOS 晶体管的有效电容值和漏电流值。然而，功耗的主要组成部分是动态功耗。由直通电流引起的功耗通常约为 30%。如式（3-2）所示，降低传统 CMOS 电路的电源电压是降低开关功耗最有效和最显著的方法之一。对于开关能耗与电源电压的平方成正比的标准 CMOS 门而言尤其如此。然而，电源电压的降低存在与元器件参数工艺变化（尤其是 MOS 晶体管阈值电压变化）相关的限制。当降低电源电压时，只要有一些门不能正常工作，门到门的延迟变化就会增加，这发生在电源电压仅略高于 NMOS 和 PMOS 晶体管阈值电压最大值的情况下。由于典型的阈值电压在 0.4～0.9V 的范围内，因此这为传统 CMOS 工艺设置了大约 1V 的电源电压下限。

虽然可以在生产过程中调整阈值电压，并且可以通过改进工艺来缩小其变化范围，但这些方法都既困难又昂贵。晶体管之间总是存在不受控制的阈值电压加工离差，这是晶圆质量及其上元器件位置的随机函数。由于用于设置 U_{thr} 的离子注入过程难以控制，故而即使在两个相同的元器件之间也会发生随机阈值电压波动。

在数字集成电路中使用的相对较小的亚微米晶体管中，这种随机 U_{thr} 偏差与沟道长度成平方反比关系，比例因子为 4～30 mV/μm。对于 4 mV/μm 的系数，晶体管的 U_{thr} 标准差必须仅为 2 mV。即使是从 1 万亿只中随机选择的元器件，其 U_{thr} 值也只有 10 mV 的偏差。因此，在完美工艺的情况下，该系数接近 4mV/μm。这里我们比较的是相同的元器件，然而实际的数字电路中没有相同的元器件。例如，由于生产过程的各向异性，简单的 90° 甚至 180° 旋转都会导致 U_{thr} 发生显著的变化。

补偿阈值电压离差的一种可能方法是电子修调技术（Electronic Trimming）[2]，其中包括修改制造工艺以实现较低的 U_{thr} 值（约 0.12V），并改变 NMOS 和 PMOS 元器件的栅极电位以补偿制造过程中产生的 U_{thr} 变化。这种方法有三个缺点。首先，它需要制造过程的根本性变化。此外，由于速度与电源电压成正比关系，因此在许多情况下用不同的电压为不同的 IC 模块供电是有意义的。而在这种情况下，衬底上的所有元器件都是通过共

同的栅极校正连接的，因此具有相同的阈值。最后，具有非常低阈值电压的元器件阻碍了电路功耗的降低，因为即使在栅极关闭时也会流过大的漏电流。

上述最后两个问题原则上可以通过对每个单元分别进行独立的栅极校正来解决。然而，在这一方面实现的阈值电压变化受到栅极电位和内部电位的可接受范围的限制。另一种方法是添加一对具有大阈值电压的互补晶体管，用于实现 1V 电源下单个门 300fJ 的开关能量。然而，这种情况下的阈值电压不是由栅极电位设置的。这两种解决方案都有工艺复杂且增加微电路成本的缺点。

一项研究工作提出了 QuadRail 方法（四轨），它能够在保持标准 CMOS 制造工艺的同时降低电源电压。这种允许在电路级补偿 MOS 晶体管阈值离差的原创方法的本质是使用两对独立的电源-地总线，总线间的电压值不同，电压的改变可以使晶圆上 MOS 晶体管的阈值变化变得平滑。阱（Tub）中晶体管的阈值电压通过改变阱电容（the Capacity of Their Tub）进行设置，这种设置与位于衬底上的元器件相关。QuadRail 方法理论上可以在保持标准 CMOS 工艺的同时将电源电压降低至 0.25V。建模和实验测量结果证实了此类电路的可操作性，并实现了小于 40 fJ 的开关能量值，这与 5V CMOS 工艺相比低了400 倍。

另一项研究工作描述了脉冲电源（Pulsed Power Supply，PPS）CMOS 电路，它可以将传统 CMOS 的功耗降低约 10 倍（见图 3-6）。导向电路（Steering Circuit）在 V_{DD} 和 V_{SS} 之间用锯齿波信号周期性地启动电源轨。在电源脉冲下降沿期间，寄生电容用于保持集成电路的逻辑状态。所有脉冲的幅度都在以 V_{SS}（逻辑 0）和 V_{DD}（逻辑 1）为边界的区间内。对输入为逻辑 1 的反相器当电源轨上升沿开始时[①]，p 沟道晶体管因为栅极和源极上的电压相等而关闭。然而，在电源轨上的电压超过阈值时，n 沟道 MOS 晶体管打开，反相器保持输出状态。当在电源轨电压增加的同时在反相器输入端施加零电压，n 沟道 MOS 晶体管因为栅极和源极之间的电压为零，始终处于关闭状态。当电源轨上的电压超过阈值电压时，p 沟道晶体管打开，反相器输出电压将跟随电源轨电压变化。如果将两个反相器串联，施加到第一个反相器的脉冲将通过两个反相器，并在第二个[②]反相器的输出

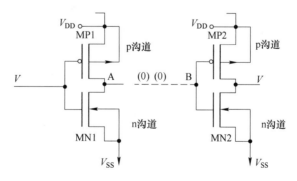

图 3-6　具有脉冲功耗的 CMOS 反相器的工作原理

---

① 此句原文为"输入为逻辑 0 的反相器在下降沿开始时"，似有误，在翻译时进行了修改。——译者注

② 原文这里是"第三个"，在翻译时进行了修改。——译者注

端再现。因此，可以在上升沿期间确定两个或更多个串联连接的逻辑元器件的状态。当电压脉冲达到 V_{DD} 值时，所有反相器都可以像传统的 CMOS 电路一样工作。当电压脉冲降低到逻辑零时，状态由寄生电容保持。

还有一项研究工作提出了一种可以在开关大电容负载时略微降低 CMOS 电路功耗的技术解决方案（见图 3-7）。该解决方案旨在用于操作大负载电容（当电容远大于具有最小尺寸的栅电容时）的 CMOS 电路单元中。与 CMOS PPS 变体（Variant）类似，它与常规 CMOS 工艺完全兼容，这对该技术的快速推广应用非常重要。

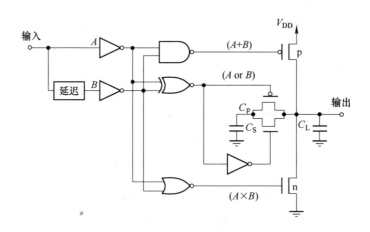

图 3-7　用于大电容负载的 CMOS 反相器电路

每当经典 CMOS 门从逻辑 1 状态进入逻辑 0 状态时，输出单元寄生电容中存储的电荷就会释放到地。这些浪费的电荷决定了传统 CMOS 门功耗中的动态部分，其计算公式如下：

$$P = Q_L \Delta U \tag{3-3}$$

式中，Q_L 是逻辑 1 状态存储在寄生电容中的电荷。

推荐的电路（见图 3-7）引入了一个带有电容 C_S 的额外缓冲器。当单元电容从逻辑 1 状态转换到逻辑 0 状态向地放电时，缓冲器从输出零的寄生电容中获取一些电荷，并将其存储在另一个电容 C_S 中。在下一次单元从逻辑 0 状态到逻辑 1 状态的转换期间[①]，缓冲器将存储的电荷返回到输出单元，减少了充电，从而减少从电源消耗的电流。通过缓冲器节省的功耗由以下表达式确定：

$$P = Q_S \Delta f \tag{3-4}$$

在将电荷从负载电容转移到电容 C_S 时阻性电路元器件上没有功耗的情况下，存储的电荷由以下公式确定：

$$Q_S = \frac{C_S C_L \Delta U}{2C_S + C_L} \tag{3-5}$$

因此，节省功耗的比例是：

---

① 此句原文为"在下一次从逻辑 1 状态到逻辑 0 状态的转换期间"，似有误，在翻译时进行了修改。——译者注

$$E = \frac{C_S}{2C_S + C_L} \times 100\% \qquad (3-6)$$

对电容值 C_S 和 C_L 的比例关系分别为 1/4、1 和 4 的情况，对应节省的功耗分别为 16.7%、33.3%、44.4%[①]。使用计算机软件系统 SPICE[②] 进行电路建模的结果显示可节省 24% 的功耗[③]。

上面分析的电路解决方案为降低 CMOS VLSIC 的功耗开辟了新的可能途径。新的前瞻性设计风格的一个共同特点是力图适应现有的低成本标准 CMOS 工艺，以避免生产升级所带来的高额费用。技术解决方案多种多样，但可以分为几类，包括脉冲电源电路、电荷保持电路和带有阈值电压离差电学补偿的电路[7][④]。

前瞻性设计风格是技术性能（运行速度、抗噪性）和经济因素之间折中的产物。在已知的降低功耗的方法中，电路方法是最有价值的，因为它只需要专业能力和计算机建模。

需要注意的是，阈值电压的降低会导致沟道漏电流的显著增加。总功耗降低的最大值是在由漏电流决定的功耗与动态功耗处于同一数量级时观察到的[8]。例如，对于 $0.13\mu m$ 工艺，没有性能损失的功耗最小值是在 $V_{DD} = 1.5V$、$V_{th} = 0.15V$ 和 $T = 125℃$ 时观察到的。

电源电压降低的另一个不利结果是抗噪声能力降低，因为逻辑电平之间的差异也减小了。此外，逻辑电平的变化需要使用特殊的电平转换器来将 VLSIC 输出与标准逻辑元器件连接起来。现代处理器 VLSIC 中通常使用两种电源电压，分别用于为内核供电（0.9～0.17V）和用于为周边电路供电（2.5V 或 3.3V）。另一种方法是降低开关电压。这意味着电容不是按电源电压值 V_{DD} 来进行充放电的，而只是按电源电压的一部分（例如从 $1/3V_{DD}～2/3V_{DD}$）来充放电。在这种情况下，速度不会损失，也不需要电平转换器。抗噪性会由于逻辑电平差异的减少而降低。与之前方法不同的是，由于静态电流而损耗的功耗不会降低。

如上所述，数字 CMOS 电路的操作不需要电容器，但在现代 LSIC 中由于有 p-n 结寄生电容和通信线路的寄生电容，它们实际上是存在的。摆脱这些电容是不可能的，因此，在 VLSIC 设计过程中应当考虑并尽量减少它们的值。可以采用以下方法，包括减小元器件的几何尺寸、缩短通信线长度、优化元器件与通信线布局以及使用新材料与新工艺。此外，当基于文献［1—3］考虑了附加电容 C_{CS} 时，为了使直通电流值最小，有必要使用工作在尽可能低频率下的高速晶体管。这使得信号边沿持续时间显著减少，并相应地减少直通电流。

另一个影响动态功耗值的因素是开关频率，这就是为什么它的减少也会产生功耗降低的结果。然而，这与性能指标需求存在冲突。可以采用不同的方法来消除这种冲突。首先，在设计过程中，必须优先考虑对功能部件运行频率要求较低的解决方案。其次，应采

---

① 原文此处为 "16.7%，33.3%，44.4%，and 50%"，50% 没有对应的比例关系，而且实际上按此公式只有当 C_S 与 C_L 的比值为无穷大时才会出现 50% 的情况，因此在翻译时将 50% 删除。——译者注

② 原文为 "Computer System SPISE"，似有误，在翻译时修改为 "计算机软件系统 SPICE"。——译者注

③ 原文如此，没有指明这个数值对应的条件。——译者注

④ 此处原文为 Threshold Voltages Dissipations，似应为 Threshold Voltage Dispersions，因此翻译时采用的是 "离差"，而不是 "耗散"。——译者注

用并行操作的方法，以降低时钟频率。第三，对于未使用的功能模块以及当前数据未发生变化的模块或部件，必须使用不同的同步限制方案。例如，整数计算通常不使用为浮点计算准备的协处理器单元，因此，此时不应有同步脉冲到达这些单元。

在设计具有最小功耗的数字元器件时，通常将开关电容和开关频率的乘积，即开关活动（Switching Activity）作为估算的重要方法。有许多工艺、电路和算法的解决方案可以最小化此参数。首先，对于大电容单元，必须最小化开关频率。对于具有高开关频率的单元，必须最小化开关电容。其次，等效电路变换可以相当有效地用于最小化开关活动。例如，可以用六个二输入 AND 单元、两个四输入单元实现七输入 AND 单元的功能，其他以此类推。再次，使用特殊的数据编码方法，也能够在一个方案操作时最小化开关活动。例如，当使用格雷码（Gary）计数器作为地址产生器时，搜索所有内存地址只需 $2n$ 次开关，而使用二进制计数器则需要 $2^{n+1} - 2$ 次开关[①]。

最后，在很大程度上限制了 CMOS 处理器和片上系统效率提高的一个薄弱点是同步电路。虽然 LSIC 上的同步线长度较大，也因此具有较高的电阻和电容，但同步脉冲仍必须同时到达数字设备的所有单元。因此，通信线路的高工作频率和较大的电容导致现代 LSIC 中同步电路功耗占总功耗的比例高达 50%。解决方案之一是在芯片上传输时钟脉冲时用光线路代替金属导线。有研究数据表明在 70nm 工艺中使用光通信线路可以将同步电路中的功耗降低五倍。

VLSIC 生产工艺的进一步提高和元器件几何尺寸的减小导致不同原因对功耗总值的影响程度发生了变化。对于亚微米工艺来说静态功耗会显著增加，这主要由漏电流和经过 p - n 结的反向电流决定。当采用 $1.0\mu m$ 工艺和 3.3V 电源电压时静态功耗仅为 0.01%，而当采用 $0.13\mu m$ 工艺和 1.3V 电源电压时，静态功耗增长至 10%。当进一步缩小元器件的几何尺寸时，静态功耗增加的程度甚至会更多，对于 $0.7\mu m$ 工艺，在 1.0V 左右的电源电压下，静态功耗达到了半导体 LSIC 芯片总功耗的 50%[5]。

对微电子元器件和基于它们的系统，降低能耗的另一种方法是采用嵌入在 LSIC 块中的各种电源控制方案（见图 3 - 8），以便在执行当前微指令时能够断开此刻未使用的 LSIC 元器件、单元和块的电源电压以及在当前没有指令的情况下将微电路切换到休眠模式。这些解决方案能够在整个系统层面上显著降低功耗，尽管它们需要在所用元器件数量方面增加额外的昂贵硬件。这一降低功耗的方法将在第 3.4 节中单独进行说明，其中将用接口微电路的具体示例来分析 LSIC 设计实践中使用的电路解决方案。

最后，必须说明关于使用特殊风格和方法来设计低功耗微电路的一些情况[6]。如图 3 - 9 所示，这包括特殊基本元器件库的使用、在功耗方面最佳的 LSIC 基本组件布图、特殊数据处理算法等。

图 3 - 8 展示了简化后的 LSIC 设计流程，其中主要阶段的特点是对所计算功耗值的持续运行控制（在 LSIC 架构开发、RTL 代码生成、单元和 LSIC 块的高级与门级综合等阶段）[②]，并根据这些控制结果进一步优化功耗值。但在这种情况下，可以用一个简单的规则来描述微电路的开发时间和最终总功耗值之间的关系，即如果设计完成得很快，微电

---

① 此处原文为 "$2n + 1 - 2$"，数量似有误，似应为："$2^{n+1} - 2$"，按照这种理解修改。——译者注

② 其中原文为 "RT 代码生成"，这里根据情况改为 "RTL 代码生成"。——译者注

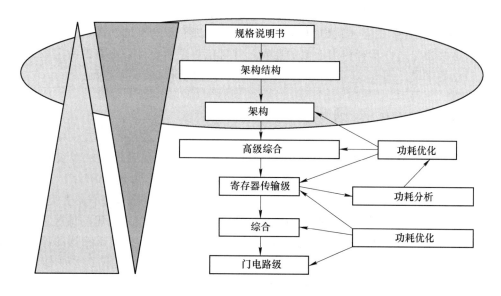

图 3-8　微电路的低功耗设计流程

路将消耗更多的功耗，如果目标是获得最小的功耗而不影响其他技术参数（效率、抗辐照和操作温度范围），设计时间和相应产品进入市场的时间将变得相当长，如图 3-8 所示。

电路所处的层级越低，功耗控制的可能性就越小。图 3-9 以示意的方式显示了主要设计阶段对功耗降低问题的相对贡献[2,6]。图中，X 轴表示微电路预期功耗的估计精度常规水平，Y 轴表示降低（节省）该功耗的可能性。

从图中可以看出，对晶体管这一基本元器件的功耗估计精度最高，但该元器件对总功耗降低贡献的可能性在 10%～15% 之间。算法级具有最低的预测估计精度，这是可以理解的，但我们可以在具有复杂功能的微电路操作算法的综合阶段通过使用特殊的解决方案降低功耗，与在产品规格说明书制定阶段还没有提出功耗优化任务的情况相比，功耗可以降低 75%。

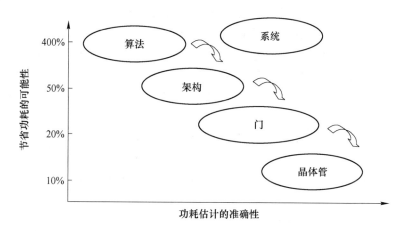

图 3-9　在设计过程中控制功耗的可能性

　　在架构开发阶段应用前面提到的休眠模式类型的特殊解决方案，可以节省高达 50%的 LSIC 功耗，而原始的基本门电路解决方案平均可以降低 20%的功耗。

　　虽然这些量化属性具有相当近似的性质，并且依赖于所设计微电路的特定系统和电路特性，但总的来说，图 3-9 显示了作者在这一设计领域研究的实际情况。

3.3　CMOS LSIC 中功耗的主要来源

　　众所周知，CMOS 工艺基于具有 n 型和 p 型感应沟道的场效应（或单极）互补晶体管对。我们回顾一下使用 CMOS 工艺制造的原始逻辑门的工作原理。

　　一个典型的反相器［见图 3-10（a）］包含两个顺序连接起来的不同类型的晶体管，它们的栅极并联起来作为输入。在施加高（$+V_{dd}$）或低（约 0V）电压的情况下，只有一个晶体管打开。关断晶体管的源-漏电阻非常高（MΩ 级），因此通过反相器的静态电流非常弱。故而功耗主要是在反相器开关期间消耗的。图 3-10（b）显示了这种 CMOS 反相器的结构。由于 p 沟道 MOS 晶体管的形成需要制造 n 型阱，因此在几何尺寸相等的前提下，p 沟道晶体管总是具有比 n 沟道晶体管更低的电压-饱和电流。

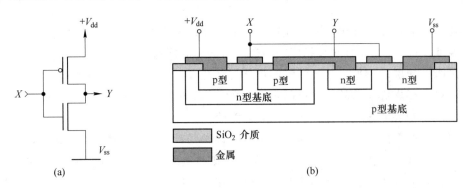

图 3-10　CMOS 反相器的电路及其结构

　　CMOS 电路的功耗可分为两种类型，分别是动态功耗和静态功耗。功耗来源的分类如图 3-11 所示[2,6]。我们来仔细分析一下这些来源。

　　动态功耗出现在电路从一个逻辑状态转换到另一个逻辑状态期间，由两个基本来源决定，即在转换期间流过逻辑元器件的直通电流（Through Current）以及逻辑元器件的寄生电容的充/放电电流。因此，电路的开关活动越多，功耗就越大。当电路没有开关时，动态功耗等于零。

　　大多数数字 CMOS LSIC 不需要使用电容来实现其功能。这条规则不适用于动态存储器、选择存储器（Selection-Storage Devices）和信号延迟元器件。CMOS 元器件等效电路中的电容是由晶体管和通信线的寄生电容形成的，因此寄生电容对信号分配延迟和功耗值都有重要的影响。

　　为了近似估计功耗值，我们以开关电容 C_L 的形式给出图 3-10（a）中的反相器的负载寄生电容。它通过电阻 R_p 和 R_n 进行充电和放电，其参数值分别由 p 沟道和 n 沟道晶体管的导通沟道电阻决定（见图 3-12）。

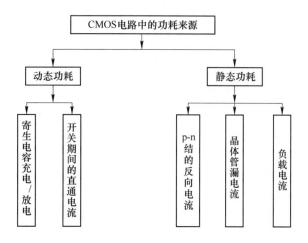

图 3-11 CMOS 电路中的功耗来源

将该元器件转换到逻辑 1 的状态对应于给 C_L 充电，将该元器件转换到逻辑 0 的状态对应于给 C_L 放电。在充电期间，来自电源的一半能量存储在电容 C_L 中，另一半以热的形式在电阻 R_p 中损耗[2,9,10]。当将反相器转换到逻辑 0 状态时，存储在电容器中的能量将在电阻 R_n 中损耗，其值为：

$$E_n = E_p = \frac{1}{2} C_L V_{dd}^2 \tag{3-7}$$

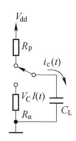

图 3-12 反相器的等效电路

如果控制信号的频率等于 f，则可以使用一个简单的公式计算功耗：

$$P = \frac{1}{2} C_L V_{dd}^2 f \tag{3-8}$$

CMOS 电路的动态功耗的第二个来源是在开关时流过逻辑元器件的直通电流 $i_c(t)$。直通电流的特性如下：

1）直通电流只在当输入电压 $V_{in} > V_{tn}$ 且 $V_{in} < V_{tp}$ 的时刻（t）出现，其中 V_{tn} 和 V_{tp} 分别是 n 沟道和 p 沟道晶体管的阈值电压。因此，这些值之间的差异越小，直通电流就越小。

2）直通电流值与负载电容 C_L 成反比。在没有这个电容时电流值最大，但该电流随着负载电容的增加而减小。

3）直通电流值与输入信号边沿的持续时间成正比（即边沿越长，直通电流越大）。

为了简化计算，直通电流将被视为与 C_L 并联的附加电容 C_{SC}。该电容的值可以使用一个简单的公式来计算：

$$C_{SC} = \frac{t_{SC} I_{peak}}{V_{dd}} \tag{3-9}$$

式中，V_{dd} 是电源电压；I_{peak} 是晶体管的饱和电流；t_{SC} 是直通电流流过的时间。可以使用上述公式来评估动态功耗。

CMOS 电路中由直通电流所产生的功耗可能占总动态功耗的 $10\% \sim 60\%$。它的值取决于诸如晶体管伏安特性（晶体管的开启电压和截止电压）、输入信号前后边沿持续时间、负载电容和电源电压等参数。下一节将给出计算直通电流和功耗的精确公式。

当逻辑元器件处于某种固定状态（0 或 1）时，CMOS LSIC 会产生静态功耗[①]，其值由 MOS 晶体管沟道的漏电流、p-n 结的反向电流和负载电流决定（如图 3-13 和图 3-14 所示）。

理想情况下，CMOS 元器件在静态下不消耗功耗（即电流不流过它），尽管在实际电路中沟道漏电流值有几个皮安。

图 3-13（a）显示了流过关闭的晶体管沟道的电流方向。它与阈值电压值指数相关，与输入信号电平、晶体管和电路布图的几何尺寸、温度（如果温度上升，电流每 $8 \sim 10\,℃$ 增加一倍）以及所使用的工艺线性相关。

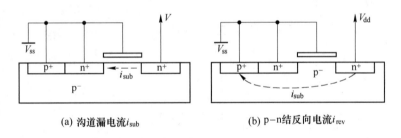

(a) 沟道漏电流 i_{sub}　　　　　　　(b) p-n结反向电流 i_{rev}

图 3-13　CMOS 电路的静态电流

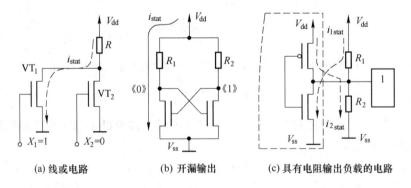

(a) 线或电路　　　　　(b) 开漏输出　　　　　(c) 具有电阻输出负载的电路

图 3-14　CMOS 电路的静态电流[②]

---

① 此处原文为 "Statistic Power"，似应为 "Static Power"，在翻译时据此进行了修改。——译者注

② 原图 3-14 中似乎将开漏与电阻负载的（b）与（c）画反了，在此将（b）与（c）进行了对调。——译者注

另一个漏电流的来源是 p-n 结的反向电流，它是在集成电路的不同 CMOS 区域之间形成的 [见图 3-13 (b)]。反向电流值取决于所使用的制造工艺、p-n 结面积、温度和偏置电压，通常只有几个皮安。

由于漏电流的总和比动态电流的总和小 $10^5 \sim 10^6$ 倍，所以一般不予以考虑。在需要考虑漏电流所导致的功耗的情况下，可以使用以下简化公式：

$$P_{\text{leak}} = V_{\text{dd}} N K_{\text{d}} I_{\text{leak}} \tag{3-10}$$

式中，V_{dd} 为电源电压；N 为晶体管数量；K_{d} 为考虑了所采用工艺特征的经验系数；I_{leak} 为单个晶体管的总泄漏电流。

在某些情况下，如漏极开路电路、线或元器件或输出具有电阻负载的电路，CMOS 电路可以在静态模式下消耗电流（见图 3-14）。此时电流值和相应的功耗取决于负载的逻辑状态和电阻。例如，在线或逻辑 [见图 3-14 (a)] 或漏极开路电路 [见图 3-14 (b)] 中，电流只在状态 0 时存在。在状态 1 中它等于 0。在电阻负载电路中，无论处于逻辑 0 还是逻辑 1 状态，电流均存在 [见图 3-14 (c)]。总的来说，直接电流（Direct Current Flow）产生的功耗由以下公式确定：

$$P_{\text{stat}} = V_{\text{dd}} I_{\text{stat}} \tag{3-11}$$

以下公式可以用于考虑了基于逻辑状态的功耗变化情况：

$$P_{\text{stat}} = p(0) P_{\text{stat}}^0 + p(1) P_{\text{stat}}^1 \tag{3-12}$$

式中，p (0) 与 p (1) 分别是电路单元处于状态 0 和 1 的概率；P_{stat}^0 与 P_{stat}^1 分别是电路单元处于状态 0 和 1 时的功耗。

在对使用 CMOS 工艺的元器件进行设计时，不建议使用电阻输出负载。如果不能避免，就必须增加负载电阻值、降低电源电压或使电路处于电流最高的逻辑状态的可能性最小。

如上所述，功耗值主要是由两个电流分量贡献的，它们要么是从正电源输入通过互补晶体管直接流到地线时产生，要么是对等效输出电容（负载电容）进行充电（放电）时产生。在分析 CMOS 反相器的静态功耗和动态功耗时，必须同时考虑这两个分量。在技术文献中，由电路中流经正电源输入-导通晶体管-地线的直通电流产生的功耗分量有时称为反相器的短路（传导）功耗 [Dissipation of Shorted (Conducting)]，由负载电容充放电过程控制的功耗分量称为反相器的开关功耗。

在对这些功耗组成部分进行详细分析之前，先要做几点补充说明。如上所述，CMOS 反相器功耗的动态分量是决定性因素，其值与负载电容和电源电压平方的乘积成正比。因此，降低 V_{tn} 和 V_{tp} 电压值是降低总功耗的显而易见的方法[①]，尽管我们知道，受基本物理规律约束，阈值电压和电源电压最小临界值之间存在严格的关联。这些参数总体上会显著影响反相器转换的延迟，从而影响所设计的 CMOS LSIC 的性能（工作频率）。

就 CMOS 反相器速度而言，推荐采用晶体管开关的最低阈值。然而，在阈值非常低的情况下，总功耗的第二个组成部分，即静态功耗，会因为之前提到过的亚阈值电流问题而增加。因此，每一个低功耗 CMOS LSIC 的具体设计，都需要对 LSIC 结构-开关阈值-电源电压-性能这一复杂问题选择折中的解决方案。

---

① 　原文如此，但 V_{tn} 和 V_{tp} 表示的是晶体管阈值电压，这种表述似有偏差。——译者注

3.4 低功耗 CMOS LSIC 逻辑设计方法

3.4.1 低功耗 CMOS 电路的基本逻辑综合

微电路工艺领域的进步带来了集成度和时钟频率的持续提高，进而可以在一个芯片上制造出更多高速和功能复杂的元器件。然而，这些成功不仅给电子元器件带来了巨大的机遇，也带来了一些严重的问题，首先是与功耗相关。与集成度较低的类似元器件相比，高集成度导致可靠性问题更加严重。这些问题不能忽视，因为针对各种应用（包括空间应用）领域设计了更复杂的产品，这些产品必须可靠，并能够在不对电池充电的情况下长期运行。

随着集成电路在军事和空间系统中的广泛应用，确保其在电离辐射和自主供电条件下的运行能力成为一个越来越重要的问题。CMOS 工艺用于空间系统的优势在于采用这种工艺的集成电路具有低功耗、抗噪声能力强和高速的特点。在空间应用中，由于空间系统电源供给的独立性，使这些特性变得至关重要。为了充分实现这些特性，仅仅有好的基本逻辑门是不够的，还需要在其基础上设计好的电路。在设计的逻辑级阶段，通常不考虑增强电路抗辐射能力，但可以通过设计有效的逻辑结构来降低功耗。近年来，该研究领域受到了特别的重视，因为功耗正在成为提高集成度的绊脚石，而具有独立电源的便携式设备市场正在增长，在不充电的情况下增加运行时间显得至关重要。

在设计时考虑功耗通常仍然被认为是一项艺术，这在很大程度上与针对将在 VLSI 芯片上所实现电路的功耗，缺乏有效方法来评估在设计流程中所进行探索的效果有关。在 VLSIC 设计中解决功耗问题的方法是许多专家和公司感兴趣的方向，这些公司包括 Cadence Design Systems（计算机辅助设计领域的领导者）、Apache Design、Magma Design Automation、Synopsys 和 MentorGraphic 等。

文献资料中提到的降低功耗的主要方法是基于降低电源电压值、降低微电路和微互连的电容、对控制同步和电源的电路进行特殊安排（当电路不进行有效工作时将其从电源上断开），以及通过最小化 CMOS 电路输入上的信号开关强度来降低动态功耗等来实现的。其中，前两种降低功耗的方法通过选择成功的工艺解决方案和版图在电路级使用，第三种方法在系统级实现，最后一种方法在逻辑级使用，其中包括搭建成功的逻辑结构等。

可以在不同的设计层次确保所设计电路的功耗降低。此外，所处阶段越早，对获得高质量解决方案就越重要。应特别指出，在逻辑级（通过搭建成功的逻辑结构）可以将功耗降低 10%～20%，而不会对电路的速度和复杂性产生任何负面影响。在逻辑设计期间，微电子电路 CAD 工具必须具有能够对电路功耗进行估算和最小化的方法。

下面将介绍基于静态 CMOS 电路工艺所产生的库元器件进行逻辑电路设计的节能逻辑综合（Power Saving Logical Synthesis，PSLS）程序包，以此作为这些 CAD 的一个例子[11]。目前，静态 CMOS 工艺在数字 VLSIC 领域处于主导地位，因为基于该工艺生产的逻辑电路具有良好的技术参数和功耗特性。大多数专用集成电路（ASIC）是基于 CMOS 逻辑①制造的，95% 的订制（Ordered）集成电路采用静态 CMOS 逻辑。

---

① 原文为 Inverse CMOS Logic，此处直接翻译成"CMOS 逻辑"。——译者注

下面介绍这种 CMOS 电路的逻辑设计方法以及 PSLS 包的结构和功能，其中包含了在订制 CMOS 微电路的功能和结构级对所设计数字模块的优化方法、所设计电路的状态验证、对所设计电路以及利用库元器件进行设计的电路的功耗估算等。这种 PSLS 软件包能够完成以下功能：

1）可以基于以高级语言 VHDL（Very High Speed Integrated Circuits Hardware Description Language：超高速集成电路硬件描述语言）或 SF 语言（Structural and Functional Description Language：结构和功能描述语言）对所设计元器件的功能描述，获得 CMOS VLSIC 设计库中逻辑电路的结构描述[12]，这些语言并不是该软件包的内部语言；

2）实现通过综合获得最小化 CMOS LSI 芯片面积和功耗的方法，其中功耗是通过电路功耗的平均值来衡量的；

3）具有设计逻辑电路、验证和评估设计解决方案的交互式方法；

4）可以在逻辑级和电路级估算由库元器件组成的电路功耗。

对一个组合电路综合的案例进行了分析，其中：

1）要求电路同步实现；

2）给定了同步频率和电源电压；

3）在电路综合过程中，采用基于输入信号概率特性的统计方法来估算功耗。

3.4.2　确定 CMOS 微电路的功耗来源

在接下来的部分中，功耗值指的是电路消耗能量的平均值。这种估算与电路任一单个运行周期中的最大功耗估算有很大的不同。

一般来说，逻辑电路的功耗是一个复杂的多变量函数，它取决于整个电路中的信号分配延迟、同步频率、生产的工艺参数和微电路版图等。另外，在 CMOS 技术中，功耗在很大程度上取决于对电路施加的输入活动序列。一个 CMOS 微电路所消耗的全部功耗可分为静态和动态两部分。静态功耗是由于电源总线之间存在静态通路或者漏电流而产生的。在许多设计完善的 CMOS 电路中，这一部分功耗很低。在典型的 CMOS 电路中，总功耗的 60%～80% 是由于电路单元的不稳定行为所产生的动态功耗。根据一个简化模型，每次输出信号发生变化时，CMOS 电路都会消耗能量。这意味着在开关方面更活跃的 CMOS 电路会损耗更多的能量。因此，功耗在很大程度上取决于电路元器件的开关活动，而这又取决于 CMOS 电路上施加的输入活动序列（即动态操作）。

在 CMOS 工艺中，对动态功耗贡献最大的两个因素[13]分别是与单元电容负载的充放电有关的纯动态功耗 P_{dy} 以及由开关过程中微电路直通电流产生的功耗。通常后者的值用电路内部电容来计算，在逻辑级它可以通过电路综合来减少，因为综合使芯片的面积得以减小，这是实现给定功能的电路布局所必需的。动态功耗 P_{dy} 是 CMOS 电路动态工作时功耗的主要原因。它是由晶体管和互连线的寄生电容的充放电电流引起的。可以用单元输出负载电容 C_L 的形式来考虑这些电容。当输出从 0 转换为 1 时，流过 p 沟道晶体管的电流对电容 C_L 充电；当输出从 1 转换为 0 时，电容 C_L 被流过 n 沟道晶体管的电流放电①。

---

①　原文为"当输入从 0 切换到 1 时，流过 p 沟道晶体管的电流对电容 C_L 充电；当输入从 1 切换到 0 时，电容 C_L 被流过 n 沟道晶体管的电流充电"。这里根据电路情况将充放电过程的"输入"改为"输出"。另外在后一个过程中原文为充电 Charged，根据实际情况翻译为"放电"。——译者注

在这些情况下，导通晶体管电阻的功耗都可以用一个已知的简化关系表示：

$$P_{dy} = \frac{1}{2} V_{dd}^2 f_{clk} E_s C_L \qquad (3-13)$$

式中，V_{dd} 是电源电压；f_{clk} 是同步频率；E_s 是电路输出的开关活动因子，由一个同步周期内信号逻辑转换（从 1 到 0 或从 0 到 1）数量的期望值决定；C_L 是微电路的输出负载电容。

对微电路输出电容值 C_L 起主要作用的有三个因素，分别是微电路输出端的寄生电容 C_p、馈电电路晶体管的总电容引起的输出负载电容 C_{load} 以及输出连线电容 C_{wire}。C_{wire} 值只有在布线之后才能知道，在设计阶段通常予以忽略。C_p 和 C_{load} 值可以根据用于设计的工艺库中包含的关于微电路的数据来计算。

式（3-13）是根据设计完善的 CMOS 电路做以下假设推导出来的：

1）CMOS 元器件的所有电容都集中在输出端。

2）元器件内部的电流只能从电源流向输出电容，或者从输出电容流向地。

3）元器件输出电压的变化只能是从电源电压值到接地电压值，或者相反。

这种方法忽略了复杂 CMOS 元器件内部单元在开关过程中，由于 CMOS 元器件内部微电路的直通电流以及开关过程［错误（errors），爬升（run-ups）］造成的功耗。

式（3-13）中参数 V_{dd} 和 f_{clk} 的值是在架构设计时确定的；在逻辑级，$\frac{1}{2} V_{dd}^2 f_{clk}$（估算在电源电压变化时每单位电容的功耗）可以被认为是一个对电路的所有单元来说都相等的常数。因此，动态功耗的最小化可以简化为最小化 $E_s C_L$ 之积（经常被称为开关电容 Switching Capacity），在逻辑级设计中电路的功耗可估计为其所有元器件的开关电容之和：

$$P_s = \sum_{i=1}^{n} E_i C_i \qquad (3-14)$$

式中，n 是电路中单元的数量（微电路的所有单元进行合计）；C_i 为微电路单元 i 的负载电容；E_i 为微电路单元 i 的开关活动因子。

式（3-14）所估算的动态功耗可以有效地用于对指定功能电路的不同实现（Implementation Variants）进行比较。

在逻辑设计阶段，当实际电路还不存在且实现它的工艺基础也未知时，通过这种电路描述的变换方法可以降低未来电路的功耗，这种方法在不改变功能的同时确保减少其开关活动[14]。在逻辑级可以用开关活动的数量变化来确定哪种电路优化选择更好。这种估算功耗的方法提供了一个在设计过程中比较电路实现选择的机会，使得在逻辑级就可以设计具有低功耗潜力的电路。

3.4.3　基于微电路单元开关活动预测的优化选项概率评估

在设计过程中使用的微电路单元开关活动估算方法是基于被测电路的输入信号概率特征以及功能和结构特性得到的。该方法要设置反映电路输入端信号变化频率的信号转换概率，这将用于计算电路单元输出端信号转换的概率。开关活动的估算方法基于整个电路中信号从输入到输出变化时概率信息的传播，这就是文献中将这些方法称为概率法的原因。

概率法可以用来确定电路输入活动的可能序列，并基于连续时间内输入信号的相互影响来评估电路功耗。

在设计实践中，对电路端口上信号转换强度的绝大多数估算都是建立在电路单元信号延迟为零的假设之上，此时电路中所有转换均同时发生。这些估算假设电路输入的所有变化都立刻（即同时）传播到其各个元器件上，并且只考虑由微电路单元实现功能所设置的稳定状态下的信号变化。没有考虑瞬态过程中发生的转换变化，这一过程不进行电路所需的运算但也消耗了能量。使用实际延迟模型会大大增加估算电路转换活动所需的时间，但同时会提高估算的准确性。然而，在综合过程中，当比较优化选项时，使用较简单、计算快速的估算就足够了，零信号延迟假设下的估算就属于这种情况。

此外，已知的概率计算方法假设电路中任何单元的输入端信号在时间和空间上都是互独立的。时间独立性是假设在任何时刻的信号值不依赖于它在之前各个时刻的值。端口的空间独立性是假设其上的信号值互不相关。空间上有联系的信号可能出现由诸如扇出或反馈等引起的相互依赖的情况。实际上，信号之间也可能存在其他原因而引起稳定性依赖（Stable Dependence）。

文献中提供了大量的逻辑电路功耗概率估算方法，其中大多数只能应用于组合电路。制订的功耗估算方法如下：

1）考虑关于电路单元信号延迟、信号之间不同类型依赖关系的可能性以及信号转换过程中瞬态过程等方面的各种假设；

2）使用不同的统计特征［信号 1 出现的概率、端口信号变化的概率、信号转换强度（intensiveness）、信号转换密度（density）、均衡概率（Balanced Probabilities）、概率信号形式（Probabilistic Signal Forms）］；

3）使用各种模型［基于二元决策图（BDD）和相关系数］。

在使用任何电路单元转换活动估算方法时，所推荐的基于库单元的 CMOS 电路综合方法的本质是不变的。因此，我们使用基于以下假设的最简单的方法：

1）电路输入端的变化立即传播到该电路的各个元器件上，也就是说电路中的所有转换同时发生；

2）每个输入端都具有时间独立性，也就是假设在任何时刻的信号值不依赖于它在之前时刻的值；

3）输入端具有空间独立性，这意味着它们的信号值之间不存在相关性（这可由诸如扇出或反馈等情况引起）。

信号在某端口 i 出现 1（0）概率为 p_i^1（p_i^0），该端口出现信号转换的概率为 $p^{1\to0}$（或 $p^{0\to1}$）[①]。第一个概率 p_i^1 称为信号概率（信号 1 出现的概率），它由 i 端信号具有 1 值（Unit Value）的周期平均分数（Average Fraction of Cycles）决定。第二个概率 $p^{1\to0}$（或 $p^{0\to1}$）是一个信号值从 1 到 0（或从 0 到 1）的变化概率，它由 i 端的信号值与前一个周期

---

① 原文为"There are probability p_i^1 of signal occurrence 1（0）at some i terminal and the probability of signal switch at this terminal."，即"信号在某端口 i 出现 1（0）的概率为 p_i^1，在该端口的信号转换概率"。原语句不完整且表达方面有些问题，这里根据上下文在原文基础上增加了出现 0 的概率（p_i^0），并对信号转换概率修改为"概率为 $p^{1\to0}$（或 $p^{0\to1}$）"。——译者注

相比发生了改变的周期平均分数决定。

根据单元零延迟（排除了瞬态过程引起的转换）和信号时间相关性的假设，$p^{1\to0}$（或 $p^{0\to1}$）概率等于信号 1（0）出现在一个周期的概率与信号 0（1）出现在其下一个周期的概率的乘积。相应地，电路端口 i 的开关活动性为 $E_i = p_i^{1\to0} p_i^{0\to1} = 2p_i^1 p_i^0$，假设 p_i^1，$p_i^0 < 1$，用 p_i 代表 p_i^1，有：

$$E_i = 2p_i(1 - p_i) \tag{3-15}$$

元器件 e 输出端出现信号 1 的概率 p_e 很大程度上取决于在其输入端的信号概率特性及该元器件实现的功能。当元器件输入端的信号在空间和时间上不相关时，一些具有 $n(e)$ 个输入端的简单元器件如反相器、与门、或门、与非门、或非门等，可以根据它们实现的函数真值表很容易地计算出其信号概率：

$$\overline{p}^e = 1 - p_i$$

$$\hat{p}_e = \prod_{i=1}^{n(e)} p_i$$

$$\check{p}_e = \prod_{i=1}^{n(e)} (1 - p_i)$$

$$\overline{\hat{p}}_e = 1 - \prod_{i=1}^{n(e)} p_i$$

$$\overline{\check{p}}_e = \prod_{i=1}^{n(e)} (1 - p_i) \tag{3-16}$$

式中，p_i 是 i 输入端的信号概率（信号 1 出现的概率）。

如果电路输入信号的信号概率是给定的，那么它们可以传播到电路元器件的输出端和整个电路的输出端。因此，可以计算出电路中所有端口的开关活动，也可以通过电路中所有端口的开关活动之和计算出其总的开关活动。需要注意的是，即使满足电路输入信号的空间（和时间）独立性要求，电路内部元器件的输入信号也可能没有空间独立性（由于存在扇出和反馈线）。在这种情况下，根据式（3-15）和式（3-16）计算的概率存在误差。然而，在比较评价优化选项时使用简单的估计就足够了，不需要采用计算更复杂的精确估计方法。

3.4.4　设计低功耗 CMOS VLSIC 时基础元器件的选择

基础元器件包含了相当广泛的各种逻辑元器件，其中包括了与门、或门、非门等简单树状电路（Tree-Shaped Circuits）的组合逻辑占据了中心位置。这个集合通常以不同数量输入（通常为 2~4 个，有时为 6~8 个输入）的与门、或门、与非门、或非门作为基础，也包括输入端不超过 4 个的 2~4 层（AND、OR 门）树状电路。一个库元器件电路的晶体管数量（或基本单元的布图数量，其大小取决于 CMOS 元器件产品的工艺）决定了它的复杂度（价格）。这个数值与芯片上一个元器件所占的面积以及它的负载电容直接相关，而元器件的功耗很大程度上取决于负载电容。

CMOS VLSIC 基础元器件的特点是提供了一套完整的门电路。库元器件的结构可以用与门、或门、非门的树状网络表示。每棵树都有有限数量的叶峰（Leaf Peak）和有限的扇出。CMOS 库的特点是，其中的所有元器件通常都有一个实现二进制功能的元器件。

这里，表 3-1 以所建议的综合方法会展现出来的情况作为例子，给出了一些 CMOS

库元器件的特性。其中，n 为输入端口数，k 为门的输入端总数，l 为其树状结构（反相器除外）的层数，t 为微电路中的晶体管数。上述 CMOS 库元器件有以下限制：$n \leqslant 4$；$k \leqslant 9$；$l \leqslant 4$；$t \leqslant 12$。为了评估电路表现选项（Presentation Options）的效率，以单位复杂度（Unit of its Complexity）电路库元器件即一个晶体管所覆盖的端口数量为技术基础，引入逻辑效率（Logic Efficiency）的定量参数。元器件的逻辑效率等于 k/t 的比值，k 为该库元器件结构的门输入端口数，t 为微电路中的晶体管数。这个值越高，该元器件的功能效率就越高（对覆盖率目标）。

　　表 3-1 显示结构最复杂的元器件是最有效的，包括 NOAA（2-2AND-2OR-NOT）和 NO3A3（3AND-3OR-NOT）及与之相应的 NAOO（2-2OR-2AND-NOT）和

表 3-1　CMOS 库元器件

库元器件	n	k	t	l	逻辑效率值	元器件的图形表示
NOT N	1	1	2	1	0.5	
AND-NOT, OR-NOT, NA, NA3, NA4, NOT, NO3, NO4	2, 3, 4	2, 3, 4	4, 6, 8	2	0.5; 0.5; 0.5	
AND, OR A, A3 O, O3	2, 3	2, 3	6, 8	1	0.33; 0.37	
3AND-2OR-NOT 3OR-2AND-NOT NOA3 NAO3	4	5	8	3	0.63	
2-2AND-2OR-NOT 2-2OR-2AND-NOT NOAA NOAA NAOO	4	6	8	3	0.75	
2AND-3OR-NOT 2OR-3AND-NOT NO3A NA3O	4	5	8	3	0.63	
2-2AND-3OR-NOT 2-2OR-3AND-NOT NO3AA NA3OO	5	7	10	3	0.7	
3AND-3OR-NOT 3OR-3AND-NOT NO3A3 NA3O3	5	6	10	3	0.6	

NA303（3OR－3AND－NOT）等。最低效的是反相器和两输入的与门和或门（A2 和 O2）。复杂库单元的代价通常低于由简单元器件实现的组合门的总代价。例如，可以用一个反相器、两个 A2 元器件和一个 O2 元器件以组合形式实现 NOAA。NOAA 元器件的代价（8 个晶体管）低于组合元器件的代价（2＋8＋4＝14 个晶体管）。

3.4.5　基于元器件库的 CMOS LSIC 逻辑综合

数字电路的功耗通常直接与它在 VLSI 芯片上所占的面积成正比。这意味着节省逻辑系统运行时能量消耗的最重要途径主要是减少电路在 VLSI 芯片上所占的面积。实践经验表明，现有的优化电路复杂性的方法是开发降低逻辑电路功耗方法的一个良好起点[15]。以这些方法作为开发功耗最小化方法的基础，还需要考虑与电路面积最小化准则一起使用的新准则。这些准则很大程度上取决于所综合逻辑电路的实现工艺。

在逻辑综合过程中，所综合电路行为的抽象描述（布尔函数系统）以 CMOS VLSIC 工艺库元器件为基础进行表征。每个元器件都有其功能和物理特性。该方法以及大多数著名的综合方法都是基于两个分开的阶段，即工艺无关优化阶段的逻辑综合过程和工艺映射（Technological Representation）。综合的第一阶段是要进行逻辑优化和分解，第二阶段是要在给定工艺的基础上实现所得到的功能描述。第一阶段的目标是在工艺无关的元器件基础上尽量减少多层电路的复杂性。后者通常由简单的门组成，其选择可以不与任何元器件基础相关，可以基于实际的工艺库进行选择，如文献［16］中所描述的那样。多层电路的复杂性是由开关的数量、电路的深度和逻辑级的功耗估值来衡量的。第二阶段是要基于相应目标网络结构覆盖，使用实现库元器件的子电路将多层电路从门转换到工艺库上。这种方法并不是要对在工艺无关优化阶段获得的电路进行彻底重构，这意味着所希望的覆盖质量在很大程度上取决于其结构。综合中产生的错误无法在工艺映射阶段被完全弥补，因此现有的计算机辅助设计（CAD）对工艺无关优化阶段给予了极大的关注。

工艺无关优化将实现在析取范式（DNF）中所描述的逻辑功能最小化作为其第一阶段。考虑到 CMOS 基础的特定性质，合理的做法是进行联合最小化（Joint Minimization），其中要考虑函数极性（Function Polarity），选择具有最小复杂度和功耗的形式（DNF 或其反）。在第二阶段，由两层电路表示的最小化 DNF 系统被分解为由具有有限输入数的与门和或门构成的多层目标网络，主要的 CMOS 库元器件都被包含在这种结构中，电路也将用其表示。

电路的复杂度与其功耗是紧密相连的，随着电路面积的减少功耗趋向于降低，而与之相反，一般来说面积的增加会导致功耗的增加。基于这些考虑，我们可以说综合过程需要在功耗和面积最小化准则之间做出妥协。电路优化的主要问题是在与工艺基础没有关联的逻辑综合阶段，很难可靠地评估实际电路的功耗。由于这一事实，在逻辑综合阶段，以电路复杂度为代价使电路功耗的动态部分最小化（通过电路的开关活动来评估）的最终结果可能会导致功耗增加。这是因为其他功耗值可能会增长。

由于逻辑电路优化问题的解决方案是基于如下事实，即在逻辑电路设计中降低功耗的主要方法在于减少电路在芯片上所占的面积，因此在逻辑综合的所有阶段用以下排序准则来评估优化选项：首先定量评估面积变化，然后定量评估电路的开关活动。

3.4.6　针对功耗的两层逻辑电路优化

为了针对功耗进行两层电路优化，采用了完全或部分由布尔函数决定的系统功能描述的最小化方法，它是通过添加以获得由具有最低功耗电路实现的 DNF 系统最小化过程为目标的启发式方法对 DNF 类（DNF Class）中布尔函数最小化的著名方法进行改进获得的。实际上，所有布尔函数的两层表示方法都是基于将期望的简单蕴含项（Simple Implicants）分为三个子集，分别是必要（Essential）蕴含、冗余（Redundant）蕴含和传统必要（Conventionally Essential）蕴含。其中，第一个子集必须包含在任何无冗余解中，第二个子集必须不包含在任何解中，第三个子集用于选择无冗余子集，以覆盖最小化功能任务的单个区域之间没有被必要蕴含项覆盖的所有区间。

根据由传统必要质蕴含项（Prime Implicants）的方法以及在解中必须满足的准则的不同，最小化方法也有所不同，以下方法是比较重要的：

1) 对解中所包含质蕴含的持续构造［例如区间竞争法（Competing Intervals Method）］，这是通过包含基本合取式（Elementary Conjunctions）采用增加代表蕴含项的布尔空间参数区间的方法实现的；

2) 对布尔空间参数区间的持续扩展，它开始时表示初始 DNF 合取式（Initial DNF Conjunction），并通过排除其中的一些字面量（literal）期望对质蕴含实现该合取式的覆盖（例如在 ESPRESSO 中实现的方法）。

最简单的最小化方法可以只使用传统必要蕴含扩展一个操作。最小化方法是最容易针对节省能耗进行修改的方法，在这些方法中，期望的解决方案候选项以几个质蕴含或者通过持续改进对找到的解决方案进行修改的方法为代表。

为了以最小化为目标获得节省能耗的解决方案，在获得质蕴含和无冗余覆盖的过程中，需要使用式（3 - 15）和式（3 - 16）计算并考虑所有质蕴含的开关活动。我们将分析实际中所有最小化方法所包含的操作，来解释以最小化为目标获得预期结果的过程。

区间扩展操作（Interval Extension Operation）是通过排除其字面量实现的。在扩展区间时，要考虑以下两个目标：降低该区间的复杂性，将其扩展到最大程度并尽可能多地（全部或部分）覆盖尚未覆盖的区间。在功耗最小化期间，建议除了最活跃的字面量之外不排除任何其他字面量，同时建议除了最耗电的字面量之外不覆盖任何其他字面量。

基于第一条假设，首先对具有较高开关活动的字面量进行排除检查。基于第二条假设，区间扩展的顺序是重要的，因为某个区间的过早扩展可能妨碍对覆盖该区间的其他区间的考虑。为了降低功耗，对每个区间的功耗贡献进行评估，并将对功耗较高（具有较高开关活动）区间的扩展放在较后面，以期其他某些区间会扩展并覆盖它们。

无冗余覆盖检测操作是将当前的 DNF 覆盖转换为无冗余形式。在寻找众多的无冗余质蕴含时，选择具有最低活跃度（具有最小开关活动）的最少数量蕴含项。在这种情况下，从众多无冗余质蕴含项中选择具有最小功耗或所有蕴含项中字面量的总数最小的蕴含项，它代表了初始区间群体（Initial Multitude of Intervals）对最小化布尔函数的奇异区域（Singular Area）的覆盖情况。每一个被选择的群体通过其中蕴含项的开关活动（或开关密度[17]）总数来评估，并选择具有最小开关活动的无冗余群体作为结果。

对改进的最小化方法[18]和初始方法（不考虑功耗）的比较表明，根据信号开关活动进行的布尔函数最小化可以在不增加其复杂度的情况下获得电路功耗降低。在这种情况下，最小化开销略有增加。

3.4.7　工艺无关功能电路的基本门选择

为工艺无关的[①]电路综合选择基本门有多种方法。通常，所实现逻辑的描述被转换（通过最小化产生）为等效的 AND - OR 描述，它在分解阶段可以转换到同构的两输入 AND - NOT 或 OR - NOT 的基础上。使用最少数量的基本门是由于其简单性（例如 2AND - NOT），随着它被许多著名的 CAD 软件（例如 MIS、SIS、ABC）所接受，导致逻辑网络的粒度效应（granularity effect）增加，并且由于增加了覆盖选项的数量，通常还可以提高库单元覆盖的质量。然而，对基于 CMOS 的情况，这种优势会被相当多的缺点所削弱，如使用库单元的表示变得更加复杂（在这种浅的基础上）、相同单元的表示数量增加、覆盖方法的速度降低等，这反过来导致覆盖方法有必要进一步粗糙化。

对于 CMOS 库的情况，选择基于工艺驱动的基本门更好[16]。基本门构成了基于工艺的库元器件。这种方法可以在工艺无关优化阶段获得一个非常接近工艺基础的逻辑网络，并相应地可以使用有效和简单的覆盖算法进行工艺映射。这种方法还可以简化库元器件的模型表示（它们与所覆盖的目标网络采用相同的门作为基础来表示）并减少它们的数量（因此也减小了库的大小），这对覆盖算法的速度非常重要。

对 CMOS 库内容的分析表明，所有复杂元器件的结构都可以由交替安排 AND 和 OR 门的电路来表示。这意味着，以二元（Two - Place）函数组合的形式对多元函数（Multi-place Functions）进行 AND 或 OR 的简单表示不会为覆盖提供新的可能性，而是会导致前述的负面后果。因此，在基于工艺的分析中必须使用输入数量有限的 NOT、AND 或 OR 门，其输入数不能大于此类库中的最大的门输入数（AND - NOT、OR - NOT）。

在覆盖流程中，将库元器件的结构性电路与被覆盖电路的各部分进行比较，在完全一致的情况下进行替换。与此相应，每个库元器件必须由实现其功能的不同结构来表示。正如之前提到的，大多数最有效的元器件实现反向逻辑功能，而单独的反相器是相当昂贵的 CMOS 元器件。鉴于这一事实，在结构描述库中提供了通过将反相器从输出转移到输入而得到的二进制结构（OR 门成为 AND 门、AND 门成为 OR 门）（见图 3 - 15）以及用于电路结构覆盖的功能表示结构。例如，实现 $ab \vee c$ 功能的元器件 2AND - 2OR - NOT（NOA），可以通过在其输入处加上反相器用来创建实现 $(a \vee b)c$ 功能的元器件 2OR - 2AND（AON）。

3.4.8　多输入门组成的多层逻辑电路的优化

在这一阶段，考虑的是利用与、或、非门构建多层逻辑电路，实现布尔函数系统。该项工作直接跟随在 DNF 类的布尔函数最小化之后、在基于 CMOS 工艺形成库元器件综合逻辑电路之前。这一阶段的目标在于产生可以用作基于库元器件的工艺表示阶段良好起点的电路门级表示选项。门的输入端口总数和电路端口的总开关活动被用于定量评估设计

---

①　此处原文为"for Independent Circuit Synthesis"，似应为"Technology - Independent"工艺无关的，根据这个理解进行翻译。——译者注

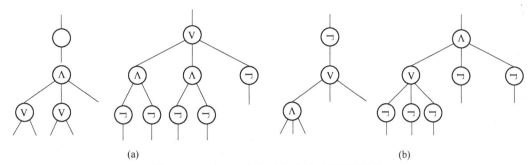

图 3 - 15　CMOS 库中两个重要元器件的结构

(a) 2 - 2OR - 3AND - NOT（NA3OO）；(b) 3AND - 3OR - NOT（NO3A3）

效率。

实现反逻辑的典型 CMOS VLSIC 库的组合单元可以在逻辑级以与、或、非门的树状结构表示，例如两层 AND - NOT、OR - NOT、三层 2 - 2AND - 2OR - NOT 等。由多层结构实现的元器件包含具有两个和三个输入端口的门。库元器件的逻辑效率可由其结构中端口的总数与晶体管数目的比值（relation）来评估。最有效的元器件是由 2 或 3 个输入的 AND 门和 OR 门构成的高度结构化的微电路，效率最低的是反相器和两输入门。相应地，从库元器件覆盖的角度来看，最有吸引力的是由输入端较少的 AND 门和 OR 门构成的高度结构化网络。这些考虑形成了被普遍接受的多层电路综合方法。

在所有 CAD 软件中都使用的解决 DNF 系统分解任务的主要方法是代数分解方法[15]，它是通过搜索作为 DNF 系统合取式或析取式（conjunctions or disjunctions）公共部分的因子，并基于构造因式分解形式（factorized form）（或因式分解 DNF）来实现的。因式分解形式是 DNF 多层表示任务的代数形式。将初始的最小化 DNF 系统转换为因式分解形式分两个阶段完成，其特点是使用输入数量有限的门进行多层实现[19]。

1）一个 DNF 系统的联合非平凡因式分解（Joint Nontrivial Factorization），其因式按以下方式确定（合取式或 DNF，Conjunctions or DNF），即长度（字面量数）不超过与门和或门的最大输入数 n_{max} 和 m_{max}，并且没有被包含在超过 ndl 个方程中。搜索这些因式的关键因素是对其价值和节能特性进行评估。对于因式 s 的特性 T_s，它包含在来自其生成集 U_s 的方程中，可以通过相应布尔矩阵面积较小值的简化方式来评估，对给定方程组的因式分解集合：

$$T_s = c(s)(|U_s| - 1) \tag{3 - 17}$$

式中，$c(s)$ 为实现因式 s 的奎因成本（Quine cost of implementation of product s）。

因式的节能属性通过期望的电路开关活动收益来定量评估，它给出了该因式的定义。在方程的因式分解集合中，所有方程的开关活动与初始集合中的值相比不发生变化，但因式 s 中包含的字面量所对应的电路端口的负载发生了变化，即它减小的比例是（$|U_s| - 1$），实现方程因式分解集合的电路端口的开关活动也发生相应的改变。因式 $s = \{z_1, z_2, \cdots, z_l\}$ 的节能质量估计值为：

$$P_s = (|U_s| - 1) \sum_{z_1 \in s} E(Z_i) \tag{3 - 18}$$

2）构造系统各个函数的 DNF 方程，这是基于对给定 DNF 合取式 D 的公共字面量

（common literal）进行迭代因式分解完成的：

$$D = k(A) + B \qquad\qquad (3-19)$$

式中，D、A 和 B 为 DNF（析取集合中特定数量的析取项）；k 是由 A 中所有合取项所共有的字面量构成的合取项。合取项 k 按以下方式来选择：它的核心由最好的字面量 x 构成，其他为 DNF A 的合取项所共有的字面量都与该字面量一起进行因式分解。被 D 中最多数量 1 个合取项包含的字面量 x 被认为是最好的，对于按此准则值相等的情况，最好的字面量是具有最大开关活动值的字面量。这种对字面量进行选择的方法是合理的，因为对从 1 个表达式中通过因式分解得到的字面量 x，其对应的电路端口上开关活动为 E_x，其电学负载减少了（$l-1$）E_x，而且最有效的信号将施加在更靠近输出端的电路上，这样可以减少电路的总开关活动。

在完成公共合取式字面量（common conjunction literal）的迭代分解过程后，对秩（rank）大于 n_{max} 的其余合取式分别进行分解。在这种情况下，因式首先包含对应于开关活动最小端口的字面量，因为希望能够将活跃性最高的信号提供给尽可能靠近输出端的电路单元输入端。

已开展的实验研究[19]表明，与不考虑功耗的相同方法相比，所提出的综合方法在评估所设计电路的功耗方面可以获得相当稳定的优势。

3.4.9　由两输入门组成的多层逻辑电路的优化

多层表示（Multilevel Representation）的优化在布尔函数系统的代数表示级和功能级上都要进行，它是基于对与两输入与门、或门构成的多层逻辑电路相对应的布尔函数系统的 BDD[①] 表示进行搜索实现的。

BDD 表示是建立在对布尔函数 $f(x_1, \cdots, x_n)$[②] 中变量 x_i 的连续香农分解（Consecutive Shannon Decomposition）的基础上：

$$f = \bar{x}_i f(x_1, \cdots, x_{i-1}, 0, x_{i+1}, \cdots, x_n) \vee x_i f(x_1, \cdots, x_{i-1}, 1, x_{i+1}, \cdots, x_n)$$

$$(3-20)$$

分解系数 $f(x_1, \cdots, x_{i-1}, 0, x_{i+1}, \cdots, x_n)$ 和 $f(x_1, \cdots, x_{i-1}, 1, x_{i+1}, \cdots, x_n)$ 由函数 $f(x_1, \cdots, x_n)$ 通过将变量 x_i[③] 替换为相应的常数 0 或 1 获得。BDD 给出了初始函数的香农分解序列并以图的形式得到分解系数。BDD 复杂度的最小化是基于这样一个事实，即对初始系统的分解函数，在分解过程中相似的系数可能不仅在其中一个出现，而是可能在几个（甚至全部）中出现。在后面的讨论中，BDD 分解是指对应于规约有序 BDD（Reduced Ordered BDD，ROBDD）的布尔函数系统的多层表示的优化。

例如，在分解以下布尔函数时：

$$f^1 = x_1 x_2 \bar{x}_4 x_5 x_6 \vee \bar{x}_1 x_4 \bar{x}_5 x_6 \vee x_2 \bar{x}_3 x_5;$$

$$f^2 = \bar{x}_1 \bar{x}_4 x_5 \bar{x}_6 \vee \bar{x}_1 \bar{x}_3 x_5 \vee x_1 x_2 x_3 x_5 \bar{x}_6 \vee x_1 \bar{x}_2 x_4 \bar{x}_5 x_6;$$

---

① 　Binary Decision Diagram，二元决策图。——译者注

② 　原文为 $f(x_1, \cdots, x_2)$，根据上下文改为 $f(x_1, \cdots, x_n)$。——译者注

③ 　此处原文为 x_1，根据上下文改为 x_i。——译者注

$$f^3 = x_1 x_2 x_3 x_6 \vee x_1 x_2 x_4 x_6 \vee x_1 \mid x_3 x_4 x_5 x_6 \vee x_1 x_2 x_5 \vee x_2 x_3 x_5; \qquad (3-21)$$

基于变量 x_1、x_2、x_3、x_4、x_5、x_6，得到一个 BDD 的表示（见图 3-16），它由以下通过两输入与门、或门构成的逻辑电路的多层表示来描述。

$$f^1 = \overline{x}_1 \psi^1 \vee \psi^2; \quad f^2 = \overline{x}_1 \varphi^2 \vee x_1 \psi^3; \quad f^3 = \overline{x}_1 \psi^2 \vee x_1 \psi^4;$$

$$\psi^1 = \overline{x}_2 \varphi^1 \vee x_2 \varphi^1; \quad \psi^2 = x_2 \varphi^2; \quad \psi^3 = \overline{x}_2 s^1 \vee x_2 \varphi^3; \quad \psi^4 = \overline{x}_2 \varphi^4 \vee x_2 \varphi^5;$$

$$\varphi^1 = \overline{x}_3 s^2 \vee x_3 s^1; \quad \varphi^2 = \overline{x}_2 \lambda^3 \vee x_3 s^3; \quad \varphi^3 = x_3 \lambda^4; \quad \varphi^4 = \overline{x}_3 \lambda^2 \vee x_3 s^2;$$

$$\varphi^5 = \overline{x}_3 s^2; \quad s^1 = x_4 \lambda^1; \quad s^2 = \overline{x}_4 \lambda^3 \vee x_4 \lambda^2; \quad s^3 = \overline{x}_4 \lambda^4;$$

$$\lambda^1 = x_5 \omega^1; \quad \lambda^2 = x_5 \omega^1 \vee x_5; \quad \lambda^3 = x_5; \quad \lambda^4 = x_5 \omega^2; \quad \omega^1 = x_6; \quad \omega^2 = \overline{x}_6 \quad (3-22)$$

香农分解或其特殊情况对应于 BDD 的每个功能顶点（Vertex）。BDD 复杂度是通过顶点的个数来估计的，顶点用函数符号来标记，对应于参数（Arguments）的顶点在 BDD 复杂度估计中不予考虑。例如，图 3-16 中 BDD 的复杂度为 21。BDD 构造的主要问题是香农分解所基于的变量序列的选择。

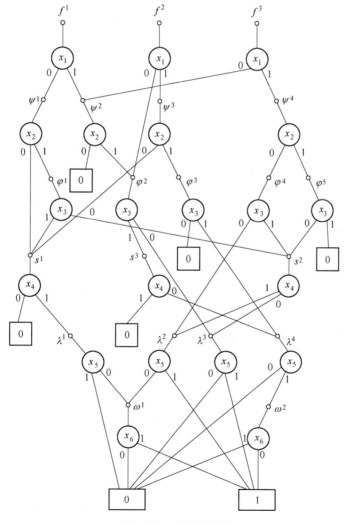

图 3-16　二元决策图

对于二元决策图（Binary Decisions Diagram，BDD）的功耗优化，第一个（最主要的）准则是 BDD 的最小复杂度，第二个（次要的）准则是与电路输入端上信号变化概率相关的准则。第一个准则的目标是最小化在工艺映射阶段所建立的逻辑电路的复杂性（晶体管的数量），因为减少晶体管的数量可以降低功耗。第二个标准可以依据是否能支持构建组合的低功耗逻辑电路，在具有相似复杂度的 BDD 之间做出选择。

BDD 表示中变量 x 的功耗质量估计用以下值表示：

$$K_i = p_i s_i, \text{ if } p_i < 0.5; \; K_i - (1 - p_i)s_i, \text{ if } p_i \geqslant 0.5 \tag{3-23}$$

式中，p 为信号 x 在实现 BDD 的逻辑电路输入端出现单个值（A Single Value）的概率；s_i 是 BDD 所对应函数系统的多层表示中变量 x_i 的字面量数（Number of Literals）。

概率 p 接近 0.5 的变量 x_i 在电路单元的输入端引起的开关数量最多。因此，建议在 BDD 的函数表示中尽量减少此类变量的字面量数。对于概率 p_i 接近 0 或 1 的变量，其引起的电路信号开关数量较小。因此，建议所将具有较低 K 值的变量安排在所基于的变量序列的中间。

需要注意的是，对由两输入与门、或门构成的逻辑电路，可以将其多层表示作为完全确定的布尔函数系统和由参数值集合或区间形式给出的部分布尔函数系统进行优化处理。

3.4.10　工艺映射

在工艺映射（Technological Representation）阶段，使用了一种采用库元器件对由与门、或门构成的多层门电路进行覆盖的结构化方法（在复杂电路设计实践中最有效的方法）。覆盖过程中，将库元器件的结构电路与被覆盖电路的片段进行比较，在完全一致的情况下进行替换。与此相应，每个库元器件必须由实现其功能的不同结构来表示。

被覆盖的由门构成的多层、多输出逻辑网络以有向无环图 $G = (V, U)$ 表示，以下称之为对象图（Object Graph）。该图的顶点对应于电路的基本门和输入端口。库元器件的结构描述是同一个基本门的与所覆盖目标网络相同的单输出、多层逻辑网络。每个库元器件以树状有向图表示，以下称之为模型图（Model Graph）。

覆盖方法是基于对图 G 的各个子图 G_k 进行持续操作（Consecutive Accentuation）：根据其被图 H_i 覆盖和替换的情况进行比较，其中图 H_i 能够提供所选优化标准的最大值[20]。这样，该方法保证了局部优化，并具有相似性。在覆盖过程中，图 G 由于排除了被覆盖的子图而缩小。同时，（从空状态开始）建立了结果图 E，它给出了由库元器件构成的逻辑网络，在功能上等同于初始目标网络。

对于覆盖优化准则，在覆盖处理过程中应从库元器件获取能够提供最小面积和功耗情况的电路变体（a variant of Circuit）。所推荐方法的第一个优化准则是电路覆盖结果所得到的面积，它以所有库元器件的晶体管总数进行衡量，用对象图中包含的模型图的总代价来估计。与此相应，图 $G = (V, U)$ 的子图覆盖的代价估计由一个目标网络端口的覆盖相对代价给出，它是通过网络片段所覆盖的端口数与覆盖的库元器件值（也通过晶体管数来衡量）之间的比值（Relation）来衡量的，即这个值越高，覆盖选项就越令人满意。

作为覆盖结果所获得的电路的功耗由电路中所有端口的开关活动总和来估计。与此相应，对图 $G = (V, U)$ 的子图覆盖选项的节能估计由库元器件所覆盖的门的开关活动总和给出。

　　如果忽略逻辑元器件的信号延迟，则在功耗估计过程中也可以忽略库元器件内部端口的信号转换强度。这一假设是合理的，因为对电路寄生电容影响最大的是连线，在信号转换过程中对这个电容的充电涉及大部分的功耗。因此，采用 CMOS 工艺实现的电路必须按以下方式由库元器件覆盖，即尽可能多的具有最高开关活动的电路单元应包含在库元器件中。与此相应，覆盖选项的能量效率值由元器件的转换活动的总和给出，这些元器件对应于被覆盖的顶点，它们已经成为覆盖样本（Covering Sample）的内部顶点。

　　考虑到覆盖算法的增长速度，覆盖期间的搜索主要集中在以下一对参数的选择，即图 G 的覆盖子图 G_k 和库元器件的覆盖模型图 H_j。以下参数可用于缩短搜索：

　　1）对允许唯一覆盖（使用单个模型图）的对象图，搜索和覆盖其子图 G_k。在最简单的情况下，这样的图的顶点具有较高的度（Degree）（对应于具有大量输入端口的元器件），对于这些顶点存在一个单一的覆盖选项（例如对于许多 CMOS 库系列有三个以上的选项）。

　　2）模型图排序。对于排序，模型图 H_j 按其效率的降序排列［效率通过其结构中的端口数量与晶体管数量之间的比值（Relation）来衡量］，随后将它们依次与在覆盖算法的某些步骤中检测到的子图 G_k 进行比较。在一些情况下可以减少搜索，例如如果对某个模型图 H_l，值 $H_l/G_k \neq \varnothing$，则可以不将子图 G_k 与其他子图 H_l 进行比较，因为它们的效率更小，因此覆盖了图 G 的更小部分。可以只搜索具有能量效率准则最高值的子图 G_k 的覆盖选项。

　　3）对象和模型图的布图排序（Layout Sorting）。模型图 H_l（它是一个树状图）的排序指根据其复杂度将树的分支按降序从左到右排列。如果分支 P 比分支 R 长，或者（如果它们的长度相等）从根查看顶点时，有较高入度（In degree）的第一个顶点是在分支 P 中观察到，而不是在分支 R 中观察到，就将分支 P 放置在分支 R 的左边。图 G 的部分排序（Partial Sorting）也是以同样的方式完成的。排序可以更快地回答是否可以用给定的模型图覆盖对象图片段的问题。

3.4.11　在逻辑和电路级估计所设计 CMOS 大规模集成电路的功耗

　　除了功耗的概率估算之外，PSLS 软件包还具有使用高速 VHDL 模型（或 SF 模型），在给定的测试序列输入集合［测试集（Tests）］的情况下，通过计算电路元器件中晶体管开关的总数来估计定制 VLSIC 中所设计组合块的功耗的方法[21]。

　　将 VHDL/SF 逻辑模型用于功耗估计可以在可接受的误差范围内（大约 10%～15%）将估计时间降低几个数量级。电路模型的测试集可以用特定格式文本文件的形式给出，也可以自动生成。其中，四种类型的测试集是以自动模式生成的：

　　1）针对输入端信号概率的给定长度伪随机测试集；

　　2）按以 10 为基数的对应值升序排列的 n 维布尔空间的 2^n 组序列；

　　3）按以 10 为基数的对应值降序排列的 n 维布尔空间的 2^n 组序列；

　　4）布尔空间的所有 $2^n(2^n-1)$ 组有序对的序列。

　　测试集针对 VHDL 建模和 SPICE 建模以两种格式构建。

　　假设（在给定周期中）晶体管最大开关数对应于最大的电流消耗，在此前提下对能量密集型测试 T 的寻找将简化为对所有各组输入信号值和与之相对应的电路元器件晶体管开关数量所构成的集对（Pairs of Sets）的分析。如果消耗的电流值是按照输入信号值集对设置的，那么所找到的测试提供的将不是近似，而是实际（从电路建模的角度来看）消耗的电流。消耗的电流值决定了 VLSIC 的馈电网络和接地网络中导线的最小宽度，正确的导线宽度对于防止电迁移效应是非常重要的。电迁移效应会在 VLSIC 运行过程中产生导线断裂和失效的后果。

我们假设给定了大量数值 $V = \{0, 1, 2, \cdots, 2^n - 1\}$，其中每个数代表测试向量（电路输入信号的一组值）的以 10 为基数的对应值。对 V 中大量元素形成的所有 $2^n(2^n - 1)$ 个有序对 $<i, j>$ 的集合 L 进行分析。仅根据三角形规则，就可以不重复地列出所有这些序列对，也就是获得有序序列 L。当 $n = 3$ 时，该三角形将具有以下形式：

7, 5, 7, 4, 7, 3, 7, 2, 7, 1, 7, 0, 7

6, 4, 6, 3, 6, 2, 6, 1, 6, 0, 6

5, 3, 5, 2, 5, 1, 5, 0, 5

4, 2, 4, 1, 4, 0, 4

3, 1, 3, 0, 3

2, 0, 2

1

0, 1, 2, 3, 4, 5, 6, 7

按线性顺序确定了三角形各行的位置后，我们可以获得序列 L。每对 $<i, j>$ 都有相对应的权重 S，它等于电路中由于测试向量 i 到向量 j 的变化所引起的晶体管开关的数量。每个由 V 中多个元素（不一定不同）构成的有序序列 P：

$$P = <i_1, i_2, i_3, i_4, \cdots, i_{k-2}, i_{k-1}, i_k> \tag{3-24}$$

对应一个由式（3-24）中相邻的序列元素组成的多个有序对：

$$<i_1, i_2>, <i_2, i_3>, <i_3, i_4>, \cdots, <i_{k-2}, i_{k-1}>, <i_{k-1}, i_k>$$

如果所有输入有序对 $<i, j>$ 都不相同，则有序序列 k［如式（3-24）］被称为规则（Regular）序列。

寻找能量密集型测试 T 的任务用以下方式表达：需要使用集合 L 的元素对给定数量 k 创建具有最大综合权重的规则序列 P

$$S = \sum_{q=2}^{k-1} (S_{i_{q-1}, i_q} + S_{i_q, i_{q+1}})^① \tag{3-25}$$

如果集合 L 的每个元素对应于完全有向图 G 的一个顶点，则该任务可以在图的排布中重新表达为：在以非负整数作为弧的权重的完全有向图 G 中，需要寻找一个由 k 条弧组成的简单电路，且其中包含了弧的综合权重（Integral Weight）最大值 S。这个任务及其求解算法在图论中是已知的。对组合电路的输入变量数量不超过某一个分数的情况，在文献［22］中提出了解决寻找测试 T 的任务的算法。

---

① 式（3-25）原文为 $S = \sum_{q=2}^{k-1} (S_{i_{q-1}, iq} + S_{iq, iq+1}}$，这里在后面加上括号，并对右边两项的形式进行了统一，

但不确定是 $S = \sum_{q=2}^{k-1} (S_{i_{q-1}, iq} + S_{iq, iq+1})$ 还是 $S = \sum_{q=2}^{k-1} (S_{i_{q-1}, iq} + S_{iq, iq+1})$ 更合理，前者似更可能，按照这种理解

进行了修改。——译者注

目前，已经开发了用于获取逻辑电路的 SPICE 描述和生成各种测试集的软件方法，这意味着可以使用电路建模系统来估算功耗。

3.4.12　使用 PSLS 设计低功耗 CMOS 大规模集成电路的技术

在该软件包中数字超大规模集成电路块（Blocks）的设计表现为一个改变电路结构和功能描述的多阶段过程。所获得的每一个对系统的描述都给出了该项目的新状态，并被称为设计决策（Design Decision）。设计过程从以一种设计输入语言对数字块进行的初始描述开始，结束于在工艺基础上实现其电路。设计决策可以在自动模式（使用综合和优化的软件方法）和半自动模式（设计师对决策进行修正）下获得。为了避免在早期设计阶段所产生错误的传播，软件包中包含了在所有设计阶段验证设计决策的方法[23]。验证包括了检查，即所获得的决策是否与等价性（如果两种描述都是完全确定的）或实现（如果初始描述不是完全确定的）相关。

使用 PSLS 软件包的设计过程包括以下几个阶段（每一个都由多个可供选择的不同设计操作来实现）：

1）对所设计的电路进行功能描述；

2）考虑复杂性和功耗，对两层和多层电路的功能描述进行优化；

3）考虑复杂性和功耗，在给定的 CMOS 库元器件基础上对电路的综合与优化；

4）在设计的所有阶段对设计决策的验证；

5）在逻辑和电路级产生测试序列并估算功耗。

图 3-17 为实验性 PSLS 软件包中数据转换的总体结构方案，它用于对基于具有最小功耗的 CMOS 库元器件的逻辑电路进行自动化设计。

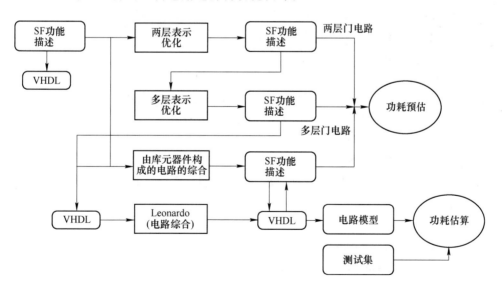

图 3-17　PSLS 软件包中的逻辑电路综合

对于使用 PSLS 软件包的情况，设计技术是基于对以 SF 语言描述的被设计电路进行一系列转换。SF 语言是一种系统内部语言，它面向逻辑电路的层次化结构与功能描述。

SF 语言中的组合块或元器件以逻辑方程或矩阵（描述布尔函数 DNF 系统的矩阵对）的形式给出。所设计电路的初始功能和结构描述可以用 VHDL 语言表示。

PSLS 软件包提供了从 VHDL 到 SF 语言的电路描述转换，也提供了从所获得的基于 CMOS VLSIC 库元器件的电路结构描述到 VHDL 描述的反向转换。用 PSLS 设计的逻辑电路的任何中间描述也可以转换为 VHDL。这些数据序列使得 PSLS 软件包可以和其他已有的电路设计方法［例如逻辑电路综合工具（Logical Circuits Sequencer），LeonardoSpectrum］一起使用[24,25]。许多实验已经证明了这种设计方法的有效性。在这种情况下，初步优化是使用 LeonardoSpectrum 中没有提供的软件来实现的，最后阶段包含了用目标库元器件的功能描述对优化后的表示进行覆盖，则是由工业化综合工具（Industrial Sequencer）LeonardoSpectrum 来执行的。

3.4.13 PSLS 软件包架构

PSLS 软件包的外壳（Shell）具有为设计过程的信息和语言提供支持的方法。此类方法包括参考子系统和对设计操作执行结果进行快速估计，以及其他技术设计流程和设计操作的实现等。PSLS 软件包由四个子系统组成，分别是设计创建、设计优化、验证和功耗验证。

第一个子系统为初始设计任务表单的创建、编辑和转换提供支持；第二个子系统用于优化和综合设计过程的执行；第三个子系统提供对设计描述转换的监控；第四个子系统支持测试集的生成机制以及对生成或给定测试集的功耗估算。

涉及所设计电路当前状态的所有数据构成了该项目。除了 SF 描述外，项目中还定义了很多额外的数据，其中一部分由属性表示并反映了当前电路描述的一些特性。它们包括诸如当前描述格式、所执行设计操作的参数、最近执行的设计操作名称、下一个可能的活动以及设计操作的执行历史（例如是否进行了电路最小化）等。

根据软件包的设定，以下数据可作为设计输入数据：

1) 以 VHDL 和 SF 语言对所设计组合逻辑电路进行的功能描述；
2) 以 VHDL 和 SF 语言对所设计组合逻辑电路进行的功能和结构描述；
3) 在所设计电路的输入端出现值为 1 的信号概率分布；
4) 用于对所设计电路与功耗估计相关的行为建模的测试序列集；
5) 在 SPICE 系统中建模的电路工作模型。

软件外壳是一套用于监控设计过程及其控制的软件和服务工具，它包括以下子系统包：

1) 会话部署；
2) 项目形成或调整；
3) VHDL 描述的导入和导出；
4) 项目中使用数据的管理；
5) 设计操作的组织；
6) 所获得设计决策的验证；
7) 估算设计决策在逻辑电路优化和综合的各个阶段的电路实现开关活动；
8) 对所设计电路的功耗估算。

整个设计过程旨在有软件包系统部分的支持和提示下使用交互、对话模式。该软件包的特色是具有一个完善的参考系统。PSLS 软件包的所有程序均采用由其作者开发的数据结构使用 C＋＋编写，并在 Windows XP 操作系统的测试程序中进行测试。

3.4.14 软件包 PSLS 的功能

软件包 PSLS 包含六组（类）程序，支持在库元器件基础上的逻辑电路设计的整个周期。这些程序在设计过程的各个阶段提供了电路综合和根据面积与功耗进行的优化。

（1）两层优化包括一组程序，用于对 DNF 类中部分或完全确定的布尔函数系统进行最小化。这种情况下，最重要的优化准则是综合估计最小值。该估计值考虑了所获得的 DNF 的复杂度以及要实现的两层电路的总开关活动。

所开发的两层优化软件包具有实现近似方法的程序，但其中没有包含精确最小化方法。其原因在于，要在实际可接受的时间内获得实际维数布尔函数的最小化 DNF 会带来很大的困难。PSLS 软件包的当前版本包含了两层优化程序[18]（见图 3-18），它实现了以下的方法：

1）参数化可调整的最小化；

2）通过基于类的分组方法进行最小化；

3）Espresso 最小化。

这些程序提供了对以下潜在可能要求的最小化：

1）优化目标的要求：一个完全确定的布尔函数或有此类函数的系统，一个部分确定的布尔函数或有此类函数的系统；

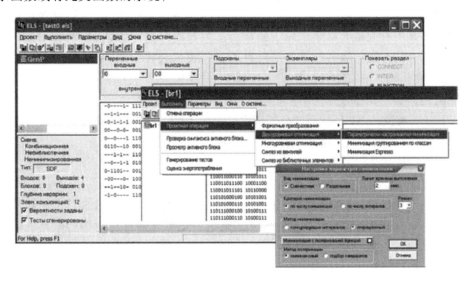

图 3-18 设计模式下的软件包窗口

2）决策方法的要求：最小化迭代方法[18]、竞争区间方法[18]、改进的最小化方法 Espresso，以及类分组（Class Grouping）方法；

3）与 DNF 系统最小化兼容的方法的要求：DNF 系统函数分离最小化（Separate Minimization）和 DNF 系统函数联合最小化（Joint Minimization）；

4）功耗优化准则的要求：不考虑功耗和考虑功耗；

5）其他设置方面的要求，包括获得 DNF 的释义实现、结果 DNF 函数的合取式数量最小化、结果 DNF 函数的合取式字面量（Conjunction Literals）数最小化、时间限制最小化以及算法操作模式（对竞争区间方法）等。

（2）多层优化包括一组程序，用于完全确定布尔函数系统的多层表示的建立和优化。多层表示是由因式分解形式的系统给出的，其合取式与析取式具有有限的秩[16]。这种方法近似于多层表示要遵守目标库基础的限制。PSLS 软件包的当前版本包含了用于实现考虑了功耗的联合与分离因式分解的近似方法的程序。多层优化程序的初始数据为：

1）使用 SF 语言给出的布尔函数系统的功能描述；

2）如果需要控制功耗，电路输入端口的信号概率；

3）合取式的秩限制；

4）析取式的秩限制。

（3）逻辑门电路的综合包含一套程序，用于对由输入端数量有限的与门和或门（在输入端使用反相器）构成的多层门电路进行综合与优化。

多层电路质量的主要准则是综合评价（Integral Evaluation）的最小值，它考虑了电路的复杂性（通过其中门的输入端口数量来衡量）和所有端口（包括输入、内部和输出端口）的总开关活动。

PSLS 软件包的当前版本包含了由两输入门、部分函数（Partial Functions）的两输入门和多输入门进行逻辑电路综合的程序。

这些程序的前两个实现了对完全和部分确定布尔函数，基于两输入 AND 门和 OR 门（使用反相器）的多层逻辑电路综合的方法[20]。这些方法基于 BDD 的构建和优化。第三个程序实现了基于有限输入数量（输入数量由工艺基础决定）的 AND 门和 OR 门完成多层逻辑电路综合的方法。该方法是基于考虑功耗的布尔函数 DNF 系统的联合与分离因式分解算法的结合[19]。

多层优化算法的初始数据为：

1）以 SDF 格式或 SF 语言的 LOG 格式给出的 DNF 系统布尔函数的功能描述；

2）如果需要控制功耗，输入变量的信号概率；

3）AND 门的输入端口数量限制；

4）OR 门的输入端口数量限制。

（4）基于库元器件的综合包括一套程序，用于以给定 CMOS VLSIC 库元器件为基础实现 AND 门和 OR 门构成的多层电路的工艺映射。从库元器件构建多层电路的质量的主要准则是综合评价的最小值，它考虑了电路的复杂性（通过其所有元器件的端口数来衡量）和其所有端口（输入、内部和输出端口）的总开关活动。

PSLS 软件包的当前版本包含从库元器件综合电路的程序，它实现了对由 AND 门、OR 门构建的多层逻辑电路的近似覆盖方法：

1）基于库的门电路的工艺映射简化方法；

2）带有优化的基于库的门电路工艺映射方法[20]；

3）基于库元器件的电路中完全或部分确定布尔函数系统的工艺映射组合方法。

基于库元器件的电路组合式综合方法包括在已知的 SIS 系统中实现的同时执行几个操作：布尔函数系统最小化、以两输入与非门 AND - NOT 和或非门 OR - NOT 为基础构建多层电路、使用给定库元器件覆盖该系统。

（5）项目状态的验证包含一组程序，它们可以验证给定的一对设计决策[23]。验证要对同一项目（或不同项目）的各个设计决策对（Design Decision Pairs）进行。唯一的限制如下：（按照所执行的设计操作）第二个状态不得先于第一个状态，也就是说，如果至少一个比较对象的描述包含行为不确定性（例如对不确定或部分确定布尔函数系统的电路实现情况），则比较对象的第一个不能比第二个定义得更明确。

当进行比较的两个描述在功能上都被完全定义时（例如对 DNF 系统的组合电路情况），验证将被用于检查这些描述是否等价。如果至少有一个描述包含行为不确定性，则验证将被用于检查这些描述之间是否存在实现关系（即第一个描述是否由第二个描述实现）。对于第一个描述没有被第二个描述实现的情况，程序验证模块可以确定这种不可实现性的原因，特别是它确定了作为实现失败原因的初始描述与电路元器件的功能差距（或差距集）。

（6）功耗估计是使用测试生成程序并基于给定测试的性能分析结果对电路功耗进行估计来完成的。这种方法可以在尚未获得电路的 VLSI 芯片实现时，在电路设计过程中的另一个优化或综合操作之后评估设计决策的效率。PSLS 软件包中的功耗估计通过以下方法完成：

1）在每个改变其状态的设计操作之后，基于自动执行的对设计目标电路实现的端口信号概率计算来估计电路的开关活动；

2）基于逻辑（VHDL 或 SF）建模，对给定的测试计算由库元器件构成的电路的晶体管开关数量并估计一个周期内消耗的平均电流值[21]；

3）基于所运行的测试和使用 SPICE 建模对消耗电流的测量，在电路级估计由库元器件构成的电路的功耗[25]。

3.5　现代接口 LSIC 的低功耗结构特性

3.5.1　RS－485 接口收发器微电路

连续传输 RS－485 标准数据的 LSIC 接口电路被广泛应用于工业信息收集和处理局域网络中，根据使用中的接收器输入阻抗，连接到数据总线的接收器和发送器的数量为 32、64 或 128[26,27]。当中央处理器控制和处理从远程对象获取的数据时，整个分布式网络中在同一时刻活跃的微电路只有两个（一个微电路接收信息，另一个微电路发送信息），其余电路不参与信息交换过程。因此，为了减少这种网络的功耗，可以将未使用的微电路切换至低功耗模式，也就是待机（Standby）模式。乍看起来这个解决方案是显而易见的，然而对上述这类微电路发展过程的研究显示这是通过几个阶段才得以实现的。

对于 5V 电压的第一个 RS－485 IC 接口产品系列，特殊低功耗模式只在一个微电路（MAX483 型号）[2]的低数据传输速率（250kbit/s）下实现。数据传输的延迟时间与 LSIC 切换到低功耗模式和跳出这一模式的时间相近，用户不需要对该元器件结构进行太多考虑。对于新一代 RS－485 标准接口收发器微电路产品系列，其工作电压降低到 3V，对低速和高速信息传输都设置了到具有最小功耗（电流低至 $0.1\mu A$）的待机模式的转换[6]。这一事实表明，用户除了对数据处理系统有明确的现代化需求，也接受了低功耗模式。

我们以最常用的 5559IN3T 型微电路（MAX483 的同类型）产品为例，分析具有低功耗模式的 RS-485 标准接口 LSIC 工作的基本特点。

　　该微电路的原理图如图 3-19 所示，端口的功能设置如表 3-2 所示，微电路的工作状态如表 3-3 和表 3-4 所示。为减少端口数量，电路中将接收器的差分输入和发射器的差分输出合并在一起[①]。

　　该微电路由芯片上的一个接收器和一个发送器组成。我们来看看其工作的特点。

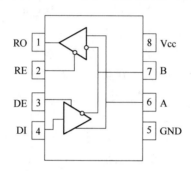

图 3-19　收发器微电路示意图

表 3-2　所开发微电路的端口设置

端口编号	端口名称	符号
01	接收器输出	RO
02	接收器输出使能输入	RE
03	发送器输出使能输入	DE
04	发送器输入	DI
05	地线	GND
06	接收器（发送器）的同相输入（输出）	A
07	接收器（发送器）的反相输入（输出）	B
08	来自电压源的电源输出	VCC

表 3-3　发送器真值表

输　　　入			输　　　出	
RE	DE	DI	B	A
X	1	1	0	1
X	1	0	1	0
0	0	X	Z	Z
1	0	X	Z	Z

---

　　①　原文为"输出端口"，实际上一些端口是输入，因此在文字和表格中都将"输出端口"改为"端口"。——译者注

表 3 - 4　接收器真值表

输　　入			输　　出
RE	DE	A, B	RO
0	0	＞＋0.2V	1
0	0	＜－0.2V	0
0	0	BH	1
1	0	X	Z

注：BH＝输入不使用，X＝无关态，Z＝高阻态（Third State）。

电平为 CMOS/TTL 的信号从主板传输到发射机输入端 DI，在集成电路的内部分为直接和反相（Direct and Inverse）信号，转换成 RS－485 标准电平，然后通过具有高负载能力的微电路输出端口传送到长信号线上。在进行反相变换时，来自长线（按照标准为 1.2 km）的信号被传送到接收器的差分输入端，以确保变换回 CMOS/TTL 电平。差分信号的特点是对共模噪声具有较高的抑制能力，这保证了信号在长线传输模式下的高可靠性。通过 RE 和 DE 控制输入端，接收器和发送器的输出可以转换到高阻抗的高阻态（Third State）。

只有在将发送器和接收器同时转换到高阻态并且经过一段保持时间（由规格书确定）后，才能将 IC 系统转换到低功耗模式。激活低功耗模式所需要的这段保持时间是为了在接收器的输出端或发送器的输出端处于高阻态时提高微电路的抗动态噪声能力，这种情况是现代局域信息分布网络所特有的。

接收器-发送器的电路原理图如图 3 - 20 所示。该微电路耗电较多的元器件包括两级差分接收放大器、电流发生器和基于温度无关基准电压源的温度传感器，这个温度传感器用以保护微电路在发送器输出电流过载模式下不发生过热的情况。为了降低功耗，该微电路中的数字部分（发送器输出级联）是基于 CMOS 实现的，在此我们不对它进行讨论。在低功耗模式下，模拟电路模块的电流被关闭，该微电路的静态电流与反偏 p－n 结（p－n－

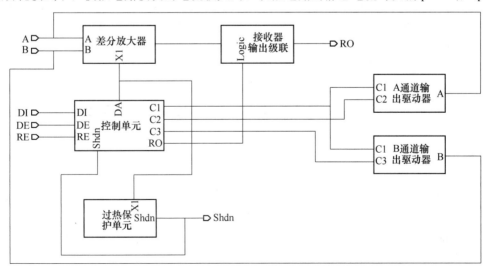

图 3 - 20　具有输出级联过热保护模块的 RS－485 接口微电路原理框图

Transfer）的总泄漏电流处于同一水平，其典型值为 300～400nA。

图 3-20 是具有输出级联过热保护模块的微电路操作模式控制逻辑原理图，图 3-21 给出了具有低功耗模式的接收器的差分放大器电路原理图[2]。

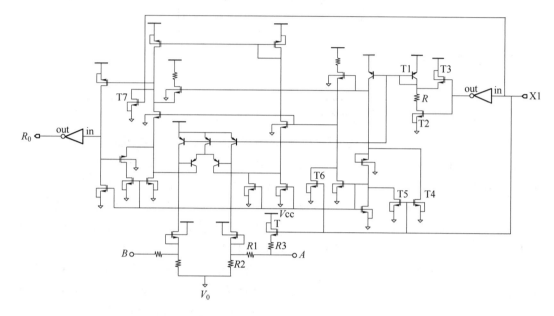

图 3-21　具有低功耗模式的接收器差分放大电路原理图

如图 3-21 所示，差分放大器的第一级联是基于 p-n-p 晶体管构建的，以减少接收器信号传输延迟与逻辑电平大小的相关性，其中逻辑电平的变化范围可以是从 19V 到 100mV。差分放大器的操作原理是基于上方发生器的电流和下方发生器的电流之间的平衡，其中上方的电流发生器是由 p-n-p 晶体管构成的，下方的电流发生器是由 n 沟道晶体管构成的。下方发生器的电流值要比上方发生器的电流值高 1～1.5μA，这是为了防止双极晶体管出现饱和。在从连线进入输入端的信号为倾斜波前（sloping wavefronts）的情况下，通过 40～70mV 的回差电压（Hysteresis）来保证电路的稳定操作。这种回差电压是通过在差分放大器的对称两端引入一些失衡（Imbalance）来实现的。为了使在极限条件下可以达到 21V（从 −8.5～+12.5V）的输入电压范围和内部放大器 A、B 输入之间的电位及接地总线 V_0 电位相协调，连接了两个结构相同、分压比为 8:1 的电阻分压器。

按照 RS-485 接口标准，这些电阻的阻值不应超过 12kΩ。由于在输入 A 和电源总线 V_{cc} 之间连接了额外的高阻值电阻 R_0，因此输入 A 相对于输入 B 存在较小的电流不对称。此电阻阻值在 480～620kΩ 之间。当线路中没有信号的情况下，接收器放大器输入端的略微失衡可以使其具有与逻辑 1 电平相对应的特定状态。在使用低功耗模式的情况下，高阻值电阻 R 和电源 V_{cc} 之间的一个 p 沟道晶体管 T 被激活，通过它能够关断从输入 A 的电阻 R1、R2、R3 到地总线 V_0 的电流。

在图 3-21 中，电流发生器的偏置电路是通过具有断开选项的高阻值电阻 R 来实现的。在正常工作模式下，电阻 R 的一端连接电流镜中采用二极管连接方式的 p-n-p 晶体管 T1 的集电极，另一端通过一个 n 沟道晶体管 T2 连接到地总线 V_0（见图 3 - 21）。在低功耗模式下，n 沟道晶体管 T2 被停止工作，随后电路转换到低功耗模式。低功耗模式下总泄漏电流的减少是通过偏置电路中的 p 沟道晶体管 T3 来保证的，它被用于快速可靠地阻断电流镜的晶体管 T1。

低功耗模式的控制信号 X1 是在该微电路的操作模式控制单元中形成的（见图 3 - 21）。图中额外的 n 沟道晶体管 T4～T7 连接到了电流发生器下方晶体管的漏端（见图 3 - 21）。在正常操作模式下，这些晶体管处于关闭状态，不影响电路的正常操作。在低功耗模式下，它们被激活，这样就可以将下方电流发生器电路连接到地总线。这些晶体管的尺寸决定了关断模块的电流能力，是根据所需要的持续时间和将 LSIC 转换到低功耗模式以及进入正常工作模式的时间来选择的。

我们假设只有偏置电路中的电阻 R 和电流镜中采用二极管连接方式的晶体管 T1 停止工作。这样，该微电路可以转换到低电流消耗模式。最终，单元中的电位会降低为 0，但在这种情况下，该微电路的动态参数值会有显著的离差和更高的值。

低功耗模式下基于禁区（Forbidden Zone）的温度传感器中温度无关基准电源电路的参考电压按同一方式工作。如图 3 - 22 所示，当给接收器高阻态控制模块的 RE 输入端提供逻辑 1 电平、发送器高阻态控制单元的 DE 输入端提供逻辑 0 电平时，可以在低功耗模式控制总线 X1 上产生一个用于关断耗能的微电路模块的高逻辑电平。激活该模式的预备时间（Pre - Roll Time）是根据在逻辑元器件 2I - NE 之后激活的 n 沟道晶体管 T_c 的负载电容（在这一情况下它的值为 0.8pF）以及元器件晶体管的电流驱动能力（尺寸）确定的。

如果只有一个微电路单元，即接收器或发送器，转换到正常工作状态，则控制总线 X1 上的电位降为零，此后耗能模块被激活。

3.5.2　RS - 232 接口收发器微电路

RS - 232 标准连续数据接口收发器的特性应当包含一个发送器的输出与一个接收器的输入之间的连接（点对点模式）。该标准允许对多个发送器的输入端进行控制，但在这种情况下这些发送器的输出端应连接起来，并且可以通过增加发送信号的长度来保证长线传输信号的可靠性[26]。

TTL/CMOS 信号进入发送器模块的输入端，在微电路内部被转换成 RS - 232 电平（最低从 -5.0V 到 +5.0V），而后发送到长单线电路。RS - 232 标准信号在接收器输入端被检测到，之后逆变换为 TTL/CMOS 电平。由于 RS - 232 标准信号在绝对幅度值上经常超过电源电压，因此其形成需要使用两个额外的电压源。使用三个电源导致产品成本、微电子系统的尺寸以及产品开发阶段的工作量（Labor Intensity）都显著增加。近年来，采用单一电源[①]的 RS - 232 标准连续数据收发器微电路得到了广泛使用。在这种情况下，符合 RS - 232 标准要求的高电压电平是在电压倍增器单元中标称电容值为 $0.1\mu F$ 的 4 个外部存储单元上生成的。

目前，有很多采用 5V 电源并将电压源数减少到 1 个的 RS - 232 接口产品。低功耗模式被广泛用于减少电压源的产品中[2,26,27]。

---

①　原文为 1 - V "Supply Source"，似应为："采用单一电源"，这里按照这一理解翻译。——译者注

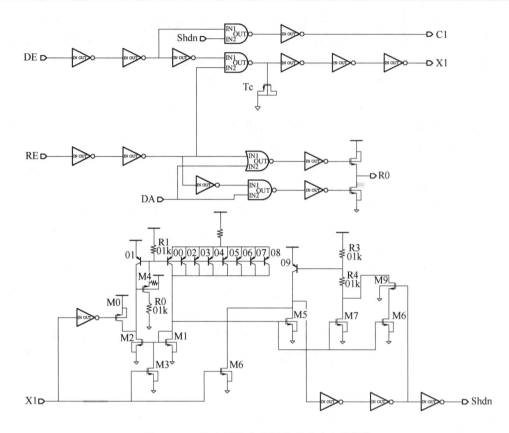

图 3 - 22　低功耗模式控制信号产生电路[28]

　　在此类产品中引入低功耗模式的实用性是由其应用特点决定的。具有较低功耗的微电路可以更经常地采用电池供电。在这种情况下，低功耗模式对于增加电源资源至关重要。这一表述在很大程度上与微电路很长时间保持在被动模式（Passive mode）中的情况有关。例如，在不使用笔记本电脑的鼠标时，外部接收单元可与电脑的 RS - 232 端口断开。

　　目前，市场上有多种具有低功耗模式的 RS - 232 标准连续数据接口收发器可供选择。需要注意的是，ILX3232 没有低功耗功能，ILX3221 和 ILX3226 具有转换到低功耗模式（自动关断 Autoshutdown）的不同模式。我们来仔细分析 ILX3221 和 ILX3226 微电路中低功耗模式的结构特点。

　　图 3 - 23 显示了 ILX3221 芯片的原理图，表 3 - 5 给出了其端口的功能设置[①]。

　　如图 3 - 23 所示，该微电路由一个接收器和一个发送器组成，与 ILX3232 相比增加了额外的控制输入端口。这样，输入端 1 提供了将接收器转换到高阻态的可能。当接收器输入信号从任何逻辑状态转换到地电位后经过大约 $30\mu s$ 的延迟，在输出端 10 上可以形成逻辑零电平，该信号进一步传送到控制器并通知它将该芯片转换到低功耗模式。输入端 12 和 16 用于控制低功耗模式：如果输入端 12 和 16 的电平均为高，则微电路处于没有低

―――――――――

　　①　原文为"输出端口"，实际上一些端口是输入，因此在文字和表格中都将"输出端口"改为"端口"。——译者注

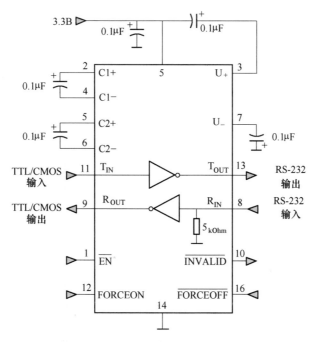

图 3 - 23 ILX3221 微电路的传统图形表示

功耗功能的正常工作状态；如果输入端 16 的电平为低，则不管其他输入端状态如何，微电路都关断（强制低功耗模式）；如果输入端 12 电平为低，输入端 16 电平为高，并且接收器输入端的信号位于 $-0.3 \sim 0.3$V 的范围之间，则微电路在输入信号进入这个数值范围后的 $30 \mu s$ 内自动转换到低功耗模式。

ILX3221 微电路的所有工作状态如表 3 - 6 所示。

表 3 - 5 MAX3221 微电路的端口设置

端口编号	端 口 名 称	符 号
01	接收器输出使能输入端	EN
02	电压倍增器单元外接电容正极输出端	C1+
03	倍增器单元正电压输出端	V+
04	电压倍增器单元外接电容负极输出端①	C1-
05	电压倍增器单元外接电容正极输出端②	C2+
06	电压倍增器单元外接电容负极输出端	C2-
07	倍增器单元负电压输出端	V-
08	接收器数据输入端（RS-232 电平）	RIN

① 原文为：电压倍增器单元外接电容正极输出端，根据上下文修改。——译者注

② 原文为：电压倍增器单元外接电容负极输出端，根据上下文修改。——译者注

续表

端口编号	端口名称	符号
09	接收器数据输出端（TTL/CMOS 电平）	ROUT
10	接收器输入有效电平检测器输出端	INVALID
11	发送器数据输入端（TTL/CMOS 电平）	TIN
12	Autoshutdown（自动关断）模式控制输入端（允许电路正常工作）	FORCEON
13	发送器数据输出端（RS－232 电平）	TOUT
14	地线	GND
15	电压源供电输出	Vcc
16	Autoshutdown（自动关断）模式控制输入端［将芯片转换到低功耗模式关断（Shutdown）］	FORCEOFF

表 3－6　ILX3221 芯片工作状态表

操作模式	输入					输出	
	FORCEON	FORCEOFF	EN	RIN	TIN	ROUT	TOUT
低功耗［无（自动关断）Autoshutdown 功能］	X	L	L	L	X	H	Z
	X	L	L	H	X	L	Z
	X	L	H	X	X	Z	Z
信息传输［无（自动关断）Autoshutdown 功能］	H	H	L	L	L	H	H
	H	H	L	L	H	H	L
	H	H	L	H	L	L	H
	H	H	L	H	H	L	L
	H	H	H	X	L	Z	H
	H	H	H	X	H	Z	L
信息传输［有（自动关断）Autoshutdown 功能］	L	H	L	L	L	H	H
	L	H	L	L	H	H	L
	L	H	L	H	L	L	H
	L	H	L	H	H	L	L
	L	H	H	X	H	Z	L
	L	H	H	X	L	Z	H
低功耗［有（自动关断）Autoshutdown 功能］	L	H	L	L30u	X	H	Z
	L	H	H	L30u	X	Z	Z

注：H＝高电平，L＝低电平，L30u＝信号保持不低于－0.3V、不高于 0.3V 的低电平至少 30μs。

此 IC 电路的设计和原理性技术（Schematic－Technical）解决方案中，允许提供的电源电压工作范围为 3～5.5V。该电路使用新颖的基准电压发生器模块，不管温度和电源电压值如何变化，其输出电平都能够保持在给定的范围内，与 ILX232［电源电压为 5V×(1±10％)］相比，正常工作模式下所消耗的电流可以降低 30 倍以上。

作为比较，ILX232 芯片在正常工作模式下的典型电流值为 7.2mA，ILX3221 的典型电流值为 0.2mA。正常工作模式下电流消耗值的降低是由以下几点保证的：当倍增器模块正极输出端口 V＋的电压值达到 5.3V，负极输出端口 V－的电压值达到－5.3V，并且电源电压值达到 2.97～5.5V 范围区间时，倍增器模块的电压发生器关断。而当上述倍增器模块输出的电压值降低，则电压发生器再次打开并增加外部电容上的电压。在倍增器模块输出端达到所需电压后关断电压发生器等同于减小电流发生器的频率，从而减小了电流消耗。

用于将 IC 转换到低功耗模式（待机状态）的转换控制单元的简化功能示意图如图 3－24 所示。接收器输入端的任何高于 2.7V 或低于－2.7V 的信号变化都会导致微电路转换到正常工作模式。其中，－0.3V、＋0.3V、－2.7V、＋2.7V 为阈值电压，设计时应留有工艺余量（Technological Reserve）。正向信号的接收器开关电压为 1.4～1.6V，而负向信号的接收器开关电压为－1.6～－1.4V。

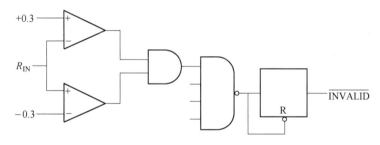

图 3－24　低功耗模式控制单元的简化功能示意图

具有低功耗模式的接收器电路的具体实现如图 3－25 所示，其中电平检测器部分的原理图如图 3－26 所示。在接收器输入端 RIN 和地电位总线之间连接了一个 RPOL 电阻器，按照标准其典型阻值为 5kΩ。当电路中没有信号时，接收器输入端电位将置为 0V。在这种情况下，由晶体管 T1 到 T3 组成的偏置电路被关闭，给晶体管 T4 提供锁定电位（Locking Potential）将其锁定，随后其漏极电压增加。由于 $30\mu s$ 左右的信号延迟时间可以不使用计数器而是基于延迟线（在这一特定情况下由具有大沟道长度和大 MOS 电容的 p 沟道晶体管 Y5 构成）来获得，因此可以使用新的技术解决方案。这种延迟线单元的参数通常基于以下条件进行选取：在接收器输入端的信号电平降低到 0V 后，晶体管 T6 和 T7 延迟线的输出在 $30\mu s$ 内达到阀门开关电压（Valve Switch Voltage），其后 INVALID 输出端转换为高电平状态，与耗电电路单元相连的全局电流关断模式总线转换到低电平状态。

当接收器输入端的信号电平超过输入阀门的开关电压值（对 TTL 为 1.6V）时，具有大电流驱动能力的晶体管 T4 被激活，将 INVALID 输出端转换到对应于电路正常工作的状态。当接收器输入端的信号低于 1.6V 时，尽管晶体管 T4 未被激活，延迟线的输出也将通过二极管连接方式的晶体管 T1、T2、T3 转换到低电平，随后微电路转换至正常工作状态。

这样，就实现了 IC ILX3221 转换至低功耗模式的功能。

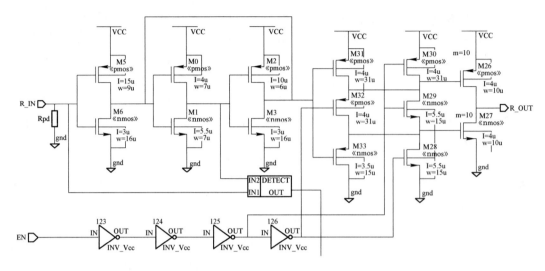

图 3 - 25　接收器电路图

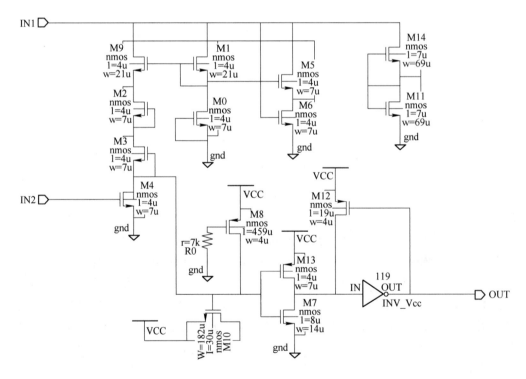

图 3 - 26　信号电平检测器电路图

收发器集成电路 ILX3221 的结构如图 3 - 27 所示[2]。ILX3221 微电路主要的耗电单元包括倍增器单元的发生器、大功率预输出驱动器的控制电路以及发送器。在低功耗模式下，倍增器单元的发生器停止工作，发送器转换到高阻态，倍增器单元正极输出 V＋放电至电源电压，倍增器单元负极输出 V－放电至 0V 电压。在微电子系统的设计过程中，用户应考虑到当微电路由低功耗模式转换到正常工作模式时,需要一定的时间延迟 t_{WU} 来将外置电容设置到工作电压,而后电路才能正常工作。集成电路 ILX3221 在低功耗模式下的操作时序图如图 3-28 所示。

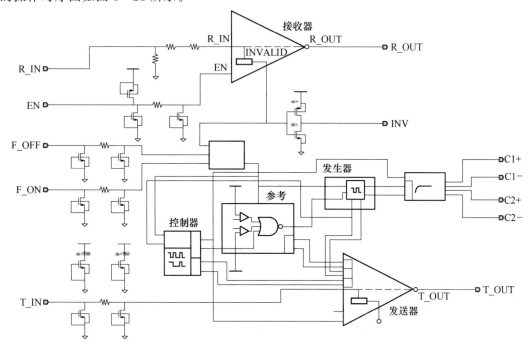

图 3-27 具有低功耗模式的 ILX3221 微电路结构示意图

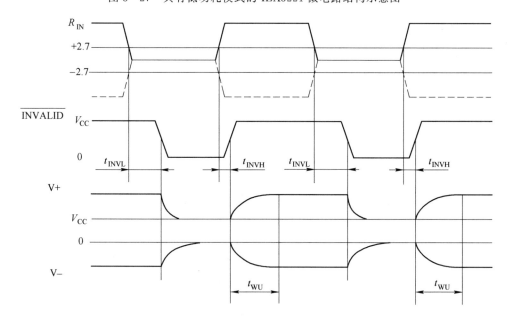

图 3-28 ILX3221 低功耗模式操作时序图

从实现低功耗模式的角度来看,ILX3226 微电路具有更多的可能性。假设电路处于正常工作状态(类似于 ILX3232),如果接收器输入端口的信号电平介于 $-0.3 \sim +0.3\text{V}$ 之

间超过 $30\mu s$，那么电路将会进入低功耗模式（类似于 ILX3221）；如果接收器或发送器输入端上的数据超过 30s 没有发生变化，电路也会进入低功耗模式。

不同于 ILX3221（如图 3 - 27 所示）[1]，结构图中包括其他的单元：异步计数器的定时脉冲发生器、20 位异步计数器、接收器和发送器中检测前端信号变化的单元以及用于自动控制 IC 状态的 READY 输出的附加控制级联单元。接收器的高阻态模式被去除以保持与 ILX3221 集成电路相同的输出端数量。由于转换到低功耗模式的时间相对较长，因此使用基于 RC 电路的延迟线是不切实际的。从芯片面积和时间间隔的精确度来看，最佳的方案是使用多位计数器。计时方案实现方式如下：当接收器或发送器输入端数据发生变化时，产生令计数器复位到零状态的脉冲，随后从最开始对计时脉冲进行计数。如果接收器和发送器上的脉冲序列频率比较高，则计数器会清零；如果数据超过 30s 未发生改变，则在计数器的第 20 位上将会产生一个将 IC 转换到低功耗状态的脉冲。而如果有信号进入接收器或发送器的输入端，微电路将转换到正常工作模式。

如果输入端 12 和 16（对应于 FORCE - ON 和 FORCE - OFF）组合在一起并连接到 INVALID 输出端，则切换到低功耗模式的时序图类似于 ILX3221。

图 3 - 29[2] 给出了接收器的主要电路图，这种接收器具有 $30\mu s$ 内转换到低功耗模式的转换模块以及额外的输入信号检测模块，该检测模块的电路图如图 3 - 30 所示。计数器复位脉冲是在输入端信号变化检测模块中通过由两输入或非门（2OR - NOT）逻辑元器件组成的反向控制电路延迟线产生的。复位脉冲持续时间可以由 MOS 电容值和阀门晶体管（Valve Transistors）的跨导来调节。复位脉冲持续时间应确保将所有计数器可靠地放电并切换至逻辑零状态。检测器的输出通过具有用来组装 OR 连接的漏极开路 n 沟道晶体管实现，这样可以轻松地增加接收器和发送器的数量。该集成电路在低功耗模式下操作的时序图如图 3 - 31 所示。该图显示了在接收器或发送器输入端上的信号发生改变后，微电路在典型值为 30s 的时间 E 内转换到低功耗模式，READY 输出转换为低电平状态，发送器转换到高阻态，电压倍增模块、脉冲发生器以及所有的微电路耗能单元和模块停止工作。

除了具有低功耗模式外，ILX3232、ILX3221 和 ILX3226 系列接口电路的独特之处在于正常工作模式下的低电流消耗。在 $-40 \sim +85℃$ 的宽温度范围及 $-2.97 \sim +5.5V$ 的电源电压下，其正常工作模式下的典型电流值不超过 $250\mu A$。作为对比，采用供电电压为 $5V \times (1 \pm 10\%)$ 的上一代标准 RS - 232 接口收发器（ILX232、ILX207、ILX208）的静态消耗电流在 $8 \sim 19mA$ 的范围内变化。

由于采用了新的设计和原理性技术解决方案，在保证晶体管高跨导问题得到解决的前提下，新一代低压接口 IC 消耗的电流与本国上一代微电路相比至少减少了 30 倍。

按照 RS - 232 标准的要求，从保证 IC 中一个主要单元的参数的角度来看，最坏情况出现在倍增器模块，这包括电源电压范围较低的情况，在这种情况下与 4.5V 电源电压的情况相比晶体管的跨导降低了近三倍。为了满足标准的要求，当采用具有更薄栅氧化层（$950 \sim 450Å$）的制造工艺实现并增加晶体管的几何尺寸后，晶体管的跨导会发生变化。

为了增大晶体管跨导所做的任何一种改变都会导致倍增器单元有源元器件的寄生电容增加，从而导致对采用低电源电压的 IC 降低电流消耗的任务变得更加困难。

---

① 原文此处为"图 3 - 29"，翻译时改为"图 3 - 27"。另外本段文字似乎没有对应的图。——译者注

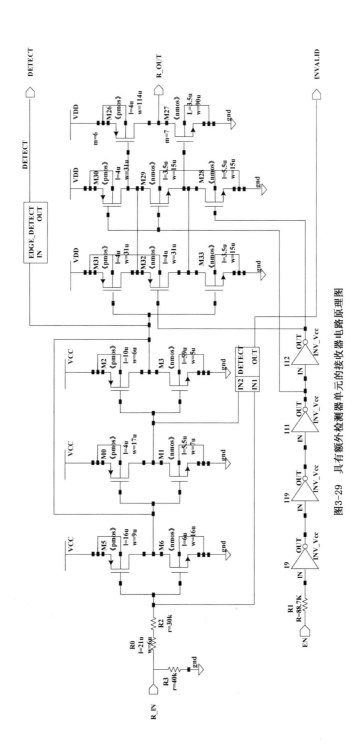

图3-29　具有额外检测器单元的接收器电路原理图

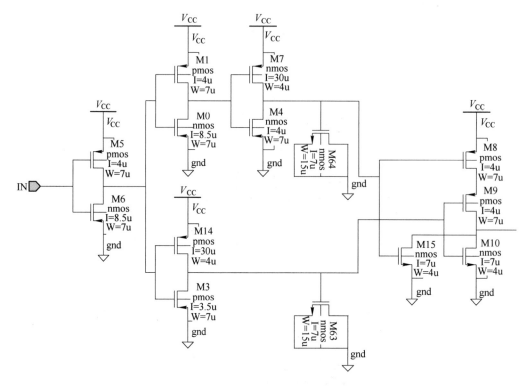

图 3 - 30　数据变化检测单元电路原理图

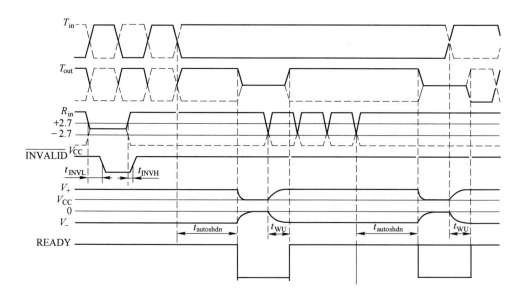

图 3 - 31　IC 操作模式时序图

很明显，如果不在倍增器单元中采用新的原创性设计和原理性技术解决方案，就不可能确保产品的电学参数达到所需要的值。在研究过程中观察到，当倍增器单元停用时，消耗的电流大幅降低，其解释如下：该单元中总沟道宽度约为 20mm 的晶体管在关断模式下转换到一个特定状态，在这种情况下，阀门穿通电流和寄生电容充电电流变为零。

这种特性被用于开发新的微电路，通过在具有对应于发送器输出电压（5.3V 和 −5.3V）的输出电压值的电路中引入两个温度无关基准电压源（Temperature Independent Base Voltage Sources，TIBVS）来降低电流消耗。

电流消耗的降低是通过以下方式实现的：当电源电压在 2.97～5.5V 范围内，倍增器单元正极输出 V+电压达到 5.3V、倍增器单元负极输出 V−电压达到 −5.3V 的情况下，倍增器单元的发生器停用，倍增器单元的预输出阀门和大功率输出驱动器转换到静态模式（Static Mode）。如果上述倍增器单元的输出电压值降低，则发生器再次启动并提高外部电容器的电压。当倍增器单元的输出达到给定电压后停用发生器等同于减小电流发生器的频率以及消耗的电流。

基准电压源单元的电路原理图如图 3-32 所示。通过对具有关断电路的倍增器单元进行仿真的结果可以看出，当电源电压开启后，通过单个脉冲将倍增器单元的输出电压保持在给定的电平上，在各脉冲之间关闭发生器和驱动器。

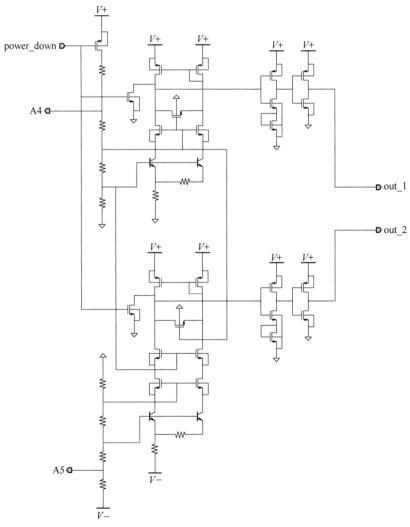

图 3-32　发生器关断单元中温度无关基准电压源（TIBVS）的电路原理图

需要注意的是，TIBVS 单元的双极 n-p-n 晶体管的制作并不需要额外的版图层，也没有工艺过程方面的问题。n 沟道晶体管的漏区作为双极晶体管的发射极，p 阱（p-Type Pocket）作为基极，p 阱中的漏区作为集电极。在集电极区和发射极区的制作过程中使用栅极作为掩膜以形成特定的基区宽度。因此，双极 n-p-n 晶体管的制作类似于 n 沟道晶体管。图 3-33 展示了双极 n-p-n 晶体管的设计原理图及其等效电路图。将发生器最低关断电位连接到栅极上，以防止 n 沟道晶体管影响双极晶体管的正常工作。

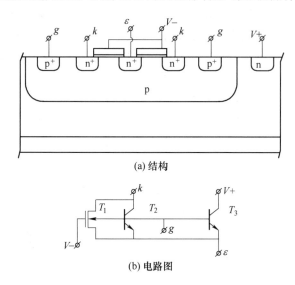

(a) 结构

(b) 电路图

图 3-33　基于 CMOS 工艺流程开发的双极 n-p-n TIBVS 晶体管

这样使用 n 沟道晶体管的缺点是存在寄生元器件，会产生流向衬底的电流（见图 3-33 中的晶体管 T3），当 TIBVS 处于低电流水平和高放大系数的工作模式时，该电流可以忽略不计。这种基于 CMOS 工艺流程实现双极晶体管的优势在于它可以用于中间电位（Intermediate Potential）的电路。

发生器关断单元的工作方式如下：被激活后，倍增器单元发生器形成最高频率的脉冲（400~450kHz），以便在发生器的 V+、V- 输出端快速形成所需的电位，该电位通过发生器关断单元中高阻电路的电阻分压器（约 1MΩ 以减少电流消耗）与 TIBVS 的电位进行比较。如果每个 TIBVS 的输出电位都相等，则会形成一个低电平，发生器被关断。如图 3-32 所示，发生器的关断需要在连接 V+ 输出与 V- 输出的 TIBVS 上达到设定电位。

在微电路设计过程中，TIBVS 输出所需电平值按以下方式选取：

1）在给定的温度和电源电压范围内，要保证在考虑了测量设备容差的条件下发送器的输出电压符合 RS-232 标准的要求（逻辑 1 不小于 5.0V；逻辑 0 不大于 -5.0V）。

2）在低电源电压（2.97V）条件下，倍增器单元应能提供发生器关断所需的电压。

如果不满足后一个条件，就会出现矛盾，即在低电源电压的情况下，由于倍增器单元不会被关断，微电路会消耗最大的电流。因此，如果发生器的关断电位设置得过低，在大批量生产的情况下，该微电路将会因为发送器输出电压而被认为是有缺陷的；而如果关断电位设置过高，微电路会因为在低电源电压情况下的电流消耗而被认为是有缺陷的。计算结果表明，在考虑到测量设备的容差以及倍增器单元和电压电路寄生结构中因外部电容电荷损失导致的电源电压放大系数小于 2 的情况下，发生器的关断电压值应当遵从输出 V＋、V－上的电压，其绝对值应设置在 5.2～5.4V 之间。

以上分析表明，实际产品中 TIBVS 的输出电压应该具有尽可能高的精度和尽可能小的偏差。而该 TIBVS 原理性技术解决方案可避免电源电压变化产生的影响，在给定的温度范围内（－40～＋85℃），最坏情况下的基准电位损失不超过 25mV。

考虑到 TIBVS 电位的计算有一定的误差，随后可以进行调整以实现所需要的精度，实际中的调整方法可以有几种选择。基于熔丝连接或使用激光烧蚀连线的调整方法由于会增加参数控制阶段的工作量和微电路尺寸，因此从经济方面看也不总是有意义的。

最佳的选择是对 TIBVS 电位的调整方法，它可以用于实验模型阶段，是通过检测几个基准电压源与高阻分压器分压系数之间相关性的变化来实现的，倍增模块的每个微电路可以分别进行调整。此外，电阻分压器的构造需要确保可以使用包含了金属覆盖的最后拓扑层进行修正，由此可以获得有多种金属覆盖层 IPO 的小批量晶圆[①]，在最短的时间周期内通过试验样品获得基准电位的优化值。

以上分析表明，TIBVS 输出电位的最佳值应遵从发送器 5.3V 和 －5.3V 的输出电压。

如果不使用上述基于 TIBVS 的方法，对于供电电压为 2.97～5.5V 的 RS－232 标准接口收发器 IC，要将其电流消耗降低至 0.25mA 会变得很困难。在没有发生器关断模式和 V＋、V－输出电压稳定的情况下，使用强大的电压倍增单元来保证 2.97V 电压下的电路参数将导致 5.5V 电压时电流消耗显著增加，甚至超过了本国前一代 ILX232 型集成电路的电流。

另外，该 IC 电流消耗的降低也是因为对接收器和发送器的输入单元使用了新型原理性技术解决方案。以前的 5V 电源 ILX232 IC 的接收器和发送器输入单元采用具有基准电压源的差分放大器来实现，该基准电压源连接到放大器的一个差分输入端（leg）上，其电平对应于 TTL/CMOS 电平。无论采用哪种工艺，差分放大器和基准电压源都属于高耗电电路。电压源消耗的电流不能减小到任意水平，这是因为在低电流情况下，由于差分对中的 p 沟道晶体管位于沟道和栅之间的电容再次充电，在转换模式下可能出现电位骤降（Potential Slump）。另外，差分放大器消耗的电流也是基于保证所需电路响应的条件来选择的。

IC ILX3232 的接收器和发送器的输入单元是基于具有低分布电容的 CMOS 阀门实现的。为了保证电平符合 TTL/CMOS 电平标准，需要增加 n 沟道晶体管的跨导、减少 p 沟道晶体管的跨导或者引入变形（Distortion）。对称阀门被用于符合 CMOS 电平标准的 IC 的输入模块上，即 p 沟道晶体宽度与 n 沟道晶体管宽度的比例关系近似等于 2，这将获得等于电源电压一半的转换电压，并确保具有最大的抗噪能力。对 5V 电源电压的微电路，当采用 CMOS 阀门来确保获得 TTL 电平时，晶体管需要相当大的变形。而对于电源电压为 3V 的 IC，基于 CMOS 来确保 TTL 电平要求的问题可通过使用对称阀门来解决，即对于典型电源电压为 3.3V 的情况，对称阀门的转换电压为 1.65V，而最大抗噪声能力是在

---

① 这里的 IPO 含义不明，似指不同的试验电路。——译者注

1.4V 的转换电压下获得的。

使用 CMOS 阀门不仅能够避免使用耗电的差分放大器，而且能避免使用基准电压源。在发送器输入端使用阀门需要新的电平转换器解决方案，而差分放大器的优点之一就是可以简便地实现电平转换器。IC ILX3232 中电平转换器的特性将在下文论述。

3.5.3　低电源电压 IC 接口电压比较器的设计和原理性技术特色

如上所述，ILX3232 微电路是低电源电压 RS－232 标准连续数据传输的现代接口微电路系列中的典型代表。该集成电路的发送器单元被设计成用于将从微电子设备进入微电路输入端的具有 CMOS/TTL 电平的信号转换为 RS－232 标准信号，以便进一步向长线上传输[①]。信号进入长线的可靠转换是通过将被传输信号的幅度相对于电源电压提高两倍或更多来实现的。

微电路 ILX3232 发送器的电路图如图 3－34 所示。发送器的防静电保护模块是根据相应规范中的过压保护模式的要求开发的。对于此事，没有使用第一和第二保护级[②]中连接在输入和电源总线之间的二极管，这已在大多数基于 CMOS 工艺的 IC 中作为规则使用。因此，可以将不同标准的、使用不同电源电压工作的微电路组合在一起，在电源紧急中断的情况下 IC 的可靠性也将得以提高，即电源总线中无电流供应。

然而，不使用大驱动力上拉二极管或二极管连接方式的 p 沟道晶体管会使具有高等级抗静电能力的 IC 的操作复杂化。对于上拉二极管存在于静电模式的任何可能组合中的情况，一个二极管是开启的，所有多余的电荷流过该二极管，消耗的功耗不会显著增加。对于没有上拉二极管的两种组合情况（输入端为高电平、地线为低电平；输入端为高电平、电源总线为低电平），保护元器件在高功耗的击穿模式下工作。在有上拉二极管的情况下，开关可以被认为是冷态（Cold），而在没有上拉二极管的情况下，开关可以被认为是热态（Hot）。这就是为什么实现高电流水平的击穿模式（这是静电的特征）相当困难的原因。没有上拉二极管时，保护元器件的尺寸和响应应该根据确保该单元处于可逆的雪崩击穿模式下运行的条件进行选择。在相反的情况下，雪崩击穿可能会变成热击穿，从而导致微电路失效。

建议使用通过锁定信号控制到锁定状态（Locked State）、漏极连接到地线的大驱动力 n 沟道晶体管作为保护元器件。与 p 沟道晶体管相比，n 沟道晶体管具有更好的响应，因为电子的迁移率是空穴迁移率的两倍。与普通二极管相比，处于击穿模式的 n 沟道晶体管的特征是具有负 VAC 区域（晶闸管效应的特征），这与寄生双极结构的连接有关，能够用来降低功耗。当在芯片上占用相同面积的情况下，基于 n 沟道晶体管的保护元器件的电阻要比二极管小得多，这也会导致额外的功耗降低。第二保护级也应该在 n 沟道晶体管的 OFF 模式下运行，其尺寸比大驱动力晶体管小得多。另外，在第一保护级和第二保护级的晶体管漏极之间应当增加一个电阻器，在静电放电模式下该电阻器上承担部分电压降，从而增加整体的稳定性水平。电阻器阻值的设置要考虑信号延迟时间的要求。可以电

---

① 原文为"Long Circuit"长电路，根据上下文修改。——译者注
② 原文这里用的是"Degree"，后面出现的是"Stage"，应当指的是同一件事，统一翻译为"级"。——译者注

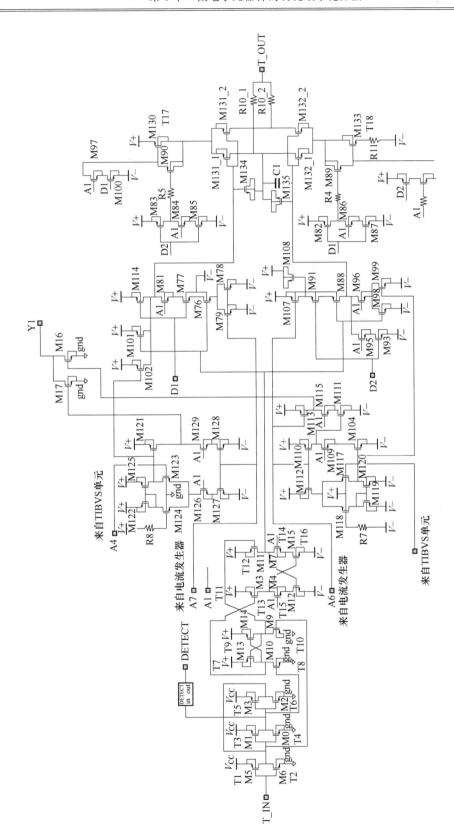

图 3-34 发送器单元电路原理图

说，阻器的阻值越大，抗静电能力就越高，但信号延迟时间也越长。

在具有过压模式（Excess Mode）的 IC 拓扑结构的开发阶段，应当在输入端连接与发送器输入端保护晶体管结构相同的、锁定的大驱动力 n 沟道晶体管，以增加电源总线之间的抗静电能力。如果不使用这样的晶体管，静态放电模式下的所有电流都可能流过非常小的内部有源电路元器件，从而导致不可逆的结构破坏。

保护元器件的输出通常连接到第一个阀门晶体管的锁定控制端上。如前所述，使用基于 CMOS 的输入阀门而不是差分放大器可以减少微电路的电流消耗。为了增加 IC 的抗噪能力，特别是在有倾斜波前的信号进入发送器输入端的情况下，建议将基于两个阀门的具有 0.3～0.5V 较低回差电压的施密特触发器（晶体管 T3 到 T6）连接到输入阀门上，这是相当简单且广泛使用的实现方式。

通过差分放大器单元实现电平转换是以相当简单的方式完成的，要从结构中去除差分放大器单元，需要开发新的原理性技术解决方案。基于 CMOS 的电平转换器可以通过晶体管之间的交叉连接在两个级联中实现。由于转换器第一级级联的 p 沟道晶体管的漏极连接到倍增器正电压输出端 V+，因此输入信号的幅度增加了一倍（晶体管 T8 至 T10）。电平转换器的第二个级联（晶体管 T11 至 T16）与第一个级联的不同之处在于：n 通道晶体管的漏极连接到倍增器负电压输出端 V−，而不是地线。因此，输入信号的幅度额外又增加了一倍。

由于在限制模式下输出 V+ 和 V− 之间的电位差可以达到 13V，为了增加阀门的可靠性，应排除热载流子对 n 沟道晶体管工作的影响，如果它们处于预击穿区（Pre - Breakdown Area），则在转换器的第二级联的 p 沟道和 n 沟道晶体管之间连接 n 沟道晶体管，将电源电压或中间电平 A1 发送至它们的栅极。在高电压情况下，部分电压降到倍增器单元的输出附加晶体管上，以防止转换器下方的晶体管过压。这种阀门的原理性技术解决方案被用于其他具有最大电位差的单元，比如用于控制电压倍增器电路的预输出驱动器。

转换器后面单元的电源总线连接到倍增电压的输出 V+、V−。发送器的预输出模块用来控制大驱动力输出晶体管的工作模式。它们与类似连接的常规 CMOS 逻辑元器件相比具有明确的特征。为了形成倾斜度对称的、在最大和最小电压之间以线性模式交替变换的上升和下降波前，预输出级联的逻辑元器件连接到基于电流镜的电流发生器，其电流值为 20μA。由于输出 n 沟道晶体管的尺寸比 p 沟道晶体管小 2 倍，因此它们的寄生电容也基本上有同样倍数的差异，下方元器件的发生器电流要低 2 倍以保证对称性。在电路优化设计过程中，对发生器电流的设定要非常精确。

预输出单元的一个非常重要的特点是，可以将发送器输出转换到电源电压的高阻态[①]，从而在电源电压降低或发送器输出严重过载的情况下实现功耗的最小化。微电路 ILX3232 没有提供将其转换到高阻态的外部信号。

我们假设微电路没有这样的选项，并分析在电源电压正常工作模式下最可能出现的情况。在电源电压增长的情况下，微电路的操作模式没有设定，同时大驱动功率输出晶体管可以处于正常工作模式，在这种情况下，倍增器单元的发生器可以被激活。由于使用外部

---

① 　此处原文为 "the third state of power voltage"，根据前后文翻译为 "高阻态"。——译者注

电容的电压源非理想且具有较高的电阻（5～10Ω），因此在发生器被激活的瞬间，一个较大的穿通电流将通过开启的输出晶体管从输出 V＋流向输出 V－，同时也流向负载，这阻碍了此类输出达到满幅度。如果不采取特殊措施，微电路会进入高电流消耗的平衡状态，发生器将不会关闭。

为了防止出现上述情况，所述 IC 包含了 V－输出负电压的电平控制单元，其基准电位通过二极管方式连接的晶体管链跟随地线变化。只有在 V－输出达到−2.4～−2.8V 时，输入 D1 和 D2 信号的输出级联才会转换到激活状态。此时，所有微电路单元都处于正常工作电位，这将防止出现危险的高电流消耗寄生模式。

需要注意的是，电平控制单元允许在输出 V＋、V－电压衰减（Voltage Drought）后且在强电流过载的情况下断开输出级联，从而防止微电路出现失效。

为了保护输出级联不受陡峭前沿噪声的影响，使用了与预输出单元并联的附加差分放大器。在常规模式下，该差分放大器关闭，对微电路的运行没有影响。但如果输出中出现具有陡峭前沿的噪声，则会出现 V＋输出电位衰减或 V－输出电位增加，它们作为基准连接到差分放大器的一个差分输入端上，差分放大器与相应的上方 p 沟道和下方 n 沟道输出晶体管的栅极连接，这样放大器被激活，降低了输出级联的电流量和紧急情况的风险。

在工作模式下，还存在长不平衡单线上的发送器输出电压升高到高于电源电压或低于地线电压的可能性。对于使用 CMOS 工艺制作的标准输出级联的情况，直接转换（Direct Shift）将影响大驱动功率输出晶体管的 p−n 结（p−n−Switch），这可能导致高电流泄漏和微电路失效。基于这种情况，如果在输出中没有提供过流模式的单元，ILX3232 微电路要在相当恶劣的条件下可靠运行是不可能的。

在上一代电源电压为 5V 的 ILX232 微电路中，逻辑 1 的电平由采用标准 CMOS 工艺掩膜层制作的双极 n−p−n 晶体管形成，在输出电压高于电源电压的情况下可自动防止电流泄漏到电源总线上。尽管这种方法很简单，也不需要使用大量的元器件，但它不能在具有低功耗模式的 ILX3232 微电路中使用。在输出双极晶体管的基极−发射极 p−n 结（p−n−Switch）上，正倍增电压 V＋的电平降低了 0.8V。为保证高电平时发送器的输出电压为 5.3V，输出 V＋上的电压应为 6.1V。即使在电压倍增系数为 2 的最佳情况下，对于根据技术规范要求设定了参数标准的电源电压为 2.97V 的情况也不会达到这样的电压水平，更不用说事实上倍增器单元发生器不会关闭，即输出 V＋、V－中的电压将低于 TIBVS 基准电位，微电路将永久处于电流消耗增加的模式。

为确保最小电源电压条件下的低功耗模式，V＋输出电平与发送器输出的高电平输出之间的电位差以及 V－输出电平与发送器的低电平输出之间的电位差应最小化，但不超过100mV。这就是为什么要增加输出晶体管的尺寸，尽管并不需要大尺寸的晶体管来确保2mA 水平的负载能力。

如图 3−34 所示，为了提供过压模式（Excess Mode），基于 p 沟道和 n 沟道晶体管以两个串联晶体管的形式实现了高电平和低电平的大驱动功率输出级联。这样的额外部分导致输出单元的面积增加了近两倍。但是，在其他条件相同的情况下，输出晶体管尺寸的增加会增强 IC 对静电的抵抗能力。

通过场效应晶体管实现过压单元的首要设计条件之一是完全的阱隔离（Pocket Isolation）。不允许在晶体管漏极和阱（Pocket）之间进行电连接。如果 n 型外延层中的 n 沟道晶体管位于隔离的 p 型阱中，且该问题很容易解决，则应使用 ILX3232 产品工艺过程中采用的附加深度分隔层（Additional Layer of Deep Division）来隔离 p 沟道晶体管。在前面对倍增器单元晶体管操作的分析中已经讨论了其实现的必要性。

对与输出相关的输出晶体管串联对（Consecutive Pair）的控制与无过压模式的控制没有区别。过压模式通过将连接电源总线的 p 沟道晶体管 T17 和连接地线的 n 沟道晶体管 T18 串联形成的输出晶体管对实现。

在过压模式下，如果输出的电压高于电源电压，则 p 沟道晶体管所在阱中的电势以及通过连接在阱和栅极之间的导通晶体管连接到上方 p 沟道晶体管的栅极和漏极上的电势，将增加并等于输出电势。具有隔离阱（Isolated Pocket）的 p 沟道晶体管的等效电路可以用两个反向连接的二极管表示，其中始终有至少一个二极管处于锁定状态，以防止电流泄漏。如果只使用隔离阱，将无法解决过压的问题。如果输出电压比电源电压高出阈值电压值，p 沟道晶体管就将反向打开，电流将流向电源总线。如果锁定控制端的电势依照过压单元的输出电压来增长，那么 p 沟道晶体管将被关闭。

输出 n 沟道晶体管的过压保护电路的工作原理是类似的，但在这种情况下，是跟随低于阱中地线的输出电压和下方 n 沟道晶体管的栅极电压的降低而变化。

由于需要满足输出过压的要求，保护元器件应与供电电压源、V＋输出、V－输出、地线之间进行电气隔离。考虑到电压规格参数对接收器输入更为严格（按照规格说明书，微电路应能够在接收器输入电压为 $-30 \sim +30V$ 的范围内工作），发送器的输出中应使用相同的保护电路库元器件。位于深度分隔带（Deep Division Band）的一个晶闸管被用作大过压情况下的保护元器件。在 IC 设计过程中，还考虑了其他选择，即基于在分离深分隔阱中具有断开基极（With Broken Base in Separate Deep Division Well）的双极晶体管的保护电路，以确保与电源总线完全隔离的模式。然而，由于需要减少功耗，这些选择未被采纳。对于在 RS－232 接口 IC 的输入和输出上存在高电压的常规操作模式，其保护元器件除了晶闸管之外别无选择。

我们来分析基于断开基极（Broken Base）的 n－p－n 晶体管的保护电路。由于击穿电压低，n^+ 漏极层不能用作发射极和集电极。在该区域这类元器件的击穿电压应为 $42 \sim 46V$，以便在满足接收器输入电压范围要求的同时还能保留一定的余量。这需要引入额外的、更高电阻的 n 型层，使得工艺过程复杂化。在使用断开基极的 p－n－p 晶体管作为集电极和发射极的情况下，可以使用 p 型阱，这已经在 ILX3232 IC 的工艺过程中使用。除了这种保护单元的响应低两倍外，阱外延层薄膜的击穿电压更高，超过了 60V。

我们来对上述静电模式下的保护元器件选项进行一些简单的评估计算，同时要考虑 8kV 水平的抗静电能力，这对于此类电路来说并不困难。通常，RS－232 接口电路端口的抗静电要求为 15kV。对于 8kV 的静电，静态放电模式下的最大脉冲电流约为 8.3A。不考虑集电极区域和发射极区域电阻压降的情况下，基于断开基极的 n－p－n 晶体管的保护元器件的脉冲功耗为 $8.3A \times 46V = 382W$；基于断开基极的 p－n－p[①] 晶体管的保护元器件的功耗为 $8.3A \times 60V = 498W$。需要考虑的是，脉冲模式下的巨大功耗集中在保护元器件区域，该区域只占用了一小片硅区域（约 $300\mu m \times 300\mu m$）为了满足这一要求，必须确

---

① 　此处原文为"n－p－n"，根据上下文应为"p－n－p"。——译者注

保尽可能高的电流散布均匀性和低水平的硅缺陷，以便可逆的雪崩击穿不会转化为对结构造成不可逆破坏的热击穿。

基于晶闸管的保护元器件的优点是在不使用附加层的情况下提供高水平的击穿电压（约 80V），因此相对于接收器的工作输入电压来说有更高的工艺余量并有较低的功耗。达到击穿电压后，晶闸管将转换到与正向连接的二极管电压相比较低的电压区域。在这种情况下，晶闸管的功耗约为 $8.3A \times 2V = 16.6W$，比断开基极的 n-p-n 晶体管低 23 倍，比断开基极的 p-n-p 晶体管低 30 倍。

使用晶闸管作为保护元器件的主要任务是优化起始电流值以及确保从晶闸管激活区转换时的快速响应。在设计错误的情况下，在晶闸管的 VAC 区域内可能会产生相当大的功耗，这将降低晶闸管相对于其他保护元器件选项的优势及其可靠性。

这样，在本章中，我们讨论了现代低功耗接口微电路的主要结构和在设计过程中出现的电路技术问题，并给出了解决这些问题的典型方法。

3.5.4 低功耗接口 LSIC 发送器单元电路的设计特点

具有单一供电电压源的 RS-232 标准接口收发器要特别将电压倍增器电路的大驱动功率输出级联解决方案作为其主要单元之一[2]。通过使用电压倍增器，可以使电路采用一个微电路供电电压源，而不是三个，这将大大简化微电子系统，并显著降低其质量-尺寸特性和成本。

电压倍增器单元的操作需要使用四个最小标称值为 $0.1\mu F$ 的外部电容。标称电容值越高，电压倍增器单元的输出阻抗就越低，也就越接近理想电压源。但是，使用标称大于 $0.1\mu F$ 外部电容可能会导致产品的技术和经济参数变差。由于倍增器单元的外部电容有较高的标称值，因此面积较大，无法在芯片上实现。一个常用的解决方案是在一个封装中混合集成芯片和四个电容，但这种 IC 的成本相当高。

图 3-35 显示了基于理想开关和四个外部电容的电压倍增器单元的等效电路图，这解释了其工作原理。如果不使用内部信号发生器，倍增器单元的操作是不可能的。在初始时刻（电源激活），与微电路 C1⁻ 和 C1⁺ 输出端相连的开关将外部电容 C1 的下方输出端与零电位总线相连，上方输出端与供电电压源相连。此时 C1 电容充电。停用第一组开关后，在内部产生器信号的半个周期内 C1 电容停止充电，通过第二组开关将 C1 电容器的下极板连接到电源电压总线，上极板连接到倍增器单元 V+ 的正电势。由于在这种情况下，电容器 C1 没有放电电路，因此它保持充电状态，并且传送到下极板的电源电压会将上极板上的电势增加相同的值。因此，电压增加到两倍。然而，这是在没有外部电容 C3 的理想情况下的特性，外部电容 C3 被设计用于当第二组开关关断时存储电路中的电荷，它决定了输出 V+ 的负载能力。当一开始连接外部存储电容 C3 时，电容器 C1 大约一半的电荷将分配给电容器 C3，并且由于电容器的标称值相同，输出 V+ 上的电压将增加电源电压值的一半。电容器 C1 上的电压将降低相同的值。在信号发生器的下一个脉冲，电容 C3 上的电荷将增加与四分之一电源电压对应的部分。因此，在信号发生器的几个脉冲内，外部电容 C3 将充满电。

输出 V- 上的负电压是由输出 V+ 上倍增电压的反相结果形成的。根据上述原理，电压反相发生在与微电路的 C2+ 和 C2- 输出相连的开关及外部电容 C2 和 C4 上。在初始时

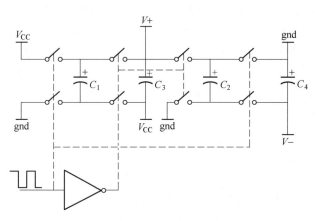

图 3 - 35　电压倍增器单元的等效电路

刻，正电位 V＋的输出连接到电容器 C2 的上极板，零电位（接地）的输出连接到下极板。在这种情况下，电容器 C2 被充电到等于电源电压两倍的电压。在下半个脉冲期间，电容器 C2 的上极板连接到零电位总线，下极板连接到倍增器 V－的负输出，并且由于电容器放电电路被关闭，因此产生了信号反相。当连接外部存储电容 C4 时，电容 C2 的电荷会重新分配。外部电容充满电是在几个脉冲之内完成的。

　　图 3 - 36 给出了所研究的倍增器单元主要电路图。如图所示，它使用的是大驱动力 n 沟道和 p 沟道晶体管而不是理想开关。晶体管的尺寸是按照确保倍增器单元负载能力符合 RS - 232 标准要求的条件选择的。这些晶体管的激活或关闭（Deactivation）是由内部信号发生器向这些晶体管的栅极提供控制脉冲来完成的。

　　与理想开关不同，电压倍增器单元的 FET（场效应晶体管）需要考虑电流双极元器件，这可能是电压倍增系数降低的原因，尤其是与 p 沟道晶体管 T3 和 n 沟道晶体管 T7 相关的情况（见图 3 - 36）。我们以 p 沟道晶体管 T3 的操作为例说明上述情形。在电源电压激活的时刻，除 p - n 结（p - n - Transition）上的电压降之外，n 型衬底中的电位将跟随电源电压变化直到倍增器单元发生器被激活。在 C1 电容器充电后，一旦信号发生器开始工作，晶体管 T3 将关闭，电容器上极板中的电势将增加到超过电源电压的一半，如果 p 沟道晶体管 T3 采用的是 n 型衬底，这将足以实现对有更大面积的漏极 p - n 结的正向（Direct Direction）偏置。

　　电流将被注入高电阻的基板（Plate）中，这与基于 CMOS 的 IC 设计思想相矛盾，在经典使用方法中是不可接受的，按照经典使用方法，单极晶体管的漏源间各个结（Drain - Source Transitions）应该被安全地锁定。

　　由于倍增器单元电路具有这种特性，因此有必要将电流寄生分量对电路正常操作的影响降至最低，以防止微电路转变到闩锁模式的可能性。

　　我们将使用如下的已知公式，近似估算在初始时刻、将电容值不低于 0.1μF、连接到 V＋输出的外部电容 C1 充电到电源电压的一半时，通过晶体管 T3 和 T4 的电流：

$$I = C\frac{\mathrm{d}U}{\mathrm{d}t} = 0.1 \times 10^{-6} \times \frac{1.5\mathrm{A}}{100 \times 10^{-9}} = 1.5\mathrm{A} \tag{3 - 26}$$

式中，C 表示外部电容值；dU 表示外部电容上的电压变化；dt 表示外部电容充至 1.5V

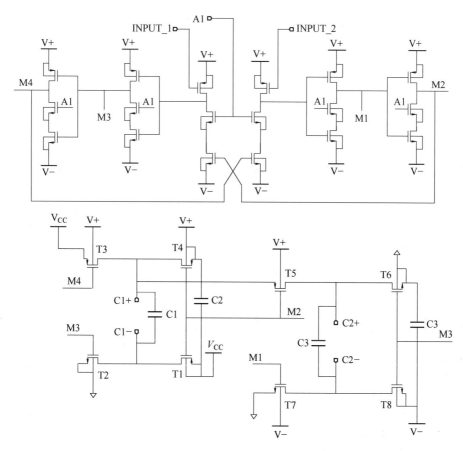

图 3 - 36　电压倍增器单元的电路原理图[2]

时的充电时间。

如式（3 - 26）所示，在电压增至电源电压一半的第一阶段，充电电流可达到 1.5A。在下一阶段中，由于充电幅度的减小，电流将减小。如果我们考虑到充电电流不仅通过倍增器单元晶体管 T4 的沟道，而且还通过晶体管 T3 和 T4 的 p - n 结（p - n - Transition），就很有必要采取与结构相关的、在简单 CMOS 工艺上实现的额外措施来最大限度地减少有大电流的大驱动力寄生双极晶体管的影响，以防止出现闩锁模式。使用额外的保护带（Protection Band）无法解决该问题，而增加与电路其他有源元器件的距离将导致通用性（Compatibility）丧失，这是由于芯片尺寸的增加而引起的并且效果非常明显。

为了保证该集成电路的正常操作，特别是在高温区，当寄生双极晶体管的系数增加且由于电阻的增大使保护带的性能降低时，使用新的工程解决方案是很有必要的。

因此，通过采用低电阻的 p 型深度分隔（Deep Division）实现倍增器单元晶体管的完全隔离，可以有效降低寄生双极晶体管结构的影响。其中，p 型深度分隔是在制造过程中经过长时间向上扩散（Long - Term Up - Diffusion）并保证穿通衬底而形成的。对于该解决方案，电流的寄生分量中相当大一部分的空穴被深度分隔的低电阻区域俘获，并在其中完全再复合。

电流的寄生分量也流向高阻基板（High‐Resistance Plate）。为了降低由 p 沟道晶体管漏极、外延层和 p 型基板（p‐Type Plate）形成的寄生双极结构的放大系数，应增加外延层的厚度，并增加额外的 n⁺ 埋层。因此，相对于标准 CMOS 工艺，通过使用两个额外层，可以在不显著改变芯片尺寸的情况下完全避免寄生双极结构对电路的影响，而寄生双极结构是任何电压倍增电路所具有的特性。

由于电子比空穴具有更高的迁移率，因此额外的 n⁺ 埋层对抑制大驱动功率 n 型晶体管区域中的晶闸管效应非常有效。尽管在 n 沟道晶体管阱下的被深度分隔隔离的区域中的外延层处于最高电位之下，但这不足以在电压倍增模式下安全锁定阱和 n 型外延层的 p‐n 结。

应特别注意 n 沟道晶体管 T7 的电路技术解决方案。如前所述，在电容 C3 的充电状态，C3 的下极板（Lower Substrate）通过该晶体管连接至零电位总线，并且在下半个周期内对其施加 −5V 的电压。如果采用通常的晶体管激活方式（Regular Activation of Transistor），当源极与 p 型阱联合在一起并处于同一个电位时，电压反相（Voltage Inversion）将是不可能的。晶体管 T7 的大驱动功率寄生双极结构会将负电压限制在 −0.7～0.8V 的电平上，这将导致强电流注入基板（Plate），同时由于没有将倍增器单元转换到设置模式的可能，该 IC 的电流消耗会成倍增加。倍增器单元也将在相当大的电流过载模式下运行。显然，不能采用这种连接方式。

有多种方法可以解决上述问题。我们来看其中的两种方法。在第一种情况下，阱和源极没有电连接（即晶体管位于隔离的 p 型阱中）。为了在电容器 C3 下极板（Lower Substrate）上形成负电压的模式下使源极‐阱 p‐n 结（p‐n‐Transition Source‐Pocket）在转换过程中保持关闭，有必要以相同或更快的速率降低阱的电势，这种方法由于使用了额外的控制单元，将导致电路更加复杂。此外，应当对晶体管进行适当的分割（Sectioned），以减小连接到阱的接触电阻，在这种情况下晶体管的面积将增加。实际上，可以采用一种不添加额外电路结构的更简单的解决方案，即将 n 沟道晶体管 T7 的隔离阱连接到集成电路 V−输出端的最低电位。尽管在类似条件的情况下，由于衬底电势的降低，晶体管的跨导将减小，但在动态模式下转换到解锁状态（Transition Unlocking）的可能性可以降到零。在这种使用方式下，为了补偿晶体管 T7 跨导的减小，它的尺寸应增加大约 20%。

为了防止在转换过程中出现激活寄生双极结构的可能，需要优化对倍增器单元晶体管操作模式进行控制的信号的前沿持续时间（Duration Signal Fronts）。在使用陡前沿的情况下，很难解决将晶体管保持在锁定状态的问题。在这种情况下，有必要考虑以下事实：与双极 CMOS 不同，集成电路是基于高阻层制造的。在使用非常平滑的前沿时，倍增器单元的运行效率会降低。我们的设计经验表明，如果上升/下降前沿的持续时间为 80～100ns，则可以获得良好的结果。

3.5.5　等同于半导体带隙宽度的温度无关基准电压源[①]

获得与温度变化、电源电压和其他因素无关的基准电压对于使用稳压器的集成电路非常重要。基准电压源用于所有模拟集成电路，以稳定模拟单元的内部供电电压。

---

①　此处原文是 Thermally Independent Base Voltage Source，根据上下文内容翻译为"温度无关"，后同。——译者注

如图 3－37 所示，最简单的基准电压源电路可基于正向连接的二极管、二极管方式连接的 MOS 管或齐纳二极管（Stabilitron）构成。

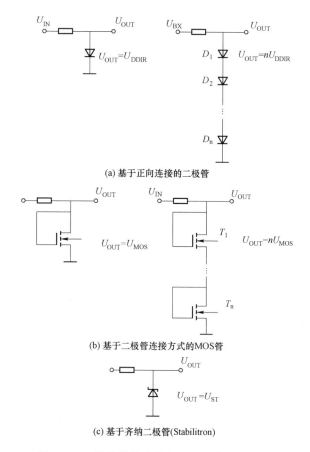

(a) 基于正向连接的二极管

(b) 基于二极管连接方式的MOS管

(c) 基于齐纳二极管(Stabilitron)

图 3－37　最简单的基准电压源的等效电路图

由于这些最简单的基准电压源不具备令人满意的温度稳定性，因此它们主要用在静态偏置的电路中。一个基于正向连接二极管的标准基准电压源的温度变化系数（Separate Transit）为 $-1.5 \sim -2.2 \mathrm{mV/℃}$，如图 3－37（c）所示基于齐纳二极管的电路的温度变化系数为 $1.5 \sim 5 \mathrm{mV/℃}$。目前，这种结构在现代集成稳压电路中并不多见，它们已被如下所述的更先进的电路解决方案所取代。

3.5.6　温度无关基准电压源的设计选项

目前，等同于半导体禁带区域宽度（Width of Forbidden Area）的基准电压源在稳压器和其他模拟集成电路中得到了最为广泛的应用[2,28—33]。

这种电路的工作原理是基于以下思想：产生具有正温度系数的电压，该正温度系数的绝对值等于电压 U_{BE}（或二极管）的负温度系数。在将该电压与 U_{BE} 电压相加的情况下，我们就得到温度系数为零的电压。我们来分析这种被称为电流镜的元器件的工作原理，它有两个晶体管，以不同的发射极电流密度（通常的密度比为 1∶10）工作。电流镜的等效电路图如图3－38所示。

此类电路配置下的晶体管 T1 和 T2 的 Ebers‑Moll 方程如下所示：

$$I_k = I_{knas}\left(\exp\frac{U_{BE}}{\phi_T} - 1\right) \approx I_{knas} \cdot \left(\exp\frac{U_{BE}}{\phi_T}\right) \quad (3-27)$$

式中，$\phi_T = KT/q$ 为温度势。

因此，我们获得了基准电压源主要电气参数的数值计算公式：

$$U_{BE} = \phi_T \ln\frac{I_k}{I_{knas}}$$

$$U_{R1} = U_{BET1} - U_{BET2} = \phi_T \ln\frac{I_{kT1}}{I_{knas}} - \phi_T \ln\frac{I_{kT2}}{I_{knas}}$$

$$= \phi_T \ln\frac{I_{kT1}}{I_{kT2}} = \frac{KT}{q} \cdot \ln\frac{I_{kT1}}{I_{kT2}}$$

$$I_{ET2} \approx I_{R1} = I_{kT2} = \frac{U_{R1}}{R1} = \frac{KT}{qR1} \cdot \ln\frac{I_{kT1}}{I_{kT2}} = I_{out} \quad (3-28)$$

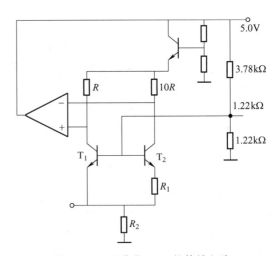

图 3‑38　由两个在不同电流密度下工作的晶体管构成的电流镜等效电路

对所获得计算结果的分析表明，电阻 R1 上的电压值和输出电流值与绝对温度 T 的值成正比。我们只需要将输出电流转换为电压，再将其加到 U_{BE} 电压上。图 3‑39 给出了这种半导体带隙电压 BVS 经典电路结构。

在这种情况下，电阻 R2 的值决定（给定）了与 U_{BE} 相加、并具有正温度系数的电压值。结果表明，当总电压等于绝对零度下芯片的禁带（Forbidden Zone）电压（即约 1.22V）时，该电压的温度系数将为零。图中虚线框内部分实现了稳压功能。

图 3‑40 给出了禁带电压（Forbidden Area Voltage）BVS 的现代化等效电路，其中使用了不同结构的集成稳压器。

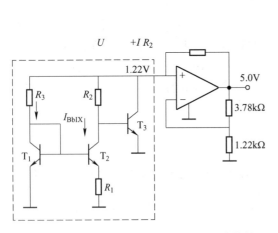

图 3‑39　半导体带隙电压 BVS 经典电路结构

图 3‑40　现代化 BVS 的等效电路

在这种情况下，图 3‑39 虚线框中的电路部分被替换。T1 和 T2 晶体管对必须在集电极电流比为 10∶1 的条件下工作。U_{BE} 电压值等于 $(KT/q) \cdot \ln10$，其差值决定了与温度值成正比的晶体管 T2 发射极电流值（该电压差值施加在电阻 R1 上）。由于 T1 管集电极电流始终至少比该值高 10 倍，因此它也与温度成正比（由于运算放大器的操作，T1 管和 T2 管的集电极电压相等）。这就是为什么发射极总电流始终与温度成正比，并在具有正温度系数的电阻 R2 上产生压降的原因。电阻 R2 的电压与 T1 管的 U_{BE} 电压相结合，以获得温度系数为零的稳定基准电压值，这是基于晶体管 T1 和 T2 形成的。

带隙基准电压源的电路结构存在多种选择，但其特点都是将 U_{BE} 电压与由连接在一起的晶体管对所产生的电压相结合，其中的晶体管对在某个给定的电流密度比下工作，具有正的电压温度系数。

3.5.7　提高微电路抗热电子效应能力的电路结构方法

接下来我们将介绍基本元器件的新型电路结构解决方案，即采用场效应管的集成电路反相器（MOS IC），它可以有效地用于设计和制造更为可靠的电子设备和系统，其中也包括航天应用的设备和系统。

晶体管几何尺寸的减小是微电子发展的主要趋势，因为这可以在集成电路（IC）的制造过程中改善其技术-经济指标（降低成本、提高响应速度、降低功耗等）。然而，晶体管几何尺寸的减小导致了各种寄生效应，从而降低了集成电路的成品率和可靠性，尤其是当场效应晶体管（下文称为 MOS 晶体管）的沟道长度减小时，就会形成热电子效应。在几何尺寸减小（缩减）的情况下，电场强度（Electric Field Tension）的增加使得通过晶体管沟道的载流子（电子和空穴）的能量增加，直至形成雪崩效应。当额外形成的过多载流子中的一部分在栅氧区域被俘获时，会形成快界面态（Fast States），这对集成电路的可靠性和功能特性都会产生负面影响。特别是，这些状态是造成晶体管加固系数（Transistor Strengthening Coefficient）降低、漏电流和输出电压降低的原因。

降低集成电路的电源电压是一个众所周知的解决方法，但总的来说并不能解决这个问题，也不总是适用于实际情况（例如并非总是可以使用 3.3V 而不是 5.0V 的电源电压）。

MOS 微电路的已知电路结构解决方案的缺点是在减小（缩减）晶体管几何尺寸的情况下会降低其功能可靠性，这是由于 n 沟道 MOS 晶体管比 p 沟道 MOS 晶体管对增加晶体管沟道中电场临界强度（Critical Tension）的效果更为关键，这可以通过俘获（Trap）和快界面态（Fast States）形成的物理机制来解释。

以下电路结构解决方案可以实现可靠性及对这些快界面态造成的寄生效应抵抗能力更高的集成电路。这一任务是通过在集成电路结构中实现附加 MOS 保护管的方法来解决的，这将补偿主要晶体管因快界面态导致的电气特性不利变化，以及在大规模生产的集成电路的设计和制造过程中由于将晶体管几何尺寸减小（缩减）为更严格（最小）的设计标准时所形成的不利变化。

图 3 - 41 显示了最简单的逻辑反相器的电路结构，它说明了该技术解决方案的本质。该图中，保护管 T12 的源极与晶体管 T11 的漏极连接，保护管 T12 的漏极与第二个晶体管 T13 的源极连接，并且向保护管 T12 的栅极提供恒定的保护电压 V_p。

从图中可以看出，晶体管 T11 和 T12 代表常规互补对，称为 CMOS 晶体管。输入逻辑信号 V_{in} 的电压从反相器的公共输入端 14 提供给晶体管 T11 和 T13 的栅极，输出逻辑信号 V_{out} 的电压从 p 沟道晶体管 T11 的漏极和 n 沟道晶体管 T12 的源极传输到电路的公共输出端 15。由于 n 沟道晶体管比 p 沟道晶体管对热载流子效应的影响更为关键，因此电路中按照建议的技术解决方案提供了附加保护晶体管 T12，确保 n 沟道晶体管 T13 的漏极电势受到限制，使其不超过给定值 V_p，即使在微电路的外部电源 $+V_{cc}$ 的正电压意外出现超过可接受水平的情况时亦是如此。

节点 17（Unit 17）的电平与零线 V_{ss} 电平之间的关系式为：

$$V_{17} = V_p - V_h^{①} \tag{3-29}$$

式中，V_h 是保护管 T12 的导通阈值（Opening Threshold）电压。

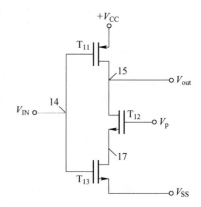

图 3-41　最简单的逻辑反相器的电路结构

此类元器件的大多数应用领域中采用的电源电压 V_{cc} 是在 4.5～5.5V 和 3.0～3.5V 范围内。

在标准反相器中，晶体管 T12 的阈值电压值通常在 1.0～2.0V 的范围内，对于所述元器件，其值约为 1.6V，保护晶体管 T12 的电源电压（节点 17）不超过 3.9V。

标准反相器中 T13 管的源极电压值如果过大，最终将降低 T13 管的可靠性，而这个电压值取决于多种因素，比如晶体管几何形状以及实现它的工艺特性（漏极或源极区域掺杂度）等。但一般来说，它符合指数定律，也就是较小的电压降低（降低 20%）通常会引起晶体管的实际工作周期相对较大的降低（降低 50% 或更多）。

附加保护管 T12 的引入可确保基本反相器免受会降低微电路可靠性的负面效应的影响。

值得注意的是，与标准反相器类似，节点 15 的绝对电压值也达到了电源电压 V_{cc}。相应地，当向输入端 14 提供逻辑 1 输入电压时，p 管 T11 转换到截止状态，n 沟道晶体管 T13 打开并在反相器输出（节点 15）提供接近地电势的逻辑零电压。在这种情况下，保护管 T12 的栅极电压确保其开启并在节点 15 和地线 V_{ss} 之间形成低电阻的电流通路，这正是所需要的。与此对应，当向输入端 14 提供低电压（逻辑零）时，p 沟道晶体管 T11 开启，n 沟道晶体管 T13 关闭，反相器输出端（节点 15）的电压增加到电源电压 V_{cc} 的电位。

相应地，在输出获得全范围电压（在 $V_{cc}=5.0V$ 时为 0～5.0V、在 $V_{cc}=3.0V$ 时为 0～3.0V）的同时，我们达到了限制电压值的第二个目标，降低了在晶体管 T13 的沟道横截面上的电压降（Voltage Value Dropping Cross-Section of Channel Body of Transistor T13）（达到远低于 $+V_{cc}$ 的电压值），破坏了因俘获的少数载流子累积而导致的热电子寄生效应的形成条件，从而提高了集成电路的可靠性。

这种技术解决方案用最简单的、仅执行逻辑非操作的反相器电路作为例子进行了说明，它可以很容易地用于构建更为复杂、密度（Packing Density）更高的集成电路，包括大规模（LIC）和超大规模（VLIC）集成电路等。

接下来，我们将介绍采用上述技术解决方案设计实现与非 AND-NOT（见图 3-42）

---

① 　原文中此公式为 $V_{17}=V_pV_h$，中间应有运算符，根据上下文改为 V_p-V_h。——译者注

和或非 OR - NOT（见图 3 - 43）类型逻辑操作的第二复杂度级别的集成电路库的例子。

图 3 - 42 展示了实现 2 输入与非 2AND - NOT 逻辑操作的标准电路。第一个输入逻辑信号（V_{in1}）被送至 p 沟道晶体管 T21 和 n 沟道晶体管 T24 的栅极，第二个输入逻辑信号 V_{in2} 被送至 p 沟道晶体管 T22 和 n 沟道晶体管 T25 的栅极。P 沟道晶体管 T21 和 T22 并联接在电路的电源输出 $+V_{cc}$ 端和输出端 25 之间，附加管 T23 与电路中晶体管 T24 和 T25 顺序连接。具有上述给定值的保护电压 V_p 被送至晶体管 T23 的栅极。这就是为什么晶体管 T24 和 T25 的源极电压被限制为小于 $+V_{cc}$ 的电压值，而输出端 25 的值 V_{out} 可以确保完全对应于原型（从 0～V_{cc}）。举例来说，要将图 3 - 42 中的微电路功能扩展到 3 输入与非门 3AND - NOT，可以很简单地通过将并联的额外 p 沟道晶体管和串联的额外 n 沟道晶体管所带来的额外输入端连接起来的方法来实现。

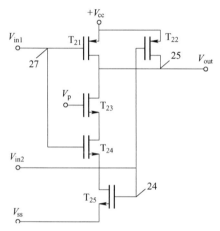

图 3 - 42　实现 2 输入与非 2AND - NOT
逻辑操作的标准电路

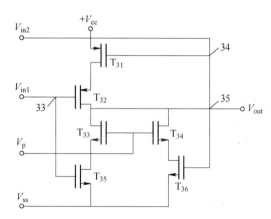

图 3 - 43　实现 2 输入或非 2OR - NOT
逻辑操作的稳定性增强版电路

图 3 - 43 展示了根据上述电路结构解决方案原理实现的可靠性增强的微电路，它能够完成 2 输入或非 2OR - NOT 逻辑操作。在这种情况下，一个逻辑输入信号 V_{in1} 被送至 p 沟道晶体管 T32 和 n 沟道晶体管 T35 的栅极公共连接处（节点 33）。第二个输入信号 V_{in2} 被送至节点 34 的晶体管 T31 和 T36 的栅极连接处。在这种情况下，保护晶体管的功能由晶体管 T33 和 T34 完成，它们具有公共的栅极，将向这个公共栅极提供保护电压 V_p，保护管 T33 限制晶体管 T35 上的电压，保护管 T34 限制晶体管 T36 上的电压。使用这种两个保护晶体管的连接方式保证了晶体管 T35 和 T36 之间的高水平电流隔离保护。然而，在特定情况下（例如要减少芯片面积）如果需要，可以只使用一个保护管 T33 来保护晶体管 T35 的源。

可以用一条公共总线 V_p 来提供集成电路芯片上所有保护晶体管的栅极电压。形成 V_p 的电压源可以位于集成电路之外，也可以直接位于集成电路内部。图 3 - 44 给出了最简单且广泛使用的 V_p 电压形成电路的结构图。该电压提供给保护晶体管的栅极，其工作方式如下：正电源电压 $+V_{cc}$ 施加于电源端（节点 40），去除电阻器 R 上的压降值后，41 节点的电压被限制在 V_p。V_p 的下限值由电路中电源-地之间串联的二极管（42～44）数量确定，因此，当在电路中使用 $n = 7$ 个正向导通电压值为 $U_g = 0.65V$ 的硅二极管时，可以获

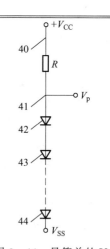

图 3 - 44　最简单的 V_p
电压源结构图

得 $U=4.55\mathrm{V}$ 的稳定电压。此外，其他在实践中经过充分测试的解决方案，或者雪崩二极管（一个雪崩二极管可替代图 3 - 44 中的整个二极管电路）以及对该电平具有热补偿的更复杂元器件也可用于构造 V_p 信号稳压器。

为形成和传送保护电位而增加额外的晶体管与电路会导致 LSIC 和 VLSIC 的元器件总数量增加，相应地增加了芯片的面积（根据 LSIC 的复杂度，尺寸的增加范围是 7%～15%），但基于该发明制造的集成电路提供了工作时的更高可靠性和生产时的更高成品率。使用该发明能够通过将所采用的制造工艺的最小尺寸从 $0.8～1.2\mu\mathrm{m}$ 转换到 $0.35～0.5\mu\mathrm{m}$ 及以下的方法来十分有效地解决提升技术-经济特性的问题。

因此，该集成电路结构解决方案提高了电路工作的可靠性，这是由于实现的附加保护晶体管补偿了基本晶体管电特性的负面变化，这可以用热电子效应来解释。

与已知的标准电路结构相比，这种微电路的一个额外优势是：尽管该集成电路输出电压可在 $0～V_{cc\,max}$（最大可接受的电源电压）的全范围内变化，但其内部大多数晶体管（根据 LSIC 的复杂度水平从 10%～40%）的最大工作电压被限制在 V_p 以内，这也提高了可靠性及成品率。

参 考 文 献

[1] Macii E. Ultra Low - Power Electronics and Design [M]. Norwell, MA：Kluwer AcademicPublishers，2004.

[2] Belous A I，Emelyanov V A，Turtsevich A S. Fundamentals of Circuit Design of Microelectronic Devices [M]. Moscow：Tekhnosfera，2012.

[3] Belous A I，Murashko I A，Syakersky V S. Methods of Minimizing Power Consumption During Designing CMOS LSIC [J]. Technologies and Designing in ElectronicEquipment，2008（4）：39 - 44.

[4] Belous A I，Ovchinnicov V I，Turtsevich A S. Features of Microwave Devices Design for Spacecrafts [D]. Ministry of Education of the Republic of Belarus，Gomel University of FrancyskSkoryna，Gomel，2015.

[5] Belous A I，Ponomar V N，Silin A V. Systems Engineering of Bipolar Microcircuitsfor High - Speed Information Processing Systems [M]. Minsk：Polifakt，1998.

[6] Belous A I，Emelyanov V A，Syakersky V S. Designing Integrated Microcircuitswith Reduced Power Consumption [M]. Minsk：Integralpoligraph，2009.

[7] Belous A I，Yarzhembitsky V B. Circuit Engineering of Digital Microcircuits for Information Processing and Transfer [M]. Minsk：Tekhnoprint，2001.

[8] Belous A I，Blinkov O E，Silin A V. Microcircuits for Automatic Control SystemsInterfaces [M]. Leningrad：Mashynostroeniye，1990.

[9] Roy K，Prasad S C. Low - Power CMOS VLSI Circuits Design [M]. New York：HiltonBooks，1995.

[10] Emelyanov V A. Circuit Engineering of the Series of Quick - Responding CMOS ofLogical IC，Resistant to Special External Impacts [EB/OL] www. bms. by/ENG/GENERAL/news/schemotechnics. pdf.

［11］ Bibilo P N. Automation of the Logical Synthesis in CMOS Circuits with ReducedPower Consumption ［J］. Software Engineering，2013（8）：35 - 41.

［12］ Bibilo P N，Romanov V I. Logical Design of Discrete Devices Using the Production - Frame Model of Knowledge Representation ［M］. Minsk：BelaruskayaNavuka，2011.

［13］ Roy K. Low - Power Digital VLSI Design：Circuits and Systems ［M］. Norwell，MA：Kluwer Academic Publishers，1999.

［14］ Cheremisinova L D. Assessment of Power Consumption of the CMOS Circuits on theLogical Level ［J］. Informational Technologies，2010（8）：27 - 35.

［15］ Cheremisinova L D. Synthesis of Combined CMOS Circuits Taking into Account PowerSaving ［J］. Informatics，2010（4）：112 - 122.

［16］ Cheremisinova L D. Synthesis and Optimization of Combined Structures VLSI ［M］. Minsk：OIPI NAS RB，2005.

［17］ Cheremisinova L D. Assessment of the Power Consumption for Optimization of Two - Level CMOS Circuits ［J］. Informatics，2010，2（26）：105 - 115.

［18］ Cheremisinov D I，Cheremisinova L D. Minimization of Two - Level CMOS Circuits Taking into Account Power Consumption ［J］. Informational Technologies，2011（5）：17 - 23.

［19］ Cheremisinova L D，Kirienko K A. Synthesis of Multi - Level Logical Circuits Taking into Account Power Consumption ［J］. Informational Technologies，2013（3）：8 - 14.

［20］ Bibilo P N，Leonchik P V. Decomposition of Boolean Functions Systems，Set bythe Binary Choice Diagrams ［J］. RAS News：Control Theories and Systems，2011（4）：86 - 101.

［21］ Bibilo P N，Kirienko N A. Assessment of Power Consumption of Logical CMOS - Circuits Based on Their Switching Activity ［J］. Microelectronics，2012，41（1）：65 - 67.

［22］ Bibilo P N. Selecting a Test for the Maximum Power Consumption Mode of the Combined Logical Circuit ［J］. Control Systems and Machines，2010（5）：39 - 45.

［23］ Cheremisinova L D，Novikov D Y. Software Means for Verification of the Descriptions of Combined Devices in the Logical Design Process ［J］. Software Engineering，2013（7）：8 - 15.

［24］ Bibilo P N. Design Systems for Integrated Circuits on the Basis of VHDL Language：StateCAD，ModelSim，LeonardoSpectrum ［M］. Moscow：SOLON Press，2005.

［25］ Bibilo P N. Assessment of Power Consumption of the Combined Units of OrderedCMOS VLSI Based on Logical Modelling ［J］. Modern Electronics，2010（2）：54 - 59.

［26］ Beluos A I，Yarzhembitsky V B. Circuit Engineering of Digital Microcircuits for Information Processing and Transfer ［M］. Minsk：UPE Tekhnoprint，2001.

［27］ Belous A I，Murashko I A，Syakersky V S. Methods of Minimizing Power Consumption During Designing CMOS LSIC ［J］. Technologies and Designing in ElectronicEquipment，2008（2）：39 - 44.

［28］ Belous A I. Integrated Circuit ［P］. Patent of the Republic of Belarus No. 2817，May27，1998.

［29］ Belous A I，Silin A V，Pribylsky A V. Buffer Device with Repeat Function andThree States of the Output ［P］. Patent of the Republic of Belarus No. 8720，July 9，2006.

第 4 章　辐射对亚微米集成电路影响的特点

　　第一次对军事和空间应用电子技术产品的抗辐射问题进行详细的科学和实验研究始于 20 世纪 60 年代中期。在接下来的 30 年里，该问题成为最重要的问题之一，多国以及行业内一直致力于寻找解决方案。最终，苏联提出了一个功能完备的抗辐射微电子产品清单，而这份清单包括了 1000 多种微电路和半导体元器件。这些苏联产的微电子产品在抗辐射方面并不逊色于外国主流公司的微电路，在某些情况下甚至还超过了它们。

　　设计和制造抗辐射集成电路的研究之所以备受关注，是该项工作所需经费和材料投入与设计、生产和运营火箭和空间技术终端产品所需投入不可相比。哈里斯半导体（Harris Semiconductor）公司于 1999 年更名为英特锡尔（Intercil）半导体公司，是全球抗辐射微电路开发和生产领域的领导者之一，据他们估计，尽管抗辐射 IC 的成本比类似工业级产品的成本高出约 100 倍，但使用后者使设备达到相同的抗辐射水平需要比使用抗辐射元器件的费用高得多。这是因为需要根据指定的规格选用特殊的产品，还需要使用额外专用的屏蔽结构以及大量的设备用于测试。

　　确保各种空间应用的半导体集成电路抗辐射能力进入现代化阶段的原因是对样品和复杂系统的技术性能要求不断提高，使得火箭-空间技术需要研发基于亚微米工艺的新型复杂功能的大规模集成电路（LSIC）和超大规模集成电路（VLSIC），而从物理限制条件可知，这些新型电路对单粒子辐射效应的影响可能更加敏感。

　　除了空间应用外，现代集成电路还广泛应用于各种技术目标的无线电电子设备（REE）中，这些设备也可能工作在穿透辐射的环境条件下。当电子设备位于人造电离辐射区域内或靠近核电和核能反应堆时，REE 就会暴露在穿透辐射作用下。众所周知，太空环境和地球辐射带的不同电离辐射会对空间中的物体产生影响，以下强度的辐射会对 REE 产生影响[1-4]：

　　1）核爆炸：在剂量率为 10^{13} R/s 时，中子通量达到 10^{15} cm^{-2}，γ 光子暴露剂量达到 10^6 R [1R（伦琴）$= 2.58 \times 10^{-4}$ C/kg]；

　　2）靠近核反应堆：中子通量 $10^{12} \sim 10^{15}$ cm^{-2}，吸收 γ 光子剂量可达 10^5 rad；

　　3）地球同步卫星运行的 5 年内，航天器经过地球辐射带时接收的总剂量为 $5 \times 10^4 \sim 6 \times 10^5$ rad（等效于能量 $E = 1$ MeV 的电子通量 5×10^{14} cm^{-2}）。

　　这些设备高昂的成本使得对 REE 的基本单元的可靠性和正常运行有非常严格的要求，首先就是所选用的各种不同功能的集成电路。事实上，在上述条件的影响下，一个集成电路的故障通常会导致更加复杂且维修成本更高的设备故障，而这种故障的后果通常是不可预测的。这就使得提高集成电路及相关设备的抗辐射容限变得至关重要。

4.1　辐射对亚微米 CMOS 集成电路影响的物理机理

　　辐射对 MOS 元器件工作影响的物理机理主要与半导体-介质界面的形成工艺有关，

这就是为确保 MOS 晶体管和相应的集成电路的基本单元抗辐射能力，需要深入了解辐射在 MOS 结构中产生影响的物理机理。

为了解决航天学科中科研和实际应用的不同需求，在 20 世纪 60 年代就开始了对 MOS 元器件中观测到的不同辐射效应的研究。金属氧化物半导体（MOS）结构和元器件辐射损伤物理学这一新兴学科领域的基础研究开始崭露头角[4-14]。

因此，电离辐射对 MOS 结构的影响导致其主要电参数发生了相当大的变化，这是由于陷阱电荷的形成、栅介质区域的电荷积累、半导体-介质（SD）界面上的界面态（FSS）密度增加以及半导体内部载流子迁移率的降低引起的[7-9]。

辐照将在 SiO_2 薄膜中产生陷阱和陷阱电荷，这是由于 SD 界面上 SiO_2 和 Si 结构的不均匀性以及氧化硅中杂质的存在，产生了许多具有应力的 Si - O 键区域。在辐照时，电子会断裂 Si - O 键，这使得原子进入一个新的平衡位置，从而形成一个稳态陷阱。具体来说，就是每个断裂的氧原子结键的位置形成一个含有空穴陷阱的施主能级，而断裂后的硅键对应于中性的受主能级[1,2]。

在氧化硅中发现了各种自身缺陷和杂质缺陷[8,9]，包括：

1）三价硅＝Si（E'-中心）-固定施主；

2）游离氧＝ Si - O -简单受主和两性中心；

3）氧空位 V_0（Si Si）－双施主；

4）硅空位 V_{si}-简单受主和两性中心；

5）间隙硅 V_i 双施主；

6）间隙氧 O_i（DI -中心）-简单受主和两性中心；

7）双重或更复杂的化合物：O_2，SiO，V_oV_o；

8）杂质缺陷：H，OH（B-中心），Na（A'-中心）。

在 SiO_2 中，主要的影响来自三价硅的施主中心（E'-中心）和间隙氧（DI 中心），它们可以形成氧化物中的正电荷。

采用中子活化分析方法，可以确定具有施主性质的杂质（Na，K）在氧化硅中与 Si - O - Na 形成稳定的键，其分布反映了非桥氧缺陷的分布。具有受主性质的杂质元素（Cu、V、Mo、W）主要与硅衬底中的原子和缺陷相互作用，形成硅化物。结果表明，杂质元素对金属氧化物半导体的结构性能有正面影响，主要是可以减小结构中断裂的键、电荷和机械应力带来的负面影响。

通过硅的热氧化得到的 SiO_2 薄膜不同于反应溅射法、热沉积或等离子阳极氧化得到的非晶态薄膜。热氧化物在文献 [7] 中被称为多晶氧化物，不同于晶状石英的长程晶格有序，它保留了原子的短程晶格有序。

SiO_2-Si 结构中包含一些过渡区域（其化学含量由公式 SiO_n 来描述），主要有邻近半导体的缺陷区域（$n<1$）、有序区域 SiO（$n\approx1$）以及缺陷区（$1<n\leqslant2$）。缺陷区形成的原因是氧原子数目（一个硅原子所必需）的错配，以及绝缘体和半导体原子空间排列的错配从而在过渡区形成应力键和断裂键。

在大多数情况下，过渡区中的缺陷是电活性中心，称为表面态（SS）。SS 位于半导体表面附近（距离表面约 10nm），充电时间约为 $1\mu s$，所以也被称为快表面态（FSS），而处于过渡区深处的状态时，有较长的弛豫时间（$\geqslant1ms$），所以又被称为慢 SS[1,2]。

文献［5］中确定了 FSS 密度（N_{ss}）和 SiO_2 体中陷阱中心的浓度（N_0）之间的关系：

$$N_{ss} = K_{kop} N_0 \tag{4-1}$$

式中，$K_{kop} = 3.75 \times 10^{-6} \mathrm{cm \cdot eV^{-1}}$。

这表明缺陷形成的原因是相同的，即原子之间应力键的存在和电离导致应力键的断裂。

图 4-1 描述了目前 MOS 元器件的辐射缺陷形成过程[6,15]，受到辐照时，氧化物中会产生电子-空穴对（见图 4-1 中的过程 1），部分电子-空穴对在大约 10^{-12} s 内就会复合（过程 2），而没有参与复合的电子和空穴会在氧化层电场作用下分离（过程 3）并参与到穿过氧化物的可动电荷转移（过程 4）或被深能级俘获（过程 5）。辐射感生的电子比空穴的迁移率大得多，在 1ns 的时间内就被扫出氧化层，而空穴在逃脱最初复合后在电场的作用下缓慢地在氧化层进行漂移。氧化层中电荷的输运会引起阈值电压随时间变化。当这些空穴到达半导体-氧化物或金属-氧化物界面时，其中一些空穴被深能级缺陷俘获，最终导致阈值电压发生漂移。接下来部分被俘获的空穴会发生退火并产生 SS（过程 6）。

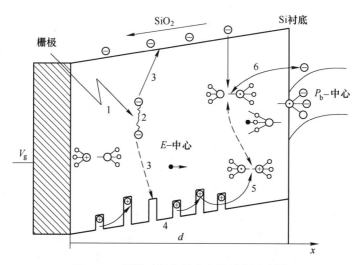

图 4-1　辐射时氧化层中主要过程示意图

接下来我们详细分析在辐照条件下 MOS 元器件参数变化的过程。在文献［11］的研究中给出了 MOS 元器件吸收剂量和发生在此范围内的物理参数的变化，特别是：

1）$D = 10^3 \sim 10^4$ rad 范围内，电荷耦合元器件的退化（由于不平衡的耗尽导致弛豫时间减少和电流增加，进而降低了传输效率）；

2）$D = 10^6 \sim 10^7$ rad，LSIC 和 VLSIC 参数的退化［厚（$\approx 1\mu m$）SiO_2 钝化层中体电荷的增加导致隔离单元间的寄生结增加，p^+ 保护层电荷反型，功耗增加］；

3）$D = 10^5 \sim 10^6$ rad，MOS 晶体管的退化［栅氧层 SiO_2（约 $10 \sim 50nm$）中陷阱电荷和 FSS 密度（$N_{ss} = 10^{11} \mathrm{cm^{-2} \cdot eV^{-1}}$）的增加导致阈值电压变化、速度降低、亚阈值斜率降低］；

4）$D = 10^6 \sim 10^7$ rad，MNOS 晶体管的退化，这是由于 Si_3N_4 和 SiO_2 层中体电荷不受控的积累，导致晶体管记录的信息消失；

5）$D = 10^7 \sim 10^8$ rad，超薄介质层（<10nm）MIS 晶体管退化，这是由于过量的电荷在 SiO_2、Si_3N_4 层中积累导致的；

6）$D = 10^8 \sim 10^9$ rad，在硅和所有介质层中，缺陷形成过程被激活（由于通过栅介质的电流增加，使得半导体中主要载流子浓度发生显著变化）；

7）$D = 10^9 \sim 10^{10}$ rad，栅介质发生电击穿。

通常情况下，在受到辐照后，p 沟道 MOS 晶体管的漏栅伏安特性（VAC）$I_c = f(V_g)$ 负向漂移，亚阈值斜率减小。而对于 n 沟道 MOS 晶体管，受到辐照后 VAC 基本平行地负向漂移，在达到一定剂量（约 10^5 rad）后，特性曲线开始反向漂移并且亚阈值斜率明显减小[1,2]。

因此，可以说辐射感生 MOS 晶体管电特性的变化首先与栅介质中深能级陷阱对自由载流子的俘获和随后的韧化有关；其次与半导体-栅介质界面的界面态形成有关。SiO_2 中氧化物陷阱电荷的俘获和达到的界面态水平会导致晶体管阈值电压的漂移，而界面态密度的增加会引起附加载流子的散射并使载流子迁移率下降，造成 MOS 晶体管转移特性曲线的斜率降低[1,2]。

辐射感生阈值电压的漂移可以用独立分量之和的形式表示为：

$$\Delta V_t = \Delta V_{to} + \Delta V_{ot} + \Delta V_{it} + \Delta V_{ab} \qquad (4-2)$$

式中，ΔV_{to} 为移动空穴导致阈值变化量；ΔV_{ot}、ΔV_{it}、ΔV_{ab} 分别为空穴俘获、界面态增加和空穴韧化引起的阈值电压变化量。

阈值电压漂移的初始值由未参与复合空穴的净电荷决定：

$$\Delta V_{to} = -qDf_y g_0 d_{ox}^2 / \varepsilon_{ox} \qquad (4-3)$$

式中，D 为氧化物吸收的辐射剂量；q 是电子电荷；f_y 为未复合空穴的比例；g_0 为 SiO_2 中电子-空穴对产生的速度（$g_0 = 8 \times 10^{12}$ $rad^{-1} \cdot cm^{-3}$）；d_{ox} 是栅介质厚度；而 ε_{ox} 是氧化物的介电常数。

阈值电压漂移的其他分量可以使用以下简单方程计算：

$$\Delta V_{ot} = -K_1 Df_y \qquad (4-4)$$

式中，K_1 是 $D = 1$rad 时，氧化物中陷阱电荷的俘获引起的阈值电压的最大漂移量对应的系数。

$$\Delta V_{it} = K_3 D \left[1 - (1 + t/\tau_{it})^{-0.5} \right] \qquad (4-5)$$

式中，K_3 为 $D = 1$rad 时，氧化物中陷阱电荷的俘获引起阈值电压最大漂移对应的系数；t 为辐照时间；τ_{it} 通常是 SS 形成的时间；

$$\Delta V_{ab} = -(V_{ot}) K_2 \ln(t/t_a) \quad (t < t_a) \qquad (4-6)$$

式中，K_2 为空穴完全韧化系数；t_a 为韧化时间。

实际计算 MSI 型晶体管栅漏 VAC 的斜率 S 的公式要更复杂一些[1,2]：

$$S = K_0 [1 - qN_{ss}(\upsilon\varphi_S/\upsilon V_g)](V_g - V_{tb})/(1 + \eta) \qquad (4-7)$$

式中，N_{ss} 为 SS 的平均密度；K_0 是特定的斜率；η 为衬底影响系数；φ_S 是表面势。

$$K_0 = \mu_s C_D W_C / L_C$$

式中，W_C 和 L_C 为沟道宽度和长度；μ_s 为载流子的表面迁移率。

$$\mu_s = 2\mu_p / [\exp(S_s) + \exp(-S_s)] \tag{4-8}$$

式中，μ_p 为半导体内的迁移率；S_s 为表面电位的均方波动。

对于抗辐射 LSIC，在计算中应考虑的一个非常重要的参数是电路漏极的漏电流。$I_{d.l}$ 通常出现在常闭型 MOS 晶体管中，这是漏极 p-n 结的反向电流，主要由热电流 I_{gen} 和表面漏电流为 $I_{s.l}$ 组成[1,2]。

$$I_{gen} = I_{gen}(0) + qAl_d n_i K_\tau \Phi \tag{4-9}$$

式中，A 为 p-n 结面积；l_d 为耗尽区宽度；n_i 是本征载流子浓度；K_τ 为退化系数；Φ 是高能粒子或量子的通量密度。

对于 n 沟 MOS 晶体管，栅氧层中的正电荷会使靠近栅介质的半导体表面下产生一个 p 型反型层，在这种情况下，漏电流的值很大程度上取决于 FSS 的负电荷 Q_{ss} 能否有效地补偿栅介质中的正电荷。如果该电荷的量级较低，在辐照情况下，晶体管沟道中的漏电流将迅速增加。当 FSS 密度显著增加的情况下，电流 $I_{s.l}$ 就会降低。

栅介质的击穿是 MOS 元器件最主要也是最危险的失效类型之一。产生这一效应的本质是：辐照过程中栅介质中积累正电荷，这会在绝缘体的界面处产生附加电场，这会导致势垒的降低，从而降低击穿电压 V_{br}，对于 SiO_2 栅，击穿电压可以用下述方程表示：

$$V_{br} = d_D [E_1 - Q_D / (\varepsilon_D / \varepsilon_0)] \tag{4-10}$$

式中，E_1 是绝缘体能承受的极限电场强度。

下面进一步分析辐射对 MIS 集成电路的一些重要参数的影响。众所周知，大多数复杂的微电路是由简单的逻辑单元组合而成的（NOT、AND-NOT、OR-NOT、AND-OR、AND-OR-NOT 等）[12]。它们的功能和电学参数决定了几乎所有类型的集成电路的性能，而这些单元在辐照影响下发生的性能异常会导致基于其设计的更复杂的微电路失效。

基于互补金属氧化物半导体晶体管的微电路（CMOS IC）占据了现代空间应用 LSIC 的领先地位，它具有较高的速度、高的抗噪声能力和低功耗等优点[1,2]。

实验研究结果表明，最简单的逻辑 CMOS IC 在辐照时的主要故障类型如下：

1）丧失开关特性，由于 n 沟晶体管的开关阈值低于零，在 $V_{in} = 0$ 时处于导通状态，因此在整个输入电压变化范围内，输出电压值保持恒定；

2）由于信号分布延迟时间的数值增大，速度降低，延迟是由于 n 沟晶体管阈值的正向漂移和 p 沟晶体管阈值的负向漂移，导致有效导通电阻的增加和电路对负载电容的充放电的时间增加；

3）当 n 沟晶体管阈值变为负值时，会导致漏电流增加（以及由此引起的静态功耗增加）；

4）高电平输出微电路的噪声电阻降低，这与微电路开关阈值的降低和正电压噪声振幅的增加有关；对于低电平输入微电路，噪声电阻（对负噪声影响）在辐照过程中增加。

4.1.1 MIC 元器件辐照后的性能恢复

许多研究结果表明，MIC 元器件在受到辐射后，即长时间自然退火，其电荷也会发生变化，这与辐照条件和工艺参数有关。在这种情况下，p 沟道 MIC 晶体管在室温下的性能变化通常不超过 10%～20%，而对于 n 沟晶体管，在栅上加任意电压都可以看到阈值电压的恢复，尤其是在其正向漂移的时候，虽然在某些情况下，V_{th} 值可能超过初始值，但这是过恢复效应。在室温下，V_{th} 值的快速恢复阶段（根据时间的对数规律）通常持续 0.8～30 小时，温度为 $T = 300K$ 时，在 10^3 小时内达到饱和，温度为 $T = 373～398K$ 时则更快些（10～50 小时）。

从理论上解释氧化硅中正电荷的退火效应，是由于电子从硅的自由区越过 Si - SiO$_2$ 界面的势垒进入 SiO$_2$ 层，并进一步中和了 SiO$_2$ 中的正电荷陷阱。从实际情况看，存在一个重要的退火激活能范围，这是由于氧化层中陷阱的空间分布引起的，该范围的最大值在物理上对应于这些陷阱在 SiO$_2$ 中的能级位置。研究表明[1,2]，由于俘获空穴的发射或电子遂穿以及被陷阱俘获的空穴电荷与电子电荷补偿的结果，使得 SiO$_2$ 层中的正电荷可以发生中和。实验表明，辐照后俘获的电子在 350nm 厚的 SiO$_2$ 层中可以补偿约 15％ 的正电荷，在 45nm 厚的 SiO$_2$ 层中补偿约 45％ 的正电荷。

实验还表明[1,2]，MOS 结构氧化物中的辐射感生电荷在 523～623K 的温度下，可以在 30～90 分钟内完全退火。

4.1.2　辐照条件对 MIC 元器件辐射容限的影响

经验表明，MIC 元器件的辐射效应取决于辐照时的条件（元器件工作模式、环境温度、粒子类型、能量、强度和电离辐射剂量）。

辐照时的电偏置条件对 MIC 元器件的参数有显著影响，在任何栅电压下介质层中都会感生电荷，而在正偏压下感生电荷大小通常更高。在这种情况下，饱和电荷的值随栅上电压的增加而增加，或者是线性关系[5]，或者是遵循 $V_g^{0.5}$ 规律，抑或是遵循一个更复杂的规律[5]。

研究也表明[16,17]，在大剂量（$10^7～10^8$ rad）辐照过程中，在栅电压极性发生变化的情况下，由于栅介质内部的电场与外加场叠加作用，可能导致 ΔV_{th}（D）的非单调变化。在电荷再分布之后，依赖关系 ΔV_{th}（D）实际上达到了对应于加在栅极上的电压水平。

研究还表明[18]，在辐照时，MIC 晶体管的漏极和源极偏置条件对 V_{th} 的漂移也有显著影响，当源极电压和漏极电压都等于 V_{cc} 时，在晶体管沟道内电场均匀条件下，阈值电压变化最大。有趣的是，对于 n 沟晶体管，最差偏置条件是在开启状态下导致的（在栅、漏极和源极均加偏的情况下），而对于 p 沟晶体管，最差偏置是在 OFF 状态（不加栅压）。这一结果可以解释为：在靠近漏极或源极的氧化物区域内，电场会因是否有相对于衬底的偏置而不同。

文献 [17] 研究了 n 沟道和 p 沟道 MOS 晶体管在不同极性的脉冲和恒压下辐照时性能的变化，结果表明，当脉冲电压由 +10V 变为 -10V 时，漏栅 VAC 的辐射感生漂移量介于 ±10V 恒定电压下的结果之间。

电源电压的大小对 MOS 集成电路在辐照下的性能水平有显著影响，因此，在增加 E_n（即晶体管栅电压）时，V_{th} 变化增加，然而 E_n 的增加扩大了阈值电压的可接受范围[19]。实际经验表明，数字集成电路的工作范围比 MOS 晶体管 V_{thr} 的漂移量要大得多，这就是为什么在增加 E_n 时，CMOS LSIC 失效只发生在大剂量辐射的情况下的原因[1,2]。

辐照时环境温度对 MIS 元器件的性能也有显著影响，该研究确定了纯温度效应（例如温度升高时 Si 中的载流子迁移率降低）和由温度变化引起的辐射参数变化（例如栅下

SiO_2 和 Si‐SiO_2 界面处电荷的产生和俘获，这些电荷的退火严格地取决于温度变化）。

研究发现[1,2]，在未辐射的情况下，当温度从 218K 升高到 298K 时，n 沟道 MOS 晶体管的 V_{thr} 以 3.1mV/K 的速率降低，p 沟道晶体管的 V_{thr} 以 2.3mV/K 的速率降低，沟道中载流子的迁移率降低了约 50%。研究表明，标准 CMOS IC 可正常工作的最大温度范围是 $T = 553 \sim 583K$。

许多研究发现，与室温条件相比，MOS 元器件对低温（77~90K）辐射的敏感度有所提高，这是由于在 SiO_2 中形成了额外的正电荷所致。产生这种现象的原因是随着温度的降低，氧化物中的空穴迁移率显著降低，从而导致空穴在 SiO_2 中的俘获范围扩大。此外，在较低的温度下，局部少量氧化物产生空穴电荷。而由于缺乏热激发，这些空穴电荷无法移动，当温度升高时，半导体或金属的电子发射增加，从而降低了 SiO_2 中积累的正电荷。

MOS 元器件在低温辐照下的另一个特点是 FSS 的形成不明显，这是由于 MOS 结构中自身的缺陷或可移动离子扩散系数降低所致。

然而，在辐照时升高温度对 MOS 元器件性能的影响的研究较少，有研究发现，当 MOS 结构在电子能量 E_e 为 2.5MeV 和 15MeV 且 T 为 573K、通量为 $10^{12} \sim 10^{14}$ cm^{-2} 的条件下进行电子辐照时，未观察到参数的变化，而在室温下辐照时参数却发生了变化。这是由于在 $T = 573K$ 时，所有辐照感生的缺陷在辐照过程中就已经被退火。

有研究发现[18]，在 X 射线辐照下，高温（$T_0 = 673K$）会加速 MOS LSIC 参数的退化，一种情况是 X 射线辐照，然后在温度 T_0 下退火，与第二种情况为温度 T_0 下受到相同剂量辐照所引起 n 沟和 p 沟 MOS 元器件的 V_{th} 变化之间存在较大的差异。第二种情况下的 ΔV_{thr} 值较第一种大 20%～30%，证明了辐照和退火的非适应性。

值得注意的是，对于 CMOS 集成电路而言，其可靠性等性能的变化（最小结果）和辐射容限随温度和电偏置的变化是相反的，当温度从 298K 升高到 343K 时，IC 的抗辐射容限提高了 2～3 倍，但同时 IC 的可靠性却降低了数倍[1,2]。

接下来让我们分析另一个对 LSIC 空间应用（SA）开发很重要的因素，即造成 MOS 元器件 RR① 差异的电离辐射类型和能量，文献 [5] 的作者比较了各种类型的辐射，提出了 MOS 结构的电离损伤机制，并假定辐射损伤的大小和性质与辐射源无关。然而，进一步的大量实验研究推翻了这一说法。因此，在文献 [11] 中的研究详细描述了 X 射线、能量为 4MeV 的电子以及反应堆的伽马‐中子辐照对 MOS 结构的影响，结果表明反应堆的伽马‐中子辐照在 SiO_2 层中产生的陷阱电荷最多，而且随着剂量增加并未出现饱和，这种效应可以用中子影响下电介质中产生了新的缺陷来说明[11,14]。

文献 [6，7] 指出，MOS 结构中材料辐照的主要结果是由吸收的剂量决定的，特别是有研究发现，当 X 射线和 γ 射线辐照剂量为 2.58×10^{-2} C/kg 时，硅或者二氧化硅中等效辐射剂量为 100rad；对于高能电子注量则等效于 5×10^8 el/cm^2（$E_e > 20$keV）或者 3×10^9 el/cm^2（$E_e = 1 \sim 5$MeV）的量。

对于广泛应用在空间环境中的 CMOS IC 564ЛА9，当在 Co^{60} γ 辐射相比于 $Y^{90} - Sr^{90}$ β 辐照时，其参数变化率相差 2 倍以上，这是由于不同辐射源的能谱差异造成的。

---

① 　RR 为辐射响应缩写。——译者注

　　文献［1, 2］中的实验还有助于确定，与 $Co^{60}\gamma$ 辐射一样，E_e 为 1MeV 和 7MeV 的电子对 MOS 晶体管有相同的影响，而 $E_e = 0.5MeV$ 的电子效率较低，$E_e = 2MeV$ 的电子效率更高。

　　通过对不同辐照条件下 MOS 晶体管参数恢复速率的比较，发现 $Co^{60}\gamma$ 辐照后阈值电压 V_{th} 恢复 50% 的时间为 28 分钟，$E_e = 1MeV$ 的电子辐照后恢复时间为 41 分钟，$E_e = 7MeV$ 的电子辐照后恢复时间为 23 分钟，$E_p = 22MeV$ 的质子辐照后恢复时间为 70 分钟，$E_a = 3.4MeV$ 的 α 粒子辐照后恢复时间为 35 分钟。这是由于辐射源电离能力的不同使得俘获空穴的浓度不同导致的。

　　同时，在文献［1］中发现另一种广泛使用的 CMOS 芯片 CD4007UBE 在经 $Co^{60}\gamma$ 和经过线性加速器在脉冲剂量率为 $10^6 \sim 10^8 rad/s$，$E_e = 13MeV$ 的电子辐照下的性能退化基本相同。

　　在文献［20］中研究了 $70eV \sim 1.25MeV$ 范围内的 γ 辐射能量对 MOS 结构 C-V 曲线特性的影响，研究表明，70eV 的能量下辐照与 $E_\gamma = 1.25MeV$ 下辐照产生的 MOS 结构参数的漂移量相同。在 1.49keV 左右观察到结构参数变化的最小值，此结果在文献［21］中有关 SiO_2 中电子-空穴对复合模型的框架内进行了解释。

　　低能电子（$\leqslant 100eV$）和高能电子（$\geqslant 100keV$）辐照时，电子-空穴对在空间上被分离，导致 MOS 结构性质的变化与在低能和高能下 γ 辐照的变化相似。

　　文献［22, 23］中分析了电子辐射能对 MOS 结构性能的影响，文献［22］中的研究表明，当电子能量从 1MeV 下降到 125keV 时，MOS 电容器的累积电荷增加了数倍，这是由于电介质薄膜电离效率的增加所导致。

　　文献［23］中研究了不同介质层厚度下 MOS 结构氧化物中正电荷的累积与电子能量（$3keV \sim 1MeV$）的关系，结果表明：对于每一个 SiO_2 厚度值，累积电荷随着电子能的增加而增大，达到一定的 E_{max} 值后电荷逐渐减小，通过此数据可以得到每个氧化层厚度所对应的导致 $Si-SiO_2$ 界面能量损失最大的电子能 E_{max}。

　　文献［1, 2, 24］研究了辐照强度（剂量率）对 MIC 元器件参数的影响，文献［1, 5］已经确定了在 $10^2 \sim 10^{10} rad/s$ 剂量率范围内 MOS 晶体管辐照感生参数随 γ 射线剂量率的变化规律，其他文献［25, 26］的研究也显示 MOS 晶体管性能的退化是由于剂量率增加到 $10^8 \sim 10^9 rad/s$ 时元器件衬底中产生的光电流导致的[25]。

　　文献［27］的研究表明，当 $E = 60keV$ 的电子剂量率（P_e）增大时，NMOS 中正电荷的增加接近线性，在 $10^4 \sim 10^7 rad$ 的总剂量范围内，当剂量率 P_e 从 15rad/s 增加到 75000rad/s 时平带电压 ΔV_{FB}（P_e）的变化量为 1.5V。

　　研究表明[1,2]，在 $E_e = 13MeV$ 的电子辐照下，CMOS 反相器 CD4007UBE 中的 p 沟道 MOS 晶体管的阈值漂移量 ΔV_{th} 在剂量率 $10^8 rad/s$ 以下时与剂量率无关，但在 $P_e = 10^9 \sim 10^{10} rad/s$ 时，ΔV_{th} 值下降，这是由于在 p-n 结和衬底中产生强的光电流感应，从而减少了 CMOS 元器件的阈值漂移。在文献［28］的研究中，观察到对于 CMOS 和 NMOS 集成电路，在 $10^{10} rad/s$ 剂量率以上，也出现了类似的效应。

　　MOS 元器件在低剂量率辐射下的耐受程度（RT）大多高于在高剂量率辐照下的耐受程度，例如，在 $Co^{60}\gamma$ 剂量率 P_γ 从 $10^2 rad/s$ 降低到 $10^{-2} rad/s$，n 沟道 MOS 晶体管的阈值电压的漂移量降低了 2.5 倍[29]。对于 n 沟道 MIC 晶体管 C1916A，在剂量率为 $2.5 \times$

10^{-2} rad/s 时的临界剂量为 38000rad，而剂量率为 200rad/s 时临界剂量仅为 19000rad[30]。研究结果表明[31]：MOS 晶体管在 3.7rad/s 剂量率下的阈值漂移量 ΔV_{th} 比在 524rad/s 剂量率下的阈值漂移量 ΔV_{th} 小 3 倍，这是由于长时间的低剂量率辐照导致了出现退火效应[32]。

在低剂量率辐照对 MOS 集成电路 RT 的影响研究中，也得到了类似的结果，即剂量率减小时，RT 增加。例如，CD1821 型 CMOS/SOS 存储元器件（1kbit）在剂量率 147 rad/s 辐照时，10％的失效发生在剂量为 1000rad 时，在剂量率为 1.6×10^{-3} rad/s 辐照时，10％的失效发生在剂量为 4300 rad[33] 时。

理论和实验研究[19,33-35]已表明，MOS 集成电路的失效剂量与剂量率的关系并非是单调的，而是在约 1rad/s 的剂量率时达到最大值。这是由于在高剂量率和低剂量率下的失效机理不同，当 $P_\gamma > 1$rad/s 时，失效与 n 沟道 MOS 晶体管阈值电压的负向漂移有关，而在 $P_\gamma < 1$rad/s 时，失效则与 n 沟道 MOS 晶体管阈值电压的正向漂移有关（Z80A 微处理器的失效判据 $\Delta V_{th} = +0.45$V）。在过渡区（10^{-1}rad/s$< P_\gamma < 10$rad），MOS IC 故障是由 n 沟道 MOS 晶体管 V_{th} 的漂移或 p 沟道晶体管 V_{th} 的负向漂移引起的。

文献［36-38］的作者还发现，对于 564 系列、1562IR6 以及 1417IR6 系列 CMOS IC 在 $P_\gamma = 10^{-3} \sim 1$rad/s 范围内，会出现失效剂量的最大值。

在文献［39］中，利用电子加速器（$E_e = 20$MeV）以及 Co^{60} γ 在 $5 \times 10^{-2} \sim 6 \times 10^9$ rad/s 的剂量率范围内对 CMOS 晶体管进行测试，得到了有趣的结果。结果表明，从辐照开始的时刻开始考虑退火时间的情况下，辐照时的剂量率值实际上并不影响 CMOS 元器件参数的变化。

需要指出的是，对于同一类型的不同生产批次的 CMOS 元器件来说，在长时间低剂量率辐照下 SiO_2 中的电荷积累、沟道中载流子迁移率的变化以及其他与辐射相关的效应可能存在很大差异[19]，如果结构和工艺不同，差异会更大。

4.2　辐照对双极型模拟集成电路的影响

在空间技术中，模拟电路被广泛应用于以模拟函数规律变化的信号的放大、变换和处理。与分立的模拟晶体管相比，模拟集成电路具有一些不同的特性，这些特性在很大程度上决定了模拟集成电路的抗辐射性能[1,2,40]。模拟集成电路的规则之一是使用直接耦合方法，因为使用电容去分开或者阻断电路几乎是不可能的。由于 LSIC 生产的微电子工艺限制，在亚微米 LSIC 结构中不使用电容需要首先解决直流模式的稳定问题，而这一问题在 IC 受到辐照时很难解决。需要一种特殊的方法来设计电路模块和稳定电路，使用直接耦合设计会由于前级电路变化产生后级电路工作模式不同步的风险，因此，电路级工作模式的改变，会形成直接耦合的元器件链，最终导致 IC 输出电压的变化，这种情况通常是评估集成电路抗辐射性能的决定性因素。

除了直流电参数外，模拟集成电路的抗辐射能力评估还需要考虑集成电路放大特性的变化。首先是处理信号的放大系数减小。在某些情况下，输入和输出电阻的变化、带宽的改变是由频率上限 f_u 或者单次放大频率 f_1 决定。频率参数的变化对于具有深度反馈的模拟集成电路的使用是非常重要的。只是在这种情况下，存在频率和转换特性失真的可能，有时候甚至会损害元器件的稳定性。

4.2.1　集成运算放大器的辐射效应

集成运算放大器（IOA）是高质量的精密放大器，属于通用、多功能模拟微电路类[41,42]。模拟 IC 的抗辐射能力不仅取决于电离辐射对微电路元器件（晶体管等）性能的影响，还取决于 IC 的结构和电路配置特性。由于大多数现代模拟 IC 是基于 IOA 结构搭建的，因此它可以用来表征辐射对模拟微电路性能的影响。

微电路的抗辐射能力还取决于集成电路的生产工艺，特别是元器件之间的隔离工艺、元器件与衬底的隔离工艺以及电阻的形成工艺。在类似的 IC 结构下，具有介电薄膜绝缘和薄膜电阻（而不是扩散工艺）的微电路有更好的抗辐射能力。在使用反向偏置 p-n 结隔离的微电路中，由于寄生 p-n-p 晶体管的影响，其抗辐射能力降低。

在 IOA 正常工作时，模拟元器件中所有工作的晶体管都处于有源区，因此寄生晶体管的有源影响没有表现出来（因为它们工作在截止区），只有反向电流的影响，由于大面积的隔离 p-n 结，所以反向电流可能达到非常明显的水平。

当在非线性元器件（弛豫和谐波信号发生器、调制器、解调器）中使用 IOA 时，一些晶体管在工作过程中会自然地出现在饱和区域，当工作晶体管漂移至饱和区时，它的集电极漂移，同时也是寄生晶体管发射极的正向漂移，由于这个寄生晶体管开始在有源区工作，放大寄生电流，这可能导致微电路故障。上述问题与寄生晶体管的工作方式无关，它们在转换期间是非常危险的，其特征是产生额外的电离电流，其数值比晶体管正常工作的电流值高得多（因为隔离 p-n 结面积和衬底厚度实质上的增加）。还需要记住的是，这些寄生晶体管与工作晶体管一起形成了经典的半导体 4 层 n-p-n-p 结构，这通常是产生危险的闩锁效应的原因。

因此，在大多数用于空间的微电路中，开发人员会在每个 IOA 的输入端增加一个特殊的差分级，以增加输出电位的稳定性。在一些 IOA 中，这个差分级也被包含在更远的链路中作为中间放大器，同时将两相输出转换为单相输出。差分级的应用，提供了抑制同相噪声的典型功能，其中无疑包括由辐射引起的输出电压偏离标准电压的影响，有助于提高集成电路在空间应用（SA）中的抗辐射能力。

不幸的是，在定制的 IOA 中应用的已成熟的电路设计解决方案，包括增加微电路的输入电阻，被广泛应用于航天器电子系统、精密和微功耗 IOA 和快速响应放大器[42]，但是这些方案通常对辐射后效应更敏感，而作为电路配置和技术解决方案，民用微电路的开发人员用于实现任何参数的极限值，通常会导致其耐辐射容限下降。

IC 空间应用（SA）的开发人员应考虑到 IOA 在航天器中常用的休眠模式或 REE 节能模式下工作时对辐射非常敏感，其物理机制是晶体管参数的退化过程发生在较低的辐射通量下。

另外，瞬态电离效应是造成 IOA 不稳定运行的主要原因之一。当 IOA 处于辐射环境中时，使用 p-n 结隔离是一个非常严重的问题，γ 辐射、电子和高能中子（$E_n >$ 14MeV）的辐射影响，导致通过隔离 p-n 结的漏电流大大增加，这在工作晶体管和寄生晶体管中，经常成为发生 p 和 n 区导通、功耗增加、闩锁效应和不可恢复性击穿的原因。分析其物理机制，对形成漏电流有相当大作用的是衬底与绝缘 p-n 结接触的区域，专门设计军事和太空级微电路的工程师知道，可以通过在衬底背面掺杂金的方式来减少载流子在衬底中的寿命，从而使得漏电流降低[43]。降低漏电流最有效的技术手段是使用绝缘材料，或者用薄膜电阻代替扩散电阻[44]。

这些方法在放大器 μA744 中得到了有效的实现[15,45]，该放大器采用介质绝缘技术和改进的芯片表面保护相结合的技术制造，除了用于提高 μA744 的抗电离辐射能力外，IM-CM 的开发人员还应用了电路配置方法，即在二极管连接中使用额外的晶体管（可能导致放大器失效的短路光电流）或者在工作元器件与电源母线的连接电路之间增加电阻。这就是微电路 μA744 在中子流达到 10^{14} neutr. /cm^2 和剂量率为 5×10^6 rad（Si）/s 的电离辐射的影响下仍能保持其功能，并且在受到 5×10^{10} rad（Si）/s 的脉冲辐照后仍可以恢复功能的原因。因此，其目前仍用于 SC、LV 等火箭和航天设备的电子控制系统中。

另一种有效的电路配置解决方案是在 IOA 的输入级中加入单极晶体管（如微电路 μA740 和国产的 544UD1、140UD8），这可以有效降低在低频区（$f \leqslant 10^3$ Hz）和使用高阻（$R_g > 10^3 \sim 10^4\ \Omega$）信号源工作的 IOA 的噪声水平[46,47]。这种 IOA 的优点是选择 $R_{g.\,opt.}$（信号源的最佳电阻）对它们来说不那么关键，这就是为什么辐射引起的噪声特性的漂移没有伴随着噪声信号的变化而明显增加，因为不可避免地违反了标称 R_g 的最优条件。

介质绝缘微电路的噪声性能最好（因其无法形成通过绝缘 p-n 结的光电流噪声），其次就是薄膜电阻（不是扩散电阻）。这是因为低频噪声随着输入晶体管发射极面积和基区厚度的减少而减少，这就要求更小的工艺尺寸（例如从 350nm 到 180nm）。这也因为使用技术方法所带来影响，如在二氧化硅（钝化表面）中进行各种掺杂（如铬）来降低表面态（SS）密度[48]。

4.2.2　集成电压比较器的辐射效应

空间应用微电路中集成电压比较器（IVC）的电路配置方案与工业 IOA 的主要区别在于输出级结构[42]。在这些比较器中，输出级的构建方式确保了与数字集成电路的电气协调，而不需要特殊的协调元器件来转换输出电平，这就是 IVC 属于模拟-数字集成电路的原因。因此，现代空间应用的 IVC 微电路的抗辐射能力首先受到实现典型阈值功能元器件的部分集成电路的限制，其精度特征最终决定了抗辐射能力的极限。航天器电子系统中任何数字元器件的 IVC 的抗辐射能力仅受其输出电位 V_{out}^1 和 V_{out}^0 的数值变化的影响。

对于精密 IVC，其典型代表是微电路 LM111，其特点是低输入电流（$<0.1\,\mu$A）和相当大的放大系数（大约 10^5）。因此，精密 IVC SA 在高阻电源中工作时提供了更好的电压比较精度，但也导致了抗辐射能力下降（由于放大系数受空间电离辐射总剂量的影响较大）。这是工作特性转移到微电流区域（减小 $I_{in.\,aggr}$）以及放大区寄生 p-n-p 晶体管的使用所导致的。文献 [41] 中的结果表明，标准微电路 LM111 在注量 3×10^{13} 电子/cm^2 的条件下就丧失了放大功能。

快速响应 IVC 的特征是其辐射敏感度最低（例如 SE527 和 AM685，它们广泛应用于航天器）[42]，在通量为 10^{14} neutr. /cm^2 的中子辐照过程中其输出电位 V_{out}^1 和 V_{out}^0、偏置电压 $V_{in.\,b}$、输入漂移电流等参数不会改变。注入通量增加引起的最显著变化是漂移电流，这是输入晶体管基极电流转移系数退化的自然结果。大多数快速响应 IVC 具有较高的抗辐射能力，其原因是采用了高频晶体管和较短的载流子寿命 τ_{TN}。

4.3　保证集成电路抗辐射能力的主要方法

集成电路辐射敏感度的降低是通过各种设计技术和电路配置方法来实现的[49—52]。第一组方法包括优化版图布局（例如采用保护环设计）、优化栅氧厚度、优化栅氧化工艺及退火模式，使用自对准低电阻多晶硅接触以及使用 IVC 元器件的介质绝缘。第二组方法，除了上述方法外，还可以使用特殊的电路解决方案（例如针对辐照下 MOS 晶体管参数变化的配置补偿电路）、优化 IC 电源电压以及使用冗余系统，包括通过冗余数据编码来实现的信息冗余 LSIC RAM。

白俄罗斯的 JSC INTEGRAL 开发和提供各类双极和 CMOS 微电路，包括用于工业、空间和其他特殊环境的系统电路。在文献 [1，2，50] 中介绍了改进集成电路的设计和技术、确保提高其抗辐射能力方面的主要工作成果。

文献 [49—54] 从 SiO₂ 薄膜的抗辐射特性出发，对其制造工艺的优化问题进行了分析，从 CMOS 元器件的设计参数范围来看，发现对其抗辐射能力影响最大的是栅氧厚度和绝缘氧化物的厚度。在这种情况下，最敏感的结构（对总剂量效应而言）是有源 MOS 晶体管（尤其是 n 沟道）和寄生 MOS 晶体管，这与绝缘氧化物的质量有关。这也导致温度模式、电源偏置电压以及不受控的杂质对 CMOS IC 的抗辐射能力产生较大影响（即集成电路的抗辐射性能不稳定，例如栅氧化物漏电流的形成）。

借助相关技术解决方案，以确保空间应用（限制剂量 1～400krad 及以上）CMOS 集成电路的抗辐射性能得到极大的提高，特别是防止辐射感生漏电流形成的高掺杂保护区域出现。这包括 MOS 晶体管栅介质生产工艺的目标优化，使用特殊方法剔除潜在不稳定样品，实施特殊的辐射热处理，以及其他一些在 CMOS 集成电路制造过程中的额外非传统工艺[55—58]。

在设计过程中，利用特殊的计算和实验方法，包括相应的数学模型以及利用专门设计的测试 MOS 晶体管的辐射试验结果，可以较为可靠地预测空间应用 CMOS 集成电路的抗辐射能力[59,60]。

4.4　现代先进集成电路的抗辐射能力

对现代 MOS IC 生产技术快速发展趋势的分析表明，随着微电路元器件线性尺寸的减小，在大多数情况下，元器件的抗电离总剂量效应的能力有所增强[61]，尽管这个颇有争议的结论是根据有限数量的生产样品而没有分析其物理机制得出的。

值得注意的是，随着 LSIC 和 VLSIC 集成度的增加，以其内部线路连接的复杂性和多样性为特征，这些连接只能在氧化绝缘组件的基础上实现，它的有源和无源区域尺寸和体积极小，在接近所使用的材料最大允许电压模式下工作。这就形成了一定的物理限制，与中小规模集成电路相比，LSIC 和 VLSIC 的抗辐射能力必然会降低[1,2]。

专家指出，稳定性的变化与集成电路元器件大小的关系具有非单调性，随着单元电路几何尺寸的减小，影响较大的是边缘效应，这与少数载流子通过外围区域输运过程的特性有关[5]。事实上，如果有效电流与沟道面积成比例，那么泄漏电流的值应该与沟道周长成比例。显然随着线性尺寸的减小，周长与面积关系的比值增大，导致寄生效应的贡献更大。这就是为什么在工艺尺寸缩小的第一阶段，首先采用工艺方法和通过减小介质厚度来提高元器件的稳定性，然而在某些特定尺寸的集成电路元器件上，外围区域的贡献占主导地位，稳定性开始下降。这种最佳线性尺寸的面积取决于具体的应用技术。

随着技术的发展，在集成电路空间应用中出现了以前没有观察到的全新的物理效应和限制，典型的是 SOI 和 SOS 技术的发展历史，这些结构是以非常薄的有源元器件层（＜$0.1\mu m$）为特征，且两侧都受介电结构的限制。由于这种 IC 元器件的线性尺寸较小，电场强度相对较大，在这种结构中存在多种实验确定的效应，这些效应是由较小的尺寸和热电子动力学特性造成的[62,63]。其中一些降低了漏极的击穿电压，并与 n 沟道 SOI MOS 晶体管中双极 n-p-n 寄生晶体管的影响有关。其他则导致输出漏源特性的浮体效应（Kink 效应），Kink 效应在 n 沟道晶体管中比较明显，而在 p 沟道晶体管中通常不存在[3]，对于短沟道元器件，由于热电子的影响，此效应会有所退化。然而，当 SOI/SOS 结构的半导体/氧化物的下界面（背栅）施加高电位时，也可能产生浮动电势。由于该第二界面的存在以及该微电路衬底绝缘氧化物中存在非受控辐射感生电荷的可能性，可导致衬底背面形成导电通道，从而导致微电路失效。

定量估计反向通道对集成电路可靠性影响的主要问题是这种氧化物一般很厚并且没有对其施加电压，因此从理论上来说，很难估算这种结构在初次复合过程后剩余的氧化物陷阱电荷的净值。不幸的是，正如 IC SA 失效分析的负面经验显示，在许多情况下，这种电荷可以形成一个反向电场，而且由于电场强度相对较弱，辐射感生电荷主要取决于 MOS 晶体管的工作模式（即漏源极电压的变化），而其在氧化物中的位置可能因此而改变。

通过对其退化的物理机制进行分析，我们发现在厚的介质中陷阱电荷的转移相当缓慢，这使得大量的 IC SA 中出现延迟（潜在）效应。这种潜在的弛豫过程（延迟效应）[64]主要表现在正电荷退火时间的急剧增加和辐照后一段时间（通常是相当长的时间）SS 的形成。氢分子在氧化物钝化层中的扩散及其键的断裂是其主要机制，这导致了正电荷的退火和 SS 的形成[65]以及绝缘衬底中电荷的弛豫。

通过对国外和国内科技期刊文献和物理与半导体元器件技术会议资料[50,51,66-69]中的信息进行仔细分析，可以得出如下结论：在比较短的时间内（过去 5～7 年），专门从事航天器集成电路领域的外国公司，在基于 SOI 和 SOS 结构 CMOS（以及未来的 BiCMOS）抗辐射集成电路生产技术的发展上取得了重大突破，并实际开始了超大规模集成电路的工业化生产，实现了典型 CIS 的 $0.5\mu m$ 版图设计规则（见表 4-1 及表 4-2）。

表 4-1　在空间条件下工作的国外抗辐射 SOI CMOS 基本单元

参数	抗辐射微电路 Mitel Semicond (former GEC Pleassey)	抗辐射微电路 Intersil	抗辐射微电路 DynexSemicond	抗辐射微电路 Peregrine Semicond. Corp	微处理器系列 B1825，B1620 JSC NPP Sapfir
工作温度范围/℃	$-65\sim150$	$-55\sim125$	$-55\sim125$	$-65\sim150$	$-65\sim85$
最大抗辐射剂量/rad（Si）	1×10^6	3×10^5	1×10^6	3×10^5	$10^5\sim10^6$
错误概率，error/（bit-day）	$<5\times10^{-11}$	$<1\times10^{-10}$	$<1\times10^{-11}$	$<1\times10^{-9}$	$<3\times10^{-11}$

参数	抗辐射微电路 Mitel Semicond (former GEC Pleassey)	抗辐射微电路 Intersil	抗辐射微电路 DynexSemicond	抗辐射微电路 Peregrine Semicond. Corp	微处理器系列 B1825，B1620 JSC NPP Sapfir
系统故障剂量率/ rad(Si)/s	$>1\times10^{12}$	$>1\times10^{12}$	$>1\times10^{12}$	$>1\times10^{12}$	$>1\times10^{12}$

表 4 - 2　在空间条件下工作的国外抗辐射 SOS CMOS 基本单元

Honeywell（美国霍尼韦尔公司）		
150 万和 800 万门阵母片	1Mrad（Si）	10^{-12} errors/（bit day）
4～6Mbit RAM	1Mrad（Si）	10^{-10} errors/（bit day）
16bit 嵌入式微处理器	100 krad（Si）	10^{-8} errors/（bit day）
ST Microelectronics（意法半导体）		
12 - bit，50 - MHz ADC	300krad（Si）	$60\mathrm{MeV}/(\mathrm{mg}\cdot\mathrm{cm}^2)$
标准逻辑微电路	100krad（Si）	$72\mathrm{MeV}/(\mathrm{mg}\cdot\mathrm{cm}^2)$
用于数据传输设备电路	300krad（Si）	$72\mathrm{MeV}/(\mathrm{mg}\cdot\mathrm{cm}^2)$
Sandia Nat. Lab.（桑迪亚国家实验室）		
CMOS 6R 工艺（0.5μm；5V）	1Mrad（Si）10^9 rad（Si）/s	$40\mathrm{MeV}/(\mathrm{mg}\cdot\mathrm{cm}^2)$
CMOS 7 工艺（0.35μm；3.3V）	1Mrad（Si）10^{11} rad（Si）/s	$40\mathrm{MeV}/(\mathrm{mg}\cdot\mathrm{cm}^2)$

　　目前，CMOS/SOI 技术用于生产各种功能特性的微电路，其设计规则高达 1μm，在这种 LSIC 中，独立的单元和元器件之间通过蓝宝石衬底和空气或固体介电间隙完全绝缘，小线性尺寸的硅层半导体区域允许生产端到端（到衬底）漏源区域几何结构的晶体管，这种结构可以保证电离和热电流水平的降低，同时抑制微电路有源元器件之间寄生结构的产生，这就使得与单片硅上的 LSIC 相比，它们对各种性质的辐射场的影响具有更高的抵抗力[1,2]。

　　采用 SOI 结构作为衬底，解决了 SA 微电路向工艺小于 0.5 μm 过渡的问题，其元器件层缺陷程度远低于 SOS 组合硅薄膜[68]。目前，已开发出几种著名的 SOI 结构初始生产技术方案，这些技术已被 IBIS、佳能（美国）和 SOITEC（法国）公司用于大规模生产。专家认为，Smart - Cut 技术可以保证结构具有最佳的电学物理性能和元器件层的质量，在以这种方法得到的具有纳米厚度的截断硅层的基础上，使得用 MOS 晶体管制造沟道长度仅为 5～15 nm 的超大规模 IC（ULSI）有望成为可能。

　　因此，Atmel 公司（法国）掌握了新型的模数混合技术 DMILL，使用这种技术开发的 LSI 可以承受更高的辐射剂量。此外，目前 Atmel 已经转向批量生产 0.25μm 工艺的 CMOS 和覆盖 4 层金属布线的 BiCMOS。2013 年，该公司改用 0.18μm 的技术，采用了 5 层金属布线层。在市场上，有许多使用 0.8μm BiCMOS 技术生产的 Atmel 抗辐射微电路，可以确保在中子注量 10^{14} n/cm^2 且剂量高达 10 Mrad 的电离辐射影响下，在保证功能的情况下仍具有非常低的噪声水平。

　　上述分析表明，穿透性辐射对双极或 MOS 晶体管及其集成电路性能的影响问题仍然相当严重，国际文献中的数据表明，能否确保（预测和增加）双极和 CMOS IC，特别是先进的 IC（CMOS/SOI、BiCMOS、亚微米 CMOS）的抗辐射能力，在目前和未来空间设备发生紧急情况时能否将风险降到最低，对于主要工业发达国家能否实施雄心勃勃的空间计划至关重要。

4.5　推荐用于硅基微电路辐射效应实验研究的元器件

用于评估模拟双极集成电路的测试元器件：

1）不同发射极面积的 n-p-n 型晶体管；

2）不同基区宽度的水平 p-n-p 晶体管；

3）不同发射极面积的垂直 p-n-p 晶体管。

测试晶体管 n-p-n 和 p-n-p 结构是在测试模块中按照标准外延-平面工艺以及在 p 型衬底（KDB-10）上生长的 n 型（KEF-4.5）外延硅上制造的，二氧化硅用于结构钝化。

4.5.1　CMOS 集成电路基本逻辑单元

建议在测试模块中使用具有感应 n 型沟道（沟道长度 $L=1.5\mu m$、宽度 $W=50.5\mu m$）和 p 型沟道（$L/W=2.0/50.0$）的标准外延平面工艺生产测试硅晶体管 MOS 结构。当栅氧层厚度约为 25 nm 时，可以采用多晶硅栅。

首先，测试在厚氧化物上有多晶硅栅的寄生 NMOS 晶体管（$L/W=1.2/50.0$），没有漏电保护的 2 号 NMOS 晶体管（$L/W=50/3$）以及不同长宽比（$L/W=1.4/50$、1.4/4、50/4、50/50）的 NMOS 晶体管的辐射规律，每种结构有两组样品：即 1T 和 2T。这些元器件均有漏电保护（"耳朵"）。

用于评估亚微米（$0.35\mu m$）CMOS 集成电路的基本单元的测试包括：

1）测试厚绝缘氧化物 MOS 电容器：氧化物厚度为 $0.38\sim0.52\mu m$，衬底为 p 型硅；

2）测试在 p 衬底上用薄栅氧化物（7.0nm）的 MOS 电容器；

3）测试采用标准外延平面工艺制备的具有 n 型和 p 型沟道（沟道长宽比 $L/W=0.35\mu m/10.0\mu m$）的 MOSFET，被测试 MOSFET 应该具有典型结构和环栅结构（沟道被栅极包围）。

4.5.2　电可擦除可编程只读存储器元器件

对采用集成的电可擦除可编程只读存储器（EEPROM）单元的微控制器典型工艺流程制造且包含两种类型存储单元的 LSIC 测试元器件的研究是非常有效的。第一种是具有并行擦除功能的单晶体管存储单元，它通常由一个存储单元和带浮栅的 n 沟道 MOS 晶体管组成。这种 EEPROM 单元应该在 p 型衬底中形成，其中浮栅晶体管的栅极被栅极氧化层与衬底分离，在漏区应该有一个薄的（$8\sim10nm$ 厚）隧道氧化物（注入）窗口，并且浮栅应与控制栅用中间介质隔开。第二种测试类型是典型的全功能 EEPROM 的双晶体管存储单元，它通常由两个 n 沟道 MOS 晶体管组成，选择晶体管（地址晶体管）和带浮栅的记忆晶体管。制造第二种类型存储器的工艺与制造第一种类型的基本相似。

推荐使用 JSC Integral 公司生产的电压稳定器（VS）、运算放大器（OA）、电压比较器（VC）作为测试对象（见表 4-3）。

表 4-3　测试用模拟集成电路

IC 类型	功能应用
1244ENST；1244EN24T	
1252ER1T	稳压器
1253EI5T；1253EI24T	
1467SA1T；1467SA2P；	
1467S3T	电压比较器
1467UD1T；1467UD2P	运算放大器
1473UD1T	

特别地，下面几节包含了这些元器件的实验研究结果，例如微电路 1467CA2P 有 4 个电压比较器共用电源位于一个半导体芯片上，这种比较器的主要功能是在输入信号超出给定基准电压（外部预置的激活阈值）时切换输出电平，其已被广泛应用于航天器电子系统的各种应用的数据处理中。

4.5.3　CMOS 逻辑集成电路

为了完成俄罗斯航天局的任务，在选择最优逻辑单元电路设计方案的过程中，对 1594T 系列的 CMOS 逻辑集成电路进行了研究：1594LL1T——四个或门，1594LN1T——六个非门。1594T 系列 IC 是 1554TBM 系列 IC 的功能模拟，具有不同的 TTL 输出。

同时还对 5584 系列六种 CMOS 集成电路进行了研究（由 Belmicrosystems 研究设计中心开发）分别是 5584LP5T（OR 或门）、5584IR8T（位移寄存器）、5584TM9T（D 触发器）、5584KP11T（选择-多路复用器）、5584AP3T（三态反相缓冲器）、5584IE10T（二进制计数器）。相关航天器的开发人员可能对这些研究结果感兴趣，这些结果将在本书的后续章节中介绍。

4.5.4　CMOS LSIC 存储器

ECB SA 开发人员为了设计容量为 256K 的 CMOS LSIC RAM，需要对实现存储单元（MC）的各种设计技术方案进行实验研究，为此设计出了具有 4kbit 容量的 CMOS LSI IN4K 测试芯片（4K×1 位）。相应地设计了三个设计-工艺版本的测试 LSIC RAM，其主要区别是漏极（n^+）和保护区域（p^+）之间的布局间隙值不同（版本 1 和 2 为 $1.5\mu m$，版本 3 为 $1.0\mu m$）以及漏区（p^+）和 p 型衬底区域之间的间隙值不同（版本 1 和 3 为 $4.5\mu m$，版本 2 为 $4.0\mu m$）。

为了解决俄罗斯航天局的具体技术任务而设计，采用 CMOS 工艺制造，容量为 2kbit（256×8）的 EEPROM 1568RR1，被选作测试对象。

此外，对基于 CMOS 工艺制造的具有 32K×8 和 128K×8 容量的一次性可编程掩膜 ROM 1632RT1T 和 1835RE2T 也进行了研究。

4.5.5　基于 SOI 结构的 CMOS LSIC SRAM

实验研究了直径为 150mm 晶圆上的 SOI 结构，该结构使用了 SIMOX[70]、Smart-

Cut 和 Dele‐Cut 工艺制造。

SOI 结构在 Integral 公司开发，需要选择硅膜厚度为 $0.23 \sim 0.29~\mu m$、绝缘氧化物厚度为 $0.28 \sim 0.4~\mu m$，基于这三种 SOI 技术，每一种都制作了 5 片晶圆。

为此研究开发了一种特殊的测试矩阵，其中包含了一组控制 CMOS LSIC 元器件基础电参数的测试元器件，以调整和优化其生产工艺。测试矩阵内容包括基于 6 个和 10 个晶体管存储单元的容量为 8kbit、结构为 1024×8 位的静态随机访问存储器 CMOS LSIC，这些芯片是按照 $1.2\mu m$ 的设计规则，并且在相同多晶硅水平和两个金属化水平串行的 CMOS 工艺下开发的，采用了高温热氧化法在 850℃ 下得到厚度为 13 nm 的栅氧化层。

4.5.6　BiCMOS LSIC

测试对象为用于卫星通信系统的低功耗串行数据接口收发器 5559IN2T，也是对应于 RS‐485 和 RS‐422 标准的水平广播器、收发器和工业设备控制单元。

收发器 5559IN2T 是接口微电路的典型代表，它将 CMOS 电平的输入信号转换为 RS‐485 标准的差分输出信号，这是保证信号通过双长线可靠传输的必然需求，反之则将 RS‐485 电平的差分输入信号转换为 CMOS 输出信号。在 $-7 \sim +12V$ 输入电压范围内，接收机差分输入最小敏感度为 200mV，数据传输速度为 2.5Mbit/s，收发器微电路的电源电压范围为 $V_{cc} = 4.5 \sim 5.5V$。环境温度限制为 $-60 \sim +125$℃。

基于 BiCMOS 组合工艺开发了 5559IN2T 微电路，该微电路具有以下性能：CMOS 工艺的低供电电流特性和双极工艺的信号快速开关特性。这些微电路通过特殊的技术手段，具有对静电放电和高频电磁噪声更强的防护性能。

4.6　微电路辐照测试结构及样品研究的设备与方法

在温度为 $300 \sim 310K$ 条件下，在 Issledovatel 装置上用能量为 1.25MeV 的 Co^{60} γ 射线对半导体元器件样品进行辐照，辐照剂量率为 $50 \sim 100$ rad/s，总剂量为 $10^5 \sim 10^7$ rad，γ 辐射剂量测量是采用参考葡萄糖探测器 DOG‐0.05/2 或固态玻璃探测器 DTC‐0.01/1.0 进行的，误差为 $\pm 7\%$。

Issledovatel 的 γ 单元（见图 4‐2）包含有铅钢保护体，在保护体中装有三个分别带有 36 个 GIK‐7‐2 型 Co^{60} 同位素源的辐照机。一般情况下，在容积为 4200cm³ 的辐照实验室周围分布有 10^8 个伽马源[①]。辐照时间由下列公式决定：

$$t = D/P \tag{4-11}$$

式中，D 是 γ 辐照剂量；P 是辐照的剂量率，辐照剂量率取决于辐照室内元器件的布置情况。

利用参考探测器 DOG‐0.05/2 在 Issledovatel 单元室的不同位置进行参考测量，计算出 γ 辐照剂量率。

上述计算是基于放射性衰变定律进行的，放射性核素的数量随时间呈指数衰减，辐照强度（剂量率）也以同样的方式降低：

---

①　疑有误。——译者注

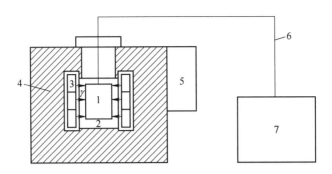

图 4 - 2　在 Issledovatel 装置上测试结构和集成电路的示意图

1—辐照样品；2—γ 辐照腔；3—辐照同位素源 Co^{60}γ；4—辐照室的防护墙体；5—γ 单元的控制面板；

6—多线电缆；7—控制仪表

$$P = P_0 \exp[(-0.693t)/T_{1/2}] \tag{4-12}$$

式中，P_0 为初始 γ 辐照剂量率；$T_{1/2} = 5.272$ 年，为核素 Co^{60} 的半衰期。

在室温下，用能量为 4MeV 的电子在直线加速器上辐照样品，电子注量率为 $10^{11} \sim 10^{12}$ e/（cm^2 · s），总注量为 $10^{13} \sim 10^{15}$ e/cm^2。剂量测量（电子注量率的测量）是利用法拉第筒完成的，电子注量率测量的误差为 $\pm 10\%$。

MOS 结构晶体管和 CMOS IC 样品在 ELU - 4 电子加速器上辐照的示意图如图 4 - 3 所示。

考虑到测试微电路元器件和辐照装置本身的设计特点，采用 γ 射线或电子辐照双极和有源模式下的 MOS 晶体管样品。

两个八线线束通过特殊开口穿到伽马（γ）单元的辐照区域。导线的数量受测试模块同时连接输出的数量限制。

电子加速器辐照样品时，使用控制仪表单元和 12m 长的屏蔽电缆对辐照模式进行远程遥控（见图 4 - 3）。

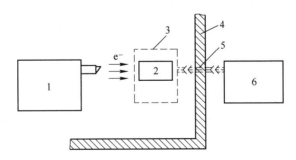

图 4 - 3　在电子加速器上辐照晶体管结构与 IC 的示意图

1—电子加速器；2—辐照元器件；3—支撑结构；4—防护结构；

5—12m 屏蔽电缆，用于遥控辐照模式；6—控制仪表单元

图 4 - 4 和图 4 - 5 给出了测试单元在有源模式下的辐照过程中，n - p - n 和 p - n - p 晶体管的连接原理图。根据共射极的方案进行连接，辐照过程中晶体管偏置 V_0 由电压表（V）监控，由 B5 - 7 型恒压源设定，保持在（5±0.05）V。

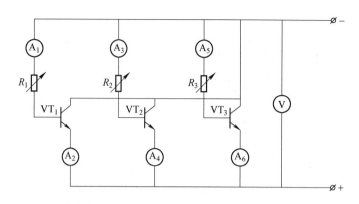

图 4-4　有源模式下 $Co^{60}\gamma$ 射线辐照的 n-p-n 型晶体管（T1-T3）接线图

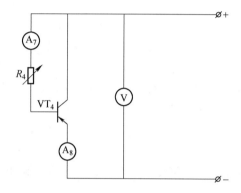

图 4-5　有源模式下 Co^{60} γ 射线辐照的 p-n-p 型晶体管（T4）连接图

如图 4-4 和图 4-5 所示，测试模块中同时连接了四个晶体管，三个 n-p-n 型和一个 p-n-p 型，每个晶体管的基极电流 I_b 由安培表 A1、A2、A3 和 A7 监控，精度为 $\pm 5\%$。安培表的型号是根据实验持续时间确定的，所有晶体管的 I_b 值为 $10\mu A$。在给定的电压下，通过可变电阻 R1 到 R4（430~450kΩ）调节持续时间。

同基极电流一样，发射极电流 I_e 由安培表 A2、A4、A6 和 A8 监控，精度为 $\pm 5\%$。正如上述的微电路所示，电流 I_e 等于：

$$I_e = I_b(\beta + 1) \tag{4-13}$$

式中，β 是晶体管电流放大系数。因此，在晶体管辐照过程中，I_e 的测量值由 β 的变化控制。

利用激光模拟器 RADON-5M 进行 LSIC 的脉冲 γ 射线等效辐照的测试，使用了以下模式：辐照激光的波长为 $1.08\mu m$，脉冲辐照能量为 50mJ，脉冲持续时间为 12ns，模拟剂量率最大值为 10^{12} rad(Si)/s。微电路是从顶部开盖处进行辐照。剂量测量是基于校准的激光辐照探测器 BKLI-601 的读数进行的，误差为 $\pm 10\%$。

借助 X 射线模拟器 REIM-2，测试了 LSIC 和测试元器件对稳态 γ 辐射等效作用的耐受性，X 射线辐照的有效能量为 10keV，等效剂量率为 70~100rad(Si)/s，剂量测量是基于校准的 X 射线照射探测器 BKRI-601 的读数进行的，误差为 $\pm 10\%$。

4.7　辐照后测试结构电参数的测量方法

使用 Tektronix 370B 测试仪来测量双极晶体管结构的参数（电流-电压特性和电流放大系数），误差在 ±10％以内[71]。

MOS 晶体管参数的测量采用标准测量装置和晶体管参数自动测量装置进行 I-V 特性、阈值电压、亚阈值斜率的测量。测量误差在 ±10％以内。

采用自动数字式 LCR 测量单元 E7-12 在频率为 1MHz 下测量 MOS 结构的 C-V 特性，误差在 ±10％以内。

采用 AMS Dakota 自动测量系统对逻辑 CMOS IC 和双极模拟 IC 的参数进行了测量，误差在 ±10％以内。

4.7.1　EEPROM 参数调节方法

4.7.1.1　EEPROM 单元调节

在辐照前后，通过编程和擦除的方式控制 EEPROM（带浮栅晶体管）存储元器件的阈值电压。

EEPROM 单元（带浮栅 MOS 晶体管）的存储器单元按图 4-6 编程。编程模式参数为：

1）漏端电压 $V_d = 0V$；

2）源端电压 $V_s = 0V$；

3）衬底电压 $V_{sub} = 0V$。

编程脉冲电压由脉冲发生器施加到记忆单元的栅上，脉冲幅度为 14V，脉冲持续时间为 1ms。

编程完成后对阈值电压的调节按图 4-7 进行。

根据图 4-8 所示，EEPROM（带浮栅晶体管）的存储器单元被擦除。擦除模式参数：

1）栅电压 $V_g = 0V$；

2）源端电压待定（中断）；

3）衬底电压 $V_{sub} = 0V$。

擦除脉冲电压从脉冲发生器施加到记忆元器件漏极，脉冲幅度 14V，脉冲持续时间 1ms。

编程后的阈值电压按图 4-7 进行调节。

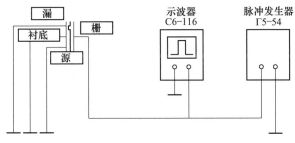

图 4-6　EEPROM 存储器元器件的编程框图

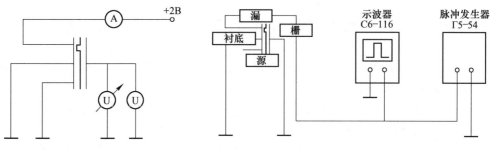

图 4 - 7　阈值电压调节图　　　　　图 4 - 8　EEPROM 存储器元器件擦除框图

4.7.1.2　EEPROM 单元调节

在辐照前后：根据框图 4 - 9 所示，对 EEPROM 单元在编程状态下的供电电流、高和低输入电流以及功能进行调节。

1）D1：微电路；

2）G1：电源电压 4.0 ~ 6.0V；

3）G2：直流稳压电源 0.0 ~ 6.0V；

4）G3：直流稳压电源 4.0 ~ 6.0V；

5）G4：正极脉冲发生器，其振幅等于电源电压 E_s；

6）G5：恒压源 4.0 ~ 6.0V；

7）A1：直流微安培计；

8）S1，S2：开关设备；

9）R1 ~ R8：电阻 1.0 kΩ×（1±5％）。

A 组包括输出 01、03、04、08~16、21~23、25~28、32~34 和 47，B 组包括输出 35~40、45、46。

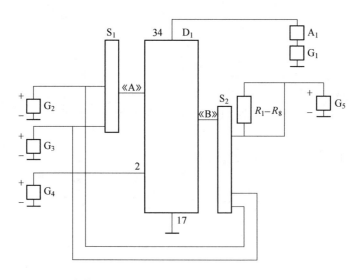

图 4 - 9　电参数测试及 FC 调节过程中 EEPROM 单元激活结构图

4.8　穿透性辐射对双极晶体管结构参数影响的实验研究结果

本节介绍了 γ 辐射对晶体管结构参数影响的研究结果（模拟双极集成电路的元器件）[72—81]。

晶体管参数的辐射变化是由晶体管的设计和制造工艺特征、工作方式及影响辐射的参数决定的[4]。

此外，还研究了电偏置模式在辐照过程中对测试晶体管 n-p-n 和 p-n-p 结构的影响以及辐照后参数的时间稳定性。

测试样品在有源模式（集电极电压 $V_c=5$V、基极电流 $I_b=10\ \mu$A）和无源模式下进行 $Co^{60}\gamma$ 的辐照（$V_c=0$，$I_b=0$），γ 剂量率为 800rad/s，剂量为 $10^5 \sim 10^7$ rad。

测量了测试晶体管的下列参数：

1）直流放大系数 β（$V_C=5$V、$I_b=10\mu$A 和 $I_b=100\mu$A）；

2）集电极漏电流 I_{leak}：发射结 I_{ce0}（$V_C=40$V），集基结 I_{cb0}（$V_C=40$V），射基结 I_{eb0}（$V_e=5$V）

3）集电极击穿电压 V_{break}：发射结 V_{ce}（$I_c=10\mu$A），集基结 V_{cb}（$I_c=10\mu$A），射基结 V_{eb}（$I_e=10\mu$A）；

4）发射极压降：基结 V_{eb}（$I_b=I_c=100\mu$A）正向漂移 V_{forw}。

同时还对辐照后晶体管参数的稳定性进行了研究，发现最不稳定的参数是 n-p-n 型晶体管放大系数，例如在剂量 $D=5.7\times10^6$ rad 的辐照后，n-p-n 型晶体管的放大系数往往在 100 小时左右明显恢复，并在较长的时间内进入饱和状态；对于 p-n-p 型晶体管，辐照后的放大系数几乎没有变化，这里 $\Delta\beta=\beta-\beta_0$，$\beta_0$ 为照射前的放大系数。

表 4-4 为晶体管在 γ 辐射影响下的测试结果，在两种晶体管的所有参数中，对辐射最敏感的是放大系数，特别是在基极电流较低时。射基结的击穿电压和正向压降几乎没有变化，漏电流增加了约 10%，主要是 n-p-n 型晶体管，辐照后 102 小时，漏电流基本恢复到辐照前的初始值，基极电流较低时的放大系数恢复更明显，其他参数随时间的推移保持不变。

表 4-4　γ 辐射（$D=5.7\times10^6$ rad）对测试晶体管参数的影响

晶体管类型	影响模式	β		I_{leak}/nA			V_{break}/V			V_{forw}/V
		$I_b=10\mu$A	$I_b=100\mu$A	C-E	C-B	E-B	C-E	C-B	E-B	E-B
n-p-n	辐照前	200.0	78.0	18	15	13	57.4	7.2	69.0	0.68
	辐照后 5min	11.6	31.5	30	30	10	61.0	7.3	65.0	0.71
	辐照后 102.5h	27.0	40.0	18	16	12	63.0	7.35	37.0	0.72
p-n-p	辐照前	75.0	20.5	40	15	14	53.0	80.0	79.0	0.66
	辐照后 5min	2.5	3.4	20	25	20	60.0	69.0	79.0	0.66
	辐照后 102.5h	2.9	4.0	15	15	13	63.0	69.0	76.0	0.65

图 4-10 显示了受 γ 辐射影响的 n-p-n 型晶体管输出 VAC 的典型退化规律，从图中可以看到，在经过剂量 $D=10^6$ rad 照射后，输出电流明显减小，放大系数减小了一个数量级。

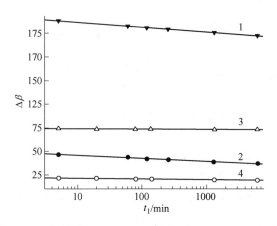

图 4-10 辐照后 n-p-n-（1，2）和 p-n-p-（3，4）
晶体管的放大系数随辐照时间的变化（$D=5.7\times10^6\,rad$）
1、3 表示 $I_b=10\mu A$；2、4 表示 $I_b=100\mu A$

  γ 辐射对不同基极电流下晶体管 n-p-n 结构放大系数的影响具有非单调性（见图 4-11），在 $D=（1\sim5）\times10^6\,rad$ 时，放大系数显著下降，而随着剂量继续增加，$\Delta\beta$ 的值下降（见图 4-12）。

  通过研究在 γ 射线辐照过程中和辐照后晶体管在有源模式下参数的变化可以发现，在剂量 $D=10^6\,rad$ 的辐照下，n-p-n 型晶体管的放大系数明显下降，辐照后约 1000 小时内部分恢复［见图 4-13（a）］，而对于 p-n-p 型晶体管，辐照后的放大系数恢复很小［见图 4-13（b）］。

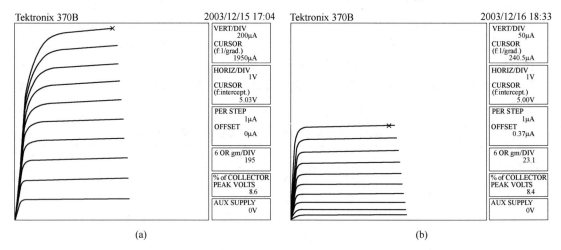

图 4-11　n-p-n 晶体管的输出 VAC
（a）为辐照前，$\beta=195$；（b）为辐照后（$D=10^6\,rad$），$\beta=23.1$

  图 4-14 给出了测试晶体管在不同工作模式下 γ 辐射对放大系数的影响，在 $D=（1\sim4）\times10^6\,rad$ 的辐照后，放大系数显著下降，当剂量继续增加时，β 退化速率降低。p-n-p 晶体管在无源模式下工作时接受辐照的情况下，可以观察到 $\Delta\beta$ 的线性增长［见图 4-

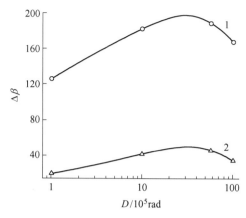

图 4 - 12　n - p - n 晶体管放大系数变化的剂量依赖性

1 表示 $I_b = 10\mu A$；2 表示 $I_b = 100\mu A$

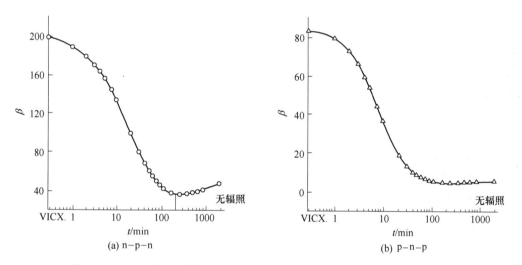

图 4 - 13　辐照期间和辐照后晶体管的放大系数值随时间的变化（$D = 10^6$ rad）

14（b）]，值得注意的是，与有源模式工作下的辐照相比，n - p - n 型晶体管在无源模式辐照下的特点是放大系数发生了相当大的变化 [见图 4 - 14（a）]。

　　双极晶体管在辐照下性能的改变主要是由于元器件有源区辐射中心的复合导致少数载流子寿命的降低，等平面技术的使用使得半导体-介电界面接近双极晶体管的工作区域，这反过来导致绝缘氧化物的界面态密度和累积电荷对其性能的影响增大，这就是为什么在许多情况下，表面辐射效应对双极晶体管起决定作用的原因[1,2,4]。

　　可以用辐射感生的体缺陷和表面缺陷的影响来解释得到的结果。在第一种情况下，由于复合中心的形成，考虑晶体管基区的少数载流子寿命的减少，从而导致 β 减小[4]；在第二种情况下，由于基极电流的表面分量增加以及漏电流增加，使得表面复合速度增加，从而导致放大系数减小[1,2]。显然，所研究的双极晶体管参数的变化与结构损伤、在基极区钝化（保护）氧化物中引入电荷的电离过程和发射结体电荷有关[1,2]，因此在 n - p - n 型元器件中，氧化物中的体电荷对表面复合的影响最大，而在 p - n - p 型元器件

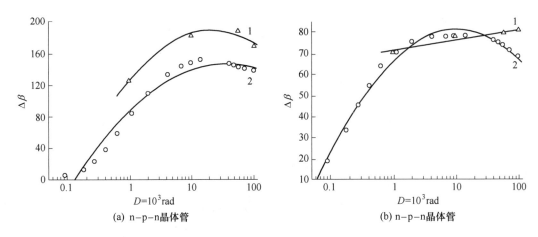

图 4-14　在无源（图中标 1）和有源工作模式（图中标 2）下，放大系数变化随 γ 辐照剂量的变化
（图中数据点代表实验结果，曲线代表拟合结果）

中，Si-SiO$_2$ 界面态电荷对表面复合的影响最大。这就解释了在辐照过程中不同电模式对不同类型晶体管参数的影响（见图 4-14）。

在辐照剂量较大（10^7 rad）的情况下，β 退化速率减小，这是由于随着界面态密度的增加，在 Si-SiO$_2$ 界面处俘获了大量电子（负电荷），它们与 SiO$_2$ 体内空穴（正电荷）相互补偿，降低了介质内的净有效电荷量[4]。辐照后 β 值的部分恢复是由于介质中电子从快表面态隧穿引起的体电荷弛豫所致[1,2]。

通常，高剂量辐射下的 n 沟道 MOS 晶体管，由于负表面态电荷密度的增加，补偿了 SiO$_2$ 中的正电荷，从而使阈值电压退化减小[1,2,4]，这意味着在 $D = 10^7$ rad 的 γ 辐射下，表面效应会影响所研究的双极晶体管结构。

因此，已有研究发现，在高辐照剂量（10^7 rad）下，双极晶体管结构中参数退化的速度会降低。此外，双极元器件在无源模式下的抗辐射能力稍高于在有源模式下的能力。

4.9　电离辐射对双极模拟集成电路参数影响的实验研究

本节包含辐射对模拟双极 IC 影响的研究结果（运算放大器、比较器、稳压器）[82-85]。

对集成双极比较器 1467SA2P 和运算放大器 1473UD1T 在 Co^{60} γ 辐射下进行了研究。

比较器 1467SA2P 的控制参数包括输入失调电压 V_{IO}、输入失调电流 I_{IO}、输入偏置电流 I_{IB}、电源电流 I_{CC}、低电平输出电流 I_{OL}、低电平输出电压 V_{OL}、输出漏电流 I_{OH} 以及电压增益 A_{UOL}。

测试了运算放大器 1473UD1T 的以下参数：电源电流 I_{CC}、输入失调电压 V_{IO}、输入失调电流 I_{IO}、输出摆幅 $V_{0+(-)}$、输入电流 I_I、电源电压抑制比 K_{svr}、共模抑制比 K_{cmr}、电压增益 A_U、差模输入电阻 R_{IN}、增益带宽积 GBW（在闭环反馈电路的情况下）以及从低到高最大转换速率（SR_{LH}）与从高到低最大转换速率（SR_{HL}）。

　　γ 辐射对 1467SA2P 比较器参数的影响具有非单调性（见图 4 - 15～图 4 - 17），在 $D = 10^3 \sim 5 \times 10^6$ rad 的辐照后，主要参数发生了相当大的退化，但在 $D = 5 \times 10^6 \sim 10^7$ rad 时，A_{UOL}、V_{OL} 和 V_{IO} 参数的退化速度有所降低。

　　运算放大器 1473UD1T 参数变化的剂量依赖性更加复杂（见图 4 - 18～图 4 - 22），与比较器相似，在大剂量辐射下（高达 10^7 rad），运算放大器中观察到各参数（K_{svr}、A_U、GBW）的略微恢复。

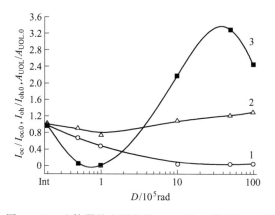

图 4 - 15　比较器的电源电流 I_{CC}（1）、输出漏电流 I_{OH}（2）和电压增益 A_{UOL}（3）随辐射剂量的相对变化

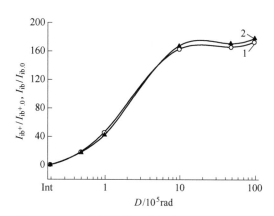

图 4 - 16　比较器的输入偏置电流 I_{ib+}（1）和 I_{ib-}（2）随辐射剂量的相对变化

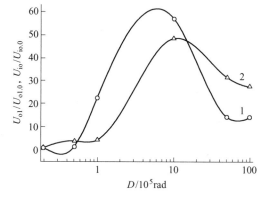

图 4 - 17　输入低电压 V_{ol}（1）和偏置电压 V_{io}（2）随辐射剂量的相对变化

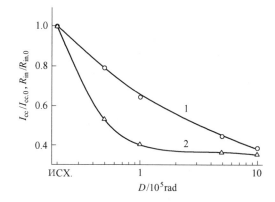

图 4 - 18　运算放大器的电源电流 I_{cc}（1）和差模输入电阻 R_{in}（2）随辐射剂量的相对变化

　　β（针对晶体管）和 A_{UOL}（针对比较器和运算放大器）在高剂量（10^7 rad）下退化速率的降低可以解释为：随着界面态密度的大量增加，在 Si - SiO_2 界面处俘获了大量电子（负电荷），它们与 SiO_2 体内空穴（正电荷）相互补偿，降低了介质内的净有效电荷量[4]。辐照后 β 值的部分恢复是由于介质中电子从快表面态隧穿引起的体电荷弛豫所致[1,2]。

　　根据实验数据，得到了测试晶体管（如表 4 - 5）、比较器（见表 4 - 6）、运算放大器（见表 4 - 7）的极限剂量 D_{lim}（元器件的参数超过规范中规定的极限值的辐射剂量）。

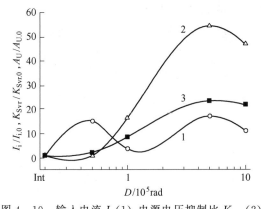

图 4-19　输入电流 I_i（1）、电源电压抑制比 K_{svr}（2）和电压增益 A_U（3）随辐射剂量的相对变化

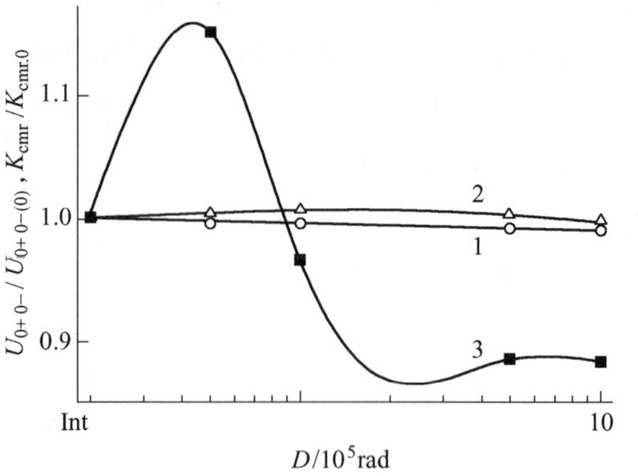

图 4-20　运算放大器的输出摆幅 V_{o+}（1）、V_{o-}（2）和共模抑制比 K_{cmr}（3）随辐射剂量的变化

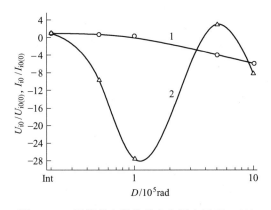

图 4-21　运算放大器的输入失调电压 V_{io}（1）和输入失调电流 I_{io}（2）随辐射剂量的相对变化

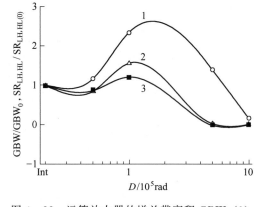

图 4-22　运算放大器的增益带宽积 GBW（1）、从低到高最大转换速率（SR_{LH}）（2）以及从高到低最大转换速率（SR_{HL}）（3）随辐射剂量的变化

表 4-5　基于放大系数 β（$I_b = 10\mu A$）的测试晶体管抗辐射水平

晶体管类型	$D_{lim}/10^2\,rad$
n-p-n 晶体管，发射极面积 $S_e = (18 \times 17)\mu m^2$	$(1.0 \sim 1.5) \times 10^3$
n-p-n 晶体管，发射极直径 $D_e = 22\mu m$	$(3 \sim 4) \times 10^3$
横向 p-n-p 晶体管，$S_e = (20 \times 20)\mu m^2$	$(2 \sim 3) \times 10^2$
横向 p-n-p 晶体管，基极厚度 $W_b = 11\mu m$，$D_e = 26\mu m$	$(4 \sim 5) \times 10^2$

表 4-6　1467SA2P 比较器基本参数抗辐射水平

参数	$D_{lim}/10^2\,rad$
电源电流 I_{cc-5v}	10^5
输出漏电流 I_{oh}	10^5
低电平输出电流 I_{ol}	$(5 \sim 6) \times 10^2$
低电平输出电压 V_{ol}	$(5 \sim 6) \times 10^2$
失调电压 V_{io}	1.5×10^3
输入失调电流 I_{io}	10^5
输入偏置电流 I_{ib+}	$< 5 \times 10^2$
输入偏置电流 I_{ib-}	$< 5 \times 10^2$
电压增益 A_{UOL}	$< 5 \times 10^2$

根据表 4 - 7 和表 4 - 8 的数据，可以得到一个结论：横向 p - n - p 晶体管的抗辐射能力比 n - p - n 晶体管低 5～10 倍。在这种情况下，p - n - p 晶体管的退化决定了比较器和运算放大器的抗辐射能力。特别是，对于 p - n - p 晶体管的放大系数，其极限剂量为 $D_{\lim} = (2～5) \times 10^4 \, \text{rad}$，相应的比较器和运放的电压放大系数 A_{UOL}（A_U）的极限剂量为 $D_{\lim} = 5 \times 10^4 \, \text{rad}$。

表 4 - 7　运算放大器 1473UD1T 基本参数抗辐射水平

参数	$D_{\lim}/10^2 \, \text{rad}$
电源电流 I_{cc}	10^4
输出电压摆幅 $V_{\text{o+}}$	10^4
输出电压摆幅 $V_{\text{o-}}$	10^4
失调电压 V_{io}	$(2.0～2.2) \times 10^3$
输入失调电流 I_{io}	10^4
输入电流 I_{i}	10^4
电源电压抑制比 K_{svr}	$(2.0～2.5) \times 10^3$
共模抑制比 K_{cmr}	5×10^3
电压增益 A_U	5×10^2
差模输入电阻 R_{in}	5×10^2
增益带宽积 GBW（在闭环反馈电路的情况下）	$(8～9) \times 10^3$
从低到高最大转换速率 SR_{LH}	10^3
从高到低最大转换速率 SR_{HL}	10^3

表 4 - 8　所研究的稳压器的基本参数

IC	生产商	V_{out}/V	I_{con}/mA
1244EN5T	UE Belmicrosystems	5	5
1244EN24T	UE Belmicrosystems	24	6
1252ER1T	UE Belmicrosystems	1.2	0.6
1253EI5T	UE Belmicrosystems	-24	4
1253EI24T	UE Belmicrosystems	-5	5
LM2990	美国国家半导体公司	-5	1.1
MC78L12	安森美半导体	12	4
TPS76833	德州仪器公司	3.3	0.1
MAX874	美信公司	4.096	0.007
L78LO5	意法半导体	5	3
LT1117	凌力尔特公司	3.3	5.5
V24C5	美国怀格公司	5	20000

比较器和运算放大器的参数对辐射最敏感，包括电压增益 A_{UOL}（A_U），最稳定的参数是电源电流 I_{cc}，其极限剂量 $D_{\lim} = 10^6～10^7 \, \text{rad}$。

使用激光和 X 射线模拟器 RADON - 5M 和 REIM - 2 在 $-60℃$、$+25℃$ 和 $+125℃$ 下对稳压器 ICs 1244EN5T、1244EN24T、1252ER1T、1253EI5T 和 1253EI24T 的辐射效应进行了模拟研究。

研究结果如下：

1) 无论辐照温度如何，输出电压对脉冲电离辐射的影响最为敏感。

2) 辐照温度升高时，稳压器的无故障运行和停机时间变化不大（见图 4-23）。

3) 负极性稳压器对剂量率效应更为敏感。

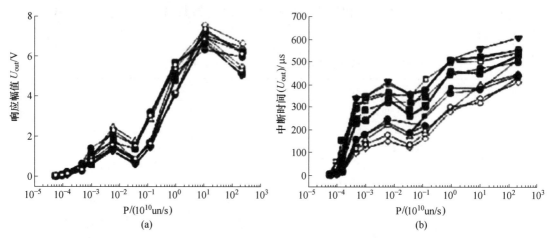

(a)　　　　　　　　　　　　　(b)

图 4-23　IC 1253EI5T 的（a）响应幅值和（b）中断时间与脉冲电离辐射水平的关系 $[P/(10^{10} \text{un/s})]$
（白色记号表示＋25℃，黑色记号表示＋125℃）

在研究稳压器对剂量效应的耐受性时，采用静态模式辐照，测试了 IC 的以下参数：输入电压、电源电流、稳流系数和稳压系数。研究结果如下：

1) 稳压器在辐射影响下最敏感的参数是输出电压，而与辐照温度无关。

2) 无论辐照温度和稳定电压值如何，电源电流在辐射影响下都不会出现明显的衰减。

3) 当电源电压降低，辐照温度降低时，稳压器参数随剂量增加的退化速度减慢（见图 4-24 和图 4-25）。

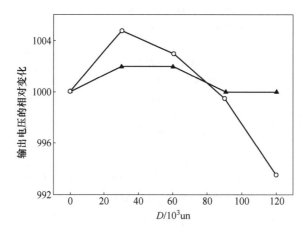

图 4-24　1244EN5T 和 1244EN24T 的输出电压随剂量增加的相对变化 $[D/10^3 \text{un}]$
（黑色标记为 1244EN5T；白色标记为 1244EN24T）

在脉冲和稳态电离辐照下，对电压稳压器（VS）、运算放大器（OA）和电压比较器

（VC）的抗辐射能力进行了比较研究。

　　本研究旨在确定 VS、OA 和 VC 微电路的辐射损伤规律，这项工作分为两个阶段，在第一阶段，研究了稳态电离辐射（IR）影响下 VS 辐射耐受性与输出电压的关系，选用双极工艺制备的稳压元器件作为研究对象，表 4 - 8 包含了研究对象及其基本参数。

　　分析结果表明，VS 的抗辐射性能对输出电压有很强的依赖性，所研究的集成电路通常可以分为两组（不考虑制造商），即低输出电压 VS（≤5V）和高输出电压 VS（5V 及以上）。在稳态的电离辐照下，集成电路的低电平输出电压参数失效水平更低（达 2 个数量级），VS 参数失效的特征等级如表 4 - 9 所示。

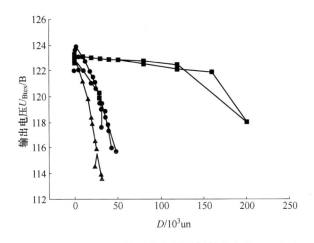

图 4 - 25　IC 1252ER1T 的输出电压随剂量的变化（$D/10^3$ un）
（圆形记号表示 +25℃，三角形记号表示 +125℃，正方形记号表示 60℃）

表 4 - 9　稳态电离辐射下 VS 参数失效的特征水平

IC 类型	V_{out}/V	典型失效等级
1252ER1T	1.2	$10^4 \sim 10^5$ 个单位
LT1117	3.3	
TPS76833	3.3	
MAX874	4.096	
1244EN5T	5	$10^6 \sim 10^7$ 个单位
L78L05	5	
V24C5	5	
1253EI24T	−5	
LM2990	−5	
MC78L12	12	
1244EN24T	24	
1253EI5T	−24	

　　第二阶段对某厂家生产的不同型号模拟集成电路的抗辐射能力进行了比较研究，选择 Belmicrosystems 研发中心根据双极工艺生产的 VS、OA 和 VC 作为研究对象，研究结果如图 4 - 26 和图 4 - 27 所示。

　　对 VS、OA 和 VC 抗辐射能力的对比实验研究结果进行分析，得出以下结论：

1）在稳态电离辐照下，VS 微电路比 OA 和 VC 参数退化程度更高（平均高两个数量级）。

2）在脉冲电离辐照的作用下，VS 微电路的无故障运行等级比 OA 和 VC 低一个数量级以上。

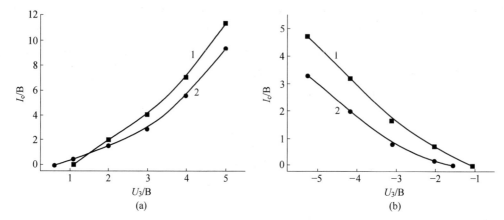

图 4 - 26　双极 IC 在脉冲电离作用下的无故障运行等级

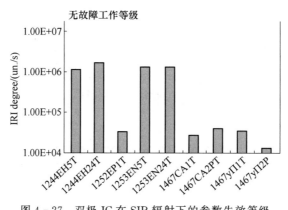

图 4 - 27　双极 IC 在 SIR 辐射下的参数失效等级

研究结果为确定模拟 VLSIC 的抗辐射性能提供了可能的标准，在 IIR[①] 作用下，VSs 是最敏感的参数，在 SIR[②] 作用下，元器件的抗辐射性能由输出电压较低时的 OA、VC 和 VS 来决定。

4.10　电离辐射对 MOS 晶体管参数及集成电路影响的实验研究

4.10.1　γ 辐射对 MOS 晶体管参数的影响

本节包含 γ 辐射对 MOS 结构测试晶体管（CMOS IC 逻辑元器件）参数影响的研究

---

① 此缩写应为"脉冲电离辐射"。——译者注

② 此缩写似为"模拟电离辐射"。——译者注

结果[86−91]。

　　本节研究了在温度 $T=303\sim313K$ 和不同栅偏压 $V_g=0V$、$\pm3V$、$\pm5V$ 下，具有 n 型和 p 型感应沟道的 MOS 结构测试晶体管在 $Co^{60}\gamma$ 辐照（剂量率为 $90rad/s$，剂量为 $10^5\sim10^7rad$）下的特性。

　　在辐照前后测量了 MOS 晶体管的电流-电压特性（VAC）和阈值电压 $V_{0.n}$ 和 $V_{0.p}$（漏电流 $I_d=0.1\mu A$）。基于栅漏 VAC，确定了斜率 S（在电流为 $I_g=3mA$）和晶体管沟道中载流子的有效迁移率（μ_n 和 μ_p）。

　　图 4-28 显示了无源模式下 γ 辐射对 MOS 晶体管的栅漏 VAC 的影响。观察到 n 沟道 MOS 晶体管阈值电压 $V_{0.n}$ 在零向上相对较小的漂移，而 p 沟道 MOS 晶体管的阈值电压 $V_{0.p}$ 在负方向上的漂移则较大，VAC 特性曲线斜率减小。结果证明了在辐照过程中氧化物中正电荷的积累以及快表面态密度的增加。

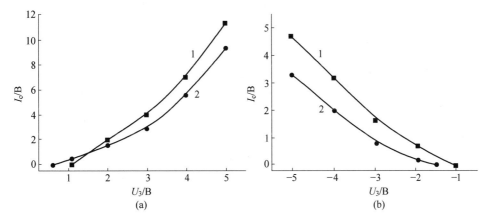

图 4-28　在 γ 辐射下具有（a）n 沟道和（b）p 沟道的 MOS 晶体管的栅漏 VAC 的变化

1—辐照前；2—$D=10^7rad$（$V_g=0V$）后

图 4-29 显示了不同电模式下 n 沟道 MOS 晶体管的阈值电压值变化 $\Delta U_{0.n}$ 和 S/S_0

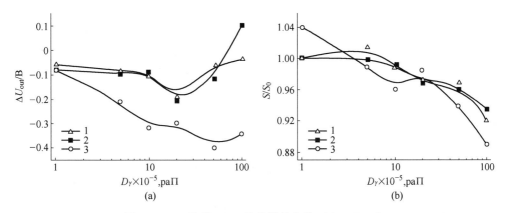

图 4-29　n 沟道 MOS 晶体管的参数（a）$\Delta U_{0.n}$ 和

（b）S/S_0 的变化取决于各种电模式下的辐照剂量

1—$V_g=+3V$；2—+5V；3—0V

的剂量依赖性。在无源模式下辐照剂量为 $D_\gamma = 5 \times 10^6 \sim 10^7 \, \text{rad}$ 范围时，$\Delta U_{0.n}$ 最大；在有源模式下，阈值电压的最大变化是在 D 为 $2 \times 10^6 \, \text{rad}$，但是比第一种情况小 2.5 倍。斜率变化也具有类似的相关性。一般来说，S/S_0 值的减少出现在 $D_\gamma > 2 \times 10^6 \, \text{rad}$ 时。

这些变化可以解释为：在这种情况下，$Si - SiO_2$ 界面上的界面态密度增加，捕获了来自 n 沟道、漏极和源极的 n^+ 区的电子。因此，在大辐照剂量的情况下，由于界面态的负电荷，氧化物中的正电荷会得到部分补偿[1,3]。

对于 p 沟道 MOS 晶体管（见图 4 - 30），在无电偏置辐照时，各参数变化显著，尤其是在 $D_\gamma = 2 \times 10^6 \sim 10^7 \, \text{rad}$ 的剂量范围内。

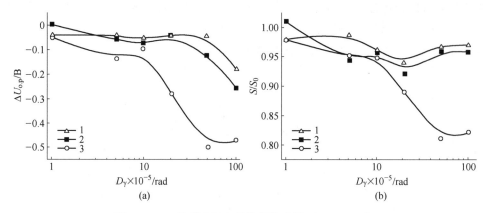

图 4 - 30　p 沟道 MOS 晶体管的参数 （a） $\Delta U_{0.p}$ 和

（b）S/S_0 的变化取决于各种电模式下的辐照剂量

1—$V_g = -3\text{V}$；2——5V；3—0V

图 4 - 31 给出了对 MOS 晶体管不同栅电压偏置下辐射特性的更详细描述。

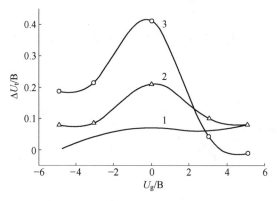

图 4 - 31　在 γ 辐射剂量 $D_\gamma = 10^5 \, \text{rad}$ （1）、$10^6 \, \text{rad}$ （2） 和

$10^7 \, \text{rad}$ （3） 下，MOS 晶体管的阈值电压漂移随栅极偏置电压的变化

对获得的实验结果进行更详细的分析需要研究阈值电压分量的变化，这是由氧化物体中辐射感生电荷（ΔU_{ot}）和 $Si - SiO_2$ 界面上 SS 电荷（ΔU_{it}）引起的。采用一种比较简单的方法，将阈值电压分为 SiO_2 体和表面两个分量。假设 SS 在 NMOS 结构中带负电荷，在 PMOS 晶体管结构中带正电荷。假设在相似辐照条件下，具有相同氧化硅性质的

NMOS 和 PMOS 结构中，SiO_2 和 SS 中的电荷积累过程遵循相同的规律。那么，MOS 晶体管的阈值电压在辐照情况下的变化如下所示：

$$\Delta U_{tn} = \Delta U_{otn} + \Delta U_{itn} = (\Delta U_{otn} + \Delta U_{itn})qd / \varepsilon_o \varepsilon \qquad (4-14)$$

$$\Delta U_{tp} = \Delta U_{otp} + \Delta U_{itp} = (\Delta U_{otn} + \Delta U_{itp})qd / \varepsilon_o \varepsilon \qquad (4-15)$$

式中，q 是电子电荷；ε_o 和 ε 分别是真空和氧化硅的介电常数；$\Delta U_{otn,p}$ 和 $\Delta N_{itn,p}$ 分别是 n 沟道和 p 沟道结构中 SiO_2 体和 SS 中电荷密度的变化。

n 沟道和 p 沟道 MOS 晶体管中电荷载流子迁移率的退化由 SS 密度的相应变化值决定：

$$\frac{\mu_n}{\mu_{no}} = (1 + \omega \Delta N_{itn})^{-1} \qquad (4-16)$$

$$\frac{\mu_p}{\mu_{po}} = (1 + \omega \Delta N_{itp})^{-1} \qquad (4-17)$$

式中，μ_{no} 和 μ_{po} 是 n 沟道和 p 沟道中载流子迁移率的初始值，比例因子为 $w = 8 \times 10^{-13} cm^{-2}$。

基于式（4-16）和式（4-17），利用 μ_n / μ_{no} 和 μ_p / μ_{po} 对辐照剂量的实验依赖性来确定 ΔN_{itn} 和 ΔN_{itp} 的值（见图 4-32）。

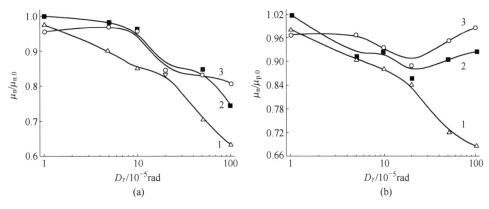

图 4-32　辐照下（a）n 型和（b）p 型晶体管沟道中载流子迁移率的相对变化

1 表示 $V_g = 0$，2 表示 $\pm 3V$ 和 $\pm 5V$

在这里，我们还可以看到在无偏压辐照下，沟道中的载流子迁移率发生了更显著的变化。借助于从式（4-14）和式（4-15）中获得的值 ΔN_{itn} 和 ΔN_{itp}，可以得到 ΔN_{otn} 和 ΔN_{otp} 的数值，然后可以计算阈值电压的 SiO_2 体和表面分量的变化。

图 4-33 显示了在不同电辐照模式下 n 沟道 MOS 晶体管阈值电压分量的变化值，它是测量抽样数 $n = 100$ 时计算的平均值。正如图所示，在所有情况下，体分量 ΔU_{otn} 都会发生相当大的变化，在 $V_g = 0V$ 的辐照下尤为明显。

无偏压辐照下，p 沟道 MOS 结构的特点是表面分量 ΔU_{itp} 发生了更大的变化（见图 4-34）。在这种情况下，体分量 ΔU_{otp} 有一个较小的正值，这主要是由于 SiO_2 体中电子的捕获，负电荷在氧化物中起主要作用的结果。

从图 4-29~图 4-31 可以看出，从 MOS 晶体管的辐射耐受性来看，在辐照下的

MOS 晶体管的无源工作模式是最劣条件。这种效应可以解释为：在有源模式下接受辐照时，MOS 晶体管的栅极电压会在氧化物中产生一个电场（约 $3 \times 10^6 \, V/cm$），从而导致 SiO_2 中电子的注入。由于氧化物的厚度很小（25nm），该场强值足以将电子从硅隧穿到与氧化物中正电荷的位置深度相当的距离（距离 $Si-SiO_2$ 界面 $3 \sim 5nm$），这导致在高达 $10^6 \, rad$ 的剂量下几乎完全补偿，在 $D_\gamma = 10^7 \, rad$ 时部分中和。在无源模式辐照时，这种补偿发生的程度较小。在这种情况开始时，由于接触电位差造成氧化物中只有很小的内部电场。

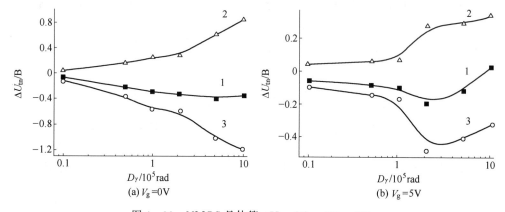

图 4-33　NMOS 晶体管 ΔU_{tn}（1）、ΔU_{itn}（2）、
ΔU_{otn}（3）的阈值电压分量变化与注入剂量的关系

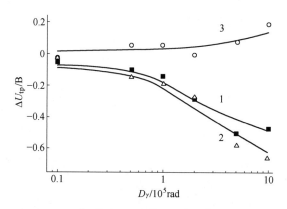

图　4-34　$V_g = 0V$ 辐照时，p 沟道 MOS 晶体管结构 ΔU_{tp}（1）、
ΔU_{itp}（2）和 ΔU_{otp}（3）中阈值电压及其分量变化与注入剂量的关系

　　PC 微电路的开发者有时需要知道在一段时间 t 内电子从 $Si-SiO_2$ 界面隧穿到氧化物中的深度。在这种情况下，可以使用以下公式：

$$X_T(t) = [1/(2\beta)]\ln(t/t_0) \tag{4-18}$$

式中，$\beta = 2.63 \, nm^{-1}$ 为隧穿常数；$t_0 = 10^{-4} \, s$ 是隧穿过程激活的初始时刻。

　　然后，在 $t = 1.11 \times 10^5 \, s$ 期间内，在剂量 $D_\gamma = 10^7 \, rad$（$V_g = 5V$）的条件下，获得值 X_T（t）$= 3.97nm$。

　　在文献［92，93］中还发现，在辐照的情况下，电子被俘获在氧化硅中，并部分补偿了捕获空穴的正电荷。SiO_2 中负电荷的形成主要是由于存在作为受主或两性中心的未结键氧[1,2]。

　　因此，为了评估具有薄栅氧化层（20～25nm）的 CMOS 微电路在辐照条件下的工作容量极限，有必要在无源（最差）工作模式下测试该结构。此外，CMOS 逻辑元器件的正常工作在电源电压 $V_s = V_{0.n} + |V_{0.p}|$ 时停止[1,2]。因此，有可能得出结论，基于所研究的 MOS 晶体管的 CMOS IC 将会在 $V_s = 3 \sim 5\text{V}$，γ 辐射剂量高达 $D_\gamma = 10^7\,\text{rad}$ 的条件下正常工作。

　　CMOS IC 测试结构中寄生 MOSFET 和无漏电保护 MOSFET 剂量响应的对比实验研究也很有意义。比较在具有多晶硅栅（长宽比 $L/W = 1.2/50.0$）的厚氧化物上测试用 1 号 NMOS 寄生晶体管，与在没有设计泄漏保护的情况下工作的 2 号 NMOSFET（$L/W = 50/3$）的辐射特性。在实验过程中，测量了 2 号 MOSFET（见图 4-35）和 1 号寄生 MOSFET 的 VAC 参数。

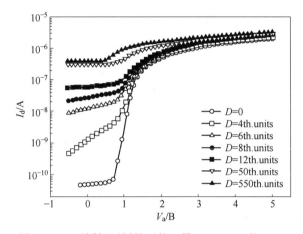

图 4-35　不同辐照剂量下的 2 号 MOSFET 的 VAC

　　图 4-36 显示了由氧化物电荷（ΔV_{ot}）和 SS（ΔV_{it}）引起的寄生 MOS 晶体管阈值电压漂移分量与注入剂量的关系；辐照在 +5V（暗图）和 0V（亮图）的栅压下进行。正如预期的那样，尽管 SS 的贡献也相当可观，正电荷的形成过程仍占主导地位。应注意的是，在这些试验中，分析范围内的 $\Delta V_{ot}/\Delta V_{it}$ 相关系数实际上与有源和寄生 MOS 晶体管的剂量无关。上述相关系数在有源和寄生 MOSFET 上具有相近的值。例如，对于试验 D19，1 号有源 MOS 晶体管的相关系数平均值为 0.26，寄生 MOSFET 的相关系数平均值为 0.34（在 $V_g = +5\text{V}$ 的辐照下）。

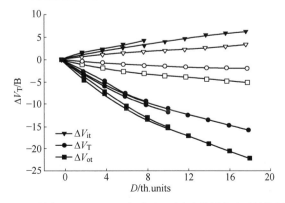

图 4-36　1 号寄生 MOSFET 阈值电压漂移分量与辐射剂量的关系

　　比较工作的 2 号 NMOSFET 漏电流变化和 1 号寄生 MOSFET 参数变化的动力学特性，有助于确定现代 MOSFET 中漏电流形成的模型表示。

　　图 4-37 显示了栅电压等于 0（泄漏电流）时 2 号 MOSFET 和 1 号寄生 MOSFET 漏电流与注入剂量的关系。可以看到，当剂量超过 2krad 时，动态特性变得相似，并且 2 号 MOSFET 和寄生 MOSFET（η）的泄漏电流随注入剂量缓慢变化（见图 4-38）。由于 η 对剂量的依赖性相对较弱，可以假设导致泄漏形成的主要因素是薄氧化物和厚氧化物之间过渡区较厚。上述 MOSFET 氧化物区域的参数接近寄生 MOSFET 的介电参数。该数据可用于估算 2 号 MOSFET 中寄生泄漏沟道的宽度 Z。假设寄生 MOSFET 和 2 号厚氧化物 MOSFET 具有相似的参数，我们将获得

$$Z/L_2 = W\eta/L \quad \text{or} \quad Z = WL_2\eta/L \tag{4-19}$$

式中，W 和 L 是寄生 MOSFET 沟道的宽度和长度；L_2 是 2 号 MOSFET 中的沟道长度。

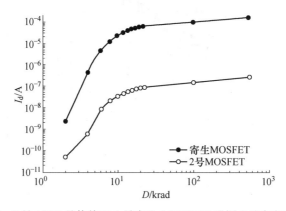

图 4-37　2 号 MOS 晶体管和 1 号寄生 MOSFET 泄漏电流与辐射的关系

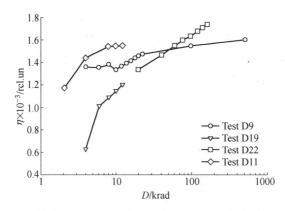

图 4-38　2 号 MOSFET 和 1 号寄生 MOSFET 泄漏电流的剂量依赖关系

　　结果表明，Z 约为 $(50/1.2) \times 50 \times 1.2 \times 10^{-3} \mu m = 2.5 \mu m$，符合物理期望值的要求。因此，在不设计使用漏电保护元器件的情况下，寄生 MOSFET 的辐射特性和 MOSFET 过渡区的几乎是等效的。

可以预见，根据所述工艺制造的 CMOS IC 的失效将由 NMOSFET 中的寄生结构退化引起。有源结构特定的容限参数值可以说明在采取已知的防泄漏措施的情况下，有源MOS IC 的基本结构可以抵抗 500 个单位以上的辐射。

4.10.2　γ 辐射对 MOS 电容器和 MOS 晶体管参数影响的实验研究：亚微米 CMOS IC 元器件

本节包含了在 Co^{60} γ 辐射下，基于 0.35 μm（MOS 电容器和晶体管）工艺设计规则设计的 CMOS IC 元器件辐射容限的实验研究结果[94,95]。

对 0.35μm CMOS IC 测试元器件进行了实验。测试对象为具有厚绝缘氧化物（厚度 $d_{ox}=0.38\mu$m）和薄栅氧化物（$d_{ox}=7.0$nm）的 MOS 结构，并且包括了 n 型和 p 型沟道 MOSFET（沟道长宽比为 $L/W=0.35/10.0\mu$m），以及包括了典型结构和环栅结构（漏极被栅极包围）的 MOSFET。在 300～310K 温度和各种工作模式下，在 Issledovatel 装置上用 Co^{60} γ 辐照试样。γ 辐射剂量率为 400rad/s，剂量 $D=10^4\sim10^6$ rad。

图 4-39（a）显示了 MOS 结构（$d_{ox}=0.38\mu$m）在有源模式（栅极电压 $V_g=5$V）辐照下的 CV 特性变化。γ 辐射影响导致具有厚氧化物的测试 MOS 电容器的 CV 特性出现相当大的负向漂移，这是由于氧化物体中的固定正电荷累积造成的。观察到 CV 特性斜率的减小及其初始形状的畸变，可解释为是由于 Si‐SiO_2 界面上快界面态密度的增加所引起[1-4]。

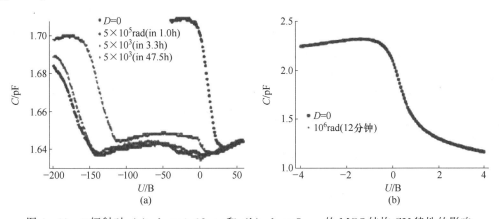

图 4-39　γ 辐射对（a）$d_{ox}=0.38\mu$m 和（b）$d_{ox}=7$ nm 的 MOS 结构 CV 特性的影响

辐照后，观察到测试 MOS 电容器的 CV 特性部分恢复（$d_{ox}=0.38\mu$m）。这种效应是由于电子从硅隧穿到带电的空穴陷阱[1,2]，导致氧化物边界区域捕获的正电荷被中和而引起的。

在有源模式（$V_g=3.3$V）的 γ 辐照下，对 MOS 电容器（$d_{ox}=7$ nm）进行的测试表明，在剂量 $D=10^6$ rad 时，CV 特性的电压偏移不超过 0.1V［见图 4-39(b)］。

图 4-40 给出了在有源模式（$V_g=3.3$V）的 Co^{60} γ 辐照下，NMOSFET 的测试结果。典型结构的 NMOSFET 在辐照下的漏栅电流‐电压特性比环栅结构的结果表现出更大的变化［见图 4-39(a)］。对典型结构，随着辐照剂量的增加，泄漏电流显著增加。对环栅结构，辐照剂量高达 $D=10^6$ rad 时，泄漏电流变化仍很小。

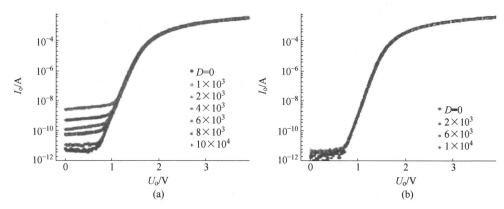

图 4-40　γ辐射对具有（a）典型和（b）环栅几何形状的 n 沟道 MOSFET 的 VAC 的影响

环栅 NMOSFET 中的泄漏电流在辐照下几乎没有增加，因为它们没有被多晶硅覆盖的有源边缘区域，也就是说，厚绝缘氧化物和发生泄漏电流的衬底 p 区域之间没有接触[61]。

应注意的是，作为辐照的结果，两种类型的 NMOSFET 的 VAC 不会发生位移和变形，即体正电荷不会积聚在栅极电介质中并且快界面态密度不会增加。这一结果得到了 MOS 电容器（$d_{ox}=7nm$）在 γ 辐射下 CV 特性稳定性数据的支持［见图 4-39（b）］。

通过将栅氧化层的厚度与空穴隧穿的特征长度（≈5nm）进行比较，可以解释这种效应[61]。这就是为什么存在外部电场的情况下，辐射感生的空穴电荷通过隧穿方式从氧化物进入到硅，并且空穴被俘获在氧化物体中或参与形成边缘界面态的概率变得非常低的原因。

工作在有源模式下的 PMOSFET（$V_g=3.3V$），在 Co^{60}γ 辐照作用下的测试结果如图 4-41 所示。与 NMOSFET 不同，具有典型结构的 PMOSFET 在辐照下的漏极-栅极 VAC 发生了小的负向漂移变化，这是由于接触栅极的氧化物体中积累了一些固定正电荷而导致的。然而，PMOSFET 的泄漏电流在辐照下略有增加（见图 4-41）。

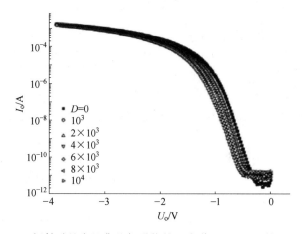

图 4-41　γ辐射对具有经典几何形状的 p 沟道 MOSFET 的 VAC 的影响

由于电荷主要积聚在厚氧化物和薄氧化物之间的边缘区域，在栅极上的电压激活了相当大的电场，因此在具有厚氧化物的寄生 MOSFET 中形成漏电流[6]。

亚微米（$0.35\mu m$）CMOS 元器件在 $Co^{60}\gamma$ 辐照下的测试结果表明，在有源模式的辐照下，具有厚氧化物（$d_{ox}=0.38\mu m$）的 MOS 电容 CV 特性曲线斜率减小且具有显著的偏移。MOS 结构（$d_{ox}=7nm$）在有源模式辐照下的测试表明，在剂量 $D=10^6\,rad$ 时，CV 特性变化很小。

研究发现，在辐照下，典型结构的 NMOSFET 的漏栅 VAC 比环栅结构的结果发生了更大的变化。第一种情况的特点是，随着辐照剂量率增加到 $D=10^6\,rad$，泄漏电流显著增加。典型结构 PMOSFET 的 VAC 在辐照下由于栅电压的轻微负向偏移而发生了变化，然而 PMOSFET 中的泄漏电流却显著增加。

4.10.3　γ 辐射对 EEPROM MOS 单元参数影响的特性

本节包含测试 n 沟道 MOS 晶体管的研究结果，即 $Co^{60}\gamma$ 辐照对 EEPROM 中 MOS 微电路元器件的影响[91,96]。

目前，带有能量无关存储器嵌入式单元的元器件是应用最广泛的微电路类型之一[1,2]。这些元器件可以执行不同的功能，如在计算机设备和计算器、电子手表和电话以及通信设备中。微控制器中的能量无关存储器拓宽了这类微电路的功能。这类独立存储单元可以执行电可擦除可编程只读存储器（EEPROM）的功能。其最重要的特点是，EEPROM 的存储元器件在电源关闭的情况下可存储信息。它通常由电介质中的电荷或 MOS 晶体管的特殊浮栅上的电荷表示。EEPROM 分为两类元器件，即具有并行擦除功能（FLASH EEPROM）和全功能 EEPROM（FLOTOX EEPRO）。在这里，术语 FLASH 代表了高速擦除的特性，即在闪存中。术语 FLOTOX 指浮栅隧穿氧化物。在全功能 EEPROM 中，每个单元可以分别擦除，FLASH 的擦除只能对大扇区执行，或者同时擦除整个单元。这种差异是由于全功能 EEPROM 包含两个晶体管存储单元，而闪存只有一个晶体管存储单元。

存储单元漏极接地，在向控制栅极施加高电压的作用下，电子通过隧穿氧化物从晶体管漏极区域到达浮动栅极，完成对存储单元的编程操作。而擦除存储单元是通过对漏极施加高电压（控制栅极接地），电子从浮栅到漏极的反向隧穿完成的。

该研究在编程（擦除）电压为 15V 的情况下进行，电压脉冲持续时间为 1ms。编程（擦除）后检查每个 EEPROM 存储器元器件的阈值电压 V_T。

图 4-42 显示了在无源模式辐照下，具有并行擦除功能（FLASH EEPROM）的存储元器件的阈值电压变化（在编程状态下）与注入剂量的关系。在辐照过程中，观察到测试 MOS 晶体管的阈值电压呈指数下降，这是由栅极氧化物中正电荷的累积引起的[3]。在剂量 $4\times10^5\sim5\times10^5\,rad$ 时，阈值漂移 ΔU_T（D）几乎达到饱和。

不同版图尺寸的 EEPROM（FLASH）存储元器件在辐照下的阈值电压变化存在一定差异。可以观察到最小浮栅面积的结构，即 $SF=3.1\times2.6\mu m^2$ 时（见图 4-42），阈值电压的下降最小。

采用回归分析方法计算了 EEPROM（FLASH）存储元器件在辐照下阈值电压变化与注入剂量的关系。得到了相对简单实用的指数依赖关系 ΔU_T（D）：

$$\Delta U_T = y_0 + A[1 - \exp(-D/t)] \tag{4-20}$$

式中，y_0、A 和 t 为常数。

例如，对于浮栅面积为 $SF = 3.1 \times 3.6 \mu m^2$ 的存储元器件的测试，确定出以下恒定系数值：$y_0 = 0.364$、$A = 5.736$ 和 $t = 8.702$。

获得的关系可用于预测 EEPROM 或 FLASH EEPROM 类型的存储器元器件的辐射容限。

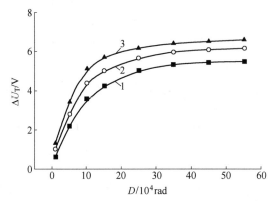

图 4-42　在 γ 辐照下，不同浮栅面积 SF 的 EEPROM (FLASH)
存储器元器件的阈值电压变化与剂量的关系

1—$SF = (3.1 \times 2.6) \mu m^2$；2—$SF = (3.1 \times 3.6) \mu m^2$；3—$SF = (3.1 \times 6.0) \mu m^2$

EEPROM 重新编程的一个周期包括写入操作（对应具有浮栅晶体管的高阈值电压）和擦除操作（对应阈值电压的低值）。在写入和擦除状态下，存储单元的阈值电压值之间的差值称为编程窗口。

图 4-43 给出了全功能 EEPROM (FLOTOX) 存储元器件在无源模式辐照下的阈值电压（在编程和擦除状态下）的剂量依赖关系。可以看出，随着辐射剂量的增加，高阈值电压和低阈值电压的绝对值减小（即编程窗口变窄）。

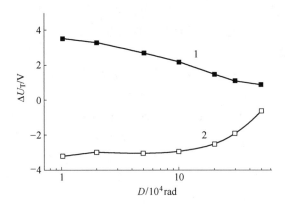

图 4-43　γ 辐照下，FLOTOX EEPROM 存储器元器件的阈值电压漂移与剂量的关系
1—编程状态；2—擦除状态

在研究信息重写对存储单元参数的影响期间，在 FLOTOX EEPROM 的相同存储元器件样本中获得了类似的结果。实验表明，在第一个写入周期中，编程窗口稍微变宽，然后随着周期数的增加，它开始变窄。

针对 M 从 0 到 5，在 10^M、2×10^M、5×10^M 周期之后检查存储单元参数（写入和擦除状态下的阈值电压）。如图 4-44 所示，EEPROM 存储元器件的阈值电压与编程的周期数 N 的关系是建立在测量参数的平均值上的。

已经确定，在前 1000 个循环期间，编程窗口有所增加。这种效应与硅隧穿氧化物界面上正电荷的出现有关，这是由于硅与氧化硅界面上的空穴或电子在相反方向上的隧穿造成的。积累在界面上的正电荷降低了势垒，增加了通过隧穿氧化物的 Fowler-Nordheim 隧穿电流。在大约 2000 次重写周期后，趋势发生变化，编程窗口开始变窄，这是由隧穿氧化物上已经累积负电荷造成的。在这种情况下，氧化物中的电场减小，相应地，隧穿电子的数量以及编程（擦除）过程中的隧穿电流减小。如果重写周期的数量继续增加，编程窗口将消失，这对应于隧穿氧化物的物理破坏的开始。

这项实验研究有助于确定 FLOTOX EEPROM 的存储单元可持续至 5×10^6 个周期进行信息重写（见图 4-44），大致与在 γ 辐射和信息重写周期条件下 FLOTOX EEPROM 存储元器件参数退化的实验结果对应。

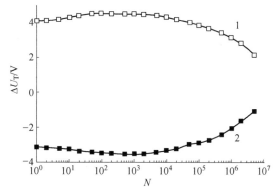

图 4-44 FLOTOX EEPROM 存储元器件的阈值电压与重编程周期数的依赖关系
1—编程状态；2—擦除状态

4.10.4 穿透辐射对 CMOS 逻辑 IC 参数影响的实验研究

本节介绍了电离辐射对 1594T 系列各种 CMOS 逻辑 IC 参数影响的研究结果[96-101]。

在辐射容限研究中，首先评估两个参数，分别是无故障运行级别（FOL）和中断时间（OT）。研究了两种类型的 1594T 系列 IC，分别是 1594LL1T（四逻辑 2OR 元器件）和 1594LN1T（六逻辑 NOT 元器件）。1594T 系列的 IC 与 1554TBM 系列 IC 的功能相似，但具有不同的 TTL 输出。

电源电流、逻辑电平输出电压和功能被用作标准参数。在激光模拟测试期间，测试了 IC 电参数的脉冲反应以及它们的功能性失效、突发性故障（CF）和闩锁效应（LE）。

在 X 射线辐射模拟试验中，测试了 IC 电参数和功能的响应。已经确定，这些 IC 最敏感的辐射参数是静态电源电流，而输出信号电平保持在可接受的限值内，并且 IC 功能保持不变。

1594T 系列 IC（LL1 和 LN1）对脉冲电离辐射的耐受性测试结果表明：

1）在最大程度的脉冲（1.0×10^{12} un/s）作用下，未发现突发性故障和闩锁效应；

2）根据规范，连接图中的 OT 小于 $1\mu s$；

3）输出电压中的 FOL 为 3×10^8 un/s。

图 4-45 显示了与脉冲电离辐射 1.2×10^{12} un/s 等效水平作用下，IC 输出（逻辑 1 电平）的示波器示意图。

关于 IC 模式对耐受性影响的初步研究表明，IC 的静态工作模式对剂量耐受性的影响是最关键的。这就是选择在静态模式下辐照 IC 的原因（所有输出为 0、所有输入为 1 以及混合模式）。

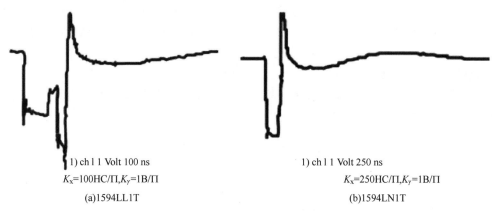

1) ch l 1 Volt 100 ns　　　　　　　　　　　　　1) ch l 1 Volt 250 ns

$K_x=100\text{HC}/\Pi, K_y=1\text{B}/\Pi$　　　　　　　　$K_x=250\text{HC}/\Pi, K_y=1\text{B}/\Pi$

(a)1594LL1T　　　　　　　　　　　　　　　　　(b)1594LN1T

图 4-45　脉冲电离辐射 1.2×10^{12} un/s 等效电平下 IC 输出

（逻辑 1 电平）的示波器数据

图 4-46 显示了 1594T 系列（LL1 和 LN1）IC 电源电流 I_{CC} 受稳态电离辐射影响的关系图。从给出的依赖关系可以看出，这些 IC 对稳态电离辐射的耐受程度在很大程度上取决于辐照期间 IC 的工作模式。

对 5584 系列的六种 CMOS IC 进行了辐射测试，分别是 5584LP5T（异或逻辑元器件）、IC 5584IR8T（移位寄存器）、5584TM9T（D 触发器）、5584KP11T（多路复用选择器）、5584AP3T（反相三态缓冲器）和 5584IE10T（二进制计数器）。

可以根据电源电流变化、输出电压水平、功能、信息保存、有无突发性故障和闩锁效应，来评估微电路的辐射容限。

测试的主要结果决定了被测系列微电路的辐射容限的以下主要特性：

1）因子 7.C4 代表了电源电流参数 I_{CC} 的耐受性，即在该因子为 2×10^5 un 的作用下，在 $V_{in}=0$ 和 $V_{in}=5.5$V 时测得的 I_{CC} 值比技术规范中规定的最大允许值低一个数量级以上。图 4-47 显示了该系列微电路的电源电流与因子 7.C4 的关系。

2）样品的参数 I_{CC}、V_{OL}、V_{OH}，在超过详细规范要求 5 倍的特性程度 7.I1 作用后，仍在可接受范围内。

3）在总剂量 $D_g=760$un 的辐照下且剂量率 $P_\gamma=3.6 \times 10^{10}$ un/s 时，在装置 RIUS-5 上进行试验期间，5584 系列微电路中未出现闩锁效应。在上述辐照强度下未观察到突发

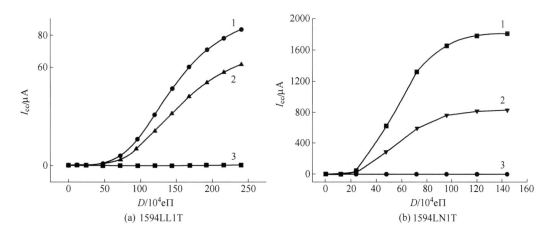

(a) 1594LL1T　　　　　　　　　　(b) 1594LN1T

图 4 - 46　1594T 系列 IC 的电源电流 I_{CC} 剂量的依赖性

1—所有输入为 0；2—所有输入为 1；3—混合模式

性故障。

　　图 4 - 47（a）中的实线表示四次多项式近似值。被测微电路在电源电流方面对特定脉冲因子的响应具有相当大的滞后性（存在延迟分量）。这就是为什么微电路根据 I_{CC} 参数决定的 FOL 取决于辐照脉冲形式的原因。

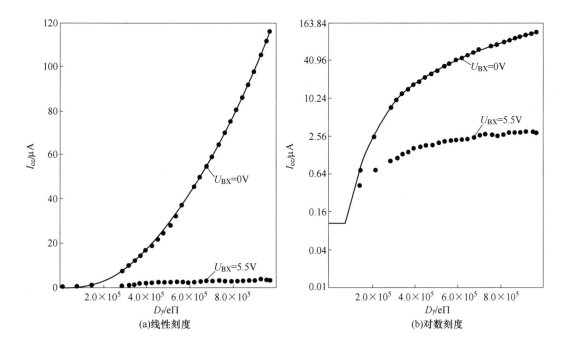

(a)线性刻度　　　　　　　　　　(b)对数刻度

图 4 - 47　装置 GU - 200（$P_\gamma = 234$un/s）试验期间，微电路 5584LP5T 的
电源电流与作用水平的相关性

　　由于 FOL 对试验期间脉冲电离辐射的形式有很强的依赖性，因此开发了在所有可能

的脉冲电离辐射形式下基于电源电流最小可能 FOL 值的评估方法。该方法可以根据静态辐照（GU－200 型）试验结果估计最小可能 FOL 值。

可根据 GU－200 型静态辐射装置和脉冲辐射模拟装置的试验结果，确定在脉冲辐照下产品的最小可能 FOL 值（最小 $P_{\gamma FO}$），该模拟装置可被视为与本产品相关的准稳态装置。BARS－4 装置的伴随的 γ 辐射可被视为是准稳态的，其对脉冲辐照响应的特征弛豫时间不超过 $5\mu s$。在 BARS－4 装置试验期间，确定的此类产品的实验 FOL 值，与最小 $P_{\gamma FO}$ 的差异不超过 3%。RIUS－5 的测试结果表明，微电路 5584IE10T 满足规范要求。在 BARS－4 装置进行试验期间，进一步确认了确定最小 $P_{\gamma FO}$ 的可能性。

图 4－48 显示了信号的波形图，BARS－4 装置的脉冲波形 $P_{\gamma}(t)$ 的形状（根据二极管 2D2999 的电离电流来确定吸收剂量率与时间的关系，该二极管之前受到了总注量为～5×10^{14} 中子/cm^2 的中子辐照）与微电路 5584IE10T 电源电流 $I_{cc}(t)$ 对该装置 BARS－4 的脉冲响应形状相匹配。

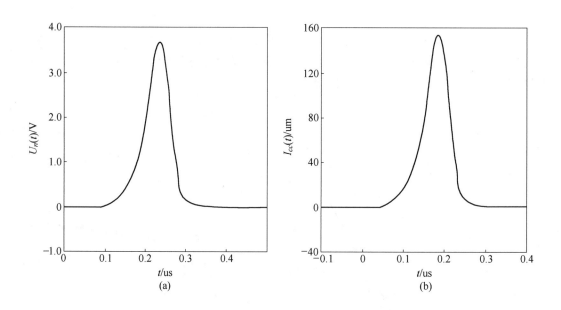

图 4－48　（a）BARS－4 装置（初始段）的 γ 辐射脉冲 $P_{\gamma}(t)$ 的形状和
（b）微电路 5584IE10T 电源电流 $I_{cc}(t)$ 对该装置的脉冲响应形状

图 4－48 中脉冲 $P_{\gamma}(t)$ 和 $I_{CC}(t)$ 形状的实际匹配证实了装置的 γ 辐射脉冲相对于该微电路响应 $I_{CC}(t)$ 的准稳态性质，因此在 BARS－4 装置的试验过程中通过实验确定了评估该微电路的 FOL 最小 $P_{\gamma FO}$ 值的可能性［第一阶段未考虑中子成分对 $P_{\gamma}(t)$ 依赖性的贡献以及对 FOL 值的影响］。

GU－200 装置试验期间的最小 $P_{\gamma FO}$ 值是根据电源上升后的供电电流阶跃确定的（直到 I_{cc} 因剂量效应而增长）。根据 γ 敏感度系数和电源电流的最大允许值 $I_{cc}=80\mu A$ 确定最小 $P_{\gamma FO}$ 值。最小 $P_{\gamma FO}$ 评估结果见表 4－10。

表 4 - 10 中的数据可用于评估 BARS - 4 和 GU - 200 装置的 γ 辐射相对效率系数：

表 4 - 10　基于装置 GU - 200 和 BARS - 4 的测试结果对微电路 5584IE10 的评估

单位（日期）	P_γ, R/S	ΔI_{cc}	K_γ, A.s/R	$\min P_{\gamma FO}$, R/S
BARS - 4 (2006.12.21)	2.93×10^6	1.30mA	4.44×10^{-10}	1.8×10^5
GU - 200 (2007.1.18)	95.3	26nA	2.73×10^{-10}	2.9×10^5

$$K_{\gamma eff}(B-4, GU-200) = [K_\gamma(B-4)/K_\gamma(GU-200)] = 4.44/2.73 = 1.6$$

$$(4-21)$$

获得的 $K_{\gamma eff}$ 值显然是对 BAR - 4 和 GU - 200 装置的相对效率（与减少辐射相关的电离能力）的首次评估。

4.10.5　电离辐射对 CMOS 存储器参数的影响

本节介绍了电离辐射对各种 CMOS 存储器参数影响的研究结果[102-104]。

考虑到使用 CMOS LSIC ROM 1632PT1T 和 1835PE2T 的所有数据位，在总剂量辐照下对 LSI 存储器的数据访问时间进行了研究。

辐射实验表明，LSIC 存储器在稳态电离辐照下的数据访问时间是标准之一[105]。通常由于技术能力有限，在测试期间该参数由一个或两个数据位控制。

本研究的目标是开发软件和硬件方法，它能够调节使用所有数据位的访问时间，并研究在总剂量辐照下 LSIC 存储器参数动态变化。

以现代大规模集成电路 1632PT1T 和 1835PE2T 为研究对象，采用 JSC Integral 公司的 CMOS 工艺，生产了信息容量分别为 32K×8 位和 128K×8 位的一次性用户可编程掩膜 ROM。这项研究使用 X 射线模拟器 REIM - 5M 进行。

本研究使用了 ENPO SPELS 开发的专用功能控制单元。采用 LSIC 输出数据相对于所选输入的记录时间连续减小的方法，根据所有数据位的调节结果和所有数据位逻辑地址的读取错误量来确定数据访问时间。

对所得结果的统计处理（见图 4 - 49～图 4 - 51）表明，两种 LSIC 的特征都是在辐照

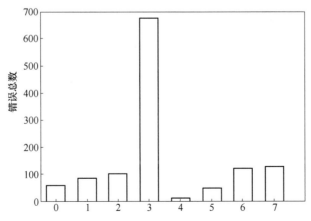

图 4 - 49　访问时间调节期间 LSIC 1632PT1T 所有
研究样本的数据类别读取错误总数

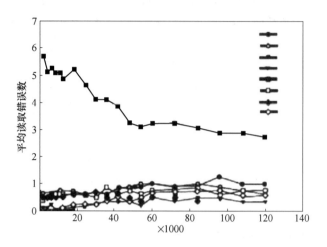

图 4 - 50　在访问时间调节期间，（根据吸收剂量）所有 LSIC 1632PT1T
研究样本数据位的平均读取错误数

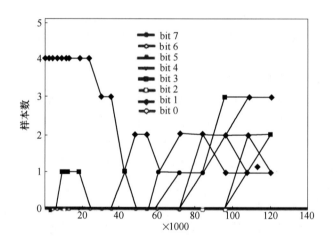

图 4 - 51　LSIC 1835PE2T 样本数（共 4 个），其中访问时间调节
期间的读取错误在指定的数据位中显示

前出现充电，通常就决定了 LSIC 的访问时间。在总剂量辐照下，两种 LSIC 的访问时间
均增加，并且由于与其他放电相关的访问性能退化，异常缓慢放电对访问时间长短的贡献
减小。

　　研究结果表明，应控制 LSIC 存储器对所有输出的数据访问时间为同样的时间，因为
对于不同的数据位，该参数受辐射影响的概率不同。

　　此外，还研究了脉冲电离辐照下 CMOS LSI ROM 在静态和动态模式下的中断时间
（OT）。通常通过调节每个超出辐照标准电平的判据时间来确定集成电路在脉冲电离辐照
下的 OT。一般将电路的 OT 值取为最大观测 OT 值。通常以 IC 在静态模式下工作的输
出电压为标准。

　　因此，当 LSIC 在动态模式下工作时，将 OT 用于 LSI 存储器更为有效。显然，总体调节需要检查所有逻辑地址和模式，包括 LSI RAM 的读和写。根据时间图失真确定 OT，为了提高 OT 测量的准确性，必须确保最大复现率并严格识别示波图上的读取（写入）周期。

　　本文给出了 CMOS LSI RAM IN4K 辐射特性的实验研究结果，对结果的分析为 LSI RAM 256K 的设计和工艺参数的选择提供了依据。

　　创建信息容量为 256K 的 CMOS LSI RAM，需要对实现存储单元（MC）的各种设计和技术版本进行实验研究。因此，创建了信息容量为 4kbit 的测试 CMOS LSI IN4K（由 4K×1bit 组成）。测试 LSI RAM 采用三种设计和技术版本制造，其在漏极（n$^+$）和保护（p）区域之间（版本 1、2 为 1.5μm，版本 3 为 1.0μm）以及 stock[①]（p$^+$）和 p - tub 区域[②]之间（变体 1、3 为 4.5μm，变体 2 为 4.0μm）的布局间距值上存在差异。

　　在激光和 X 射线模拟器 RADON - 5M 和 REIS - IM 上，对测试 LSI RAM 进行了实验研究。包括采用专用软硬件系统监控 LSI RAM 的功能，并实现了不同的功能控制算法和操作模式；下列算法功能测试（AFT）用于此问题，包括棋盘格、反向棋盘格、字段 0 和字段 1 以及行进 0s 和 1s。还对脉冲辐照下其静态（逻辑电平 V_{OL} 和 V_{OH} 的输出电压、电源电流 I_{CCS}）和动态参数（地址访问时间 $t_{A(A)}$）以及功能（保持写入和读取能力）和数据完整性进行了监测。

　　研究结果表明，在 $2.0\times10^8\sim2.4\times10^8$ un/s 脉冲电离辐射范围内，CMOS LSI RAM IN4K 中所有版本未观察到突发性故障和闩锁效应。FOL 是 1.3×10^9 un/s 且由低电平输出电压的响应决定。所有测试样本的信息完整性水平在一个数量级内变化（见图 4 - 52）。

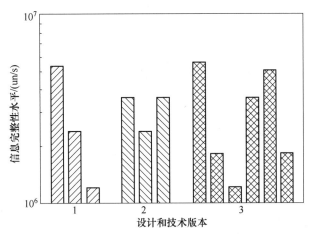

图 4 - 52　测试 LSIC RAM 的信息完整性

[①]　储存区。——译者注

[②]　p 阱区。——译者注

在固定逻辑地址上交替写入和读取循环的动态模式下监控中断时间（OT）。确定 OT 不超过 $20\mu s$（这相当于一个写–读周期）。

在辐照的情况下，在最大辐照剂量 1.2×10^6 un 前（对于某些样品，为 5.4×10^6 un），所有受检试样的参数 V_{OL}、V_{OH}、$t_{A(A)}$ 的值均在规定的标准范围内。从大约 10^6 un 的剂量开始，输出电压转换率显著增加（见图 4 – 53）。这种变化的性质几乎不依赖于设计和技术版本。

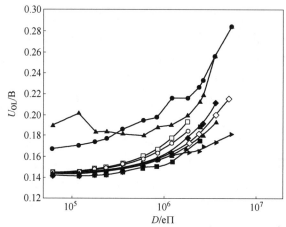

图 4 – 53　测试 LSIC RAM 中低逻辑电平输出电压与注入剂量的关系

第 2 版的样品对总剂量影响最为敏感，如访问时间的退化最开始出现在 3.6×10^5 un（见图 4 – 54）。然而，在第 3 版的一个 LSIC 中观察到地址访问时间出现最显著的变化（第一个变化）发生在剂量为 1.2×10^6 un 时。

所有样品的特征是辐照前 AFT 行进 0s 和 1s 操作控制期间的误差，并且在辐照下其数量将以非单调方式变化。对于所有设计和技术版本的样本，在功能调整期间，使用代码字段 0、字段 1 和棋盘格记录存储单元中的故障，对于版本 1、2 的样本其辐照剂量高达 $2.4\times10^5\sim7.5\times10^5$ un，对于版本 3 的样本辐照剂量则为 1.2×10^6 un。

所得结果为 256K RAM 的设计和工艺参数的选择提供了依据。

根据 MOS LSIC EPROM 1568PP1 的仿真试验结果，确定了 EPROM 在脉冲电离辐射下的无故障运行级别和中断时间以及在实际工作模式下对稳态电离辐射的耐受性。

对基于 CMOS 工艺，容量为 2kbit（256×8bit）的电可擦除可编程只读存储器（EE-PROM）1568PP1 进行了模拟辐射测试。以耗散电流和功能作为评价标准。此外，在脉冲电离辐射容限测试期间监测了闩锁效应（LE）。

图 4 – 55 为不同水平的等效激光辐射剂量率下 EPROM 电源电流的波形图，图 4 – 56 为电源电流脉冲快速分量的振幅和持续时间与剂量率的关系。

在达到最大脉冲剂量率 5×10^{11} un/s 之前，未观察到写入 EPROM 的数据失真，在辐照剂量率为 5×10^8 un/s 时观察到与读取协议故障相关的功能故障。

在对稳态电离辐射的耐受性测试期间，在静态模式（存储）下辐照样品，并监测信息完整性和电源电流。图 4 – 57 显示了存储和读取模式下电源电流与吸收剂量的关系。

在辐照剂量水平为 1.5×10^4 un 时，观察到 EPROM 出现功能故障，即写入信息失真

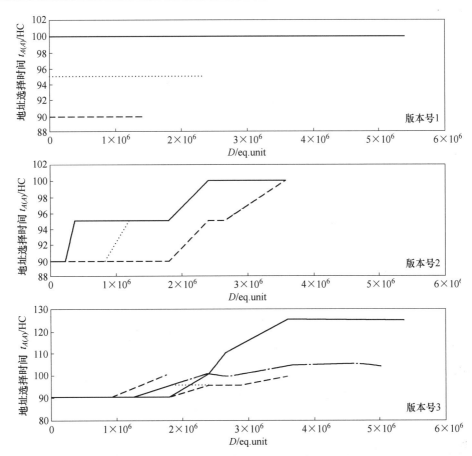

图 4 - 54　各种设计和技术版本 RAM 地址选择时间与剂量的关系

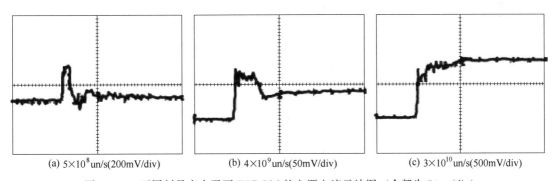

(a) 5×10^8 un/s(200mV/div)　　　(b) 4×10^9 un/s(50mV/div)　　　(c) 3×10^{10} un/s(500mV/div)

图 4 - 55　不同剂量率水平下 EPROM 的电源电流示波图（全部为 50ns/div）

（见图 4 - 58）或无法写入。

因此，CMOS LSICEPROM 1568PP1 的模拟测试有以下发现。

1）脉冲电离辐射的耐受性由闩锁效应确定，至少为 10^9 un/s。FOL 由功能故障确定，且不小于 10^8 un/s。

2）稳态电离辐射的耐受性至少为 3×10^4 un/s，且由存储模式下电源电流的超出限度确定。功能失效水平（信息完整性）不低于 10^5 un。

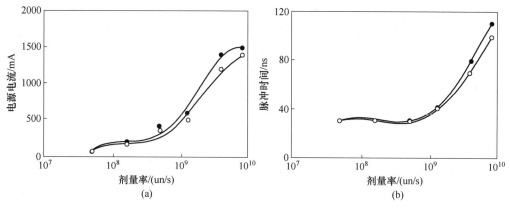

图 4-56　（a）电源电流脉冲的振幅和（b）持续时间与剂量率的关系

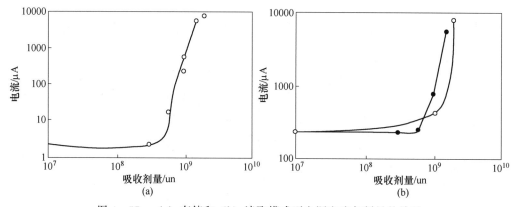

图 4-57　（a）存储和（b）读取模式下电源电流与剂量的关系

4.10.6　辐射对 MOS/SOI 结构及基于该结构的 CMOS LSI RAM 参数影响的实验研究

本节包含 CMOS LSI SRAM 的实验研究结果，该 SRAM 采用基于 SIMOX（注氧隔离）的 SOI 结构制造和智能切割技术。本节包含 SOI 结构中硅膜完整性的光致发光分析数据以及 LSIC 辐射效应耐受性的研究结果[106—112]。

硅微电子领域的科研组织，为了开发性能更好的新产品，非常关注绝缘体上硅结构（SOI）。

SOI 结构在 CMOS LSI 生产中应用最为广泛，它是通过注氧隔离法（SIMOX）获得[70]。基于氧注入和晶圆的热压缩融的智能切割和 Dele Cut 技术被认为是非常有前景的。根据文献 [1，2]，Dele Cut SOI 结构甚至超过其模拟的智能切割，并确保了辐射耐受性得到增强。2001 年，白俄罗斯在接受国家电子项目的资助后，重新开展了 SOI 技术领域的研究。目前，研究主要集中在两个领域，即发展符合现代微电子技术要求的自主 SOI 制造技术和 CMOS SOI LSIC 单元库的开发。

让我们看看市场上各种 SOI 结构的对比实验研究结果。

实验研究采用直径为 150mm 的 SOI 结构，采用 SIMOX（注氧隔离）、智能切割和 Dele Cut 技术制造。选择硅膜厚度为 $0.21\sim0.29\mu m$，绝缘氧化物厚度为 $0.28\sim0.4\mu m$ 的

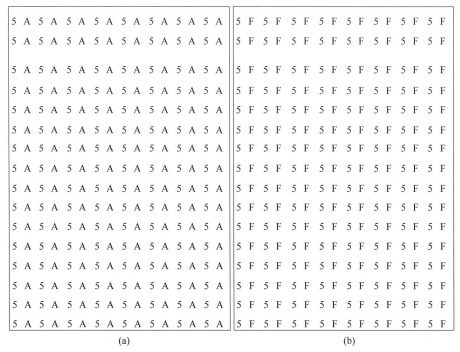

(a)　　　　　　　　　　　　　　(b)

图 4-58　EPROM 中的（a）初始和（b）由于辐照而失真的数据

SOI 结构，采用这三种 SOI 工艺各制造 5 片。

本研究开发了一个专用测试矩阵，其中包含一组测试元器件，用于控制 CMOS LSIC 库元器件的电气参数、控制和优化其生产工艺。测试矩阵内容包括基于 6 管和 10 管存储器单元构成的 1024 个 8bit 组成的容量为 8kbit 的 CMOS LSIC 静态随机存取存储器（见图 4-59）。

采用热氧化法在 850℃ 温度下获得 14nm 厚的栅氧化层。使用 Silvaco 的建模软件 Supreme-4 完成计算创建掺杂区域的操作。该测试芯片的结构如图 4-59 所示。其中，模块 1 包含了用于执行各种测试的测试元器件，模块 2 包含了可自动控制元器件电特性的测试元器件，模块 3 和 4 代表真实的 CMOS LSI SRAM。

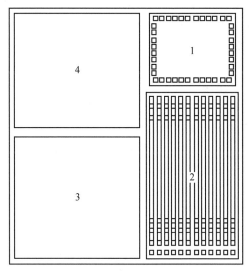

图 4-59　测试矩阵芯片结构

对基于 SOI 和 SOS 结构制造并根据类似设计规则设计的 CMOS LSI SRAM 进行了辐射测试，对比其耐受性和参数变化的特性。基于 SOI 结构制造的样品具有两种不同的衬底连接方式，分别是零电位总线和与电源连接的总线。

对具有宽范围沟道长度和栅极宽度的 SOI 结构 MOS 晶体管进行了研究。实验发现

MOS 晶体管的相关参数，如阈值电压、源漏击穿电压、漏电流等，几乎不依赖于实验中使用的 SOI 结构类型，而仅取决于硅薄膜槽区和表面附近的初始掺杂水平。同时，亚阈值特性的初始面积和斜率取决于 SOI 结构的类型。结果显示，智能切割和 SIMOX（注氧隔离）结构的集成结果最佳。在 Dele Cut 结构上获得了性能令人满意的 MOS 晶体管，但衬底表面的参数变化很大。

良品率定义为良好芯片数量与晶圆上 CMOS LSI SRAM 物理芯片总数的百分比。其中智能切割样品的良品率最高。SIMOX 样品的芯片良品率仅为 60%～70%。而没有获得 Dele Cut 样品的良品率。

采用液氦温度 4.2K 下的低温光致发光法对 SOI 结构中硅薄膜的结构完整性进行评估。这些研究是在 SOI 结构上进行的，该结构已经通过了 CMOS LSIC 的制造工艺流程。光致发光光谱是在硅薄膜的切片上获取的，在注入和刻蚀的过程中，硅薄膜的表面被光刻胶保护。在 5% 氢氟酸水溶液中对 SOI 结构样品的表面进行刻蚀，然后使用显微镜进行分析。这种方法可以通过硅薄膜中的缺陷来识别 HF 缺陷（氟化氢缺陷）。

研究 SOI 结构中硅膜结构的完整性对于分析 LSIC 良品率差异的原因和测试元器件的电参数行为具有重要意义。低温（4.2K）光致发光给出了硅在基本吸收边区域的（自身自由激子和激子的复合与主要掺杂杂质的结合）光学特征信息以及记录了点结构和体积结构异常的发射带的（自身结构缺陷和氧、碳、氢原子杂质、位错）能量不小于 1.0eV 的光谱区域的光学特征信息。

图 4-60 显示了单晶硅 KDB-12（100）和各种 SOI 结构的光致发光光谱图。所有样品的光谱特征中基本吸收边区域的发光占主导地位，这是由位于硼原子中的激子复合引起的。BE_{NP}～1.149eV 谱线是束缚激子零声子辐射复合的结果，BE_{TA}～1.131eV 谱线是束缚激子与同时发射的横向声子 TA～18meV 复合结果。最密集的谱线 BTO～1.093eV 是由局部激子和同时发射的能量约为 58MeV 的横向光学声子的复合引起的。分量 B_{TO+IV} 和 B_{TO+O} 与局部激子的复合有关，但有两个声子参与。值得关注的是能量大于 1.0eV 的光谱区域。在这部分光谱中观察到具有不同强度和光谱分布性质的发光区。基于对光谱形式的分析和对其温度依赖性的研究以及与已知数据的比较，这些发光很可能是由于位错发射。与文献中含有位错的硅单晶的线位置相似值的比较，可以得出这一结论，其中 D1 能量为 0.807、D12 能量为 0.844 和 D2～0.874eV。

SIMOX 样品的 D1 和 D2 线位置分别为 0.800eV 和 0.860eV，智能切割结构的 D1 和 D2 线位置分别为 0.802eV 和 0.865eV。Dele Cut 样品的发光光谱包含位错发射 D1～0.796、D12～0.840 和 D2～0.862eV 的重叠线。

应注意的是，尽管激子发光强度比其他 SOI 结构和硅单晶本身低约 30%，但 Dele CutSOI 样品由位错导致的发光强度最大。其他 SIMOX 结构的光谱也以位错发光为特征。智能切割结构的发光光谱包含与硼结合的激子强谱线和位错发光的弱谱线 D1 和 D2。在该实验样品中，光致发光光谱的参数（线型、能量位置、强度）与类似的光谱非常接近，这是载流子浓度为 10^{15}～10^{16} cm^{-3} 的 p 型单晶硅的特征，据此可以假设在智能切割 SOI 结构中，绝缘氧化物上硅薄膜的结构质量很好。

通过分析所得数据，可以得出结论：所研究的 SOI 结构中主要的光学活性结构缺陷是位错。对于智能切割，SOI 层中的位错密度不超过 10^2 cm^{-2}，对于 SIMOX 该值约 10^3

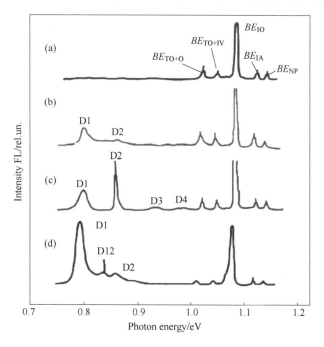

图 4 - 60　（a）硅片 KDB - 12（100）和 SOI 结构通过（b）智能切割、
（c）SIMOX（注氧隔离）和（d）Dele Cut 的光致发光光谱

cm^{-2}，对于 Dele Cut 该值为 10^4 cm^{-2}，这是通过对比分析薄膜中的发光强度和具有已知位错密度的塑性变形硅晶体的位错发光强度来估算出的。在 HF（氢氟酸）中完成刻蚀后，对 SOI 结构中的膜表面进行分析，发现 SOI 结构中智能切割和 SIMOX 的硅薄膜几乎没有 HF 缺陷，同时在 Dele Cut SOI 结构中发现了大量 HF 缺陷（$10^4 \sim 10^5$ cm^{-2}）。

测试了具有不同沟道长宽比以及不同结构的 n 沟道和 p 沟道 MOS/SOI 晶体管［SI-MOX］，如无沟道馈电、线性沟道馈电、H 型沟道馈电和 2T 型沟道馈电。

图 4 - 61 和图 4 - 62 显示了在 X 射线辐照下，采用 H 型馈电的 n 沟道和 p 沟道晶体管 MOS/SOI 结构的实验结果。

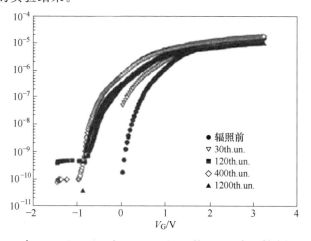

图 4 - 61　在 $V_G = +3.3V$ 下，NMOS/SOI 的 VAC 受 X 射线辐照的影响

实验表明，随着辐照剂量的增加，n 沟道 MOS/SOI 结构晶体管中的阈值电压、VAC 斜率减小，漏电流增大（见图 4-61）；p 沟道 SOI 结构晶体管的阈值电压增加，VAC 斜率减小（见图 4-62）。

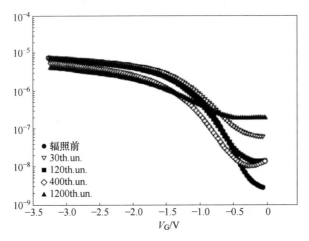

图 4-62　$V_G=-3.3V$ 下 X 射线对 PMOS/SOI 对 VAC 的影响

　　上述参数的变化主要发生在 n 沟道 MOS/SOI 结构晶体管在有源模式（$V_G=+3.3V$）的辐照下，而对 p 沟道 MOS/SOI 结构晶体管则是在无源模式（$V_G=0V$）辐照下。

　　为了研究耐受性和参数变化的性质，对 SOI 和 SOS 两种结构制造的 CMOS LSI SRAM 8K 进行了对比辐照试验。基于 SOI 结构制造的样品有两种不同的衬底连接形式，分别是零电位总线和与电源连接的总线。辐射测试包括使用激光和 X 射线模拟器评估 LSIC 对脉冲照射和总剂量的耐受性。最大等效脉冲剂量率为 2.5×10^{12} un/s，等效 X 射线辐照剂量率为 174un/s。在试验期间，监测闩锁效应和突发性故障的发生以及功能控制（无故障和故障）、写入信息完整性（读写数据的对应关系）和电源电流值。通过不同读写类型：（字段 0、字段 1、棋盘码、逆棋盘码、伪随机码）的算法测试，保证了功能控制。

　　首先，应该注意的是基于智能切割和 SIMOX SOI 制造的 CMOS SRAM 8K 样品的辐射耐受性没有发现差异。在脉冲辐照剂量率≤2.5×10^{12} un/s 范围内，未在测试样品中发现突发性故障和闩锁效应。SOI 结构中 10 管单元的 SRAM LSI 样品的信息完整性等级（Information Integrity Level，IIL）为 3.9×10^{11} un/s，这比 SOS 结构（1.2×10^{11} un/s）样本的 IIL 高出三倍以上。当辐射水平增加到 IIL 以上时，6 管单元 SRAM 的错误数从零增加到几百个错误，而 10 管单元的 SRAM 的错误数只从零增加到几十个。6 管单元的 SRAM 的信息失效机制可能与存储单元本身的失效有关，而 10 管单元的 SRAM 的信息故障则与存储单元之间的相互影响有关。6 管单元的 SOI LSI 的 IIL 为 1.2×10^{11} un/s。

　　对于 PC IC 的实际设计，应注意一个非常重要的事实，即基于 SOI 结构样品的信息完整性水平和电源电流对辐射脉冲的响应的变化方向与衬底连接的类型无关（零电位或电源电位）。

　　辐照剂量率水平为 1×10^{11} un/s、衬底连接到零电位时，6 管单元 SOS SRAM 的电源电流对脉冲辐射的响应变化方向与 6 管单元 SOI SRAM 的变化方向一致。在辐照水平为

$1.2 \times 10^{11} \sim 7 \times 10^{11}$ un/s 范围内，6 管单元的 SOS 和 SOI SRAM 的电源电流对辐射脉冲的响应变化方向是一致的，与衬底的连接类型无关。辐照水平从 7×10^{11} un/s 起，最大达到 2.5×10^{12} un/s 时，仍与衬底的连接类型无关，并且 10 管单元的 SOS SRAM 和 SOI SRAM 的电源电流对脉冲辐射响应的平均幅度分别为 865mA 和 850mA，6 管单元的 SOI SRAM 的该值为 910mA。

对总剂量辐射影响的研究结果表明，6 管和 10 管单元的 SOI BI RAM（衬底接电源电压）的功能性（写入和读取代码的能力）失效等级为 2×10^4 un/s，而对于 SOS 和 SOI（衬底连接至零电位）RAM 的功能性失效等级则为 6×10^4 un/s。CMOS LSIC SRAM 8K 在存储模式下出现功能性失效的电源电流由 LSIC 的实现方式（基于 SOI 和 SOS 结构）、衬底连接类型和存储单元的实现方式决定。

与 SOS 结构 LSIC 相比，SOI 结构 LSIC 对脉冲辐照的耐受性增加，可能主要是因为将 SOI 结构的衬底连接到零电位，这对 SOI 结构中埋层氧化物的电荷积累速度有重要的影响。

实验表明，几乎在整个剂量范围内，SOS RAM 电源电流响应速率的确定幅值优于 SOI RAM（见图 4-63），在极限水平（约 10^{12} un/s）下，SOS 和 SOI 微电路的电源电流对脉冲辐照的响应值在形式和振幅上几乎相同，峰值达到 1A（见图 4-64）。

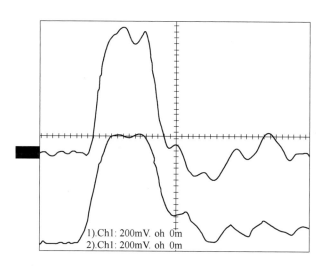

图 4-63　在相同电离辐射水平下的 CMOS SOS 和 SOI LSIC RAM
的脉冲电源电流典型波形图

单型 SOS 和 SOI RAM 对辐射剂量的耐受性的实验研究表明，SOI RAM 的功能失效水平（FFL）低于 SOS RAM。栅极接地导致 SOI RAM 电源电流参数的失效水平显著（按数量级）增加。

因此，在单一化的设计规则以及电路配置和版图设计的同等方案下，从 SOS 到 SOI 结构的过渡至少不会使 LSI RAM 对不同剂量率的辐射或总剂量辐射的耐受性降低，并且后者的信息容量可能更大。

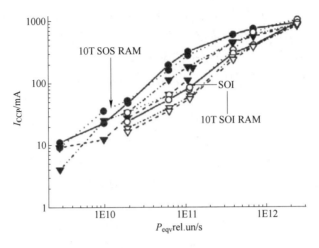

图 4 - 64　CMOS SOS 和 SOI LSIC RAM 的电源电流响应幅度与电离辐射水平的关系

4.10.7　穿透辐射对 BiCMOS 逻辑 LSIC 参数影响的实验研究

本节介绍了在脉冲和稳态电离辐射下，典型 BiCMOS LSIC 串行数据接口收发器 5559IN2T 的辐射效应实验研究结果[94,113,114]。

太空和国防项目中的自动控制系统，是收集和处理从传感器及远程外围设备获得数据的机载系统（On - Board System），会将串行数据传输到一条长的失配线路且支持标准 RS - 485 和 RS - 422 的接口 LSIC，具有最广泛的应用。RS - 485 标准确保双向半双工数据传输，并允许将多个接收器和发送器连接到公共总线，RS - 422 标准提供单向驱动器的使用，该驱动器控制多个接收器。

在大量出版物和科学期刊中讨论了双极 CMOS 接口 LSIC 的辐射效应问题，BiCMOS 并无此类问题，因为它结合了前两种技术的优点。

表 4 - 11 列出了辐射测试期间监测的 BiCMOS LSIC 参数列表以及性能标准。

表 4 - 11　测试期间 LSIC 5559IN2T 运行的标准

涉及参数	性能标准
接收器高电平输出电压，V_{OH}/V	≥3.5
接收器低电平输出电压，V_{OL}/V	≤0.4
标准 RS - 485 差分输出电压，V_{OD}/V	≥1.5
标准 RS - 422 差分输出电压，V_{OD}/V	≥2.0
静态电源电流，$I_{cc}/\mu A$，高电平	≤900
静态电源电流，$I_{cc}/\mu A$，低电平	≤500
中断时间 t_{LS}/ms	<2.0
功能监测（$V_{cc}=5.5\ V$）	没有错误和失败
监测闩锁效应（LE）和灾难性故障（$V_{cc}=5.5V$ 时）	无 LE

对垂直 p-n-p 晶体管的结构进行了辐射测试，表 4-12 列出了主要受控参数和合格判据规则。

表 4-12　测试双极性 p-n-p 晶体管的监测参数

参数	规则	
	最小	最大
静态电流传递系数 β/rel un（基极电流 $10\mu A$，集电极-发射极电压 5V）	30	75
集电极-发射极电压/V（漏电流 $10\mu A$）	—	15
集电极-基极电压/V（漏电流 $10\mu A$）	—	20
发射极-基极电压/V（漏电流 $10\mu A$）	7.5	11.5

在 ENPO SPELS（莫斯科），在常温条件（$T=+25℃$）以及 $-60℃$ 和 $+125℃$ 温度下，在自动化测试综合平台上进行了 LSIC 和测试结构的辐射测试。

利用激光模拟器 RADON-5M，进行了 LSIC 的脉冲 γ 辐射等效辐照的耐受性试验。

借助 X 射线模拟器 REIM-2，对 LSI 和测试 p-n-p 结构进行了稳态 γ 辐射等效辐照耐受性试验。

在 X 射线模拟器上对测试 p-n-p 结构的研究表明，集电极-发射极、集电极-基极和发射极-基极结的反向电流变化非常小。这就是为什么在辐照水平 1.2×10^6 un 下，相应的控制电压值保持在规范范围内（见表 4-13）。

图 4-65 显示了不同温度下静态电流放大系数与辐射剂量的典型关系。在正常条件下，辐照后 β 略有下降（小于 5%）。在温度升高的情况下，辐射的影响导致 β（D）有一个明显的最小值。观察到的效应可能是由于钝化氧化物中辐射感生正电荷的积累与界面态形成过程的相互影响造成的。在升温辐照下，在 T 为 $+100℃$ 和 $+25℃$ 时测量的测试双极晶体管的参数保持在规范规定的范围内（见表 4-13）。

表 4-13　LSI SA 5559IN2T 在辐射耐受性试验期间性能的最重要标准

涉及参数	性能标准
接收器高电平输出电压 V_{OH}/V	$\geqslant 3.5$
接收器低电平输出电压 V_{OL}/V	$\leqslant 0.4$
标准 RS-485 差分输出电压 V_{OD}/V	$\geqslant 1.5$
标准 RS-422 差分输出电压 V_{OD}/V	$\geqslant 2.0$
静态电源电流 I_{cc}/μA（高电平）	$\leqslant 900$
静态电源电流 I_{cc}/μA（低电平）	$\leqslant 500$
中断时间 t_{LS}/ms	< 2.0
功能监测（$V_{cc}=5.5V$）	无故障和失效
监测 LE 和灾难性故障（在 $V_{cc}=5.5V$ 时）	无 LE

$T=+25℃$ 和 $T=-60℃$ 时，LSIC 高电平和低电平的静态电源电流与剂量的关系，如图 4-66 所示。各研究模式均表现为 I_{cc} 值变化较小，其数值在 $D=6\times10^4$ un 时略有降

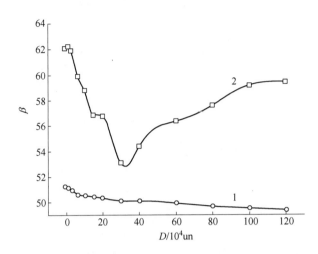

图 4 - 65 在 $T = +25℃$（1）和 $T = +100℃$（2）下，测试 p - n - p
晶体管中的静态电流放大系数随等效辐射剂量的变化

低。然后在 $D = 2 \times 10^5$ un 时几乎增加到初始值。

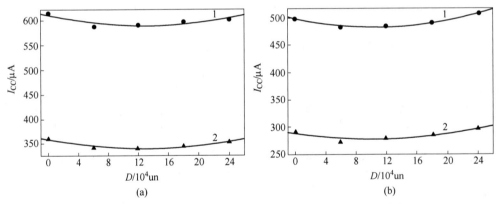

图 4 - 66 （a）$T = +25℃$ 和（b）$T = -60℃$ 下高电平（1）和低电平（2）
的静态电源电流与剂量的关系

图 4 - 67 为 +25℃ 时 RS - 485 标准接收器低电平输出电压 V_{OL}、高电平输出电压 V_{OH} 和差分输出电压 V_{OD} 的剂量依赖关系。在辐射剂量的所有检测范围内，所有参数几乎没有变化。在 $T = -60℃$ 时，对于相同的参数，获得了类似的定量和定性结果。

在室温条件下，接收器在不同剂量率脉冲辐照下的低电平输出电压的典型波形如图 4 - 68 所示。图 4 - 69 给出了 $T = +125℃$ 下辐照的相同参数的波形图。我们可以看到，温度升高时，在较高辐射剂量率下，辐射效应表现为接收器输出电压的脉冲反应形式。

图 4 - 70～图 4 - 72 显示了 $T = +25℃$ 和 $T = +125℃$ 下，参数 V_{OL}、V_{OH} 和 V_{OD} 随脉冲辐射剂量率的变化。

相同的图显示了中断时间（OT）t_{LS} 的相应变化。在室温和高温条件下，各参数对脉冲辐射的耐受性均无显著差异：参数失效发生在 $P = 5 \times 10^8 \sim 1 \times 10^9$ un/s。在不同温度

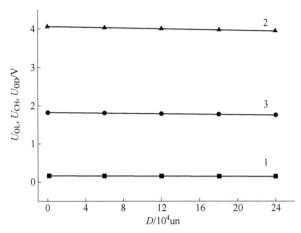

图 4-67　在 $T=+25℃$ 时，RS-485 标准的接收器低电平输出电压 V_{OL}（1）、
高电平输出电压 V_{OH}（2）和差分输出电压 V_{OD}（3）与剂量的关系

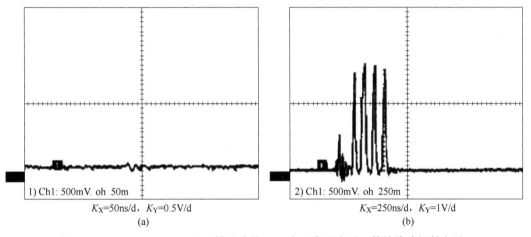

图 4-68　LSIC 5559ПН2Т（样品编号 3）。在正常温度下，等效脉冲辐射水平：
（a）$1.6×10^8$ un/s 和（b）$5.0×10^8$ un/s 下接收器输出（逻辑电平 0）的波形图

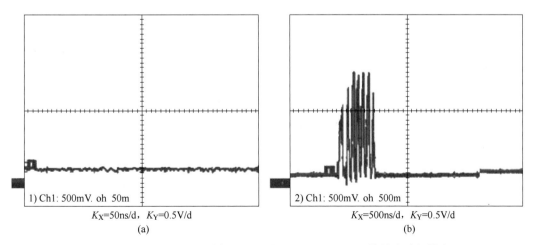

图 4-69　LSI 5559IN2T（样本号 5）。在 $T=+125℃$ 下，等效脉冲辐射水平：
（a）$3.2×10^8$ un/s 和（b）$2.0×10^9$ un/s 下接收器输出（逻辑电平 0）波形图

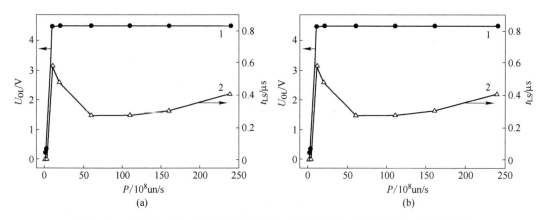

图 4-70　在（a）$T=+25℃$和（b）$T=+125℃$时，接收器（1）和 OT（2）
的低电平输出电压随等效辐射剂量率的变化

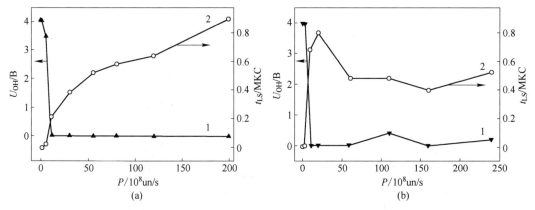

图 4-71　在（a）$T=+25℃$和（b）$T=+125℃$时，接收器（1）和 OT（2）
的高电平输出电压随等效辐射剂量率的变化

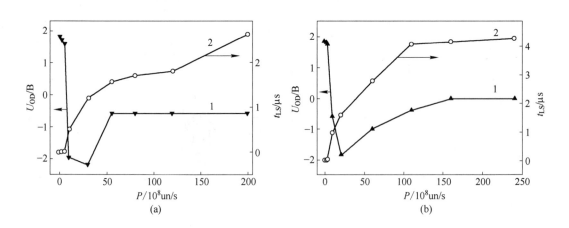

图 4-72　在（a）$T=+25℃$和（b）$T=+125℃$时，标准 RS-485（1）和
OT（2）的差分输出电压随等效辐射剂量率的变化

下，在脉冲辐射下 OT 变化的性质差异表现为参数 V_{OH}（见图 4 - 71）。一般来说，在剂量率高达 2.4×10^{10} un/s 时，OT 保持小于 $5\mu s$。

基于专用方法的激光测试可以确定 LSIC 在剂量率 $P = 2 \times 10^{10}$ un/s（在室温下）和 $P = 1.6 \times 10^{10}$ un/s（$T = +125$℃ 时）以下不会发生单一功能故障。仅在 $P \geqslant 7.5 \times 10^{10}$ un/s（$T = +25$℃）和 $P \geqslant 1.6 \times 10^{10}$ un/s（$T = +125$℃）才可以观察到闩锁效应（在输入端）。

BiCMOS LSIC 中 MOS 元器件和双极晶体管在稳态辐射下失效的主要原因是由于其次表面区域参数的变化导致其性能的辐射退化。这些变化首先与介质体中深中心（陷阱）中自由载流子的捕获和进一步退火有关，其次与半导体-介质界面上界面态（SS）的形成有关。在介质中捕获载流子并形成界面态，会导致阈值电压漂移，SS 密度的增加会导致对移动载流子的附加散射，并降低了 MOS 晶体管的漏电流 - 栅电压特性曲线的斜率[3, 17]。

SS 密度的增加也会导致表面复合速度的增加。表面复合的加速解释了由于基极电流表面分量的增加和漏电流的增加而导致双极晶体管放大系数的降低[1, 2]。很明显，所研究双极晶体管参数的变化主要与基极中钝化（保护）氧化物中电荷掺入的电离过程和发射极结的体电荷有关[115]。氧化物中的正电荷转化为界面态，直接影响注入载流子的复合。在这种情况下，界面态电荷的符号对应于复合损耗的增加（对于 p - n - p 晶体管，电荷为负）。

同样明显的是，辐照期间的温度升高导致进入氧化物中的电子数量增加，从而降低了累积正电荷的总量。这种电荷的弛豫（退火）只能通过几种机制发生，其中包括来自 SiO_2 价带电子的热激发，这在高温下是可能的，并且几乎不依赖于施加的电压大小。来自硅导电区域的自由电子的隧穿过程与施加的电压（随着栅极电压的增加，表面电子浓度增大）呈线性关系，并且也与温度高低有关[3]。然而，随着环境温度的降低，SiO_2 中空穴的迁移率显著降低，这导致它们在氧化物中更有效的捕获。

本文的研究结果为以下结论奠定了基础，该结论对实际应用具有重要意义，即 CMOS LSIC 耐受性随温度的降低而减小。然而，这个结论仅用于评估增量，随标准初值更改也可能会更改。分析温度效应对 IC 性能影响的复杂性在于标准初值对温度的依赖性甚至比辐射增量更大。本文以 CMOS 微电路电源电流在 $-60 \sim +125$℃温度范围内发生变化的事实为例，定性地解释了这一说法[5]。事实上，辐照后的电源电流增量随着温度的升高而减小。然而，由于初始电源电流的温度变化很大，因此在温度变化时根据该标准确定的耐受性具有非单调性。

实验表明，在不同温度下，BiCMOS LSIC 电源电流随辐射剂量的变化也不具有单调性。很明显，在这种情况下，双极晶体管和独立的寄生结构对 I_{cc} 有影响。

实验表明，脉冲电离辐射（γ 射线、X 射线、电子、激光）的影响会导致 BiCMOS LSIC 中出现多种瞬态效应（失效）以及瞬时作用后残留的故障（可逆和不可逆）。瞬态效应是指在脉冲辐射过程中或之后，微电路元器件参数的短期变化或功能的异常，与电子-空穴对的产生和自由电荷的进一步弛豫有关[17]。在这种情况下，短期电离电流通过元器件的外部输出，会导致 LSIC 中的误开关。在线性和组合集成电路（逻辑元器件、加法器等）中，经过辐射脉冲后的一段时间内，由输入信号的组合来可以识别初始状态是否完全恢复。在脉冲电离辐射的影响下，在硅有源结构和 IC 输出中运行的大量电流，会由于二次效应（如辐射闩锁和热击穿等）而导致残留故障，这可能是可逆的，也可能是不可逆的（灾难性的，例如，由于金属化总线的烧毁）。

BiCMOS LSIC 的设计和工艺实现的一般原则，旨在保证其对脉冲和稳态辐射影响的耐受性（设计基本元器件中新的半导体层和面积的优化与实施）[57]，本工作采用开发的特定方法，确保微电路所有基本元器件辐射下的运行效能，从而大大提高接口 LSIC 的总体辐射耐受水平，其中包括第一个 BiCMOS LSIC 串行数据接口收发器 5559IN2T，它被广泛应用于航天火箭工业的电子系统。

4.11　利用模拟方法研究 BiCMOS 微电路辐射效应的特点

目前，对火箭、太空和军用装备中指挥和控制电子系统使用的微电子电路的战略和技术要求，保证了它们在电离辐射下使用的可能性。在自然源辐射和人为源辐射中，脉冲电离辐射对设备微电子元器件（按功率标准）的破坏性最大。在无线电电子设备中，必须考虑稳态电离辐射对微电路的影响。

航天器自动控制系统，特别是从远程外围设备采集和处理数据的系统，是将串行数据传输到一条失配长线的接口 LSI，支持 RS‐485 和 RS‐422 标准[114]并且应用最广泛。RS‐485 标准保证了双向半双工数据传输，允许多个接收器和发送器连接到公共总线；RS‐422 标准提供了单向驱动器的使用，可控制多个接收器。

本文在脉冲和稳态电离辐射作用下对串行数据接口收发器 BiCMOS LSIC 的辐射效应进行了实验研究，并对其物理机制进行了分析，解释了观测到的规律。

本文的研究对象是串行数据接口收发器 LSIC 5559IN2T，设计用于符合 RS‐485 和 RS‐422 标准的低功耗卫星通信系统、电平转换器、收发器和工业设备控制单元。

5559IN2T 收发器的 LSIC 是接口微电路一类的典型代表。将 CMOS 级的输入信号转换为 RS‐485 标准的差分输出信号，以保证信号通过双长线传输的可靠性，反之则将 RS‐485 级的差分输入信号转换为 CMOS 输出信号。微电路工作模式为半双工。在 −7～+12V 输入电压范围内，接收器对差分输入的最小敏感度为 200mV，数据传输速率为 2.5Mbit/s。收发器微电路的供电电压范围为 $V_{cc}=4.5\sim5.5V$。环境温度限制在 −60～+125℃。

基于 BiCMOS 组合技术开发了 5559IN2T 微电路，保证了 CMOS 技术的低供电电流特性和双极技术的信号快速切换特性。这些微电路对静电放电和高频电磁噪声具有更强的保护作用，这是借助 LSI 输入级的特殊技术解决方案实现的。

采用两层多晶硅和一层金属的双槽自对准 BiCMOS 技术作为接口 LSIC 设计和工艺开发的基础。采用（100）晶向的 KDB‐12p 型晶片，外延层 KEF‐4.5 厚度为 20μm；栅氧化物厚度为 42.5nm；采用等离子体化学淀积法制备 1.5μm 厚的钝化氧化膜。

通过以下方法可以确保对电离辐射、闩锁效应（LE）和静电的耐受性：使用带环形栅的 MOS 晶体管和保护带、采用低温栅氧氧化工艺（温度 $T=850℃$ 时为高温氧化），并在温度 $T\leqslant850℃$ 时对栅氧化层进行热处理。

因此，图 4‐73 给出了用于所研究 LSIC 的 n 沟道 MOS 晶体管的版图示意图及其横截面图（垂直剖面）。在局部 SiO_2 层下形成 p^+ 型的保护带，其浓度为 $N>10^{18}\ cm^{-3}$，防止了辐照过程中导电类型反转的可能性。该设计和工艺解决方案的特点是需要满足一个重要的条件，即保护带区域与漏极区域之间的间距为 $d_{\min} \geqslant 2.6\mu m$，以防止漏极击穿电压降低的可能性。

为了防止在栅极输出区形成源漏型导电泄漏沟道，局部 SiO_2 层中的栅极置于薄栅氧化物上的 p^+ 保护带区域。

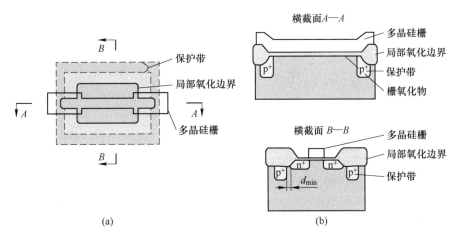

图 4-73　（a）具有增强的电离辐射耐受性的 NMOS 晶体管的版图示意图和（b）横截面图（垂直剖面）

图 4-74 给出了对电离辐射（IR）具有更高耐受度的 n 沟道 MOS 晶体管的版图和截面示意图。其中，在工艺过程中，在薄栅电介质层下形成保护 p^+ 带，同时形成 p 沟道 MOS 晶体管的漏区和源区。这种晶体管的设计主要用于 LSI SA 芯片的外围部分；在辐照剂量高达 $10^6\,rad$ 时，这种设计不仅保证了防止源漏间的泄漏，而且还确保了较高的漏端击穿电压（不小于 15V）。

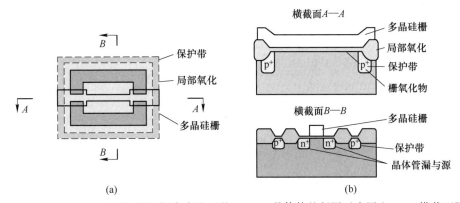

图 4-74　（a）具有增强的源漏击穿电压的 NMOS 晶体管的版图示意图和（b）横截面图

5559IN2T 微电路元器件的最少需要包含尺寸相似的 NMOS 和 PMOS 晶体管（沟道长度为 $3.5\mu m$、沟道宽度为 $50\mu m$）和垂直 $p-n-p$ 型晶体管、电阻和电容器。一般来说，微电路包含大约 2000 个这样的基本元器件。

表 4-13 简短列出了辐射测试期间监测的 LSIC 参数和性能标准。

对垂直 $p-n-p$ 型晶体管测试结构进行了辐射试验，主要受控参数列表和不合格规则见表 4 - 14。

　　利用激光模拟器 RADON - 5M 进行了脉冲 γ 辐射等效辐照耐受性的 LSIC 试验。使用以下测试模式：辐照激光的波长为 $1.08\mu m$，脉冲能量为 50mJ，脉冲持续时间为 12ns，模拟剂量率最大值为 10^{12} rad（Si）/s。微电路开盖自顶面进行辐照。根据校准的激光辐照探测器 BKLI - 601 的读数进行剂量测量。

表 4 - 14　双极 p - n - p 晶体管辐射耐受试验监测的参数

参数	规则	
	最小	最大
静态电流传递系数 β/rel un（基极电流 $10\mu A$，集电极-发射极电压 5V）	30	75
集电极-发射极电压/V（漏电流 $10\mu A$）	—	15
集电极-基极电压/V（漏电流 $10\mu A$）	—	20
发射极-基极电压/V（漏电流 $10\mu A$）	7.5	11.5

　　利用 X 射线模拟器 REIM - 2，对 LSIC 和测试 p - n - p 结构进行了稳态 γ 辐射等效辐照的耐受性测试。X 射线辐照的有效能量为 10keV。等效剂量率为 71 rad（Si）/s。根据校准的 X 射线辐照探测器 BKRI - 601 的读数进行剂量测量。

　　对 X 射线模拟器上测试 p - n - p 结构的研究表明，集电极-发射极、集电极-基极和发射极-基极结的反向电流变化很小。这就是为什么在辐照剂量水平 1.2×10^6 un 下，相应的控制电压值仍能保持在规范内。

　　图 4 - 75 给出了不同温度下，静态电流放大系数与典型注入剂量的关系。在正常条件下，辐照后 β 略有下降（小于 5%）。在温度升高的情况下，辐射的影响导致 β（D）出现明显的最小值。观察到的效应可能是由于钝化氧化物中辐射感生正电荷的积累以及和界面态的形成过程相互影响造成的。在升温辐照下，在 $T=+100℃$ 和 $T=+25℃$ 下测量的试验双极晶体管的参数保持在规范给定的范围内（见表 4 - 15）。

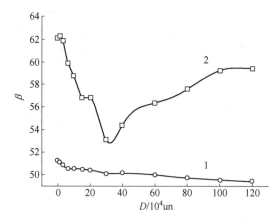

图 4 - 75　$T=+25℃$（1）和 $T=+100℃$（2）时测试 p - n - p
晶体管静态电流放大系数随等效辐射剂量的变化

　　在 $T=+25℃$ 和 $T=-60℃$ 时，LSIC 的高电平和低电平静态电源电流与注入剂量的关系如图 4 - 76 所示。各种研究模式下 I_{cc} 值都变化较小，其数值在 $D=6\times10^4$ un 时略有降低，然后在 $D=2×10^5$ un 时几乎增加到初始值。

图 4-77 为 +25℃ 时，RS-485 标准接收器的低电平输出电压 V_{OL}、高电平输出电压 V_{OH} 和差分输出电压 V_{OD} 与剂量之间的关系。所有参数在所试验的辐射剂量范围内几乎没有变化。在 $T=-60℃$ 时，对于相同的参数，获得了类似的定量和定性结果。

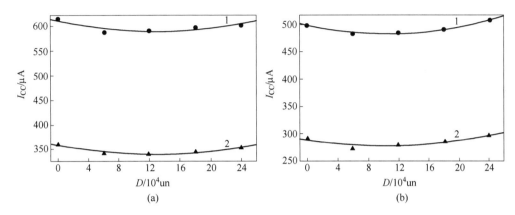

(a)　　　　　　　　　　　　　　　(b)

图 4-76　在 (a) $T=+25℃$ 和 (b) $T=-60℃$ 时 (1) 高电平和 (2) 低电平的静态电源电流与剂量的关系

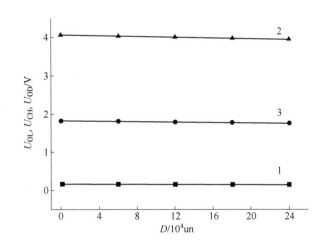

图 4-77　$T=+25℃$ 时 RS-485 标准接收器 (1) 低电平输出电压 V_{OL}、(2) 高电平输出电压 V_{OH} 和 (3) 差分输出电压 V_{OD} 与剂量之间的关系

在室温条件下，接收器在不同剂量率脉冲辐射照射下的低电平输出电压的典型波形如图 4-78 所示。图 4-79 为 $T=+125℃$ 辐射下的相同参数的波形图。

图 4-80～图 4-82 显示了在 $T=+25℃$ 和 $T=+125℃$ 时，参数 V_{OL}、V_{OH} 和 V_{OD} 随脉冲辐射剂量率的变化。

相同的图显示了中断时间 (OT) t_{LS} 的相应变化。在室温和高温条件下，各参数对脉冲辐射的耐受性均无显著差异：参数失效发生在 $P=5×10^8～1×10^9$ un/s。在不同温度下，参数 V_{OH} 与在脉冲辐射下 OT 变化的性质存在一些差异 (见图 4-71)。一般来说，在剂量率高达 $2.4×10^{10}$ un/s 时，OT 保持在 $<5\mu s$。

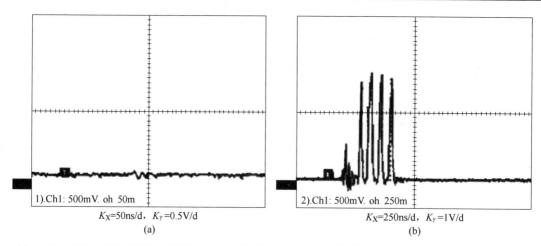

图 4-78　LSIC 5559ИН2T（样品号：3）。常温下，在脉冲辐射等效水平：(a) 1.655×10^8 un/s 和 (b) 5.0×10^8 un/s 下接收器输出（逻辑 0 电平）的波形图

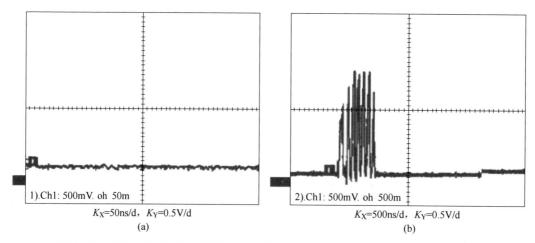

图 4-79　LSI 5559IN2T（样品号：5）。在 $T = +125℃$ 下，在脉冲辐射等效水平：(a) 3.2×10^8 un/s 和 (b) 2.0×10^9 un/s 下接收器输出（逻辑 0 电平）的波形图

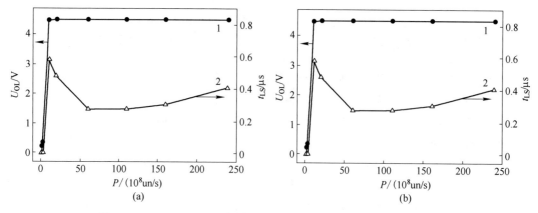

图 4-80　(a) $T = +25℃$ 和 (b) $T = +125℃$ 时，接收器 (1) 和 OT (2) 的低电平输出电压随等效辐射剂量率的变化

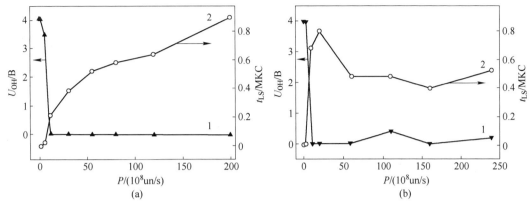

图 4 - 81　（a）$T = +25℃$ 和（b）$T = +125℃$ 时，接收器（1）和
OT（2）的高电平输出电压随等效辐射剂量率的变化

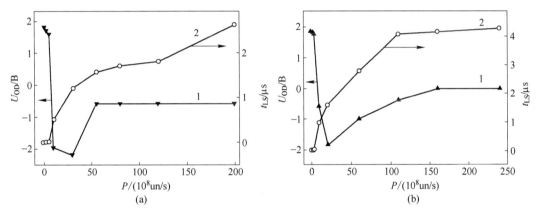

图 4 - 82　在（a）$T = +25℃$ 和（b）$T = +125℃$ 时，标准 RS - 485（1）和 OT（2）
的差分输出电压随等效辐射剂量率的变化

　　激光测试表明，在剂量率 $P = 2×10^{10}$ un/s（在室温下）和 $P = 1.6×10^{10}$ un/s（$T = +125℃$ 时）以下时，LSIC 不会发生功能故障。仅在 $P ⩾ 7.5×10^{10}$ un/s（$T = +25℃$）和 $P ⩾ 1.6×10^{10}$ un/s（$T = +125℃$）时，可以观察到闩锁效应（在输入端）。

　　BiCMOS LSIC 中 MOS 元器件和双极晶体管在稳态辐射下失效的主要原因是由于其次表面附近区域参数的变化导致其性能的辐射退化。这些变化首先与介质体内深中心（陷阱）中自由载流子的捕获和进一步退火有关，其次与半导体-介质界面上界面态（SS）的形成有关。在介质体中的陷阱俘获载流子电荷并达到 SS 水平，会导致阈值电压漂移，SS 密度的增加会导致移动载流子电荷的附加散射，降低 MOS 晶体管的漏电流-栅电压特性的斜率[16]。

　　SS 密度的增加也会导致表面复合速度的增加。表面复合的加速解释了由于基极电流表面分量的增加和漏电流的增加而导致双极晶体管放大系数的降低。很明显，所研究双极晶体管参数值的变化主要与基极中钝化（保护）氧化物中掺入电荷的电离过程和发射结的体电荷有关[115]。氧化物中的正电荷转化为表面态，直接影响注入载流子的复合。在这种情况下，表面态电荷的符号对应于复合损耗的增加（对于 p-n-p 晶体管，电荷为负）。

同样明显的是，辐照期间的温度升高导致进入氧化物中的电子数量增加，从而降低了总累积正电荷的量。这种电荷的弛豫（退火）只能通过几种机制发生，其中包括来自 SiO_2 价带电子的热激发，这在高温下是可能的，并且几乎不依赖于施加电压的大小。来自硅导电区域的自由电子的隧穿的过程与施加的电压（随着栅极中电压的增加，表面电子浓度增大）呈线性关系，并且也与温度高低有关。然而，随着环境温度的降低，SiO_2 中空穴的迁移率显著降低，这导致它们在氧化物中更有效的捕获。

结果表明，随着环境温度的降低，CMOS LSIC 对辐射的耐受程度有所降低。但是，该结论只能用于评估增量，因为它随初始判据的变化也可能发生变化。温度效应对集成电路性能影响的复杂性在于判据初值随温度的变化大于判据的辐射增量。本文以 CMOS 微电路供电电流在 $-60 \sim +125$℃[5]温度范围内可能发生的变化为例，定性地解释了这一说法。事实上，辐照后电源电流的增量随着温度的增加而减小。然而，由于初始电源电流随温度变化很大，因此根据该准则确定的耐辐射程度在温度变化时具有非单调性。

实验表明，在不同温度下，BiCMOS LSIC 电源电流随辐射剂量的变化也不具有单调性（见图 4-75）。很明显，这是由于双极晶体管中发生的过程和独立寄生结构对 I_{cc} 大小都有影响的结果。

该研究还包括对 LSIC 5559IN2T 电源电流随稳态辐射剂量变化的建模。选择了二阶多项式形式的回归模型，该模型很好地反映了 I_{cc}（D）在剂量高达 2.4×10^5 un 以下的关系（见图 4-74）。采用最小二乘法求回归直线的系数，获得 LSIC 电源电流（$I_{cc}/\mu A$）与辐射剂量（$D/10^4$ un）之间的关系解析表达式如下：

$T = +25$℃辐照下的高电平电源电流由以下方程确定：

$$I_{CC} = 611.257 - 3.252D + 0.123D^2 \tag{4-22}$$

低电平电源电流：

$$I_{CC} = 357.571 - 2.674D + 0.105D^2 \tag{4-23}$$

$T = 60$℃辐照下的高电平电源电流由以下方程确定：

$$I_{CC} = 496.086 - 2.645D + 0.192D^2 \tag{4-24}$$

低电平电源电流：

$$I_{CC} = 288.543 - 2.014D + 0.099D^2 \tag{4-25}$$

式（4-22）～式（4-25）可成功地用于预测此类 LSIC 对稳态电离辐射的辐射耐受性。

脉冲电离辐射（γ射线、X 射线、电子、激光）会导致 BiCMOS LSIC 中出现许多瞬态效应（故障）以及作用过后的残留故障（可逆和不可逆）。瞬态效应是指在脉冲辐射过程中或之后，微电路元器件参数的短期变化或功能的异常，与电子-空穴对的产生和自由电荷的进一步弛豫有关。在这种情况下，短期电离电流通过元器件的外部输出，这会导致 LSIC 的误开关。在线性和组合集成电路（逻辑元器件、加法器等）中，在辐射脉冲后的一段时间内，由输入信号的组合来识别初始状态的完全恢复。在脉冲电离辐射的影响下，在硅有源结构和 IC 输出中运行的大量电流，会由于二次效应（如辐射闩锁和热击穿等）而导致残留故障，这可能是可逆的，也可能是不可逆的（灾难性的，例如由于金属化总线的烧毁）。

BiCMOS LSIC 设计和工艺实现的一般原则，旨在确保其对脉冲和稳态辐射作用的耐受性（设计基本元器件中新半导体层和面积的优化与实现），确保微电路所有基本元器件在辐射下的效能，从而大大提高接口 LSIC 的总体辐射耐受水平。

采用激光和 X 射线辐照模拟方法，研究了 BiCMOS 串行数据接口收发芯片 LSIC 5559IN2T 中的辐射效应。

研究发现，所测试的 LSIC 具有足够的辐射耐受性：在环境温度从 $-60℃$ 至 $+125℃$，在等效脉冲辐射剂量率高达 $P = 1 \times 10^9$ un/s 且稳态辐射剂量高达 $D = 2.4 \times 10^5$ un 时，其主要参数保持在规范限值内；等效脉冲辐射剂量率高达 $P = 2 \times 10^{10}$ un/s 时，功能仍然正常。

通过回归模型分析，得到了 LSIC 电源电流与辐射剂量之间的二阶多项式关系。计算得到的依赖关系可以成功地用于预测这类 LSIC 对稳态电离辐射的耐受性。

4.12　太空因素对局部辐射效应影响机制的特点

在过去的十年中，由于微电子基础元器件工艺（Element – Technological Basis）的变化，航天器的电子系统已经发生了质的变化，增强了其功能、性价比和各类操作的便捷性（见图 4 - 83）。与此同时，有一项任务是将航天器的使用寿命延长到 $10 \sim 12$ 年，但其中的微电子设备置于航天器的开放平台上，而不是密封容器中。这导致集成电路的抗辐射问题突显，因为在许多情况下，正是辐射引起的故障和失效决定了航天器的有效生存期。同时，随着集成度的增加，由于单个高能核粒子的影响，会发生局部辐射效应，也会引起 IC 故障和失效。

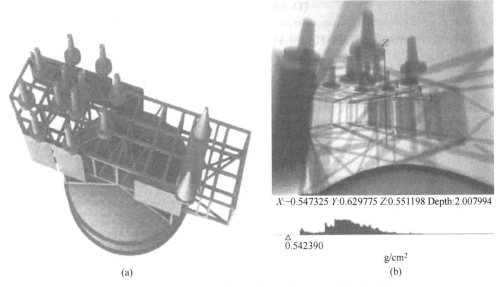

X:−0.547325 Y:0.629775 Z:0.551198 Depth:2.007994

△ 0.542390

g/cm²

(a)　　　　　　　　　　　　　　　　(b)

图 4 - 83　（a）航天器的设计和（b）光学模型的示例

目前，通过实验观察到现代集成电路受以下主要因素影响：

1）误操作［触发器、寄存器和存储单元的单粒子翻转（SEU）］；

2）由于在几个相邻的存储单元中形成 SEU 而导致的多位翻转（MBU）[①]；

3）模拟和数字 IC 输出的短时脉冲信号（尖峰）；

4）四层寄生结构中的闩锁效应，主要在体硅 CMOS IC 中；

5）p-n 结中的二次击穿，尤其是在预击穿区工作的元器件中；

6）在绝缘结构中由热效应形成的长期导电沟道（穿通），特别是子栅绝缘区域的局部损坏；

7）多层结构（双极结构中的导电发射极-集电极沟道）和许多其他结构的分流。

分析表明，对于高集成度的现代集成电路，以下局部辐射效应是最关键的：

1）SEU；

2）闩锁效应；

3）电离响应的短时脉冲（尖峰）。

通常，在太空因素的影响下，集成电路抗辐射性能的计算和实验评估通常分为以下几个步骤：

1）航天器运行条件分析；

2）评估辐射直接对 IC 的影响；

3）计算和实验评估 IC 对于局部辐射效应的敏感度参数；

4）抗辐射指标的预测。

根据航天器运行条件（轨道参数和运行时间）对航天器工作条件进行分析，包括对外部辐射条件的评估。在分析集成电路中的局部辐射效应时，可以忽略电子辐射的影响，因为电子辐射不能在集成电路元器件的微小敏感体中形成大的能量释放。因此，在总体任务的框架中，必须考虑地球辐射带的质子以及太阳和银河宇宙射线的质子和离子。目前，有足够数量的模型和技术用于进行此类评估。

下一步是直接评估 IC 的局部辐射效应。辐射效应的估算必须考虑航天器本身、电子设备和电子设备中集成电路的实际设计特点。为了达到这些目的，设计了专用 3DSPACE 软件。根据分析产品的光学模型，在三维空间环境中通过射线法（见图 4-84）进行计算仿真。图片中阴影的程度定量地显示了整个立体角度的辐射防护效果。为了对最具辐射敏感性的 IC 实施可能的局部保护做出正确的技术决策，给出了三维（3D）空间环境中有效保护的厚度分布和最关键方向的特殊选项。这些计算结果给出了直接作用在航天器内部特定位置的 IC 芯片上的辐射场特征。

由于单个核子电离反应形成的非线性和非平稳过程的复杂性，即使在已知 IC 元器件工艺参数的情况下，也很难计算出 IC 局部辐射效应的敏感度参数。因此，最佳解决方案是通过实验确定 IC 敏感度的一些参数，然后通过计算方法恢复其特性。

在计算和实验研究过程中要确定的一组最佳敏感度参数是局部辐射效应的饱和截面分布图和离子的能量线性损失阈值或质子的能量阈值。为了评估像 SEU 和/或闩锁效应一类效应的敏感度参数，我们只可能使用两个独立的参数，例如离子和质子作用下的饱和截面分布图。

---

① 原文中"Multiple event upsets（MEU）"与后文说明"SEU 在几个相邻单元中形成"不符，译者认为应为"单粒子多位翻转（MBU）"。——译者注

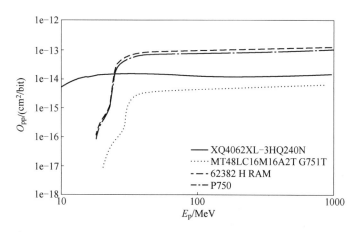

图 4 - 84　在 XQ4062XL - 3HQ240N IC FPGA、MT48LC16M16A2TG - 75IT DRAM、

62382H RAM 和 P750 微处理器中计算出的单粒子翻转（SEU）截面与质子能量的关系分布图[117]

在亚微米集成电路中，由于产生能量（MeV 单位）相对较小，因此估计 SEU 饱和截面分布图最为简单。在质子能量大于 200MeV 和离子线性能量损失大于 10MeVmg/cm² 时，可以获得 SEU 饱和截面的实验值。对第一种情况，在质子加速器上进行实验研究没有出现例外情况。

应用简化的单参数模型可以重建 SEU 截面与质子能量的关系（见图 4 - 84）。根据质子加速器的 IC 实验测试结果，可以得出以下结论：

1）采用 0.5μm 及以下规则设计的三维（3D）工艺制造的最先进的 IC，其 SEU 横截面约为 $10^{-15} \sim 10^{-14}$ cm² /bit 之间；

2）由于存在质子诱导核反应的材料阈值能量，质子在硅中的阈值能量为 15 MeV，几乎保持不变。随着设计规则的下降，SEU 截面与质子能量之间的关系接近阶跃函数；

3）随着设计规则的下降，饱和截面和阈值开关能量的值降低不显著。例如，如果设计规则下降 2 倍，则饱和截面的显示值减少不超过 30％～40％（见图 4 - 85）。

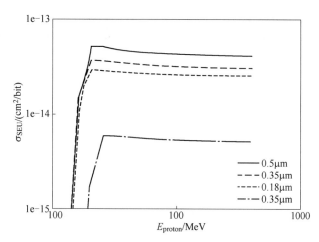

图 4 - 85　各种设计规则集成电路的 SEU 横截面与质子能量之间的典型关系[117]

　　离子诱导 SEU 饱和截面的评估稍微复杂一些。由于在离子加速器上进行试验存在一定的困难，有必要开发估算 SEU 饱和截面的替代方法。最合适的是这些值可以从自发裂变同位素源场的实验研究结果中确定，例如基于 Cf^{252} 同位素。但是，必须考虑以下因素：

　　1）在最新的 $0.35\mu m$ 及以下规则设计的集成电路中具有多个金属化层，因此近表面区域的钝化厚度可与裂变碎片的大小（约 $10\mu m$）相近；

　　2）在最新的 $0.35\mu m$ 及以下规则设计的集成电路中，开关电荷变得非常低，以至于与裂变碎片一起作用的 α 粒子可能会引起单粒子扰动；

　　3）电荷几乎完全从自发裂变碎片的核子径迹中收集。

　　另一种替代方法是应用皮秒量级持续时间的聚焦脉冲激光扫描辐照 IC 芯片的整个表面。在这种情况下，也存在一些与多层金属化有关的限制。原则上，可通过局部激光辐照方法评估单个元器件的饱和截面来消除该限制。

　　4）根据对 IC 芯片表面的分析，可以粗略估计饱和截面。因此，对 IC 基本原理图/版图解决方案的分析得出结论，IC 上的 SEU 截面约为 RAM 型结构、通用寄存器等所占面积的 10%。换句话说，对于已知芯片面积的 RAM IC，AIC、离子诱发 SEU 的饱和截面 σ_{ion} 可估计为：

$$\sigma_{ion} \approx 0.1 A_{IC} / N_{RAM} \qquad (4-26)$$

式中，N_{RAM} 是 RAM 的总信息处理容量。

　　集成电路对尖峰效应敏感度的参数评估是一个更复杂的问题，尖峰效应是一种模拟和混合信号集成电路的故障。不幸的是，特别是在集成电路中，要预测信号发生的概率模型还不够复杂精细。同时，可能在 IC 的输出端出现不同形式和振幅的信号（见图4-86）。因此，在这种情况下，唯一有意义的方法是通过实验确定 IC 敏感度参数。

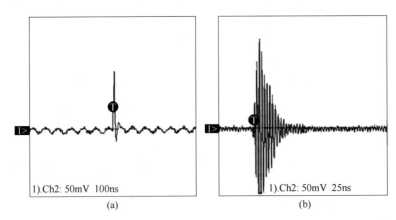

图 4-86　1484AD1 运算放大器输出"尖峰"的典型波形，1GeV 质子辐照[117]

　　在所有影响中，最危险的是闩锁效应，它的出现可能导致 IC 和二次电源烧毁。已进行的计算和实验研究表明，随着设计规则的下降，CMOS IC 的敏感度不断提高。例如，在 $0.5\mu m$（或更高）规则设计的 CMOS IC 中，暴露在空间质子辐照时，闩锁效应很少发生，而在 $0.25\mu m$（或更低）的 CMOS IC 中，即使在正常温度下，也会出现闩锁效应。因此，评估 CMOS IC 对该效应的敏感度参数至关重要。

　　应注意的是，因为敏感区域是由寄生结构定义，SEU 给出的敏感区域结果并不适用于闩锁效应的敏感区域参数评估。因此，即使对于相同类型的元器件，当暴露在离子辐照下时，其横截面值也可能在 $0\sim10^{-2}\,\mathrm{cm^2/bit}$ 之间变化。在这种情况下，随机扫描方法可以有效地评估截面对能量的依赖性（线性能量损失的等效值）（见图 4 - 87）。值得注意的是，由于闩锁效应的形成阶段相对较长（见图 4 - 88），因此可以在 15 ns 脉宽的激光照射下评估敏感度参数。

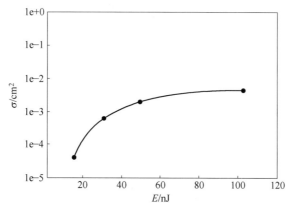

图 4 - 87　富士通 98E07A 芯片中晶闸管效应截面与能量 E 的关系[117]

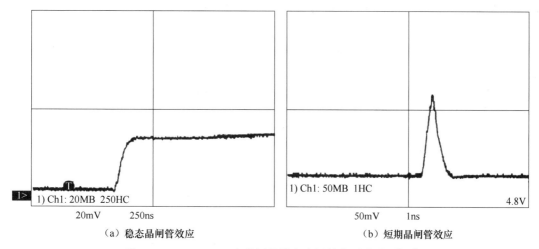

（a）稳态晶闸管效应　　　　　　　　（b）短期晶闸管效应

图 4 - 88　CMOS IC 中晶闸管效应发展的典型波形图[117]

在聚焦激光装置的实验研究中，利用光不均匀时显著的能量损失修正，使我们能够估计闩锁效应的阈值能量和独立敏感区域（截面）的面积（见图 4 - 89）。

在最后阶段，利用已知的内部辐射情况和敏感度参数，通常可以估计在空间因素影响下 IC 中局部辐射效应的发生频率。分析表明，以长方体形式表示敏感区域模型，特别是简化的 Paterson - FOM 模型给出了可接受的估计精度[32]。例如，在地球同步轨道上，基于 RPP 和 FOM 模型，在 FPGA XQ4062XL - 3NQ240N 的配置存储器中，估计单个故障的频率分别为 0.6 个事件/(IC·天) 和 0.4 个事件/(IC·天)。对闩锁效应的类似估计分别为 6×10^{-4} 个事件/(IC·天) 和 3×10^{-3} 个事件/(IC·天)。

因此，上述国内外的研究结果表明，根据质子加速器和聚焦激光辐照设备的测试结

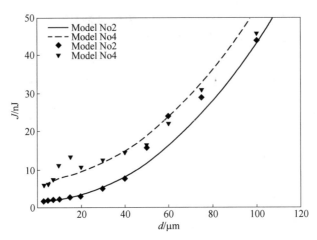

图 4 - 89　在 A54SX16A - TQ100I IC 中不同敏感区域内，晶闸管效应的阈值能量
与激光光斑直径的实验和设计结果[117]

果，利用开发的内部辐射场建模方法以及估算 IC 敏感参数的计算和实验方法，可以估算
在太空因素影响下 IC 中局部辐射效应的发生频率。

4.13　中国制造抗辐射混合 DC/DC 转换器的实验研究

航天器电子设备的功能复杂性的扩展导致功耗增加。可以通过使用恒定过压系统确保
降低供电系统的比重。为了建立航天器电源系统，必须使用电压转换模块，使其能够在高
压电源下工作，并且能够长期承受来自外层太空的电离辐射而不发生故障和失效。接下
来，我们讨论中国制造的航天器电源系统中使用的 100V 恒定高压的抗辐射 DC/DC 转换
器的实验研究结果。

设计用于火箭-太空设备的 DC/DC 转换器最重要的质量特性之一是抗辐射特性。如
上所示，在太空飞行条件下，电子设备受到各种不同基本粒子和辐射的影响，例如空间电
离辐射场的影响具有特殊重要性；由于电子和质子影响（1MeV 以下的低能粒子），而引
起累积剂量效应；由于银河和太阳宇宙射线的影响而引发单粒子效应：如重带电粒子
（Heavy Charged Particles，HCP）和质子（1MeV 以上的高能粒子）。

电子元器件的抗辐射特性由其在不同辐射源上的测试结果确定，即模拟设备和模拟器
（激光、X 射线、同位素）。

由厚膜混合工艺制成的脉冲稳压器通常由关键 MOSFET 晶体管、二极管、PWM 微
电路、PFM 芯片和运算放大器组成，它们对单粒子的电离辐射效应非常敏感。此外，脉
冲稳压器的主要节点的剂量率损伤失效机制和单粒子局部失效机制是不同的。

以下是中国产 DC/DC 转换器样品 HDCD/100 线（HDCD/100 - 5R - 15/SP 和
HDCD/100 - 28 - 15/SP）的测试结果[118]。

在测试累积剂量阈值时采用 0.1rad（Si）/s 的低剂量率 Co⁶⁰γ 同位素辐射源（北京大
学的模拟设备），进行累积剂量阈值测试，它确保了充分模拟空间电离辐射引起电子元器
件的主要效应表现。如上所述，对于某些类型的电子元器件，电离辐射的影响取决于电离

强度。在极低剂量率下，对电离辐射效应最敏感的是在脉冲电压调节器中广泛使用的双极集成微电路（运算放大器、编码器）。因此，必须在尽可能接近太空运行环境的条件下进行试验。早期的电子元器件最大累积剂量测试是在高辐射强度［通常大于 50rad（Si）/s］下进行的，而现在许多抗辐射电压转换器制造商以 9rad（Si）/s 的剂量率进行试验，直到检测到电离辐射剂量率对各种半导体结构累积剂量效应的影响。

在 +25℃ 温度下，前面测试的两个 15 - W HDCD/100 - 5R - 15/SP 模块样品的总累积剂量分别达到 20krad（Si）和 100krad（Si），随后在环境温度下进行退火。众所周知，对辐射影响敏感的参数和相应于综合指标[①]的失效标准在很大程度上取决于工作模式。在本例中，在 120V 的输入电压和 1/4～1/3 的额定负载下进行测试。在辐射试验过程中，监测了以下参数：电源电流、输出电压、控制信号的输入电压、负载电流对输出电压的影响系数。根据试验结果，确定了 1000Gy（Si）［100 krad（Si）］的总累积剂量。

SPELS 还在俄罗斯通过使用最大剂量率为 10rad（Si）/s 的 X 射线源（X 射线模拟器）模拟剂量效应，对模块 HDCD/100 - 28 - 15/SP 进行了改造试验，也证实了 100 krad（Si）剂量水平的稳定性。

在辐射试验期间，监测了以下参数：

1）输出电压；

2）输出电压的波动；

3）效率系数；

4）设置输出电压的时间。

根据暴露于力学和气候因素期间和之后的电气参数测量结果，发现 HDCD/100 - 28 - 15/SP 模块符合空间使用环境对芯片的要求。

下面详细地考虑单粒子局部效应的研究结果。

来自太空的单个带电粒子会对电子产品产生巨大影响。目前，这些影响是限制航天器上微电子设备稳定性的主要原因之一。混合脉冲电压转换器为空间设备的一个或多个功能块提供稳定的电源电压。因此，不可逆效应（闩锁管效应和突发性失效）以及转换器输出处的单粒子瞬态效应可能会破坏整个空间设备的功能。在文献［117］中，对混合脉冲稳压器在重带电粒子影响下的稳定性指标进行了详细分析。实验证明，在混合电压转换器中，单粒子效应特性一般与工作模式特别是反馈的运行有关。

根据对输入电压为 100V 的抗辐射 DC/DC 转换器测试计划，对 HDCD/100 - 5 - 20/SP 模块进行了抗 HCP 测试。试验是在具有恒定磁场的重离子回旋加速器上进行的，该加速器提供了在硅中的平均自由程为 64.7μm 的短射程氙（Xe）离子。回旋离子的能量为 868.3MeV。

在测试之前，在保持样品工作能力的情况下，去除金属封装的顶盖。单周期正激转换器 HDCD/100 - 5 - 20/SP 包含一个由 VDMOSFET 技术（双扩散垂直场效应晶体管）制成抗辐射晶体管 MOSFET BYU25SS。

控制和测量系统包括带数据采集板的控制计算机、电源系统和负载以及远程控制计算机。工业设计中的控制计算机收集和存储转换器输出端的单粒子瞬态效应信息，而电源和

---

① 　complex items 指相对于单一性能指标而言的综合指标。——译者注

负载系统提供输入电源和输出负载，并监控 DC/DC 转换器的输入电流。远程控制计算机通过以太网连接工业控制计算机，并控制工业控制计算机的所有模式。图 4-90 显示了测试综合体的功能图。

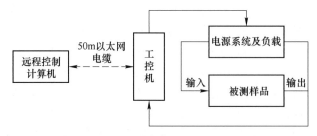

图 4-90　测试综合体硬件组合的功能图

控制计算机实时监控 DC/DC 转换器所有输出端的电压和输入电流。转换器的故障被认为是输出电压为 0 或输出电压发生振荡的情况。

应在进行辐照测量时，每当电压超过规定的输出阈值（稳态电压的 10%、脉冲宽度 >5ms）时，记录与正常值偏差和异常电压偏差的时间间隔。

在回旋加速器上用重离子辐照测试转换器 HCDC100-5-20/SP 的测量结果如表 4-15 所示。表中给出的两个试验模式（输入电压 120V、负载 100% 和输入电压 100V、负载 80%）都是最劣的转换条件。尽管如此，所有元器件都通过了测试。因此，不选择在输入电压 100V、空载运行条件以及输入电压为 80V、负载为 50% 的条件时进行辐射试验。

表 4-15　HDCD/100 系列 100V 转换器的单粒子效应 *[测试结果118]

模型	型号	检测模型	离子	ELL 值/(MeV/cm²/mg)	注量（积分通量），粒子数/cm²	故障	单粒子瞬态效应	注意
HDCD/1005-20/SP	40#	100V，80% 负载（3，2A）（MOSET 区，PWM）	Xe	65.2	1.00×	0	0	单正激式结构，BYU25CS
HDCD/1005-20/SP		120V，100% 负载（4A）（MOSET 区，PWM）						单正激式结构，BYU25

* 电离粒子通量密度为 4000 粒子/(cm²·s)。

当用 Xe 离子辐照 VDMOSFET BYU25SS 上带有电源开关的抗辐射 DC/DC 转换器样品 HDCD/100-5-20S/SP 时，在 $1.00×10^7$ 粒子/cm² 的离子注量下直到 $65.2MeV/cm^2/mg$ 的离子能量线损耗（ELL）[①]，均未发现灾难性故障（闩锁效应）和单粒子瞬态效应（输出电路中以电压脉冲形式出现的瞬态电离反应）。这表明，在 HDCD 系列抗辐射 DC/DC 转换器中不发生灾难性故障和单粒子瞬态效应的 ELL 阈值大于 $65.2MeV/cm^2/mg$。

需要注意的是，2013 年 4 月（更多新信息未公开发布），根据客户要求，我们选择了

① "ELL" 与业内常用的"传能线密度 LET（Linear Energy Transfer）"相同。——译者注

四种型号的 DC/DC 转换器（HDCD/100 – 512 – 30/T1、HDCD/100 – 5 – 20/SP、HDCD/100 – 2865/SP、HDCD/100 – 12 – 30/D1），用于测试单个重粒子（ELL 为 $65MeV/cm^2/mg$）的效应。实验结果证实了抵御 HCP 单粒子故障影响的阈值 ELL 为 $65MeV/cm^2/mg$。选择四个模式在单周期结构上进行测试，输出通道为 1 路、2 路、3 路，输出功率从 20W 到 65W。主要部件（PWM 控制器、脉冲幅度调制器、VDMOSFET 晶体管和比较器）以及为测试选择的所有转换器的设计是相同的。

因此，HDCD/100 – 15 – 30/SP 试验（30W 型）的结果可以代表 HDCD/100 – 15 – 30/SP 对 HCP 效应的抗辐照水平，该参数可达到 $65MeV/cm^2/mg$。

通过对用于新型 100V 直流电网的空间设备中的 HDCD/100 系列抗辐射 DC/DC 转换器特性的初步分析，可以得出结论，该转换器可替代美国领先制造商的同类产品。

综上所述，可以得出简短的结论。中国 DC/DC 转换器的开发者们看来是采用了良好的转换器版图布局方式，能够抵抗电离辐射并在高输入电压下工作。使用了具有垂直结构的高压抗辐射 MOSFET 晶体管，该晶体管很好地平衡了相对较高的开关损耗和较低的导电损耗，同时克服了对转换器输入端的场效应晶体管的相互冲突的技术要求。

转换器的设计特点是体积小、质量轻，并适用于太空飞行环境。然而，还应注意的是，这些产品（尤其是低功耗产品）的效率低于美国公司生产的同类产品的效率。此外，它们不具备外部同步功能，也不能够为现代数字电路负载的供电提供多种类型的低压模式（低于 5V，即 3.3V 或更低）。

参 考 文 献

［1］ Belous A I，Ovchinnicov V I，Turtsevich A S. Features of Microwave Devices Design for Spacecrafts ［D］. Ministry of Education Republic of Belarus，Gomel University of Francysk Skoryna，Gomel，2015.

［2］ Pershenkov V S，Popov V D，Shalnov A V. Moscow：Energoatomizdat ［M］. 1988.

［3］ Nikiforov A Y. Simulation of Space Radiation Effects in Microelectronic Parts ［J］. in Nikiforov A Y，and Chumakov A I，（eds.），Norwell，MA：Kluwer Academic Publishers，2004：165 – 184.

［4］ Korshunov F P，Bogatyryov Y V，Vavilov V A. Minsk：Science and Technology ［M］. 1986.

［5］ Mitchel J，Wilson D. Moscow：Atomizdat ［M］. 1970.

［6］ Revesz A G. Chemical and Structural Aspects of the Behaviour of SiO2 Films on Silicon ［J］. 1977，NS –24 （6）：2102 – 2107.

［7］ Korshunov F P，Gatalsky G V，Ivanov G M. Minsk：Science and Technology ［M］. 1978.

［8］ Holmes – Siedle A，Adams L. New York，2002.

［9］ Myrova L O，Chepyzhenko A Z. Moscow：Radio i svyaz ［M］. 1988.

［10］ Myrova L O，Popov V D，Verkhoturov V I. Moscow：Radio isvyaz ［M］. 1993.

［11］ Bogatyryov Y V. Predicting Functional Capacity of CMOS Integrated Microcircuits Under External Impacts ［J］. 1995，2 （8）：46 – 48.

［12］ Fleetwood D M，Reber R A，Winokur P S. Trapped – Hole Annealing and Electron Trapping in MOS Devices ［J］. 1992，60 （16）：2008 – 2010.

［13］ Chang W. A Framework for Understanding Fast – Neutron Induced Defects in SiO2 MOS Structures ［J］. 1992，21 （7）：693 – 699.

［14］ Dozier C M，Brown D B. Effect of Photon Energy on the Response of MOS Devices ［J］. 1981，NS –

28 (6): 4137 - 4141.

[15] Greben A B. Moscow: Energy [M]. 1976.

[16] Nikiforov A Y, Telets V A, Chumakov A I. Moscow: Radio isvyaz [M]. 1994.

[17] Korshunov F P, Belous A I, Bogatyryov Y V. Radiation Tolerance of Integrated Microcircuits and Means to Increase It [J]. Minsk, 2003: 100 - 101.

[18] Novikov L S, Panasyuk M I. Research of Space Radiation and Its Impact on Ma - terials and Equipment of Space - Apparatus [J]. N2002 (4): 3 - 13.

[19] Johnston A H, Roeske S B. Total Dose Damage at Low Dose Rates [J]. 1986, NS - 33 (6): 1487 - 1492.

[20] Dozier C M, Brown D B. Photon Energy Dependence of Radiation Effects in MOS Structures [J]. 1980, NS - 27 (6): 1694 - 1699.

[21] Zaininger K H. Irradiation of MIS Capacitors with High Energy Electrons [J]. 1966, NS - 13 (6): 237 - 247.

[22] Simons M, Monteith L K, Hauser J R. Some Observations on Charge Buildup and Release in Silicon Dioxide Irradiated with Low Energy Electrons [J]. 1968, ED - 15 (12): 966 - 973.

[23] Maier R J, Tallon R W. Dose - Rate Effects in the Permanent Threshold Voltage Shifts of MOS Transistors [J]. 1975, NS - 22 (6): 2214 - 2218.

[24] Long D M. Transient Radiation Response of JFETs and MIS FETs at Cryogenic Temperatures [J]. 1974, NS - 21 (6): 119 - 123.

[25] Snowden D P, Flanagan T M. Transient Response of MOS Capacitors to High - Energy Electron Irradiation [J]. 1975, NS - 22 (6): 2516 - 2521.

[26] Zolotov M V, Gurtov V A, Surikov I N. Impact of the Dose Rate and Irradiation Temperature on Radiation Effects in CMOS Structures [J]. 1993, 22 (4): 82 - 92.

[27] Wilkin N, Self S T, Eisen H. Ionizing Dose - Rate Effects in Microprocessors [J]. 1980, NS - 27 (6): 1420 - 1424.

[28] Barinov Y V. Impact of the Gamma - Irradiation Dose Rate on the Shift of the Threshold Voltage of MOS - Transistors [J]. 1985, 19 (10): 1883 - 1885.

[29] Winokur P S. Total Dose Radiation and Annealing Studies Implications for Hardness Assurance Testing [J]. 1986, NS - 33 (6): 1343 - 1351.

[30] Derbenwick G F, Sander H H. CMOS Hardness Prediction for Low - Dose - Rate Environments [J]. 1977, NS - 24 (6): 2244 - 2247.

[31] Winokur P S. Limitation in the Use of Linear System Theory for Prediction of Hardened MOS Devices Response in Space Satellite Environments [J]. 1982, NS - 29 (6): 2102 - 2106.

[32] Brucker G J. Exposure Dose Rate Dependence for a CMOS/SOS Memory [J]. 1981, NS - 28 (6): 4056 - 4059.

[33] Romanenko A A. Low Intensity Ionizing Radiation Impact on Bipolar Products of Electronic Technology [J]. 2002 (4): 121 - 132.

[34] Johnston A H. Super Recovery of Total Dose Damage in MOS Devices [J]. 1984, NS - 31 (6): 1427 - 1433.

[35] Goben C A, Price W E. Comparison of Effects of Ionizing Radiation at Twelve Dose Rates from 0, 0015 to 100 Rad (Si) /s [J]. 1990, 19 (7): 609 - 615.

[36] Sergienko K A, Kovalevich. S F. Performance Capacity of MIC - Tools Under the Impact of Ionizing Radiation Taking into Account the Actual Operation Conditions [J]. Tomsk, 1991: 73 - 74.

[37] Emelyanov V V. Correlation of Radiation Effects in MOS – Transistors and CMOS IS Under the Impact of Electronic Radiation of Various Intensity [J]. 1995，24（5）：370 – 377.

[38] Malyshev M M. Methodology of Assessing the Radiation Reliability of IET Under the Conditions of Low – Intensive Ionizing Radiation [J]. Suppl. 1994（2）：4 – 16.

[39] Fleetwood D M，Winokur P S，Schwank J R. Using Laboratory X – Ray and Co – balt – 60 Irradiations to Predict CMOS Device Response in Strategic and Space Environments [J]. 1988，NS – 36（6）：1497 – 1505.

[40] Lavrentsov V D，Khorokhina L N，Yusov Y P. Performance Capacity of MIC – Tools Under the IR Impact in the Actual Operation Conditions [J]. 1991，1 – 2（356 – 357）：3 – 101.

[41] Galloway K F，Roitman P. Important Considerations for SEM Total – Dose Testing [J]. 1977，NS – 74：2066 – 2070.

[42] Agakhanyan T M. Moscow：Energoatomizdat [M]. 1983.

[43] Nichols D K，Nielsen R L. A Comparison of the Ionizing Radiation Response of Microcircuits Manufactured by Five Different Technologies [J]. 1969，NS – 16（6）：181 – 185.

[44] Leavy J F，Poll R A. Radiation Induced Integrated Circuit Latch – Up [J]. IEEE Trans. on Nucl. Sci. ，1969，NS – 16（6）：96 – 103.

[45] Gates H T，Darling R E. Technique for Obtaining Hardened Semiconductor Devices by Irradiating Wafers. 1970，NS – 17（6）：183 – 187.

[46] Matisich B. Problems of Calculation of the Low – Noise Integrated Pre – Amplifier [J]. 1965，53（6）.

[47] Hardman D. Expanding the Research and Development Area for Low – Noise Field Transistors [J]. 1972，45（2）：66.

[48] Huges H Z. Radiation – Induced Perturbations of the Electrical Properties of the Silicon Dioxide Interface [J]. 1969，NS – 16（6）：195 – 202.

[49] Baranov Y L，Kruglov I I. Increasing the Performance Capacity of Semiconductor Devices Under the Impact of Ionizing Radiation [J]. Ser . 2，1991，4（1643）：1 – 33.

[50] Emelyanov V A，Belous A I，Probylsky A V. The Study of the Dynamics of the Change in the Digital Microcircuits Stability [J]. Moscow：PAIMS，2000：41 – 43.

[51] Zolnikova A N，Achkasov V N. Design – Technological Basis for Creation of Radiation – Resistant ICs [J]. 2002，4：106.

[52] Bondarenko V P，et al. Total Gamma – Dose Characteristics of CMOS Devices in SOI Structures Based on Oxidized Porous Silicon [J]. 1997，NS – 44（5）：1719 – 1723.

[53] Bogatyryov Y V . Ionizing Radiation Impact of Metal – Dielectric – Semiconductor Structures and Tools on Its Basis [D]. D. Sc. in engineering thesis：01. 04. 10；05. 27. 01，Minsk，1998.

[54] Claeys C，Simoen E. Berlin：Springer [M]. 2002.

[55] Summers G，Xapsos M，Jackson E. CMOS Devices Hardened Against Total Dose Radiation Effects，U. S. Patent 6777753 [P]. 2004.

[56] Anashyn B C，Popov V D. Method of Dividing Integrated Microcircuits According to Radiation Tolerance and Reliability. Russian Patent RU 2254587 C1 [P]. 2003.

[57] Pribylsky A V . Minsk：CNIITU [M]. 2003.

[58] Achkasov V N，Zolnikov V K，Fortinsky Y K. Designing Radiation – Resistant LSI [J]. Moscow：MIFI. 2005，8：4343 – 44.

[59] Sogoyan A V，Chumakov A I，Nikiforov A Y. Method for Predicting CMOS Parameter Degradation

Due to Ionizing Radiation with Regard to Operation Time and Conditions [J]. 1999, 28 (4): 263 - 275.

[60] Zolnikov V K, Kryukov V P. Calculation - Experimental Assessment of CMOS IC Tolerance to Ionizing Radiation [J]. 2002, 4 (104 - 105) .

[61] Lacoe R. CMOS Scaling, Design Principles and Hardening - by - Design Methodologies [J]. Monterey, CA, 2003: 111 - 142.

[62] Ngai K L, White C T. A Model of Interface States and Charges at the Si - SiO2 Interface: Its Predictions and Comparisons with Experiments. 1981, 52 (1): 320 - 337.

[63] Maller R, Keymins T. Integrated circuits elements [M]. Tansl. from English/M. : Mir , 1989.

[64] Shwank J R. Latent Interface Trap Buildup and Its Implications for Hardness Assurance. 1992, NS - 39 (6): 1953 - 1960.

[65] Emelianov V V. Thermal and Field Dependencies of Latent Relaxation Processes in Irradiated MOS Devices [J]. 1997: A16 - A19.

[66] Adonin A. New Opportunities of the LSI Technology with the Structure 'Silicon on Sapphire' [J]. 2000 (3): 2 - 6.

[67] Kostyukov V E. Materials Issues Related to the Creation of Special Semiconductor Elements Base and Possible Solutions [J]. 10, 2002 (10): 1 - 5.

[68] Barnaby H J. Total - Ionizing - Dose Effects in Modern CMOS Technologies [J]. 2006, 53 (6): 3103 - 3121.

[69] Production Policy of Radiation Tolerant Air - Space - Borne Components [EB/OL] 2007 [2007].http: //www. ineltek. ru/html. cgi/txt/publ/ _ ineltek/radiations. htm. .

[70] CollegeWafer. com, 2007. http: //www. universitywafer . com. Accessed October 28, 2007.

[71] Lang D V . Deep - Level Transient Spectroscopy: A New Method to Characterize Traps in Semiconductors [J]. 1974, 45 (7): 3023 - 3032.

[72] Lox B, Newstadter S T. Transient Response of p - n - Junction [J]. 1984, 25: 1148 - 1154.

[73] Berman L S, Lebedev L. Nauka, 1981.

[74] Markevich V P, Murin L I. Selective Capturing of Intermediate Carbon Atoms in Irradiated Silicon [J]. 1988, 22 (5): 911 - 914.

[75] Markevich V P. Defect Reactions Associated with Divacancy Elimination in Silicon [J]. 2003, 115: S2779 - S2789.

[76] Milvidsky M G, Cheldychev V V. Nanosized Nuclear Clusters in Semiconductors: A New Approach to Forming Materials Properties. Review [J]. 1998, 32 (5): 513 - 522.

[77] Lindsˆm J L. Defect Engineering in Czochralski Silicon by Electron Irradiation at Different Temperatures [J]. 2002, 186: 121 - 125.

[78] Babich V M, Bletskan N I, Venger E F. Kiev: Interpres LTD [M]. 1997.

[79] Korshunov F P, Impact of Gamma - Radiation on Bipolar Transistor Structures [J]. Sevastopol, 2004: 30 - 33.

[80] Korshunov F P, et al. Radiation Defects in Bipolar Transistor Structures, Irradiated with Gamma - Quanta at Different Electrical Modes [J]. Sevastopol, 2005: 389 - 392.

[81] Korshunov F P, Impact of Ionizing Radiation on the Parameters of Integrated Bipolar and MOS - Structures [J]. Minsk, 2006: 151 - 153.

[82] Korshunov F P, et al. Radiation Effects in Bipolar and CMOS Integrated Microcircuits [J]. Sevastopol, 2008, 2: 659 - 661.

［83］ Korshunov F P. Impact of Ionizing Radiation on the Parameters of Analog Integrated Circuits ［J］. Lytkarino, Russia, 2005: 89 - 90.

［84］ Boychenko D V. Comparative Study of the Radiation Behaviors of Voltage Stabilizers IS［J］.Lytkarino, Russia, 2005: 81 - 82.

［85］ Boychenko D V, Kessarinsky L N, Shvedov S V. Comparative Study of the Radiation Behavior of Analog ICs ［J］. Lytkarino, Russia, 2007: 17 - 18.

［86］ Korshunov F P . Impact of Gamma - Radiation on MOS - Structures at Different Electronic Modes ［J］. Sevastopol, 2002: 451 - 454.

［87］ Korshunov F P. Radiation Effects in MOS - Structures at Different Electronic Modes ［J］. Sevastopol, 2003, pp. 69 - 73.

［88］ Sogoyan A V, Shvedov S V, Usov G I. Analysis of the Radiation Behavior of the Parasitic Test MOST ［J］. Lytkarino, Russia, 2004: 143 - 144.

［89］ K orshunov F P. Impact of Electrical Mode on the Radiation Change of MOS - Transistors Parameters ［J］. Lytkarino, Russia, 2005: 163 - 164.

［90］ Korshunov F P. Relaxation Processes in Irradiated Transistor Bipolar and MOS - Structures ［J］. Sevastopol, 2007: 678 - 684.

［91］ Korshunov F P. Impact of Gamma - Radiation on the Parameters of Various Transistor - Based MOS - Structures - Elements of Integrated Microcircuits ［J］. 2007, 1 (17): 67 - 72.

［92］ Fleetwood D M. The Role of Electron Transport and Trapping in MOS Total - Dose Modeling ［J］. 1999, 46 (6): 1519 - 1525.

［93］ Felix J A. Bias and Frequency Dependence of Radiation - Induced Charge Trapping in MOS Devices. 2001, 48 (6): 2114 - 2119.

［94］ Korshunov F P. Radiation Effects in Integrated Silicon Structures ［J］. Sevastopol, 2010: 768 - 773.

［95］ Korshunov F P. Impact of Gamma - Radiation on the Elements of Submicron CMOS Integrated Circuits ［J］. Sevastopol, 2010: 925 - 927.

［96］ Korshunov F P. Ensuring Performance Capability of Various Perspective Semiconductor Devices Under Radiation Impact ［J］. Sevastopol, 2007, 2: 651 - 654.

［97］ Nikiforov A Y. Comparative Analysis of Radiation Behavior of CMOS IS 1594ID4 and Relevant Test Structures ［J］. Lytkarino, Russia, 2003: 87 - 88.

［98］ Korshunov F P. CMOS IS Radiation Study Methods ［J］. 2003 (4): 57 - 60.

［99］ Artamonov A S. The Study of the Radiation Tolerance of Fast - Responding CMOS IS of the 1594T Series ［J］. Lytkarino, Russia, 2003: 71 - 72.

［100］ Figurov V S. Main Results of the Radiation Tests of the Series 5584 Microcircuits. Lytkarino, Russia, 2007: 35 - 36.

［101］ Figurov V S. Experimental Assessment of the Minimum Possible Value of the Failure - Free Operation Level of Microcircuits 5584IE10T Based on the Results of Tests on Units 'BARS - 4' and 'GU -200' ［J］. Lytkarino, Russia, 2007: 37 - 38.

［102］ Kalashnikov O A. The Study of the PROM 1568RR1 Radiation Tolerance ［J］. Lytkarino, Russia, 2001: 53 - 54.

［103］ Yanenko A V. Results of the Study of the LSI RAM Radiation Tolerance ［J］. Lytkarino, Russia, 2004: 71 - 72.

［104］ Yanenko A V. Time Control of CMOS LIS ROM Data Sampling at Dose Impact ［J］.Lytkarino, Russia, 2005: 209 - 210.

［105］ Yanenko A V. The Study of the Operation Modes and Applicability Criteria Impact on the Degree of the Resistance Level of CMOS SOS LSI RAM ［J］. Lytkarino，Russia，2004：65 – 66.

［106］ Bondarenko V P. 1. 2mm CMOS/SOI on Porous Silicon ［M］. in J. P. Colinge, et al. , (eds.), Norwell，MA：Kluwer Academic Publishers，1995：275 – 280.

［107］ Alieva N V. The Study of LSI CRAM 8K Based on SOI Structures ［J］. Moscow，2006：289 – 294.

［108］ Kirgizova A V. Comparative Assessment of the Tolerance Degrees of One – Type SOS and SOI Based CMOS LIS RAM to Ionizing Impacts ［J］. Lytkarino，Russia，2006：69 – 70.

［109］ Belous A I. Photo – Luminescent Studies of SOI Structures ［J］. Minsk，2007，2：12 – 15.

［110］ Alieva N V. Comparative Study of CMOS LSI，Manufactured on SOI and SOS Structures ［J］. Minsk，2007，2：5 – 7.

［111］ Demchenko A I. Study of the Radiation Resistant Element Base of CMOS VLSI on SOI Plates ［J］. Sevastopol，2009，2：728 – 729.

［112］ Petrov A G. Impact of the Decrease of Geometrical Sizes on the Parameters of SOI Transistor Resistance ［J］. Lytkarino，Russia，2008：41 – 42.

［113］ Belous A I. Radiation Effects in BiCMOS LSI of the Interface Receiver – Transmitter ［J］ . 2008，37 (2)：139 – 149.

［114］ Grishin V. Microcircuits of Transceivers for Main Types of Informational Exchange Multiplex Channels ［J］. 2002 (5)：68.

［115］ Pershenkov V S. Role of Surface States in the Degradation of the Bipolar Transistors Amplification Factor Under the Impact of Spatial Low Intensity Irradiation ［J］. 2007，1：74 – 75.

［116］ Bezrodny V . 2016，(8)：32 – 36.

第5章 预测及提高双极和CMOS集成电路辐射容限的方法

5.1 CMOS大规模集成电路辐射容限的预测方法

本节介绍现行的试验MOS晶体管和CMOS逻辑电路辐射容限的评估（预测）方法，更详细的描述见文献［1—8］。

5.1.1 MOS元器件辐射容限的计算-试验预测方法

辐射容限的预测方法通常包括以下要素：

1）MOS元器件样品的辐照试验（每批晶圆）；

2）MOS元器件辐照试验基本参数的测试；

3）使用回归分析设备[8]对试验测试结果进行数学处理（近似）。

图5-1给出不同电偏置下了p沟道MOS晶体管阈值电压随辐射剂量变化的近似关系，图5-2给出不同偏置状态下n沟道MOS晶体管阈值电压变化的近似关系。图5-3和图5-4分别展示了设置陡度（Provided Steepness）的相对变化随辐射剂量变化的近似关系。

以下方程可用来近似描述MOS晶体管参数随伽马辐射剂量的变化关系（见图5-1～图5-9）：

$$\Delta U_p = -0.0424 + 0.0375x - 0.1028x^2, \quad U_g = 0V \qquad (5-1)$$

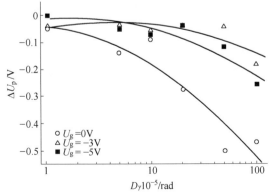

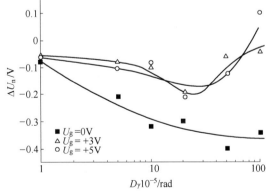

图5-1 不同偏置下，p沟道MOS晶体管阈值电压随辐射剂量变化的近似关系

图5-2 不同偏置下，n沟道MOS晶体管阈值电压随辐射剂量变化的近似关系

$$\Delta U_{\mathrm{p}} = -0.0502 + 0.0802x - 0.0632x^2, \quad U_{\mathrm{g}} = -3\mathrm{V} \tag{5-2}$$

$$\Delta U_{\mathrm{p}} = -0.0158 + 0.0367x - 0.0706x^2, \quad U_{\mathrm{g}} = -5\mathrm{V} \tag{5-3}$$

$$\Delta U_{\mathrm{n}} = -0.0725 - 0.2898x + 0.0721x^2, \quad U_{\mathrm{g}} = 0\mathrm{V} \tag{5-4}$$

$$\Delta U_{\mathrm{n}} = 17.01751 - 0.8337x + 3.1762(\ln x)^2, \quad U_{\mathrm{g}} = 3\mathrm{V} \tag{5-5}$$

$$\Delta U_{\mathrm{n}} = -0.0535 - 0.0118x + 0.00065x^2 - 0.000113x^2\ln x, \quad U_{\mathrm{g}} = 5\mathrm{V} \tag{5-6}$$

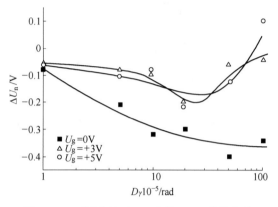

图 5-3　不同偏置下，p 沟道 MOS 晶体管给　　　　图 5-4　不同偏置下，p 沟道 MOS 晶体管给定
定陡度的相对变化随辐射剂量变化的近似关系①　　　陡度的相对变化随辐射剂量变化的近似关系

$$K_{\mathrm{p}}/K_{\mathrm{p0}} = 0.9797 - 0.0597x - 0.0466x^2, \quad U_{\mathrm{g}} = 0\mathrm{V} \tag{5-7}$$

$$K_{\mathrm{p}}/K_{\mathrm{p0}} = 1.0215 - 0.1917x + 0.0741x^2, \quad U_{\mathrm{g}} = -3\mathrm{V} \tag{5-8}$$

$$K_{\mathrm{p}}/K_{\mathrm{p0}} = 0.9786 - 0.095x + 0.0467x^2, \quad U_{\mathrm{g}} = -5\mathrm{V} \tag{5-9}$$

$$K_{\mathrm{n}}/K_{\mathrm{n0}} = 0.9705 - 0.0428x - 0.0634x^2, \quad U_{\mathrm{g}} = 0\mathrm{V} \tag{5-10}$$

$$K_{\mathrm{n}}/K_{\mathrm{n0}} = 1.0033 + 3.4694 \times 10^{-4}x - 0.0634x^2, \quad U_{\mathrm{g}} = 3\mathrm{V} \tag{5-11}$$

$$K_{\mathrm{n}}/K_{\mathrm{n0}} = 0.966 + 0.0593x - 0.0474x^2, \quad U_{\mathrm{g}} = 5\mathrm{V} \tag{5-12}$$

式（5-1）至式（5-4）、式（5-7）至式（5-12）中，$x = \lg(D \times 10^{-5})$。

式（5-5）和式（5-6）中，$x = D \times 10^{-5}$。

在稳态辐射情况下，CMOS 集成电路逻辑单元参数的变化由 MOS 晶体管阈值电压 U_{n} 和 U_{p} 的逐渐变化以及相应给定陡度 K_{n} 和 K_{p} 的值来规定。试验研究表明，引起 CMOS 逻辑单元参数变化的主要原因是 MOS 晶体管阈值电压的漂移。

CMOS 集成电路对辐射环境最为敏感的参数通常包括：耗散电流 I_{cons}、开启电压 U_{SW}、从 1 到 0 的开关延迟 t_{sd}^{10}，以及从 0 到 1 的开关延迟 t_{sd}^{01}。

CMOS 集成电路的耗散电流包括电源、通用总线保护二极管的泄漏电流 I_{d} 和关断状态下 n 沟道 MOS 晶体管的漏极电流[7]：

$$I_{\mathrm{cons}} = I_{\mathrm{IN}}M + I_{\mathrm{c}}N_{\mathrm{n}}/2 \tag{5-13}$$

式中，I_{IN} 是输入电流，等效为 I_{d} 且 $\leqslant 0.1\mu\mathrm{A}$；$M$ 是集成电路的输入路数；N_{n} 是集成电路中 n 沟道 MOS 晶体管的数量。当 $U_{\mathrm{n}} < 0$ 时，漏极电流 I_{d} 可由式（5-13）计算获得。

---

①　此图与图 5-2 相同，应当是错误用图。——译者注

当 $U_n > 0$ 时：

$$I_d = K_n (q\varphi_s/kT)^{1/2} \exp(-q\varphi_s/kT) \tag{5-14}$$

式中，q 是电子所带电荷；k 是玻耳兹曼常数；T 是绝对温度；φ_s 是对应 MOS 管阈值电压的表面电势；$\varphi_s = 2\varphi_{Fi}$，$\varphi_{Fi}$ 是从硅的带隙中心计算出的体费米能级。

图 5-1 的示例中，当辐射剂量（D_γ）超过 10^7 rad 之后，$U_n > 0$。即对于亚阈值模式，可以取 $I_d \leqslant 0.1\mu A$。

因此，从式（5-13）可得，对于逻辑单元非门（NOT）（$M=1$，$N_n=1$），$I_{cons} \leqslant 0.15\mu A$。

对于 2 输入与非逻辑单元（2 AND-NOT）（$M=2$，$N_n=2$），$I_{cons} \leqslant 0.3\mu A$。

因此，对于 CMOS 集成电路 1594LN1 和 1594LA3，当辐射剂量达到 10^7 rad 时，其逻辑单元的耗散电流仍维持在正常工作范围（SOW）内[①]。

开启电压 U_{sw} 定义为当 $U_{out} = U_{inp}$ 的直线穿过集成电路静态转移特性曲线时的输入电压。在辐射条件下，静态转移特性将发生变化。因此在通常情况下，按文献［8］公式开启 M 个输出中的一个后，即可计算辐射后的参数 U_{sw}：

$$U_{sw} = [(U_{sup} - |U_{P0} + \Delta U_p|)\alpha + U_{n0} + \Delta U_n]/(1+\alpha)$$

$$\alpha = \alpha_0 [(K_p/K_{p0})/(K_n/K_{n0})]^{1/2} \tag{5-15}$$

$$\alpha = A_\alpha (K_{p0}/K_{n0})^{1/2}$$

ΔU_p 和 ΔU_n 分别通过式（5-1）～式（5-3）以及式（5-4）～式（5-6）计算获得，K_p/K_{p0} 和 K_n/K_{n0} 分别通过式（5-7）～式（5-9）以及式（5-10）～式（5-12）计算获得。对于逻辑单元非门（NOT），$A_\alpha = 1$；对于 2 输入与非逻辑单元（2AND-NOT），$A_\alpha = 1/2$。表 5-1 给出了通用的 A_α 系数取值。

辐射前，开启电压 U_{sw0} 由以下公式确定：

$$U_{sw0} = [(U_{sup} - |U_{p0}|)\alpha_0 + U_{n0}]/(1+\alpha_0) \tag{5-16}$$

遭受辐射时，开启电压 U_{sw} 的变化由式（5-15）和式（5-16）确定：

$$\Delta U_{sw} = U_{sw} - U_{sw0} \tag{5-17}$$

CMOS 逻辑单元的响应速率由信号传输延迟 t_{sd}^{10} 和 t_{sd}^{01} 决定，该传输延迟的计算可采用文献［7］的以下公式：

$$t_{sd}^{10} = CU_{sup}/[2A_n K_n (U_{sup} - U_n)^2] \tag{5-18}$$

$$t_{sd}^{01} = CU_{sup}/[2A_p K_p (U_{sup} - |U_p|)^2] \tag{5-19}$$

上式中 $C = C_{out} + C_1$，是集成电路输出端的总电容（C_1 为负载电容）；系数 A_n 和 A_p 取决于逻辑单元的输入数量（见表 5-1）。

考虑到式（5-18）和式（5-19），最好基于它们的相对变化来分析辐射对 CMOS 集成电路动态参数的影响。

---

① 此文首次并仅此一次使用此缩写，译文无考，也可能是 "Statement Of Work（工作说明书）" 的缩写，此处，译为 "正常工作范围" 为初版译文。——译者注

$$t_{\mathrm{sd}}^{10} / t_{\mathrm{sd0}}^{10} = [(U_{\mathrm{sup}} - U_{\mathrm{n0}}) / (U_{\mathrm{sup}} - U_{\mathrm{n0}} - \Delta U_{\mathrm{n}})]^2 K_{\mathrm{n0}} / K_{\mathrm{n}} \qquad (5-20)$$

$$t_{\mathrm{sd}}^{01} / t_{\mathrm{sd0}}^{01} = [(U_{\mathrm{sup}} - |U_{\mathrm{p0}}|) / (U_{\mathrm{sup}} - |U_{\mathrm{p0}} + \Delta U_{\mathrm{p}}|)]^2 K_{\mathrm{p0}} / K_{\mathrm{p}} \qquad (5-21)$$

表 5-1 系数 A_α、A_n、A_p 的取值（M 为输入端数量）

逻辑单元类型	非	与非	或非
$A_\alpha = A_n$	1	$1/M$	M
A_p	1	1	$1/M$

式（5-20）和式（5-21）对于计算任意 CMOS 逻辑单元的延迟时间都是适用的，因为它们不包含依赖于集成电路输入端数量 M 的系数。

图 5-5 给出了根据式（5-15）～式（5-17）计算得出的 CMOS 逻辑单元非门开启电压变化 ΔU_{sw} 与辐射剂量的关系，图 5-6 显示了不同偏置下 2 输入与非逻辑单元随辐射剂量的变化关系。

基于比对的目的，图 5-5 是用 γ 辐照源 Co^{60} 辐射 CMOS 集成电路 1594LN1 时得到的试验数据。计算数据与试验数据吻合较好。

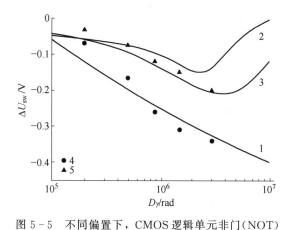 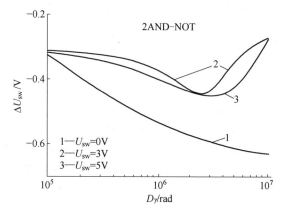

图 5-5　不同偏置下，CMOS 逻辑单元非门（NOT）
（1594LN1）开启阈值变化 ΔU_{sw}
与 γ 辐射剂量的关系曲线

1～3 为理论计算结果；4 和 5 为试验结果
对于 1 和 4，$U_{\mathrm{CC}}=0\mathrm{V}$；对于 2，$U_{\mathrm{CC}}=3\mathrm{V}$，
对于 3 和 5，$U_{\mathrm{CC}}=5\mathrm{V}$

图 5-6　不同偏置下，CMOS 2 输入与非门
（2AND-NOT）开启阈值变化 ΔU_{sw}
与 γ 辐射剂量的关系曲线（计算值）

由式（5-20）和式（5-21）计算得到的，在不同电偏置模式下任一 CMOS 逻辑单元（NOT，2AND-NOT 等）延迟时间相对变化随辐射剂量的关系，如图 5-7 和图 5-8 所示。

因此，借助于计算-试验方法，对试验的 n 沟道和 p 沟道 MOS 结构以及两种 CMOS 集成电路［1594LN（非门）和 1594LA3（2 输入与非门）］进行试验，在不同电偏置下，当辐射剂量在 $D_\gamma = 10^5 \sim 10^7$ rad 范围内，可确定其基本参数与剂量的关系，计算得到的这个关系可用于预测与 1594 系列电路同样类型产品每一批次内的辐射容限。

5.1.2　CMOS 集成电路基于辐射容限的预测（选择）方法

我们研究了利用辐照实验和电流退火对 CMOS 集成电路基于辐射容限进行预测（选

择）的方法，发现该方法具有较好的实用性。

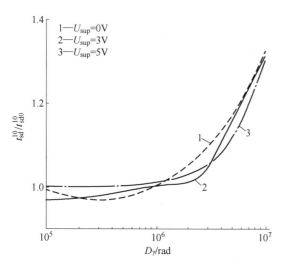
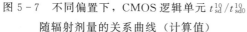

图 5 - 7　不同偏置下，CMOS 逻辑单元 t_{sd}^{10}/t_{sd0}^{10}
随辐射剂量的关系曲线（计算值）

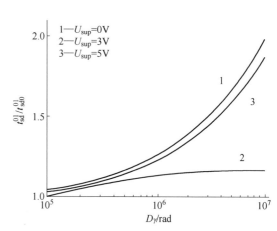

图 5 - 8　不同偏置下，CMOS 逻辑单元 t_{sd}^{01}/t_{sd0}^{01}
随辐射剂量的关系曲线（计算值）

　　该方法为单独选择具有更高抗辐射性能的 CMOS 集成电路而设计，同时也可预测辐射期间集成电路参数的变化。这种方法还可用于生产耐辐射无线电设备的生产厂进行产品组装的输入控制。

　　基于该方法，可从批次产品中挑选出抗辐射性能超过技术规范规定值 D_o 的产品。

　　该方法的结构框图如图 5 - 9 所示。该方法包括以下步骤：CMOS 集成电路在参数控制下的辐照试验、更高辐射容限集成电路的选择、在参数控制下集成电路辐照后的电流退火（Current Burnout）[①]、计算集成电路参数的辐射相关性、对采样结果（预计）进行选择性控制。

　　辐射试验包括对批次产品进行标记，对所有集成电路按（1～3）D_o 的剂量进行辐照，同时进行辐照过程中参数的测量。

　　选择具有更高抗辐射性能的集成电路的方法是将辐射试验过程中参数不符

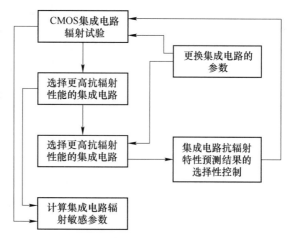

图 5 - 9　利用辐射试验对 CMOS 集成电路基于
辐射容限的预测（选择）方法结构示意图

合技术规范（TS）[①] 要求的产品从批次中剔除，并记录其失效时的辐照剂量。

对 CMOS 集成电路进行电流退火（Current Annealing），以恢复经过辐射试验筛选后电路的初始参数。期间，根据一种专用的方法[4]来确定每种类型集成电路的电流退火方式。

经过电流退火后，测量了所选 CMOS 集成电路的主要电参数。所有的微电路，只要其参数符合技术规范的要求，都能判定可以在（1～3）D_o 辐照剂量的条件下工作。

需要注意的是，在短期的电流退火（Current Burnout）状态下，微电路的可靠性与长期的热疲劳状态相比几乎没有降低，因为电流退火持续时间不超过 60s，在此期间由于流过 CMOS 金属间化合物结构[4]交变流电的复杂注入和热冲击，有效地中和了辐射感生电荷。

利用回归分析的方法，根据微电路的试验结果计算了 CMOS 集成电路参数与辐射剂量的关系。根据这批集成电路的计算结果，其抗辐射特性预测处于（0.1～3.0）D_o 之间。

对每种集成电路类型进行了采样结果的选择控制。样本量的选择根据技术规范确定。选定的微电路被辐照到总剂量 D_o。在辐照过程中，测量集成电路的关键参数。如果所选的集成电路均符合技术规范要求，则可划归至具有更高抗辐射特性的样品分组。

我们将通过对 CMOS 集成电路 1554LN1 型（逻辑非门）样品（4 个）批次进行伽马辐照试验，分析基于其辐射容限的选择结果。确定出 CMOS 集成电路的辐射容限在 $D_o = 1 \times 10^4\,\mathrm{Gy}$ 的辐照剂量水平。

在 Issledovatel 装置上，采用 $Co^{60}\,\gamma$ 辐射源对集成电路进行辐照，辐照剂量范围在（0.5～5.0）D_o 之间。CMOS 集成电路 1554LN1 样品的辐射试验结果如图 5-10 所示。

根据技术规范（TS），以下条件将作为失效判定标准：耗散电流 $I_{cc} < 100\mathrm{nA}$，开启阈值 $V_t > 1.5\mathrm{V}$。

因此，以下的集成电路样品被选定为具有更高抗辐射特性：1 号样品（根据参数 I_{cc}，允许辐射剂量 $D_d = 3.2 \times 10^4\,\mathrm{Gy}$）、2 号样品（根据参数 I_{cc}，$D_d = 3 \times 10^4\,\mathrm{Gy}$）和 3 号样品（根据参数 I_{cc}，$D_d = 1.6 \times 10^4\,\mathrm{Gy}$）。

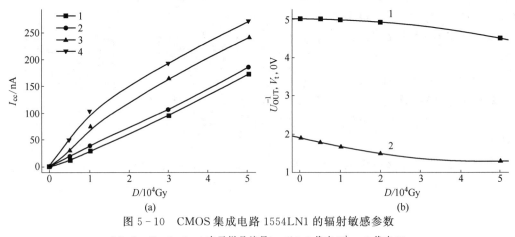

图 5-10　CMOS 集成电路 1554LN1 的辐射敏感参数

(a) I_{cc}（1，2，3，4 表示样品编号）；(b) 1 代表 U_{out}^1，2 代表 V_t

---

① 　原文首次用缩写"TS"未说明，根据上下文译为"技术规范"。——译者注

对 1554LN1 电路进行电流退火，退火条件为交流电 500mA、频率 50Hz、持续时间 40s。

对 1 号和 2 号样品的试验结果进行选择性控制。表 5 - 2 包含了 CMOS 集成电路 1554LN1 参数的初始值、第一次辐照（辐照剂量 $D_1 = 1 \times 10^4$ Gy）后的参数值以及电流退火后的参数值。对电路在相同条件下进行辐照（辐照剂量 $D_2 = 1 \times 10^4$ Gy），其测试结果与第一次辐照后的结果类似。

从表 5 - 2 数据可知，参数变化最大的 2 号样品，参数 V_t 的相对预测误差为 6.1%，参数 I_{cc} 的相对预测误差为 9.5%。

综上所述，使用电流退火几乎不会影响 CMOS 集成电路的可靠性。在辐射和电流退火后，对 CMOS 集成电路 1554LN1 开展 358K 下 168 小时的额外高温退火，用于初步评估其可靠性。高温退火后的 CMOS 集成电路参数没有恶化（$I_{cc} = 1.5 \sim 4.0$ nA；$V_t = 1.76 \sim 1.9$ V），即集成电路的可靠性没有降低。

对所选 CMOS 集成电路样品的测试结果进行数学处理。试验数据用于计算 CMOS 集成电路参数对辐射剂量的依赖关系。数学计算基于回归分析程序进行，借此可以确定依赖类型，并计算数值序列之间的相关系数 R。如果满足 $|R| > 0.8$，则可认为计算数据是相当可靠的。

对 1554LN1 微电路（样品 1 号）的耗散电流 I_{cc}、开启阈值 V_t 和高电平输出电压 U_{out}^{-1} 分析，确定了上述参数对 γ 辐射剂量的依赖关系如下：

$$I_{cc}(D) = 0.269 + 24.988D + 1.908D^2 \qquad (5 - 22)$$

$$V_t(D) = 1.905 - 0.262D + 0.0283D^2 \qquad (5 - 23)$$

$$U_{\text{OUT}}^{-1}(D) = 5.009 + 0.0111D - 0.0182D^2 \qquad (5 - 24)$$

表 5 - 2　γ 辐射和电流退火后，CMOS 集成电路 1554LN1 的参数变化

影响模式	I_{cc}/nA		V_t/V	
	样品 1 号	样品 2 号	样品 1 号	样品 2 号
辐射前	1.4	1.0	1.74	1.79
$D_1 = 1 \times 10^4$ Gy	29.6	40.0	1.54	1.55
电流退火	4.0	3.6	1.68	1.87
$D_2 = 1 \times 10^4$ Gy	32.8	44.2	1.56	1.65

因此，在一批该类型的 CMOS 集成电路中，可以通过辐射试验和集成电路样品选择来预测特定微电路的抗辐射性能，之后使用回归分析对试验结果进行数学处理。

对 564 和 1554 系列 CMOS 逻辑集成电路的试验表明，借助电子或 γ 辐照试验，CMOS 集成电路辐射容限的采样方法误差（预测）不超过 5% ~ 10%。

5.2　用于评估双极和 BiCMOS 元器件辐射容限的计算-试验方法

本节介绍了所开发的检验双极晶体管和 BiCMOS LSIC 元器件的辐射容限的评估（预测）方法，这些方法在文献［8—11］中有更详细的描述。

利用计算-试验方法和回归分析技术，对试验的双极晶体管参数的辐射变化进行了评估。所获得的公式描述了在无源工作模式（如图 5-7 所示）下，n-p-n 晶体管的放大系数的变化与辐照（$D = 10^4 \, \text{Gy}$）后的时间的依赖关系：

$$\Delta \beta = 191.553 - 5.255 \lg t \tag{5-25}$$

计算-试验方法用于评估 n-p-n 和 p-n-p 晶体管的放大系数和辐照剂量的相互关系。一般来说，它们之间的关系可由二阶多项式描述为：

$$Y = A + BX + CX^2 \tag{5-26}$$

式中，$Y = \Delta \beta$；X 是辐射剂量；A、B 和 C 是常数系数，表 5-3 列出了每种类型的晶体管的系数值。

表 5-3　公式（5-26）中常系数的值

晶体管类型	无偏置			有偏置		
	A	B	C	A	B	C
n-p-n	87.318	76.922	−24.532	125.087	95.118	−35.897
p-n-p	71.649	4.529	0	66.345	29.271	−14.288

借助回归分析技术[6]，通过试验数据计算出 1467CA2P 型双极 VCs 参数的剂量的相关性，其形式为三阶多项式：

$$A_U / A_{U.0} = -0.072 + 0.506D + 3.264D^2 - 1.436D^3 \tag{5-27}$$

$$I_{oh} / I_{oh.0} = 0.772 - 0.167D + 0.682D^2 - 0.24D^3 \tag{5-28}$$

其中 1473UD1T 型双极 OA 的二阶多项式形式如下：

$$A_U / A_{U.0} = -4.946 + 18.939D - 1.375D^2 \tag{5-29}$$

$$K_{svr} / K_{svr.0} = -0.072 + 0.506D + 3.264D^2 \tag{5-30}$$

对 BiCMOS LSIC 的研究还包括对稳态辐照下 5559IN2TLSIC 功耗电流的剂量变化关系进行建模。选择了一个二阶多项式形式的回归模型，它很好地反映了当辐照剂量达到 $2.4 \times 10^5 \, \text{rad}$ 时 I_{cc}（D）的相关性。为了找到回归线的系数，采用了最小二乘法。

这样就经过下述分析得到了 LSIC 功耗电流（$I_{cc} / \mu\text{A}$）对辐照剂量（$D / 10^4 \, \text{rad}$）的对应关系。

因此，在 $T = 25 \, \text{℃}$ 辐照下，高电平的功耗电流由下述公式确定：

$$I_{cc} = 611.257 - 3.252D + 0.123D^2 \tag{5-31}$$

和低电平功耗电流：

$$I_{cc} = 357.571 - 2.674D + 0.105D^2 \tag{5-32}$$

在 $T = -60 \, \text{℃}$ 辐照下，高电平的功耗电流由下述公式确定：

$$I_{cc} = 496.086 - 2.645D + 0.129D^2 \tag{5-33}$$

和低电平功耗电流。

$$I_{cc} = 288.543 - 2.014D + 0.099D^2 \tag{5-34}$$

从式（5-27）～式（5-34）的相互关系计算结果，可用于预测双极模拟集成电路的抗辐射能力，以及这些类型的 BiCMOS LSIC 对稳态电离辐射作用的耐受性。

由于不同企业的微电路生产工艺存在差异，得到的相互关系计算结果应该分别修正，以预测每批该类型的产品中的双极和 BiCMOS IC 的抗辐射能力。在这种情况下，式（5-27）～式（5-34）中常系数值的修正，是在测试每种类型 IC 产品不同批次试验样品的抗辐射能力基础上完成的。IC 的抽样数是根据技术规范决定的。

5.3　预测 EEPROM MOS 存储单元辐射容限的计算-试验方法

本节包含由专家开发出的基于其可靠性试验结果预测 EEPROM MOS 存储单元抗辐射能力的计算-试验方法[8]。

基于试验数据的回归分析被用于计算 EEPROM 存储单元阈值电压与辐照剂量的对应关系。编程和擦除状态的 $U_T(D)$ 关系式可以描述为下述形式：

$$U_T = A + B\lg D \qquad\qquad (5-35)$$

$$U_T = A_1 + B_1\lg D + C(\lg D)^2 \qquad\qquad (5-36)$$

下面的 $U_T(N)$ 关系式计算可以用同样的方式从试验结果中获得，采用数据重复写循环的方式：

$$U_T = A_2 + B_2\lg N + C_1(\lg N)^2 \qquad\qquad (5-37)$$

$$U_T = A_3 + B_3\lg N + C_2(\lg N)^2 \qquad\qquad (5-38)$$

式中，A、B、A_1、B_1、C、A_2、B_2、C_1、A_3、B_3 和 C_2 为常系数。

例如，对于存储单元式（5-32）和式（5-34），确定了以下常系数的值：

$$A = 3.701，B = -1.653；A_2 = 3.942；B_2 = 0.546；C_1 = 0.115$$

获得的解析关系式（5-35）～式（5-38）可以用于预测 EEPROM 的存储元器件的抗辐射能力。特别是，我们将从式（5-35）和式（5-37）中得到以下关系：

$$\lg D = [A_2 + B_2\lg N + C_1(\lg N)^2 - A]/B \qquad\qquad (5-39)$$

因此，可以用 EEPROM 样品存储单元的辐射容限和可靠性的初步试验确定式（5-25）～式（5-39）中的常系数值。然后，可以根据写循环操作影响的结果来确定一批次 EEPROM 在可接受 U_T 值范围所限定的辐照剂量。

5.4　提高集成电路抗穿透辐射能力的方法

本节介绍提高 CMOS 和 BiCMOS 微电路抗辐射能力的基本方法[1,6,8]。

5.4.1　提高 CMOS 和 BiCMOS 微电路辐射容限的结构-工艺方法

CMOS 逻辑 IC 和 BiCMOS LSIC 对电离辐射、闩锁效应（TE）[①] 和静电影响的耐受能力通过下述方法得到保证：采用环形栅的 MOS 晶体管、采用保护带设计、采用低温栅氧化（温度 $T = 850℃$ 的干氧氧化）以及 $T \leqslant 850℃$ 下栅氧化物的热处理工艺。

图 5-11 显示了所研究的 LSIC 中使用的 n 沟道 MOS 晶体管版图结构简图及其垂直剖面图。掺杂浓度 $N > 10^{18}\,cm^{-3}$ 的 p^+ 型保护带，在 SiO_2 场氧层下形成，阻止在辐射过程中反型层出现的可能性。这种结构-工艺解决方案的特点是需要满足一个重要的条件：防护带区域应与漏极区域的间隔尺寸 $d_{min} \geqslant 2.6\mu m$（见图 5-11），这可以防止漏极击穿电压降低的可能性。

---

　①　"Thyristor Effect，晶闸管效应"，为早期称谓，在此处译为"闩锁效应"，为常用称谓。——译者注

为了防止在栅极输出区域形成源漏型的导电通道，SiO_2 场氧层区域的栅极被放置在 p^+ 保护带区域内的薄栅极氧化物上。

图 5 - 12 给出增加了抗电离辐射能力的 n 沟道 MOS 晶体管结构的版图结构简图和垂直截面图，在 p 沟道 MOS 晶体管的漏极和源极区域形成的同时，在栅极电介质的薄层下形成一个 p^+ 保护带。这样的晶体管结构被用于 LSIC 芯片的外围电路单元，因为在剂量高达 10^6 rad 的辐射过程中，这种结构不仅能确保阻止源-漏电路间的电荷泄漏，还能确保漏区击穿电压值更高（不低于 15V）。

研究了两组基于上述的 MOS 结构和逻辑 CMOS IC 样品。第一组是按照标准外延平面工艺制造的。

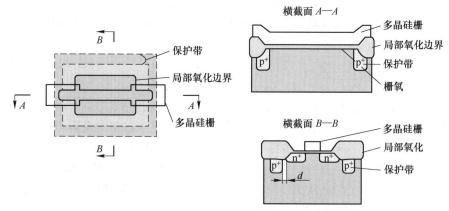

图 5 - 11　NMOS 晶体管的版图结构简图
其中（a）增加了对电离效应的耐受性，（b）垂直结构剖面图

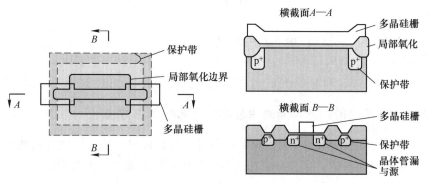

图 5 - 12　（a）版图结构简图，（b）增加漏极-源极击穿电压值的
n 沟道 MOS 晶体管的垂直结构剖面图

第二组 CMOS 集成电路对电离辐射影响的作用是通过上述结构-工艺方法来保证的。

图 5 - 13 显示了具有特定生产工艺的 p 沟道 MOS 结构晶体管的阈值电压 U_T 的辐照剂量关系。与抗辐射 MOS 结构相比，按照常规工艺制造的 MOS 结构在辐照期间可以观察到 U_T 值有相当大的增加。

图 5 - 14 显示了按照常规工艺（曲线 1）和特殊抗辐射工艺（曲线 2）制造的 CMOS

集成电路（非逻辑单元）的功耗电流 I_{cc} 和高电平输出电压 U_{OH} 与辐照剂量的关系。可以看到，在后一种情况下，I_{cc} 和 U_{OH} 的值只有在剂量 $D \geqslant 10^5 \, Gy$ 时才开始发生轻微变化。

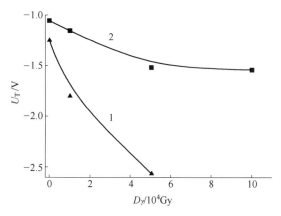

图 5 - 13　p 沟道晶体管 MOS 结构的阈值电压和辐照剂量的关系
（1）常规制造工艺；（2）抗辐射工艺制造

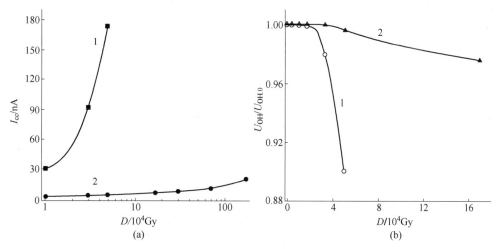

图 5 - 14　（a）功耗电流和辐照剂量的关系；（b）使用常规工艺（1）和
抗辐射工艺（2）制造的 CMOS IC 的高电平输出电压的相对变化

因此，已经确定 MOS 结构晶体管和 CMOS IC 的抗辐射能力在很大程度上是由制造商的工艺特点决定的。

为了确保抗电离辐射能力的实现，使用 CMOS 集成电路的结构-工艺方法极大（1～2个数量级）增加了其抗辐射能力。这类抗辐射 CMOS 集成电路版图结构的创新性得到了官方认证[9]。

5.4.2　提高集成电路辐射容限的标准结构和电路配置方法

提高集成电路辐射容限的电路配置方法着重于强调对基本单元电路（触发器、放大器、比较器和加法器）、新元器件（晶体管、二极管、电容器）和新连接的已知电路解决方法的相互补偿作用。包括内部（在半导体结构中）的电流、电压的电路重（接）入方式，其目的是补偿这些单元电路工作中受到电离辐射的负面影响。

作为一个规则，创造新的电路配置方案，通常不需要大量的时间，不需要进行昂贵的长期试验，也不需要昂贵的技术设备和材料。大多数任务是在大量试验和使用各种 CAD 软件包的帮助下解决的。

使用激光模拟器 RADON-5M，在 25～125℃ 的温度下研究脉冲电离辐射（IIR）的影响，对采用双极工艺制造的 4 通道微功耗电压比较器 1467SA3T，开发出了增加其抗辐射能力的电路配置方法。

1467SA3T 集成电路的试验研究结果表明，在 IIR 影响下，出现了单粒子闩锁现象（SEL），这在双极型集成电路中并不常见［见图 5-15（a）］。当退火温度从室温上升到 125℃ 时，SEL 的形成降低了一个数量级。

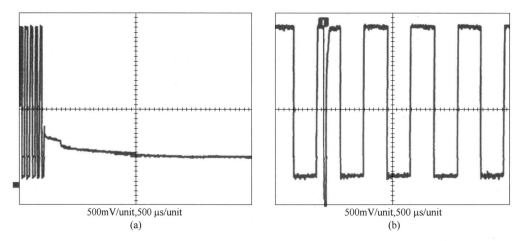

500mV/unit,500 μs/unit　　　　　　500mV/unit,500 μs/unit
(a)　　　　　　　　　　　　　(b)

图 5-15　示波器记录了在 IIR 影响下，剂量率为 7.5×10^{10} rad/s，
1467SA3T 型集成电路的输出电压值，在二极管连接中排除 n-p-n 寄生结构之前（a）和之后（b）

电路配置分析表明，闩锁效应出现在电流镜电路中，在二极管连接的 n-p-n 晶体管区域，p 型触点与电源相连（见图 5-16）。IIR 的影响将寄生的闩锁结构转移到传输特性的低阻区域，这导致了在电源电路中的异常大电流（安培）流动。只有通过短期强制断电的方式才能清除集成电路的这种状态。

在重新设计微电路后，特别是在电路图和拓扑结构中排除了二极管连接中的 n-p-n 晶体管，对新样品进行了额外的试验研究，结果表明，在室温和提高温度时集成电压比较器（VC）中的 SEL 被完全抑制［见图 5-15（b）］。

这项工作的结果证实，有必要对双极型集成电路在温度区间内的辐射表现进行研究以及对集成电路中的 SEL 进行控制，无论何种制造工艺，因为不成功的电路配置方案甚至可能导致在相对抗 SEL 的双极工艺生产的集成电路中出现 SEL 现象。

让我们关注增加微功耗 BiCMOS 单元抗闩锁效应能力的新方法。在 BiCMOS 单元中存在额外的（与 CMOS 触发器相比）n-p-n 晶体管和电流调节电阻，除了增加面积外，还导致在电源总线和通用总线上的电压和电流脉冲发射幅值增加时产生闩锁效应，这是由 n-p-n 晶体管的输出电流决定的。

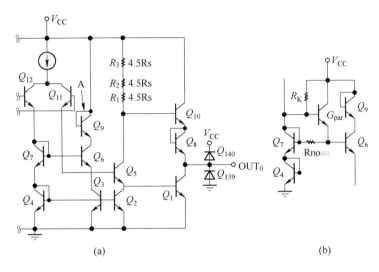

图 5 - 16　（a）微功耗 4 通道电压比较器的部分电路图和（b）寄生闩锁结构

　　基本微功耗 BiCMOS 单元（见图 5 - 17）的新结构和电路配置决策能够在不增加芯片面积的情况下提供对闩锁效应的作用，包括 MOS 晶体管 VT1 - VT3、两个双极 n - p - n 晶体管 VT4 和 VT5 以及 VT5 基极电路中的限流电阻 R1［见图 5 - 17（a）］。

　　图 5 - 17（b）显示了相同电路单元的等效电路图，但已经包含了实际存在于半导体衬底中的寄生单元，当输出电压电流在电源总线中流动时，这些寄生单元会激活闩锁效应。

　　该图显示了这些寄生晶体管 p - n - p 型的 VT6 和 n - p - n 型的 VT7 构成的闩锁结构，直接导致了闩锁效应的激活。

　　等效电阻 R_{S1} 是一个 n 型的分布式阻性区域电阻，它将 p 沟道晶体管区域与电源总线连接起来。该电阻与寄生闩锁结构的 VT6 晶闸管结构的 p - n - p 型晶体管的发射极-基极结并联。正是通过这个标记为 R_{S1} 的区域，BiCMOS 单元的电容充电电流流过，这对于提高（或保持）单元的响应速度是必要的（当单元从逻辑状态 0 切换到 1，或相反时）。

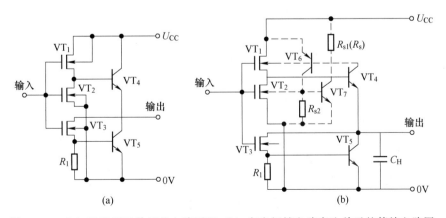

图 5 - 17　（a）BiCMOS 单元的电路图和（b）突出闩锁电路寄生单元的等效电路图

这种解决方案的物理学原理在于，当选择（计算）下面所示的特定条件时，在对电容 C_1 充电/放电时流过 R_{S1} 的电流将不允许产生解锁 p - n - p 晶体管和激活闩锁结构所需要的电压压降。

图 5 - 18 显示了该单元的垂直截面结构简图，图 5 - 19 显示了其在平面上的拓扑结构简图。

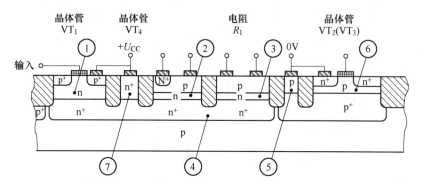

图 5 - 18　提高抗闩锁效应能力的 BiCMOS 单元结构示意图

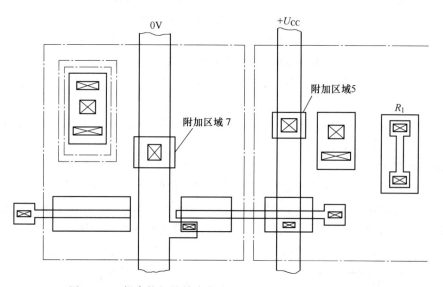

图 5 - 19　提高抗闩锁效应能力的 BiCMOS 单元版图示意图

n 沟道晶体管 VT2 和 VT3 形成于 p 型区域，而且 p 沟道晶体管、电阻 R1 和 n - p - n 晶体管 VT4 形成于带有掩埋层的 n 型区域。第二个 n - p - n 晶体管 VT5 形成于带掩埋层的 n 型区域。

正如我们在图 5 - 18 中看到的，形成于一个共同的 n 型掩埋层的三个电路单元（VT1、VT4 和 R1），允许只使用一个 n 型区域 7 进行互联，而不是像已知解决方案中那样使用三个。此外，该方案还确保了三个功能的同时执行。

1）连接 VT1 阱区域 1 到电源总线；

2）连接电源 U_{cc} 与 VT4 的集电极；

3）保证阱区域电阻 R1 反向漂移。

显然，由于排除了以前需要的 N 型掩埋层 4 的两个触点，使得设计者可以大大减少 BiCMOS 单元的面积。

正如我们在等效电路图［见图 5-17（b）］中所看到的，第二个额外的 p 型区 7 的欧姆电阻与闩锁结构的寄生 p-n-p 型晶体管 VT6 的发射极-基极结并联，特别是在切换 BiCMOS 单元状态的过程中，增大的输出电容电流流过该电阻。

利用描述闩锁结构激活机制的已知方程[9]，可以很容易地得出计算该电阻的最大允许值的方程，在该值下闩锁效应将不会出现：

$$R_{Smax} = \frac{U_{DDP}^{\rho}}{I_D^{\rho} \cdot \beta_N} \qquad (5-40)$$

式中，U 是指在 PMOS 晶体管 VT1 的漏槽结（Junction Drain-Pocket）处的直接压降；I 是晶体管 VT1 漏极电流；β_N 是 n-p-n 晶体管 VT4 基极电流的放大系数。

只有在给定 U_{DDP}^{ρ} 且超过 R_{Smax} 值的情况下，寄生晶体管 I_D^{ρ} 和 β_N 被激活，才将 BiCMOS 单元转换为非激活状态。

式（5-40）是抑制闩锁效应的必要条件，但不是充分条件，必须考虑第二个附加区域对工作的影响。

为了防止在推荐的 BiCMOS 元器件中形成闩锁效应，有必要支持两个实现的额外区域 5 和 7（p 和 n^+ 型）的欧姆电阻值之间的特定相关性。特别是，应该满足以下关系式：

$$\left\{ \beta_N^{VT4} \cdot I_{cmax}^{VT1} - \frac{U_{peak}^{p}}{R_{S1}} \right\} \cdot \beta_P^{VT6} \cdot R_{S2} < U_{peak}^{n} \qquad (5-41)$$

式中，β_N^{VT4} 是 VT4 基极电流的放大系数；I_{cmax}^{VT1} 是最大栅极和漏极电压下 VT1 漏极电流的最大值；R_{S1} 是 n 型区 5 的欧姆电阻值；R_{S2} 是额外的 p 型区 7 的欧姆电阻值；β_N^{VT6} 是寄生晶体管 p-n-p（PMOS 晶体管的漏极-PMOS 晶体管的 n 阱区-n 沟道晶体管的 p 阱区）基极电流的放大系数；U_{peak}^{p}，U_{peak}^{n} 是相应的 p 沟道和 n 沟道晶体管源极和阱区间的垂直压降。

在 LSIC 的开发过程中，通过式（5-40）和式（5-41），使用计算机辅助设计（CAD），在版图编辑器的子程序里设置相应的限制规则，会在 LSIC 的版图结构中自动保证执行单元排布的任何几何构型。

基于对结构-工艺方法设计的 BiCMOS 微电路试验样品的研究，已经证明了在整个输入和电源电压范围内，消除了激活闩锁结构的寄生效应。根据所进行的研究和工艺试验结果，基于所提供的结构开发出的 BiCMOS 单元库的版图解决方案在 OJSC 研发部门的 CAD 工具中实现了在标准逻辑功能电路中的应用。

CMOS 逻辑集成电路抗电离辐射能力的提高需要一种与通用和工业集成电路相比具备结构-工艺专门技术的特殊结构以及具有 IC 单元的特定电参数的结构[9]。上述单元有源结构的变化极大增加了单元的寄生电容，减弱了 IC 的响应速度，为补偿上述缺点需要采用特别的电路配置方案。

我们首先考察 IC 系列电路配置设计的一些通用问题。为了确保性能，降低电参数损耗，并确保在设备中一种 IC 和多种 IC 之间有最佳互联，应基于单一电路配置的基本单元（BE）库开发一系列快速响应 CMOS 逻辑集成电路。这种方法还可以确保 IC 的工艺特性，在电参数、最大允许工作模式和可靠性特性中保留结构-工艺特性[10]。

电路配置基本单元库包括：

1) 基本逻辑单元（LE）；

2) 存储单元（ME）；

3) 输入协调单元（CE：Coordination Elements）；

4) 输出协调单元；

5) 防静电（ESC：Electrostatic Charge）的输入协调单元。

在快速响应 CMOS 集成电路的静电保护电路开发与设计中，应特别注意电路配置优化，它可以消除特殊结构的有源 IC 元器件的参数所带来的限制，特别是：

1) 为实现具有高阈值电压的有源 IC 元器件电参数的最大响应速度的优化，确保其抗扰动因素的能力；

2) 为实现信号电路最大响应速度以及和 MOS 晶体管尺寸相关性的优化；

3) 为减小 IC 芯片面积，对 IC 单元电子线路的优化。

以标准 CMOS 静态逻辑单元［包括与非（AND‐NOT）、或非（OR‐NOT）等］为代表的集成电路基本逻辑单元应该同时考虑上述因素进行电子线路的优化。

在存储单元中，快速响应的 CMOS 逻辑 IC 的系列逻辑单元（LE）通常是静态存储单元，通常基于或非门型 LEs 构成的 RS 触发器设计。应通过优化有源存储单元结构保证在电离辐射影响下存储数据的稳定性。对于由 D 和 Dt‐type 的电平和脉冲前沿进行时钟控制的更加复杂的存储单元，应当基于带两相时钟同步的共用电锁（Passing Keys）来构造，以提高响应速率。

对于输入协调单元而言，标准的 CMOS 反相器（图 5‐20 的 VT1 和 VT2，开关阈值为 $V_{cc}/2$）应作为快速响应型 CMOS IC 的基本输入协调单元。

为了使阈值电压和输入协调单元在电离辐射和温度影响下的变化最小，还应优化晶体管 VT1 和 VT2 的结构。为使不同 IC 间达到元器件协调，对于 TTL 逻辑，建议在元器件中使用带有 TTL 输入电平的输入协调单元。为了增加抗噪能力，建议在系列 IC 输入部分使用带有磁滞作用的输入协调单元。

对于输出协调单元，所有系列 IC 都需要在输出端进行缓冲，以满足输出电流和电压的要求，并对电离辐射影响和宽温度范围条件下的工作进行优化。

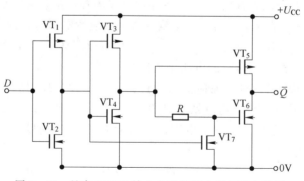

图 5‐20　具有 CMOS 输入电平的基本反相器电路图

快速响应 CMOS 系列逻辑集成电路的主要问题是，输出陡的波前信号时存在过冲，这是由 IC 电源电路的寄生电感造成的。降低输出信号的过冲应通过优化输出级联的 RC 电路来解决，以在不显著降低响应速率的情况下更平滑地形成输出信号的波前。因此，具有发射抑制（Emissions Suppression）的输出逻辑单元（见图 5 - 20）包含额外的晶体管 VT7 和电阻 R，优化增加了输出信号波前的持续时间，将发射幅值（Emissions Amplitude）从 2.3V 降低到 1.6V。

　　CMOS 集成电路在太空应用时的另一项重要要求是其抗静电冲击的能力。静电保护的主要要求是电荷偏置的效率，其特点是静电冲击模式下电势的增加不应导致不可逆的栅介质层的击穿或保护电路的 p - n 结热击穿。由于脉冲电流可以有更高的值（例如通过保护电路的脉冲电流为 2A，可以抵抗 3kV 的放电），保护电路的效率在很大程度上取决于其结构、面积和电阻值。

　　为确保微电路满足对抗静电冲击的相关要求，建议使用专门为此开发的静电保护电路（EP）（见图 5 - 21）。在这种保护方案中，IC 输入保护包括两级。第一级包括用于输入电源的二极管 VD1 和 VD3 以及用于输入接地的二极管 VD2。这可以限制输入协调单元的电势高低，这是由二极管工作的物理特性决定的，其限制扩散电阻大小为 $R =$（300±100）Ω。在输入协调单元的附近是 IC 的第二级保护电路，它包含由二极管连接着的一个 PMOS 晶体管 VT1 和一个 NMOS 晶体管 VT2，二者的漏极连接到输入缓冲器单元（输入晶体管的栅极或漏极）。输出或输入保护单元的二极管结构 VD3 和 VD4 占有较大区域，它们由输出晶体管 VT5、VT6、VT7（位于 V_{CC} 和 0V 之间）的漏极形成，可以高效防护甚至泄掉静电影响，防止栅极击穿和输出故障。此类静电防护电路的创新性由作者出具的证书[10]给予了证实。

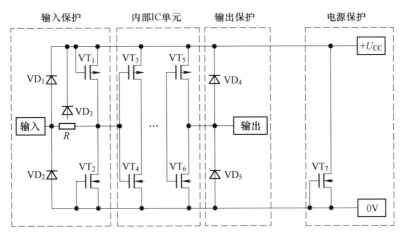

图 5 - 21　静电保护电路图

　　IC 静电保护电路的防护能力应不低于 2000V。静电保护单元的版图解决方案是该系列所有集成电路的标准，应包含于单元库的电路结构中。

　　因此，本节中，我们描述了为抵抗不稳定因素，设计一系列快速响应 CMOS 逻辑 IC 配置的共性问题，介绍了快速响应 CMOS 逻辑 IC 的内部单元的实例，我们还介绍了静电保护电路以及抑制输出噪声的电路。

5.4.3　提高 CMOS LSIC 抗辐射能力的新结构和电路配置方法

以一种相对较新的提高抗辐射能力的方法为具体例子来说明。在反相器的标准电路结构中引入两个新的保护晶体管 T3 和 T2 ［见图 5-22 (a)］。增加 N 沟道晶体管 T3 的沟道区域掺杂浓度，减少所形成的 p 沟道晶体管 T2 的沟道区域掺杂浓度，晶体管 T4 和 T5 执行开关功能，必要时替代（停止）相应晶体管 T1 和 T6 的工作，采用下述方式计算晶体管 VT4 和 VT5 的沟道区域掺杂浓度，当没有电离辐射时晶体管 T4 总是开态的，T5 总是关闭状态。电路按如下方式工作：在工作模式下，当电离辐射对电路造成影响时，主要工作晶体管 T1 和 T6 的阈值电压出现恶化。当这些晶体管达到阈值电压临界值时（从抗噪声的角度来看），开关晶体管 T4、在工作电路中起保护作用的 p 沟道晶体管 T3 以及开关晶体管 T5 使工作的 N 沟道晶体管 T6 停止运行，反相器继续工作。

图 5-22 (b) 为反相器在 3.3V 电源条件下阈值电压随辐射剂量 D 的变化关系。如图所示，与传统反相器相比（曲线 1），通过增加保护晶体管 T2 和 T3，抗电离辐射总剂量增加了 3～5 倍（曲线 2），此时反相器仍能保持其功能。

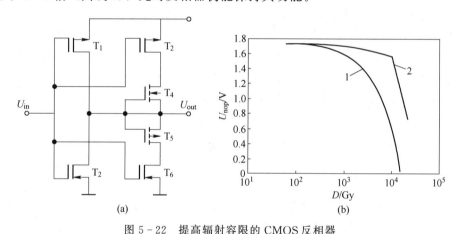

图 5-22　提高辐射容限的 CMOS 反相器

(a) 提高 CMOS 反相器抗辐射能力的示意图　　(b) 阈值电压随剂量的变化关系

1—标准反相器；2—增加了保护晶体管的反相器

高可靠无线电系统通常在恶劣环境下工作，包括各类电离辐射环境。开发人员在设计系统时，通常采用现代的亚微米工艺的集成电路（0.5μm；0.35μm；0.18μm）。但在最近 2 年中，由于大量亚微米工艺集成电路在工程应用中出现失效，导致对使用亚微米集成电路的热度出现了减退。为此，我们提供了许多新的技术解决方案，这些方案可以扩大亚微米集成电路在辐射影响下的适用性，接下来介绍其中一种方法。

众所周知，在生产过程中晶体管特征尺寸的减小，带来了大规模集成电路技术-经济指标的改善（低成本、提高响应速率、降低功耗等）。但是，晶体管特征尺寸降低会产生各种寄生效应，导致成品率的降低和抗辐射能力及可靠性的下降。特别是，当 MOS 管沟道长度变窄时，会出现热电子效应，增加内部电场应力，导致了载流子速度增加（电子和空穴），载流子流经沟道形成雪崩，在此过程中产生的过量载流子被俘获在栅氧化区，形成快界面态，对集成电路的可靠性和抗辐射性能产生负面影响。另外，这些状态导致晶体管放大系数降低，诱导泄漏电流出现，输出电压值降低，这是大规模集成电路抗辐射性能下降的主要原因之一。

解决这个问题的最常用的电路设计方法是降低 LSIC 的电源电压[1,6]，但它并没有从根本上解决问题，并不适用于所有情况（例如不能使用 3.3V 电源代替 5V 电源）。

为提高抗辐射能力，新的电路设计方法是针对 CMOS 反相器这种基本逻辑单元，增加保护性的 MOS 管和输出电位保护电路，它补偿了由热载流子活动带来的主（工作）晶体管电气特性的不利变化，热载流子带来的问题即是集成电路特征尺寸由微米量级向亚微米迈进时的问题。

图 5-23 给出了 CMOS 反相器最简单的电气逻辑框图，解释了该解决方案的本质，即保护晶体管 T2 的源极连接至 T1 的漏极，T2 的漏极连接至 T3 的源极，保护电压 U_p 提供给保护晶体管 T2 的栅极，如上所述，晶体管 T1 和 T2 代表常见的互补对，即 CMOS 晶体管。向反相器的输入端提供输入逻辑信号 U_{in}，该电压同时传递给晶体管 T1 和 T3 的栅极，反相器的输出逻辑信号 U_{out} 来自 p 沟道晶体管 T1 的漏极和 n 沟道晶体管 T2 的源极。与 p 沟道晶体管相比，n 沟道晶体管对热载流子效应更加敏感，根据前面提出的解决方案，额外的保护晶体管 T2 应能限制 n 沟道晶体管 T3 的漏极电位，即使短时可能会出超过外部电源 $+U_{cc}$，但大部分时间应使其不超过给定的保护电位值 U_p。

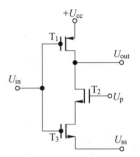

图 5-23　带有保护晶体管的
反相器电路图

需要注意的是，在标准 CMOS 反向器中，输出电压 U_{out} 绝对值与电源电压 U_{cc} 相同。因此，当反相器输入端为逻辑"1"时，p 沟道晶体管 T1 将为关断状态，n 沟道晶体管 T3 开启，保证输出为逻辑"0"，保护晶体管 T2 的栅极电压将使其 T2 为开启状态，使得输出和地线 U_{ss} 之间为低阻导通状态。另外，当输入低电压时（逻辑 0），p 沟道晶体管 T1 开启，n 沟道晶体管 T3 关闭，反相器输出电压将为电源电压 U_{cc}。

相应地，在获得全电源电压输出范围（在 U_{cc} 为 5V 时输出范围是 0～5V，在 U_{cc} 为 3V 时输出范围是 0～3V）的同时，我们获得了附加的正向效果，即限制了电压大小（远低于 $+U_{cc}$ 的大小），降低了 T3 晶体管沟道的截面积，破坏了少子和热电子在栅氧化陷阱中积累的寄生效应形成条件，提高了集成电路的可靠性和抗辐射能力。上述电路配置方法可以方便用于构建更复杂的集成电路。

图 5-24 是应用该方法实现 CMOS 集成电路的实例，实现了与非门［见图 5-24（a）］和或非门［见图 5-24（b）］的逻辑运算。

增加额外的晶体管和电路将导致大规模集成电路和超大规模集成电路的晶体管数量增加和芯片面积的增加（根据电路复杂性，增加幅度可能从 7% 到 15%），但正如 OJSC 公司电路量产过程中的测试所见，基于该发明设计和制造的集成电路，在使用过程中表现出更高的可靠性和成品率。

因此，本章的主要结论为：

1）提出了评估和预测 IC 抗辐射能力的一种有效计算-试验方法，即基于试验的 n 沟道和 p 沟道 MOS 晶体管以及两种专门的 CMOS IC［1594LN1（逻辑非元器件）和

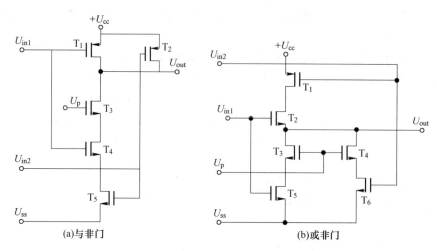

图 5 - 24　提高可靠性的逻辑电路图

1594LA3（与非门元器件）〕的主要参数，在剂量范围 $10^5 \sim 10^7$ rad 内、不同偏置模式下与剂量的对应关系。获得的上述关系可用于预测某一类型 CMOS 逻辑 IC 任意批次元器件的抗辐射能力。

2）采用辐照测试和电流退火的方法，详细分析了双极和 CMOS IC 辐射容限的预测（选择）方法，其中双极和 CMOS IC 电参数与辐射剂量的对应关系是通过计算获得的，借助回归分析，微电路的试验结果显示对辐射耐受能力是逐渐增加的。对 564 和 1554 系列 CMOS 逻辑 IC 的测试表明，通过电子或伽马辐射试验，对 CMOS IC 辐射容限的抽样（预测）误差不超过 5%～10%。

3）用计算-试验方法得到了 n–p–n 和 p–n–p 晶体管的放大系数随辐射剂量变化的关系，采用二阶多项式进行描述。

4）本文采用二阶多项式描述 BiCMOS LSIC 电流值随稳态辐射剂量变化的相关回归模型，反映了在总剂量在 2.4×10^5 rad 以下时 I_{cc}（D）随总剂量的变化关系。

5）基于可靠性试验结果（在数据重复写循环作用下）提出了一种新的 EEPROM 存储器在电离辐射场中运行的计算-试验预测方法。

6）在 OJSC 公司（明斯克）量产中进行的测试结果表明，为提高 CMOS IC 和 BiCMOS LSIC 对脉冲和稳态辐射的耐受能力，通过采用新的构造-工艺实现方法（在本章中描述的基本元器件结构中新半导体层和区域的优化和实施），保证了所有 IC 基本单元电路在辐射作用下的工作能力，同时也大大提高了电路的整体抗辐射水平（提高 1～2 个数量级）。

7）为防止脉冲电离辐射在双极元器件中产生闩锁效应，提出了一种新的电路配置方法。

8）详细描述了一种新的基本微功率 BiCMOS 单元结构和电路配置解决方案，通过对原有结构技术的改进，它可以在不增加芯片面积的情况下确保对闩锁效应的抵抗能力。通过对基于构造-工艺方案设计的 BiCMOS 电路实验样品研究，证明在整个输入电压和电源电压范围内均不存在寄生可控硅结构。

9）描述了设计快速响应 CMOS 逻辑集成电路单元库的电路构成新规则，可有效规避不稳定因素。给出并描述了快速响应 CMOS 逻辑 IC 内部元器件的电路图实例，提供了防静电冲击的保护电路以及集成电路输出的噪声抑制电路

10）分析了提高 CMOS LSIC 抗辐射能力的几种新的结构和电路配置方法。发现与传统 CMOS 反相器相比，新设计反相器在保持其功能的情况下，增加保护晶体管可以提高抗电离辐射能力 3～5 倍。在基本 CMOS 反相器中增加保护晶体管和特殊的内部保护电位输出，可以补偿亚微米 CMOS 大规模集成电路中热载流子活动对主（工作）晶体管电气性能的不利影响。

使用这些方法和技术解决措施将使现代空间用微电路的开发人员在设计直至生产阶段，能够有效提高产品的可靠性。

参 考 文 献

［1］ Korshunov F P. Ensuring Performance Capability of Various Perspective Semiconductor Devices Under Radiation Impact ［C］. Microwave Technology and TelecommunicationTechnologies：Materials of the 17th Intl. Crimean Conference （KryMiKo' 2007），Sevastopol，2007：651 – 654.

［2］ Korshunov F P. Method of Predicting Radiation Tolerance of Integrated CircuitsCMOS ［C］. Radiation Tolerance of Electronic Circuits Stoikost 2008：Materials of All – Russian SC Conf. ，Lytkarino，Russia，2008：103 – 104.

［3］ Korshunov F P. Method of Predicting the Radiation Tolerance of Integrated Circuits CMOS ［J］. Problems of Nuclear Science and Technology Series：Physics of RadiationImpact of Radioelectronic Equipment，2009 （1）：45 – 49.

［4］ Bogatyrev Y V. Korshunov F P Current Annealing of Irradiated CMOS IntegratedCircuits ［C］. Proc. of the 7th European Conf. on Radiation and Its Effects on Componentsand Systems （RADECS 2003），2003：163 – 174.

［5］ Korshunov F P. Impact of Gamma – Radiation on Bipolar Transistor Structures ［C］. Solid State Radiation Physics：Works of XIV Intl. Meeting，Sevastopol，2004：30 – 33.

［6］ Belous A L. Radiation Effects in BiCMOS LSIC Interface Receiver – Transmitter ［J］. Microelectronics，2008，37 （2）：139 – 149.

［7］ Korshunov F P. Impact of Gamma – Radiation on the Parameters of Various Transistor – Based MOS – Structures：Elements of Integrated Microcircuits ［J］. Report BGUIR，2007，1 （17）：67 – 72.

［8］ Belous A I. Ovchinnicov V I，Turtsevich A S. Features of Microwave Devices Design for Spacecrafts ［R］. Ministry of Education of the Republic of Belarus，Gomel Universityof Francysk Skoryna，Gomel，2015.

［9］ Belous A I，et al. Micropower BiCMOS Element with Increased Resistance to the LatchUp Effect ［J］. St. Petersburg Electronics Journal，2009，3 （60）– 4 （61）：93 – 100

［10］ Shvedov S V. Circuit Confiuration Methods to Increase the Radiation Tolerance ofCMOS LSIC ［J］. Report BGUIR，Vol. 7，No. 45，2009，7 （45）：26 – 32.

［11］ Chumakov A I. Impact of Space Radiation on Integrated Circuits ［M］. M. Radio and Svyaz，2004.

第6章　超高速微电子元器件及系统的设计问题分析

6.1　亚微米微电路工艺尺寸缩减的问题

集成微电路（IC）、芯片系统和封装系统的设计复杂性的增加，首先与在电信、导航和多媒体消费市场中应用的超深亚微米[1]互补金属氧化物半导体（CMOS）工艺的发展有关。这种集成系统意味着能在一个芯片上提供嵌入式高性能数字和模拟单元或数字模拟处理单元以及数字电路高频元器件（复杂处理器、各种逻辑单元和大型存储器单元）。而为了改善无线连接和其他电信方法的服务，提出了对具备更高特性（即廉价、高度集成）的设计系统的需求。

亚微米 CMOS 工艺（设计规则小于 65nm）的应用对电路设计（模拟和数字）带来了新的重要问题。其中一些问题是以前从未面临过的，而另一些问题则是在更早之前就存在的，但在深亚微米时代的今天，这些问题会带来更大的影响。

亚微米微电路的工艺尺寸缩减是基于一些原则的。特别是在设计数字电路时，前道工艺（即在元器件之前）和后道工艺（包括互连），由于增加了更多层的互连，导致在减少开关延迟时间的同时，极大增加了数字集成电路的密度。这种趋势的主要缺点在于，电源电压必须降低，但这可能导致开关延时增加，对于某些应用，这是完全不可接受的。

在理想深亚微米工艺下，缩减参数 S 对所有几何参数和 MOS 晶体管电压的所有参数来说都是相同的。对于标准 CMOS 门来说，这种理想情况下，封装的密度按照 S^2 的比例增加，内部延迟按照 $1/S$ 的比例减小，在功率损耗密度恒定的前提下，功耗按照 $1/S^2$ 的比例减少。逻辑门的噪声特性也有所降低，但仍保持在可接受的水平。

但在实际生产中，虽然这样一个理想的场景并不会实现，并且证明了工艺尺寸的缩减仍然是数字电路的挑战，但是上述理想情况也是存在实现的可能性。而这些挑战包括电路速度增加、逻辑密度增加、功耗降低，并且噪声影响也保持在一个可接受的水平[2]。对于模拟电路来说，特征尺寸的缩减在面积方面没有优势，但它在速度方面具有优势，能够设计超高速电路和高速模拟单元，例如数据转换器。

然而，还有另一方面的问题。如文献［2—4］所示，MOS 晶体管中的几何尺寸和所有电压值减少 $1/S$，衬底掺杂浓度增加 S 倍。结果导致元器件的密度增加了 S^2 倍，功耗保持不变，门延迟减少了 $1/S$。为了提高速度，设计者增加了集成电路的密度，而功耗保持在相同的水平。这也是保证现代集成电路产业发展的一条黄金法则。

实际上，多重问题导致电路设计无法达到预期，其中最严重的问题是功耗的增加。一个不能保证功耗恒定的原因是不能相应地降低电源电压。如果电源电压保持不变，则功耗

增加 S^3 倍。功耗增加的另一个原因是现代集成电路的复杂性过高，以及运行频率的增加。

由于集成电路元器件的几何尺寸减小，设计者可以在一块硅芯片上放置更多的晶体管。然而，降低工艺尺寸会导致芯片复杂性的增加，并导致更多与设计质量相关的问题。当工艺尺寸减小到 90nm、65nm，甚至 45nm 时，由于高密度的互连和高密度的晶体管，设计师们面临着由此引起的电效应和物理效应增加所带来的问题。即使在今天，90nm 及更小的工艺尺寸也显示出这些系统的非数字行为的影响，如电阻上动态电压损失、漏电流、电迁移、垂直元器件效应和交叉耦合效应，这些可能会显著改变电路功能的特性，引起可靠性问题，导致电路失效。当设计指标要求更高时，这些问题变得尤为突出，甚至占主导地位。采用深亚微米设计规则进行集成电路高效物理设计的主要问题是电流密度和功率分布、同步、工艺参数波动和噪声效应。如文献 [1—5] 所示，动态分析方法是解决深亚微米工艺下特定问题的最佳方法。

当工艺尺寸减小到 90nm 或更低（65nm、45nm、32nm）时，在标准工艺的情况下原本不重要的物理和量子力学效应变得更加重要，在某些情况下甚至占主导地位。以前在标准工艺中没有考虑的漏电流是这种影响的一个例子。此外，当几何尺寸减小时，工艺参数的分布变得更加重要。很明显，当特定输入参数的绝对值减小时，这种输出参数的分布对工艺参数波动的响应变得更加显著。对于阈值电压、掺杂浓度和几何尺寸都是如此。例如，当阈值电压 $V_{TH} = 200\text{mV}$ 时，V_{TH} 的偏差为 50mV，比在阈值电压 $V_{TH} = 700\text{mV}$ 时，V_{TH} 的偏差（为同样的值）对电路的影响更大。

因此，现在设计 90nm 及以下工艺尺寸的系统的主要问题包括：是否在实现特定的工艺尺寸优势时考虑了新的物理效应，这是深亚微米技术的典型问题。在现代纳米世界中，是否有可能解决诸如达到 IC 极限特性、功耗最小化、可靠性最优化、可制造性好和价格低廉等问题？在基于深亚微米工艺制造的集成电路的物理设计领域，目前正在解决哪些问题？提出了哪些解决方案？在新的约束条件下，是否有可能保持现代集成电路的高工作特性？换句话说，90nm 及以下工艺尺寸设计的电路是否仍会带来早先预测的优势，或者由于设计限制非常严格导致电路设计将在 90nm 或 65nm 的工艺尺寸上停止？

本章主要讨论采用工艺尺寸小于 90nm 的纳米工艺（深亚微米）时，模拟电路和数字电路经常出现的问题。本章还讨论了影响运用此类设计规则的 IC 设计结果的主要问题，包括漏电流增加、温度效应和减小工艺尺寸过程中的工艺参数波动。此外，分析了上述因素对数字电路以及嵌入式存储器电路、模拟电路（包括降低电源电压的方法）设计结果的影响。

6.2　用深亚微米规则设计硅集成微电路的趋势和问题

成功高效地设计小于 90nm 的微处理器和其他微电子元器件需要解决两个主要问题：

1）能量损耗及其导致的特定门和电路本身功耗的增加；

2）亚微米工艺参数的变化（波动、工艺散布）。

设计上述集成电路的方法应从确定性方法转向概率统计性方法。基础性工作[5]描述了解决这些问题的电路方案和升级相应计算机辅助设计系统的可能性，其材料在本章使用。同时表明了在进入小于 90nm 标准的 CMOS 工艺时代，保持历史水平的功能提升（至少达到 $0.18\mu\text{m}$ 工艺规则的阈值）与能耗降低之间的一定差异。至于最严重的问题，同样在于过大的亚阈值电流和通过栅极电介质的漏电流。

6.2.1　硅亚微米 IC 设计的尺寸缩减趋势和问题

当将工艺尺寸缩小到 90nm 以下时，增加晶体管密度还会和之前一样遵循摩尔定律，以确保更高水平的集成。这样，晶体管的延迟时间在每一代的工艺中最多减少 30％。然而，功耗和较高的工艺参数散布相对值不允许在降低工艺尺寸时充分利用达到高集成水平的好处。

工艺尺寸缩减的过程中，一方面受到阈值电压 V_{TH} 的限制，另一方面由于具有更强特性的晶体管设计目标的实现[5]，电源电压 V_{DD} 会随着每一代新工艺的出现逐渐减低 15％。

图 6-1 显示了考虑到历史上晶体管数量的 2 倍增长和假设的 1.5 倍增长的情况下，微处理器活动功耗的增长。很明显，按照历史的趋势，每一代工艺都在不断提高集成度和减小芯片尺寸，当达到晶体管尺寸的极限时，活动功耗的变化将停止。

当减小工艺尺寸时，V_{TH} 阈值电压将持续适度降低，直到 V_{TH} 阈值达到晶体管特性的极限范围与此同时源漏（SD）亚阈值漏电流将增加。图 6-2 显示了当晶体管密度增加 2 倍和 1.5 倍时，SD 漏电流随设计规则变化情况。需要注意的是，即使在 V_{TH} 降低的情况下，SD 漏电流功率也会显著增加，这就使得在随后的每一代工艺更新和芯片尺寸缩小时，晶体管密度增加 1.5 倍的前景受到质疑。

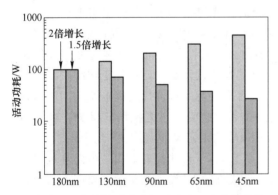

图 6-1　活动功耗随设计规则减小而变化的趋势

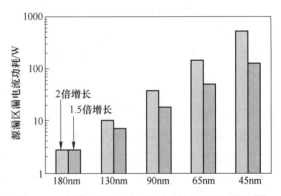

图 6-2　源漏区漏电流功耗与设计规则的关系[5]

下面将更详细地说明，当设计小于 90nm 设计规则的芯片时，参数散布的影响是很大的。图 6-3 显示了微处理器工作频率与亚阈值漏电流 I_{sb} 的关系。亚阈值电流 I_{sb} 的散布是由阈值电压变化引沟道长度变化所引起的。应该注意的是，在最高频率，漏电流散布更广泛，并且对于同一个漏电流值在频域上对应较大的频率散布。因此具有最高频率和 I_{sb} 值的芯片以及 I_{sb} 值高的低频芯片应被放弃，这会

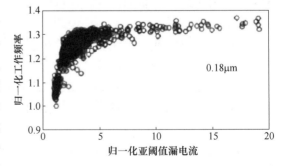

图 6-3　微处理器归一化工作频率对归一化亚阈值漏电流的关系

影响产品良品率。

即使在一个芯片内，芯片上各种基本元器件的开关活动的差异以及所应用的逻辑类型的多样性也会导致其功耗不均匀（如图 6 - 4）[6]。

这些变化可能会导致不均匀的电源电压散布及芯片上出现热点，从而导致芯片上的亚阈值漏电流不均匀散布。因此，在设计微电路时考虑到参数的偏差，用概率和统计的方法代替确定性的设计方法是很重要的。

如上所述，现代微电子技术的迅猛发展，尤其是在转向亚微米工艺之后，除了明显的好处之外，也带来了新问题。问题之一在于增加 IC 工作频率时静态功耗的显著增加（见图 6 - 5）。

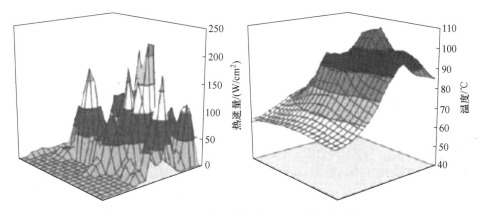

图 6 - 4　整个芯片的功耗密度和温度的散布[5]

但图 6 - 5[6] 中给出的趋势似乎是自相矛盾的，因为传统上用于制造数字 CMOS IC 的工艺的主要优点是静态功耗低。

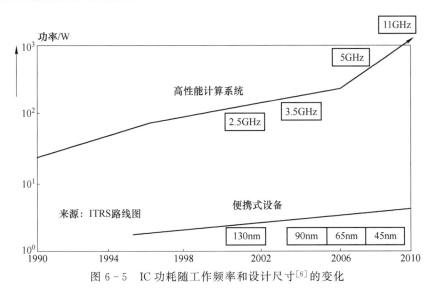

图 6 - 5　IC 功耗随工作频率和设计尺寸[6] 的变化

产生上述问题的主要原因在于亚微米 CMOS IC 中出现漏电流。CMOS 门的静态功耗小到可以忽略不计这一主要优势在使用这些先进制造工艺逐渐消失。图 6 - 6 显示了各种亚微米 CMOS 集成电路工艺下与漏电流相关的功耗与表观功耗的百分比柱状图。

如图 6-7[3] 所示，用深亚微米工艺尺寸制造的现代微处理器在放热方面的情况，可以形象地被看作是一个小型核反应堆。这些热量应该从半导体 IC 芯片转移出去。

因此，除了 IC 设计本身的大量费用外，还需要投入额外的大量资金来开发相应的冷却系统（见图 6-8）。

在上述问题的背景下，有必要解决一项更重要的任务，即为此类 IC 设计更有效的电源。如果说现代蓄电池的容量在过去 10 年增加了 3～4 倍，那么元器件的功耗则增加了 50～70 倍（见图 6-9）。在功率元器件的性能每年增长 10%～15% 的情况下，功耗增长的趋势是 35%～40%。

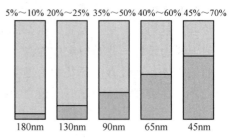

图 6-6 各种亚微米 CMOS 工艺下漏电流
引起的功耗与表观功耗的比例关系

我们来简单思考一下 IC 中功耗产生的原因和物理机制，以理解减小功耗的方法。

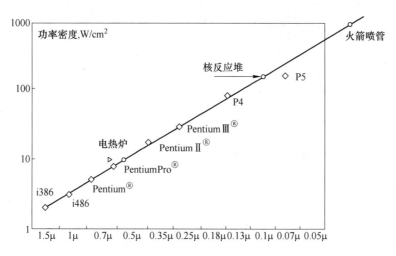

图 6-7 现代 IC 的功率密度[3]

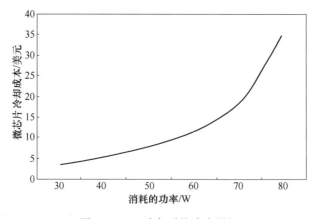

图 6-8 IC 冷却系统成本增长

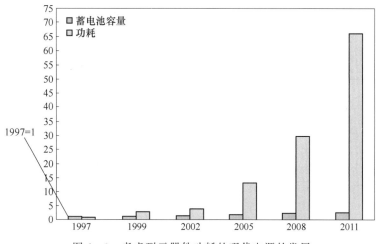

图 6 - 9 考虑到元器件功耗的现代电源的发展

6.2.2 亚微米集成电路的功耗问题

文献 [7] 简要回顾了在设计采用 90nm 及更小的工艺尺寸制造的芯片系统时与漏电流和功耗控制有关的主要问题，包括确保降低漏电流水平的技术、方法和仪器以及现代设计方法中功耗产生的原因。

图 6 - 10 显示了 MOS 晶体管的最简单结构。随着栅极电介质的厚度（t_{ox}）减小（在 90nm 工艺中可达 12Å），栅极横截面中的电压应降低到绝缘材料不会被击穿的水平。

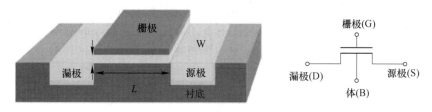

图 6 - 10 MOSFET 的基本结构

对于那些主要根据 CMOS 工艺开发电路的研发人员来说，在休眠模式下有大电流（Heavy Currents）可能不太正常，特别是当芯片是由工厂提供的，因为工厂正在制造具有更高水平能耗的芯片。因此，为了消除这种争议，需要一种对由漏电流引起的能耗控制系统。让我们详细地思考这个问题。

对于漏电流引起的能耗增长，现代工艺下设计人员寻找新的设计方法来减少漏电流引起的能耗。如图 6 - 11 所示，速度控制是实现这一目标的最有效方法之一。

为了实现这个目的，需要创建一个相应的库并根据每个元器件的速度和漏电流的相应特征来进行元器件的初选。图 6 - 11 中给出的数据表明，当将门延迟时间从 25ps 变为 8ps 时，MOS 晶体管的关断电流 I_{OFF} 增加了近四个数量级（即阈值电压每减小 65mV，亚阈值漏电流就会呈指数增加）。这种模式对 NMOS 和 PMOS 晶体管都是存在的。

近年来，对于工艺尺寸从 $0.5\mu m$ 开始的电路，电源电压从 5V 降低到了 1V，甚至更

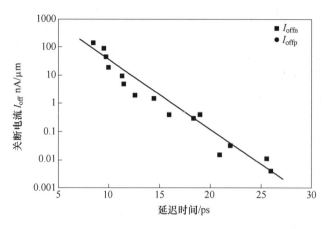

图 6-11　MOS 晶体管关断电流与延迟时间的关系

低。为了达到与新一代工艺相对应的晶体管特性，阈值电压也应该降低。就像在 5V 工艺中一样，设计好的晶体管的阈值电压值应该等于 1.25V，而这在 1V 工艺中是不可能的。阈值电压的降低对于解决新一代 CMOS 工艺漏电流增大问题具有重要意义。通常，阈值电压每降低 65mV，亚阈值漏电流就会呈指数增加。

　　休眠模式下大电流的工艺与任何新概念都没有关系。以前使用根据 ECL 或 FET 工艺制作的双极结型电路设计技术的设计人员非常了解 NMOS 元器件中的电流及其减小的方法。

　　大型现代工厂可以在一个晶圆上形成具有不同阈值电压值的 NMOS 和 PMOS 晶体管。这些不同类型的晶体管用于形成具有相同功能但具有不同速度和漏电流特性的独立单元。图 6-12 显示了 90nm 及以下工艺的库逻辑元器件漏电流释放的功率（1～10000nW）与晶体管工作频率的关系。释放功率值是低泄漏电压值和晶体管的平均漏电流值的乘积。

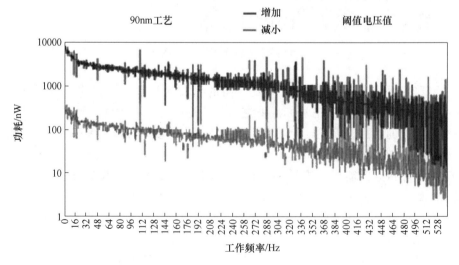

图 6-12　速度和基本元器件电流之间的差异可以用于优化频率特性和功耗

漏电流值增加的元器件（曲线 1）中包含阈值电压降低的晶体管。示波器图（曲线 2）说明了阈值电压升高的晶体管对应的相应单元漏电流特性。这些与高漏电流和低漏电流值的相关性表明，特定元器件的输入值可能会显著影响漏电流。

晶体管速度特性和漏电流的比值可以在开发新产品时使用，以优化信号持续时间和功耗。非关键路径上的元器件通常不需要具有伴随着高漏电流的固有特性，它们可以使用具有较低的漏电流的较慢的晶体管。由于元器件的输入特性对其漏电流有很大的影响，现代优化方法能做的不仅仅是根据漏电流的平均值来替换元器件。除了限制速度，这些方法也应用于设置其他设计规则约束（DRCs），例如每个单元的最大扇出数［扇出数是可以连接到一个单元输出的输入数量，这些输入所需的电流能超出输出保持（建立）正确逻辑所能提供的最大电流］和转换时间。通常情况下，在设计早期阶段对漏电流引起的功耗进行优化，可获得最佳结果。

当使用混合（高和低）V_{TH} 阈值电压的元器件不够有效时，可以采用更复杂的方法来减少漏电流引起的功耗。通常，这些替代的方法需要关闭某些设计部分的电源，因此当产品的某些部分处于休眠模式时，这样做实际上排除了漏电流的影响。

这种方法要求增加电源门控晶体管，以阻止电流流向所设计电路的选定部分。它们可以是连接到 V_{DD} 电源电路的 PMOS 晶体管，以将所选部分与 V_{DD} 隔离，或是连接到 V_{SS} 电路的 NMOS 晶体管。

通常，PMOS 晶体管被称为头部晶体管，而 NMOS 晶体管被称为尾部晶体管。为了获得最好的效果，头部晶体管可以与尾部晶体管同时使用。这些晶体管可以被引入电路来控制整个单元组甚至整个产品的单元。一些单元结构的头部和尾部合并到每个单元中，使得用单元连接进行休眠控制成为可能。如果在设计的电路中使用电源门控，设计者必须决定如何处理这个电源门控部分。

优化功耗的方法主要有以下三种：

1）丢弃原来的状态并在上电时重新初始化。

2）扫描输出状态并将其存储在内存中，以便在上电后重新扫描写回。

3）使用特殊的保持寄存器将状态存储在低泄漏锁存器中，可用于在上电后恢复原来的状态。

第三种方法基于快速保存和恢复电源门控部分状态的能力。一些低功耗综合解决方案为这些保留寄存器提供支持，设计人员可以选择将它们插入设计的选定部分。

确保电源门控部分与设计系统的其余部分之间的安全电气隔离是一个设计和技术问题。如果允许这些电源门控部分的可用输出浮动，将导致芯片版图上的驱动门漂移到某些中间电平。这会在一个门中产生大量短路或瞬态开路电流，从而无法实现预期的节能效果（瞬态开路电流是指当 NMOS 和 PMOS 晶体管都部分启用时出现在 CMOS 系统的瞬态电流；或当从启用状态切换到禁用状态时直接从 V_{DD} 流向 GND 的电流）。因此，需要使用控制电源门控部分隔离的单元。

需要注意的是，指定的寄存器和隔离元器件不仅需要在综合和优化工具的帮助下实现，而且还需要使用执行扫描插入、ATPG 和验证的工具［自动测试图形生成或自动测试图形生成器（ATPG）计算机辅助技术用于确定电路的正确行为或因其内部缺陷导致的错误行为］。

另一种减少由漏电流引起的能量损耗的方法涉及改变施加在 MOS 晶体管衬底（body）上的电位。通过改变衬底上的电位，可以动态地改变漏电流和晶体管的性能特性。这种方法也可以用来提高设计电路的质量。如果由于工艺参数的波动引起晶体管性能发生了改变，则可以通过这种方式将其调整为标称值。

在整个设计过程中，与漏电流相关的功耗问题不断增加。与可以通过减少开关活动来控制的动态功耗不同，泄漏功耗问题对于一般的功耗损失问题来说是非常严重的。泄漏功耗在 90nm 及以下工艺的高性能设计的总功耗中占有相当大的比例，并且在满足低功耗电路中休眠模式要求时至关重要。

具有不同阈值电压、电源门控和不同衬底偏置的元器件基本单元库可用作减少根据 90nm 工艺制造的电路中漏电流的有效方法。现代方法确保了使用此类技术的可能性，并有助于降低深亚微米设计中漏电流的功耗。

显然，使用以下方法可以确保开发具有最佳功能特性和低功耗的微电子元器件：第一，在所有要求的温度范围内，可靠地监测设计芯片区域上的功耗分布；第二，有效控制释放的功耗。

6.2.3　在设计阶段监控整个芯片区域的功耗分布

最佳功率分配是与使用深亚微米工艺的 IC 版图设计相关的主要问题之一。有源和无源元器件在芯片上的放置以及芯片本身的封装遵循特殊规则，以某种特定的方式在芯片及其外围元器件上分配 V_{DD}/GND 值和信号。然而，在纳米设计中元器件的特定功率与密度（集成度）的定量比的现代预测并不总是能考虑到这种将元器件放置在芯片上的方法。

因为关于功耗分布的均匀密度假设过于乐观。所以在解决这个问题时，一个重要方面是确定和计算热点的方法，热点是最活跃开关的晶体管集群，它们不均匀地分布在芯片上，通常，在计算时，热点被确定为局部功率密度比均匀功率密度近似值高 4 倍的区域，均匀功率密度近似值由 (P_{chip}/A_{chip}) 确定。

还要考虑另一个与芯片上信号路径的欧姆电阻作用增加有关的问题。在 LSIC 设计专家的专业用语中，它被称为 IR 缩减问题（IR 是芯片互连中的电压降）。图 6-13 显示了不同工艺下必要的电源线宽度（归一化为最小顶层金属宽度），以确保使用最小允许间距的缩减工艺的设计中热点 IR 电压降小于 10%。

此图仅说明了顶层布线的真实情况，前提是释放功耗电路的其余部分（底层的金属线宽度）是由设计人员以最佳方式在标准 CAD 中实现的，同时顶层粒度受工艺限制。需要注意的是，与 50nm 工艺相比，由于 35nm 工艺下功耗密度降低，因此 35nm 工艺的区域受到的限制较少。

一般来说，虽然这个特定的趋势似乎令人不安（功耗以与归一化为标准的最小可接受线宽的互连线平均宽度呈近似二次方关系暴增），但即使在 35nm 的工艺尺寸下，经验丰富的设计人员仍可以成功解决功耗问题。与 V_{DD} 和 GND 相关的可用数据表明，即使互连线宽减少了 16 倍，也只能节省不到所有顶层布线资源的 4%。然而，正确计算和建模时通用的最小化可以实现 17%～20% 的节省（降低功耗）。

在设计 LSIC 时考虑最优功耗分配是 IC 设计中的一个关键问题，尤其是在深亚微米级。降低功耗，将内部总线和互连上的压降影响降到最小以及使所设计的 IC 的可靠性

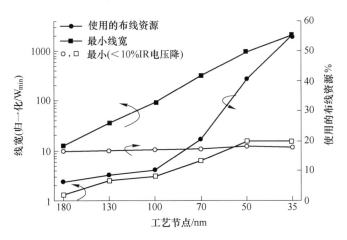

图 6-13　考虑到互连接合电阻处的电压降的尺寸趋势

达到最大值的这些挑战已经不能够通过使用标准的电路设计方法包括减小电源电压、提高降低功耗水平的要求和增加电路布局密度来解决了。而且解决这些问题的代价变得很高。在项目失败的情况下，必须进行大量的迭代，并且不能保证结果是成功的。

亚微米 IC 的设计人员应该能够对 IC 版图设计及其优化进行必要的分析，以满足功耗和可靠性的限制。有必要优化整个 IC 区域的功耗分布，并尽可能减少总值。不仅要正确考虑电压降，还要正确考虑与其直接相关的电迁移过程参数。在进行第一次功耗分布迭代后，需要对整个项目进行时间特性的精确计算（动态建模），包括计算每个单元在考虑了电压和工艺上的允许偏差情况下的时间特性。

在整个芯片区域内对主要能耗源进行最佳放置减少了传输高频信号的导体上的电流负载。此外，电路中耗能元器件的最佳放置与互连长度最小化的普遍性问题相关。这种最小化可显著降低具有高开关活动的总线上的动态能耗。

从热释放最小化的角度来看，微电路版图设计中晶体管和互连的最佳放置也与电源线路上的电压降最小化（IR）问题相关。从电流要求的角度来看，这种布局非常重要，因为高能耗的单元（晶体管）应该在整个布局中均匀放置，避免在设计的电路中形成热点。这种综合方法可以最大限度地有效减少内部金属化电阻（IR）上的压降、电流密度和温度。

随着每代新工艺的出现，电阻的功耗水平会降低，但有效的功耗管理问题并未得到解决，反而变得更加重要。由于减少了元器件线性尺寸并增加了封装密度，前几代工艺中可接受的压降水平现在可能是电路工作失效的原因，并且在电路工作期间温度梯度可能会导致性能显著下降。

因此，为了在 IC 设计阶段降低功耗，应执行以下流程：

1）芯片内功耗的物理分布应考虑到深亚微米工艺的固有特性。功耗分布的优化应与电压降的最佳（最小）分布一起进行，并考虑电流密度的波动。

2）为了对设计的 IC 进行同步的精确计算，需要使用相应的专用计算机辅助设计工具（CAD）。

6.3　硅 MOS 晶体管结构中的漏电流和静态功耗

在 20 世纪 80 年代开始的现代微电子学向 CMOS 工艺转变的过程中，设计师对这种工艺中电路能量消耗由基本元器件或晶体管的开关频率决定的优势感到满意。在很多情况下，计算和建模过程中甚至没有考虑静态功耗。当微电路不处理信息时，这种休眠模式下的功耗被认为是微不足道的。这在一定程度上是合理的，因为漏电流是由源和漏极之间反向偏置结的电流决定的，可以忽略不计。

在深亚微米工艺的应用过程中，元器件内部电压的降低导致元器件结构中电场值的降低以及动态功耗的降低[7]。我们来更清晰地分析一下亚微米集成电路（IC）的功耗产生机制。

6.3.1　亚微米 CMOS 电路的功耗

图 6 - 14 显示了在数字 IC 中动态功耗和静态功耗模式下的电流的流动[3]。

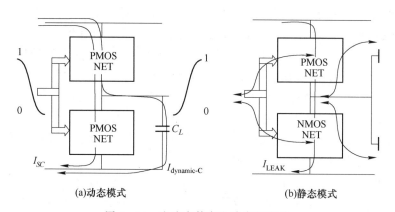

(a)动态模式　　　　　　　　　　　(b)静态模式

图 6 - 14　电流在数字电路中的流动

在动态模式下（当一个元器件从一种逻辑状态切换到另一种状态时），电路中有两种电流流动，分别是 $I_{\text{dynamic-C}}$（输出负载电容 C_{L} 的充电电流）和 I_{SC}（当 PMOS 和 NMOS 元器件通路打开时流动的短路电流）。故而开关功率 $P_{\text{switching}}$ 由两个主要部分即 $P_{\text{dynamic-C}}$ 和 P_{SC} 组成。因此，动态功耗可以写成[3]：

$$P_{\text{switching}} = \frac{1}{2} \alpha_{\text{sw}} C_{\text{L}} V_{\text{DD}}^2 f_{\text{clock}} \qquad (6-1)$$

式中，α_{sw} 为开关活动因子；C_{L} 为输出负载电容；f_{clock} 为时钟频率。

开关活动因子 α_{sw} 是每个开关周期中，在单元输出端发生的状态转换（切换）的平均数量。$\alpha_{\text{sw}} C_{\text{L}}$ 也被称为有效电容 C_{eff}。因此，平均开关功率可以用下列关系式来描述：

$$P_{\alpha\text{vsw}} = V_{\text{DD}}^2 f_{\text{clock}} \sum_i C_{\text{eff}}^i = V_{\text{DD}}^2 f_{\text{clock}} C_{\text{efftot}} \qquad (6-2)$$

式中，V_{DD} 为电源电压。

降低功耗有以下几种方法：

1）降低电源电压；

2）降低工作频率；

3）减少寄生参数；

4）重复逻辑建模阶段的切换周期优化，并进行验证。

短路模式下的功耗可以用下式来描述[3]：

$$P_{\alpha vsw} \approx \alpha_{sw} \frac{1}{2} (t_2 - t_1) I_{SCmax} V_{DD} f_{clock} \qquad (6-3)$$

这里的差值 $(t_2 - t_1)$ 取决于阈值电压和输入信号斜率。

I_{SC} 短路电流与时间的关系如图 6-15 所示。

然而，这些方法会导致集成电路技术特性退化。因此，当降低电源电压和工作频率时，IC 元器件的性能和带负载能力都会下降。为了减少寄生电容，需要对已设计的技术进行大量的修改和升级（但这并不总是可能的），而为了额外的优化设计系统（逻辑）层次的各个阶段都应该被重复（这会增加项目的时间范围和成本）。

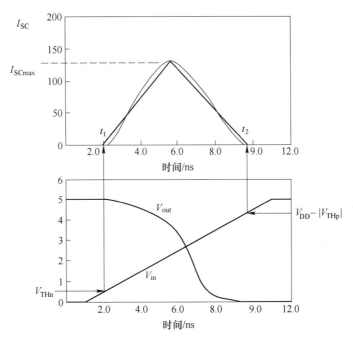

图 6-15 亚微米芯片 I_{SC} 短路电流随时间变化的关系

对所示关系的分析表明，通过降低 P_{SC} 来降低功耗水平所需的过程如下[3,8]：

1）降低 IC 电源电压（但性能也降低了）；

2）降低工作频率（性能降低）；

3）降低导通电流（动态特性降低）；

4）功能逻辑电路设计中门开关模式的特殊优化；

5）通过改变输入信号前后边缘的形状（斜率）对其进行改变（校正）；

6）增加形成逻辑元器件的 MOS 晶体管的阈值电压（最有效的方法）。

值得注意的是，所设计的集成电路在静态模式下因为有漏电流而具有非零功耗 P_{LEAK}，它可以表示为漏电流 I_{LEAK} 和供电电压 V_{DD} 的乘积：

$$P_{LEAK} = I_{LEAK} \cdot V_{DD} \qquad (6-4)$$

而漏电流 I_{LEAK} 主要由亚阈值电流 I_{SUB} 和栅极漏电流 I_{GATE} 两部分组成。

逻辑元器件的总静态功率 P_{LEAK} 由两部分组成，分别是亚阈值漏电流消耗的 P_{SUB} 和栅极漏电流消耗的 P_{GATE}。

亚阈值电流 I_{SUB} 在小于 90nm 标准的集成电路中有最大的影响，栅极漏电流 I_{GATE} 的影响随着元器件尺寸的减小而快速增长，需要特殊的程序来计算和抵消。

因此，通过对 CMOS IC 过渡到深亚微米工艺的过程分析可以得出以下主要结论：

1）随着集成密度的增加以及电路中逻辑元器件数量的增加，导致总（等效）开关电容的增长，从而导致 IC 开关总功耗的增长。

2）同样的现象也发生在不断增长的 IC 时钟工作频率上。

3）通过降低电源电压，可以降低功耗，但集成电路的性能也按比例地降低。

4）采用已知工艺技术降低 MOS 晶体管的阈值电压，不可避免地导致亚阈值电流数值呈指数增长，并导致功耗增加。

5）亚微米工艺的特定特性导致栅极电介质宽度的减小，从而引起导通电流 I_{ON} 的数值增加，使得栅极漏电流呈指数增长，结果导致亚微米 IC 消耗功率的增加。

6.3.2 亚微米硅 MOS 晶体管的电流分析

图 6-16 是亚微米 MOS 晶体管的典型结构，表明了其有源和无源半导体区域中可能的漏电流机制[9]。

处于截止状态的 MOS 管流动的电流类型为：亚阈值电流（I_{SUB}）、栅极隧穿电流（I_{GATE}）、源漏穿通电流（I_{punch}）和 p-n 结漏电流（$I_{\text{JUNC}} + I_{\text{GIDL}} + I_{\text{BTBT}}$）。

处于导通状态的 MOS 管流动的电流类型为：栅极隧穿电流（I_{GATE}）、p-n 结漏电流（$I_{\text{JUNC}} + I_{\text{GIDL}} + I_{\text{BTBT}}$）和热载流子注入电流（$I_{\text{HCI}}$）。

此外，当使用按照沟道长度 L 小于 7nm 的设计规则制造的结构时，会出现额外的源漏隧穿电流（I_{sdtunn}）（见图 6-17）。

图 6-16 所示的二阶电流 I_{GIDL} 和 I_{GISL} 是对应的 GIDL 和 GISL 效应 ［栅致漏（源）极泄漏是漏/源极引起的漏电流］ 活动的物理结果。

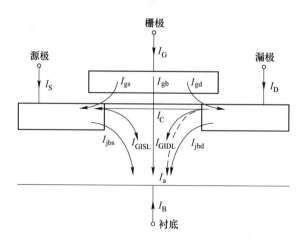

图 6-16 亚微米 MOS 晶体管的典型电流机制

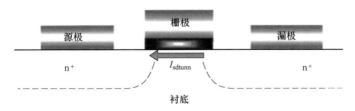

图 6-17　源漏电路中隧穿电流 I_{sdtunn} 的形成

　　GIDL 效应会在短沟道的晶体管中产生反向电流，该反向电流在晶体管关断状态下，在栅极电压增加时出现。GIDL 效应是在深耗尽区发生的物理现象过程。这种效应在高偏置电压（n 型场效应晶体管为负，p 型场效应晶体管为正）的栅极中观察到。这个耗尽区域导致能带弯曲（band bending），反过来又为载流子从一个区域隧穿到另一个区域提供了条件，并导致出现额外的电流。GIDL 效应显著地影响了集成电路的特性，特别是在现代移动技术中广泛应用的 IC 存储器，包括 FLASH EEPROM 等。

　　除了 I_{GIDL} 和 I_{GISL} 这两种电流，结电流 I_{jbs} 和 I_{jbd}，以及冲击电离电流 I_{II}（仅在饱和模式下显著）也被添加到沟道电流 I_C 中。值得注意的是，衬底电流也被加入饱和模式的 I_{II} 电流中。一般来说，亚微米晶体管的栅极隧穿电流可以分为三个部分，分别是 I_{gs}、I_{gb} 和 I_{gd} 即栅极到源极、衬底和漏极的电流。

　　因此，最终在亚微米 MOS 晶体管中电流可以用下列表达式来描述：

$$\begin{cases} I_D = I_C + I_{GIDL} - I_{gd} + I_{II} + I_{jbd} \\ I_G = I_{gb} + I_{gs} + I_{gd} \\ I_B = -I_{II} - I_{jbd} - I_{gb} - I_{jbs} - I_{GIDL} - I_{GISL} \\ I_S = -I_D - I_G - I_B^{①} \end{cases} \quad (6-5)$$

　　图 6-18 展示了 n 沟道 MOS 晶体管在线性和饱和模式下漏极电流 I_D 与栅电压 V_{gs} 的经典关系。

　　截止状态由 I_{OFF} 电流值决定，导通状态由 I_{ON} 电流决定，其数值由以下方程组决定：

$$I_{OFF} = I_D \mid V_{gs} = 0V, \ V_{ds} = 1.2V, \ V_{bs} = 0V \quad (6-6)$$

$$I_{ON} = I_D \mid V_{gs} = 1.2V, \ V_{ds} = 1.2V, \ V_{bs} = 0V \quad (6-7)$$

　　与亚阈值电流和结电流相比，I_{OFF} 电流的数值通常并不大（与按 65nm 工艺生产的元器件的 I_{OFF} 电流相比，栅极电流可以忽略不计）。因此，在值 $V_{gs} = 0V$、$V_{ds} = 1.2V$、$V_{bs} = 0V$ 时，电流值 I_{gb}、I_{gs}、I_{jbs}、I_{II} 等于零。在这种情况下，下列方程组是正确的：

$$\begin{cases} I_D = I_C + I_{GIDL} - I_{gd} + I_{jbd} \\ I_G = I_{gb} \\ I_B = -I_{jbd} - I_{GIDL} \end{cases} \quad (6-8)$$

亚阈值电流 I_{SUB} 和结电流 I_{JUNC} 的数值计算表达式如下：

$$I_{SUB} = I_{OFF} + I_G \mid V_{gs} = 0V, \ V_{ds} = 1.2V, \ V_{bs} = 0V + I_B \mid V_{gs} = 0V,$$
$$V_{ds} = 1.2V, \ V_{bs} = 0V \quad (6-9)$$

$$I_{JUNC} = -I_B \mid V_{gs} = 0V, \ V_{ds} = 1.2V, \ V_{bs} = 0V \quad (6-10)$$

　　通常，电路的计算假设在 $V_{gs} = 0V$ 时，I_{GIDL} 的电流数值不大。计算栅极电流值的表

---

　　①　原文为 $I_S = -I_D - I_D - I_B$。——译者注

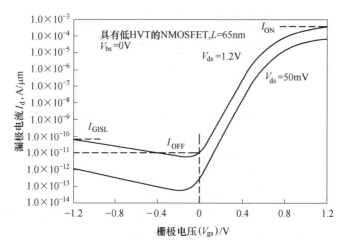

图 6-18　亚微米 n 沟道 MOS 晶体管的栅极电压 V_{gs}

（$V_{ds}=50\text{mV}$ 和 $V_{ds}=1.2\text{V}$）对漏极电流 I_d 的影响

达式如下：

$$I_{GATE}=I_{gs}+I_{gb}+I_{gd}=-I_G \mid V_{gs}=1.2\text{V},\ V_{ds}=1.2\text{V},\ V_{bs}=0\text{V} \qquad (6-11)$$

因此，GIDL 电流数值可以用以下方式确定表达：

$$I_{GIDL}=I_D \mid V_{gs}=1.2\text{V},\ V_{ds}=1.2\text{V},\ V_{bs}=0\text{V} \qquad (6-12)$$

式中，结电流 I_{jbd} 和栅极电流 I_{gd} 的值与 I_{GIDL} 电流相比应该可以忽略不计。

6.3.3　亚微米硅晶体管漏电流的物理原因

按照不同于深亚微米工艺的标准工艺制造的经典 MOS 晶体管的设计如图 6-19 所示。

现代 CMOS 集成电路的设计人员熟悉可靠并经过测试的 MOS 晶体管设计，在开发具有增强功能复杂性和切换到亚微米设计规则的新集成电路项目时，会使用自身以前的经验，也就是使用以下的设计和工艺解决方案，这在之前的实践中也得到了认可。

1）减小栅极电介质的宽度，这会导致导通电流 I_{on} 的正面效应，并由于上述物理原因导致栅极隧穿电流的出现。

2）应用轻掺杂漏极（LDD）区域，降低热载流子注入电流。

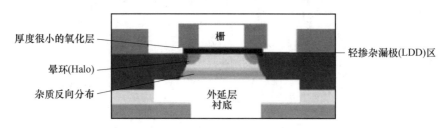

图 6-19　按照标准 CMOS 工艺制造的 MOS 晶体管的结构

3）引入 MOS 晶体管的结构变化，在源漏区形成晕环（halo），减少了短沟道效应，这种效应是有害的但对亚微米工艺是很典型的。

4）以特定方式实现的杂质垂直分布降低了短沟道效应，增加了穿通电压，可以获得阈值电压 V_{TH} 设定值，并在高掺杂水平下会出现不良漏电流 I_{GIDL} 和 I_{BTBT}。

近来，制造亚微米集成电路的一流公司已经转向使用各种新型 MOS 晶体管，其中使用一种高渗透性氧化物，即高 k 电介质，通常是一种铪基（Hf）介质，来形成栅极电介质区域。这种元器件的结构如图 6-20 所示。

该技术可以通过以下解决方案消除传统设计的缺点：

1）应用高 k 电介质提供了增加导通电流 I_{ON}，而不引起栅极隧穿电流的可能性；

2）在元器件的各个区域以一定的方式计算和实现杂质分布，可以显著降低 I_{GIDL} 和 I_{BTBT} 漏电流，并几乎可以排除 p-n 结反向偏置电流 I_{JUNC}；

3）使用以前未知的新型高科技材料和淀积处理方法可以大大降低击穿概率。

因此，在设计新的亚微米元器件时，在所有类型的漏电流中，设计者应该只考虑亚阈值电流 I_{SUB}，这简化了设计任务，并且不需要使用新的 CAD 包和减少了元器件的线性尺寸和晶体管半导体结构有源区域体积，人们对 MOS 晶体管中发生过程相关的物理学有了更深入的理解。

6.3.3.1　亚微米 MOS 晶体管的亚阈值漏电流 I_{SUB}

亚阈值漏电流 I_{SUB} 是电子通过 p 型衬底从源极到漏极的典型扩散电流。重要的是，它不是寄生电流，而是漏极电流的一个不可避免的组成部分，它是由亚微米晶体管工作的物理机制引起的（见图 6-21）。

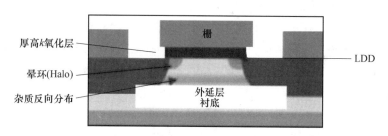

图 6-20　采用高 k 栅介电介质技术制造的亚微米 MOS 晶体管

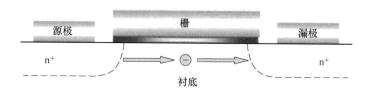

图 6-21　亚阈值漏电流的 I_{SUB} 形成

众所周知，栅极电压和漏极电压与载流子浓度呈指数关系，这也导致了栅极电流与之也呈现指数关系[10]：

$$I_{SUB} = \mu_n C \frac{W_N}{L_N} V_t^2 \exp\left(\frac{V_{GS} - V_{TH}}{nV_t}\right)\left[1 - \exp\left(\frac{V_{DS}}{V_t}\right)\right] \qquad (6-13)$$

亚阈值漏电流值随阈值电压值 V_{TH} 的减小呈指数增长。此外，式（6-13）中的 I_{SUB}

值与 L_N 值（沟道长度）成反比。因此，将工艺尺寸降至亚微米区域将不可避免地导致亚阈值漏电流的显著增加，工程师在计算所设计的微电路的功耗和其他功能特性时不应忽视这一影响。

由于物理原因，极短沟道晶体管的亚阈值漏电流会由于 L_N 值的增大而增大，因为沟道长度也会影响阈值电压 V_{TH} 值。如果 MOS 晶体管的漏极区靠近源极区，源极和漏极 SCR（空间电荷区）会积极相互交流（这种机制尚未完全描述），这最终会减少源侧的势垒。

在关断状态时（$V_{GS}=0$ 和 $V_{DS} \gg V_{TH}$）亚阈值电流 I_{OFF} 表达式如下：

$$I_{SUB} = \mu_n C \frac{W_N}{L_N} V_t^2 \exp\left(-\frac{V_{TH}}{nV_t}\right) \tag{6-14}$$

根据后面这个表达式的定性分析，可以得到如下一些对实际应用有用的结论：

1）MOS 晶体管的亚阈值电流随着阈值电压的减小呈指数增长；

2）亚阈值电流数值的增加与沟道长度的减少成正比，并且存在早期已知的短沟道效应（阈值电压 V_{TH} 降低）和漏极引起的势垒降低效应（DIBL 效应）；

3）亚阈值电流数值随温度的升高而增大，需要相应的电路解决方案进行补偿，以保证 IC 在高温下的工作效率。

6.3.3.2　栅极隧穿电流 I_{GATE}

在纳米时代之前，栅极电流被认为是纯动态的，MOS 栅极通常被认为是电容器，它们不传导直流电。然而，将栅极氧化层厚度减小到几个纳米导致了通过栅极的隧穿电流的可能性，因此，出现了漏电流静态分量。

栅极漏电流只有在栅上有电位差时（即当晶体管导通时），才会出现。与之相反，亚阈值漏电流只在晶体管关断时出现。MOS 晶体管栅极漏电流最终会影响功耗和集成电路功能。

当在最坏情况下（$V_{gs}=1.2V$，$V_{ds}=V_{bs}=0V$）确定栅极电流 I_{GATE} 时，可以通过以下方法确定其值：

$$I_{GATE} = W \times L \times A_{IG} \times V_{gs}(V_{gs} - V_{FB}) \times \exp(-B_{IG} \times T_{ax}) \tag{6-15}$$

式中，A_{IG} 和 B_{IG} 是栅极隧穿电流的参数；L 是沟道长度；V_{FB} 是平带电压。

正如已经指出的，元器件尺寸的缩减不仅受到新工艺的影响，而且还受到新材料引入的影响。因此，现在特别关注的是用作栅极电介质的高 k 材料，这会导致栅极漏电流的降低，因为可能用于元器件的氧化物较厚。这不会导致栅极容量的降低，也可以在设定的阈值电压下运行。

6.3.3.3　关断电流 I_{OFF}

在设计各种深亚微米工艺的集成电路时，将 MOS 晶体管的关断电流 I_{OFF} 纳入考虑是非常重要的。

因此，图 6-22 给出了广泛应用的 MOS 晶体管的伏安特性曲线，该模型考虑了 MOS 晶体管漏电流基于所采用的设计规则和元器件的各种工作条件（电源电压 V_{DD}）的主要成分特性。

相关计算采用著名的 BSIM4 模型和 BPT 模型（预测性工艺模型 Predictive Technology Model，考虑了深亚微米效应的 BSIM4 的一种改进）[11]。

通过对建模结果的分析，可以得出以下结论：

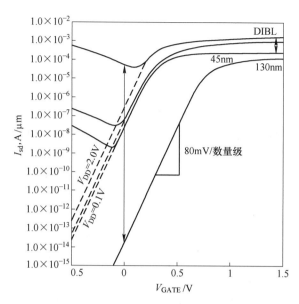

图 6-22　45nm 和 130nm 工艺 MOS 晶体管的伏安特性
I_{SD}（V_{GATE}）建模结果

1）对于 $V_{\mathrm{D}} > V_{\mathrm{G}}$，漏极的耗尽层变薄，导致通过势垒的电子数量增加，进而导致 I_{DB} 和 I_{OFF} 电流增大（GIDL 效应，见第 6.2 节）。

2）V_{DS} 对阈值电压的影响变得明显，因此 V_{TH} 随 V_{DS} 的增大而减小（DIBL 效应，见 6.2 节）。

3）深亚微米工艺（45nm）与亚微米工艺（130nm）相比，关断电流 I_{OFF} 增加了 6 个数量级（$V_{\mathrm{GS}} = 0$ 时的亚阈值电流）。

6.3.4　MOS 晶体管的静态功耗值分析

到目前为止，已经发展出了许多降低 CMOS 静态功耗的方法。在本节中，只考虑两种已经用芯片测试过的方法，其中多阈值 V_{TH} 用于限制一个半导体芯片上的 I_{OFF} 值。

第一种降低静态功耗的方法是使用具有不同的阈值电压 V_{TH} 的 MOS 晶体管。基于这种方法设计的 CMOS IC 称为多阈值 CMOS 设计（MTCMOS），其特点是在休眠模式下 V_{TH} 值高，以降低在待机模式下的漏电流。在接地和 CMOS 逻辑电路之间打开待机模式晶体管。在地与快速 CMOS 逻辑电路之间接一个休眠晶体管，其阈值电压 V_{TH} 较低。晶体管的串联增加了信号的传输延迟，但可以通过扩大相应的面积来减小。这种方法的缺点是在活动模式下不可能消除漏电和增加了 IC 基本单元的面积。该方法的其他衍生方法包括使用双阈值 V_{TH} 电压、多米诺（dormino）逻辑、衬底电压的特殊偏置以在待机模式下改变 V_{TH}，以及 NMOS 晶体管使用负电压（对晶体管到截止区使用更大的偏置）。

单阈值漏电消除方法需要使用在待机模式下工作的晶体管并降低仅依赖于晶体管状态的漏电流水平。所有这些方法都意味着牺牲面积来限制静态功率，而且在大多数情况下只在就绪（Ready）模式下消除了漏电流。基本上，它们的应用范围局限于便携式设备 IC，如笔记本处理器。此外，提出的一些方法对于解决工艺尺寸缩减问题是无效的，例如使用多米诺逻辑和通过衬底偏置进行 V_{TH} 控制。当今，如下所述的双 V_{TH} 是高端微处理器中最有效的方法之一。

让我们更仔细地看一下双阈值电压 V_{TH} 法（Dual - V_{TH} method）[12]。当今，电路设计师和生产工程师有机会在一个集成电路上控制 MOS 晶体管的阈值电压，从而制造具有高或低阈值电压的元器件。V_{TH} 阈值电压对反相器、与非门等元器件的时延和能耗的影响是足够大的。降低 V_{TH}（在恒定 V_{DD} 时）可使关断电流值呈指数级增长，同时线性地减小信号分布延迟。通过离子注入使用亚掺杂进行阈值电压调整的一个额外阶段来使得设计师可以选择最佳的节省功耗方案。因此，位于关键路径上的元器件可以具有较低 V_{TH} 值，而从信号分布时间来看非关键元器件较高的 V_{TH} 值，切换时其延迟较长。这种技术解决方案的研究结果表明，与仅使用低阈值电压元器件的电路相比，漏电流引起的功耗降低了 40%～80%，而延迟时间的增加极小[13]。

图 6-23 显示了低 V_{TH} 元器件的导通电流增长。在设计尺寸缩减过程中，V_{TH} 阈值电压降低 100mV 时，导通电流 I_{ON} 增加更快。当设计尺寸缩减时，导通电流 I_{ON} 增加 20% 的 I_{OFF} 关断电流的代价会降低。

图 6-24 显示了减小 n 沟道和 p 沟道 MOS 晶体管的设计规则和 V_{DD} 值时，关断电流减小的趋势。

两个具有不同 V_{TH} 值的相同 MOS 晶体管之间的关断电流相对差值在整个电路区域内保持不变（当增加 15 倍的关断电流和降低 V_{TH} 100mV 时）。假设关断电流以恒定的值变化，在设计尺寸缩减时甚至可以提高导通电流，这表明使用双 V_{TH}（多 V_{TH} 作为一个选项）元器件的漏电消除法是可以在尺寸缩减的情况下应用的。值得注意的是，当使用具有高阈值电压的 MOS 元器件时，与同参数相比，实验结果为电流增加了 20%。35nm 工艺需要增加 7 倍的关断电流才能获得 20% 的驱动电流增长。

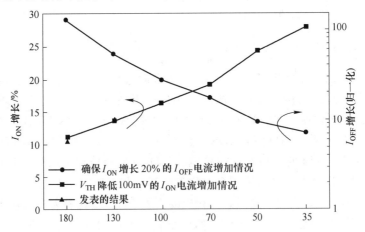

图 6-23　在设计尺寸缩减时，低 V_{TH} 值元器件的导通电流 I_{ON} 的变化特性

6.3.5　考虑静态功耗的亚微米模拟 IC 的设计特点

由于模拟电路设计知识密集的性质，当今大多数模拟项目仍然是模拟硬件设计师的人工工作的结果，他们使用类似 SPICE 的程序和交互式媒体对版图建模作为辅助对象。这延长了模拟系统的设计时间而且容易失败。这就是为什么尽管模拟电路通常只占电路和系

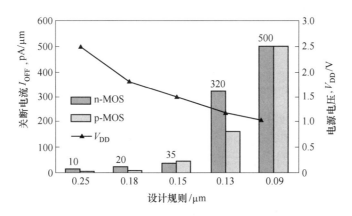

图 6 - 24　尺寸和电源电压对关断电流值的影响

统芯片的一小部分并处理混合信号，开发对于混合信号系统（模数）而言通常是非常特定的领域。尽管在设计上花费了时间，为降低测试成本进行了努力，可模拟电路往往是整个数模电路失败的主要原因，需要进行分析以及昂贵的额外测试。在项目进入消费者市场之前，这样的人工工作需要花费大量的时间。这解释了对用于设计模拟系统的具有增强输出能力的 CAD 工具日益增长的需求，使得设计人员可以在第一次尝试时快速、正确地开发一个模拟系统，在电路设计过程中，由于某些任务（或整个过程）具有自动解决方案，设计人员甚至可以减少设计时间。

　　由于模拟元器件抽象的基本层次是晶体管层，一个重要的问题是开发一个商业 CAD 工具，以确保在单元级和版图综合模拟电路设计。在过去的 10 年里，这一领域已经取得了显著的进展。近年来，市场上也已经出现了一些商业产品。集成电路设计领域和版图综合领域的大多数基本方法都是基于高性能计算优化工具。与人工设计相比，这些方法有助于在更短的时间内开发电路。作为例子，图 6 - 25 显示了使用 AMGIE/LAYLA 模拟综合工具[15] 设计的粒子检测系统。

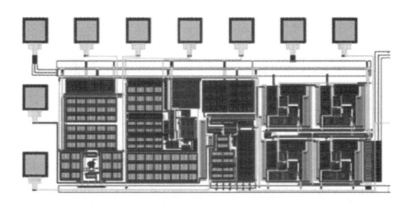

图 6 - 25　使用 AMGIE/LAYLA 模拟综合工具得到的粒子检测电路的版图

6.3.6　考虑静态功耗的亚微米模数集成电路设计的特点

　　在设计混合信号半导体元器件时，要将精确模拟电路和射频电路集成在一个大型数字电路芯片上，信号完整性分析是一个难题。分析的要点在于在系统层面上验证所有可能导致电路运行故障的通过串扰或耦合产生的不需要的信号交互。模拟数字集成电路中与有效信号相混合的寄生信号（例如数字开关噪声），可以降低甚至破坏模拟射频电路的功能特性。这些交互作用可以来自电容或（在更高频率下）电感串扰、供电线路或衬底耦合、热相互作用、通过封装的耦合以及电磁干扰。

近年来，对通过模拟电路和数字电路共用衬底传播的数字开关噪声的分析引起广泛关注。数字电路在切换的时刻，可以将产生的尖峰信号注入衬底，随后这些信号将传播到电路中敏感的模拟/射频元器件，并被其接收。作为例子，我们来考虑一个 2.3GHz 的 VCO 和一个运行在 13MHz 的 25 万门数字电路块。

图 6-26 所示为 VCO 频率附近 FM 调制的数字时钟，可能会导致与带外发射要求相冲突。

如今，人们正在积极研究如何找到有效的方法来消除这些问题。对于通过衬底的噪声传播，通常使用经典的差分法（或边界元法）来解决基于注入噪声源导致的衬底电位分布。这种传播分析应该与信号相关的数字切换活动分析相结合，以了解实际变化的注入信号，并分析局部衬底电压变化对模拟电路性能的影响。在许多情况下，设计师必须采用诸如减少 ADC 中的有效位数这样的解决方案，以同时解决所有问题。

举例来说，SWAN 方法确定了系统中数字电路产生的开关噪声，它通过一个宏模型来先验地描述数字标准单元库中的每个单元，该模型包括由于输入转变而注入衬底中的电流。然后根据从系统的 VHDL 模拟中获得的事件信息通过结合所有开关单元随时间的贡献，计算一个复杂系统的总注入。

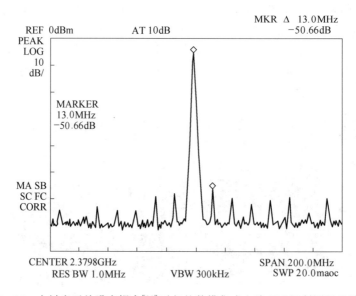

图 6-26　由衬底开关噪声耦合[16]引起的数模集成电路 FM 调制测量示波器图

图 6-27 举例显示了在一个具有 22 万门的大型试验性（WLAN 系统芯片上时域 SWAN 仿真和测量结果的对比）。该系统芯片包含一个 OFDM WLAN 调制解调器和一个低频率中频（IF）数字调制（解调）器，采用 3.3V、$0.35\mu m$ 2P2M MOS 工艺，在 EPI

型衬底上制造。与实测结果相比，在 $0 \sim 100\text{ns}$ 范围内模拟的衬底噪声电压的 RMS 值误差在 20％以内，峰-峰值误差在 4％以内，这对于像衬底噪声耦合这样的串扰效应来说是一个很好的结果。分析其对嵌入式模拟模块性能影响的技术也正在开发中[17]。

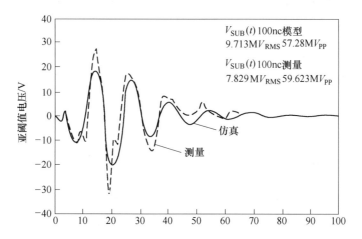

图 6-27　试验性 WLAN 系统芯片中噪声的 SWAN 仿真与测量结果的比较

然而，在未来的纳米技术中，还会出现其他需要分析和建模的信号完整性问题，这包括电磁相互作用等。

6.4　典型结构亚微米 MOS 晶体管的动态功耗

如图 6-28 所示，阈值电压 V_{TH} 对逻辑门延时的影响会随设计规则尺寸的减小而增大[5]。这是因为加速电压（电源电压值与开关阈值电压之间的差值，即 $V_{\text{DD}} - V_{\text{TH}}$）变低，导致 V_{TH} 对加速电压值（$V_{\text{DD}} - V_{\text{TH}}$）的影响增大。

在电路设计阶段，可以按最坏情况（即按最高 V_{TH} 值），计算得出对信号延时的需求，从而减少 V_{TH} 值的工艺散布的影响。图 6-28 是各种因素如何影响信号延时的例子，显示了在大约 $1.0 \sim 3.0\text{V}$ 的不同电源电压下，MOS 管的延时与阈值电压的关系。然而，这种最坏情况的近似会影响功耗的计算结果。当实际 V_{TH} 值没有那么高时，电路元器件的参考几何尺寸及其寄生电容会比需要的大。

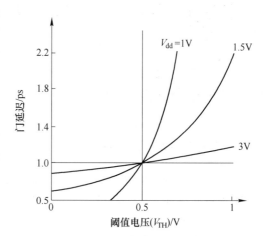

图 6-28　阈值电压（V_{TH}）的散布对门延迟的影响

然而，功耗的动态分量是由 CV_{DD}^2 决定的，与 V_{TH} 无关。影响电路功耗的是集成电路元器件的几何尺寸，而不是信号分布延时。最坏情况尺寸设计对电路功耗水平的影响越来越大，必须正确地进行估计，因此 IC 开发人员应该接受这个设计阶段的培训。我们考虑了亚微米 MOS 管主要缩减特征中的一些重要特性，以及在计算过程中应了解并考虑的亚微米 MOS 管的物理特性。

6.4.1　有参考延迟值的亚微米数字集成电路

如上所示，尺寸缩减到亚微米的工艺导致 MOS 管的漏电流增加到不可忽略的水平。为了减小这种影响，发展出了许多工艺和电路方法，这一领域的研究仍在进行中。第一组方法是 MTCMOS（多阈值 CMOS 电路），采用了对那些不决定关键延时特性的电路晶体管增加其阈值电压的方法。该方法在不显著影响系统速度的前提下降低了亚阈值漏电流。为了实现该方法，采用了各种提高 V_{TH} 的工艺方法。MTCMOS 方法的解决方案是：如果一些有潜在漏电流的电路处于非激活态或关态，则将它们关闭。

第二组控制漏电流的方法称为 VTCMOS（可变阈值 CMOS）。在这种技术中，可以通过改变施加在衬底上的电压来调节阈值电压 V_{TH} 值。有许多设计技术和电路解决方案允许调整施加到晶体管衬底上的电压[3]。然而，这些解决方案都有一个相同的问题：当工艺尺寸缩小时，体效应会变弱。这意味着施加于衬底的电压（取决于特定的 V_{TH} 值）的影响降低，从而限制了 VTCMOS 方法的效能。

上述例子表明存在一个临界点，当超过该点后进一步缩小 MOS 管将没有意义。在这个缩小过程中，延迟值仍然可以降低很多，尽管由漏电流和采用按最坏情况的设计方法引起的功耗增加是不可接受的。此外，与晶圆参数散布相关的问题也成为焦点。

6.4.2　互连信号分布延迟

由于互连的信号分布延迟值随着工艺尺寸的减少而增大，因此在一个芯片内保持数字电路各部分之间的同步就变得更加困难（见图 6 - 29）。在标准的亚微米 90nm 工艺中，在 1GHz 频率下，在要求不对称比小于 20% 时互连的最大长度约为 2mm。随着互连间距和线宽的减少，这个距离甚至减少更多。这种趋势要求应用适当的架构解决方案：在芯片上将信息存储和处理单元紧密地布置，并增加特定的耦合网络，这些网络在局部是同步的，但总的来看在芯片区域范围是异步的。显然，它也会导致额外的功耗（以及增加硅面积），并增加设计过程本身的复杂性。

6.4.3　降低开关功耗的方法

需要注意的是，集成在芯片上的存储元器件（如片上 SRAM 缓存）的功率密度通常比数字逻辑元器件低一个数量级（见图 6 - 30）。

考虑这一特点，通过在现代复杂处理器架构中使用更多的嵌入式存储器而不是逻辑电路元器件可以使其在降低功耗方面的所有特性得到改善[3,6]。

很明显，在未来的微架构中，将会有更多的片上缓存，以通过相对较小的功耗增加来实现更高的性能[3,5]。

实际上，改进通用单线程（非流水线）处理器特性一般来说需要更多的逻辑晶体管来同时执行许多并行活动（操作）。例如，为了使性能提高 40% 要将晶体管的数量增加一倍（见图 6 - 31）。

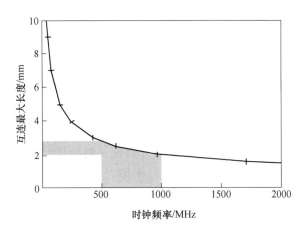

图 6-29　90nm 工艺尺寸下保证 20％信号相位偏差的标准（金属层 1 和金属层 2）
互连的最大长度与时钟频率的关系

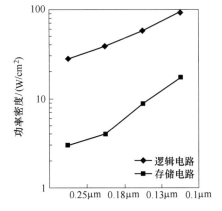

图 6-30　嵌入式存储电路和数字逻辑电路的
功率密度与工艺尺寸关系的比较

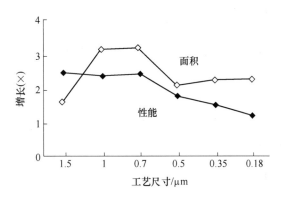

图 6-31　微架构效率

表 6-1　专用硬件元器件的效率

元器件类型	芯片面积	功耗	性能
通用	2X	2X	～1.4X
专用	<10％	<10％	1.5X～4X

　　显然，当设计规则过渡到深亚微米工艺时，从使用芯片晶体管资源的角度来看，这种提高数字电路功能的传统解决方案是无效的。对现有的设计水平来说，这种方法是较为令人满意的。然而，如果主要考虑功耗限制，现代的架构应该包括用以提高速度和减少功耗与面积的特殊硬件和软件（见表 6-1）[18]。

　　如该表所示，与通用电路相比，嵌入式专用功能单元至少可以降低 10％的功耗，并提高四倍的性能。这种双电源元器件（双 V_{DD}）[19,20]将在不久的将来被广泛应用，以减少开关功耗和电流泄漏（亚阈值漏电和栅极氧化层漏电），而且不会降低元器件的一般特性。暂时活跃的晶体管将使用高电源电压，而暂时不活跃的晶体管将使用低电源电压。此外，某些特定的功能 LSIC 单元可以使用低电源电压，以便在不影响性能的情况下通过硬件手段降低功耗、恢复被降低的特性。

在不久的将来，一代代新的微电子技术晶体管将大量出现。因此，复制硬件似乎是降低功耗的一种可接受的方法[18]，但这将导致集成时钟部分比其他处理器耗电部件的耗电更多的情况。只有当存在一种电路方法来控制低电源电压 V_{DD} 的波动和失真时，才能降低同步脉冲幅度以减少时钟的消耗[20]。高效的逻辑电平转换器以及从高电平 V_{DD} 区向低电平 V_{DD} 区转换过程中的降噪方法将发挥特殊的作用。

6.4.4 漏电流引起的动态功耗分析与计算

具有双阈值电压 V_{TH} 的元器件[21,22]可以在活跃模式、导通模式和关断模式下显著降低漏电流功耗。通过使用各种工艺流程制造晶体管可以得到两个 V_{TH} 值。低 V_{TH} 用于性能关键型晶体管，从而提高了整个芯片的性能。由于整个芯片的工作频率仅由沿整个信号路径的这些性能关键型晶体管决定，因此可以通过使用低 V_{TH} 的晶体管，在不降低电路特性的情况下选择具有特定 V_{TH} 值的晶体管。

图 6-32 展示了一个电路分析的例子，该电路有 20% 的低 V_{TH} 晶体管，确保相对于整个芯片采用高 V_{TH} 的情况延迟时间改善 14%。

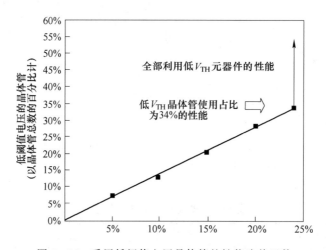

图 6-32 采用低阈值电压晶体管的性能改善函数

通常全部利用低 V_{TH} 晶体管的漏电流比全部利用高 V_{TH} 芯片的高 10 倍。因此，选择高达 34% 的低 V_{TH} 晶体管，延迟时间可以减少 24%，而漏电流增加三倍。

另一种减少老化和待机过程中漏电流功耗的技术是：在这些不需要高性能的模式时，在晶体管上应用反向体偏置（RBB）来增加 V_{TH}。有一个最佳的 RBB 值可以最小化漏电流功耗。当反向体偏置值大于该值时，p-n 结漏电流增大，整体漏电功耗增大。在工艺尺寸在 90nm 以下的亚微米工艺中，大约 500mV 的 RBB 是最佳的[18]。漏电流可降低两到三倍。

　　然而，RBB 的有效性随着沟道长度的减小或 V_{TH} 值的降低而降低（见图 6 - 33）。从本质上讲，体效应由于较低的沟道掺杂而变弱使得 RBBV_{TH} 对的调节能力随着短沟道效应的恶化而减弱。因此，随着工艺尺寸缩减，由于漏电流被更短的沟道长度或更低的 V_{TH} 推高，RBB 方法变得不再有效。

　　在关断状态下，通过串联连接的晶体管或多个元器件的晶体管堆叠（stacks）的漏电流几乎比通过单个元器件的漏电流小一个数量级（见图 6 - 34）。这种堆叠效应可用于微电路中以减少漏电流。

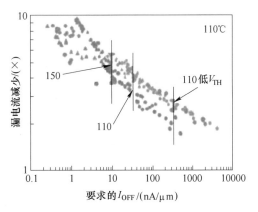

图 6 - 33　使用 RBB 方法
亚阈值漏电流减少与工艺尺寸的关系[16]

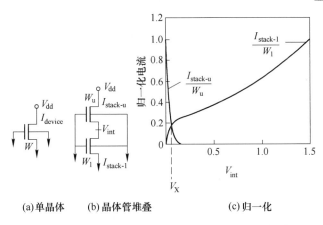

(a)单晶体　　(b)晶体管堆叠　　　　(c)归一化

图 6 - 34　亚微米 MOS 管和堆叠效应的漏电流的关系

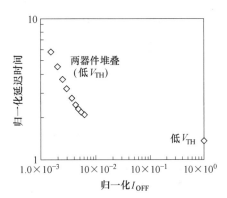

图 6 - 35　利用堆叠效应在漏电流和延
迟时间之间达成折中

　　堆叠效应系数定义为单个 MOS 管的漏电流与堆叠漏电流的比值。该系数随着 DIBL 系数的增大和电源电压的增加而增加。随着工艺尺寸的缩减，电源电压降低，DIBL 效应增强，堆叠效应减少漏电流变得更加有效。当使用堆叠效应时，漏电流和延迟时间之间的折中可以与通过增加沟道长度达到的类似折中基本相当（见图 6 - 35）。

　　因为阈值漂移（roll - off）和保持原始输入电容所要求的宽度减小，增加亚微米 MOS 管的沟道长度可以减少漏电流。在使用晕环（HALO）掺杂的设计规则低于 90nm 的工艺中，通常可以观察到 V_{TH} 因沟道长度高于标称值而减小。此外，二维电势分布效应表明，沟道长度的加倍对减少漏电流的效果不如两个晶体管堆叠，特别是在高 DIBL 时更是如此。仿真结果证实了这一情况，并表明沟道长度必须增加 3 倍才能获得与两个晶体管堆叠相同的漏电流，而且这会导致 60% 的延时恶化。显然，为了实现低漏电流，叠加是首选。

　　典型的微电路版图包括大的逻辑块，其中的复杂逻辑门包含一些串联元器件。这些自然堆叠可用于在休眠模式下降低漏电流水平。然而，需要明确的是，在大型电路单元中，例如 32 位静态 CMOS Kogge - Stone 加法器，漏电流值强烈依赖于主输入向量，即 0 和 1

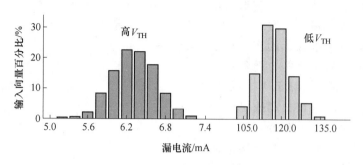

图 6-36　利用自然堆叠控制漏电流

的个数，这在微电路的每个运行周期通常都会发生变化（见图 6-36）。

当主输入向量改变时，关态元器件总宽度和具有两个或更多关态晶体管的晶体管堆叠的数量也会改变。这将导致漏电流功耗随输入向量的变化而变化。

当一个模块处于空闲模式时，可以施加提供最小漏电流的输入向量。这可能使休眠模式漏电流减少两倍。为此，不需要任何额外的措施，因为预先设置的输入向量可以编码在反馈回路中。休眠模式所需的最小时间为几十微秒，这样进入和退出该模式所需的能量消耗小于所节省泄漏能量的 10%。随着工艺尺寸的继续缩减，该时间会进一步减少，随着漏电流水平的增加，使得该技术更具吸引力。

6.4.5　硅微电路动态功耗分析

6.4.5.1　亚微米 IC 封装问题

随着业界掌握了深亚微米工艺，对芯片封装提出了新的要求。随着集成电路性能的不断提高，集成电路的封装变得越来越重要。增强功能、提高性能、降低工作电压和元器件的几何尺寸，这些都导致了芯片布局密度和输入/输出数量的增加。这些都使得创建新型多层封装成为必要，而以前这主要是根据特别订单设计的。我们来讨论其中一些类型，例如倒装芯片、球栅阵列（BGA）和针栅阵列（PGA）。

倒装芯片（倒装焊接）方法是一种借助已经沉积在芯片焊盘上的焊料球将半导体 IC 芯片或 MEMS 系统与外部电路连接的方法。在晶圆的最后加工步骤中，焊料球被沉积在晶圆顶面的电路焊盘上。为了将芯片安装到外部电路上，芯片被翻转 180° 并对齐，以便其焊盘与外部电路上匹配的焊盘对齐。

球栅阵列（BGA）是一种用于集成电路的表面贴装封装技术。BGA 引脚是放置在微电路底部焊盘上的焊料球。微电路应根据其与印制电路板上第一个接触点的数字标记定位在印制板上。之后，微电路在回流炉或红外线加热器中加热，熔化焊料球。表面张力使熔化的焊料将电路固定在电路板上应在的位置。特定的焊料成分、焊料温度、焊剂和阻焊膜的特殊组合使得焊料球不至于完全变形。BGA 封装有以下几种变体：FCBGA（倒装芯片 BGA）封装将其中处理器的开放芯片置于由有机材料制成的封装上部；µBGA（微-BGA）和 µFCBGA（微-倒装芯片 BGA）是该封装的紧凑变体；HSBGA 等。

针栅阵列是集成电路封装的另一种类型。它是一种正方形或长方形的封装，其底部设有针式触点。在现代处理器中，触点是交错排列的。根据封装材料的不同，其实现方案有三种变体：PPGA（塑料 PGA）使用塑料封装、CPGA（陶瓷 PGA）使用陶瓷封装、OPGA（有机 PGA）使用有机材料的封装。

还有以下 PGA 封装改进：FCPGA（倒装芯片 PA），其中处理器的开放芯片位于封装的上部；FCPGA2（倒装芯片 PGA2）不同于 FCPGA，有一个覆盖处理器芯片的散热器；μFCPGA（微倒装芯片 PGA）是 FCPGA 封装的一种紧凑变体；μPGA（微 PGA）是 FCPGA2 封装的一个紧凑变体。缩写 SPGA（交错 PGA）用来表示引脚交错排列的封装。

随着芯片放热的增加，封装技术更应符合散热强度的要求。降低热阻需要使用现代的冷却方法和手段，如更强大的风扇、液-气方法，等等。显然，因为深亚微米设计规则的集成电路具有放热量大的特性，冷却系统最适合给其散热。

另一种解决芯片封装问题的途径是动态热控制。这个问题可以通过几种方法解决。例如，全美达公司（Transmeta）在一款中央处理单元（CPU）中实现了轻负载时电源电压值的动态变化。热控制的另一个例子是在英特尔生产的现代微处理器中实现的，其中一个温度传感器（基本上是一个具有固定电压的二极管）与电流源和比较器一起，通过电流确定芯片上的温度何时超过预设值。当温度和功耗超过设定值时，IC 内部工作频率将降低来降低功耗，从而改善性能，芯片上热负载下降到可接受的水平。

这种动态热控制的重要性在于是在实际而不是理论假设的最坏情况下，自动降低实际（真实）动态功耗模式改善的电路功耗，通过实际元器件的运行证明，实际最坏情况下的有效功耗可能占理论最坏情况功耗的 75% 左右，而理论最坏情况几乎不会出现。这种差异极大地影响了封装成本和电路的灵活性，因为即使稍微超过最大功率，也可能导致必须使用昂贵的装置和冷却方法。

6.4.5.2　亚微米电路芯片内信号传输的可靠性问题

在采用深亚微米工艺制造的高性能电路中，通过内部互连实现可靠的无失真信号传输是最严重的问题之一。因为在不断减少时钟周期（工作周期）的条件下，信号在芯片上的分布伴随着许多电学事件。

即使在信号分布几乎没有时间限制的情况下，也要大量的功耗来获得预期的电路速度。根据信号分配的公认范例，应该放置大驱动能力的 CMOS 缓冲器实现沿等效 RC 电路的快速传输，在纳米尺度的结构中至少需要 50W 的功率。所需要的中继器电路（在 50nm 设计规则下需要 10^6 个，而在大型 180nm 处理器和控制器中大约需要 10^4 个）的布局增加了开发设计图时有效功率分配的复杂性。最常用的解决方案之一是应用现代信号传输和处理原则，如使用不同的传输总线和/或驱动器与接收器。在许多情况下，这些方法因为电压浪涌的减少可以降低功耗和延迟值。例如，在 Alpha 微处理器中，低频总线被用于芯片中以确保内部功能元器件之间的连接。通过将电压变化限制到 V_{DD} 电源电压的 10% 来降低这些总线的功耗。

当然，差分比传输信号处理会增加芯片版图的布线面积，尽管它可能会因使用了通过隔离长信号线路相邻信号的影响来屏蔽信号传输过程的设计和电路方法，而低于预期的两倍增加量。但屏蔽可能对感应引起的信号无效，尽管低摆幅差分信号产生的噪声更少，而且比非对称全摆幅 CMOS 系统的抗噪声能力更强。在全球通信中，功率消耗趋于增加，因此将对信号控制的其他方法投入更多的关注。亚微米集成电路中全局信号流问题的有效解决方法需要进一步的研究。

6.4.5.3　使用库优化集成电路设计

最近，亚微米集成电路的工程师们得到了一个利用现场测试库进行集成电路设计的机会，它为设计人员和无晶圆厂公司提供高科技的解决方案和先进的技术。高速微处理器最重要的特性很大程度上取决于这种电路的定制开发，而库优化可能会显著提高这些元器件的性能。与相似的定制电路相比，使用库可以获得更高的电路速度（6～10 倍）。

微电子学现代计算机辅助设计软件的设计者根据深亚微米设计规则，提供功能完备的CMOS 晶体管及其群组（clusters）的优化库。它极大地帮助了微电子设计人员生产所需要的高效集成电路。例如，Synopsys 公司提供了全范围各种单元的优化库，包括标准单元、输入/输出－元器件存储器编译器。可以肯定的是，在不久的将来，电子工业的大多数电路设计师将使用由代工厂帮助制作的优化库。

6.4.5.4　使用两个内部电源电压

在深亚微米电路中，解决动态功率增加的最有效的方法之一是使用带有多个电压源的线路。其总体思想是定义为电压簇缩减。如果有两个不同电平（V_{DDH} 和 V_{DDL}）的电源 V_{DD}，电路按功耗进行划分：非关键门用 V_{DDL} 供电，关键门用 V_{DDH} 供电。当 V_{DDL} 供电的逻辑信号传输到 V_{DDH} 供电的逻辑门时，会发生电平转换，V_{DDL} 和 V_{DDH} 供电的逻辑门通过这种电连接节点，消除了这个问题，从而最大限度地减少了寄生相互作用。分析表明 V_{DDL} 应约为 V_{DDH} 值的 0.6～0.7 倍以降低功耗。通过确定与 V_{DDL} 直接相关的单元数，可以很容易地计算通过使用两个 V_{DD} 电平所减少的动态功耗百分比。大量的研究表明，批量生产的图像处理器电路中高达 75% 的所有逻辑门可以采用低电压（V_{DDL}）供电，而不会显著改变关键路径上的延迟。

同时使用数个 IC 电源的主要困难在于寻找完成这一任务时减少芯片面积的方法，使用现代 CAD 工具进行基本单元与相应 V_{DD} 的布局，以及解决与这些新的分组（簇）限制相关的布局任务，形成双电源布局网络。

这种借助 CAD 工具的 IC 电源电路组织系统的使用为深亚微米设计规则下的电路设计提供了巨大的可能性。

6.5　温度和工艺参数散布对硅亚微米集成电路特性的影响

以下信息是基于对核心公司 STMicroelectronics（意法半导体，世界微电子领军者之一）制造亚微米 CMOS 元器件的相应设计工具包的分析结果。不能绝对准确地描述亚微米工艺的技术特点，然而它们定性地描述了亚微米集成电路中的物理本质。这一小节将对低功耗 CMOS 结构的三个阈值电压值的变化和散布进行分析，即低（LVT）、小（SVT）和高（HVT）[8,23]。

6.5.1　漏电流与温度的关系

在设计低漏电流电路时，考虑集成电路各项特性的温度特性是非常重要的。设计师和工程师的经验表明，漏电流与温度密切相关。本节介绍了考虑温度影响的泄漏电流行为建模的详细结果，特别是针对采用 65nm 工艺制造的元器件。

6.5.1.1　导通电流（I_{ON}）和关断电流（I_{OFF}）与温度的关系

图 6 - 37 给出了不同温度值 T（从 27℃ 至 100℃）下 n 沟道晶体管漏极电流 I_D 的伏安特性。这些特性表明，对于高阈值电压（HVT）元器件，零温度系数（ZTC）[24] 具有更高的值。由图可知，HVT 和 LVT 的 n 沟道 MOS 管的 ZTC 栅极电压值分别等于 0.87V 和 0.57V。

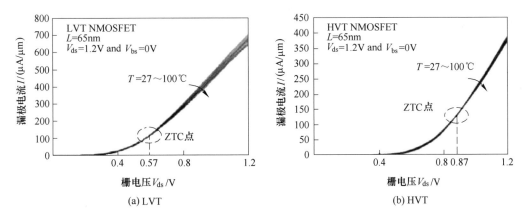

图 6 - 37　不同温度下 n 沟道 MOS 管在 $V_{ds} = 50\text{mV}$ 和 $V_{ds} = 1.2\text{V}$
时漏极电流与栅极电压的关系

I_{ON} 电流（导通电流）依赖于载流子的迁移率和饱和率，其关系按以下方式表达[25]：

$$U_0(T) = U_0(T_{nom}) \times \left(\frac{T}{T_{nom}}\right)^{U_{TE}} \tag{6-16}$$

$$V_{SAT}(T) = V_{SAT}(T_{nom}) - A_T \times \left(\frac{T}{T_{nom}} - 1\right) \tag{6-17}$$

$$V_T(T) = V_T(T_{nom}) - K_T \times \left(\frac{T}{T_{nom}} - 1\right) \tag{6-18}$$

式中，U_0 和 V_{SAT} 分别为载流子的迁移率和饱和率；U_{TE}、A_T 和 K_T 是迁移率、饱和率和阈值电压的温度系数；T_{nom} 是环境温度。

随着温度的升高，所有参数的值都在减小。从式（6 - 16）～式（6 - 18）可以看出，载流子迁移率的降低通过阈值电压的降低来补偿。

对于具有高阈值电压（HVT）的元器件，如图 6 - 38 所示当温度发生变化时，ZTC 的值较高就会增加导通电流 I_{ON} 的电阻。

在对数坐标下可以明显看出，亚阈值电流的大小在很大程度上取决于阈值电压 V_T 的值（见图 6 - 39）。

图 6 - 40 表明了关断电流 I_{OFF} 对温度的对应关系。当温度从 25℃ 变化到 100℃ 时，关断电流 I_{OFF} 的值约增加两个数量级。这种特性的变化几乎不依赖于晶体管的类型和阈值电压 V_{TH}。

如上所述，关断电流 I_{OFF} 是亚阈值电流（沟道电流）、栅极电流和结电流的总和，并且会影响功耗的总值。

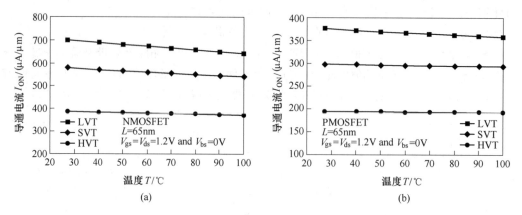

图 6-38　（a）n 沟道和（b）p 沟道 MOS 管的
导通电流 I_{ON} 与温度的关系

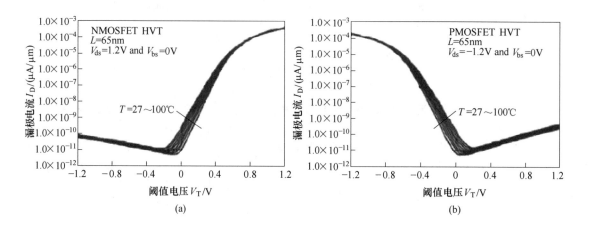

图 6-39　在低阈值电压（LVT）的（a）n 沟道和（b）p 沟道 MOS 管中，
$V_{ds}=1.2V$ 下，不同温度的漏极电流 I_D 与阈值电压 V_T 的关系

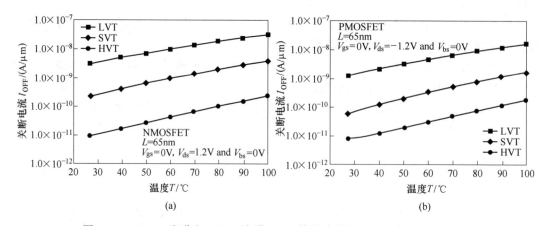

图 6-40　（a）n 沟道和（b）p 沟道 MOS 管的关断电流 I_{OFF} 与温度的关系

6.5.1.2　亚阈值电流 I_{SUB} 与温度的关系

通过式（6-19），亚阈值电流 I_{SUB} 可以在考虑温度影响的情况下建模，如图 6-41 所示。与关断电流 I_{OFF} 的相关性相比，该电流是低阈值电压（LVT）和小阈值电压（SVT）晶体管的 I_{OFF} 的平均值。然而，对于具有高阈值电压（HVT）的元器件，在低温下关断电流 I_{OFF} 也被加到其他电流中去。

亚阈值斜率与温度的关系解释了亚阈值电流 I_{SUB} 随温度的巨大变化：

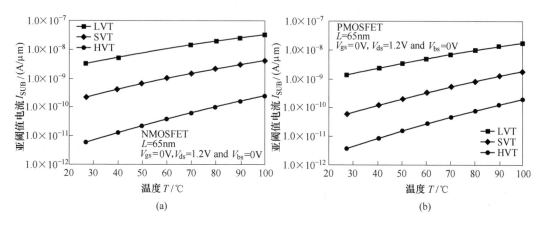

图 6-41　（a）n 沟道和（b）p 沟道 MOS 管的
亚阈值电流 I_{SUB} 与温度的关系

$$S(T) = n \times \ln(10)\frac{k}{q} \times T \qquad (6-19)$$

式中，n、k 和 q 分别代表的是弱反型下的反向压降、玻耳兹曼常数和电子电荷量。

当温度从 25℃ 升高到 100℃ 时，亚阈值斜率从 90mV/数量级降低到 110mV/数量级。

6.5.1.3　结电流 I_{JUNC} 与温度的关系

对于上述三种阈值电压（V_{T}）的值，使用式（6-20）进行计算即可得出结电流（I_{JUNC}）与温度之间的关系，如图 6-42 所示。

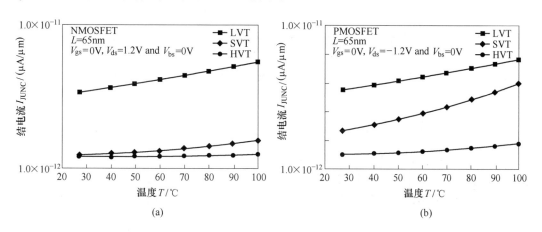

图 6-42　（a）n 沟道和（b）p 沟道 MOS 管的结电流 I_{JUNC} 与温度之间的关系

对于具有高阈值电压（HVT）的元器件，结电流值与室温下典型的亚阈值电流值相当，这种情况可以通过关断电流 I_{OFF} 和亚阈值电流 I_{SUB} 之间的差异来解释。对于相同的元器件，当温度升高时，亚阈值电流 I_{SUB} 与结电流 I_{JUNC} 相比增长得更快，因此在这种情况下，I_{JUNC} 的电流值与 I_{SUB} 相比起来无关紧要，在计算功耗时可以忽略。

结电流的总值 I_{JUNC} 随温度的变化关系可由以下表达式描述[25]：

$$J_{JUNC}(T) = W \cdot J_s(T) \left[\exp\left(\frac{qV}{N_J \cdot kT} \right) - 1 \right] \qquad (6-20)$$

$$I_s(T) = J_s(T_{nom}) \cdot \exp\left[-\frac{E_g(T_{nom})X_T}{kT} \cdot \left(1 - \frac{T}{T_{nom}} \right) \right] \qquad (6-21)$$

式中，E_g 是硅的禁带宽度；I_S、N_J 和 X_T 都是结的特性；V 是施加的电压；W 是沟道宽度。

根据图 6-42 所示的相关性分析结果，对于具有低阈值电压（LVT）的元器件，可以注意到它们的 I_{JUNC} 有微小变化，因为要获得较低的阈值电压 V_{TH}，需要较低的掺杂水平，这就降低了结势垒值。因此，建模结果证明，将结特性与温度之间的关系［式（6-20）］考虑进去后，X_T 系数具有更高的值。

6.5.1.4　栅致漏极泄漏电流 I_{GIDL} 与温度的关系

栅致漏极泄漏电流 I_{GIDL} 与温度的关系可使用式（6-22）计算，其关系如图 6-43 所示。

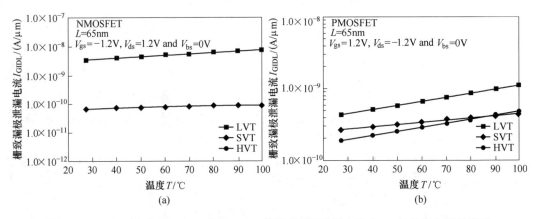

图 6-43　(a) n 沟道和 (b) p 沟道 MOS 管栅致漏极泄漏电流 I_{GIDL} 与温度之间的关系

众所周知，根据 BSIM 模型[25]，I_{GIDL} 电流与温度无关，其解析表达式如下：

$$I_{GIDL} = W \cdot A_{GIDL0} \cdot \frac{V_{dg}}{T_{ax}} \cdot \exp\left(-B_{GIDL0} \frac{T_{ax}}{V_{dg}} \right) \qquad (6-22)$$

式中，A_{GIDL} 和 B_{GIDL} 是 I_{GIDL} 的电流参数；T_{ax} 是栅氧的厚度；V_{dg} 是栅漏电压。

同时，一些实验结果表明，在高温下 I_{GIDL} 电流略有降低[26]。亚微米微电路设计人员使用的设计工具套件中会引入一个参数 A_{GIDL} 来考虑这一现象，其值随温度升高而增加，以获得图 6-43 中给出的结果。需要注意的是，p 沟道 MOS 管的这一值与温度的关系更为明显。

6.5.1.5　栅极隧穿电流 I_{GATE} 与温度的关系

如果在最坏情况下即 $V_{gs} = 1.2V$ 和 $V_{ds} = V_{bs} = 0V$ 时确定 I_{GATE} 电流，其表达如下

所示：

$$I_{GATE} = W \cdot L \cdot A_{IG} \cdot V_{gs}(V_{gs} - V_{FB}) \cdot \exp(-B_{IG} \cdot T_{ax}) \qquad (6-23)$$

式中，A_{IG} 和 B_{IG} 是栅极隧穿电流的参数；L 是沟道长度；V_{FB} 是平带电压。

值得注意的是，该电流值几乎与温度无关。栅极隧穿电流 I_{GATE} 的微小变化与平带电压与温度间的微小变化关系（二阶）有关，建模结果证明了这一观点。如图 6-44 所示，n 沟道和 p 沟道 MOS 管的 I_{GATE} 变化分别不超过 5% 和 8%。

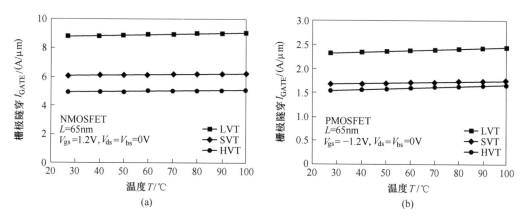

图 6-44　（a）n 沟道和（b）p 沟道 MOS 管栅极隧穿电流 I_{GATE} 与温度之间的关系

表 6-2 给出了温度变化对漏电流主要成分影响水平和特性总结。

表 6-2　温度对漏电流的影响

漏电流的名称及简称	受温度的影响及其程度
导通电流 I_{ON}	减小，弱
亚阈值电流 I_{SUB}	增大，强
栅致漏极泄漏电流 I_{GIDL}	增大，中
栅极隧穿电流 I_{GATE}	不影响
p-n 结电流 I_{JUNC}	增大，强

6.5.2　工艺参数散布与漏电流的关系

元器件特性的偏差与工艺之间的关系一直是电路设计者和工艺工程师面临的严重问题。在技术俚语中，这种现象被称为良品率杀手。我们来考虑一下在静态工作模式下，工艺参数散布对微电路功耗的影响。

6.5.2.1　工艺和版图参数偏差的原因与分类

任何微电子元器件特性的散布首先都与集成电路制造工艺参数的不完美或重复性不足有关。在众多对参数散布产生影响的原因中，两个主要因素应该考虑。

工艺参数偏差是指温度值、注入剂量值和工艺时间的散布，以及所用半导体材料的质量特征（特性），如掺杂均匀性、载流子寿命和衬底中晶体缺陷的密度散布等。

版图中的偏差是指元器件版图参数、互连尺寸和它们之间的间隙、形状偏差和尺寸的散布。这种偏差的原因可能是光刻掩膜版的不正确调整、曝光的光刻胶过度刻蚀等。亚微米 CMOS 中还有其他一些效应，能够对元器件特性造成其他类似的负面影响。例如，对于曝光过程中所使用的深紫外光束，获得大约一个波长或更小的几何分辨率，对集成电路的参数来说也是非常重要的。其他用于解决该问题的方法（例如掩膜版校正），将导致在半导体晶圆上形成的几何图案的形状和尺寸取决于其他相邻图案的形状和尺寸（即出现邻近效应）的情况。这种效应还增加了元器件版图尺寸对随机波动的敏感度。

工艺参数的波动（随机散布）根据其性质，大致可分为两大类，分别是全局波动和局部波动。全局波动能够显著影响所有相同的元器件（例如在反应器中处理的晶圆，根据其位置受到不均匀加热），局部波动影响单个晶圆或元器件（例如高温氧化时晶圆中心或外围的不均匀加热）。

这两种类型的波动都包括确定性成分和随机性成分。掺杂杂质浓度分布就是确定性成分的一个例子。由于在热处理过程中，晶圆的加热不均匀，杂质在晶圆的中心和边缘的重新分布是不同的。不确定（随机）性成分的一个典型例子是离子注入过程，当预先设定掺杂杂质的剂量时，产生的分布具有不显著的散布。

因此，考虑到确定性和随机性的局部与全局波动，晶圆上坐标为（x，y）点处的工艺参数 p 的结果值由下述表达式确定：

$$p = p_{nom} + \Delta p_g + \Delta p_{ld}(x, y) + \Delta p_{lr} \qquad (6-24)$$

式中，p_{nom} 是参数标称值；Δp_g 是全局偏差；Δp_{ld} 是局部确定性偏差，它是坐标（x，y）的函数，Δp_{lr} 是局部随机性偏差。通常，偏差值 Δp_g 和 Δp_{lr} 的分布对应于高斯分布。

通常，确定性分量 Δp_{ld} 与空间具有一定的关系，类似于图 6-45 所示的径向分布函数的难解特征。

在等比例缩减过程中会发生几个工艺参数的散布（波动）。这种影响有很多例子，每一个都有其对应的物理解释。参考文献 [27] 给出了两个例子的说明。

第一个例子是掺杂水平的分布特性。杂质原子数为 n 的静态偏差与 $n^{1/2}$ 呈比例变化。它增加了低 n 值时阈值电压（V_{TH}）的不确定性。需要注意的是，通过减小沟道的尺寸，形成设定掺杂水平的杂质原子的数量也在减少。产生源区和漏区的掺杂原子的随机位置也会导致沟道有效长度的不确定性。当杂质原子数量减少时，这种效应加剧（见图 6-46）。

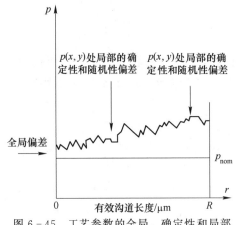

图 6-45　工艺参数的全局、确定性和局部
偏差值与晶圆半径 r 的关系

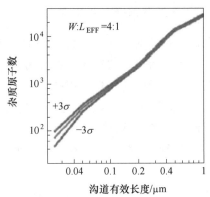

图 6-46　杂质原子沿沟道长度的分布

　　工艺参数波动影响的另一个例子是晶体管的分离结构区域边缘的粗糙度（不均匀性）。随着晶体管长度 L 的减小，该粗糙度变得更加重要，从而导致沟道有效长度 L_{EFF} 的较大散布，因此导致晶体管中电流值的较大散布。

　　为了研究根据 STMicroelectronics 公司使用相应的设计库制造的 65nm 工艺元器件特性受工艺参数散布的影响情况，在 Monte Carlo 循环中进行了计算。图 6 - 47 显示了对三种低功率 n 沟道和 p 沟道 MOS 管的关断电流 I_{OFF} 和导通电流 I_{ON} 的关系建模结果。

　　当导通电流 I_{ON} 的大小从 1.3 倍增加到 1.5 倍时，关断电流 I_{OFF} 变化 1～2 个数量级。这种变化在高阈值电压元器件（HVT）中不太明显，对 n 沟道 MOS 晶体管是 1.5 个数量级，对 p 沟道 MOS 晶体管是 0.8 个数量级。这是因为在这类元器件中，沟道掺杂水平较高，导致阈值电压变化较小。

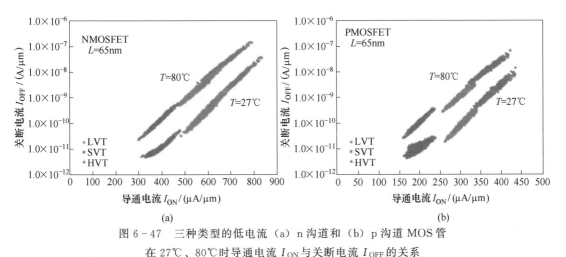

图 6 - 47　三种类型的低电流（a）n 沟道和（b）p 沟道 MOS 管
在 27℃、80℃时导通电流 I_{ON} 与关断电流 I_{OFF} 的关系

6.5.2.2　工艺参数散布对漏电流的影响

　　亚阈值电流 I_{SUB} 的散布首先由诸如离子注入期间的掺杂剂量、栅极电介质的厚度、阈值电压值和沟道长度等工艺参数的散布来决定。散布的效应表现为通过能量势垒的载流子泄漏，它与势垒高度呈指数关系。

　　因此，亚阈值电流与元器件的阈值电压和栅极隧穿电流等特性呈指数关系，即使在工艺参数散布不显著增加的情况下，它们之间也具有强烈的非线性关系。

　　下式是亚阈值电流 I_{SUB} 的表达式，它能够很好地证明上述观点。对于 n 沟道的 MOS 管，它的表达式如下[10]：

$$I_{SUB} = \mu_n C \frac{W_N}{L_N} V_t^2 \exp\left(\frac{V_{GS} - V_{TH}}{n V_t}\right)\left[1 - \exp\left(-\frac{V_{DS}}{V_t}\right)\right] \tag{6-25}$$

式中，μ_n 是电子迁移率；C_{OX} 是每单位面积的栅电容；W_N 是沟道宽度；L_N 是沟道长度；V_t 是温度应力；V_{TH} 是 n 沟道 MOS 晶体管的阈值电压，n 值由下述表达式确定：

$$n = 1 + \frac{C_D}{C_{ax}} \tag{6-26}$$

式中，C_D 是沟道下每单位面积的耗尽区电容。

对于处于关断状态（$V_{\mathrm{gs}}=0$）的晶体管，式（6-25）可改写为以下简化形式：

$$I_{\mathrm{SUB}} = I_0 \exp\left(-\frac{V_{\mathrm{TH}}}{nV_{\mathrm{t}}}\right) \tag{6-27}$$

式中，I_0 是一个常数。

　　假设阈值电压 V_{TH} 是一个平均数为 V_{TH0}、均方差为 ΔV_{TH} 值的随机值，亚阈值电流 I_{SUB} 的分布将具有半对数性和强不对称性。这与以下事实有关：降低阈值电压 V_{TH} 将导致 I_{SUB} 更大的增长，增加 V_{TH} 将导致 I_{SUB} 更小的下降。半对数分布亚阈值电流 I_{SUB} 的平均值可按下式表述：

$$I_{\mathrm{SUB}} = I_{\mathrm{SUB0}} \exp\left[\left(\frac{1}{2}\frac{\Delta V_{\mathrm{TH}}}{nV_{\mathrm{t}}}\right)^2\right] \tag{6-28}$$

式中，I_{SUB0} 为阈值电压 $V_{\mathrm{TH}}=V_{\mathrm{T0}}$ 时确定的电流值。

　　亚阈值电流的平均值随着阈值电压散布的增加而增加，进一步导致 IC 静态功耗的增加。

　　对于其他漏电流，其结果类似，这些泄漏电流与受工艺参数波动影响的元器件特性呈指数关系。图 6-48 说明了亚阈值电流与阈值电压的均方差 ΔV_{TH} 变化的关系。当达到阈值电压 V_{TH} 与值 nV_{t} 的标准差（室温下 $n=1$ 时约 26mV）时，亚阈值电流的平均值增加约 65%。

　　此外，当对栅极区域进行刻蚀时，沟道长度可能会出现高达 10%～15% 的较大程度的散布。

　　图 6-49 显示了使用蒙特卡罗（Monte Carlo）方法对 10000 个计算选项的具有高（HVT）和低（LVT）阈值电

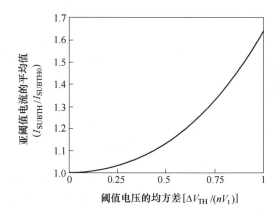

图 6-48　阈值电压 V_{TH} 均方差变化时，
亚阈值电流 I_{SUB} 平均值增加

压的 n 沟道 MOS 晶体管的亚阈值电流 I_{SUB} 行为进行建模的结果，该图给出了 I_{SUB} 电流值的 2σ 和 3σ 分布和平均值及其分布情况。

　　建模结果得出以下结论：对于低阈值电压（LVT）的晶体管，I_{SUB} 与关断电流 I_{OFF} 具有相似的散布情况；然而，对于具有高阈值电压（HVT）的元器件，特性散布要低 40%。

　　对于 p-n 结电流 I_{JUNC} 的分布，它由沟道区的掺杂水平和相应的掺杂杂质分布轮廓来表征。J_{S} 和 N_{J} 值取决于这些参数。如果存在掺杂水平散布，J_{S} 和 N_{J} 值会与标称值不同。通过分析图 6-50 所示的结电流 I_{JUNC} 的分布，可以看出对于具有高阈值电压（HVT）的晶体管，其结电流 I_{JUNC} 的变化比具有低阈值电压（LVT）的元器件更大。同时，这些值的散布远低于亚阈值电压 I_{SUB} 的散布。

　　对于栅致漏极泄漏电流 I_{GIDL} 的分布，栅致漏极泄漏（GIDL）与栅极电介质厚度的关系如式（6-22）所示。

　　通常，基本工艺中的栅极电介质厚度具有不超过标称值 5% 的随机散布。然而，由于 I_{GIDL} 与栅极电介质的厚度呈指数关系，因此 I_{GIDL} 电流的散布值可达到 50%，如图 6-51 所示。

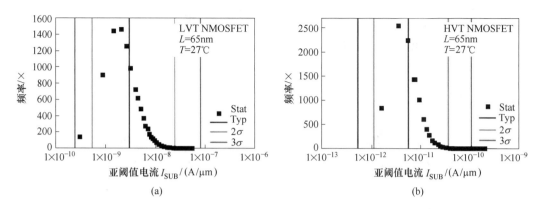

图 6 - 49　具有（a）低和（b）高阈值电压的晶体管在 27℃时 I_{SUB} 电流的分布

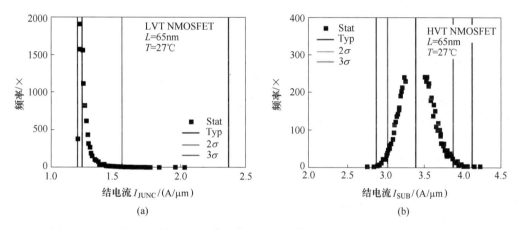

图 6 - 50　具有（a）低和（b）高阈值电压的晶体管在 27℃时结电流 I_{JUNC} 的散布

　　栅极隧穿电流 I_{GATE} 的分布与 I_{GIDL} 电流相似，I_{GATE} 与栅极电介质的厚度呈强相关性，采用蒙特卡罗方法分析的建模结果表明（见图 6 - 52）与亚阈值电流 I_{SUB} 相比，其分布具有较小的散布，并且受阈值电压值（LVT 或 HVT）的影响较弱。

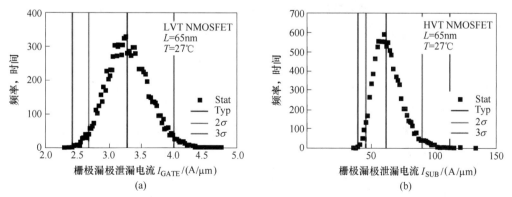

图 6 - 51　具有（a）低和（b）高阈值电压的晶体管在 27℃时 I_{GIDL} 的分布图

　　因此，根据工艺参数对漏电流值影响的分析结果，可以得出以下结论：

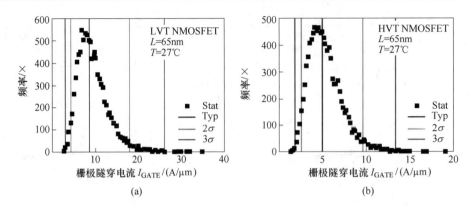

图 6-52 具有（a）低和（b）高阈值电压的晶体管在 27℃ 时 I_{GATE} 的分布图

1）光刻工艺参数的波动会导致沟道几何尺寸的散布，从而显著影响导通电流 I_{ON} 和关断电流 I_{OFF} 的值，并间接影响阈值电压 V_{TH} 的值（短沟道效应）。因此，在沟道尺寸波动为 20％ 时，关断电流 I_{OFF} 值可能会变化两倍[28]。

2）形成栅极电介质的参数的波动将会导致氧化层厚度的散布，进而直接影响导通电流 I_{ON} 和关断电流 I_{OFF} 的值，这是因为存在 C_{ox} 的散布，反过来将导致阈值电压 V_{TH} 的散布。

3）掺杂杂质分布的不均匀性会间接影响导通电流 I_{ON} 和关断电流 I_{OFF} 的值，因为在这种情况下，阈值电压 V_{TH}[29]、沟道的实际长度以及衬底电压的散布可能会影响 V_{TH}。

6.6 深亚微米设计原则下模拟集成电路版图设计的特点

本节将讨论当工艺尺寸缩减到纳米工艺时的一些设计模拟电路的问题[27]。

6.6.1 电源电压降低的影响

在工艺尺寸缩减时的模拟电路面积没有明显的减少，因为模拟电路中关键晶体管的有源区（宽度乘以长度）基本上确定了噪声效应和失配效应，正是这些约束影响了电路的动态范围。目前，在这些电路的各种应用中，对元器件的精度要求越来越高。这意味着当应用小缩减的工艺尺寸时，大多数模拟单元的面积实际上不会减少。一般情况下，热噪声（kT/C）和失配效应是通过电路达到的速度、动态范围和功耗的以下比值来关联的：

$$\frac{\text{Speed} \cdot \text{accuracy}^2}{\text{Power}} = \text{const} \tag{6-29}$$

对于热噪声，右边部分的常数只取决于温度，而对于失配，则取决于所使用的工艺引起的失配。一些实际工艺的这些比值如图 6-53 所示。

如果不使用特殊的电路解决方案，失配效应决定了该速度所需的最低功耗，并设置了一个特定的动态范围。图线上方的矩形决定了真正设计的模数转换器（ADC）。

当工艺尺寸缩减时，微电路中的失配效应没有显著改善。因此，如果要利用工艺尺寸缩减而获得更高的速度，对于相同水平的动态范围就必须增加功耗。

然而，在模拟信号处理的速度和精度固定的情况下，由于失配的增加，需要降低功耗。只有在忽略纳米工艺典型的电源电压降低的情况下这才是正确的。这种电源电压的降

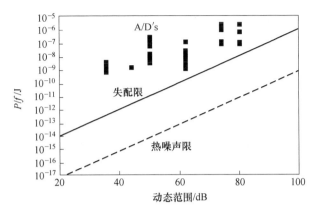

图 6 - 53　在模拟电路的功耗、速度和精度三个参数中寻找最优折中时，
热噪声和失配与这三个参数的关系

低也减少了输入信号的范围，这就是为什么有必要对热噪声施加更严格的限制。

因此，即使在固定速度和固定精度的情况下，在工艺尺寸缩减时功耗也不会减少，而是会保持不变，甚至可能会按照以下比例略微增加（见图 6 - 54）。

$$\frac{P_1}{P_2} = \frac{1}{m}\frac{t_{\text{ox1}}}{t_{\text{ox2}}} \tag{6-30}$$

式中，P_1、P_2 分别为工艺 1 和工艺 2 的功耗；t_{ox1} 和 t_{ox2} 分别为两种工艺中氧化物的厚度；m 为电源电压的比值。

因此，对于所考虑的这种情况，采用纳米工艺没有实际的用处。此外电源电压的降低也使这种方法难以在模拟电路中实现，因为许多方法［例如级电路（stogecircuits）和封装元器件］是不可能的。

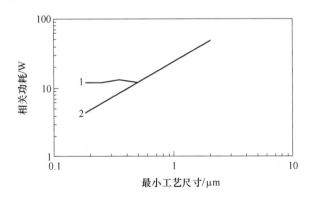

图 6 - 54　功耗与速度和精度有确定要求的模拟电路的工艺尺寸的关系（曲线 1）

工艺参数的散布影响模拟电路的性能。然而，模拟电路的设计者在计算过程中应始终考虑工艺参数的偏差和可能的失配。为了这一目的的有效的统计方法在很久以前就被开发出来了。

6.6.2　工艺尺寸的缩减和互连线上的信号分布延迟

互连线上的信号分布延迟是 IC 向深亚微米区域扩展过程中出现的另一个严重问题。

在理想情况下，门延迟按照 $1/S$ 规律减小，其中 S 是一个比例因子。互连线上的信号分布延迟有不同的对应关系。其原因之一是与半导体电容的增加相关的三维（3D）效应的发展。另一个原因是与局部互连不同，在全局互连中，随着芯片尺寸的增加，导体的延迟会增加。

在前述亚微米微电子学中，标准的 CAD 假设 MOS 晶体管的门延迟是主要因素，在高层次设计时互连的延迟可以忽略。当试图改善这种设计时，就会出现"鸡与蛋"问题。在进行精确综合和每一次高级综合时，都应准确计算导体上的延迟。然而，需要考虑的是，如果没有在逻辑综合过程中生成的完整连接列表的版图，则不可能计算出精确的门延时。

信号延迟问题起源于 20 世纪 90 年代早期的逻辑优化领域。文献［31］提出了一种利用改进局部位置来减少延迟的方法。在文献［32］中，提出了一种布局方法，根据该方法，通过电路的建模和最优布局来分析导体的延迟和过载。不幸的是，芯片表面的元器件实际位置及连接与建模结果之间的相关性似乎比预期的更差。文献［33］提出了一种门校准方法，通过这种方法，负责在关键路径上产生主要信号和延迟的电路区域被最小化。然而，该研究并未考虑互连的实际位置。另一种基于版图的逻辑优化方法见文献［34—36］。根据作者的说法，这种方法的应用可以减少 $10\%\sim30\%$ 的延迟。如果没有关于电路版图的可用信息，任何逻辑电路优化方法都是不可能的，这就是现代亚微米微电路的设计过程具有集成特性的原因。

通过一阶简化的互连信号分布延迟可以近似写成以下形式[27]：

$$t_{\text{interconnections}} = \frac{rcL^2}{2}\rho k\left(\frac{L}{\lambda}\right)^2 \tag{6-31}$$

式中，r 和 c 分别为每单位互连长度的电阻和电容；ρ 和 k 为每单位面积的对应值；λ 为由工艺决定的互连间距。

由式（6-31）可知，互连上的信号分布延迟值与互连的工艺间距成反比。间距值是与工艺一同缩减的这意味着如果互连长度 L 和互连间距 λ 以相同的方式缩减，信号分布延迟将保持不变。

对于扩展互连，例如总线互连的长度和间距也以同样的方式缩减。在工艺尺寸缩减过程中，这些线的长度趋于不变。在这些条件下，互连上的信号分布延迟成为主导。

当考虑功耗与互连电容的关系时，这样的推理也是合理的。这种电容对功耗的贡献在工艺尺寸缩减时也很重要。使用新的（低 k）材料作为互连之间的隔离或者具有更高导电性的材料有助于降低互连的功耗。

6.7 结论及建议

本章对深亚微米设计规则下电路设计中存在的问题进行了分析，得出了初步的结论。在此基础上，针对这些问题，需要对 CAD 工具的当前状态进行一些评述。

众所周知，微电路的功耗和性能是相互矛盾的。在追求功耗性能的折中时，应考虑全功耗，包括漏电流引起的功耗。现代计算机设计方法几乎可以实现大型 IC 的最佳工艺尺寸缩减。不幸的是，在解决工艺尺寸缩减的工艺或元器件的问题时，很少有人尝试使用双阈值电压并消除上述争议[13,21,22]。此外，还应考虑由低阈值电压（V_{TH}）晶体管产生的动态功耗。在保证其性能的前提下，可以通过将逻辑电路中的一个晶体管自动转换为双晶体管堆叠，利用堆叠效应来减少泄漏。CAD 软件应该有效地确定每个电路单元在待机模式下具有最小泄漏的输入的向量。

电源噪声包含了与频率相关的模拟电路设计的问题。应使用最精确的电源噪声模型，考虑其对电路频率特性的影响，还需要相应的工具来对特定的电流范围建模。设计人员使用的电路综合软件包应符合与整个芯片特性散布计算相关的电路的要求。以特定的方式抑制芯片区域有助于降低感性噪声。大电流、低电压电路的设计软件尤其需要噪声分析算法，因为封装电感的缩减不足以补偿瞬态电流的增长。旁路电容和由电容控制的线路的有效布置可以提供高瞬时电流的局部电源，并减少电源线中的感性噪声。版图设计软件应确保直接在消耗高电流的电路（例如时钟脉冲发生器和浮点单元）附近自动集成高频旁路电容。使用多个 V_{DD} 的电路设计方法不能保证与使用多个 V_{TH} 的方法相同的精度。具有不同 V_{DD} 晶体管的电路组合应用可以实现高达 20% 的功耗节约，但这是通过增加芯片面积达到的[20]。对于具有多个 V_{DD} 的电路，需要对具有不同 V_{DD} 的区域进行物理分离。网表中的逻辑分离说明了芯片上的物理分离。现代的综合方法可以对不同的 V_{DD} 进行逻辑分离，以有效地进行版图开发。

为了在没有短沟道效应的情况下达到足够高的功能特性，可以通过对衬底施加正向体偏置（FBB）来降低阈值电压 V_{TH}[37]。在休眠模式下，减少漏电流引起功耗的方法之一是应用 FBB。在版图设计过程中，需要为全局和局部的体偏置信号发生器预留一定的芯片区域。休眠模式下的漏电流可以通过一种称为休眠晶体管具有高阈值电压 V_{TH} 的元器件来降低，这种元器件与具有低阈值电压 V_{TH} 的标准电路串接。休眠晶体管是由一个特殊的信号控制的，该信号可以设置活跃/休眠模式。在进行物理设计时，这种休眠晶体管应该小心地被安置在所有大型活跃电路单元中[38]。

因此，根据本节给出的过渡到 90nm、65nm 和 45nm 设计规则的当前问题的分析，微电子领域的 CAD 行业继续面临着将元器件的工艺尺寸缩小到深亚微米区域的新困难。随着半导体工艺的每一次成功改进，在深亚微米上都出现了新的问题。在高性能电路中广泛出现了散热、电迁移和互连短路等现象。许多 CAD 工具被开发来解决这些问题。该领域的 CAD 领导者，例如 Cadence、Synopsys 和 Mentor Graphics 等公司，提供了广泛的工具来解决特定的问题。然而，就复杂电路而言，即使采用这些方法也不能总是确保得到最佳的解决方案。

有效和可靠的功耗控制方法，如集成到芯片中的温度表和复杂的电压源，可以导致动态功耗的降低，并提供了使用更便宜的封装设计和增加集成在芯片上的元器件密度的可能性。

芯片上的功耗分配可以通过监控内部有源电阻的电压降来控制，这允许使用新的工艺方法来改进组装操作，例如倒装芯片方法。然而，当使用倒装芯片和待机（休眠）模式时，大电流阶跃可能会被加剧。

需要进一步研究在芯片内使用 CMOS 中继器传输信号的替代方法，以及用于最小化信号线功耗的 CAD 工具。

多层方法使用低V_{TH}和高V_{TH}的各种元器件来降低功耗（静态的和动态的），包括使用具有各种逻辑元器件排列、具有各种阈值电压和元器件尺寸的电路。此外，从信号分布的角度来看，非关键的元器件，应与电源电压V_{DD}和阈值电压V_{TH}参考值较低的元器件连接，以更有效地降低总体功耗。

文献［26—38］描述了具有深亚微米设计规则的集成电路设计所需的版图综合和优化的概念。还考虑了功耗和延迟等问题。研究表明，基于延迟计算的标准方法的高层或逻辑级设计并评估其作用是无意义的。

在这些分析的基础上，针对深亚微米工艺制造的集成电路中漏电流的降低提出了一些具体的建议。

第一，本章的分析结果证明了需要消除的主要漏电流是亚阈值漏电流。随着工艺散布的增加，该电流的值迅速增加，在以纳米工艺（45nm及以下）制备的集成电路中，对元器件参数散布的主要贡献是掺杂杂质的波动。

第二，与晶体管尺寸减小有关的限制。因此，发展更深的亚微米工艺过程包括以下几点：

1）当栅极电介质厚度减小时，栅极隧穿电流显著（以指数方式）增大；

2）在栅极电介质厚度非常小（几纳米）的情况下，多晶硅栅极区域发生耗尽效应，为了消除这一效应，必须在形成栅极时从使用多晶硅材料改成使用金属材料；

3）载流子迁移率下降，这需要应用额外的解决方案，如增加掺杂水平、增加电场密度、拉伸表面（即使用应变硅）；

4）特定的结电容增加，为了降低它，应该提高掺杂水平；

5）MOS晶体管的尺寸降低（沟道长度）受到源极-漏极隧穿电流$I_{sd,turn}$的限制，其极限值是6～7nm。

第三，为减少漏电流，在系统级和逻辑级设计微电路时，需要解决以下主要问题：

1）考虑潜在漏电流的系统设计优化和逻辑综合；

2）选择性地（在可能的情况下）增加栅极长度；

3）在一个设计中使用具有不同（高和低）阈值电压的晶体管组成的库单元，如低V_{TH}的元器件应用于高速单元、高V_{TH}的元器件应用于低速单元；

4）衬底偏置电压自适应控制应采用反向偏置减小V_{TH}、零或小正向偏置增大V_{TH}来实现。

5）对于特定的门和逻辑单元，应采用选择性（可选）电源关闭。

参 考 文 献

［1］Belous A I, Ovchinnicov V I, Turtsevich A S. Features of Microwave Devices Design for Spacecrafts ［R］. Ministry of Education of the Republic of Belarus, Gomel University of FrancyskSkoryna, Gomel，2015.

［2］Rabaey J, Nikolic B, Chandrakasan A. Digital Integrated Circuits ［M］. 2nd ed.，Upper Saddle River, NJ：Prentice Hall，2002.

［3］Belous A I, Emelyanov V A, Turtsevich A S. Fundamentals of Circuit Design of Microelectronic Devices ［M］. Moscow：Tekhnosfera，2012：468.

［4］ Karnik T Borkar S，De V. Sub - 90nm Technologies - Challenges and Opportunities for CAD［M］.New York：IEEE，2002.

［5］ Pollack F. New Microarchitecture Challenges in the Coming Generations of CMOS Process Technologies ［J］. Micro，1999，32.

［6］ Barry Pangrle B，Shekhar Kapoor S. Leakage Power at 90nm and Below ［M］. Synopsis Release，2009.

［7］ Kuzmicz W. Static Power Consumption in Nanometer CMOS Circuits ［M］. 3rd IREF，Kharkov，October 2008.

［8］ Roy K. Leakage Current Mechanisms and Leakage Reduction Techniques in Deep Submicrometer CMOS Circuits ［J］. Proc. of IEEE，2003，91（2）：305 - 327.

［9］ Ferre A. Figueras J. Leakage in CMOS Nanometric Technologies in Low Power Electronics Design ［M］. Ch. 3，Boca Raton，FL：CRC Press，2004.

［10］ Predictive Technology Model ［EB/OL］. 2015 ［January 1. 2015］ http：//www. eas. asu. edu/~ ptm/.

［11］ Kao J T，Chandrakasan A P. Dual - Threshold Voltage Techniques for Low - Power Digital Circuits ［M］. IEEE J. Solid - State Circuits，2000：1009 - 1018.

［12］ Wei L. Design and Optimization of Dual - Threshold Circuits for Low - Voltage Low - Power Applications ［J］. IEEE Trans. on VLSI Systems，1999：16 -24.

［13］ Gielen G，Rutenbar R. Computer - Aided Design of Analog and Mixed - Signal Integrated Circuits ［J］. Proceedings ofthe IEEE，2000，88（12）：1825 - 1854.

［14］ Van der Plas G. AMGIE - A Synthesis Environment for CMOS Analog Integrated Circuits ［J］. IEEE Trans. on Computer - Aided Design of Integrated Circuits and Systems，2001，20（9）：1037 - 1058.

［15］ Van Ileijningen M. Substrate Noise Generation in Complex Digital Systems：Efficient Modeling and Simulation Methodology and Experimental Verification ［J］. IEEE Journal of Solid - State Circuits，August 2002，37（8）. 1065 - 1072.

［16］ Donnay S，Gielen G. Analysis and Reduction Techniques for Substrate Noise Coupling in Mixed - Signal Integrated Circuits ［M］. European Mixed - Signal Initiative for Electronic System Design，Kluwer Academic Publishers，2003.

［17］ Sery G. Life Is CMOS：Why Chase the Life After? ［M］. DAC，2002：78 - 83.

［18］ Kuroda T. Low - Power CMOS Digital Design with Dual Embedded Adaptive Power Supplies ［J］. JSSC，2000，35（4）：652 - 655.

［19］ Krishnamurthy R. High - Performance and Low - Power Challenges for Sub - 70nm Microprocessor Circuits ［M］. CICC，2002：125 - 128.

［20］ Karnik T. Total Power Optimization by Simultaneous Dual - Vt Allocation and Device Sizing in High Performance Microprocessors ［M］. DAC，2002：486 - 491.

［21］ Tschanz J. Design Optimizations of a High Performance Microprocessor Using Combinations of Dual - Vt Allocation and Transistor Sizing ［M］. VLSI Circuits Symposium，2001：218 - 219.

［22］ The Effects of Process Variability and Temperature on 65nm Devices ［R］. CLEAN Project Report，FP6 - 2004 - IST - 4 - 026980 - IP，2006.

［23］ Kanda K，et al. Design Impact of Positive Temperature Dependence on Drain Current in Sub - 1V CMOS VLSIs ［J］. IEEE Journal of Solid - Sate Circuits，October 2001，36（10）.

［24］ BSIM 4. 5. 0 MOSFET Model User's Manual ［EB/OL］. 2013 ［2015 - 1 - 6］. http：// www. device. eecs. berkeley. edu/~bsim3/bsim4. html.

［25］ Rais K. Temperature Dependence of Gate Induced Drain Leakage Current in Silicon CMOS Devices ［J］. Electronics Letters，1994，30（1）.

［26］ Karnik T，Borkar S，De V. Sub－90nm Technologies－Challenges and Opportunities for CAD ［C］. Proceedings of the Design，Automation，and Test in Europe Conference and Exhibition（DATE' 05），2005.

［27］ Brunet J－M. Addressing Variability in the Design to Manufacturing Flow ［M］. Design and Process Engineering：Bridging the EDA Gap，IEEE Web Seminar，November 9，2006.

［28］ Skotnicki T. Nano－CMOS & Emerging Technologies Myths and Hopes ［C］. Plenary Presentation PL－1，2006 Intl. Conf. on Solid State Devices and Materials，Yokohama，September 2006.

［29］ Director S，Feldmann P，Krishna K. Statistical integrated circuit design ［J］.IEEE Journal of Solid－State Circuits，1993，28（3）：193－202.

［30］ Bakoglu H B. Circuits，Interconnections，and Packaging for VLSI，Reading，MA：Addison－Wesley，1990.

［31］ Pedramand M，Bhat N. Layout Driven Logic Restructuring/Decomposition ［C］. Proc. ICCAD，1991：134－137.

［32］ Lin S，Marek－Sadoeska M，Kuh E S. Delay and Area Optimization in StandardCell Design ［C］. Proc. 27th DAC，1990：349－352.

［33］ Kannan L N，Suaris P R，Fang H G. A Methodology and Algorithms for Post Placement Delay Optimization ［C］. Proc. 31st DAC，1994：327－332.

［34］ Aoki T. Fanout－Tree Restructuring Algorithm for Post－Placement Timing Optimization ［C］. Proc. of the ASP－DAC' 95，1995：417－422.

［35］ Sato K. Post－Layout Optimization for Deep Submicron Design ［C］. Proc. of the 33rd DAC，1996：740－745.

［36］ Keshavarzi A，et al. Forward Body Bias for uPs in 130nm Technology Generation and Beyond ［C］. VLSI Circuits Symp. ，2002：125－128.

［37］ Anis M. Dynamic and Leakage Power Reduction in MTCMOS Circuits Using an Automated Efficient Gate Clustering Technique ［M］. DAC，2002：480－485.

第 7 章　基于 SOS 和 SOI 结构的
空间应用微电路设计

航天和军事硬件的最新技术要求规定了其在辐射下运行的基本条件。脉冲电离辐射（IIR）对电子系统的破坏最大，而大规模存储集成电路（MLSIC）是现代电子系统中最容易受到脉冲电离辐射影响的元器件之一。

研究最高水平（高达 10^{13} cps）的脉冲电离辐射条件下存储单元的功能失效特性，对设计新的或改进现有的军事、航天以及其他特殊应用的抗辐射元器件和元器件具有重要的意义，同时还能提高抗辐射元器件和元器件的功能、性能特征以及加固有效性[1,2]。

发展先进的国家航天火箭控制系统，需要开始对新的数字电路、数字-模拟互补金属氧化物半导体大规模集成电路（CMOS LSIC）以及大量具有高容错能力和信息容量的 MLSIC 进行归类。但不幸的是，作者在本文的撰写过程中，没有一个早期开发的国家级 MLSIC 完全符合这些要求。因此，用户要求关于在战略系统内的国家级 MLSIC IIR 的最终水平须处在 $10^{12} \sim 10^{13}$ cps，并且最低容错在 10^{11} cps，但对于由体硅和外延结构制作的 MLSIC 而言，要达到（$1 \sim 5$）10^{12} cps 几乎是不可能的[1,2]。

与此同时，国家级专业公司——特殊电子系统实验与生产协会（ENPO SPELS）的专家们对 1Mb RAM VLSIC（美国霍尼韦尔生产的 HX6228）进行了实验研究。文献 [3] 展示了一种现代的最佳制造工艺，该工艺使用了绝缘体上硅结构（SOI）以及有效的电路-版图布局解决方案，真正地将高信息容量（1Mb）和高辐射耐受水平（严重故障水平为 10^{12} cps，容错水平为 10^{11} cps，剂量耐受水平大于 10^6 U）有效地结合了起来。基于 SOI 结构，霍尼韦尔掌握了抗辐射 SOI CMOS MLSIC 的生产制造技术。这一结果表明了在 SOI 结构上开发国家级 MLSIC 的可行性，该结构可在脉冲电离辐射条件下充分降低电离电流并抑制 LSIC 元器件之间的寄生耦合效应。直到现在，俄罗斯在现有生产基础上所掌握的几乎唯一的用于 MCMOS 的 SOI 技术当中只有蓝宝石硅（SOS）技术这一种。在过去的 10 年里，已被开发出来的 CMOS SOS MLSIC（1620 系列）确保了 RAM 在信息容量为 $4 \sim 8$kb 的时候具有 $1.0 \times 10^{10} \sim 5.0 \times 10^{10}$ cps 的容错水平，并且在信息容量为 $2 \sim 4$kb 的时候具有 10^{12} cps 的容错水平。已有的具有一定信息容量容错比的 SOS 存储器满足了较早开发以及最新开发的机载控制系统的要求，但对正在开发的新一代智能复杂系统而言，其性能却完全不够。

本章的目的是为读者提供一个具有开源的科技信息结果的概要，并在此基础上给出建议：采用 SOI 工艺的数字微电路和存储电路有更强的抗电离辐射的能力。

为了实现这一目标，本章主要通过以下几节来展开。第 7.1 节展示了使用 SOI 结构开发并生产国产抗辐射 CMOS MLSIC 的意义。第 7.2 节主要分析基于美国生产的 SOI 工艺的抗辐射 MOS LSIC。第 7.3 节专门讨论硅和二氧化硅暴露于电离辐射中存在的问题。

第 7.4 节讨论了 MOS SOI 晶体管在电离辐射条件下的主要物理现象。第 7.5 节介绍了一种辐射实验研究的结果，该实验研究了总剂量高达 10^6 rad 的 γ 量子辐射处理对 MOS 晶体管参数、多晶硅电阻和塑料薄膜电容器的影响。第 7.6 节主要介绍提高 SOI MOS 晶体管暴露于电离辐射耐受性的设计和相关技术方法。第 7.7 节考虑了 SOS 和 SOI CMOS LSIC RAM 暴露于电离辐射时的辐射耐受问题。第 7.8 节介绍了在 SOI 结构内形成 RAM 单元的最佳设计方法和技术解决方案，以此来抵抗高功率电离辐射脉冲。

7.1　基于 SOI 结构的抗辐射 CMOS LSI 电路

SOI 技术从 1998 年 IBM 宣布成功掌握并使用 SOI 结构的微处理器 LSIC 才开始受到关注。一些半导体系统制造商，如摩托罗拉，也效仿 IBM，开始掌握一些基于 SOI 结构的产品生产技术[4]。与此同时，美国的其他主要电子产品制造商，如英特尔和 AMD 也试图在微处理器 LSIC 生产中使用 SOI 结构，而不是使用硅衬底，但现在这些工作已被暂停。大多数公司都在开发应用在低功耗和低电压领域的 SOI 产品，然而使用 SOI 技术的最大优势是它可以用来生产特殊用途的产品，例如它可用于生产工作在电离辐射条件下或者高温条件下的产品。

通常，抗辐射的 SOI 电路是使用部分耗尽的 SOI MOS 晶体管制造的。这是由于全耗尽 SOI 元器件在电离辐射条件下，电荷的形成发生在较厚的隔离氧化层（BOX）中。这会影响全耗尽 SOI 元器件的阈值电压，这对于抗辐射电路的应用极为不利。通过最新的研究表明，现在已经可以制造出抗辐射的全耗尽 SOI 元器件。表 7 - 1[5] 列出了抗辐射 SOI 电路的美国制造商的名单。其中，霍尼韦尔公司在该领域处于领先地位。

NASA 通过支持 SOI 技术的研究来探索 SOI LSIC 在外太空环境中抵御辐射、低温和高温的能力。SOI 技术是数字、数字-模拟信号元器件和电路应用的先导技术。它是小尺寸元器件（$0.18 \sim 0.25 \mu m$）和低功耗的结合，且空间应用领域的专用系统开发人员对 SOI 的辐射耐受能力具有浓厚研究兴趣。这种元器件有两种特性值得我们关注。第一，这些元器件在火星表面的低温条件下（$-100\,℃$）是否可以正常工作；其二，在低温条件下这些元器件是否可以应用于仪器和传感器。至于抗辐射元器件的应用则非常广泛，其中飞往水星的航天器需要耐高温电子元器件，飞往木星的卫星之一——木卫二也需要能够抵抗总剂量达 100 Mrad 辐射的航天器。研究人员开发用于空间的 SOI 技术的目的是能够对 SOI 工艺全流程进行建模和描述，该工作是在麻省理工学院/林肯实验室、霍尼韦尔、联合信号公司以及美国国家安全局（NSA）[5] 的直接合作中完成的。

该工作使用简化的流程、使用适用于可靠性测试的结构、使用适用于现有的制造工艺以及可靠性评估的可用电路。这些评估的结果将为设计工程师和电路设计人员提供有关该技术在抗辐射应用中的特性和局限性等必要信息。此外，在 SOI 结构中开发 LSIC 工艺制造流程，接收并采纳行业内合作伙伴所需的可靠性特性等信息也将有利于 NASA 在未来对该结构的应用。

Synova 开发了一种名为 Mongoose - V[6] 的 32 位抗辐射处理器（1 Mrad）。Mongoose - V 是使用 SOI CMOS 工艺制造的抗辐射 MIPS R3000 32 位微处理器，该独立芯片是一种高元器件集成度的设备，可应用于航天器中的多处理器单元，如仪表集成控制器，其包括片上缓存储器、片上外设功能以及完整的 IEEE - 754 浮点硬件支持。Mongoose - V 的开发是由 NASA 戈达德太空飞行中心赞助，并且该处理器对总剂量为 1Mrad 的辐射以及超过 $80\text{MeV} \cdot \text{cm}^2 \cdot \text{mg}^{-1}$ 的线性能量转移（LET）具有抗性，这使得它几乎不存在单粒子翻转（SEU）。因此，其在空间应用中备受关注。

表 7 - 1　基于 SOI 结构的抗辐射高温电路在美国的生产情况

公司	晶体管部分耗尽/完全耗尽	主要应用
Synova	部分耗尽	抗辐射 LSIC
Honeywell	部分耗尽	耐高温，抗辐射 LSIC
Peregrine	全耗尽	抗辐射 LSIC
Lincoln Laboratory	全耗尽	低功耗抗辐射 LSIC

目前，林肯实验室已经完成了一项应用于低功耗领域的全耗尽 SOI 工艺的研发工作，其中，阈值电压已降低至 400mV，电源电压已降低至 900mV，最小栅长为 $0.18\mu\text{m}$，硅薄膜厚度为 50nm，源和漏极用硅化物覆盖，并且使用了三层金属。该工艺的特点是介质层绝缘。硅墙的侧面被氧化，硼元素采用离子注入的方式注入以避免氧化层在生长后产生离子的横向扩散（p 沟道元器件为 n 型，n 沟道元器件为 p 型）。该离子注入需要两个掩膜版，提高抗辐射能力的一个关键方式是将侧面的氧化层厚度从 25nm 减薄到 8nm。林肯实验室用不同厚度的氧化物在硅墙的侧面制作了 SOI MOS 晶体管[7]，图 7 - 1 显示了其亚阈值特性。

结果表明，氧化物侧面部分厚度在 25～8nm 范围内时，氧化层厚度减薄可显著提高辐射冲击条件下的亚阈值特性，并且该工艺的后续改进措施使得 1Mrad（Si）剂量下的阈值电压降低到 140mV 以下。林肯实验室的全耗尽型 SOI CMOS 工艺是与多家公司合作开发的，包括 NASA 喷气推进实验室、霍尼韦尔、罗克韦尔等研究抗辐射方面的公司以及朗讯、波音和 DEC 等开发高速系统的公司。图 7 - 2 显示了 SOI CMOS 工艺的低功耗和高速特性，该图使用了测试压缩接收电路，外加电压为 1.1V 时工作频率达到了 0.55GHz，外加电压为 2V 时，工作频率达到了 1GHz。最近，林肯实验室发布了有关制造低于 100nm 的全耗尽型 SOI MOS 管的消息[8]。

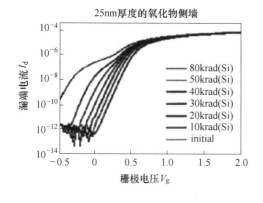
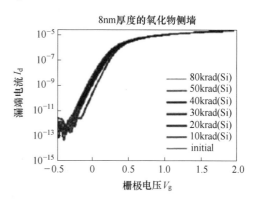

图 7 - 1　由于氧化物侧墙厚度减小从而改善了辐射抗性

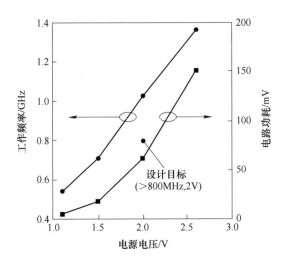

图 7 - 2　使用 $0.25\mu m$ SOI CMOS 技术制造的压缩接收电路的速度和功率

派更（Peregrine）半导体公司开发并生产了一种高性能集成电路，该电路是基于一种已有授权专利的工艺制造的，即基于商用超薄硅（UTSi）的 CMOS/SOS 工艺[5]。基于 SOS（蓝宝石上硅）材料的 UTSi 工艺在集成度、速度、功耗、线性度和成本等方面具有突出的优势，是一种非常先进的适用于无线产品和卫星通信产品的工艺。UTSi 工艺使用 LOCOS 将元器件隔离，然后将硼注入 NMOS 元器件的侧墙上。

SOS 工艺中少数载流子较短的寿命确保了其具有较高的 SEU 抗性，而通过在硅活性层下使用蓝宝石材料与 n 沟道元器件的 p 型掺杂侧墙的有机结合，确保了对总剂量辐射的良好抗性。其中，派更（Peregrine）半导体公司开发的抗辐射 MOS 管的结构如图 7 - 3 所示。

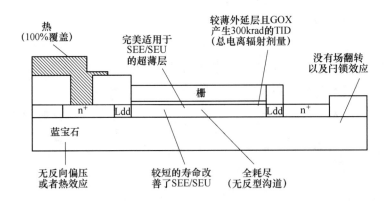

图 7 - 3　具有独特辐射特性的 UTSi 结构剖面图

UTSi 工艺最初是为生产移动和卫星通信的射频电路而开发的。如今，派更半导体生产的集成电路被应用在高通、三星、阿尔卡特、NEC、索尼等移动产品当中。1999 年，在核空间与辐射效应会议（NSREC）上，派更半导体公司宣布开始研发和生产抗辐射电路，包括 FPGA、SRAM、电可擦写可编程只读存储器（EEPROM）、数字信号处理器

（DSP）和 ADC 等。图 7 - 4 和图 7 - 5 显示了 0.5μm n 沟道和 p 沟道 UTSi 元器件的漏极电流随栅极电压的变化关系。阈值电压偏移量在受到 100krad（Si）剂量辐射后小于 50mV，且辐射后泄漏电流的增加量（＜100pA/μm）几乎无法被察觉。

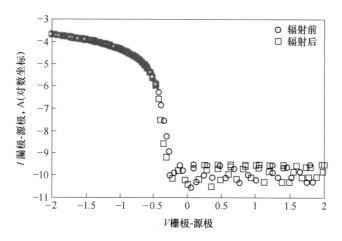

图 7 - 4　宽长比为 $W/L = 3\mu m/0.5\mu m$ 的 UTSi N 沟道晶体管在辐射前后 log［ID（VD）］的依赖
关系，辐射过程中 $V_{GS} = 3V$

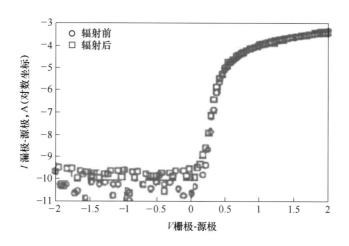

图 7 - 5　宽长比为 $W/L = 3\mu m/0.5\mu m$ 的 UTSi P 沟道晶体管在辐射前后 log［ID（VD）］
的依赖关系，辐射过程中 $V_{GS} = -3V$

　　霍尼韦尔在开发和生产基于 SOI 结构的抗辐射 LSIC RAM 方面取得了最出色的成果，该公司开发了 SOI LSIC 系列产品，包括 256k ROM、4M SRAM 和 16M SRAM LSIC[9,10]。SOI CMOS LSIC 的生产工艺非常传统，它需要部分耗尽的 SOI MOS 管。霍尼韦尔 CMOS LSIC 1M SRAM 的生产过程是由霍尼韦尔固态经济中心（普利茅斯，明尼苏达州）的专家开发的[11]，最早的衬底采用的是 SOI 结构，它是根据 SIMOX 技术生产的，氧的注入是在 190keV 条件下完成的。SOI 结构在 1325℃ 的温度下进行退火，以确保能够得到 370nm 厚的氧化物埋层以及 190nm 厚的薄膜硅。该工艺选择了表面缺陷密度低

于 $0.2cm^{-2}$、HF 缺陷密度低于 $1\ cm^{-2}$、薄膜掺杂水平小于 $2\times10^{16}\ cm^{-2}$ 的 SOI 晶圆。图 7-6 显示了一种 CMOS 栅极结构的剖面示意图，该结构是基于 SOI 并采用 $0.7\mu m$ 设计规则的 CMOS 技术制作的。在霍尼韦尔公司，该工艺流程被称为 SOI RICMOS-IVT CMOS 工艺。

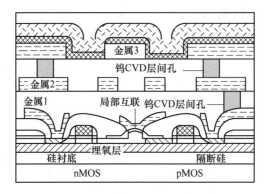

图 7-6　根据 SOI RICMOS-IVT CMOS 制作的 SOI CMOS 栅极结构

在霍尼韦尔的 SOI RICMOS-IVT CMOS 工艺中，n 型和 p 型管是通过植入来获得部分耗尽区域，该耗尽区位于 n 沟道晶体管的 n^+ 型多晶硅栅下，也位于 p 沟道 MOS 晶体管的内置沟道下，氧化物以及 p-n 结则在晶体管内用于绝缘，且管道与管道之间采用氧化物进行隔离。已有成果表明[8,9]，特殊的存储单元已经研发了出来，该存储单元能够保证在 $-55\sim125℃$ 的温度区间内抵抗 2 Mrad 的总剂量电离辐射以及最小 $10^{12}\ rad/s$ 的脉冲辐射。晶体管 MOS 沟道的有效长度为 $0.55\mu m$，并且采用氧化物沟槽进行隔离，还使用了三层金属。当步长为 $2\mu m$、接触尺寸为 $1\mu m$ 时，存储单元的表面积为 $10.2\times8.4\mu m^2$。多晶硅和源漏接触区域被硅化钛覆盖，SRAM 1M 芯片尺寸为 $4.44\times4.47mm^{2[11]}$。

对沟道宽度为 $10\mu m$、沟道长度为 $0.7\mu m$ 的 n 沟道 MOS 管样品进行了伽马量子辐射。图 7-7 显示了前栅的阈值电压与总剂量的关系。在 1 Mrad 剂量下，阈值电压偏移不超过 $100mV$。

图 7-8 显示了背栅的阈值电压对辐射剂量的依赖关系。在 1Mrad 剂量下，背栅的阈值电压不超过 20V。辐射达到 1Mrad 后，背栅的阈值电压超过 10V，足以确保 n 沟道晶体管在 5V 供电电压下稳定工作。对 n 沟道 MOS 管进行测试，经过 1Mrad 剂量的辐射后，其漏电流没有增加。

环形发生器的测试结果表明，由沟道长度为 $0.7\mu m$、沟道宽度为 $3\mu m$ 的 MOS 管组成的 CMOS 门的开关延迟时间为 120ps。LSIC 1M SRAM 在 $-55\sim125℃$ 温度范围内的开关延时为 $17\sim25ns$。LSIC 1M SRAM 静态电流消耗情况如图 7-9 所示。

霍尼韦尔公司和摩托罗拉公司宣布合作开发用于航空航天应用的抗辐射功率 PC 微处理器[10]。在过去的 20 年里，霍尼韦尔公司应用于军事和空间的抗辐射 LSIC 生产技术一直处于领先地位。该公司的抗辐射产品现在包括 CMOS MLSIC、带有磁存储单元的 MLSIC 和定制 LSIC（ASIC）[12—14]。目前，霍尼韦尔使用三种基本技术生产抗辐射 LSIC，设计尺寸分别为 $0.7\mu m$、$0.35\mu m$ 和 $0.15\mu m$。使用 SOI 结构，而不是硅衬底，能

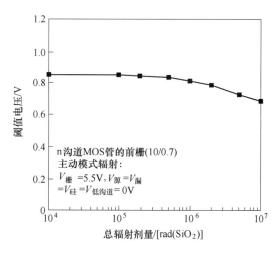

图 7 - 7　n 沟道 SOI MOS 管前栅的阈值电压与辐射剂量有关

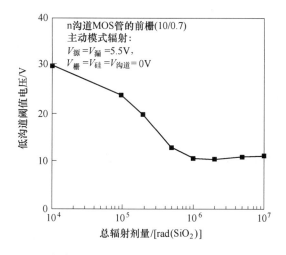

图 7 - 8　n 沟道 SOI MOS 管背栅的阈值电压与辐射剂量有关

够确保可以抵抗不小于 1 Mrad（Si）总剂量的辐射、最小剂量 10^{12} rad（SiO_2）/s 的脉冲辐射以及最小 10^{-11} 扰动/位/天的单粒子翻转（SEU）。与硅衬底相比，SOI 结构的硅的有源区要小 10 倍，这会使得辐射缺陷积累，这就是为什么 SOI CMOS LSIC 在较小的范围上需要特殊应用电路解决方案，以使存储单元的逻辑状态在辐射下能够保持稳定。

　　7 年前[12]，霍尼韦尔升级了基于 SOI 结构的 LSIC 抗辐射工艺，其设计规则尺寸为 150nm。该技术是霍尼韦尔固态电子中心（SSEC）和新思科技公司联合开发的。美国国防部根据 DTRA01 - 03 - d - 0018 - 0001 合同以及编号为 f33615 - 02 - 9 - 5325 的 AFRL 协议为辐射微电子加速技术开发项目提供了资金，旨在开发并制造抗辐射亚微米 LSIC 以及定制 LSIC（ASIC）。通过这一合作项目，开发出了一种定制的抗辐射 LSIC 生产制造技术，其中每个芯片包含超过 1500 万个门，且工作频率为 500MHz，只有民用 LSIC 才较早地实现了这些指标。这些成果的突破之所以成为可能，是因为霍尼韦尔公司成功地将

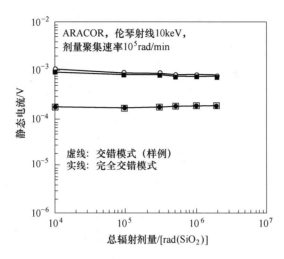

图 7 - 9　霍尼韦尔 SOI LSIC 1M SRAM 的静态消耗电流

Synopsys 公司的设计平台（如 Galaxy design 和 Discovery Verification）中的改进设计方法应用于亚微米 150nm 工艺。与体硅技术相比，使用 150nm 设计规则以及 SOI 结构保证了较高的抗辐射性能，并且能够将输入功率降低 30%，工作频率提高 20%，这些指标的改善使得该元器件具有显著的技术优势和经济优势。最终，使得集成电路的元器件密度增加了 15%，交叉耦合减少了 4～6dB。

　　霍尼韦尔生产的一些 SOI 电路的特性及其对总剂量辐射、SEU 频率和脉冲电离辐射（IIR）的抗性如表 7 - 2 所示。

表 7 - 2　霍尼韦尔生产的抗辐射 CMOS LSIC

MLSIC 类型	256k SRAM 1M SRAM 5～20M SRAM	4M SRAM 16M SRAM	4M SRAM 16M SRAM ASIC
技术	RICMOS SOI－Ⅳ	RICMOS SOI－Ⅴ	RICMOS SOI－Ⅴ
版图沟道长度 $L_{lay}/\mu m$	0.7	0.35	0.15
有效沟道长度 $L_{eff}/\mu m$	0.6	0.3	0.11
电源电压/V	5.0/3.3	3.3/2.5	1.8
单元面积/μm^2	86	33	7
总剂量抗性/Mrad(Si)	1	1	1
SEU 抗性/(扰动/位/天)	10^{-10}	10^{-10}	10^{-10}
脉冲辐射抗性/[rad（Si）/s]	10^{12}	10^{12}	10^{12}
动态功耗/(mW/mHz)	25	18	5
静态输入功耗/MW	10	15	11

7.2　电离辐射对硅和二氧化硅的影响

　　辐射对固体产生影响的原理在许多专著和综述中都有描述，例如文献［13—17］中所提到的，其核心因素如下：当高能粒子穿过固体时，主要的制动机制是高能粒子与原子核的弹性碰撞（原子核损耗）以及与电子的非弹性碰撞（电离损耗），当粒子（如离子）的速度较低时，核机制起主导作用。在这种情况下，能量转移到目标原子的原因是弹性碰撞，轰击粒子在弹性碰撞过程中将其能量转移到目标原子核，电子的机制在粒子的高速（高能量）运动中或者伽马量子辐射中占主导地位。在这种情况下，击穿是由介质电子的激发和电离所决定的。

当轰击粒子的能量足够高时，目标原子从平衡（节点）位置产生位移，从而产生了间隙原子和空位（弗仑克尔缺陷）。粒子内缺陷的产生会一直存在，直到能量低于置换该原子所需的能量阈值时才停止。其结果是产生了一定数量的弗仑克尔缺陷，并且辐射流强度的增加会导致产生的缺陷密度增大（即弗仑克尔缺陷产生效率增加）。

7.2.1 硅在辐射下的辐射效应

7.2.1.1 辐射缺陷及其复合物

由于辐射形成的固有缺陷即使在室温下也有很高的扩散系数[18]。但参考文献中给出的空位扩散系数值是分散的[19]。文中作者通过不同电荷状态下的空位具有不同的迁移能来解释这种分散。然而空位和间隙原子的极端迁移率、不同结构缺陷彼此之间的影响以及形成过程，均对此类缺陷性质的研究带来了比较大的困难。

其他种类的辐射缺陷是复合缺陷，它是点缺陷以及其他杂质（掺杂和不受控）相互作用的结果。离子辐射后在 Si 中形成的基本电活性中心有以下几种：电离能 $E_c = 0.17\text{eV}$ 的氧空位复合物（VO 或 A 中心）、将以下能级引入能隙的双空位（V2）（$E_c = 0.23\text{eV}$，$E_c = 0.39\text{eV}$，$E_y = 0.21\text{eV}$），以及 V 族元素空位复合物，其中最著名的是能级为 $E_c = 0.44\text{eV}$ 的空位磷（VP 或 E 中心）复合物[16]。当一部分弗仑克尔缺陷与杂质相互作用时，杂质在网格中的位置可能发生变化，即原本的间隙原子将间隙杂质排斥到一个间隙位置（沃特金斯效应），在辐射引入的空位中间隙杂质分解，空位和间隙原子在连续俘获杂质原子（向湮灭中心）时湮灭。大多数间隙型和空位型缺陷能在高达 $5000℃$ 的温度下退火[19]。

在缺陷积累初期，引入缺陷复合物的效率与辐射剂量成正比，在大辐射剂量下一些复合物的浓度达到了饱和，产生这种效应的原因可能如下[16]：

1) 包含在复合物中的杂质耗尽；

2) 复合物的热分解（在足够高的温度下）；

3) 在杂质位置处的空穴和间隙原子湮灭。

随着辐射强度的增加，由于弗仑克尔缺陷的部分湮灭，这使得缺陷引入速度降低。当研究置换级联辐射缺陷的演化过程时，应考虑以下过程[20—22]：

1) 空位和间隙原子的扩散；

2) 将空位和间隙位置组合成复合体；

3) 空位和间隙位置的重新组合；

4) 多个缺陷的退火、扩散和复合。

对于高能量和轰击粒子团而言，转移到与晶格互斥的原子上的能量增加了（例如中子或高能量离子）。由于二次碰撞，反冲原子产生了大量的空位和间隙原子。因此，点缺陷复合物在局部小体积内形成了具有特定性质（无序区域）的较大的缺陷。结果表明，无序区（DA）由一个富含空位的中心区域及其覆盖层组成，而间隙原子增强了 DA 的无序度[21,22]。DA 的重叠可能导致无序层和非晶层的产生，且 DA 向无定形态的转变可以通过以下几种方式进行：

1）在单独的 DA 中直接形成非晶区域；

2）不同 DA 的相互作用（重叠）导致它们的重新组合、放人或是形成了非晶区域；

3）在芯片中损伤区域附近某种缺陷（空位或间隙原子）的消耗和积累。

上述机制产生非晶化的一个必要条件是在空位和间隙原子区域内存在空间分割。非晶层的结晶化是在 600～7000℃ 温度下才会出现的。

在辐射材料的后续热处理过程中，由于简单的缺陷组合或在辐射损伤区域周围出现机械应力，常常会形成位错、位错环和棒状缺陷等线性缺陷，较大的线性缺陷由间隙原子组成，棒状缺陷的退火温度为 800～9000℃，位错环的退火温度甚至更高（>10000℃）[16,17]。

7.2.1.2　在伽马量子脉冲辐射下，硅和多晶硅中形成缺陷的特性

伽马量子与原子核相互作用的可能性是比较小的，通常伽马-辐射中辐射缺陷的出现与高能电子的形成过程有关，这过程包括光电效应、康普顿效应以及电子-正电子对的产生。康普顿效应在伽马量子能量小于 5MeV 时占主导地位。例如，在能量为 1.25MeV 的 Co^{60} 伽马-量子辐射过程中，康普顿散射产生了能量为 0.59MeV 的电子。此后，对移位原子的计算就归结为对电子引入的缺陷计算。这就是为什么伽马-量子辐射与电子辐射非常接近，并且在能量小于 5 MeV 的情况下，伽马-量子辐射在硅中仅产生点缺陷。缺陷的产生速率不仅取决于伽马-量子能，还取决于硅杂质的组成成分。在 Co^{60} 伽马-量子辐射下，缺陷在阻值为 2～50Ω·cm 的磷掺杂硅中的引入速率（以及载流子的去除）使得 $\Delta n / \Delta \varphi \simeq (7～14) \times 10^{-4} \mathrm{cm}^{-1}$[23]。硅掺杂水平的提高会使缺陷在杂质原子上湮灭，从而使引入的缺陷减少。

弗仑克尔缺陷的湮灭过程和二次缺陷的形成取决于同时引入的缺陷数量。随着脉冲强度的增加，脉冲辐射导致初级缺陷湮灭加剧，次级缺陷复合物的形成率下降。造成这些变化的原因是弗仑克尔缺陷浓度的增加以及半导体因消耗了能量而升温。

由于晶粒之间存在界面，单晶硅向多晶硅的转变使得缺陷在积累过程中具有以下特性：

1）界面缺陷的吸收改变了缺陷引入速率以及自由载流子的去除速率；

2）界面附近的机械应力也是改变自由载流子去除速率的一个因素。

7.2.2　Si/SiO₂ 界面区域的特性

7.2.2.1　关于 SiO₂ 结构的总体概述

SiO₂ 晶态和修饰型非晶态的结构基础均为硅氧四面体 SiO₄。各种修饰型氧化物的键长范围为 0.160～0.163nm，四面体键角 O-Si-O 几乎固定在 109°[24]。这种几乎固定的键角证明了从晶体到修饰型非晶态氧化物转换的过程中，存在短程有序性。热氧化法生长的非晶薄膜除半导体界面区域附近以外，其组成符合基本的化学计量。在这些薄膜中，硅氧四面体之间的平均键角为 147°±17°，人们认为在非晶氧化物层中形成了平行于硅表面

的电荷控制环，它们在杂质原子的迁移过程中具有关键作用。

二氧化硅中基本的点缺陷是氧空位，即 E'_1 中心[25,26]。在真空加热[27]以及高能粒子（中子、电子、离子、γ 射线）照射时，E'_1 中心会出现在氧原子部分[28,29]。当接近硅界面时，E'_1 中心的浓度明显增加，这与 SiO_x 化学计量损伤层的辐射耐受性较低有关。一个更著名的 Si/SiO_2 体系中心是 p_b 中心[30]。具有两种类型的中心[31,32]：硅原子的 p_{b0} 中心与三个相邻的硅原子（$_3Si \equiv Si^*$）结合，p_{b1} 中心与三个三次配位硅原子以及两个相邻的氧原子（$_2OSi \equiv Si^*$）结合。中心环境对 p_b 中心未配对电子的分布模式影响较大，这是 p_b 中心的相关参数对表面处理条件、退火方式等有较强关联性的原因。

杂质缺陷对氧化物膜的结构、光学性能和电学性能都具有显著影响，这些杂质缺陷几乎是在 MOS 结构制造的各个阶段形成的，从硅氧化到金属化电极。首先，让我们仔细看看水分子的作用。在湿氧氧化条件下，水分子可以在硅的表面和氧环境中被发现，人们认为穿过氧化物扩散的水分子会与硅氧四面体晶格相互作用。结果，过大的应力使得硅氧烷键破裂，形成羟基。当水分子与氧空位相互作用时，可能形成羟基和氢化物基团。由于氢化物基团改变了硅氧四面体的键角和键长[33]，因此二氧化硅结构发生了明显的畸变。

电物理学研究表明，这些基团在捕获穿过氧化物的电荷方面具有重要作用。对于湿氧氧化或干氧氧化生成的氧化物而言，其内建电荷差别很大。

氢在氧化物中的作用也同样重要。Hofsteinn[19]是最早提出以下概念的人之一：在氧化物中，质子对移动正电荷的形成起主要作用，而氧化物则是 MDS 结构特性不稳定的原因。通过研究 MOS 管的电物理特性，文献［34］和文献［35］的作者确定了 Si/SiO_2 结构中质子的迁移率。它相当于 $10^{-10} \sim 2 \times 10^{-8}$ $cm^2 \cdot V^{-1} \cdot s^{-1}$，且该值由相对氧化湿度决定。氧化物中的前指数因子和质子扩散活化能分别为 5.6×10^{-4} $cm^{-4} \cdot s^{-1}$ 和 $0.75eV$[36]。

对氧化物性质的测定起关键作用的杂质缺陷首先是碱性离子和钠离子。一些钠离子与非桥接氧 $\equiv Si - O^- - Na^+$ 会形成离子化合物[37]，而这些离子是不动的。钠离子常数和活化能（$12.5 \times 10^3 cm^{-4} \cdot s^{-1}$ 以及 0.87 eV）与质子相比无显著差异[36]。钠离子在电场中的迁移率用公式 $4.6exp$（$0.63/kT$）$cm^2 \cdot V^{-1} \cdot s^{-1}$ 表示，当电场密度为 2×10^5 V/cm、温度为 300K 或 460K 时，其迁移率为 $10^{-11} \sim 10^{-8}$ $cm^2 \cdot V^{-1} \cdot s^{-1}$。随着离子半径的增大，离子的迁移率对于 Na^+、K^+、Cs^+ 而言是依次下降[36]。因此，钠离子和质子是使 MOS 元器件出现漂移不稳定性的原因。

7.2.2.2　SiO_2 的电子结构

二氧化硅的各种晶体和修饰型非晶态为氧化物在生长时某些指标的差异性提供了基础。因此，用于间接过渡的氧化物间隙区宽度在 $6.9 \sim 9.8eV$ 之间[36]。理论推测表明，缺陷条件和角度的变化，特别是 $O - Si - O$ 的变化，会导致价带上边缘和导带下边缘拖尾，还会使价带上边缘的位置发生改变[38,39]，这些尾部的长度表明了氧化膜的乱序程度。对于湿氧氧化制作得到的氧化膜，从导带下边缘到价带上边缘的条件尾部长度分别为 $0.5eV$ 和 $0.2eV$[40,41]。在氧化物水合、掺杂和辐射暴露的过程中，尾部的长度有明显的变化。高电阻硅内的载流子在移动时，对于导带和价带而言，硅与氧化膜之间的势垒高度分别为 $4.5eV$ 和 $5.4eV$[36]。

7.2.2.3　Si/SiO_2 界面的结构和组成

描述 Si/SiO_2 界面面积时使用了两种可能的方法：

1）尖锐界面包括不超过单层的过渡层；

2）从硅穿过含有氧空位的 SiO_x 层到化学计量上完整的 SiO_2 层的软过渡。

人们努力从理论上研究其氧化物的界面硅结构[42—44]。Pantelides 和 Long[42] 考虑通过四面体之间很容易改变的角度在随机空间结构（RSS）模型中接触氧化物。Ohdomari 等人[43] 研究了（100）硅和（100）β方石英的表面，其晶格常数比约等于 $\sqrt{2}$。将 Si-O-Si 角增加 45° 后，Ohdomari 等人得到了一个理想化的界面区域，其中一半原子是配位的，另一半原子是与两个断裂的键配位的，文献［44］中提出了一个类似的模型。当晶硅与非晶态氧化物在一个尖锐的界面模型和 RSS 接近时，日本研究人员推导出了在该界面形变的出现[43]。结果表明，对于（100）、（110）和（111）的晶面，形变依次减少。

因此，即使在理论层面上，也很难想象具有不同结构参数的固相界面是有序的，这种界面会导致不完全位错的出现以及键角和键长的显著形变。参与反应的物质在氧化过程中出现的扩散电流波动、水蒸气和其他杂质，将在结构方面与化学方面刺激不均匀界面相的生成。利用显微镜和/或椭圆偏振光谱对 Si/SiO_2 结构截面的研究表明，几个纳米宽的过渡层是存在的[44]。硅氧化速率的增加会导致过渡层增厚[45]、过渡层中硅团簇的出现[46] 抑或硅表面产生聚集性台阶[47]。

目前，关于上述研究，大量的工作都致力于研究过渡区的化学成分。研究人员利用电子俄歇光谱分析界面相的剖面，发现其中存在浓度过量的硅原子[47]。大量研究结论表明了过渡层存在氧化学计量杂质（例如 SiO_x）。利用高分辨率 X 射线光电子能谱[48] 测量不同厚度氧化物 Si_{2p} 峰中 E 化学位移时发现，在 3nm 范围内存在一个由 4、6、7 和 8 元四面体环组成的任意连接晶格。因此，在过渡层中存在 Si_2O_3、SiO、Si_2O 复合物，这使得在该相中缺少氧成分。过渡层是 Si/SiO_2 结构中缺陷最严重的区域，其存在大量空位和断裂键。

当冷却一个氧化的晶圆时，晶圆表面会在氧化后（氧化物中压缩、硅中拉伸）出现明显的机械应力。人们认为这些应力产生的主要原因是硅及其氧化物的热膨胀系数不一致，Si/SiO_2 界面的内部形变达到 1～2GPa[49]。当氧化层厚度超过 500nm 时，在硅内部和界面处的应力与厚度成正比，实际上该应力仅与硅与氧化层的热膨胀系数之差有关[50]。对于较薄的薄膜，形变量由硅晶格本身的应力决定，而应力取决于氧化和冷却的模式。根据文献资料[51]，Si/SiO_2 结构中形变的存在导致了微观腔体的形成，这些腔体在冷却时转化为微观孔隙。

对于局部电子态的分类而言，Si/SiO_2 界面的局部电子态通常分为 4 组[36]：

1）电介质的缓慢态：它们具有捕获截面为 $10^{-27}～10^{-31} cm^2$ 的异常光载流子，这种状态下电荷弛豫的特征时间为 $10^3～10^4 s$，其与硅进行载流子交换是根据过势垒机制进行的。

2）界面区域（SSI）的缓慢态：它们在实际界面区域中特别典型，在 SiO_x 过渡层中，SSI 位于距离半导体 1nm 的范围内，载流子通过隧道机制与半导体进行交换。这些状态的俘获截面为 $10^{-24}～10^{-26} cm^2$，相应的电荷弛豫时间为 $10^{-1}～10^{-2} s$。

3）快速态：它们位于硅结构内部且接近表面的区域，并在 $10^{-4}～10^{-8} s$ 的周期内，在允带进行电荷交换。这些状态的捕获截面为 $10^{-13}～10^{-19} cm^2$。与杂质相同的是，快速态可以是施主态也可以是受主态。

4）复合中心：这些是快速态，但电子和空穴捕获截面略有不同，它们位于硅中。

让我们以 Si/SiO$_2$ 界面的快速表面态为基础进行展开说明。目前已经积累了大量的实验研究，这些实验通过场效应法、表面 EMF 拍照法以及电容法获得了快速态光谱，积累的数据明确地表征了快速态的准连续谱。快速态的密度主要取决于材料参数、加工工艺以及 Si/SiO$_2$ 界面的制备模式。然而，在各种硅加工工艺流程中，状态谱都保持了准连续的特性，快速态谱中结构的缺失通常是通过高密度的缺陷能级来理解的。对于准连续快速态谱所起到的主导作用而言，带隙内离散能级的存在当然是不能排除的。当暴露在辐射中时，这种能级会出现在 Si/SiO$_2$ 界面中。

目前，尚未解决的主要问题是快速陷阱的本质。断裂的化学键（p$_{bo}$ 和 p$_b$ 中心）、空位、双空位和更复杂的缺陷以及杂质原子通常被认为是潜在的快速俘获中心。通过对初始硅、氧化方式以及后续退火过程中 Si/SiO$_2$ 界面上的 p$_{bo}$ 和 p$_b$ 中心的详细研究，结果表明 p$_b$ 中心浓度与快速态密度之间存在直接关系。由于共同研究了 MOS 结构的 CV 特征以及界面区域的原子图案，文献［52］和文献［53］的作者证实了 Si/SiO$_2$ 界面区域浓度阶梯之间有趣的相关性。文献［54］的作者认为，快速态最可能的基础是阶跃的原子夹角（即 p$_b$ 中心）。文献［55］表明，硅在添加了氧化物后，原子光滑表面（111）处状态密度下降到了与（100）Si 界面处表面状态密度相同的值。

由于无序 Si/SiO$_2$ 界面上聚集了大量的波动场，使得快速态能谱具有良好的性质，因此对于某些结构缺陷而言，其个别特性被有效地平稳化。Ovsiuk 和 Rzhanov[54] 最早提出了一种概念，即快速状态谱的准连续特征与芯片表面附近区域原子势的对称性破坏有关。被吸附的原子和分子在快速态谱中具有强烈的影响，这是由于原子和分子被固定在了较强的电势波动附近，从而这些波动就变得更为平稳。大多数研究人员认为，硅允带附近较小的快速态的纯波动性质足以使其形成单电荷波动[55]，且更有争议的问题是深层状态的本质。在这种情况下，需要高振幅的波动，才能产生带电中心群，但这种情况是不可能发生的。

由于状态密度在集成电路元器件的正常工作过程中起着重要作用，因此人们针对降低 Si/SiO$_2$ 界面的状态密度进行了广泛的研究。目前在相关技术中广泛应用的是通过吸附氢原子来中和快速态[56,57]。特别的是，它是通过使断裂的键饱和而得到的。根据文献［58］的数据，它们可能导致活性受体 B、Al、Ga 和 In 在硅中靠近表面的区域里中和。由于 SiO$_2$ 相对于原子氢具有较高的渗透率，它可以穿透 Si/SiO$_2$ 界面，钝化硅中靠近界面区域中的位错型缺陷[59]。

然而，钝化效应只在相对较低的温度（500℃ 以下）下发生。氢气氛围中较高的退火温度会导致界面处产生附加态，也会导致氧化物中的正电荷增加[60,61]，产生 Si/SiO$_2$ 界面态的来源有 MOS 结构的应力或辐射照射[62]，而（100）Si/SiO$_2$ 界面生成的中心数量更少[63]。通常，氢与界面缺陷的直接相互作用会导致额外状态的产生[64]。

7.2.3　电离辐射对电介质层的影响

7.2.3.1　介电材料空间电荷导论

介质层在辐射作用下产生空间电荷积累，电荷的引入会导致电压偏置。几十年来，许多研究者研究了 MOS 结构中氧化物中载流子产生和俘获[63-68]，人们已经建立了各种描述电荷积累机制的数学模型[64,65]。对于 SiO_2 而言，在大多数情况下，辐射所引入的电荷是正电荷，而对于 Si_3N_4 而言则是负电荷。积累电荷的电荷量取决于以下几个因素：

1) 介电层制备技术；

2) 辐射种类、强度和剂量；

3) 辐射时电介质上的电压或内建电场的值和反应。

一般来说，在辐射过程中，电荷积累是通过电离捕获辐射形成电荷所发生的，而这一积累过程是在介质层中已经存在的陷阱上完成的。此时，载流子不断生成并穿过该介质层。能量在 2MeV 数量级的伽马辐射下会导致自身离子化，即能够产生载流子，但不能置换介质层的原子，也不能破坏有规律的化学键。然而，辐射可以破坏能量相当低的应力键（例如被氢钝化的缺陷），并导致电介质中的缺陷浓度增加[23]。过渡金属原子的存在使得应力键的数量增加。OH^- 羟基的存在减少了辐射感应电荷，因为自由基的存在通过引入 OH 非桥接基团来减少形变键的数量，这些非桥接基团与 $O\equiv Si$ 结合，取代了形变键。在辐射过程中，Si—OH 和 Si—O—H 键断裂，形成局部 OH— 或 Si—O 键，这决定了 E_v $+0.48eV$ 的供体能级，其中负电荷将被俘获。伴随着悬空键的氧离子或者与杂质结合的氧原子的出现也会导致供体能级的引入。

如果在辐射过程中存在外电场或内电场，则辐射产生的载流子会根据电场的极性在介质界面附近发生分散和堆积。对于二氧化硅而言，电子会向正极漂移，并且会远离介质，这种现象是一种普遍规律。因此，在介质中积累的电荷补偿了外加的或者内部的电场。

电子-空穴对产生后湮灭载流子的数量取决于辐射强度和内建场的大小。随着辐射强度的增大，湮灭作用增强。

随着辐射剂量的增加，介质电荷的电荷量达到饱和。具有低浓度应力键的高质量热氧化物的饱和值约为 $1\times 10^{12}\sim 2\times 10^{12}\,cm^{-2}$，该值是在约 $10^5\,rad$ 的电子或伽马量子剂量下获得的。

累积电荷的空间分布取决于电介质制造技术水平。大多数热氧化陷阱位于电介质层界面附近 $50\sim 70nm$ 处。

因此，研究人员开发了一种提高 MOS 晶体管微电路抗辐射能力的方法，例如使用较薄的氧化物以及复合介质层（$SiO_2/Si_3N_4/SiO_2$）[66]。

7.2.3.2　快速表面态的形成

实验证明，在辐射过程中，硅介质界面形成了新的表面态。快速表面态的形成解释了电压-电容特性曲线的扭曲问题（在高频特性的过渡区形成高坡或峰值）。Si—O—Si 键的断裂形成了快速表面态，因此，三价硅和非桥接氧形成了不饱和键。表面态的引入与 p_b 缺陷的形成有关，根据不同作者的数据，p_b 缺陷在距离允带 $0.30\sim 0.40eV$ 的位置处或者在带隙中间附近的位置处形成能级。在辐射过程中，氧化物中的氢抑制了表面态的引入。

7.2.3.3　辐射对电介质层电导率的影响

当一个粒子或光子的能量大于介质与半导体或电极之间界面处的势垒高度时，其中的一个电极注入载流子可能会产生光电流，当电离辐射的能量大于介质间隙带宽度时，介质内部会产生电子-空穴对，并产生光电流。在后一种情况下，光电流的大小与所施加电压的极性无关。当电压增加时，饱和的光电流证明了所有产生的载流子都到达了电极位置。光电流的大小是由穿过电介质的载流子决定的。如果该结构的电压比较高，辐射可能会导致介电击穿。根据辐射类型和电介质类型的不同，电介质的电导率可增加或减少，这往往会引入不同符号的电荷。这就是为什么当使用双层介质辐射结构时，在辐射过程中相反的电荷会在其中产生积累，电流-电压特性或 C-V 特性的最小变化量是可以预估的。

7.2.3.4　辐射后介质层的退火

在 150～300℃ 的退火温度下，辐射损伤的恢复最强烈，在温度升高到 400℃ 的情况下，结构性质在该温度下通常会完全恢复。在较低的温度下，性质的恢复通常与隧道发射有关，在较高的温度下，它与导带电子激发到氧化物的正电荷中心有关。在相同温度下的热退火只能消除一些快速表面态，而由断裂键引起的其他态则需要在相当高的温度下退火才能形成。

7.2.3.5　介质结构中辐射诱导过程的时间演变进程

文献 [69] 对介质结构中辐射诱导过程时间的估计问题进行了彻底的分析，其中给出了以下数值：

10^{-15}～10^{-13} s：热载流子热化时间；

10^{-13}～10^{-11} s：电子穿过厚度为 100nm 的 SiO_2 层的时间 （μ_e～20cm^2/V·s）；

10^{-11}～10^{-8} s：产生复合平衡时间；

10^{-6}～10^{-3} s：空穴穿过厚度为 100nm 的 SiO_2 层的时间/（μ_h～10^{-7} cm^2/V·s），测试方法为固定空穴分布测试；

10～10^4 s：局部态俘获空穴，形成空间电荷的时间；

10～10^4 s：导带自由电子与俘获空穴复合的平衡时间；

10^4～10^7 s：俘获的空穴从局域态发射的时间。

7.2.3.6　增加介质层结构稳定性的方法

通过分析在硅结构上的介质层中二氧化硅中发生的物理变化过程，建议使用以下方法来提高介质层在辐射时的稳定性[70]：

1）利用超干技术得到的 SiO_2 层俘获局部态载流子；

2）采用通过氮化物薄层钝化的 SiO_2 层；

3）采用非平衡载流子复合的氮化物层和氧氮化物层；

4）采用超薄介质层，确保辐射电荷排出；

5）使用双层或三层介质时，衬底应与 SiO_2 优化层接触。

7.2.4　绝缘体上硅结构埋层介质内的辐射过程

SOI 技术的发展很大程度上与一种技术的发展情况有关，即从电子元器件的辐射抗性角度而言，向 SOI 过渡期间是否取得了重大突破。众所周知，当元器件和集成电路暴露于辐射中时，如果辐射剂量达到 10^3～10^4 rad，就会出现问题[71,72]。此时产生电流增大，非平衡载流子的弛豫时间增加，导致 MOS 光电探测器的检测能力下降，电荷耦合元器件的效率也会降低。空间电荷在 10^4～10^5 rad 的剂量下不断增加，会导致集成电路各元器件之间出现寄生耦合。只有在 10^5 rad 或更高的剂量下，栅介质中电荷的积累才会产生增益效果。在 SOI 结构中，隔离的电路元器件会导致 p-n 结的急剧收缩，并使单独的晶体管彼此之间完全隔离。因此，当 SOI 元器件受到辐射时，问题只会在剂量达到 10^5 rad 时产生。同时，辐射元器件引入的电荷不仅仅只存在于栅氧化层中，最主要的还是在 SOI 结构的埋层介质中，这使得研究和优化 SOI 结构辐射性质变得十分重要，而该性质是由处于异质结面和埋层介质的陷阱所决定的。埋层介质的相关参数在很大程度上决定了 SOI 结构元器件的辐射抗性，这是因为对于 n－p－n 型晶体管而言，氧化物正电荷的积累导致了在截止层上 n 沟道的形成、漏电流的增加以及阈值电压的偏移。

由于硅工作层厚度小，并被衬底中产生辐射缺陷的介质切断，从辐射过程改变 SOI 特性的角度来看，最重要的特性是将电荷引入埋层介质并在其氧化物界面处产生新的状态[67]。埋层介质中的电荷以及截止硅/介电层界面的状态是 SOI 晶圆的基本参数，直接影响到在截止硅层中所制造的元器件的工作情况。

就辐射对 SOI 的影响而言，最详细的研究是与氧注入制造的 SIMOX 结构相关的[68]。因此，在对 SIMOX 进行辐射时，观察到以下几种与相关技术有关的特性：

1）在埋层电介质较好的结构中（即经过更持久的退火或在更高温度下进行退火），积累的电荷更少。

2）氧化物中形成空穴和电子陷阱，从而积累正负电荷，导致部分补偿[69]。

3）对于通过多次氧注入而形成的 SIMOX 结构而言，其表面态密度在辐射过程中几乎没有改变，而对于单次氧注入形成的 SIMOX 而言，会产生附加态[70,71]。

对于利用硅晶圆键合技术得到的 SOI 结构而言，文献中主要介绍了辐射对 BESOI 的影响[72]，其通过蚀刻对其中一个键合的硅片进行减薄。BESOI 结构在辐射过程中的性能与 MOS 结构在热氧化生长中的性能相似。通常，正电荷在 BESOI 埋层氧化物中积累。耦合过程中由于表面亲水性而引入的氢出现在 BESOI 中，它被认为是导致埋层氧化物电学物理特性发生变化的原因[73,74]。

对于耦合硅晶圆与其中一个晶片通过氢注入（智能切割法）剥离技术制造的 SOI 而言，有关辐射对 SOI 的影响，在参考文献中几乎没有报道。

人们在利用 SIMOX 和智能切割技术所得到的绝缘体上硅结构的埋层介质中，研究了载流子的产生及其在氧化物中的俘获过程[75-81]。SOI 结构的埋层电介质在受到应力影响后表现出（类似于 MOS）正负电荷的积累，并且这些电荷不随时间发生变化，它们在 $200 \sim 400 \,^{\circ}\mathrm{C}$ 的温度下进行退火[81]，文献 [1] 和文献 [82] 专门讨论氧化物中的陷阱在注入载流子过程中被重新充电的现象。以下电子陷阱可以作为 SIMOX 结构的一个例子：与氧化物基体中过剩硅相关的顺磁性 E′中心、$\sigma = 10^{-14} \, \mathrm{cm}^2$ 的俘获截面、氧注入过程中与污染相关的陷阱，$\sigma = 10^{-16} \, \mathrm{cm}^2$；而与水相关的陷阱（通常存在于热氧化物中），$\sigma = 10^{-17} \, \mathrm{cm}^{2[1]}$。埋层电介质中电荷的积累与陷阱的存在是完全相关的。

已有的结果表明，与用于制造 SOI 结构的热氧化物相比，SOI 制造过程中某些氧化物的性能有一定程度的退化，这使其在辐射过程中引入的电荷值更高。耦合过程改变了氧化物的性能，表面态的产生和氧化物中的电荷俘获是在电子或空穴注入 SiO_2 层期间发生的。人们推测这是由氢与热氧化结构的结合所引起的[76]，即氢与 $O_3Si—SiO_3$ 键相互作用形成 $O_3Si—H$，该基团在辐射时分解为 $O_3Si—$（E′中心）以及 H，后者由于高移动性的扩散形成了 H_2，因此两者重新结合的概率不高。文献 [77] 的作者证明，当耦合亲水表面时，氢键的浓度约为 $10^{15} \, \mathrm{cm}^{-2}$。当使用氢分层法时，在制造过程中，SOI 结构内的氢浓度明显高于 BESOI[63]。这解释了为什么在耦合和之后的退火过程中氧化氢的富集被认为是 SOI 结构中出现了热氧化分解。与没有过渡层的耦合界面相比，上述提到的衬底界面产生的陷阱浓度越高，过渡 SiO_x 层中应力键的浓度就越高[79]。

7.2.5　不同方法得到的 SOI 结构的辐射特性的比较

图 7-10 和图 7-11 展示出的在 UNIBOND 结构中的电荷积累特性最接近于现有的生产制造技术以及与其相应的特性，这些技术包括俄罗斯科学院西伯利亚分院 Rzhanov 半导体物理研究所（Dele-Cut）以及 SIMOX 制造的 SOI 结构。对于 UNIBOND 和 SIMOX 晶圆，电荷积累的数据来自对元器件结构的测量[80-85]。根据俄罗斯 SOI 的可用数据，图 7-10 显示了界面层在辐射条件下引入最大电荷的曲线，该界面包含硅截止层与氧化物的界面（$p-Si/SiO_2/n-Si$ 结构）、具有最小电荷的氧化物界面（$n-Si/SiO_2/p-Si$ 结构）以及一种中间情况（$n-Si/SiO_2/n-Si$）。显然，基于俄罗斯科学院西伯利亚分院 Rzhanov 半导体物理研究所（Dele-Cut）开发的技术所制造的 SOI 结构比 UNIBOND 的抗辐射性能更好。因此，使用带有 p^+（$p)^-$ 衬底的 SOI 结构可以生产出抗辐射性能更好的元器件。

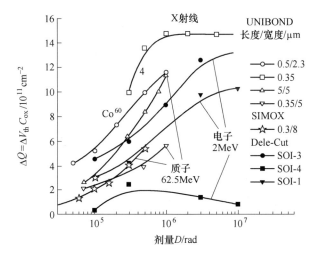

图 7-10　UNIBOND、SIMOX 和 Dele-Cut SOI 元器件结构中的电荷积累

当在 SIMOX 结构中施加电场时，正电荷会出现积累，而在 UNIBOND 结构中，正负电荷均会出现积累，并且相互之间会进行补偿。在俄罗斯的 SOI 中，电场中的电荷不会增加，这是影响材料抗辐射特性的主要因素。在 SOI 结构的制造过程中，原始热氧化物中存在的陷阱被氢元素完全钝化，这使得氧化物中不存在正电荷积累效应。具有不饱和键的硅原子在较高温度下作为空穴的陷阱与氢元素相互反应，$\equiv Si + H \rightarrow SiH$，从而使陷阱消失。

尽管采用了类似的工艺过程，但在 UNIBOND 结构中使用氢元素对埋层电介质进行了辐射。由于这种特性，基于 Rzhanov 半导体物理研究所开发的技术制造的 UNIBOND 和 SOI 结构中的氧化物具有很大差异。以俄罗斯 SOI 为例，由于源结构中没有陷阱，它大大改变了其在辐射过程中氧化物内部的电荷积累动力学特性。因此，如果原始热氧化物中的电荷积累曲线在 10^5 rad 时已经达到饱和，那么对于 SOI 结构的埋层介质而言，它的饱和在 3×10^6 rad 时便可以观察到。较慢的电荷积累是由以下情况所决定的：氧化物中的空穴陷阱通过破坏 $Si-H$ 键而重新产生，并且只有在此之后，空穴才会被陷阱捕获。如

图 7-11 所示，UNIBOND SOI 中的电荷积累动力学是处于普通热氧化物和埋层 SOI 介质之间的一种中间情况，该结构由 Rzhanov 半导体物理研究所制造。

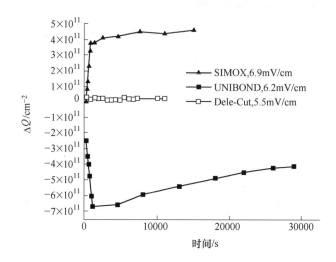

图 7-11　电子注入过程中各种 SOI 结构中的电荷积累

(图中给出了场强值。SIMOX 和 UNIBOND 的数据取自文献 [84])

7.3　MOS/SOI 晶体管在电离辐射条件下的物理现象

场效应 MOS/SOI 晶体管具有许多特殊的性能，使得它们能在恶劣的环境中工作，然而大多数的体硅元器件通常会在这种环境中失效。MOS/SOI 晶体管的这些特性是由制造晶体管的少量硅、小面积的源极和漏极过渡区以及背栅（衬底）的存在决定的。本节描述了受电离辐射（IR）影响的 MOS/SOI 晶体管的现象。

7.3.1　电离辐射

SOI 电路广泛应用的主要专业市场之一是航天和军事应用市场。这里，SOI 元器件对非稳态辐射效应具有高的抵抗能力。电子设备中的辐射效应取决于设备受到的辐射类型（中子、重粒子、电磁辐射）。与双极元器件不同的是，MOS 元器件对中子辐射相对不敏感（中子导致载流子寿命缩短，并导致晶格内的原子位移）。由于 MOS 元器件的工作是基于多数载流子的，因此缩短寿命不会影响其电学特性。然而，MOS 结构对单粒子翻转（SEU）、单粒闩锁效应（SEL）、单粒子烧毁效应（SEB）、脉冲辐射效应和总剂量效应敏感。参考文献[86,87]详细描述了大多数硅金属氧化物半导体元器件中辐射暴露引起的效应。表 7-3 显示了半导体元器件中各种类型电离辐射造成的主要影响[88,89]。以下各章节提供了体硅上 SOI 和 MOS 元器件对单粒子翻转、脉冲辐射和总剂量效应的抵抗能力对比信息。

7.3.1.1　单粒子翻转

单粒子翻转（SEU）是由高强度粒子［如粒子或重离子（宇宙射线）］穿透元器件内部结构引起的。当这种粒子穿透反偏 p-n 结及其耗尽层及层下面的体硅时，它在产生电子-空穴对的地方会形成粒子等离子体路径[86]。如图 7 - 12 所示，该路径破坏了耗尽层，并在路径附近扭曲了耗尽层的形状。这种耗尽层的变形被称为隧道。

电子隧道沿粒子路径扩大耗尽区域，使产生的电子漂移到 p - n 结。空穴移动到接地衬底，从而产生衬底电流。聚集的电子引起电流转变过程的增加，这可能干扰元器件的逻辑状态。

表 7 - 3　电离辐射的类型以及对半导体元器件的影响

粒子	物理效应	电学结果	环境
光子	氧化物中电荷形成 光电电流（大剂量） 表面态的形成	阈值电压偏置 元器件开启	太空，辐射 核弹
重离子	电子-空穴对的形成	单粒子效应	太空
中子	原子位移 原子反弹	β_F 减少 单粒子翻转效应	辐射 航空
质子	原子反弹 核相互作用 氧化物中电荷形成 原子位移	单粒子翻转效应 单粒子翻转效应 阈值电压偏置 β_F 减少	太空 太阳爆发 地球辐射带
电子	氧化物电荷产生 原子位移	阈值电压偏置 β_F 减少	太空 地球辐射带

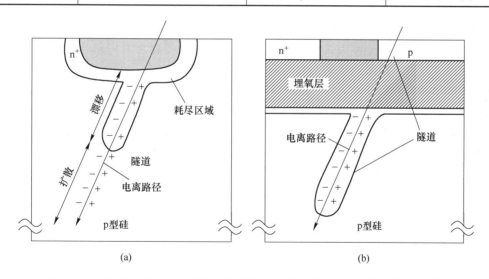

图 7 - 12　离子入射：（a）体硅中的标准 p - n 结；（b）SOI 结构中的 p - n 结

该元器件收集电子的持续时间约为几分之一纳秒。在此过程中产生的漂移电流称为快速（瞬态）电流。硅中的路径长度通常约为 $10\mu m$。因此，沿着粒子路径出现在隧道下的自由电子可能扩散到耗尽区域，在那里它们产生第二电流（扩散电流），这也被称为延迟电流。与快速电流相比，这种电流较小，但其作用时间却相当长（可达数百纳秒或微秒）[88]。重离子穿透到集成电路中[90,91]，有时会观察到多位翻转现象（MBU）。SOI 元器件中的穿透性粒子也会沿其路径运动使硅发生电离。然而，由于在顶层硅薄膜和衬底之间埋有绝缘体内层，在衬底中产生的电荷不能被 SOI 元器件的结构收集。在抗辐射设备中，硅薄膜的宽度通常为 80～150nm，只有硅薄膜中产生的电子才可以被收集。相对于其他大部分体硅抗 SEU 元器件而言，电子聚集的路径长度的比率给予了 SOI 元器件一阶近似的优势（例如 $10\mu m/100nm= 100$ 的 SOI 元器件有 100nm 厚的硅基薄膜）。

粒子沿其路径传输的能量用线性能量转移（LET）值表示。这是由以下公式决定的：

$$LET = \frac{1}{m_v}\frac{\mathrm{d}W}{\mathrm{d}x} \tag{7-1}$$

式中，x 为粒子沿路径的线性距离；$\mathrm{d}W$ 为粒子所消耗的能量和硅所消耗的能量；m_v 为硅的体积重量（密度）。LET 的单位通常为 $MeV \cdot cm^2/mg$。

在单粒子翻转过程中产生的电子或空穴数量为：

$$\frac{\mathrm{d}N}{\mathrm{d}x} = \frac{\mathrm{d}P}{\mathrm{d}x} = \frac{m_v}{w}LET \tag{7-2}$$

式中，w 是产生电子–空穴对所需的能量[92]。

例如能量为 1GeV 的碳离子（$LET \cong 0.24MeV \cdot cm^2/mg$）在 $1\mu m$ 厚度的硅中产生 1.5×10^4 个电子–空穴对。在标准硅元器件中，每 $10\mu m$ 路径产生 1.5×10^5 个电子–空穴对（$\approx 0.3pC$）。如果电子在 10～100 ps 的时间内迁移到元器件，单个范围 1～10mA 的 SEU 电流会产生。由于 SOI 中电子产生的路径长度缩短，SOI 元器件中的 SEU 电流将比标准元器件中的要小得多。用 11MeV 氟离子照射 $0.15\mu m$ 厚的标准 SOI 二极管，SOI 元器件的电荷积累比其体类似物[10]少 10～20 倍。电路上产生的 SEU 是通过翻转截面来测量的（单位为 cm^2/bit）。扰动区域的横截面显示了对每个 SEU 敏感的区域。例如，在一个存储芯片中，它显示了一个可能受到 SEU 机制影响的单独存储单元内的连接区域。横截面越小，元器件对粒子辐射的敏感度就越低。轻粒子如质子、电子和中子通常都具有过低的 LET，不能电离硅。小于 $1MeV \cdot cm^2/mg$ 的 LET 产生的电荷太小，不会对元器件产生显著影响（约为 $0.01pC/\mu m$）。然而，这些粒子通过直线冲击机制引起硅原子的回弹（反冲）或引起能产生高能核碎片的核反应。这些反冲的原子或原子核碎片可能反过来像重离子一样发挥作用，导致产生 SEU。因此，像质子这样的粒子通常不是通过直接电离（它们的 LET 太低）引起单粒子翻转效应，而是通过由反冲结束的核反应间接引起翻转[93,94]。图 7 - 13 显示了几个标准和 SOI 电路的单粒子翻转截面图。

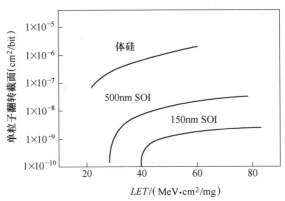

图 7 - 13　标准体硅 LSIC 和 SOI 电路的单粒子翻转（SEU）截面

可以观察到，150nm SOI 元器件的敏感度约为更厚的（500nm）元器件的 10 倍，而厚度（500nm）元器件的稳定性约为标准体型硅 CMOS 元器件的 100 倍。SEU 要求出现一个最小的 LET 值，该值称为 LET 阈值。这个阈值取决于电路布局和用于元器件生产的技术。例如，图 7 - 13 中 500nm 和 150nm 元器件的阈值 LET 分别约为 $30MeV \cdot cm^2/mg$ 和 $40MeV \cdot cm^2/mg$[95,96]。

在 SOI 结构的埋氧层作用下，衬底中出现的通道也会影响元器件的性能。事实上，背栅偏压就是这种衬底内部氧化物被耗尽，沿通道形成的电子将向上移动到内部氧化物界面。这些电子立即在上层硅层中诱导正电荷。结果，电子被外部电路注入元器件中以恢复平衡，并出现瞬态电流。如果内部氧化物下的衬底表面出现反型或处于富集状态，则观察不到这种效应[96]。

由 MOS 和 SOI 中的粒子影响产生的光电电流（或离子电流）可以通过存在于元器件中的寄生（横向）双极晶体管来增强。实际上，在 MOS 和 SOI 晶体管体内产生的 I_B 空穴电流就像寄生（横向）n－p－n 双极晶体管（在 n 型沟道元器件的情况下）的基极电流一样起作用。作为对由粒子 $I_c = \beta_{F/B}$ 引起的基极电流脉冲的响应，出现集电极电流。该电流被添加到由漏极收集的 SEU 诱导电子引起的电流脉冲中，漏极电流脉冲实际上等于（$1+\beta_F$）I_{SEU}，其中 I_{SEU} 是最初由粒子诱导的电子电流（在 n 沟道元器件中）。这就是为什么任何双极晶体管只要存在，即使放大倍数很低（$\beta_F < 1$），也会放大 SEU 引起的瞬态电流[97]。这个问题在 β_F 高的短沟道晶体管中更为明显。在这种情况下，双极放大可能足够高，使得 SOI 晶体管比标准元器件对 SEU 更敏感[98]。该问题的解决方案是在沟槽内部使用电流耦合，通过该电流耦合可以绕过一定量的基极电流，抑或借助寿命缩短方法减少硅薄膜层中少数载流子的寿命[99]。尽管沟槽的电流耦合能减少双极寄生效应，但是它们不能完全消除这种效应。槽区电流耦合抑制双极效应的能力在很大程度上取决于槽路径在离子冲击方面的布局布线。离子冲击发生的槽路径越远，寄生双极晶体管的放大作用就越强，这就是为什么槽电流耦合的效率较低[100]。抑制单粒子翻转的电路技术方法包括增加不同电路单元的 RC 时间常数，但这种技术有一个缺点，即会使得晶体管响应时间增加[101]。全耗尽的晶体管比部分耗尽的晶体管更能抵抗 SEU，因为在全耗尽的晶体管中双极放大要低得多[102]。

7.3.1.2　单粒子闩锁效应

单粒子闩锁（SEL）可能是由重离子撞击具有寄生 n－p－n－p 结构的标准 CMOS 集成电路而引起的。SEL 是由寄生 n－p－n 或 p－n－p 晶体管基极在重离子作用后过量电流诱发的。由于这两个晶体管之间的反馈再生循环，闩锁效应可能在纳秒内发生，并在数百微秒内造成破坏性烧毁。对于单个闩锁效应阈值（抑制）应力通常在 1V 水平。因此，在没有消除电应力之前，从供电电源到地面的低欧姆导电结构将被保留[103,104]。SEL 可能会导致集成电路持续损坏（严重故障）。在 SOI CMOS 元器件中没有会导致闩锁的 p－n－p－n 结构。这就是在 SOI 结构中不存在 SEL 的原因。

7.3.1.3　单粒子烧毁效应

单粒子烧毁（SEB）可能发生在高功率双极或高功率 MOS 元器件中。高功率 MOS 元器件具有寄生双极晶体管结构[105]。如果一个重离子撞击双极晶体管，产生的电荷使电流流进基极并增加发射极-基极结电位。如果流动电流足够大，可能会使发射极-基极正向偏置，双极晶体管将导通。当寄生双极晶体管开启后，双极晶体管可能发生二次击穿。这个击穿可能由雪崩电流引起[88,106,107]，导通根据电流密度，由重离子在寄生晶体管诱导产生的电流，要么在元器件退化的情况下减少，要么以再生的方式增加直到元器件损坏（如果没有限流元器件）。这表明，质子也会诱发 SEB[108]，在 SEB 方面，高功率 SOI 元器件与标准元器件没有显著区别。

7.3.1.4 单粒子栅穿效应

如果重离子穿过栅极电介质[109—111]，则可能发生单粒子栅穿（SEGR）。它仅发生在高电场中，如在非易失性 EEPROM 单元或高功率 MOS 晶体管中的写入或读出操作期间出现的电场。它是由外加电场和粒子传输能量的组合引起的。当离子穿过栅极氧化物时，它在硅和栅极之间形成一条高导电性的等离子体路径。如果能量足够高，可能会导致电介质局部加热，并可能出现快速加热状态。在这种情况下，电介质会局部熔化或蒸发。比较相似的是，标准和厚度较大的高功率 SOI 元器件在 SEGR 方面没有显著差别。

7.3.1.5 单晶体管闩锁效应

在部分耗尽的 SOI 晶体管中可能会发生单晶体管闩锁效应，并可能被双极效应放大。在激活的 n 沟道晶体管中，粒子传输的能量可产生足够数量的自由空穴以增强源-阱结构的正向偏置电流，并产生足够的电子以增强漏极电流。这些条件放大了电离暴露机制，可能导致电导率突然提高（称为单晶体管闩锁）。文献［112—117］对完全耗尽的元器件进行了预测，但尚未观察到这种效应。

7.3.2 总剂量效应

总剂量效应是由电离辐射（X 射线或伽马射线）在二氧化硅等电介质上产生影响所引起的。CGS 系统中的剂量单位为 rad（Si）或 rad（SiO₂），其通过 1g 硅（Si）或二氧化硅（SiO₂）分别吸收的 100 erg 辐射能量来确定，1rad（SiO₂）＝0.56rad（Si）。剂量单位在国际单位制 SI 中称为"格瑞"（Gy）。1 格雷被定义为 1kg 物质对 1J 辐射能量的吸收。这两个单位之间的等效性是直接的，即 1Gy＝100rad。产生的电子-空穴对的数量与单位体积 dv 材料吸收的 dW 能量有关：

$$\frac{dN}{dv} = \frac{dP}{dv} = \frac{1}{w}\frac{dW}{dv} \tag{7-3}$$

式中，w 是在 SiO₂ 中产生电子-空穴对所需的有效能量（$w=17eV$）。

剂量 D 和所产生电子-空穴对的数量之间的关系由文献［94］中的公式确定：

$$\frac{dN}{dv} = \frac{dP}{dv} = \frac{m_v}{w}D \tag{7-4}$$

我们认为，1rad（Si）在 1cm³ 的硅中产生 4×10^{13} 个电子-空穴对，在 1cm³ 的 SiO₂ 中产生 7.6×10^{12} 个电子-空穴对。为了了解元器件可能接触的辐射水平的值，可以列出以下数据：医疗或牙科 X 射线辐射对应小于 0.1rad（Si）；人类如果暴露在 100rad（Si）下会生病，如果暴露在 10krad（Si）下会立即陷入昏迷；卫星在地球轨道上运行期间，根据轨道参数接收 10krad（Si）～1Mrad（Si）的总剂量；行星际航天器和核反应堆中的一些电子元器件可以暴露在超过 10 Mrad(Si)[35]的剂量下。一些 SOI LSICs 的测试剂量高达 500 Mrad（Si）[115,116]。

　　MOS 元器件中总剂量主要影响的是氧化物中电荷的产生和 Si/SiO$_2$ 界面上表面态的产生。若能量吸收率高，则可在硅中形成足够数量的电子-空穴对，从而产生光电电流。以下小节将考虑 dD/dt 较高的情况。电离电磁辐射如 X 射线和伽马射线（例如由 Co^{60} 源辐射）在二氧化硅中产生电子-空穴对。即使在室温下，SiO$_2$ 中的电子也可移动，并且在栅极电介质的情况下，电子可以在氧化物外快速向正偏压栅极电极移动，或者在 SOI 结构的绝缘氧化物的情况下，电子可以向衬底或硅膜移动。空穴仍被困在氧化物中，并有助于产生正电荷 Q_{ox}。氧化物 Q_{ox} 中的电荷与氧化物 t_{ox} 的厚度成正比，因此产生的阈值电压偏置与 t_{ox}^2 成正比，如 $\Delta V_{th} = -\dfrac{Q_{ax} t_{ax}}{s_{ax}}$ 阈值电压偏置和剂量之间的关系可以写成：

$$\Delta V_{th} = -\alpha \frac{q\, m_v}{w\, \varepsilon_{ax}} t_{ax}^2 D \qquad (7-5)$$

式中，w 是氧化物中产生一对电子-空穴对所需的有效能量（17eV）；m_v 是氧化物的密度，其中 α 系数的引入是基于只有一部分电荷会被捕获在氧化物中。

　　α 系数是一个技术相关参数，对于普通氧化物，典型值为 $\alpha = 0.15$，对于特殊耐氧化物典型值在 0.05 或以下。不幸的是，元器件辐射物理学比上述方程中规定的更为复杂。辐射剂量也会在 Si $-$ SiO$_2$ 界面产生表面态。与持续的正氧化物电荷（降低 n 沟道元器件中的阈值电压）相反，表面态延缓 n 沟道元器件中的电子移动，从而增加阈值电压。另一种类型的陷阱称为界面陷阱，位于氧化物中非常靠近硅/氧化物表面的位置，也可以延缓电子移动[117]。一些氧化物电荷随时间退火，甚至有助于产生额外的表面陷阱，产生一种称为反弹效应的效应，如图 7-14 所示[118,119]。

　　反弹效应必定与温度有关。如果不间断地增加辐射剂量超过规定值［通常约 1 Mrad（Si）］，也可以观察到上述反弹效应。在这种情况下，氧化物电荷的产生是饱和的，而表面态的产生不是饱和的。因此，当剂量增加时，在 n 沟道元器件中可以观察到反弹效应[86]。元器件受到辐射的剂量也很重要，当剂量较低时，氧化物电荷有时间迁移到硅/氧化物表面并转变为表面态。因此，在较低剂量下可观察到反弹效应。这使得在一个领域中应用的元器件对辐射的反应是不同的。（例如在航天器中是低剂量的，在实验室条件下是高剂量的）。

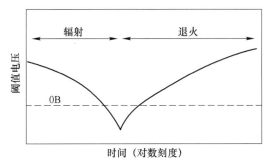

图 7-14　暴露于辐射剂量的 n 沟道 MOS 晶体管中的反弹效应，
在辐射终止后恢复正常

　　剂量诱导效应高度依赖于晶体管的前后栅极偏置。在最坏的情况下，条件对应于正栅极偏置（将氧化物中的空穴运送到 Si‑SiO₂ 界面）。p 沟道晶体管中正电荷和表面态的产生导致阈值电压的绝对值增加（即它变得更负）。

具有大量 Si‑SiO₂ 界面（栅氧化层、绝缘氧化层和场氧化层）的 SOI MOS 晶体管对总剂量辐射高度敏感，除非使用特殊方法降低其敏感性。由于增强栅极 SOI 氧化物抗总剂量能力的方法类似于标准元器件中应用的方法（例如低温氧化物生长），因此防止背面和边缘泄漏的方法专用于 SOI。在 n 沟道元器件中，避免在硅基薄膜底部形成反型层的经典解决方案是通过引入硼杂质来提高较低的晶体管阈值电压。在某些情况下，背栅偏压可用于补偿辐射诱导产生的进入内部氧化物的正电荷。在背面实现最大的硼掺杂意味着使用部分耗尽的元器件。事实上，全耗尽的元器件通常太薄，不允许这样的引入。此外，如果前栅表面和后栅表面像在完全耗尽的元器件中那样有电学边界，则内部氧化物中电荷的存在会导致正向阈值电压偏置并损害元器件的正常操作。众所周知，在 150nm 厚的硅基薄膜中制作的部分耗尽的 SOI 电路可以承受高达 300Mrad(Si)[126] 的剂量。

n 沟道元器件中的控制边缘漏电流也是一个问题，因为由于相对较厚的场氧化物，寄生边缘晶体管对辐射高度敏感，特别是与硅有源区边缘接触的 LOCOS 或氧化绝缘层对辐射敏感。图 7‑15 给出了辐射诱导边缘泄漏电流的示例[120]。边缘泄漏问题可以通过优化侧壁掺杂和场氧化生长过程[121] 以及通过非边缘元器件或晶体管来解决，其中 p⁺ 扩散中断了 n⁺ 源极扩散和漏极扩散之间的边缘泄漏路径。通常在 p 型沟道元器件中不存在边缘泄漏问题。

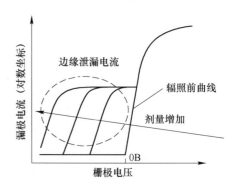

图 7‑15　辐射引起的边缘泄漏电流

完全耗尽的 n 沟道 MOS SOI 晶体管的埋氧层由高强度辐射 [＞500krad(SiO₂)] 产生的正电荷可以使更低的沟道表面反型，从而导致泄漏电流增加，即使对前栅施加负电压也是如此。漏电流可通过漏极结中的电离暴露放大，从而导致产生总剂量闩锁效应[122,123]。

7.3.3　脉冲辐射效应

在核爆炸等事件中，当大剂量电磁能（X 射线和伽马射线）在短时间内被吸收时，就会发生剂量率效应（脉冲辐射）。剂量率效应也被称为伽马脉冲效应。剂量单位为 rad(Si)·s⁻¹，1rad(Si) 对 1cm³ 硅中可产生约 $4×10^{13}$ 对电子‑空穴对。如果剂量率高，硅中会产生大量的电子‑空穴对。这些电子空穴对在元器件耗尽区内的分离导致光电电流增加。还观察到电流的延迟扩散分量，电流延迟分量持续时间取决于光生载流子的复合速率和其他现象，例如通过背偏压漏极结附近的电离暴露产生载流子。图 7‑16 给出了快速和延迟电流分量的示例[103]。

产生的光电电流用以下公式表示：

$$I_{ph} = q \cdot V_{depl} \cdot g \cdot D'(t) \qquad (7-6)$$

式中，q 是电子电荷；V_{depl} 是发生电荷积累的耗尽区的体积（也称为敏感体积）；g 是硅中载流子生成的常数，等于 rad(Si)·s⁻¹·cm⁻³ 有 $4.2×10^{13}$ 个电子‑空穴对[86]。

在最坏的情况下，所有晶体管都充满了自由载流子，并且导电性很强，因此电源电压总线实际上接地，电源电压显著降低。标准元器件和 SOI 元器件之间的主要区别表现为 SOI 元器件中的较小敏感体积 V_{depl}，如图 7-17 所示。因此，SOI 晶体管中的剂量诱导光电流显著低于标准元器件中的剂量诱导光电流。

在单粒子翻转（SEU）的情况下，MOS SOI 中产生的光电电流可以通过元器件中存在的寄生横向双极晶体管放大。事实上，MOS SOI 晶体管内产生的空穴电流充当寄生横向 NPN 双极晶体管（n 沟道元器件情况下）的基极电流。响应于由粒子感应的基极电流脉冲 I_B，产生集电极电流 $I_c = \beta_{F/B}$，并且采用以下公式表示：

$$I_{\rho h} = q \cdot V_{depl} \cdot g(1 + \beta_F) \cdot D'(t) \qquad (7-7)$$

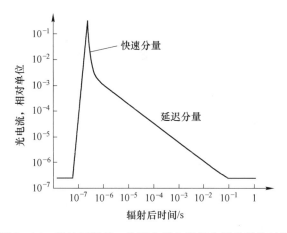

图 7-16　脉冲辐照后，快速电流和延迟电流分量的时间

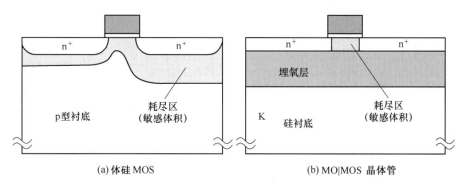

图 7-17　耗尽区大小

将双极放大电流添加到由伽马脉冲引起的光电流中。即使在低放大（$\beta_F < 1$）的情况下，任何双极晶体管的变化都会加到伽马脉冲产生的瞬态电流中。这种效应在 β_F 较高的短沟道元器件中更为明显。针对这个问题提出的解决方案是使用阱接触，通过阱接触可以绕过一部分基极光电流并引入杂质，降低 MOS SOI 晶体管有源区内的载流子寿命。与 SEU 的情况一样，应注意主体连接的电阻不等于零，因此通过主体连接抽取额外的载流子是有缺点的[124,125]。全耗尽的 MOS 晶体管比部分耗尽的晶体管更能抵抗脉冲辐射效应，因为在全耗尽的晶体管中双极放大效应要小得多[103]。

7.4 基于 SOI 结构的 CMOS LSIC 元器件样品的实验研究结果

7.4.1 测试样品的组成

让我们考虑伏安特性结合到金属聚合物封装中的实验研究结果，在暴露于 γ 辐射下的 SOI/CMOS LSiC 元器件的测试矩阵样品中，剂量为 $10^4 \sim 10^6$ rad。

该矩阵是根据直径为 150mm 的 SOI 结构中 CMOS LSIC 的标准制造工艺制造的。横截面及主要设计和工艺参数分别如图 7-18 和表 7-4 所示。

研究人员总共研究了 7 种不同的设计和工艺的测试元器件。

图 7-18　SOI/CMOS LSIC 的横截面

表 7-4　SOI/CMOS LSIC 元器件的设计和工艺参数

名称	结构元素	厚度/μm	导电类型	材料
H0	衬底	460±20	p	硅，硼掺杂 KDB12（100）
H1	埋氧层	0.38	—	二氧化硅
H2	p 阱	0.24	p	硅，硼掺杂
H3	NMOS 晶体管沟道掺杂	—	—	硅，硼掺杂
H4	n 阱	0.24	n	硅，磷掺杂
H5	PMOS 晶体管沟道掺杂	—	—	硅，硼掺杂
H6	源极	—	n	硅，磷掺杂
H7	栅氧化层	0.03±0.0020	—	二氧化硅
H8	栅极	0.37±0.03	n	多晶硅，磷掺杂
H9	p 型 SLS	0.24	p	硅，硼掺杂
H10	n 型 SLS	0.24	n	硅，磷掺杂
H11	氧化层	0.25±0.10	—	二氧化硅
H12	p⁺ 漏极	0.24	p	硅，硼掺杂
H13	n⁺ 漏极	0.24	n	硅，砷掺杂
H14	层间介质：1	0.035±0.005		氮化硅
H15	电容	0.17±0.02	n	多晶硅，磷掺杂

续表

名称	结构元素	厚度/μm	导电类型	材料
H16	层间介质：2	0.70 ± 0.08	—	二氧化硅
H17	金属	0.025 ± 0.002	—	钛
		0.10 ± 0.01	—	锡
		0.45 ± 0.05	—	铝和硅
		0.06 ± 0.01	—	锡
H18	层间介质：3	0.70 ± 0.1	—	二氧化硅
H19	金属化：2	1.0 ± 0.1	—	铝和硅
		0.04 ± 0.01	—	锡
H20	钝化处理	0.4 ± 0.04	—	二氧化硅
		0.7 ± 0.07	—	氮化硅

1）在单晶硅和多晶硅的不同层中实施的电阻器（2 种类型的元器件）；

2）具有栅极氧化物和埋氧化物作为电介质的电容器；

3）各种配置的二极管电路，由 n 型和 p 型阱制成；

4）各种配置的 n 沟道和 p 沟道 MOS 晶体管（3 种元器件）。

测试矩阵中还使用了一组 n 沟道和 p 沟道 MOS 晶体管，这些晶体管是具有不同沟道长度 L 和宽度 W 比值的多种配置类型［沟道无阱接触（feeding）、线性沟道阱接触、H 型沟道阱接触和 2T 型（仅 NMOS)沟道阱接触，如图 7 - 19 所示］的晶体管。

7.4.2　实验流程

与客户讨论了测试程序，并确定了辐射前后 CMOS LSIC 基础元器件的参数和测量模式。

对辐射期间封装中测试矩阵的实验样品的研究是基于 Co^{60} 同位素源、剂量功率为 37.45R/s 的伽马装置进行的。样品被放入一个特殊的容器中，该容器被浸入反应器中。当打开反应器闸门时，开始用 γ 量子辐射样品。辐射后，将样品从反应器中取出并连接至测量设备。

测试在有源模式下进行，即在辐射期间向样品施加一定的电压。由于辐射期间和辐射后的任何电磁干扰或静电效应可能会导致被测样品的状态发生严重变化（直至击穿），因此制造了一种能够将上述现象的影响降至最低的特殊装置来进行测试和测量。

使用带有多个插座的接触装置作为基础，将被测试的矩阵芯片封装放入其中。根据测试矩阵封装输出的连接布局，开发了通过这些插座将接触装置连接到 γ 辐射装置和测量设备的布局。

所有测试矩阵封装的输出均未排序为 COM 类型（DIN9）的输出。在用 γ 量子辐射样品之前和辐射完成之后，所有插座输出均接地。这是为了防止反应堆闸门距继电器启动时开关电压浪涌的影响，并排除了反应器内和反应器外样品管理及其与测量设备连接期间的静电影响。操作实验样品时，操作员需戴上防静电手环。辐射时，被测样品输出通过这些插座连接到所需电位，当测量测试矩阵元器件的参数时，需要将其连接到测量设备。

为了向实验样品输出施加所需电压，使用了两个稳定电源 B5 - 13。辐射期间的电压

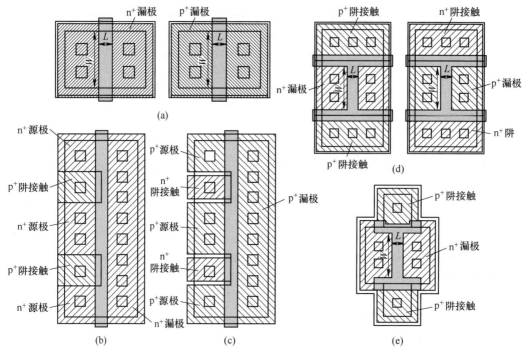

图 7-19　MOS 晶体管沟道阱接触的不同类型：（a）沟道无阱接触；
（b）线性沟道阱接触（源极与阱接触端相连）；（c）线性沟道阱接触（源极与阱接触端之间有间隙）；
（d）H 型沟道阱接触（p 阱、n 阱）；（e）2T 型沟道阱接触（p 阱）

波动未超过 $\pm 20\text{mV}$。利用晶体管特性观测设备（TCVD）L256 对试验样品参数进行了测量，并在 TCVD 监视器前支架上安装一台佳能数码相机 A410 记录结果。通过计算机处理图像，可显著缩短测试样本参数的测量时间并提高测量精度。

为了将测试矩阵的实验样品连接到测量设备，设计了一个四路交换台，以简化测量。交换台包括 4 个 RES-60 型机电继电器和多个开关。继电器设计用于在将触点设备输出连接到测量设备时消除触点弹跳。交换台引入测量信号的额外电流不超过 0.1MA[①]，因此不会影响测量精度。

按照以下顺序对测试矩阵的实验样品进行研究。首先，根据测量技术对被测样品的所有参数进行测量。然后将受试样品放入反应器一段时间，在此期间，其接受 10^4rad 的总剂量辐射。从反应器中取出后，测量其所有参数。从完成辐射到开始测量被测样品参数的时间间隔小于等于 90s。根据测试结果可知，测量参数的过程不超过 90s。待测样品保留在接触装置中，并在 15min 内再次进行参数测量，以确定辐射样品弛豫值。然后，需要对测试样品在一定时间段内再次测量。

同样，将第二个试验样品放入反应器，以接受 $5 \times 10^4\text{rad}$ 的总剂量辐射。第三个样本接受 10^5rad 的总剂量辐射，第四个样本接受 $5 \times 10^5\text{rad}$ 的剂量辐射，第五个样本接受 10^6rad 的剂量辐射。如果任何样品不能承受一定剂量的辐射（例如 10^5rad），则随后的样品

---

① 原文单位为 Pa，有误。——译者注

会接收到较小的辐射剂量（例如 7×10^4 rad）。

因此，除 4-2-2 号样品两次（8×10^5 和 2×10^5）暴露在 10^6 rad 总剂量下外，每个实验样品仅接受一次总剂量辐射。这是由于客户提供的样品数量不足造成的。

7.4.3　实验结果

对 SOI 结构中 CMOS LSIC 基本元器件在 γ 射线照射下的伏安特性测量数据进行了处理，并以图表的形式给出。实验测试矩阵样品的封装按以下方式标记：晶圆编号、制造编号和芯片编号。

7.4.3.1　电阻

在制造 CMOS LSIC 元器件的测试矩阵期间，电阻在硅和多晶硅的不同层中形成，并通过参考编号为 9 和 10 的测试结构呈现，其工艺参数如表 7-5 所示。

表 7-5　测试电阻参数

参数		测试模式	名称	输出和目标参数		参数值/kΩ	
层间阻抗					$\perp$	最小值	最大值
层	尺寸						
构建体系 9							
n 阱	1 平方微米，（50×50）μm	$U = 5$V	R1	26	27 *	20	100
程序设计	10 平方微米，（15×150）μm	$U = 5$V	R2	28	27	5	15
n^+ 漏极	10 平方微米，（15×150）μm	$U = 5$V	R3	28	29	0.2	1.0
多晶硅 1	50 平方微米，（2×100）μm	$U = 5$V	R4	30	29	2	3
多晶硅 1	1 平方微米，（50×50）μm	$U = 1$V	R5	30	31	0.2	0.3
p 阱	1 平方微米，（50×50）μm	$U = -5$V	R6	32	33 *	5	10
p^+ 型保护	1 平方微米，（50×50）μm	$U = -5$V	R7	33	34 *	5	10
p^+ 漏极	10 平方微米，（15×150）μm	$U = -5$V	R8	34	35	1	2.5
多晶硅 2	50 平方微米，（2×100）μm	$U = 5$V	R1	9	10	30	70
多晶硅 2	50 平方微米，（2×100）μm	$U = 5$V	R2	10	11	30	70
多晶硅 2	1 平方微米，（50×50）μm	$U = 5$V	R3	11	12	3	7
多晶硅 2	1 平方微米，（50×50）μm	$U = 5$V	R4	12	13	3	7

所有电阻的输出分开焊接至接触装置的插座。在辐射过程中，根据图 7-20 中给出的布局，从两个 B5-13 型电源单元向电阻器分别施加 +5V 和 -5V 电压。电力电源装置单点接地。

采用 L2-56 TCVD 测量电阻的参数。根据不同模式对电阻的输出施加电压，如表 7-5 所示。

电阻实验样品的测量结果见表 7-6。

采用 L2-56 TCVD 法分别测量辐射 80min、17h 20min 后的电阻参数。为了确保修正测量结果的可能性，使用两个 TCVD 测量初始电阻参数。其中，使用第二个设备进行的测量用灰色标记，并在表中用缩写 BSUIR 指定。

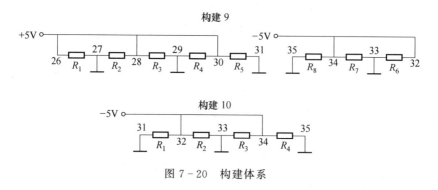

图 7-20　构建体系

表 7-6　电阻实验样品的测试参数

电阻	初始值	辐射后的值				
	BSUIR	1.5 分钟		15 分钟	80 分钟	17 小时 20 分钟
构建体系 9						
总辐射剂量为 10^5 的 4-9-7 样品						
9-R1		37.037	37.736	37.879		
9-R2		13.333	13.699	13.699		
9-R3		0.781	0.806	0.793		
9-R4		1.574	1.6	1.587		
9-R5		28.571（Ω）	28.986（Ω）	30.534（Ω）		
9-R6		40.984	90.909	91.743		
9-R7		8.641	11.111	10.753		
9-R8		1.315	1.351	1.333		
总辐射剂量为 10^6 的 4-9-4 样品						
9-R1	49.2	51.546	25.974	28.169	25.907	31.25
9-R2	14.29	13.889	14.388	14.493		14.925
9-R3	0.617	0.595	0.610	0.595		0.610
9-R4	1.653	1.613	1.626	1.613		1.653
9-R5	33.3（Ω）	32（Ω）	31.35（Ω）	31.01（Ω）		30.3（Ω）
9-R6	23.8	21.277	138.89	120.48	135.14	96.154
9-R7	7.14	6.849	13.423	12.987	13.333	11.905
9-R8	1.351	1.309	1.3245	1.316		1.351

	阻值/kΩ				
	构建体系 10				
	总辐射剂量为 10^6 的 4 - 10 - 6 样品				
10 - R1		90.909	90.909	90.909	
10 - R2		90.909	91.743	91.743	
10 - R3		1.515	1.515	1.515	
10 - R4		1.527	1.527	1.527	

伏安特性（VAC）电阻的形状是一条直线，除了构建 9 的电阻 R1、R6 和 R7 是非线性的。表 7 - 7 给出了这些电阻的 VAC 与标准 VAC（9 - R2）的电阻的对比参数。

表 7 - 7　辐射前后电阻的 VDC[①]

电阻器	初始状态	总辐射剂量为 10^6 的辐射	
		1.5 分钟	15 分钟
9 - R1	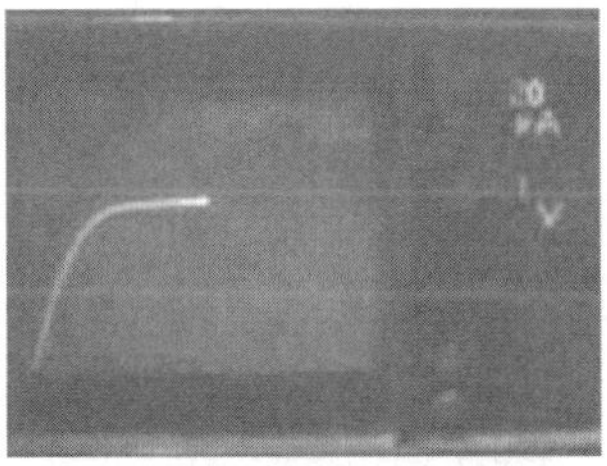	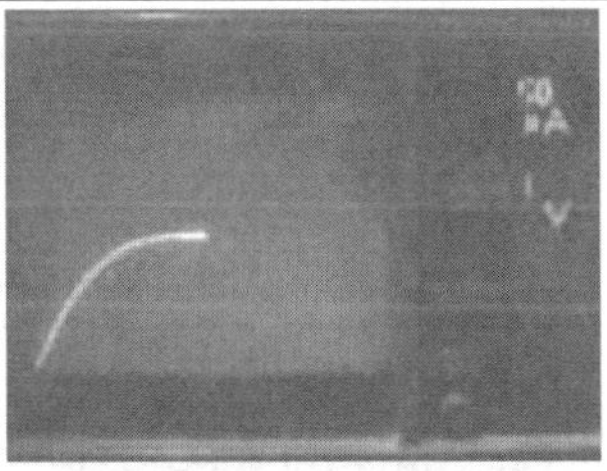	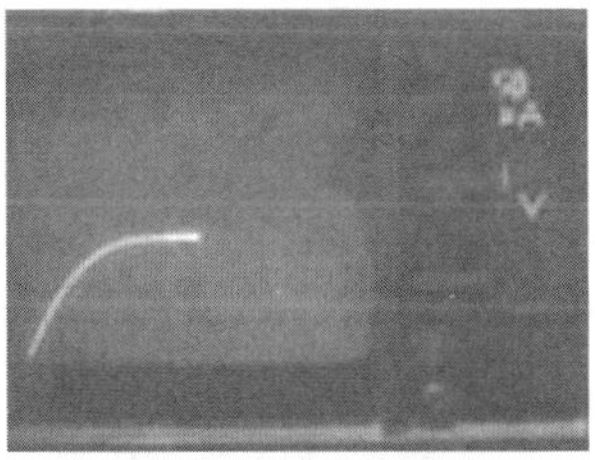
9 - R2	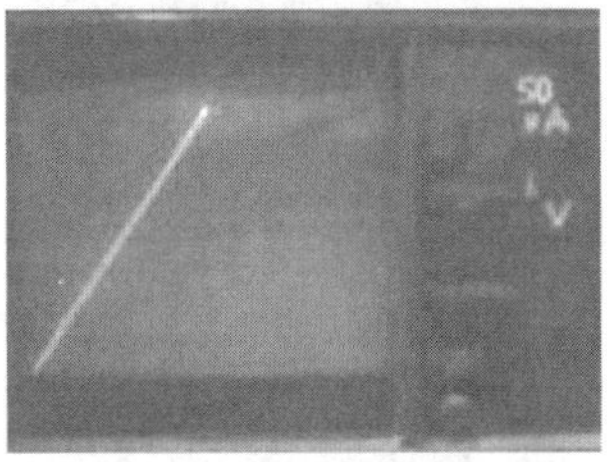	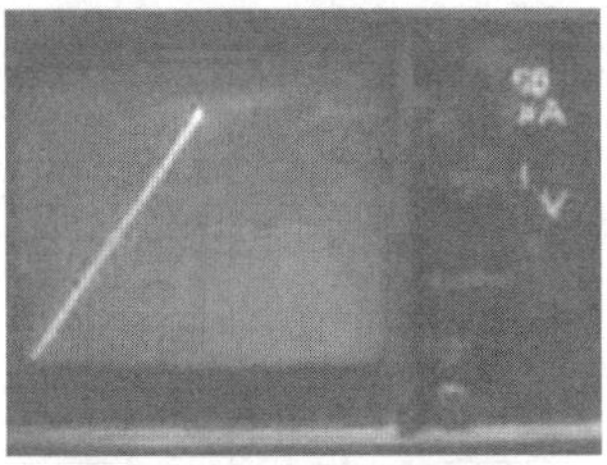	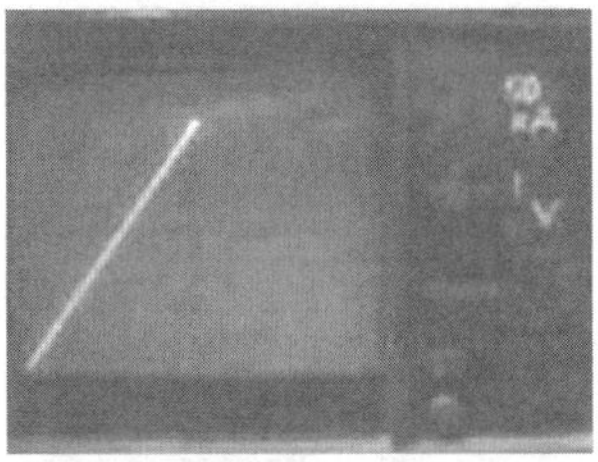
9 - R6	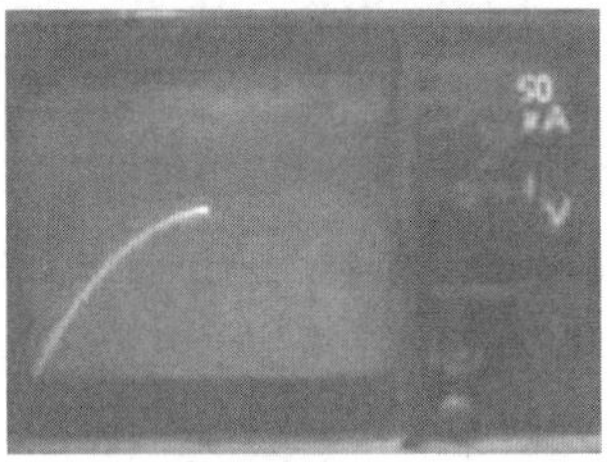	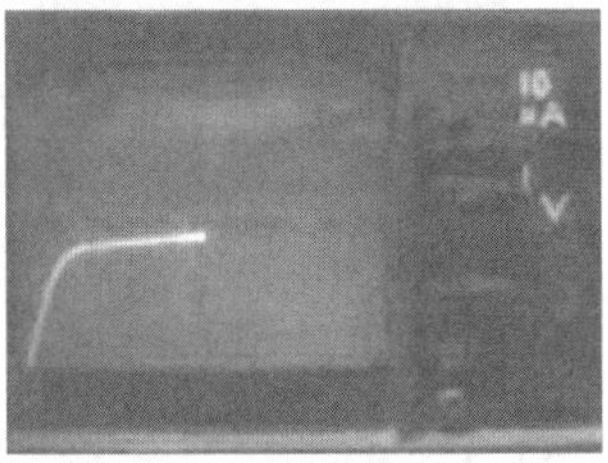	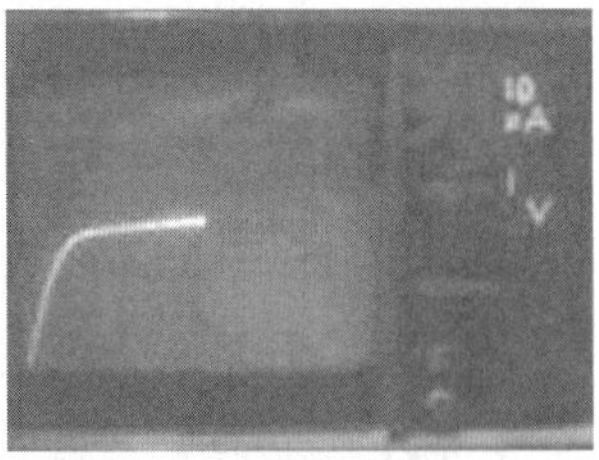
9 - R9		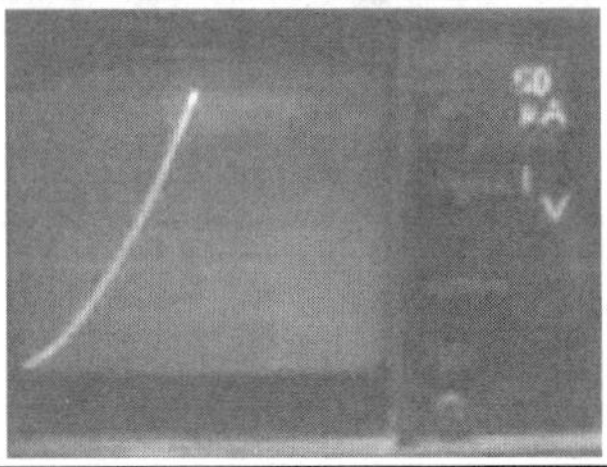	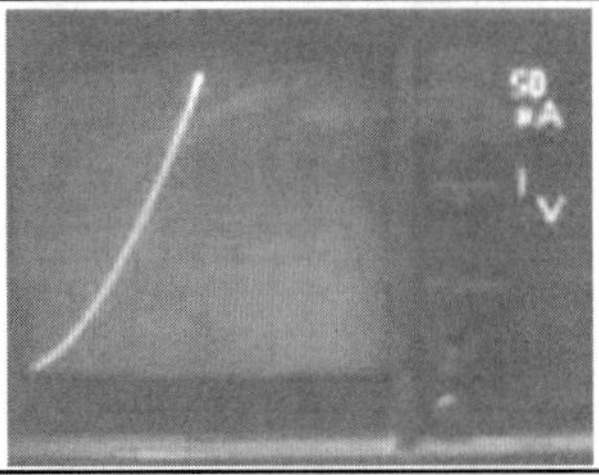

① 原外版书的图片本身不清晰。——译者注

7.4.3.2　二极管

二极管是在 SOI 结构硅层中的 n 和 p 阱中形成的，它是 MOS 二极管连接的晶体管（栅连接到源）。二极管组合在一个测试矩阵中（构建体系 7）。电路由具有相同栅极长度（$L_{gate}=3\mu m$）和不同宽度（$W=3，10，20，100\mu m$）的单个二极管组成。电路中二极管数量不同，但测试电路中所有二极管的总宽度均为 $600\mu m$，其工艺参数见表 7 - 8。

测试二极管电路的输出未焊接到接触装置插座上。辐射期间，所有二极管输出均接地。利用 TCVD L2 - 56 进行二极管参数的测量。二极管的共同栅极连接到共同源和衬底。根据表 7 - 8 给出的模式，电压通过交换台施加到二极管漏极。实验二极管样品的测量结果见表 7 - 9。

表 7 - 8　测试二极管参数

参数	测试模式*	名称	参数值		
			最小值	最大值	限值
n^+ 型漏极 - p 阱二极管					
漏电流/μA	$U_d=8V$	I_{leak}	-0.01	0.01	—
击穿电压/V	$I_d=10nA$	U_{break}	8	—	20
p^+ 型漏极 - n 阱二极管					
漏电流/μA	$U_d=-8V$	I_{leak}	-0.01	0.01	—
击穿电压/V	$I_d=-10nA$	U_{break}	—	-8	-20

* $U_g=U_s=U_{cc}=0V$。

表 7 - 9　实验样品二极管的测量参数

	二极管*	参数	测试模式	初始值	辐射后的值
总辐射剂量为 10^6 的 4 - 7 - 4 样品					
$n^+ - p$ 阱	1	U_{break}	$I=10nA$	13.1V	14V
		I_{leak}	$U=8V$	<0.1nA	<0.1nA
	2	U_{break}	$I=10nA$	12.9V	13.4V
		I_{leak}	$U=8V$	0.5nA	0.5nA
	3	U_{break}	$I=10nA$	13V	13.5V
		I_{leak}	$U=8V$	<0.1nA	<0.1nA
	4	U_{break}	$I=10nA$	12.9V	13.5V
		I_{leak}	$U=8V$	<0.1nA	<0.1nA
$p^+ - n$ 阱	1	U_{break}	$I=-10nA$	$-12.8V$	$-12.7V$
		I_{leak}	$U=-8V$	$<-0.1nA$	$<-0.1nA$
	2	U_{break}	$I=-10nA$	$-12.9V$	$-12.7V$
		I_{leak}	$U=-8V$	$<-0.1nA$	$<-0.1nA$
	3	U_{break}	$I=-10nA$	$-13.1V$	$-12.8V$
		I_{leak}	$U=-8V$	$<-0.1nA$	$<-0.1nA$
	4	U_{break}	$I=-10nA$	$-13V$	$-12.9V$
		I_{leak}	$U=-8V$	$<-0.1nA$	$<-0.1nA$

* 1：200 并联二极管，二极管 W1＝$3\mu m$；

　2：60 并联二极管，二极管 W1＝$10\mu m$；

　3：30 并联二极管，二极管 W1＝$20\mu m$；

　4：6 并联二极管，二极管 W1＝$100\mu m$。

7.4.3.3　电容

测试构建体系 8 使我们能够进行五种不同电容结构的测量，其中三个用栅极电介质作为电介质，另外两个用埋氧化物作为电介质。电容器结构的工艺参数见表 7 - 10。

为了降低寄生电容，在接触装置的两个最短引线插座上进行了测试电容器参数的测量。在辐射过程中，对电容器极板施加 5V 的偏置电压，此时半导体材料极板或掺杂最少的区域处于载流子增强模式下（n 型硅为负电位，p 型为正电位）：

（1）对于栅极氧化物作为介质的电容：

1）向具有 n 阱（PCS1）的电容器的上极板相对地施加一个 +5V 偏置电压；

2）向具有 p 阱（PCS1）的电容器的下极板相对地施加一个 -5V 电压；

3）n 型和 p 型管连接到衬底并接地。

（2）对于埋氧化物作为电介质的电容：

1）向电容的 p 阱①施加相对于衬底为 -5V 偏置电压；

2）向电容的 n 阱施加相对于衬底为 +5V 偏置电压；

3）衬底接地。

表 7 - 10　电容的测试参数

参数	测试模式	名称	参数值		
			最小值	最大值	限值
栅氧化层电容。平面面积 $S=80\times125\mu m^2 =1\times10^6\mu m^2$					
S1：PCS（不包含活动结构）-二氧化硅-n 阱					
漏电流/μA	$U_d=15V$	I_{leak}	-0.1	0.1	—
击穿电压/V	$I_d=10nA$	U_{break}	10	30	40
S2：PCS（不包含活动结构）-二氧化硅-n 阱					
漏电流/μA	$U_d=15V$	I_{leak}	-0.1	0.1	—
击穿电压/V	$I_d=10nA$	U_{break}	10	30	40
S3：PCS（不包含活动结构）-二氧化硅-p 阱					
漏电流/μA	$U_d=-8V$	I_{leak}	-0.1	0.1	—
击穿电压/V	$I_d=-10nA$	U_{break}	-30	-15	-40
埋氧电容。平面面积 $S=1.12\times10^6\mu m^2$					
S4：n 阱-VAC-衬底					
漏电流/μA	$U_d=15V$	I_{leak}	-0.1	0.1	—
击穿电压/V	$I_d=10nA$	U_{break}	-30	-10	-70
S5：p 阱-VAC-衬底					
漏电流/μA	$U_d=15V$	I_{leak}	-0.1	0.1	—
击穿电压/V	$I_d=10nA$	U_{break}	15	30	70

用 TCVD L2 - 56 测量漏电流。采用特制的基于 RC 分压器原理的装置测量了电压-电容特性。测量信号频率为 2MHz，测量信号幅值为 50mV。设备最大偏置电压范围为 -50～+50V。

---

① 原文为 n 阱。——译者注

对辐射后的电容结构参数进行了两个阶段的测量。辐射完成后，测量 +5V 和 −5V 偏压下的漏电流。第二阶段对电容结构进行了电压-电容特性的记录。在辐射后 24 小时和 14 天内进行重复测量。

在 −5～+5V 范围内，通过线性偏置电压扫描，对栅极氧化物作为介质的电容结构特性进行了记录。选择初始扫描方向作为将半导体材料的电容器板引入饱和的方式。对于具有 n 阱的电容器结构，阱电势从零向负方向扫描，然后向正方向扫描，p 阱则相反。

当测量以埋氧化物为介质的电容器时，将施加在半导体材料极板上的偏置电压从 0V 扫描到 −50V，然后扫描到 +50V（n 阱电容），或反向扫描到 p 阱电容。在这两种情况下，衬底都是接地的。

在测量过程中考虑了带有连接导线的接触装置的电容，对于栅极介质的电容值为 3pF，对于埋氧化物为介质的电容值为 1.2pF。测试电容参数的测量结果见表 7-11。无规定值时，所有电容的漏电流均小于 100pA。

表 7-11　电容器实验样品的参数

数目	参数	初始值	30 分钟后的值	24 小时后的值	14 天后的值
栅极介质电容					
总辐射剂量为 10^5 的 2-8-1 样品					
C1	C_{sat}/pF	3.5μA 的漏电流	3.5μA 的漏电流		
	C_{depl}/pF				
C2	C_{sat}/pF	14.76	14.61		
	C_{depl}/pF	7.05	7.01		
	d_v/mV		−60		
C3	C_{sat}/pF	14.38	14.35		
	C_{depl}/pF	5.39	5.25		
	d_v/mV		−100		
总辐射剂量为 10^6 的 4-8-9 样品					
C1	C_{sat}/pF	14.51	14.40	14.45	14.25
	C_{depl}/pF	4.25	5.58	5.40	5.20
	d_v/mV	—	−250	−230	−160
C2	C_{sat}/pF	14.82	超过 100μA 的漏电流	—	—
	C_{depl}/pF	5.06			
	d_v/mV	—	—	—	
C3	C_{sat}/pF	14.56	14.30	14.25	14.20
	C_{depl}/pF	7.96	8.28	8.27	8.19
	d_v/mV	—	−530	−500	−500
埋氧电容					
总辐射剂量为 10^5 的 2-8-5 样品					
C4	C_{sat}/pF	7.78	7.71		
	C_{depl}/pF	3.53	3.53		
	d_v/mV	—	—		

续表

数目	参数	初始值	30 分钟后的值	24 小时后的值	14 天后的值
C5	C_{sat}/pF	6.50	6.38		
	C_{depl}/pF	5.44	5.50		
	d_v/mV	—	—		
总辐射剂量为 10^6 的 2 - 8 - 8 样品					
C4	C_{sat}/pF	8.54	8.49	8.39	8.44
	C_{depl}/pF	3.79	6.84	6.76	6.75
	d_v/mV	—	—	—	—
C5	C_{sat}/pF	6.50	6.64	6.62	6.54
	C_{depl}/pF	6.09	5.79	5.77	5.68
	d_v/mV	—	—	—	—

注：C_{sat} 是饱和状态下的电容，C_{depl} 是损耗状态下的电容，d_v 是与初始值相比的电压电容特性偏置。

辐射前后电容结构的电压-电容特性如表 7 - 12 所示。C1～C3 电容的 PCS 栅极电位在图表中沿 x 轴绘制，C4 和 C5 电容的使用阱偏置电位值沿 x 轴方向绘制。

表 7 - 12　测试电容的电压-电容特性

栅极介质电容

总辐射剂量为 10^5 rad 的编号为 2 - 8 - 1 的电容 C2 和 C3

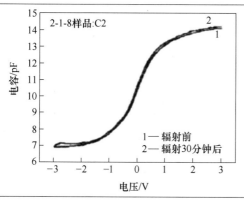
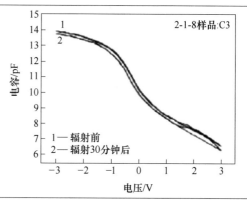

栅极介质电容

总辐射剂量为 10^6 rad 的编号为 4 - 8 - 9 的电容 C1 和 C3

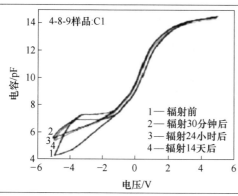
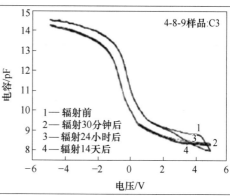

埋氧电容

总辐射剂量为 10^5 rad 的编号为 2-8-5 的电容 C4 和 C5

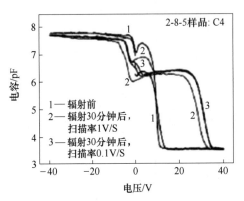

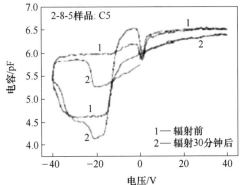

总辐射剂量为 10^6 rad 的编号为 2-8-8 的电容 C4 和 C5

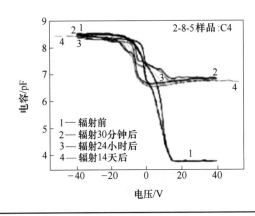

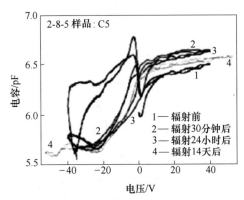

7.4.3.4 晶体管

CMOS LSIC 元器件测试矩阵的 n 和 p 沟道晶体管组，具有不同的沟道长宽比和不同的沟道馈电配置，在测试构建 1、2 和 4 中对其进行组合，其工艺参数如表 7-13 所示。

表 7-13 晶体管测试的工艺参数

参数	测试模式 *	名称	参数值		
			最小值	最大值	限值
n 型沟道晶体管					
漏极电流/μA	$U_d = U_g = 5\text{V}$	I_{drain}	50	—	—
阈值电压/V	$I_d = 0.1\mu\text{A}$, $U_d = U_g$	U_{thresh}	1.0	2.5	5.0
漏电流/μA	$U_d = 3\text{V}$, $U_g = 0\text{V}$	I_{leak}	−0.01	0.01	—

续表

参数	测试模式 *	名称	参数值		
			最小值	最大值	限值
p 型沟道晶体管					
漏极电流/μA	$U_d = U_g = -5V$	I_{drain}	—	-20	—
阈值电压/V	$I_d = -0.1\mu A$, $U_d = U_g$	U_{thresh}	-2.5	-1.0	-5.0
漏电流/μA	$U_d = -3V$, $U_g = 0V$	I_{leak}	-0.01	0.01	—
* $U_s = U_{substrate} = 0V$					

所有晶体管的输出都分开焊接到接触元器件的两个插座上，即 p 沟道和 n 沟道。在辐射时，所有晶体管的输出都接地，同时所有 n 型晶体管的源极和漏极也都接地，并对栅极施加 +5V 电压。

用 TCVD L2-56 测量测试晶体管的参数。根据表 7-14 中给出的模式，电压通过开关板施加到晶体管的输出上。在测量过程中观察到以下顺序：

1）阈值电压；

2）漏电流；

3）输出伏安特性。

表 7-14　晶体管样品的测试参数（构建体系 1）

参数	晶体管	测试模式	辐射前	辐射后				
				1.5 分钟	15 分钟	90 分钟	120 分钟	1 天
总辐射剂量为 10^4 rad 的编号 18 的样品								
n 型沟道								
U_{thres}	I	$U_d = U_g$ $U_s = 0V$ $I_d = 0.1\mu A$	0.9V	0.9V				0.9V
	II		0.9V	0.9V				0.95V
	III		1.3V	1.3V				1.4V
	IV		1.1V	1.0V				1.1V
I_{leak}	I	$U_d = 3V$ $U_g = 0V$ $U_s = 0V$	<1nA	<1nA				<1nA
	II		<1nA	<1nA				<1nA
	III		<1nA	<1nA				<1nA
	IV		<1nA	<1nA				<1nA
I_d	I	$U_d = U_g = 5V$ $U_s = 0V$	2170μA	2100μA				2200μA
	II		290μA	280μA				290μA
	III		260μA	250μA				260μA
	IV		420μA	410μA				430μA
p 型沟道								
U_{thres}	I	$U_d = U_g$ $U_s = 0V$	$-1.4V$	$-1.5V$				$-1.45V$
	II		$-1.6V$	$-1.65V$				$-1.6V$

参数	晶体管	测试模式	辐射前	辐射后				
				1.5 分钟	15 分钟	90 分钟	120 分钟	1 天
U_{thres}	Ⅲ	$I_d=-0.1\mu A$	$-1.7V$	$-1.7V$				$-1.7V$
	Ⅳ		$-1.55V$	$-1.6V$				$-1.6V$
I_{leak}	Ⅰ	$U_d=-3V$ $U_g=0V$ $U_s=0V$	$<-1nA$	$<-1nA$				$<-1nA$
	Ⅱ		$<-1nA$	$<-1nA$				$<-1nA$
	Ⅲ		$<-1nA$	$<-1nA$				$<-1nA$
	Ⅳ		$<-1nA$	$<-1nA$				$<-1nA$
I_d	Ⅰ	$U_d=U_g=-5V$ $U_s=0V$	$-1200\mu A$	$-1100\mu A$				-1120
	Ⅱ		$-150\mu A$	$-138\mu A$				$-145\mu A$
	Ⅲ		$-100\mu A$	$-90\mu A$				$-95\mu A$
	Ⅳ		$-180\mu A$	$-160\mu A$				$-165\mu A$

总辐射剂量为 $5\times10^4\,rad$ 的编号 20 的样品

n 型沟道

参数	晶体管	测试模式	辐射前	1.5 分钟	15 分钟	90 分钟	120 分钟	1 天
U_{thres}	Ⅰ	$U_d=U_g$ $U_s=0V$ $I_d=0.1\mu A$	0.9V	0V	0V	0V	0V	0V
	Ⅱ		1V	0V	0V	0V	0V	0V
	Ⅲ		1.4V	1.2V	1.2V	1.35V	1.35V	1.4V
	Ⅳ		1.1V	0.3V	0.3V	0.45V	0.45V	0.5V
I_{leak}	Ⅰ	$U_d=3V$ $U_g=0V$ $U_s=0V$	$<1nA$	SC	8nA	$<1nA$	$<1nA$	$<1nA$
	Ⅱ		$<1nA$	SC	8nA	$<1nA$	$<1nA$	$<1nA$
	Ⅲ		$<1nA$	600nA	500nA	480nA	450nA	450nA
	Ⅳ		$<1nA$	6mA	6mA	6mA	6mA	6mA
I_d	Ⅰ	$U_d=U_g=5V$ $U_s=0V$	$2200\mu A$	ND	ND	ND	ND	ND
	Ⅱ		$275\mu A$	ND	ND	ND	ND	ND
	Ⅲ		$240\mu A$	$195\mu A$	$195\mu A$	$195\mu A$	$195\mu A$	$190\mu A$
	Ⅳ		$385\mu A$	ND	ND	ND	ND	ND

p 型沟道

参数	晶体管	测试模式	辐射前	1.5 分钟	15 分钟	90 分钟	120 分钟	1 天
U_{thres}	Ⅰ	$U_d=U_g$ $U_s=0V$ $I_d=-0.1\mu A$	$-1.35V$	$-1.6V$	$-1.5V$	$-1.5V$	$-1.5V$	$-1.5V$
	Ⅱ		$-1.5V$	$-1.7V$	$-1.7V$	$-1.6V$	$-1.65V$	$-1.65V$
	Ⅲ		$-1.7V$	$-1.8V$	$-1.8V$	$-1.8V$	$-1.8V$	$-1.8V$
	Ⅳ		$-1.55V$	$-1.7V$	$-1.7V$	$-1.7V$	$-1.65V$	$-1.7V$
I_{leak}	Ⅰ	$U_d=-3V$ $U_g=0V$ $U_s=0V$	$<-1nA$	$<-1nA$	$<-1nA$	$<-1nA$	$<-1nA$	$<-1nA$
	Ⅱ		$<-1nA$	$<-1nA$	$<-1nA$	$<-1nA$	$<-1nA$	$<-1nA$
	Ⅲ		$<-1nA$	$<-1nA$	$<-1nA$	$<-1nA$	$<-1nA$	$<-1nA$
	Ⅳ		$<-1nA$	$<-1nA$	$<-1nA$	$<-1nA$	$<-1nA$	$<-1nA$

续表

参数	晶体管	测试模式	辐射前	辐射后				
				1.5 分钟	15 分钟	90 分钟	120 分钟	1 天
I_d	I	$U_d=U_g=-5\text{V}$ $U_s=0\text{V}$	1300μA	1100μA	1100μA	1040μA	1140μA	1140μA
	II		160μA	128μA	130μA	124μA	136μA	136μA
	III		100μA	80μA	82μA	82μA	84μA	86μA
	IV		185μA	120μA	130μA	132μA	132μA	134μA

总辐射剂量为 $7\times10^4\text{rad}$ 的编号 19 的样品

n 型沟道

参数	晶体管	测试模式	辐射前	辐射后				
U_{thres}	I	$U_d=U_g$ $U_s=0\text{V}$ $I_d=0.1μA$	0.9V	0.2V	0.15V	0.12V		0.25V
	II		0.9V	击穿	击穿	击穿		击穿
	III		1.35V	0.6V	0.6V	0.65V		0.8V
	IV		1.1V	0.3V	0.25V	0.25V		0.4V
I_{leak}	I	$U_d=3\text{V}$ $U_g=0\text{V}$ $U_s=0\text{V}$	<1nA	SC	SC	SC		5mA
	II		<1nA	SC	SC	SC		2.5mA
	III		<1nA	20nA	18nA	13nA		10nA
	IV		<1nA	60nA	60nA	52nA		30nA
I_d	I	$U_d=U_g=5\text{V}$ $U_s=0\text{V}$	2350μA	ND	ND	ND		ND
	II		310μA	ND	ND	ND		ND
	III		280μA	3.6μA	5.6μA	5.6μA		2.2μA
	IV		450μA	4.4μA	6.6μA	6.8μA		2.7μA

p 型沟道

参数	晶体管	测试模式	辐射前	辐射后				
U_{thres}	I	$U_d=U_g$ $U_s=0\text{V}$ $I_d=-0.1μA$	−1.4V	−1.6V	−1.55V	−1.5V		−1.55V
	II		−1.55V	−1.7V	−1.65V	−1.65V		−1.65V
	III		−1.7V	−1.8V	−1.8V	−1.8V		−1.8V
	IV		−1.6V	−1.7V	−1.7V	−1.7V		−1.7V
I_{leak}	I	$U_d=-3\text{V}$ $U_g=0\text{V}$ $U_s=0\text{V}$	<−1nA	<−1nA	<−1nA	<−1nA		<−1nA
	II		<−1nA	<−1nA	<−1nA	<−1nA		<−1nA
	III		<−1nA	<−1nA	<−1nA	<−1nA		<−1nA
	IV		<−1nA	<−1nA	<−1nA	<−1nA		<−1nA
I_d	I	$U_d=U_g=-5\text{V}$ $U_s=0\text{V}$	−1140μA	−940μA	−940μA	−960μA		−960μA
	II		−150μA	−120μA	−120μA	−120μA		−120μA
	III		−110μA	−80μA	−80μA	−80μA		−80μA
	IV		−185μA	−124μA	−124μA	−126μA		−124μA

在手动扫描电压的漏电模式下，用 TCVD 测量 $0.1μA$ 水平的阈值电压。然后将

TCVD 转换为基本扫描模式，用照相机记录下来，形成分辨率为 $1\mu A/div$ 的阈值电压曲线。

首先测量 n 沟道晶体管，然后测量 p 沟道晶体管。对于每种类型的晶体管，测量系列的持续时间不超过 150s。然后在辐射完成后 15 分钟内重复进行一系列晶体管参数测量。在 BSUIR 的其他 TCVD 中，在一定时间内对测试晶体管的参数进行重复测量。

表 7-14~表 7-16 给出了测试构建 1、2 和 4 的测试晶体管样品的测量结果。

测试构建体系 1 的晶体管阱接触区域如图 7-19 所示，该区域与源极一起被缩短。当将芯片粘接到封装中时，触点未焊到衬底上。因此，MOS 晶体管的阱没有连接到衬底，而是处于浮动电位。n 沟道和 p 沟道晶体管有不同的几何尺寸：

Ⅰ：$L=1.6\mu m$，$W_d=19.2\mu m$，并且 $W_s=28.8\mu m$，4 个阱接触；

Ⅱ：$L=1.6\mu m$，$W_d=2.4\mu m$，并且 $W_s=4.8\mu m$，1 个阱接触；

Ⅲ：$L=18.0\mu m$，$W_d=19.2\mu m$，并且 $W_s=28.8\mu m$，4 个阱接触；

Ⅳ：$L=18.0\mu m$，$W_d=2.4\mu m$，并且 $W_s=4.8\mu m$，1 个阱接触（10 个并联晶体管）。

在测试构建体系 2 中，n 和 p 沟道晶体管具有 H 型沟道阱接触如图 7-19（d）所示。连接到衬底的触点的存在使人们能够将阱连接到衬底并将其接地。测试构建体系 2 中所有晶体管的沟道长度相同，均为 $L=1.2\mu m$，n 和 p 沟道晶体管的沟道宽度如下：

Ⅰ：$W_n=3.2\mu m$，$W_p=3.2\mu m$；

Ⅱ：$W_n=5.6\mu m$，$W_p=5.6\mu m$；

Ⅲ：$W_n=8.0\mu m$，$W_p=8.0\mu m$；

Ⅳ：$W_n=10.4\mu m$，$W_p=12.8\mu m$；

在测试构建 4 中 n 沟道晶体管具有 2T 型沟道区域阱接触［见图 7-19（e）］。所述衬底的触点的存在使阱连接到所述衬底并将其接地。测试构造 4 中所有晶体管的沟道长度都相同，等于 $L=1.2\mu m$，n 沟道晶体管的沟道宽度如下：

Ⅰ：$W_{cc}=3.2\mu m$；

Ⅱ：$W_{cc}=5.6\mu m$；

Ⅲ：$W_{cc}=8.0\mu m$；

Ⅳ：$W_{cc}=10.4\mu m$。

表 7-15　测试晶体管样品的参数（构建体系 2）

参数	晶体管	测试模式	辐射前	辐射后		
				1.5 分钟	15 分钟	100 分钟
总辐射剂量为 7×10^4 rad 的编号 4-2-5 的样品						
U_{thres}	Ⅰ	$U_d=U_g$ $U_s=U_{cc}=0V$ $I_d=0.1\mu A$	1.43V	1.4V	1.4V	
	Ⅱ		1.4V	1.36V	1.36V	
	Ⅲ		1.39V	1.32V	1.32V	
	Ⅳ		1.39V	1.34V	1.32V	
U_{thres}	Ⅰ	$U_d=U_g$ $U_s=U_{cc}=0V$ $I_d=0.1\mu A$	1.58V	1.52V	1.51V	
	Ⅱ		1.51V	1.46V	1.46V	
	Ⅲ		1.49V	1.43V	1.44V	
	Ⅳ			1.47V	1.42V	1.43V

续表

参数	晶体管	测试模式	辐射前	辐射后			
				1.5 分钟	15 分钟	100 分钟	
I_{leak}	I	$U_d=3V$ $U_g=0V$ $U_s=U_{cc}=0V$	$<1nA$	$<1nA$	$<1nA$		
	II		$<1nA$	$<1nA$	$<1nA$		
	III		5nA	8nA	7nA		
	IV		3nA	4nA	3nA		
I_d	I	$U_d=U_g=5V$ $U_s=U_{cc}=0V$	$630\mu A$	$630\mu A$	$660\mu A$		
	II		$1000\mu A$	$1010\mu A$	$1040\mu A$		
	III		$1340\mu A$	$1360\mu A$	$1390\mu A$		
	IV		$1700\mu A$	$1700\mu A$	$1750\mu A$		
p 型沟道							
U_{thres}	I	$U_d=U_g$ $U_s=U_{cc}=0V$ $I_d=0.1\mu A$	1.68V	$-1.78V$	$-1.78V$		
	II		1.65V	1.72V	1.72V		
	III		$-1.62V$	$-1.7V$	$-1.7V$		
	IV		$-1.63V$	$-1.72V$	$-1.7V$		
U_{thres}	I	$U_d=U_g$ $U_s=U_{cc}=0V$ $I_d=-0.1\mu A$	$-1.82V$	$-1.9V$	$-1.9V$		
	II		$-1.76V$	$-1.84V$	$-1.83V$		
	III		$-1.73V$	$-1.83V$	1.812		
	IV		$-1.73V$	$-1.83V$	$-1.82V$		
I_{leak}	I	$U_d=-3V$ $U_g=0V$ $U_s=U_{cc}=0V$	$<-1nA$	$<-1nA$	$<-1nA$		
	II		$<-1nA$	$<-1nA$	$<-1nA$		
	III		$<-1nA$	$<-1nA$	$<-1nA$		
	IV		$<-1nA$	$<-1nA$	$<-1nA$		
I_d	I	$U_d=U_g=-5V$ $U_s=U_{cc}=0V$	$-320\mu A$	$-300\mu A$	$-260\mu A$		
	II		$-510\mu A$	$-485\mu A$	$-420\mu A$		
	III		$-670\mu A$	$-630\mu A$	$-540\mu A$		
	IV		$-950\mu A$	$-890\mu A$	$-790\mu A$		

总辐射剂量为 10^5 rad 的编号 4 - 2 - 4 的样品

n 型沟道							
U_{thres}	I	$U_d=U_g$ $U_s=U_{cc}=0V$ $I_d=0.1\mu A$	1.36V	1.3V	1.28V	1.29V	
	II		1.42V	1.35V	1.35V	1.36V	
	III		1.42V	1.32V	1.32V	1.34V	
	IV		1.4V	1.32V	1.32V	1.32	
U_{thres}	I	$U_d=U_g$ $U_s=U_{cc}=0V$ $I_d=0.1\mu A$	1.58V	1.49V	1.43V	1.43V	
	II		1.54V	1.47V	1.46V		
	III		1.51V	1.45V	1.43V		
	IV		1.5V	1.44V	1.42V		

续表

参数	晶体管	测试模式	辐射前	辐射后			
				1.5 分钟	15 分钟	100 分钟	
I_{leak}	I	$U_d=-3V$ $U_g=0V$ $U_s=U_{cc}=0V$	$<1nA$	$<1nA$	$<1nA$	$<1nA$	
	II		$<1nA$	$<1nA$	$<1nA$	$<1nA$	
	III		5.5nA	8nA	3.5nA	4.5nA	
	IV		1.7nA	3.5nA	1.25nA	1.5nA	
I_d	I	$U_x=U_g=5V$ $U_s=U_{cc}=0V$	$620\mu A$	$625\mu A$	$640\mu A$		
	II		$950\mu A$	$1010\mu A$	$1010\mu A$		
	III		$1320\mu A$	$1370\mu A$	$1350\mu A$		
	IV		$1630\mu A$	$1730\mu A$	$1730\mu A$		

p 型沟道

参数	晶体管	测试模式	辐射前	辐射后			
U_{thres}	I	$U_d=U_g$ $U_s=U_{cc}=0V$ $I_d=-0.1\mu A$	1.67V	$-1.8V$	$-1.8V$		
	II		$-1.65V$	$-1.78V$	$-1.78V$		
	III		$-1.65V$	$-1.78V$	$-1.76V$		
	IV		$-1.63V$	$-1.75V$	$-1.75V$		
U_{thres}	I	$U_d=U_g$ $U_s=U_{cc}=0V$ $I_d=-0.1\mu A$	$-1.82V$	$-1.95V$	$-1.93V$		
	II		$-1.77V$	$-1.89V$	$-1.88V$		
	III		$-1.77V$	$-1.89V$	1.87V		
	IV		$-1.72V$	$-1.85V$	$-1.84V$		
I_{leak}	I	$U_d=-3V$ $U_g=0V$ $U_s=U_{cc}=0V$	$<-1nA$	$<-1nA$	$<-1nA$		
	II		$<-1nA$	$<-1nA$	$<-1nA$		
	III		$<-1nA$	$<-1nA$	$<-1nA$		
	IV		$<-1nA$	$<-1nA$	$<-1nA$		
I_d	I	$U_d=U_g=-5V$ $U_s=U_{cc}=0V$	$-345\mu A$	$-270\mu A$	$-270\mu A$		
	II		$-500\mu A$	$-460\mu A$	$-550\mu A$		
	III		$-660\mu A$	$-585\mu A$	$-590\mu A$		
	IV		$-960\mu A$	$-880\mu A$	$-890\mu A$		

总辐射剂量为 10^5 rad 的编号 $2-2-6$ 的样品

n 型沟道

参数	晶体管	测试模式	辐射前	辐射后			
U_{thres}	I	$U_d=U_g$ $U_s=U_{cc}=0V$ $I_d=0.1\mu A$	1.41V	1.38V	1.38V		
	II		1.43V	1.39V	1.39V		
	III		1.42V	1.38V	1.38V		
	IV		1.41V	1.35V	1.35V		

参数	晶体管	测试模式	辐射前	辐射后		
				1.5 分钟	15 分钟	100 分钟
U_{thres}	I	$U_d=U_g$ $U_s=U_{cc}=0V$ $I_d=0.1\mu A$	1.54V	1.49V	1.51V	
	II		1.55V	1.5V	1.51V	
	III		1.55V	1.5V	1.51V	
	IV		1.53V	1.45V	1.4V	
I_{leak}	I	$U_d=3V$ $U_g=0V$ $U_s=U_{cc}=0V$	<1nA	<1nA	<1nA	
	II		<1nA	<1nA	<1nA	
	III		4nA	7nA	6nA	
	IV		1.5nA	3nA	2nA	
I_d	I	$U_x=U_g=5V$ $U_s=U_{cc}=0V$	600μA	630μA	620μA	
	II		940μA	990μA	960μA	
	III		1260μA	1320μA	1310μA	
	IV		1600μA	1690μA	1680μA	
p 型沟道						
U_{thres}	I	$U_d=U_g$ $U_s=U_{cc}=0V$ $I_d=-0.1\mu A$	−1.63V	−1.76V	−1.76V	
	II		−1.63V	−1.76V	−1.77V	
	III		−1.61V	−1.72V	−1.72V	
	IV		−1.59V	−1.7V	−1.68V	
U_{thres}	I	$U_d=U_g$ $U_s=U_{cc}=0V$ $I_d=0.1\mu A$	−1.77V	−1.9V	−1.88V	
	II		−1.75V	−1.87V	−1.86V	
	III		−1.72V	−1.83V	−1.83V	
	IV		−1.69V	−1.79V	−1.78V	
I_{leak}	I	$U_d=3V$ $U_g=0V$ $U_s=U_{cc}=0V$	<−1nA	<−1nA	<−1nA	
	II		<−1nA	<−1nA	<−1nA	
	III		<−1nA	<−1nA	<−1nA	
	IV		<−1nA	<−1nA	<−1nA	
I_d	I	$U_d=U_g=-5V$ $U_s=U_{cc}=0V$	−275μA	−320μA	−260μA	
	II		−440μA	−415μA	−415μA	
	III		−605μA	−560μA	−565μA	
	IV		−930μA	−870μA	−850μA	

参数	晶体管	测试模式	辐射前	辐射后			
				1.5 分钟	15 分钟	16 小时 30 分钟	
总辐射剂量为 10^5 rad 的编号 2 - 2 - 3 的样品							
n 型沟道							
U_{thres}	I	$U_d = U_g$ $U_s = U_{cc} = 0V$ $I_d = -0.1\mu A$	1.4V	SC	SC	SC	
	II		1.43V	1.23V	1.23V	1.25V	
	III		1.42V	1.23V	1.23V	1.24V	
	IV		1.41V	1.2V	1.2V	1.22V	
U_{thres}	I	$U_d = U_g$ $U_s = U_{cc} = 0V$ $I_d = 0.1\mu A$	1.53V	SC	SC	SC	
	II		1.56V	1.37V	1.38V	1.4V	
	III		1.54V	1.34V	1.36V	1.37V	
	IV		1.52V	1.33V	1.31V	1.34V	
I_{leak}	I	$U_d = 3V$ $U_g = 0V$ $U_s = U_{cc} = 0V$	<1nA	<1nA	<1nA	<1nA	
	II		<1nA	<1nA	<1nA	<1nA	
	III		<1nA	<1nA	<1nA	<1nA	
	IV		<1nA	<1nA	<1nA	<1nA	
I_d	I	$U_d = U_g = 5V$ $U_s = U_{cc} = 0V$	600μA	255μA	265μA	280μA	
	II		920μA	1030μA	1030μA	1010μA	
	III		1230μA	1390μA	1385μA	1350μA	
	IV		1590μA	1800μA	1780μA	1750μA	
p 型沟道							
U_{thres}	I	$U_d = U_g$ $U_s = U_{cc} = 0V$ $I_d = -0.1\mu A$	-1.62V	-1.87V	-1.86V	-1.85V	
	II		-1.59V	-1.83V	-1.83V	-1.82V	
	III		-1.57V	-1.80V	-1.80V	-1.79V	
	IV		-1.55V	-1.8V	-1.79V	-1.77V	
U_{thres}	I	$U_d = U_g$ $U_s = U_{cc} = 0V$ $I_d = 0.1\mu A$	-1.73V	-2.04V	-2.04V	-2V	
	II		-1.69V	-1.96V	-1.95V	-1.94V	
	III		-1.67V	-1.91V	-1.9V	-1.89V	
	IV		-1.64V	-1.87V	-1.87V	-1.87V	
I_{leak}	I	$U_d = -3V$ $U_g = 0V$ $U_s = U_{cc} = 0V$	<-1nA	<-1nA	<-1nA	<-1nA	
	II		<-1nA	<-1nA	<-1nA	<-1nA	
	III		<-1nA	<-1nA	<-1nA	<-1nA	
	IV		<-1nA	<-1nA	<-1nA	<-1nA	

续表

参数	晶体管	测试模式	辐射前	辐射后		
				1.5 分钟	15 分钟	16 小时 30 分钟
I_d	I	$U_d = U_g = -5V$ $U_s = U_{cc} = 0V$	$-310\mu A$	$-240\mu A$	$-245\mu A$	$-255\mu A$
	II		$-480\mu A$	$-390\mu A$	$-390\mu A$	$-390\mu A$
	III		$-635\mu A$	$-525\mu A$	$-530\mu A$	$-530\mu A$
	IV		$-960\mu A$	$-790\mu A$	$-800\mu A$	$-795\mu A$

参数	晶体管	测试模式	辐射前	辐射后				
				第一次 1.5 分钟	第一次 15 分钟	第一次 48 小时	第二次 1.5 分钟	第二次 15 分钟
总辐射剂量为 10^6 rad 的编号 4-2-2 的样品第一次辐射总剂量 8×10^5 rad；第二次辐射总剂量 2×10^5 rad								
U_{thres}	I	$U_d = U_g$ $I_d = 0.1\mu A$	1.43V	1.13V	1.12V	SC（2.4kΩ）	SC（2.4kΩ）	SC（2.4kΩ）
	II		1.46V	1.09V	1.09V	1.20V	1.14V	1.15V
	III		1.44V	1.08V	1.06V	0.48(leak)V	0.92V	0.92V
	IV		1.42V	1.02V	1.02V	1.06V	0.03V	0.03V
U_{thres}	I	$U_d = U_g$ $U_s = U_{cc} = 0V$ $I_d = 1\mu A$	1.58V	1.27V	1.29V	SC	SC	SC
	II		1.59V	1.23V	1.23V	1.36V	1.28V	1.28V
	III		1.57V	1.21V	1.21V	0.8V	1.16V	1.04V
	IV		1.53V	1.16V	1.17V	1.21V	0.03V	0.03V
I_{leak}	I	$U_d = 3V$ $U_g = 0V$ $U_s = U_{cc} = 0V$	<1nA	<1nA	<1nA	<1nA	1.5nA	1.4nA
	II		<1nA	<1nA	<1nA	<1nA	1μA	0.7μA
	III		<1nA	<1nA	<1nA	<1nA	<1nA	<1nA
	IV		<1nA	−1nA	<1nA	SC	SC	SC
I_d	I	$U_d = U_g = -5V$ $U_s = U_{cc} = 0V$	605μA	710μA	720μA	350μA	340μA	340μA
	II		940μA	1120μA	1140μA	1020μA	1060μA	1070μA
	III		1240μA	1490μA	1520μA	1370μA	1430μA	1440μA
	IV		1600μA	1900μA	1910μA	SC	SC	SC
U_{thres}	I	$U_d = U_g$ $U_s = U_{cc} = 0V$ $I_d = 0.1\mu A$	−1.63V	−1.85V	−1.84V	−1.84V	−1.89V	−1.89V
	II		−1.6V	−1.83V	−1.82V	−1.82V	−1.87V	−1.86V
	III		−1.59V	−1.81V	−1.81V	−1.79V	−1.84V	−1.83V
	IV		−1.59V	−1.8V	−1.8V	−1.78V	−1.82V	−1.81V
U_{thres}	I	$U_d = U_g$ $U_s = U_{cc} = 0V$ $I_d = -0.1\mu A$	−1.74V	−2.01V	−2.0V	−2.0V	−2.07V	−2.04V
	II		−1.71V	−1.94V	−1.94V	−1.94V	−2.02V	−2V
	III		−1.69V	−1.92V	−1.92V	−1.91V	−1.96V	−1.95V
	IV		−1.67V	−1.9V	−1.89V	−1.88V	−1.91V	−1.91V

续表

参数	晶体管	测试模式	辐射前	辐射后				
				第一次 1.5分钟	第一次 15分钟	第一次 48小时	第二次 1.5分钟	第二次 15分钟
I_{leak}	Ⅰ	$U_d=-3V$ $U_g=0V$ $U_s=U_{cc}=0V$	$<-1nA$	$<-1nA$	$<-1nA$	$<-1nA$	$<-1nA$	$<-1nA$
	Ⅱ		$<-1nA$	$<-1nA$	$<-1nA$	$<-1nA$	$<-1nA$	$<-1nA$
	Ⅲ		$<-1nA$	$<-1nA$	$<-1nA$	$<-1nA$	$<-1nA$	$<-1nA$
	Ⅳ		$<-1nA$	$<-1nA$	$<-1nA$	$<-1nA$	$<-1nA$	$<-1nA$
I_d	Ⅰ	$U_d=U_g=-5V$ $U_s=U_{cc}=0V$	$-350\mu A$	$-250\mu A$	$-255\mu A$	$-260\mu A$	$-240\mu A$	$-255\mu A$
	Ⅱ		$-530\mu A$	$-425\mu A$	$-430\mu A$	$-425\mu A$	$-405\mu A$	$-410\mu A$
	Ⅲ		$-695\mu A$	$-545\mu A$	$-560\mu A$	$-565\mu A$	$-545\mu A$	$-550\mu A$
	Ⅳ		$-1050\mu A$	$-840\mu A$	$-850\mu A$	$-870\mu A$	$-830\mu A$	$840\mu A$

表 7-16 晶体管样品的测试参数（构建体系 4）

参数	晶体管	测试模式	辐射前	辐射后			
				1.5分钟	15分钟		
总辐射剂量为 7×10^4 rad 的编号 4-4-4 的样品							
n 型沟道							
U_{thres}	Ⅰ	$U_d=U_g$ $U_s=U_{cc}=0V$ $I_d=0.1\mu A$	1.45V	1.4V	1.41V		
	Ⅱ		1.43V	1.38V	1.38V		
	Ⅲ		1.42V	1.3V	1.37V		
	Ⅳ		1.40V	1.34V	1.37V		
U_{thres}	Ⅰ	$U_d=U_g$ $U_s=U_{cc}=0V$ $I_d=1\mu A$	1.60V	1.52V	1.54V		
	Ⅱ		1.54V	1.48V	1.48V		
	Ⅲ		1.53V	1.46V	1.46V		
	Ⅳ		1.50V	1.44V	1.44V		
I_{leak}	Ⅰ	$U_d=3V$ $U_g=0V$ $U_s=U_{cc}=0V$	$<1nA$	$<1nA$	$<1nA$		
	Ⅱ		$<1nA$	$<1nA$	$<1nA$		
	Ⅲ		$<1nA$	6.5nA	5nA		
	Ⅳ		2.5nA	5nA	4nA		
I_d	Ⅰ	$U_d=U_g=5V$ $U_s=U_{cc}=0V$	$620\mu A$	$650\mu A$	$660\mu A$		
	Ⅱ		$990\mu A$	$1040\mu A$	$1060\mu A$		
	Ⅲ		$1320\mu A$	$1380\mu A$	$1370\mu A$		
	Ⅳ		$1680\mu A$	$1750\mu A$	$1750\mu A$		

续表

参数	晶体管	测试模式	辐射前	辐射后			
				1.5 分钟	15 分钟	2 小时 30 分钟	6 小时
总辐射剂量为 10^5 rad 的编号 4－4－7 的样品							
n 型沟道							
U_{thres}	Ⅰ	$U_d = U_g$ $U_s = U_{cc} = 0V$ $I_d = 0.1\mu A$	1.42V	0.075V			0.075V
	Ⅱ		1.4V	0.03V			0.03V
	Ⅲ		1.38V	0.035V			0.035V
	Ⅳ		1.37V	0.04V			0.04V
U_{thres}	Ⅰ	$U_d = U_g$ $U_s = U_{cc} = 0V$ $I_d = 1\mu A$	1.54V	0.2V			0.2V
	Ⅱ		1.52V	0.03V			0.03V
	Ⅲ		1.48V	0.035V			0.035V
	Ⅳ		1.45V	0.08V			0.08V
I_{leak}	Ⅰ	$U_d = 3V$ $U_g = 0V$ $U_s = U_{cc} = 0V$	<1nA	>1mA			>1mA
	Ⅱ		<1nA	>1mA			>1mA
	Ⅲ		<1nA	>1mA			>1mA
	Ⅳ		<1nA	>1mA			>1mA
I_d	Ⅰ	$U_d = U_g = 5V$ $U_s = U_{cc} = 0V$	650μA	—			—
	Ⅱ		1010μA	—			—
	Ⅲ		1400μA	—			—
	Ⅳ		1750μA	—			—
U_{thres}	Ⅰ	$U_d = U_g$ $U_s = U_{cc} = 0V$ $I_d = 0.1\mu A$	1.44V	0.97V	1.08V	1.1 (leak) V	
	Ⅱ		1.41V	0.78V	1.085V	0.95 (leak) V	
	Ⅲ		1.37V	0.52V	1.62V	0.7 (leak) V	
	Ⅳ		1.36 V	1.05V	1.05V	1.06V	
U_{thres}	Ⅰ	$U_d = U_g$ $U_s = U_{cc} = 0V$ $I_d = 1\mu A$	1.58V	1.25V	1.29V	1.3V	
	Ⅱ		1.52V	1.20V	1.23V	1.22V	
	Ⅲ		1.47V	1.16V	1.16V	1.19V	
	Ⅳ		1.45V	1.18V	1.22V	1.21V	
I_{leak}	Ⅰ	$U_d = 3V$ $U_g = 0V$ $U_s = U_{cc} = 0V$	<1nA	17nA	14nA	12nA	
	Ⅱ		<1nA	27nA	21nA	16nA	
	Ⅲ		<1nA	64nA	55nA	49nA	
	Ⅳ		<1nA	<1nA	<1nA	<1nA	
I_d	Ⅰ	$U_d = U_g = 5V$ $U_s = U_{cc} = 0V$	650μA	810μA	810μA	810μA	
	Ⅱ		1030μA	1250μA	1360μA	1260μA	
	Ⅲ		1360μA	1740μA	1700μA	1700μA	
	Ⅳ		1760μA	2100μA	2100μA	2100μA	

　　表中给出的测试晶体管参数的检验结果都是借助于计算机处理 TCVD 屏幕上的照片而得到的。以 20 号样品为例。在总辐射剂量为 5×10^4 rad 下的 VAC 如表 7－17 所示。

表 7-17　编号为 20 号样品的测试晶体管 VAC 测试①

编号	n 型沟道		p 型沟道	
	辐射前	辐射 90 s 后	辐射前	辐射 90 s 后
I	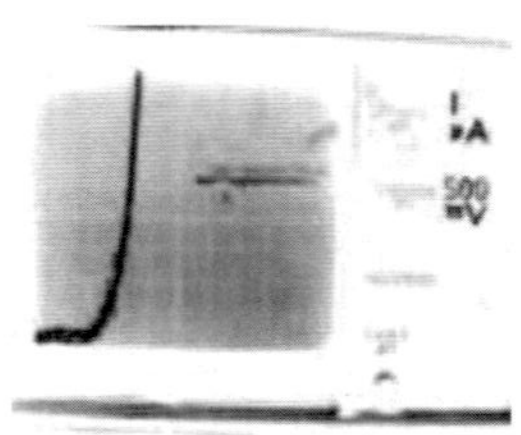	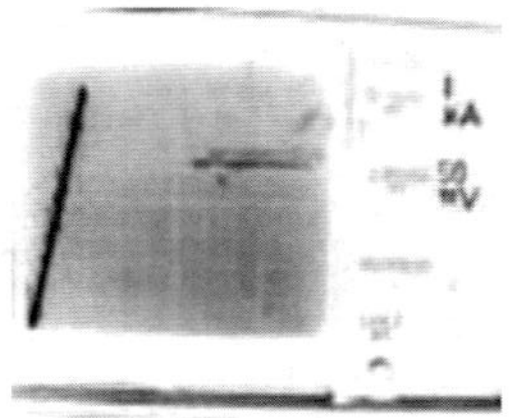	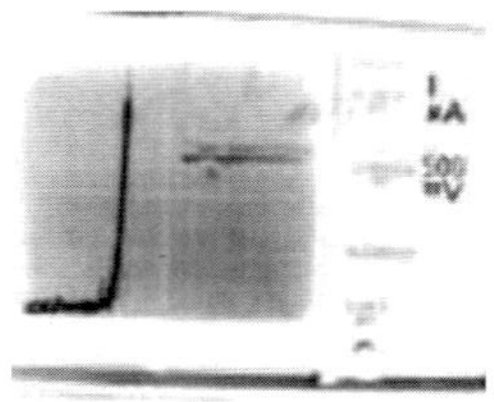	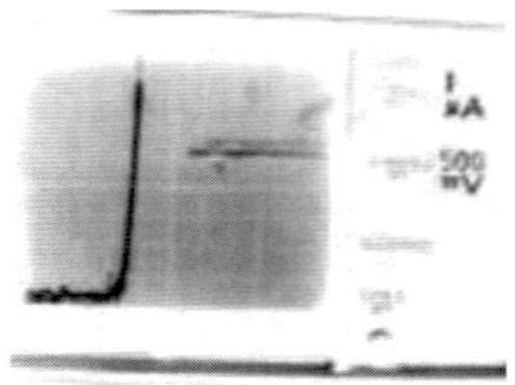
II	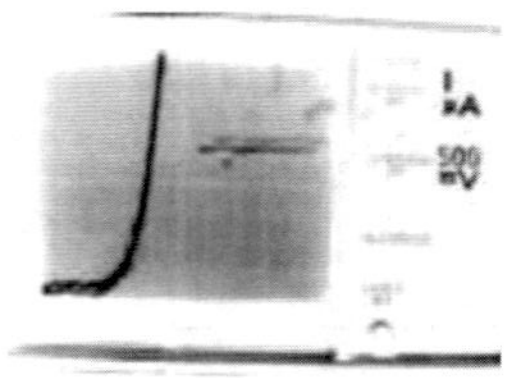	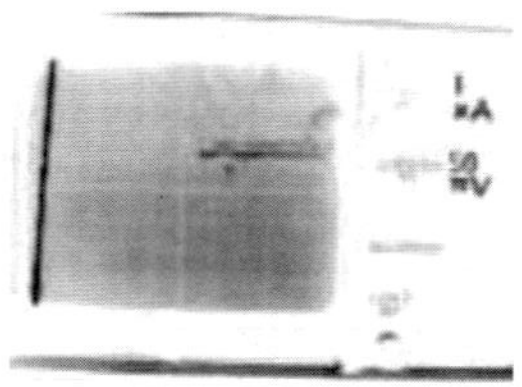	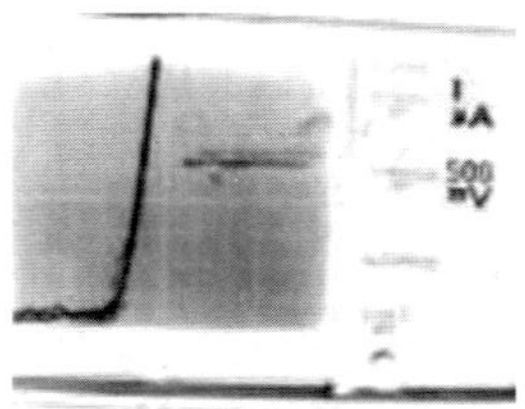	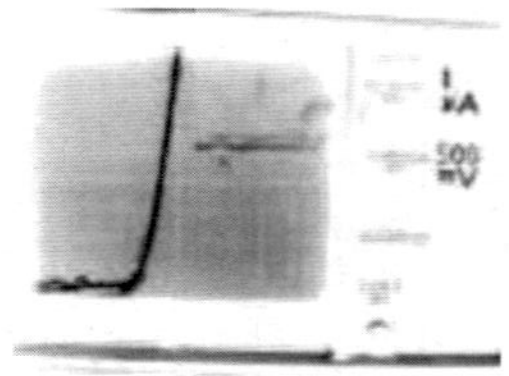
III	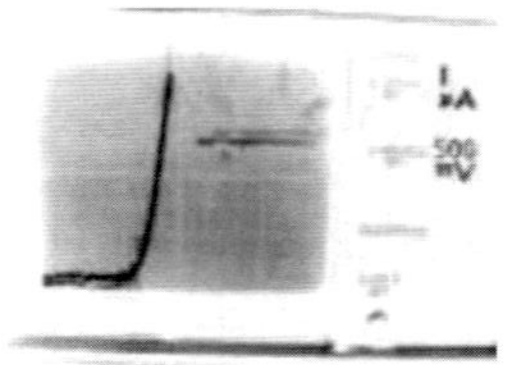	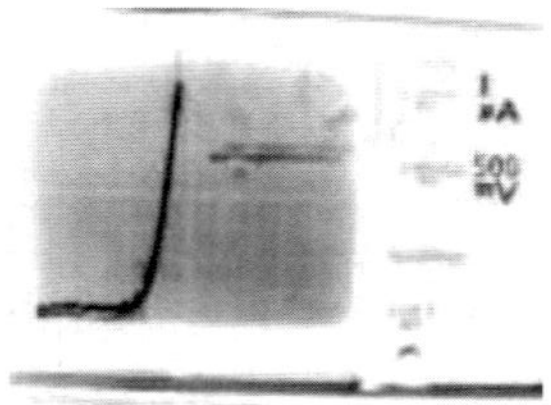	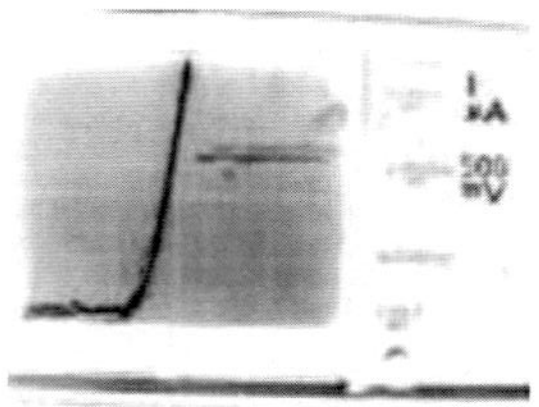	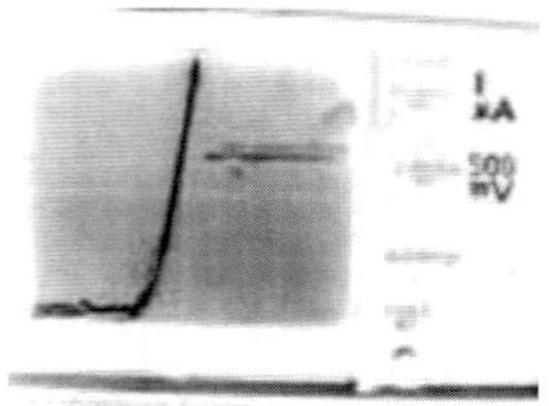

U_{thres}

① 原外版书的图片本身不清晰。——译者注

续表

编号		n 型沟道		p 型沟道	
		辐射前	辐射 90s 后	辐射前	辐射 90s 后
IV	U_{thres}				
I	I_d				
II					

空间微电子（第二卷）——空间用集成电路设计

续表

编号	n 型沟道		p 型沟道	
	辐射前	辐射 90s 后	辐射前	辐射 90s 后
III	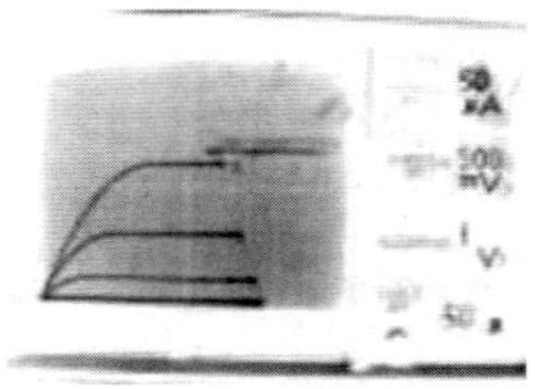	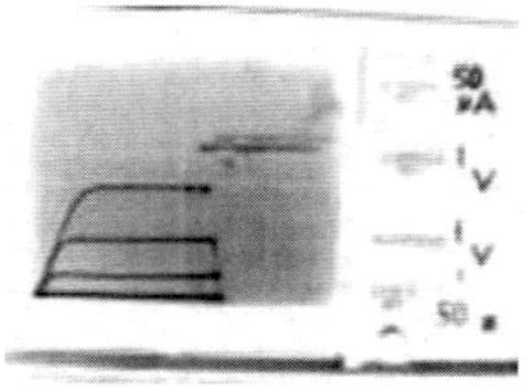	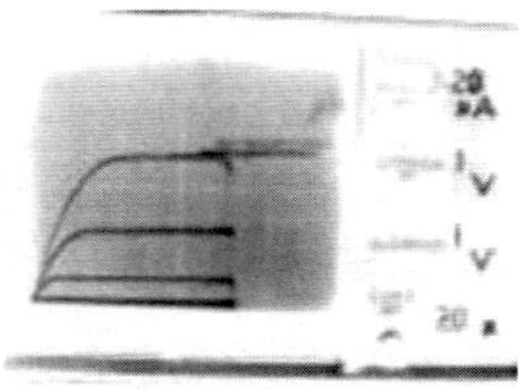	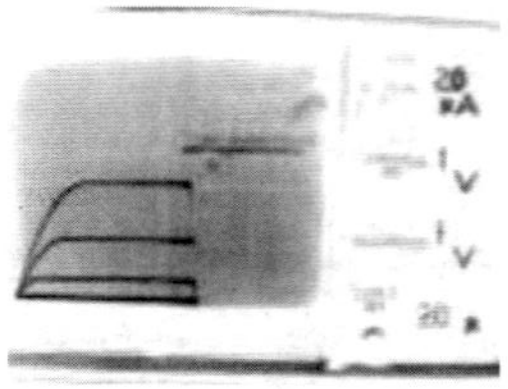
IV	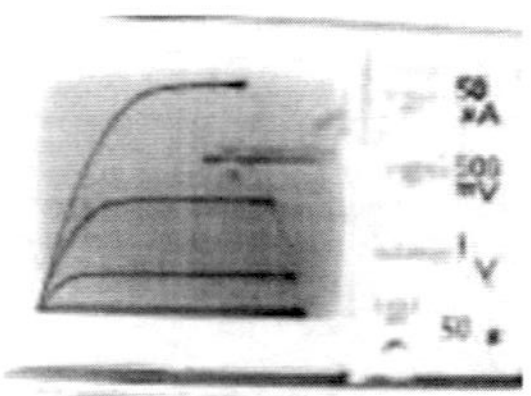	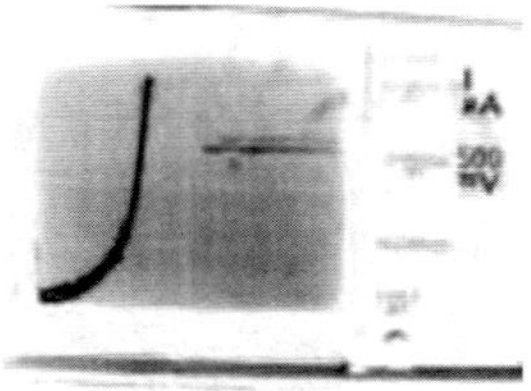	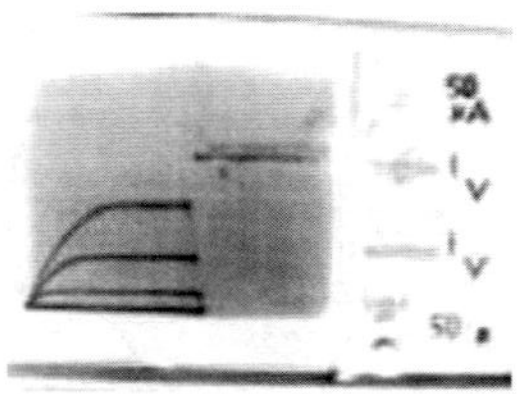	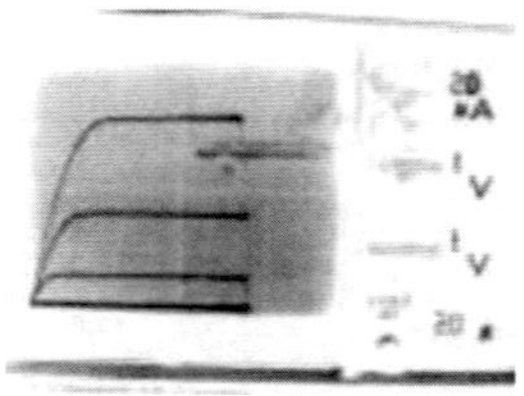

参 考 文 献

［1］ Belous A I，Ovchinnicov V I，Turtsevich A S. Features of Microwave Devices Design for Spacecrafts ［R］. Ministry of Education of the Republic of Belarus，Gomel University of Francysk Skoryna，Gomel，2015.

［2］ Kirgizova A V. Forecasting Effects of the Functional Failures in Memory Microcircuits Based on the Silicon on Sapphire Structures at Impulse Ionizing Effects ［D］. Ph. D. thesis in engineering science，National Research Nuclear University，2007.

［3］ Petrov A G. Analysis of the Character of Radiation Behavior of HX6228 RAM SOI LSIC CMOS ［J］. Radiation Tolerance of Electronic Systems（Resistance – 2006），National Research Nuclear University，2006（9）：71 – 72.

［4］ Nikiforov A Yu，Telets V A，Chumakov A I. Radiation Effects in CMOS IC ［M］. Moscow：Radio i svyaz，1994：164.

［5］ Colinge C. SOI for harsh environment applications in the USA ［J］. NATO ARW Progress in SOI Structures and Devices Operating at Extreme Conditions，2000，58：93 – 104.

［6］ Chumakov A I. Impact of Space Radiation on Integrated Circuits ［M］. Moscow：Radio isvyaz，2004：320.

［7］ Pershenkov V S. Role of Surface States in the Degradation of the Bipolar Transistors Amplification Factor Under the Impact of Spatial Low Intensity Irradiation ［J］. Scientific Session MIFI，2007，1：74 – 75.

［8］ Bogatyrev Yu V，Korshunov F P. Current Annealing of Irradiated CMOS Integrated Circuits ［C］. Proceedings of the 7th European Conference on Radiation and Its Effects on Components and Systems，RADECS 2003：pp. 163 – 174.

［9］ Boychenko D V，Kessarinsky L N，Shvedov S V. Comparative Study of the Radiation Behavior of Analog ICs ［C］. Radiation Tolerance of Electronic Systems，Stoikost – 2005：Materials of All – Russian sc. conf.，Lytkarino，Russia，June 5 – 6，2007：MIFI. – M.，2007：17 – 18.

［10］ Korshunov F P. Impact of Gamma – Radiation on MOS – Structures at Different Electronic Modes ［C］. Solid State Radiation Physics：Works of XII Intern，Meeting，Sevasto – pol，July 1 – 6，2002，SRI PMT MGIEM（TU）；ed.：G. G. Bondarenko et al. – M.，2002：451 – 454.

［11］ Fechner P S. Radiation Hardened SOI CMOS and 1M SRAM ［C］. Proceedings 1997 IEEE International SOI Conference，1997：173.

［12］ Figurov V S，Baikov V V，Shelkovnikov V V，et al. Experimental Assessment of the Minimum Possible Value of the Failure – Free Operation Level of Microcircuits 5584IE10T Based on the Results of Tests on Units 'BARS – 4' and 'GU – 200' ［C］. Radiation Tolerance of Electronic Systems，Stoikost – 2007：Materials of All – Russian sc. conf.，Lytkarino，Russia，June 5 – 6，2007，MIFI. – M.，2007：37 – 38.

［13］ Honeywell Debuts ASICs，Memory Circuits in Rad – Hard SOI Process，2008.

［14］ Belous A I，et al. Radiation Effects in BiCMOS LSI of the Interface Receiver – Transmitter ［J］. Microelectronics，2008，37（2）：139 – 149.

［15］ Petrov A G，Davydov G G，Kirgizonf A V，et al. Impact of the Decrease of Geometrical Sizes on the Parameters of SOI Transistor Resistance ［C］. Radiation Resistance of Electronic Systems，Stoikost – 2008：Materials of All – Russian sc. conf.，Lytkarino，Russia，June 3 – 4，2008，MIFI. – M.，2008：41 – 42.

［16］ Smirnova L S. Problems of Radiation Technology of Semiconductors ［M］. Novosibirsk：Nauka，1980.

［17］ Space Product Assurance Techniques for Radiation Effects Mitigation in ASICs and FPGAs Handbook ［M］. ECSS Secretariat ESA – ESTEC Requirements & Standards Division，Noordwijk，The Netherlands，ECSS – Q – HB – 60 – 02A，September 1，2016.

［18］ Yemtsev V V，Mashovets T V. Impurities and Point Defects in Semiconductors ［M］. Moscow：Radio I sviaz，1981.

［19］ Koegler R. Ion Implantation Technology ［C］. Proc. of XIth International Conf. on Ion Implantation Technology，Austin，TX，1996：679 – 681.

［20］ Bugrov N N，Karamyan S A. Damaging and Recovering Si Single Chip at High – Speed Heavy Ions Effects ［J］. Izvestiya AN. Ser.：Physics，1990，54（5）：883 – 890.

［21］ Bhave P S，Bhoraskar V N. Irradiation Effects of High Energy Heavy Ions on Switching Characteristic of p – n Junction Diodes ［J］. Nuclear Instruments and Methods B，127/128，1997，127 – 128：383.

［22］ Korshunov F P，Gatalsky G V，Ivanova G M. Radiation Effects in Semiconductor Devices ［M］. Minsk：Nauka i Technika，1978.

［23］ Revesz A G. The Defect Structure of Vitreous SiO_2 Films on Silicon. I. Structure of Vitreous SiO_2 and the Nature of the Si – O Bond ［J］. Physica Status Solidi（a），1980，57：235 – 243.

［24］ Devine R A B. Micropores and the Role of Ring Structures at the Si – SiO_2 Interface ［J］. Journal of Applied Physics，1986，60：468 – 470.

［25］ Griskom D L. Electron Spin Resonance in Glasses ［J］. Journal of Non – Crystalline Solids，1980，40：211 – 272.

［26］ Kariagin S N，Kurgansky A V. EPR of the Photostore Centers in the Si – SiO_2 structure ［J］. Vestnik of MSU，Ser.：Physics，Astronomy，1981，22（6）：69 – 71.

［27］ Lenahan P M，Dressendorfer P V. Radiation – Induced Paramagnetic Defects in MOS Structures ［J］. IEEE Trans. on Nuclear Science，1982，29：1459 – 1461.

［28］ Pfeffer R L. Damage Center Formation in SiO_2 Thin Films by Fast Electron Irradiation ［J］. Journal of Applied Physics，1985，57：5176 – 5180.

［29］ Nishi Y. Study of Silicon – Silicon Dioxide Structure by Electron Spin Resonance I ［J］. Japanese Journal of Applied Physics，1971，10：52 – 62.

［30］ Poindexter E H. Interface States and Electron Spin Resonance Centers in Thermally Oxidized（111）and（100）Silicon Wafers ［J］. Journal of Applied Physics，1981，52：879 – 884.

［31］ Stesmans J. X and K Band ESR Study of the Pb Interface Centers in Thermally Oxidized p – type（001）Si Wafers at Low Temperatures and Influence of Medium – Dose As+ Ion Implantation ［J］. Surface Science，1984，141：255 – 284.

［32］ Revesz A G，Mrstik B J，Hughes H L. Growth and Structure of Non – Crystalline SiO_2 Films on Silicon ［J］. J. Phys. Colloques，1985，46：495 – 498.

［33］ Hofstein R S. Space – Charge – Limited Ionic Currents in Silicon Dioxide Films ［J］. Applied Physics Letters，1967，10：291 – 293.

［34］ Venkstern S A，Kozlov S N. Migration of Ions on the Surface of the Dielectric – Semiconductor Structures ［J］. Microelectronics，1979，8（3）：239 – 248.

［35］ Vavilov V. S，Kiselev V F，Mukashev B N. Defects of Silicon and Its Surface ［M］. Moscow：Nauka，1990.

［36］ Fowkes F M，Burgess T E. Electric Fields at the Surface and Interface of SiO_2 Films on Silicon ［J］. Surface Science，1969，13：184 – 195.

[37] Martinez E, Yndur Fin. Possibility of Intrinsic Si Gap States Localized at the Si – SiO$_2$ Interface [J]. Physical Review B, 1982, 25: 6511 – 6513.

[38] Laughlin R B, Joannopoulos J D, Chadi D J. Theory of the Electronic Structure of the Si – SiO$_2$ Interface [J]. Physical Review B, 1980, 21: 5733.

[39] Kozlov S N, Kuznetsov S N. On Centers of Optical Storage at the Surface of the Absorption Silicon [J]. IzvestiyaVuzov. Ser.: Physics, 1981, 24 (1): 92 – 96.

[40] Kashakrov P K, Kozlov S N, Petrov A V. Determination of Energy Diagram of the Dielectric – Semiconductor Structure from the Spectra of Dielectric Photocharging [J]. Izvestiyavuzov. Ser.: Physics, 1982, 25 (5): 36 – 40.

[41] Pantelides S T, Long M. The Physics of SiO$_2$ and Its Interfaces [C]. Proc. Intern. Topical Conf. on Physics of SiO$_2$ and Its Interfaces, Yorktown Heights, NY, 1978: 339.

[42] Ohdomari H. The Structural Models of the Si/SiO$_2$ Interface [J]. Journal of NonCrystalline Solids, 1987, 89: 239 – 248.

[43] Krivanek O L, Mazur J H. The Structure of Ultrathin Oxide on Silicon, [J]. Applied Physics Letters, 1980, 37: 392 – 394.

[44] Sugano T, Chen J J, Hamano T. Morphology of Si – SiO$_2$ interface [J]. Surface Science, 1980, 298: 154 – 166.

[45] Henzler M. Defects at semiconductor surfaces [J]. Surface Science, 1985, 152 – 153: 963 – 976.

[46] Helms C R. Films on Semiconductors] [C]. Proc. Intl. Conf. Erlanger, FRG, 1981: 19.

[47] Grunthaner F J. Local Atomic and Electronic Structure of Oxide/GaAs and SiO$_2$/Si Interfaces Using High Resolution XPS [J]. Journal of Vacuum Science and Technology, 1979, 16. 1443 – 1453.

[48] Litvinenko S, Litovchenko V G, Sokolov V I. Influence of Mechanical Stresses on the Parameters of the DP SiO$_2$ – Si Layered Heterostructures [J]. Optoelectronics and Semiconductor Technology, 1985 8: 40 – 49.

[49] Iechi H, Satoh S. Interrelation of Si Internal Stress and Si/SiO$_2$ Interface Stress [J]. Japanese Journal of Applied Physics, 1984, 23: L743 – L745.

[50] Poindexter E H. Electronic Traps and Pb Centers at the Si/SiO$_2$ Interface: Band – Gap Energy Distribution [J]. Journal of Applied Physics, 1984, 56: 2844 – 2849.

[51] Hahn P O, Yokohama S, Hengler M. Dependence of Interface State Density on the Atomic Roughness at the Si – SiO$_2$ Interface [J]. Surface Science, 1984, 142: 545 – 555.

[52] Yamashita Y. Dependence of Interface States in the Si Band Gap on Oxide Atomic Density and Interfacial Roughness [J]. Physical Review, 1999, 1359: 15872 – 15881.

[53] Ovsiuk V N, Rzhanov A V. On the Quasicontinuous Spectrum of Levels in the Semiconductor Band Gap [J]. Physics and Technology of Semiconductors, 1969, 3 (2): 294 – 297.

[54] Gergel V, Suris R A. Theory of Surface States and Conductivity in the Metal – Dielectric – Semiconductor Structures [J]. Journal of Experimental and Theoretical Physics, 1983, 84 (2): 719 – 736.

[55] Sah C T, Sun J Y – C, Tzou J J – T. Generation Annealing Kinetics of Interface States on Oxidized Silicon Activated by 10. 2 – eV Photohole Injection [J]. Journal of Applied Physics, 1982, 53: 8886 –8893.

[56] Lawson E M, Pearton S J. Hydrogen Passivation of Laser – Induced Acceptor Defects in p – Type Silicon [J]. Physica Status Solidi (a), 1982, 72: K155 – K158.

[57] Pankove J I, Wance R O, Berkeyheiser J E. Neutralization of Acceptors in Silicon by Atomic Hydrogen [J]. Applied Physics Letters, 1984, 45: 1100 – 1102.

［58］Dube J，Hanoka I. Hydrogen Passivation of Dislocations in Silicon ［J］. Applied Physics Letters，1984，45：1135－1137.

［59］Stesmans A，Afanas'ev V V. Hydrogen Induced Thermal Interface Degradation in (111) Si/SiO₂ Revealed by Electron Spin Resonance ［J］. Applied Physics Letters，1998，72：2271－2273.

［60］Afanas'ev V. V，Stesmans A. Positive Charging of Thermal SiO₂/ (100) Si Interface by Hydrogen Annealing ［J］. Applied Physics Letters，1998，72：79－81.

［61］Druijf K G. The Microscopic Nature of Donor－Type Si/SiO₂ Interface States ［J］. Journal of Non－Crystalline Solids，1995，187：206－210.

［62］Lenzlinger M，Snow E H. Fowler Nordheim Tunneling into Thermally Grown SiO₂ ［J］. Journal of Applied Physics，1969，40：1969，40：278－283.

［63］Fishetti M V . Model for the Generation of Positive Charge at the Si－SiO₂ Interface Based on Hot Hole Injection from the Anode ［J］. Physics Reviews B，1985，31 (4)：2099－2113.

［64］DiMaria D J，Cartier E，Buchanan D A. Anode Hole Injection and Trapping in Silicon Dioxide ［J］. Journal of Applied Physics，1996，80：304－317.

［65］Gurtov V. Radiation Processes in the Metal－Dielectric－Semiconductor Structures ［M］.Petrozavodsk：Petropress，1988：71－88.

［66］Cristoloveanu S，Li S S. Electrical Characterization of Silicon on Insulator Materials and Devices ［M］. Norwell，MA：Kluwer Academic Publishers，1995.

［67］Izumi K，Doken M，Ariyoshi H. C. M. O. S. Devices Fabricated on Buried SiO₂ Layers Formed by Oxygen Implantation into Silicon ［J］. Electronics Letters，1978，14：593－594.

［68］Boesch Jr，H E. Time Dependent Hole and Electron Trapping Effects in SIMOX Buried Oxides ［J］. IEEE Trans. on Nuclear Science，1990，37：1982－1989.

［69］Brady F T，Li S S，Krull W A. A Study of the Effects of Processing on the Response of Implanted Buried Oxides to Total Dose Irradiation ［J］. IEEE Trans. on Nuclear Science，1990，37 (6)：1995－2000.

［70］Annamalai N K. A Comparison of Buried Oxide Characteristics of Single and Multiple Implant SIMOX and Bond and Etch Back Wafers ［J］. IEEE Trans. on Nuclear Science，1990，37：2001－2007.

［71］Maszara W P. Bonding of Silicon Wafers for Silicon on Insulator ［J］. Journal of Applied Physics，1998，64：4943－4950.

［72］Revesg A G，Hughes H L. The Defect Structure of Buried Oxide Layers in SIMOX and BESOI Structures ［M］. in Physical and Technical Problems of SOI Structures and Devices，1995：pp. 133－156.

［73］Stahlbush R E. Electron and Hole Trapping in Irradiated SIMOX，ZMR and BESOI Buried Oxides ［J］. IEEE Trans. on Nuclear Science，1992，39：2083－2088.

［74］Mayo S，Suehle S J. Roitman Breakdown P Mechanism in Buried Silicon Oxide Films ［J］. Journal of Applied Physics，1993，74：4113－4120.

［75］Vavilov V S，Kiselev V F，Mukashev B N. Defects of Silicon and Its Surface ［M］. Moscow：Nauka，1990：133－189.

［76］Feijoo D，Chabal Y J. Christman S B. Silicon－Wafer Bonding Studied by Infrared－Absorption Spectroscopy ［C］. IEEE International Conference Proc. ，1994：pp. 89－90.

［77］Antonova I V. Splitting and Electrical Properties of the SOI Structure Formed from the Heavily Boron Doped Silicon with Using of the Smart－Cut Technology ［J］. Microelectronic Engineering，1999，48：383－386.

［78］Popov V P. Properties of the Silicon－on－Insulator Structures and Devices ［J］. Physics and Technology of Semiconductors，2001，35（8）：1075 - 1083.

[79] Li Y. Proton Radiation Effects in 0. 35um Partially - Depleted SOI MOSFETs Fabricated on UNI-BOND [C]. 2002 IEEE Nuclear and Space Radiation Effects Conference(NSREC)，July 2002.

[80] Schwank J R. Correlation Between Co - 60 and X - Ray Radiation - Induced Charge Buildup in Silicon - on - Insulator Buried Oxides [J]. IEEE Trans. on Nuclear Science，2000，47：2175 - 2182.

[81] Liu S T. Radiation Response of SOI CMOS Transistors/4M SRAMs Fabricated in UNIBOND Sub-strates [C]. Proc. of Intl. Symp. Silicon - on - Insulator Technology and Devices XI，2003：449 - 454.

[82] Li Y. Anomalous Radiation Effects in Fully - Depleted SOI MOSFETs Fabricated on SIMOX [J]. IEEE Trans. on Nuclear Science，2001，48：2143 - 2150.

[83] Antonova I V . Charge Stabilization at the Interface with the SOI Structure Buried Dielectric [J].Phys-ics and Technology of Semiconductors，2005，39（10）：1195 - 1199.

[84] Antonova I V. Modification of Si/SiO$_2$ Interface in SOI Structures by Hydrogen Implantation：Radia-tion Tolerance [M]. Silicon - on - Insulator Technology and Devices XII，2005：137 - 142.

[85] Messenger G C，Ash M S. The Effects of Radiation on Electronic Systems，[M]. New York：Van Nostrand Reinhold，1986.

[86] Several authors. Commemorative Special Issue of the IEEE Transactions on Nuclear Science [J].IEEE Transactions on Nuclear Science，2003，50（3）.

[87] Schwank J R. Short Course on Silicon - on - lnsulator Circuits [C]. IEEE International SOI Confer-ence. Short Course on Silicon on Insulator Circuits，1996：51.

[88] Olsen J，et al. Pulse Shape Discrimination of Nuclear Recoil and Electron Recoil Events With a NaI（Tl）Crystal for Dark Matter Search [J]. IEEE Trans. on Nuclear Science，1993，40（2）：74.

[89] Song Y. Experimental and Analytical Investigation of Single Event，Multiple Bit Upsets in Polysilicon Load，64 K×1 NMOS SRAMs [J]. IEEE Trans. on Nuclear Science，1988，35（6）：1673.

[90] Musseau O. Analysis of Local and Global Transient Effects in a CMOS SRAM [J] IEEE Trans. on Nuclear Science，1986，43（6）：2879.

[91] Leray J L. A Study of Radiation Vulnerability of Ferroelectric Material and Devices [J]. Microelec-tronics Engineering，1988，8：187.

[92] Aton J. Silicon - on - Insulator Technology [M]. Symposium on VLSI Technology Digest of Technical Papers，1996.

[93] Norrnand E. Nuclear and Space Radiation [J]. IEEE Nuclear and Space Radiation Effects Conference. Short Course on Radiation Effects in Commercial Electronics，1994，1.

[94] Davis G E. Low - Power HF Microelectronics：A Unified Approach [J]. IEEE Trans. on Nuclear Sci-ence，1985，32：4432.

[95] Leray J L. Impact of Ion Energy on Single - Event Upset [J]. IEEE Trans. on Nuclear Science，1988，35：1355.

[96] Massengill L W. Radiation Hardened Semiconductor Technology Computer Aided Design [J].IEEE E-lectron Device Letters，1990，11：98.

[97] Tosaka Y，Suzuki K，Sugii T. /spl alpha/- particle - induced soft errors in submicron SOI SRAM [M]. Technical Paper Digest of the Symposium on VLSI Technology，1995：29.

[98] Loannou D P. Reliability and Performance Issues in Nanoscale SOI CMOS [C]. Pro - ceedings of the IEEE International SOI Conference，2003.

[99] Musseau O. Worst - Case Bias During Total Dose Irradiation of SOI Transistors [J]. IEEE Trans. on

Nuclear Science, 2000, 47: 2196.

[100] Davis G E. Silicon – On – Insulator and Buried Metals in Semiconductors [J]. MRS Symposium Proceedings in Silicon on Insulator and Buried Metals in Semiconductors, 1988, 107. 317.

[101] Schwank J R. Radiation Effects on Surface Micromachined Comb Drives and Microengines [J]. IEEE Trans. on Nuclear Science, 2003, 50 (3): 522.

[102] Dressendorferm P V, Ochoa A. Boosting the Total Ionizing Dose Tolerance of Digital Switches by Using OCTO SOI MOSFET [J]. IEEE Trans. on Nuclear Science, 1981, 28: 4288.

[103] Allenspach M. Influence of Ion Beam Energy on SEGR Failure Thresholds of Vertical Power MOSFETs [J]. IEEE Trans. on Nuclear Science, 1996, 43 (6): 2927.

[104] Wrobel T F. Synergy of Non – Ionizing and Ionizing Processes in the Reliability Degradation of Power MOSFETs Oxide," IEEE Trans. on Nuclear Science, 1985, 32: 3991.

[105] Johnson G H, Schrimpf R D, Galloway K F. Temperature Dependence of Single – Event Burnout in N – Channel Power MOSFETs [J]. IEEE Trans. on Nuclear Science, 1992, 39: 1605.

[106] Adolphsen J W, Barth J L, Gee G B. First Observation of Proton Induced Power MOSFET Burnout in Space: The CRUX Experiment on APEX [J]. IEEE Trans. on Nuclear Science, 1996, 43 (6): 2921.

[107] Wheatley C F. Effect of Ion Energy Upon Dielectric Breakdown of the Capacitor Response in Vertical Power MOSFETs [J]. IEEE Trans. on Nuclear Science, 1996, 43 (6): 294.

[108] Wrobel T F . Current Induced Avalanche in Epitaxial Structures [J]. IEEE Trans. on Nuclear Science, 1987, 34: 1262.

[109] Schwank J R. Radiation Effects on Surface Micromachined Comb Drives and Microengines [C].IEEE International SOI Conference. Short Course on Silicon on Insulator Circuits, 1996: 51.

[110] Gautier J, Auberton – Herve A J. A Latch Phenomenon in Buried N – Body SOI NMOSFET's [J]. IEEE Electron Device Letters, 1991, 12: 372.

[111] Musseau O. Electrical and Optical Response of a Laser Diode to Transient Ionizing Radiation [J]. IEEE Trans. on Nuclear Science, 1996, 43: 603.

[112] Wulf F, Braunig D, Boden A. Radiation – Damage Studies, Irradiations and High – Dose Dosimetry for LHC detectors [C]. Proc. ECFA. STUDY WEEK on Instrumentation Technology for High Luminosity Hadron Colliders, 1989, 1: 109.

[113] Leray J L. Total Dose Induced Latch in Short Channel NMOS/SOI Transistors [J]. IEEE Trans. on Nuclear Science, 1990, 37 (6): 2013.

[114] Leray J L. Isothermal and Isochronal Annealing Methodology to Study Post – Irradiation Temperature Activated Phenomena [C]. Proceedings SOS/SOI Technology Workshop, 1989.

[115] Fletwood D M. Modeling the Time – Dependent Transient Radiation Response of Semiconductor Junctions [J]. IEEE Trans. on Nuclear Science, 1992, 39: 269.

[116] Schwank J R. The Effects of Irradiation and Proton Implantation on the Density of Mobile Protons in SiO_2 Thin Films [J]. IEEE Trans. on Nuclear Science, 1984, NS3 – 31: 1434.

[117] Fletwood D M, Tsao S S, Winokur P S. Identification of an Unexpected Space Radiation Hazard [J]. IEEE Trans. on Nuclear Science, 1988, 35: 1361.

[118] Ferlet – Cavrois V. Radiation Effects in SOI Technologies [J]. IEEE Trans. on Electron Devices, 1997, 44 (6): 965.

[119] Davis G E. Nitrogen Contamination in Simox Wafer [J]. MRS Symposium Proceedings in Silicon on Insulator and Buried Metals in Semiconductors, 1988, 107: 317.

[120] Ferlet – Cavrois V. Proton Induced Damage in SiC Light Emitting Diodes [J]. IEEE Trans. on Nuclear Science，1998，45：2458.

[121] Schwank J R，et al. Latent Interface – Trap Buildup and Its Implications for Hardness Assurance (MOS Transistors) [J]. IEEE Trans. on Nuclear Science，2000，47 (3)：604.

[122] Alles M L，et al. Static and Dynamic Power Comparison of Hardened – by – Design Transistor Based Circuits Designed in a Commercial 130nm Technology [J]. IEEE Trans. on Nuclear Science，1991，38：1259.

[123] Ferlet – Cavrois V. Technique to Measure an Ion Track Profile [J]. IEEE Trans. on Nuclear Science，2002，49：1456.

第8章 片上系统和系统级封装

8.1 芯片封装技术发展的总体趋势

现代电子设备的发展趋势特点是小型化、功能元器件密度增加以及传统电子学和微电子学的互相结合为方向。因此，为了识别和分析适用于空间环境的现代电子学发展的关键因素，我们首先必须考虑不同领域的公开的国际项目（路线图）发展情况中所包含的信息。这里有半导体技术发展的传统国际项目［国际半导体技术路线图（ITRS）］、国际项目工程中心（IPC）电子学换相结构协会、国际微电子组装和封装协会及国际电子制造倡议联盟（iNEMI）。只有基于这些项目中国际知名企业在信息支持方面对电子设备厂商所提供的数据，我们才能分析出国际电子学发展的主要方向。

在不同领域的发展项目中，始终不断地引用共性技术路线中的相关内容，并从中反映出分析该领域状态的复杂方法。20 世纪 90 年代，甚至 21 世纪初，IPC 预测并明确区分了电子组件（芯片和分立有源或无源组件）、印制板组装、电子组装及相关产品的概念。如今，在分析 2020 年的现代电子学和无线电电子学发展的 IPC 项目时，人们注意到，在实际生产方面电子学（开发、印制板组件装配和测试、电子模块和单元，测试）和微电子学（电子元器件的生产）之间的界限是模糊的。有趣的是，2011 年 IPC 发布的组装和互连技术项目（即在电子模块实际装配的预测）中，有大量章节（该预测中的至少 30％～40％）在讨论封装技术的发展趋势、封装系统的创建和嵌入式技术（见图 8 - 1）。

芯片集成度的不断提高促使系统开发人员不断寻找新的解决方案。航天工业也不例外，航天器机载电子系统的发展过程伴随着热辐射的增加。如果在早期，热量可以从相对较大的芯片表面成功地散掉，如今我们必须在现代封装结构中引入特殊的传导散热元器件。

由于微电子元器件不断向集成度增加的方向发展，这一过程的特点是晶片上有源元器件的密度每年大约增长 75％，这就需要在外壳上增加约 40％的引脚数量，这增加了对芯片封装新方法和印制板上互连密度不断增长的需求，这种需求不仅是在宇航设备中，在很多其他领域中也是如此[1—18]。

在这种整体趋势下，表面贴装的面积每年大约减少 7％[5]，电子设备的物理尺寸（体积）每年减少 10％～20％[6,7]。由于印制电路元器件[3]的尺寸减小，使得互连密度不断增加，从而保证了这一趋势的延续。

许多年前，当第一颗芯片出现时，芯片的晶体被放置在陶瓷或塑料封装内。直到大约 1980 年，所有的芯片主体都有设计用于放置和固定在安装基板的金属化孔和随后安装焊接的引线。同时，确定了印制组装板上安装孔间最能被接受的标准距离。在美国，它是 2.54mm（1/10 英寸）；在苏联，它被舍入到 2.5mm，在某一段特定历史时期，这造成了

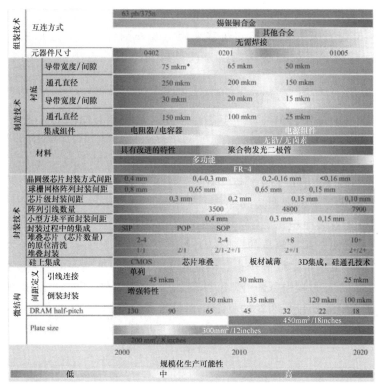

图 8-1　封装领域的基本技术革新

* mkm 俄制微米单位（1/1000 毫米）

俄罗斯宇航工业标准化体系的冲突，因为俄罗斯宇航工业经常只是简单地复制 NASA（美国国家航空航天局）的标准[19]。

后来，随着集成度的提高，封装引线被制成最适合表面贴装技术（SMT）的形状，SMT 是现在最常见的电子组件安装技术。无源元器件或具有少量引线的元器件实际上通过简单的尺寸减小来增加布局密度的。现代的无源元器件（电阻和电容）通常做成船的形状以及如同罂粟籽一样大小，甚至更小。增加芯片布局的密度不能采取这样一种简单的方法，还需要一定的、有限的几何空间来放置大量部组件封装的引脚以及实现芯片贴装表面。

已知有两种主要的芯片封装引线的安排方法[1,2,19]：

1）引线外围排列；引线位于芯片或芯片封装的外围；

2）引线在封装平面上的阵列排列。

大多数现代芯片都有外围排列的引线。外围引线的间距被限制在 0.3mm（实际上是 0.4mm），这允许在大封装的芯片上布置多达 500 根引线。然而，必须考虑到当引线间距小于 0.5mm 时，安装的复杂性会大大增加。外围引线的构造形式有鸥翼型、J 型（封装下焊接）、I 型（焊接用）、沿封装末端无引线焊接等多种形式。

具有阵列式排列的引线形式更为多样化[2,6,20]：

1）CSP（芯片级封装）：与晶片尺寸相当的封装；

2）PBGA（塑料球栅阵列）：带有球型阵列引出端的塑料封装；

3）CBGA（陶瓷球栅阵列）：带有球型阵列引出端的陶瓷封装；

4）PPGA（塑料针栅阵列）：带有接触焊盘阵列的塑料封装；

5）CCGA（陶瓷柱栅阵列）：带有柱矩形阵列引出端的陶瓷封装。

众所周知，150～200 引线的芯片通常采用引线外围排列的封装形式。对于超过 200 引线的芯片，阵列引线系统是首选，因为该类封装能够在有限的区域内布置更多的引出端[11]。

在阵列系统中引线的结构差异较小，包括以下形式[12]：

1）用细线加固的焊柱引出端，用于芯片和多芯片模块（MCM），通常称为焊盘栅格或基板栅格；

2）球栅阵列（BGA）引线间距为 1.50mm（0.060 英寸）、1.27mm（0.050 英寸）、1mm（0.040 英寸）、0.8mm（0.03 英寸）或更小。

该阵列系统提供了一系列明显的优势，其中最重要的是：

1）最小的基板安装面积；

2）在基板上有便于部署热沉的空间；

3）高速运行时由于寄生效应较小，因此有更好的条件来确保电子模块的功能与性能；

4）由于在成组加热过程中可采用焊锡回流工艺，从而简化了印制板组装的表面贴装技术。

如果要全面理解芯片封装问题的复杂性，只需看一下图 8-2 就足够了。图 8-2 以符号形式展示了芯片装配系统发展历程中的各种改进方案。

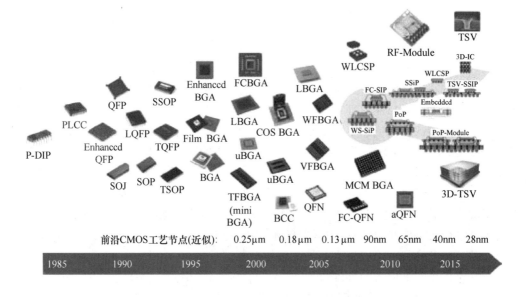

图 8-2　封装的多样性随时间增长

安装使用阵列引线的组件是现代装配工艺中的一种趋势，它需要额外的资本投资，以提供无法看到的基板上的引线排布和焊接测试工艺。

有限的引线长度不能保证阻尼来补偿互连结构中材料间的热失配问题（见图 8-3），也不能保证抵消与基板变形有关的机械效应，而这些却是特殊应用（航天工业）中必须要正视的问题。由于上述事实，在这个系统内使用的材料清单是严格受控的，而且这些材料的价格比标准产品昂贵。现在引线间距减小的趋势（<1.0mm）进一步加剧了这些问题。

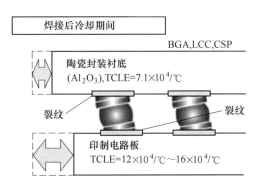

图 8-3　安装基板上的 BGA 组件互连结构中材料温度膨胀系数不匹配问题示意图[21]

基于上述问题，制造商开始使用不同类型的材料组合：阻尼聚酰亚胺胶带［载带球栅阵列封装（TBGA）］、陶瓷基板［CBGA（陶瓷球栅阵列）或 PGA（针栅阵列）］。显然，陶瓷基板的使用可以获得很好的效果，如抵抗未安装在基板上 CBGA 封装的热循环应力（这些封装可以在元器件中使用，而不需要安装在印刷电路板上。在这种情况下，它们可以很好地承受温度和过载）。这解决了安装过程中陶瓷球栅阵列引脚与玻璃环氧树脂基板间的热匹配问题。

8.2　芯片封装的 BGA 技术

BGA（球栅阵列封装）技术大约出现在 30 年前，最初是 IBM 公司为了内部使用而设计的。第一家正式采用 IBM 公司该项技术的公司是摩托罗拉公司。该公司获得了 IBM 的许可，并基于球栅阵列封装开发出 OMPAC（整体注模塑料阵列载体）版本。这种球栅阵列封装组件的结构如图 8-4 所示。

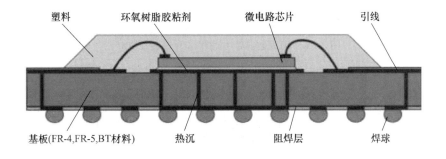

图 8-4　塑料外壳中的 BGA 球栅阵列封装元器件

根据该方案，使用具有较高玻璃化转变温度的有机粘接剂（FR-4、FR-5、BT）将芯片安装在复合材料的安装基板上。为此，采用了 BT（双马来酰亚胺三嗪）基材料，该类材料具有特别高的玻璃化转变温度和优异的电气性能。基板两侧都覆盖了一种用于键合（从芯片到基板的连接导线）和焊锡球引线连接的镍金合金（NiAu）涂层。

芯片通过一种基于环氧树脂的特殊导热胶粘接在基板上。热沉连接基板的两侧，构建出芯片到基板外的散热通路，同时部分球形引线也用于热连接。

国际标准规定了阵列栅格引线之间的间距，规格分别有：1.5mm、1.27mm、1.0mm；球型引线的直径为 0.6mm，理论上 50mm×50mm 大小的基板最多允许布置 2401 根间距为 0.1mm 的引线，但我们常见的是 1200 根引脚的封装[20]。

芯片通过以下方式安装在基板上：

1）引线键合：这是最古老、最灵活、最常见的安装方法（见图 8-4）。超过 96% 的芯片在生产中仍然使用这种方式。

2）将芯片连接到卷带式载体（见图 8-5）或 TAB（带式自动键合）的引线上。这种方法用于在中间载体上自动安装具有短引线间距的芯片。除了可能实现安装自动化，它还可以在最终安装到基板之前对芯片进行初步测试。

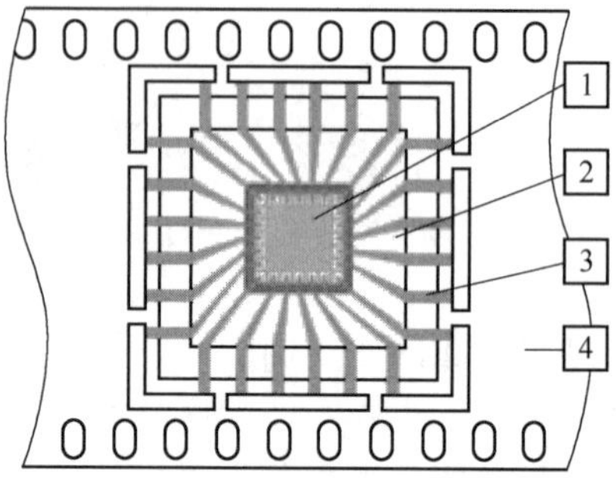

3）通过球状引线连接翻转芯片（倒装芯片）（见图 8-6）。这种连接方法因为具有紧凑性高和电气特性优良的特点而得到广泛的应用。

4）通过梁式引线进行芯片连接（见图 8-7）。该方法利用热压和超声波焊接技术将梁式引线与芯片的外围接触面连接，然后将梁式引线焊接到基板上。

图 8-5　卷带式芯片载体

1—芯片；2—卷带载体框架；

3—载体安装到基板上的接触面；

4—用于自动将芯片安装到基板上的传送带

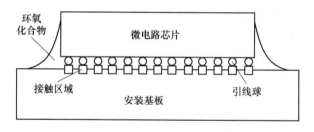

图 8-6　用倒装芯片方法将芯片安装在基板上

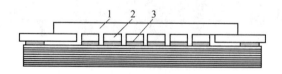

图 8-7　借助梁式引线进行芯片安装

1—芯片；2—梁式引线；3—安装基板的接触面

8.3　电路板芯片安装技术

芯片布局的进一步发展使得封装后的元器件尺寸与芯片的尺寸基本一致成为可能。在英文中，它们被称为芯片级封装（Chip Scale Package，CSP）、芯片尺寸封装、μBGA 和略大于集成电路载体（Slightly Larger Than an IC Carrier，SLICC）[①]。图 8-8 表明最后的叫法与实际封装效果是吻合的。作为一个准则，通常微封装 μBGA 的尺寸不能超出芯片尺寸的 20%。

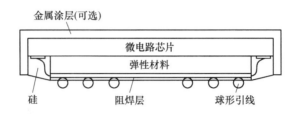

图 8-8　μBGA（CSP）微封装结构

μBGA 布局结构（见图 8-8）由包含芯片的微型封装组成。芯片阻尼（Damping）由一层中性、耐热的弹塑性涂层（例如硅）提供，该涂层带有 TAB 型的聚酰亚胺载体。载体在电路芯片的外围引线位置处被加热变软，而带与有 NiAu 涂层的接触面阵列则位于载体位置上。在此构造中对芯片进行测试，然后将其发送给用户，球形引脚可以按照设计要求焊接到接触面上。现代技术发展的成就实现了该类封装的如下参数：球直径为 $85\mu m$，阵列引线间距为 1.27mm、1.0mm、0.8mm、0.65mm、0.5mm。微封装的尺寸仅比芯片的尺寸大 0.3 倍。

SLICC 封装使用玻璃环氧树脂基底作为封装基板（见图 8-9）。芯片直接通过芯片表面的球形引脚在焊料融化后连接到基板上。现代印制技术具备精确定位和准确判定焊锡膏数量的能力，可以在半导体基板上形成焊球，并在焊料融化后完成焊接。上述技术可被用来将芯片固定在玻璃环氧树脂基底上。事实上，SLICC 封装中的安装基板是用于增加芯片和电路板之间的距离。但不幸的是，这种建设性的解决方案没有办法提供任何途径来补偿热膨胀系数失配带来的问题。相反，这种异质结构是通过倒扣芯片和基板之间填充的化合物连接在一起的。

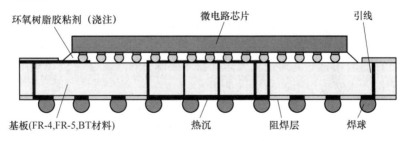

图 8-9　SLICC 封装结构

如今，缩减电气设备单元的质量和尺寸的需求越来越迫切，更进一步促进了直接在基板上安装芯片技术的发展，这其中就包括直接芯片连接（DCA）、板上芯片（COB）、

---

① 均为芯片级封装的不同叫法，一般叫芯片级封装，CSP。——译者注

MCM（多芯片模块）等技术。

在评估这些方法在航天工业中实际应用的可能性时，我们需要去考虑硅芯片和安装基板间的热膨胀系数的差异。我们可以通过选择合适的基板材料来直接解决这个问题。除此之外，有时候还需要使用另一种方法，即用环氧树脂填充芯片和基板之间的空腔（见图 8-10），这种方法可以将芯片和基板的变形对齐，还能提高装配的可靠性。

直接在表面上安装芯片时并不能确定在安装之前检查操作的正确性，目前有几种技术用于解决此问题：这是一种已知良好芯片（KGD）[17]，我们将对此做进一步描述。一种解决方法是使用微封装其尺寸仅略大于芯片的尺寸，它提供了保护元器件免受外部环境影响的可能性，并可以通过微封装引线阵列将芯片引脚进行重新分配。除此以外，使用微封装可以在芯片安装在基板之前对它进行测试。可编程逻辑元器件（PLD）芯片允许根据设计的电路通过烧蚀跳线的方式对它们进行编程，微封装的一个典型例子是 CSP（芯片级封装）。

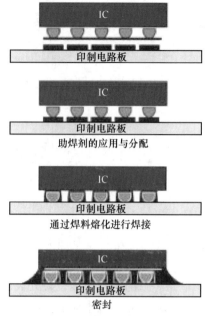

图 8-10 在板上安装芯片的操作顺序

由于部分 CSP（芯片级封装）主体的阵列引线间距为 0.5mm(0.020 英寸)或者更小，因此需要应用特殊的技术来生产印制板，用以在所安装的元器件之间的极窄空间内优化信号电路布线。

8.4 多芯片模块和印制电路板

在 20 世纪 90 年代之前，多芯片模块（MCM）仅用于航天、军事以及高可靠计算机等领域。IBM 是第一家成功将 MCM 技术应用于实际产品中的制造商，该产品便是第四代计算机系列。在 MCM 中，多层陶瓷板被用作安装基板和散热底座，这样的设计有助于显著提高每个基板单位面积上的功能集成度。为了生产这些模块，IBM 公司建造了一家工厂。当时，在德国柏林的罗斯托克大学和技术大学进行了大量工作，应用 MCM 技术以增加模块在平面和垂直方向上的布局（见图 8-11）。

20 世纪 90 年代，使用 MCM 是唯一可以在提高军事和航天设备集成度的同时相应地增加功能的普遍适用的解决方案。但是在那段时间里，对多芯片模块制造的投资却比对微电子的投资要小得多。

制造 MCM 的主要困难之一是在芯片测试过程中会出现一些问题。举个例子，如果三个芯片模块中包含的芯片合格率为 95%，则所生产 MCM 产品的合格率只有 85%，这引出了识别合格和不合格模块元器件的问题，且 MCM 生产制造的盈利情况与生产合格芯片的概率直接相关。

MCM 最昂贵的元器件是基板。表 8-1 说明了 MCM 基板的通用特征（见图 8-12～

图 8 - 11 柏林技术大学首次生产的 MCM 组件原型[9]

图 8 - 14)。

如果主要使用热压焊接技术或者卷带媒介技术（TAB 技术），则现代的 PCB 制造技术便能够用于芯片引线的安装。虽然使用这种解决方案在电子模块封装过程中会出现保护开放芯片方面的困难，但该解决方案仍然是安装开放式芯片的最有效方法之一。

表 8 - 1 主要类型多芯片模块的特性比较

参数/技术	MCM/L	MCM/C	MCM/D
基板类型	图 8 - 12	图 8 - 13	图 8 - 14
材料	玻璃环氧树脂复合材料	铝，氮化铝	陶瓷聚酰亚胺，硅，铝
金属化技术	箔介质	厚膜基板	薄膜基板
金属化材料	Cu	W，Mo	Cu
导线宽度/μm	75~750	90~125	15
间隙宽度/μm	100~1000	125~375	25
盲孔最小直径/mm	0.3	0.13	0.025
盲孔最小间距/mm	0.6	0.225	0.050
层厚/mm	0.36	0.15	0.006

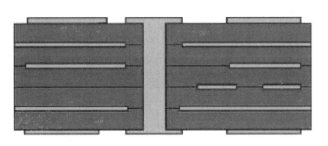

图 8 - 12 MCM/L 技术下的多芯片模块设计

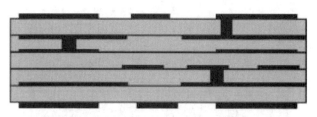

图 8-13 MCM/C 技术下的多芯片模块设计

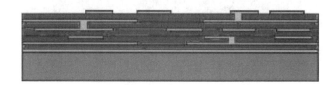

图 8-14 MCM/D 技术下的多芯片模块设计

在使用具有小间距的阵列引线封装时，由于来自内部阵列引线的信号连接必须铺设在阵列的接触面之间，因此情况会变得很复杂。我们可以在接触面之间铺设一个或两个最大导体，在大多数情况下，来自内部阵列引线的导体这样将铺设在多层印制电路板的内层上。

对于这些元器件的安装，在 MPB（塑胶外壳封装）基础上附加了带有金属化盲孔的特殊层，用于微封装或裸芯片上电路的布线。

这种附加专用薄层被压在 MPB（塑胶外壳封装）上，然后在其内部形成盲孔（非通孔）因此，这种方法被称为表面叠层外加线路（SLC）。可以看出，这种方法实际上结合了通孔金属化和逐层生长的方法。

最后，需要说明引线数量与航天工业中所用芯片的集成度之间的关联特性。很明显，当我们将芯片安装到封装基板上，并将封装安装到安装基板上，或是直接将芯片安装到电路板上，必定会使得面积增加，这是因为需要分配一定的物理空间来放置引线。引线数量会随电路集成度增加而增加[2]，它遵循即 $n=qNR$，其中 n 是引线数，q 是芯片结构中微单元的连接度，N 是芯片集成度，R 是租用指标（Rent Indicator）。

与普遍接受的集成度（Degree of Integration）一词相反，上述效应被专家们称为分解度（Degree of Disintegration）。利用基板上安装区域的微型元器件的密度与其在芯片上的密度的比值来估计。举个例子，如果机载计算机处理器的芯片大于 10mm×10mm，其封装在板上的安装面积为 4000mm²，则可以用数字 40 来描述这种互连系统设计的分解度。那我们应使用哪个值来估计 800 条引线的阵列？由于这种间距为 0.4mm 的引线的外围需要分配 8000mm² 的安装区域，因此这种设计的分解度为 100。

应该注意的是，该参数（分解度）随着设计层次的增加而增加，这些设计层次包括：芯片、电路、印制电路板、模块和单元。例如，在现代航天器上的机载计算机单元中的分解度可以达到 100000。

表 8-2 说明了我们使用不同的封装方法将处理器微电路芯片安装在安装底座（板）上分解度的估计结果。

　　显然，集成度和分解度应该与生产的技术水平相对应。如果试图用最大的生产潜力来生产某种结构将可能导致出现大量有缺陷的产品，进而导致产品成本超出可接受范围，而且这种结构的可靠性也无法保证。

　　综上所述，有必要指出，基础元器件开发的永恒趋势是芯片集成度逐渐提高以及元器件和电子设备布局密度普遍增加，而解决有源元器件这一问题的主要方法就是使用带有阵列引线系统的封装。但是在生产中，开发密集布局的元器件，应该伴随着印制电路板生产制造技术的现代化发展，以确保能够实现合适的互连密度。

表 8-2　微电子模块分解度的估算取决于向下一个互连层次过渡期间的层次水平

安装类型	基板上的安装面积/mm	分解度水平
芯片	10×10	1
倒装焊芯片	12.5×12.5	1.5
引线键合	14×14	2
倒装 TAB	24×24	6
TAB	42×42	18
扁平封装	72×72	52
周边有引线封装	105×105	110

8.5　空间用微电子元器件封装技术发展的主要趋势

8.5.1　封装引线间距的下降趋势

　　根据前几节中的描述，我们将尝试总结出封装技术发展的总体趋势，并主要考虑不同类型封装中元器件引线间距逐渐减少的趋势。我们将特别考虑封装和无封装系统领域的主要趋势及 WLP（晶圆引线封装）和三维（3D）集成的最常见技术的特点，以及在空间相关应用过程中制造有机和印制电子产品的某些问题。

　　如上所示，在封装技术当前所处的发展阶段，我们可以认识到封装技术具备以下主要趋势：

　　1）引线数量增加；

　　2）各种类型封装中引线的最小间距减小（见图 8-15 和图 8-16）；

　　3）引线从周边排布向封装下排布过渡；

　　4）将多个元器件集成到单个封装中。

　　应该注意的是，在撰写本书时，PBGA（塑料球栅阵列封装）和 QFP（四边扁平封装）元器件引线间距的减小实际上已经达到极限（分别为 0.65mm 和 0.3mm）。根据权威专家的估计，FBGA（微间距球栅阵列封装）元器件引线的最小间距将进一步减小，并将在 6 年内达到 0.15mm。

　　在总结系统方向的技术性描述时，应该注意以下内容。系统级封装（SiP）是执行不

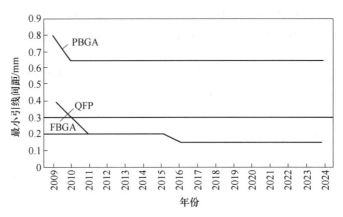

图 8-15　QFP、FBGA 和 PBGA 元器件的最小引线间距减小的动态趋势（实际情况和发展趋势）[2]

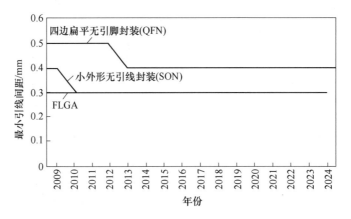

图 8-16　航天器机载系统的针对微电子模块 SON、QFN 和 FLGA 版本的
接触面的元器件引线最小间距减小的情况[2]

同功能并内置于单个模块中多个电子元器件的组合，它可以实现通常由系统或子系统执行的各种功能。系统级封装内部可以包括无源元器件、微机电系统（MEMS）、光学元器件以及其他的封装和元器件。将这些单元集成到一个封装中具有显著的优势，如结构变得更小、更轻、更便宜、更可靠。图 8-17 给出了这些方案在封装中的分类示例，图 8-18～图 8-20 给出了几种改进结构。

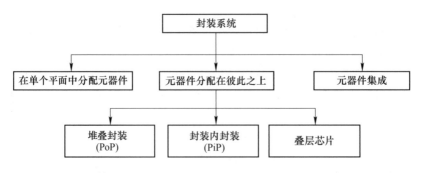

图 8-17　封装系统的分类

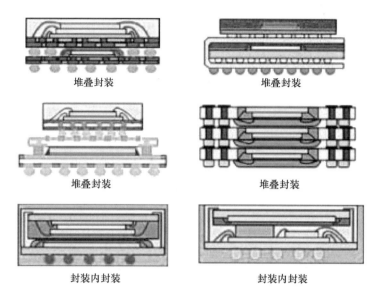

堆叠封装　　　　　　　　　　　　　　堆叠封装

堆叠封装　　　　　　　　　　　　　　堆叠封装

封装内封装　　　　　　　　　　　　　封装内封装

图 8 - 18　在空间应用中微芯片电路系统封装主要设计类型的结构图

图 8 - 19　空间应用的将引线和
系统连接到封装的照片

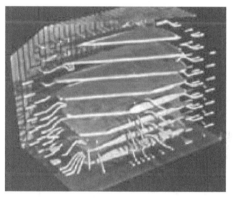

图 8 - 20　系统三维封装模型的一部分
（该模型是使用 Phoenixlx 射线设备通过
X 射线断层扫描获得的）

　　到 2016 年底，用于移动设备的 SiP 组件中的芯片数量已经达到 10 个，并且根据预测，在未来 10 年内这个数目将翻倍。图 8 - 21 和图 8 - 22 说明了公认的国际 ITRS 对用于移动设备、高性能计算机设备和高负荷产品的增加封装中芯片的最大数量和封装系统最大引线数量的需求。

8.5.1.1　片上系统

　　我们来考虑一下片上系统（SOC），即所有元器件都置于单个芯片中的系统的主要特性。

　　图 8 - 23 是一个由光敏矩阵、RISC 处理器、数字信号处理器、RAM 和闪存以及并行和串行接口组成的芯片上通用视频系统的实例。片上系统和系统级封装的对比有助于理

解表 8-3 中列出的优势与劣势。

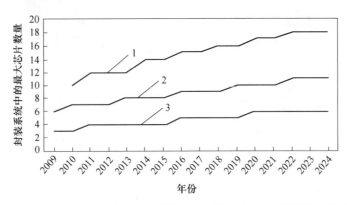

图 8-21　用于不同应用领域的封装系统中最大芯片数量的增长时间表

1—移动设备；2—通用高性能计算机设备；3—高负荷产品

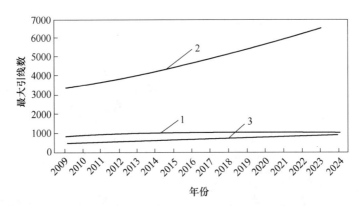

图 8-22　不同应用领域最大引线数目的增长时间表

1—移动设备；2—通用高性能计算机设备；3—高负荷产品

8.5.1.2　晶圆引线封装（WLP）

如上所述，WLP（晶圆引线封装）技术的使用意味着芯片封装过程的所有操作都是在晶圆（Wafer）被分割之前执行的。根据 WLP 的初始定义，所有引线都必须位于芯片限制的区域内，在这种情况下，元器件封装的尺寸实际上与芯片相同（并非 CSP 元器件），这些元器件被称为 WLCSP（晶圆引线芯片尺寸封装）。但是从这个角度而言，WLP 技术的重大局限性就与芯片下方可以放置的引线数量有关。当传统封装技术（引线键合或倒装焊接）无法进一步满足缩小元器件尺寸、提高工作频率和降低成本的需求时，WLP 技术可能是最佳选择。因此，市场

图 8-23　片上视频系统[3]

上很快就出现了与传统 WLP 不同的元器件（见图 8-24）。为了生产这些元器件，半导体晶圆在封装前被分成芯片，芯片排列在聚合物阵列中，聚合物材料围绕在每个芯片的周

边。之后，带有芯片的聚合物阵列将进行传统的 WLP 操作。显然，借助聚合物阵列制造的 WLP 元器件的关键优势在于可以在其上放置大量的引线（见图 8 - 24 和图 8 - 25）。

表 8 - 3　系统级封装和片上系统的优势与劣势

	系统级封装	片上系统
优势	上市时间 3～6 个月；可安装无源和有源元器件；可替代分离的元器件；可重复使用分离的元器件	高度小型化；更高密度的互联；更高的可靠性（过大的芯片除外）；基于经过审核的技术时成品率更高
劣势	装配更复杂；当采用叠层封装时功耗密度高	上市时间 6～24 个月；很难进行改变；产品的可能性受限于所采用的技术；对大尺寸复杂芯片成品率有限

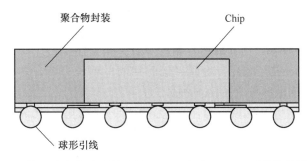

图 8 - 24　使用聚合物阵列制造的 WLP（扇出 WLP）元器件的设计草图

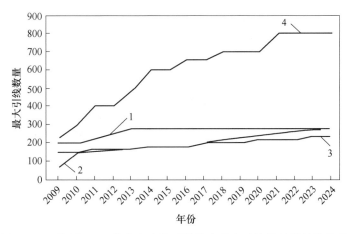

图 8 - 25　使用 WLP 技术生产的元器件中最大引线数量增长的情况
1—存储器；2—标准逻辑；3—蓝牙、调频、全球定位系统（GPS）、
无线网络（WiFi）模块；4—扇出晶圆引线封装（WLP）

　　如果要对空间应用相关的微电子元器件的 3D 集成问题做一个简短的结论，需要注意的是 3D 集成意味着芯片彼此堆叠，并在芯片之间建立垂直连接。3D 集成的潜在优势包括可以减小系统的尺寸、减少互连长度（因为将长水平连接替换为短垂直连接）以及降低功耗。但是，3D 集成存在设计复杂度高、成本高等缺点。

　　如上所述，用于生产 3D 集成结构的主要基础技术如下：

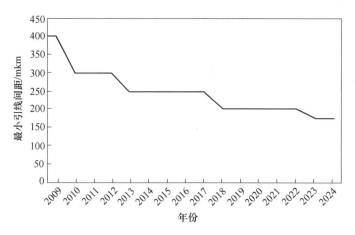

图 8 - 26　在使用 WLP 技术的情况下，元器件的最小引线间距逐步降低（以存储器芯片为例）

1）片上芯片堆叠技术：独立的芯片排列对齐并相互连接；

2）板载（On - Board）芯片：将同一层芯片的电路板分开，芯片对齐并连接到另一层电路板上，然后这个电路板（plate）被分开；

3）板上板（Board - On - Board）：将电路板对齐并相互连接，然后分开。

3D 集成的主要应用领域和趋势如图 8 - 27 所示。

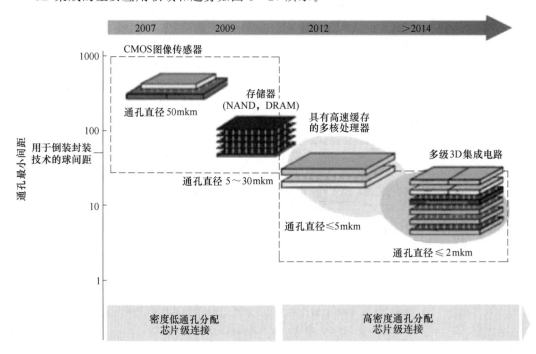

图 8 - 27　3D 集成的主要应用领域

下面以具有内置元器件的印制板为代表进行说明。在空间应用相关的微电子设备的印制电路板中集成了有源和无源元器件，可以在不使用引线键合的情况下实施新的互连技术，从而提供增强的热带性能和电气特性以实现芯片堆叠的可行性。

为了在印制电路板中构建无源和有源元器件，可以使用图 8-28 中描述的两种方法中任何一种，但是这项技术在集成不同高度的元器件时可能会存在问题。将元器件接触面朝下集成具有以下优点：元器件与底座对齐的精度高，并且可以集成不同高度（约$100\sim350\mu m$）的多个元器件。

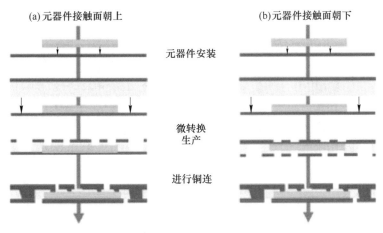

图 8-28　将元器件集成到航天器电子设备印制电路板中的不同形式

此外，带有集成元器件的层可以用作航天器电子系统多层印制板的内层，其两侧可以装配各种用于表面安装的附加元器件（见图 8-29）。

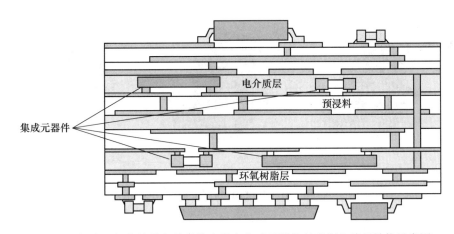

图 8-29　空间应用相关的微电子系统中带有集成元器件的印制电路板结构示意图

MEMS 是将微电子和微机械元器件相结合的技术和元器件，广泛应用于现代航天器中。MEMS 中包含的微机械元器件的标准尺寸在 $1\sim100\mu m$ 之间。MEMS 的例子，包括广泛应用的加速度计（美国 NASA 和俄罗斯航天局）、航天器舱室中的气压传感器以及许多其他元器件。

2009—2015 年期间，不同行业的 MEMS 生产情况如图 8-30 所示[20]。

MEMS 的主要优点是显著降低功耗，这对于制定在太阳系其他行星表面行进的自主航天器和运输工具的功耗最优解决方案至关重要。MEMS 元器件的详细描述将在第 8.2

节给出。

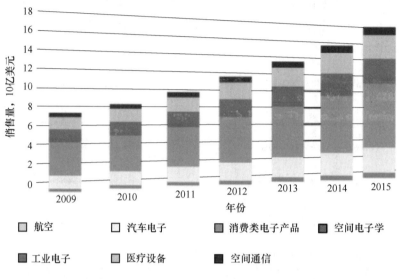

图 8-30　不同行业的 MEMS 生产情况[20]

3D-MID（三维模塑互连元器件）技术是指在高温注塑成型的热塑性 3D 基座上，承载 3D 导线（见图 8-31 和图 8-32）。3D-MID 的主要应用领域包括汽车电子、空间技术、设备和空间通信系统。此外，它们还应用于医疗、计算机和家用设备。

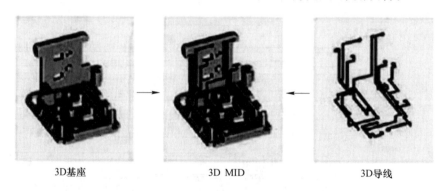

图 8-31　3D MID 铸造安装基座示意图

3D-MID 技术通过将电子、机械及光学元器件集成于一体，提供了非常高的设计灵活性以及在元器件的形状和小型化方面的巨大可能性。同时，这些技术还有其他优点，比如所包含元器件的数量更少、可靠性更高、对材料的特殊要求更少等。

在本节的最后简单讨论一下有机和印制电子技术，这两类技术都常用于航天器建造中。

新材料和经济高效的生产工艺的结合，为现代有机和印制电子产品在新领域中的应用提供了基础。有机电子的主要特点是厚度低、重量小和环境安全。RFID、折叠显示器、航天器的柔性太阳能电池和照明系统只是有机电子学的几个潜在应用领域。

应用于航天器的有机和印制电子的技术基于使用有机导体、半导体以及适合印制的非

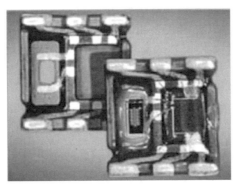

图 8-32 尺寸为 4mm×4mm×1.5mm 的 3D 铸造安装基座上的航天器压力传感器设计示例

有机材料。有机电子产品的主要例子有印制 RFID 标签的有机光伏电池、有机存储器、有机传感器、柔性电池以及航天器的智能机载元器件。

在有机电子技术的基础上,印制 RFID 标签在过去几年中取得了巨大的进展。例如,基于有机半导体的 128 位中继器和超高频整流器已用于太空设备中,以及专家们所熟悉的微型印制天线。进一步开发印制收发器的创新方法是在钢基板上使用硅纳米颗粒制造工艺。图 8-33 和图 8-34 显示了一些有机和印制电子元器件的案例。

图 8-33 印制的 RFID 标签

图 8-34 柔性有机光电池

8.6 电路板上 SHF 电路封装技术的特性

根据本章的前几节内容,电子元器件(模块)的封装是要求最高、费用最高的操作之一,在开发军事和空间应用相关元器件的过程中更是如此。然而,在很多情况下,并不是所有的模块部件都需要封装,只有最敏感的微电子元器件,如 SHF 小规模集成电路(SSIC)需要封装。例如,直接在平板电路[晶圆级封装(WLP)]上使用 SSIC 封装系统可以显著降低对设备气密性的要求,并且在某些情况下降低了在更高级别设备(子系统和系统)上进行封装的成本。WLP 是一种组合工艺,它可以完全兼容基于 A_3B_5 半导体连接的 SHF 芯片的标准生产工艺。除了封装之外，它还允许对在不同衬底上制造的 SHF SSIC 进行 3D 集成，从而可以在组装多用途输入模块的过程中显著减轻元器件的重量并减小尺寸。诺斯罗普·格鲁曼空间技术公司（NGST）是最早将 WLP 技术引入空间应用元器件的公司之一[8,20]。

使用 WLP 方法在板上封装有两种实现方式（见图 8-35）：

1）利用已经存在于基板中或在附加膜中形成的腔体，该腔体用与基板相同材料制成的盖板封闭；

2）在电路周围形成微囊体，其开放边缘由随后的涂膜闭合。

航天器设计人员在选择特定封装方式时，应当考虑以下要素[19]：

1）与 SSIC 的兼容性：在封装过程中，需要考虑板连接的温度、温度变化的类型和热效应的持续时间。这些因素中的任何一个都会影响对温度敏感的 SSIC 元器件的特性和可靠性。许多采用分子束外延（MBE）方法的含 A_3B_5 族化合物半导体结构的小规模集成电路对温度非常敏感。工艺温度过高或持续时间过长会导致薄层 MBE 的相互扩散，从而降低 MBE 的可靠性。在加热过程中，我们还需要考虑连接板与不同材料（如半导体-金属或电介质-金属）接触而产生的机械应力，为了消除这种可能性，在封装过程中必须保持低温。

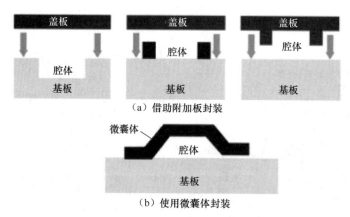

（a）借助附加板封装

（b）使用微囊体封装

图 8-35　在电路板上的封装方式

2）气密性：在 SSIC 封装过程中要始终保持气密性，确保其在潮湿的条件下和不良有机物质的影响下能够持续运行。封装内部的水分会在 SSIC 的活性表面上冷凝，进而导致结构的腐蚀和电路参数的恶化，这对于所应用的材料有一定的要求。除此以外，聚合物或粘合剂等材料会由于气体排放而破坏密封性。在某些情况下，有必要在封装内创建特定的受控环境，以提高用于空间应用的元器件可靠性。SHF SSIC 的最佳环境是无氧（氮气）环境。而基于 MEMS 的特殊元器件，如谐振器和压力传感器，则需要在封装内达到真空或特定的压力水平。

3）封装可靠性：在封装过程中形成的连接应在元器件整个使用寿命期间保持化学和物理稳定，而有机粘合剂的气体排放则可能导致封装物理完整性遭到破坏和 SSIC 参数的变化。影响封装可靠性的最重要因素之一是封装材料和元器件材料的机械性能不匹配，这可能会导致高残余应力，进而导致封装变形和破坏。为了避免这些事件，有必要仔细设计封装，并在低温下完成封装过程。

在板上封装 SSIC 的过程为芯片的加工路线增加了几个阶段，进而使得成本增加。然而，WLP 技术可以减少元器件的一般生产周期，与单个元器件的气密封相比，它可以提供更高产出的优良元器件。

SSIC 板上封装技术最初由诺斯罗普·格鲁曼空间技术公司开发，是在 SSIC 生产的标准技术操作后进行的一组工艺流程。其中，单片电路的基本单元是在加工 GaAs 基板正面过程中形成的。在这个工艺的最后阶段，在基板的背面产生与电路的端到端接触，基板上的封装既不会影响电路拓扑结构，也不影响基板背侧的结构，因此不会导致 SHF SSIC 参数的改变。

WLP 工艺结合了低温焊接和热力学稳定合金技术（共晶焊）的优点，它还允许采用与标准装配工艺兼容的工艺对一组电路板进行封装。封装过程中的温度通常不超过 180℃。

基本封装过程包括了两个板的组合，其中一个用作底座，另一个用作盖板（见图 8 - 36）。首先，在标准工艺流程的帮助下，分别在两个板的正面制造芯片。然后将连接环放置在每个板上，以便随后将板对齐。在低温 WLP 过程中，当基板在一个特殊装置中被压紧时，连接环会熔化并在板上形成闭合的空腔，这些空腔确保了芯片的气密性。在此之后，需要对板的背面进行处理，在其上建立与电路的直通触点，包括通过直流电的点，通过高频信号的点和接地点[11]。

结束操作时，将带有封装芯片的封装板［见图 8 - 37 (a)］分成单独的芯片［见图 8 - 37 (b)］。带有芯片和通孔的单独封装腔体和显微照片分别如图 8 - 37 (c) 和图 8 - 37 (d) 所示。

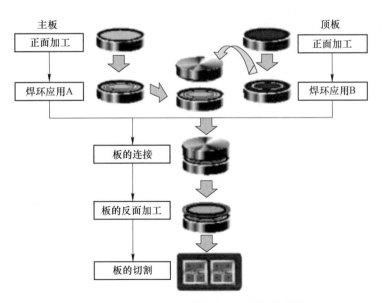

图 8 - 36　SHF SSIC 封装在板上的操作顺序

根据军用标准 MIL - STD 883，封装芯片的气密性需要利用特殊的氦气工艺进行检查，其机械测试是根据相同的标准使用冲击和振动效应进行的。为了测试封装的热稳定

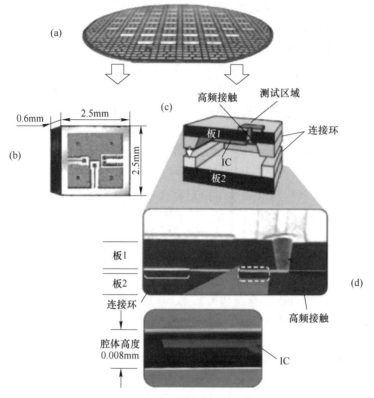

图 8 - 37　与空间应用有关的 SHF IC 封装的最后部分

（a）表示与封装的 SSIC 连接的板；（b）表示板切割后的封装芯片；

（c）表示封装腔体的横截面；（d）表示 SHF IC 封装的显微照片

性，根据 883 标准的程序，需要在 -55～125℃ 的温度范围内执行 50 次热循环。

这种封装方法的一个明显优势是，可以实现在不同的半导体材料上的不同电路或功能单元的 3D 集成。例如，可以将根据噪声系数优化的低噪声放大器（通常基于 InP）与针对功率和效率进行优化的功率放大器（通常基于 GaAs 或 GaN）组合在一个封装中。除此以外，SHF SSIC 与硅数字电路的集成也是可行的。

这种多层组装 [晶圆级组装（WSA）] 技术的基础是建立电路之间的垂直连接或腔内连接（ICIC）。ICIC 在腔体内板的两个内表面之间形成，而该腔体则是在封装期间在板上形成的，如图 8 - 38 所示。由于 ICIC 元器件与连接环同时产生，所以不需要额外的工艺操作。保证电路直流连接的 ICIC 元器件是简单的金属桥，这些金属桥也可用于在电路的独立敏感 SHF 元器件之间创建绝缘墙。

空间用元器件的开发人员知道 SHF 连接是最复杂的连接。图 8 - 39 显示了这样一种测试结构，它被用于估计由两个穿通 SHF 连接结构和放置在封装腔体内的连接线组成的连接结构的特性。

ICIC 技术可以显著减少电路中的有线连接数量，减少损耗和寄生效应，特别是在高频下更是如此。

基于类似的 WLP 技术，设计了不同版本模块，其中包括可在众多航天器上成功运行的频率范围为 300MHz～50GHz 的低噪声放大器、Ku 和 W 频段的功率放大器等。

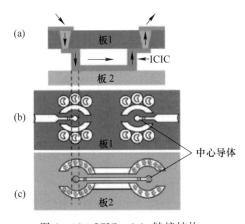

图 8-38　ICIC：（a）转接结构；
（b）板 1 的内侧；（c）板 2 的内侧

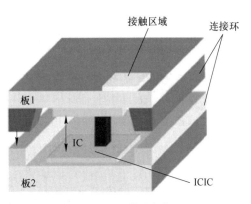

图 8-39　用于检查板间 SHF
转接质量的测试结构

图 8-40 显示了一个由天线、放大器和 3
位移相器组成的 Q 频段的封装输入模块的结
构示例。

显然，将有源元器件放置在靠近散热器
的位置会显著减少 SHF 元器件的重量和体
积。采用 3D 封装可以使天线与输入元器件进
行集成，这使得在过去几年中为航天器开发
出接收天线成为可能。

应该注意的是，考虑到在封装过程中所
形成的空腔高度小以及焊接环靠近芯片有源
元器件等不利因素的影响。开发人员需要了
解 WLP 过程，并使用 3D 建模。

图 8-41 展示了 WLP 技术的另一种应

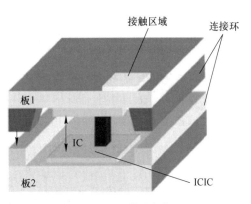

图 8-40　与天线集成的 WLP 模块示例

用，它可以被用于 SHF 放大器的小型化，以及增大空间应用相关的和其他应用领域的使
用频率范围。

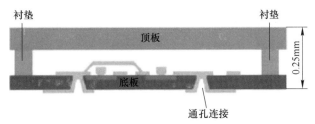

图 8-41　Avago Technologies 的 SSIC 封装结构

封装过程中的工艺操作顺序与诺斯罗普·格鲁曼空间技术公司多年前所使用的方法相
似。基于低噪声晶体管的 SSIC 是在直径为 150mm 的 GaAs 衬底上借助于在增强模式下工

作的赝晶 HEMT 的标准工艺制造的。晶体管由单一的正电压源供电。与电路的所有连接均通过密封的穿通触点在底板的背面进行。辅助 GaAs 板（盖板）通过特殊衬垫连接到底板（见图 8-41），在板之间形成了封闭的空气腔体，将芯片与外部环境隔离开来。之后，将两个互连板的结构切割成单独的芯片（见图 8-42）。

对于航天器来说，最重要的参数之一是封装元器件的防潮性，应该对应于一级防潮要求，因为只有这样才能允许它们进行长期存储和在外部安装的自动化装配线上可靠使用。焊接区域通常位于封装的底面，不需要任何额外的连接。这种封装元器件的特点是散热性能好，机械强度高，在航天和军用领域使用广泛。

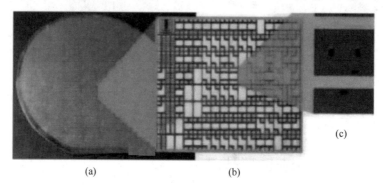

(a)　　　　　　　　(b)
图 8-42　封装板（d=150mm）与（a）盖板组装　（b）封装芯片
（c）封装芯片的背面组装

8.7　空间相关应用的 TSV 芯片组装技术

如上所述，空间相关应用的 3D 产品的生产越来越频繁地使用 TSV（硅通孔）技术，即在硅基板上形成穿通性的互连（通孔），以消除芯片与封装间的拼接。这种操作提供了（截至撰写本书时）最高水平的集成电路集成度。TSV 技术包括形成连接、沉积、填充、金属表面刻蚀、基板减薄、连接/堆叠、检查和测试的过程。

利用 TSV 技术还可以增加航天器计算机的存储器芯片所能记录的信息量。由于存储器模块中的所有芯片都具有相同的拓扑结构，因此可以方便地采用相同的芯片组成 3D 模块。与单片微组装相比，TSV 技术可以使单个芯片的存储容量成倍增加。

使用 TSV 技术制造的最终产品的典型结构如图 8-43[2]所示。

除了在硅片上钻通孔的工艺过程外，还有板减薄、深度等离子体蚀刻、过渡腔体填充等附加操作。

在导电材料和工艺操作顺序方面，一般有两种方法可以用于生产空间及军事应用的 3D 集成电路：

1）通孔优先（在结构形成前制作通孔）；

2）通孔最后（在结构形成后形成通孔）。

如果在结构形成之前用导电材料（例如铜）填充通孔，则填充过程不会受到互补金属氧化物半导体（CMOS）的最大工作温度（150℃）的限制。这种方法不会影响所得到合

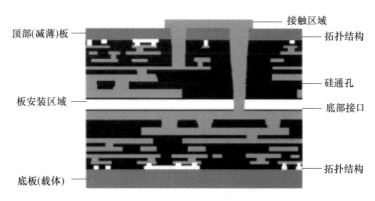

顶部(减薄)板　　　　　　　　　　　　　　　　　接触区域

　　　　　　　　　　　　　　　　　　　　　　　　拓扑结构

　　　　　　　　　　　　　　　　　　　　　　　　硅通孔

板安装区域　　　　　　　　　　　　　　　　　　底部接口

　　　　　　　　　　　　　　　　　　　　　　　　拓扑结构

底板(载体)

图 8 - 43　使用 TSV 技术制造的微电子元器件的典型结构

格产品输出的结果系数（Resulting Coefficient），但通孔的填充是一项非常困难的技术。而如果是在形成 CMOS 结构后进行通孔填充（Via Last），则所得到合格产品输出的结果系数会有所降低。

　　我们并不是要声称对该发明做出过卓越的贡献，但还是想说一些题外话。

　　许多年前，在参与苏联的计划实施时，我们寻找各种解决方案，想要在有限体积的航天器系统微电子模块内增加功能的集成，而不降低这些系统的可靠性。为此，我们有了一个独特的机会来吸引这一领域的各种专家，包括白俄罗斯科学院的科学家、俄罗斯和白俄罗斯主要技术大学的教授以及相关研究机构和封闭实验室的专家。本书的作者之一，Anatoly Belous 教授与明斯克无线电工程学院（现称为白俄罗斯国立信息学和无线电电子学大学）的工程师弗拉基米尔·杜宾（Vladimir Dubin）合作。就在那时，他们萌生了创造像 TSV 这样新技术的想法。然而，问题不仅仅在于开发形成这些通孔的技术，还在于填充材料和技术的选择。最终，Dubin 创造了这项技术，但它不是在苏联实现，而是在 AMD 公司实现，在那里他作为公司的主要经理之一工作了很多年，最终组织了镀铜互连芯片的批量生产，这可以从他与 AMD 员工共同获得的多项专利来得到证实。展望未来我们可以这样描述，这种合作的结果之一是创造了一种制造概念，该技术基于 TSV 组装的理念，是中介层（Interposer）的最初设计之一。

　　回到本节的主题，应该注意的是，3D 集成电路生产技术的开端是在堆叠封装（Package on Package，PoP）类型的产品中建立的。微电子产品尺寸的减小通过使用位于封装本身的互连和开关层将封装安装到 3D 组件中来实现。但是作为以前存在的表面贴装技术的一个逻辑发展，这种技术方法只是一个中间类型，因为开发人员没有能立即设法解决一些棘手的限制因素，比如最佳的热分布（这对于空间和军事应用尤其重要）、目前较低的连接可靠性以及微组件中的元器件数量等。然而，这种方法使航天器系统的开发人员能够显著减少信号从一个芯片传输到另一个芯片的延迟时间，并且还可以使用现有的表面贴装技术和设备来提供更大程度的模块集成化。

　　图 8 - 44 展示了用于 3D 电子模块的各种结构设计的演变过程，显示了开发人员应用的技术和建设性解决方案的多样性。

　　几乎在出现这种通过封装元器件堆叠方式制造出一个 3D 集成元器件的想法的同时，许多与军事和空间领域相关的开发人员都产生了对芯片执行相同的操作，即将其再封装到单个封装中的想法。这种组装方式后来被称为堆叠芯片，它可以通过将芯片彼此安装在一起，然后用已知引线键合的方法将它们互连在一起，从而显著减少占用的空间。随着这种技术的发展，自然而然地衍生出了 TSV 技术，它完全消除了传统工艺链中的引线键合操作，提供了集成电路的最高集成水平。

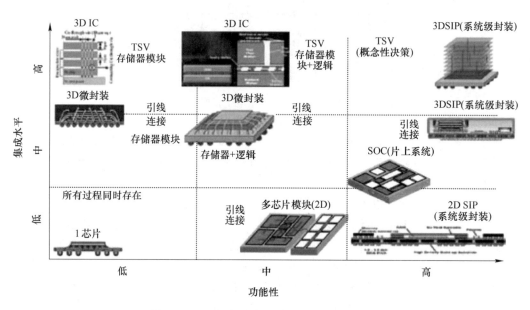

图 8-44　空间相关应用中 3D 微封装类型的演变

由于 TSV 技术的出现，使大幅提高航天器计算机存储器芯片容量成为可能。由于存储器模块中的每个芯片都具有相同的拓扑结构，因此可以构建由许多相同芯片组成的 3D 模块，与单芯片微组装相比，存储器容量将会成倍增加。在这种混合模块的组装过程中，使用 TSV 技术为 SiP 元器件的发展提供了推动力，TSV 的技术衍生出了硅中介层（interposer），这是在芯片级别上进行组装的一种元器件，它不需要使用通过引线连接来转接微组装元器件的中间操作。空间应用硅中介层的概念值得我们单独讨论。

为了完成本节关于 3D 技术特性的说明，我们可以参考图 8-45，图中以简化的形式呈现了 3D 集成电路生产标准工艺流程的基本阶段。首先是硅基板经过所需的光刻循环次数，然后根据预先设计的拓扑结构对通孔进行刻蚀。用导电金属（如 Dubin 推荐的最常见的铜）或者使用加速或缓凝添加剂填充导电孔的涂覆方法，再或者通过真空淀积填充。填充孔后，必须进行化学机械抛光研磨。

为了打开盲孔（非通孔），需要降低硅晶圆的厚度，这是为了最终能够提高微电子元器件的性能并改善芯片的散热［例如绝缘体上硅（SOI），这是领先的微处理器制造商用于提高性能的技术］。在减薄操作之前，先将板安装在临时载体上，该载体通常是另一个硅基板或者玻璃板，这样做是为了可以使得减薄后的板能够通过后续生产过程中的各道工序。此外，在减薄板的底侧，制作了用于安装的接触焊盘。

用于芯片进一步组装的 3D 集成电路安装技术有两种主要类型：分别是 C2W（芯片到

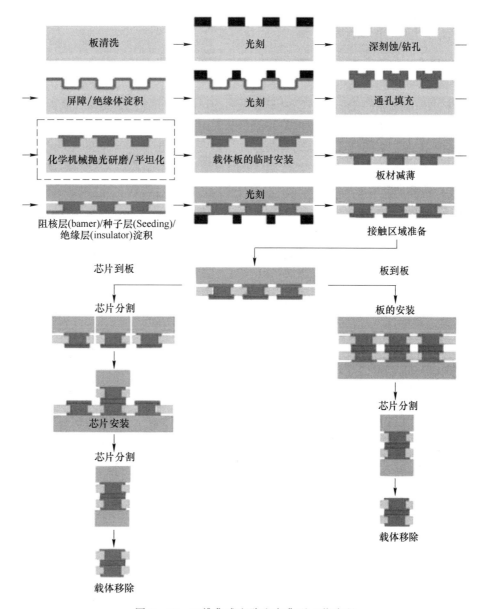

图 8-45   三维集成电路生产典型工艺流程

晶圆）和 W2W（晶圆到晶圆）。

对于第一种情况，对减薄的基板进行机械切割或者激光切割，并在此同时监测单个芯片的性能，然后将合格的晶片放置在第二个板上。对于第二种情况，基板直接相互安装在一起，然后才进行切割。

从表 8-4 中可以看出，每一种技术方案都有其优点和缺点。例如，板上芯片方法（Chip-On-Plate）的优点是产品的成品率较高，但随着芯片尺寸的减小和对安装的更高要求，板上板（Plate-On-Plate）法被认为更加经济高效。

综上所述，TSV 技术可以在 3D 封装技术中用于实现板级或芯片级的互联。

8.8 使用倒装芯片技术的 3D 产品封装的特点

倒装芯片工艺是航天器开发人员长期以来所熟知的封装工艺，它是通过球形引线将倒扣芯片与封装的底座或基板相连接。与其他工艺相比，该工艺具有如下优点：它消除了亚微米拓扑尺寸芯片封装的相关限制，由于布局和设计特征可以为半导体产品的小型化开辟新的道路，并且可以实现完全自动化安装而消除人为因素的影响。

倒装封装技术的基础是位于集成电路芯片上的金属化接触焊盘上的柱状凸点。通常，在使用倒装芯片技术的组装过程中，使用三种技术方案用于制作芯片上的凸点：

1）放置现成的焊料塞（plug）；

2）制造的焊料凸点；

3）通过电线熔化获得凸点。

图 8 - 46 显示了由 2 个芯片组成的这种 3D 微电子模块的简化结构。底部的芯片是使用倒装芯片技术制成的，顶部的芯片是由常规的引线键合方法制成的。

表 8 - 4 使用 3D 技术的主要装配工艺的比较

主要指标	W2W，板上板	C2W，板上芯片
板和芯片的尺寸	芯片和基板的尺寸相同	芯片和基板的尺寸不同
组装工艺的生产率评估	生产率按板的数量评估	生产率按照芯片的数量评估
系统兼容性	只与硅基板兼容	基板或单独的芯片均可
产品合格率	比所有基板组装都要低	高，因为仅安装合格芯片
兼容精度需求	低于 $\pm 2\mu m$（对所有基板）	生产率大于 1000cr/hr 时，约为 $10\mu m$；生产率低于 100Cr/hr 时，低于 $\pm 2\mu m$
生产形式	芯片生产或封装线	仅元器件封装线

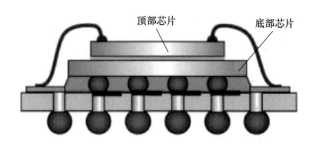

图 8 - 46 使用倒装封装技术制造的 3D 产品的标准设计

为了提高这种芯片 IC 的可靠性，通常建议焊球不要在芯片上形成，而是在基板（Board）上形成。工艺操作的顺序如下：在金属化板上沉淀沉积，并获得接触焊盘，通过光刻胶层形成掩膜，溅射金属阻挡层，通过丝网印刷方法应用焊膏，去除光刻胶、回流焊膏进而形成高度相等的焊球。

焊料凸点的接触焊盘通常只用两次光刻即可。首先，将非焊接金属（Cr、Ti、Zr）

沉积在硅片上，引脚为铝金属化的形式，然后再使用光刻胶掩膜。由焊料（Cu、Co、Ni）钎焊的金属胶沉积在光刻窗口中，形成由焊接和未焊接组合形式的子层。取下第一个光刻胶掩膜后，从厚的负光刻胶上形成大尺寸窗口开口的掩膜，电沉积或溅射的焊料沉积在这些窗口中。去除第二个光掩膜后，使用沉积的焊料作为掩膜，通过不可焊接的金属化进行刻蚀。然后将硅板加热到焊料的熔点，由于毛细管力的作用，焊料在焊接的焊盘上呈现出球形。

当然，在半导体芯片上，这些接触焊盘可以在不使用光刻的情况下获得。在这种情况下，Ti、Cr、Ni 或 Ti 和 Ta 氮化物的阻挡层沉积在半导体晶圆的整个 Al 区域上，并会在接触 Al 焊盘上的保护电介质层中打开窗口。然后将晶圆放置在真空设备中，并进行 Au、In 或焊料凸起的淀积，接着用化学方法去除晶圆表面溅射金属的阻挡层。接触条（Contact bar）的淀积速率约为 $105\mu m^3/s$，即在不到 4 分钟的时间内可以获得 200 个尺寸为 $100\mu m \times 100\mu m \times 10\mu m$ 的引脚。这种空间用元器件的开发者应注意一些重要的工艺特征。

如果要通过倒装芯片方法来组装芯片，通常使用由 $WSi_{0.4}N_{0.2}$ 化合物层和一层镍焊接而成的金属化系统。凸点是通过以 80∶20（重量%）比例依次，沉积金和锡材料层形成的 $10\mu m$ 厚的共晶化合物焊料而形成的。焊料的熔化是在形成气体的环境中以 4℃/s 的速度通过脉冲加热到 330℃ 实现的。

在初始加热阶段形成的 AuSn 和 Au_5Sn 具有在固态中相互扩散的特征。进一步加热使其熔化，形成均匀的共晶熔体，冷却后会形成成分均匀的焊料凸点。

为了确保这种模块免受航天器电路板上各种电磁干扰以及减少寄生效应，通常使用特殊设计的焊料凸点。在这里，焊料凸点由一个中央突起部分和一个具有相同高度（15～$30\mu m$）的同轴排列的边缘组成。在这种情况下，中央突起部分应连接到在多层开关结构中间通过的信号导体，并将边缘连接到上层接地的金属化层。焊料凸点通常由铟焊料制成，在薄金属层上电镀一层由 Pd 阻挡层保护的 Nb 镀层，再覆盖一层 Au 层。用于制造工作频率为 250MHz 的多芯片模块的芯片表面通常由材料为 SiO_2 的薄电介质层保护。

将带有焊点的芯片焊接到接触焊盘上应使用标准工艺。所述芯片将平面一侧安装在封装底座或基板上。在这种情况下，它们的焊盘分布通常是芯片上凸点排列的镜像。需要使用标准方法在具有凹槽或通孔的封装底座基板上组装半导体芯片，引脚和导线位于该凹槽或通孔周边。沟槽的形状、芯片与封装底座之间的间隙以及边角处的沟槽，保证了在塑料密封和保护该芯片表面的过程中液体化合物在半导体芯片下方流动。在存在通孔的情况下，通常在封装的背面放置一个额外的晶圆，以防止昂贵的化合物过度消耗。

有时，为了提高带有焊接凸点的元器件的安装质量，会使用特殊树脂涂料作为半导体晶圆表面的保护性介质涂层，通常其厚度从最小 $8\mu m$，到凸点高度的 2/3 的范围内。

8.9　粘接剂和焊膏在 3D 组装过程中的应用特征

航天产品的开发人员需要了解 3D 组装的一些拓扑特征，如果忽视这些特征，往往会导致非常严重的后果。这关系到微电子模块的可靠性，更严重的可能导致空间技术的失效，专家有时把这种失效称之为"黑魔法"的影响。我们在航天工业工作了 40 多年的经验表明，这个行业无小事。因此，下面提供的材料似乎与空间问题相去甚远，但太多的空间项目（不仅是俄罗斯的项目）均由于一些简单的技术过程而以失败和灾难告终，在本节中将对其进行讨论。

在生产空间用 3D 产品的过程中，采用粘接剂进行芯片安装的工艺被广泛应用。但是需要知道在对模块中微电子元器件进行粘接时，应避免粘接剂固化后产生应力。众所周知，当出现这些机械应力时，在航天器在轨运行或星际飞行期间，由于环境条件、机械载荷等因素可能使这些粘接处质量下降：由于材料、芯片和基板间的温度系数差异会导致开裂、剥落并最终出现故障。

两种不同材料粘合的经典过程是通过粘接膜粘附在这些材料的表面上而实现。由于粘接过程中发生复杂的化学反应，这种粘接剂最终会变成将两种材料紧紧粘在一起的固体。我们研究发现粘接剂与表面的粘附不仅是由于化学反应，还是粘接剂与要粘接的材料表面之间出现的分子间力和静电力的结果。不幸的是，目前还不可能为这种效应创建相应的物理数学模型。

对于这种粘接接合处的主要要求是：在很宽的温度范围内工作具备机械强度、高粘接强度和电气绝缘性能的长期稳定性。这种粘接接合处的强度通常取决于其粘合后的厚度和体积收缩率、待粘接材料的成分和结构以及表面制备质量等因素。粘接剂应不含气孔地完全填充要粘接的部件之间的间隙。粘接剂的厚度不宜过大，同时应该保证粘接剂层在整个粘接区域的连续性。通过对粘接表面进行初步相互匹配，并彻底清除杂质，从而获得最佳厚度的胶粘接剂厚度和粘接剂对粘接表面孔隙的渗透。需要注意的是，面积大于 $25mm^2$ 的微电路芯片的组装具有许多工艺特征。

本书的合著者之一作为委员曾多次参与调查苏联航天器故障和灾难的原因，其所了解到的失败原因往往是未能遵守本节概述的建议。因此，三维微电路电参数退化导致空间产品失效的原因之一是芯片封装系统中由于线性膨胀温度系数（TLCL）差异而在芯片中产生的残余热机械应力。

为了降低部分产品芯片中的残余应力和安装温度，建议使用热固性（环氧树脂、酚醛橡胶）和热塑性（聚酰胺）粘接剂，例如带有银填料的环氧树脂 [TLCL $\alpha = 53 \times 10^{-6}/℃$；弹性模量 $E = 3.5GPa$；导热系数为 $0.008W/(cm \cdot ℃)$]。将芯片粘合到基板上的环氧树脂（填充熔融石英）（$\alpha = 22 \times 10^{-6}/℃$；$E = 13.8GPa$）；导热系数为 $0.007W/(cm \cdot ℃)$。

表 8-5 给出了电气连接参数与芯片连接方式的典型关系。

表 8-5　空间用微电子模块电气连接的典型参数[20]

连接类型	R_{nep}/Ω	P/MPa	$\lambda/(10^{-9}/小时)$	$RT/(0℃/W)$
引线键合	0.01~1	100~500	0.1~3.0	0.001
焊接	2~5	40~50	1~10	0.002
导电粘接剂	1~10Ω·m	5~10		5.0

注：R_{nep} 为瞬态电阻；P 为机械强度；λ 为失效率；RT 为接触热阻。

鉴于此，俄罗斯国有公司俄罗斯航天局的专家指出，Ablestik 公司的具有 ABLEBOND 84 金属填料（银粉）的导电粘接剂具有良好的物理和机械性能，该材料的

电阻率 $1 \times 10^{-4} \Omega \cdot cm$，接合处的拉伸强度高达 26MPa。

与粘接剂接触的某些金属的耐腐蚀性能如表 8-5 所示。为了附着芯片，通常使用环氧粘接剂，因为与焊料（特别是含金量高的焊料）相比，它们的线性膨胀系数较低。环氧粘接剂是热固性材料（通过加热聚合），因此它们需要经过热处理以完成芯片的组装。通常，热处理在 125～175℃ 的温度下进行，具体情况取决于粘接剂特性。

根据我们的经验，在中国和印度制造商的航天器电子设备的微电子模块中，广泛使用带有银填料的环氧粘合剂，因为它可以使得这些材料导电，以便在芯片和基板之间提供低电阻。

据了解，使用环氧粘接剂的芯片的粘接质量并不比金属焊料差。这种安装方法用于生产批量化微电路（Serial Microcircuits），但特别恶劣的环境条件下（在高温下、通过芯片连接处大电流，或对热性能的要求增加）运行的军用元器件除外。

通常，粘接剂需要加热到 90～180℃ 或更高的温度才能硬化。最常用的是粘接界面的硬化工艺，步骤如下：在 120℃ 下加热 6～8 小时，然后在 150℃ 下加热 4～6 小时，当固化粘接时，要连接的部件必须处于 0.3～3MPa 的压力下（见表 8-6）。

表 8-6　不同芯片安装方式的封装中水汽含量

芯片安装方式（密封条件）	373K 时水汽含量/(g/m³)	
密封后	高温贮存测试后	
粘接（在空气中）	2.5	8.0
粘接（在干燥氮气中）	1.5	4.0
Au-Si 共晶焊（在空气中）	0.15	0.4
Au-Si 共晶焊（在干燥氮气中）	0.1	0.4

为了提高耐热性并减少粘接接合处的残余应力，常在粘接剂中引入各种添加剂，如金属粉末（银、铜等）。但是，应该注意的是，所有已知的粘接接合处都有许多共同的缺点：

1）由于边界层薄弱，导致机械强度不足，违反了粘接工艺，使得存在空洞导致接合处应力集中，以及待粘接材料中存在裂纹、空洞等形式的隐藏缺陷。由于水分和腐蚀性物质渗透到粘接剂缝中，并且在机械和温度的影响下，强度会下降。

2）对热循环敏感，特别是在组装 TLCL 差异较大的材料时。

3）粘接接合处难以修复，有时甚至不可能修复。它们对周期性的动态应力的抵抗力比较低。

4）粘接过程的持续时间较长。

因此，航天微电子元器件的开发人员也需要使用焊膏连接。

焊膏是一种糊状物质，包括具有球形颗粒的粉末状焊料。以及作为粘接的助焊剂焊膏的成分和性能取决于金属成分的百分比含量、合金的类型和焊料颗粒的尺寸以及助焊剂的类型。

根据标准 IHC/EIAJ-STD-005，按照焊料颗粒的大小进行划分，焊膏分为四种主要类型：2 型（45～75μm）、3 型（25～45μm）、4 型（20～38μm）和 5 型（15～25μm）。使用小粒径的焊膏，甚至可以通过模具中的小窗口进行涂抹。这种焊膏的主要缺点是在焊接过程中可能会出现焊球喷射。

通常情况下，由于精确的配料，焊膏可节省高达 30％～50％ 的焊料，而且焊膏的粘合性可以让它在焊接前用于固定元器件。膏体的主要成分是不同直径的球形颗粒形式的焊料粉末（重量占比 75％～95％），这是通过超声速喷射液体焊料获得的。粘合剂查原文通常使用有机树脂或其混合物，除此之外，还需向膏体中添加了稀释剂、增塑剂和触变性物质。后者可防止焊料颗粒在储存过程中沉降，增加焊膏的分解能力，并提供给定的粘度。

成品的质量取决于焊膏的成分。焊膏中使用的助焊剂对焊膏的特性和性能特征有很大的影响。助焊剂的主要功能有：

1）去除基板表面和电子元器件的端子上的氧化层；

2）防止焊接过程中受温度影响的焊点和焊料颗粒表面再氧化；

3）确保电子元器件印刷和安装所需的粘度值、铺展性和粘性；

4）保证焊点的良好润湿性和可靠性。

因此，使用上述实用指南可以使航天器系统的开发人员避免产生与航天器不明原因的故障相关的一些不必要的问题。但在这些航天器的微电子模块的制造中，使用这些众所周知的焊膏和粘接剂时，会减少一些不必要的麻烦。

8.10　军用空间微电子元器件的系统级封装电子单元

众所周知，推动电子和设备制造工业发展的主要动力是国家军备、航天和特种装备的订单。在过去的 20～25 年中，这种情况受到个别专家的质疑："当生产集成电路芯片的生产线提供足够生产量时，这些生产线应持续运行，其性能应不断提升并长期维持良好的状态[5]"。但应该注意到，在同一阶段我们可以很清楚地看到在武器系统和军事装备的发展领域，空间和军事装备的外观和性能已经发生了巨大变化（即由于电子技术和材料工程的快速发展而发生的变化）。

直到 20 世纪中叶，所有主要类型的武器载体（Weapon Carrier）以及与之对抗的装备都以数以万计的产量生产。随着 1960 年第一个集成电路的出现，这些武器开始配备更强大、更昂贵的电子设备。到 20 世纪末，电子设备在军事装备总成本中的份额已经达到 70％～90％，价格上涨了近乎 2～3 个数量级[19]。这导致即使是最富裕的国家能负担得起的军工单位的总数也在显著减少（减少 2～3 个数量级），现在没有数万，而只是数十家或几家飞机、直升机、坦克和 AD/航空航天防御单位。同时，由于电子工业的发展，摧毁设施变得非常有效，例如在战场上，花费数千万美元的昂贵坦克的平均寿命不超过几个小时，随后它与乘员一起被反坦克武器系统摧毁，而反坦克武器系统的成本要便宜100～200倍或更多，在军用飞机中也有同样的情况。以下只是主要的现代武器系统和军事装备，其中微电子学最新成果的运用是显而易见的：

1）具有通信、导航、雷达系统和多光谱视觉的小型和超小型航天器；

2）具有导航、通信、敌友识别系统和多光谱视觉的小型和超小型无人机（UAV）；

3）具有导航、通信、敌友识别系统、多光谱视觉和自动目标识别功能的巡航导弹；

4）包括具有敌友识别、多光谱视觉和目标识别功能的反无人机单兵携带防空系统（MANPADS）；

5）具有导航、通信、雷达、视觉和目标识别功能的高精度弹药；

6）具有通信、导航、敌友识别和无线电波成像功能的战斗机设备；

7）配备通信、敌友识别、多光谱视觉、识别和威胁防护控制功能的用于固定和移动装置的防御系统。

对于上述武器系统和军事装备的生产，我们可以预计未来几年使用量［包括定期（每4～5 年）升级设备］将大幅增加到每年高达数十万甚至数百万个基础电子元器件（ECB）。

例如，目前对 UAV·MANPADS 的应用增长才刚刚开始，几年后每一代该类型武器的 ECB 装配量可以达到数千或数万个[2]。

在过去 20～25 年中，雷达、通信、无线电电子对抗和电磁监视向无源和有源相控阵（PA 和 APA）的过渡导致每个天线组合体所需的电子元器件数量都随着天线阵列通道数量成倍地增加，特别显著的是厘米波长范围的无线电探测器数量的增长。例如，飞机APA 有 2000～3000 个通道，导弹地面雷达防空/航空航天防御综合体的 APA 有 10000～40000 个通道。未来几年，各种用途的复合天线对这类电子元器件的总需求可能达到每年数十万至数百万个，到 2020 年，每年将需要数百万个。

因此，预计用于装备武器、军事和特殊用途的电子设备以及火箭和太空任务对基础电子元器件的年度需求为数千万单位。当然，我们不是说实际需要有数亿和数十亿个单位需求才能组织有利润的亚微米半导体产品生产。

由于通信设备中 SOC VLSIC 和 SIP 模块的持续集成，过去十年间始终保持的趋势包括将以前由多种类型的功能集成到单个元器件的设计中，其次是降低设备的功耗、尺寸、质量和成本，这刺激着需求的增长，使产品达到大量生产。

如今，有许多标准化的 SIP 模块具有以下功能：在 GLONASS/GPS 系统中确定自己的坐标（定位）、无线电接收和外部询问器的识别、广播（通常进行加密）其自身状态的数据（坐标和功能，黑匣子）和/或有关被观察物体或环境状态的信息。通过具有此类功能的 SIP 模块已成为创建许多集成度更高的元器件的基础，这种元器件基于针对特定任务设计的 SOC VLSIC 和 SIP 模块制造，具有较轻的重量、较小的尺寸和较低的功耗。它可以应用于弹药、战斗机、小型和超小型机载设备以及其他类型的大批量（High Volume）设备。

基于 0.13～0.18μm 硅锗（SiGe）技术，APA 有望在未来 3～5 年内突破通信设备、无线电探测和测距装置（包括个人使用物品）的大规模应用。此外，在 L、S、C、X、Ku、K 等波段中，仅以硅和 SiGe 技术为基础就可以满足不需要大功率发射机的个人使用的可穿戴通信、无线电探测和测距等应用需求。

在工艺开发和 VLSIC 制造方面，每向更小的设计规则迈进一步，则同在生产掩膜和创建 VLSIC 版图层的设备（步进光刻机）上的费用就会数倍增加。只有在更大规模的同类产品生产的情况下，这些成本投入从经济角度上看才是合理的。因此，向更小的设计规则每迈进一步，就加剧了空间仪器设备制造领域的需求与微电子工业发展趋势之间的矛盾，即仪器设备制造领域趋向于基础元器件的专业化，微电子则侧重于更广阔的市场，而这需要基础元器件的统一。与此同时，制造更复杂和更多样化的微电子元器件与设备需要更复杂和更加专用的 VLSIC，通常需要的量很少，经常只有几十个单位，而制造这种复杂的 VLSIC 所需的微电子技术成本的上升，只有在大规模生产情况下经济上才是合理的。

具有 22～66nm 设计规则的专用的硅基 SOC VLSIC 和 Si-G 异质结构，其工作频率将高达 75～120GHz，并将能够在单个微电路中组合此类元器件的全部功能，例如在单芯片 SOC 版本或单个 SIP 单元中形成在厘米和毫米波范围内的具有完整的初级和次级处理功能与无线电信号生成能力的多达 128～256 个 APA 发射接收器通道和无线电路径。设计规则为 8～22nm 的基于 GaAs、GaN 和 InP 的异质结构 SHF SSICs，其工作频率将高达 250GHz，并将所有 APA 子阵列发射-接收通道以及毫米和亚毫米范围的无线电路径组合在一个微电路中。

鉴于对使用寿命（15～20 年）的要求较高，根据客户对完成航天器时的高要求，宇航级基础电子元器件主要用于全球领先公司的实践中。在极端情况下，可以使用根据标准宇航级要求[11]专门设计和制造的组件或者使用经过严格筛选的 MIL 产品。同时，这些部组件被赋予非标准状态。

宇航级基础电子元器件允许实施高达 10～20 倍的质量冗余，以建立真正的保护区来对抗外层空间的外部因素。这种元器件具有超过 100krad 的辐射耐受性，并且在组装过程中提供了对静电影响的修正。元器件的高质量和可靠性反过来会促使项目总成本的降低（无回收、投诉、故障）[12—14]。

根据美国 NASA 专家的说法，宇航品质不能仅仅通过测试来获得，通过筛选进行改善应该是最后的手段。保证质量的主要手段是基础电子元器件的生产过程。在这一方面，世界领先的公司在系统级封装等全新技术领域取得的成就值得关注。

系统级封装最初由 IBM 开发，用于美国军事工业部门。该工程解决方案基于多芯片微电路。事实上，SIP 便是这种方法的演变。根据定义，SIP 是采用标准或专门设计的陶瓷和金属封装的几个不同芯片，包括存储器模块、数字逻辑、无源元器件、滤波器和天线，也包括绝缘体上硅（SOI）和硅-蓝宝石上硅（SOS）晶圆的组合。重要的是，电子元器件的设计人员可以不关注单个芯片上的晶体管数量，而是关注可以基于实际成熟的技术解决方案以及同时以最大可靠性和廉价的方法组合在一起（集成）的不同功能的数量。

与片上系统（SOC）相比而言，SIP 更加复杂，它是电子学领域创新应用现代成果的一种新的实用方法。表 8-7 显示了创建片上系统和系统级封装过程的特性比较。

表 8-7　系统及封装和片上系统创建过程的比较

参数	SIP	SOC
项目投入	$ x	(7～10) $ x
原型开发时间	6～9 个月	18～36 个月
组（Group）	任何开发系统电子产品的组	高度专业化
原型调试	1～2 个月	＞12 个月
批量生产规模	＞10000	小
抗辐射	(100～1000) krad	不是总能实现
可重复生产能力	20 年内	费用高昂

值得注意的是，根据 Aeroflex 公司的数据，截至 2014 年底，美国国防部仅认证了 4 组 SOC 开发，却在同一时期认证了超过 130 组 SIP 开发。

美国国防工业生产航空航天设备的主要公司，如洛克希德·马丁公司、L3 通信公司、

BAE 系统公司、诺斯罗普·格鲁曼公司、雷神公司、Selex 公司、汉密尔顿标准公司和波音公司，最终决定参与基于创新电子系统的卫星、导弹、飞机和精密武器现代化和重大装备项目（2010 年至 2020 年），计划到 2015 年开发 89 种不同类型的 SIP 和仅两种 SOC[15,16]，并计划在新的和现有的 SIP 功能集的基础上，重建 130 多种武器（包括导弹和卫星），并制造 3000 多颗不同功能的中型和微型卫星。

本章致力于深亚微米技术背景下两个相互关联的问题：在 SOC 和 SIP 设计中需要新方法，以及元器件的高密集封装对数字微电路性能的影响。

8.11　自动设计工具的特点：系统级封装

如上所述，与前几代微电子产品、超大规模集成电路（VLSICs）和 SoC 相比，系统级封装具备无可置疑的优势，它不仅在较小的体积中增加了功能，而且从总体上缩短了设计周期。但是，为了实现该系统的潜在功能，首先应该创建适当的计算机辅助设计工具（CAD 系统），这些工具应具有新的功能特性，并且可以提供灵活的端到端的设计方法[11]。

理想的解决方案是允许 SIP 开发人员在 VLSIC 设计环境中直接设计芯片，在基板和 VLSIC 设计环境中开发 RF 模块，并在嵌入式设计环境中进行封装和印制电路的联合开发。

应该注意的是，SIP 通过将元器件与引线键合、倒装芯片以及嵌入式微机械元器件和系统级封装相结合，提供了高水平的功能密度。它允许设计人员使用 SIP 来创建无法在 SOC 中创建的系统，或者以前用印制电路形式创建的系统。

此外，SIP 技术降低了互连中的功耗和噪声，可以灵活地组合各种 VLSIC 技术，并可以通过集成无源元器件、组合封装和减少层数来减小印制电路的尺寸和成本。另外，与现有的基于 SOC 的解决方案相比，SIP 模块的开发时间会大幅度减少。

如今，SIP 的开发由专家们使用针对特定案例而开发的专业工具和技术来进行。这种专家工程方法适合于创造第一批创新产品，例如将存储器集成到微型电话芯片中。但是，对于创建用于大规模消费的最新无线移动设备和空间电子任务所需的高性能 SIP 模块，它们的集成度、自动化程度和技术先进性仍略显不足。

这里存在几个问题：其一，缺乏经过验证的设计流程；其二，原型设计是一个耗时且经常不准确的过程；其三，整个设计周期的协作不够协调。SIP 开发过程应从专家工程领域转移到使用自动化和集成的系列化设计的范畴，从而使开发过程变得可靠和可重复。其中有三个领域肯定需要新功能，包括系统级的联合设计、封装开发和射频（RF）模块的创建。

目前，有各种各样的解决方案用于单个超大规模集成电路的联合设计，但 SIP 技术需要额外的功能和集成，这超出了当前市场可能提供的范畴。其中一个原因是 SIP 模块的难易程度对电气特性有很大的影响。更多的元器件数量，要求更高的功率，高速集成电路更容易受到与速度和电磁效应有关的噪声的影响。

向 SIP 供电的原理比单芯片元器件复杂得多，因为多芯片结构使用位于封装基板上的电源网络，而有些芯片直接使用其他芯片的电源。因此，需要确保整个芯片电源网络的功率均匀传输。随着芯片引脚数量的增加，同步开关噪声（SSN）由于保持信号和电源质量的问题而显得尤为重要。

为了解决这些以及其他问题，设计工程师应该能够控制系统所有结构中项目组件之间的物理、电气和制造连接。换句话说，工程师需要确保系统总体上的相关性，然后确保与其他设计领域的协调性，其中包括数字 VLSIC、定制 VLSIC、SIP 和印制电路等。对于现代工具和设计技术来说，这是一个重要的问题。其中一种解决方案是创建虚拟系统连接（VSIC）的描述或模型，以便开发人员可以在系统级别或 SIP 级别创建从缓冲器到缓冲器所有连接的可视化表示和原型。采用 VSIC 模型，工程师可以成功地进行多结构层面的项目优化。

开发人员可以平衡对速度、数据完整性和供应链的要求。他们可以试验信号电路和布局，然后进行建模，以实现所需的速度、噪声和最终的字节误码率（BER）。可以创建一个电源电路的原型来测试内核和焊盘环的功耗，以消除潜在的 SSN 问题。

通过使用跨平台的端到端设计，SIP 工程师可以在优化焊盘面积的工具帮助下创建更小的芯片。此外，通过减少印制电路的层数，可以降低功耗和电磁噪声（EM）水平，保证元器件的更高速度，从而降低印制电路板的开发成本和工作量。

这种端到端的设计过程提供了一种灵活的方法，它允许各个领域的专家参与设计过程，从而可以解决 SIP 开发过程中所关注的任务分配问题。在使用 SIP 作为实现工具的端到端设计中，任何人，无论是 VLSIC 设计人员组的架构师、技术营销专家、封装开发工程师还是印制电路板的开发人员都可以从事该项目。

为了提高功能密度，现代 SIP 模块包含复杂的 3D 结构：多层引线键合芯片、安装在倒装芯片上的引线键合芯片、芯片之间的直接连接、使用中间基板来支持广泛的倒装芯片键合以及其他复杂的组合（包括封装-封装组合）。

由于连接的可能性仅受限于开发者或制造商的想象力，因此引线键合连接、球形元器件和凸点接触的成功连接和建模都需要对它们的 3D 特性有深刻的理解。但不幸的是，在现代 2D 工具、电子建模的规则和简化概念情况下，这是不可能的。SIP 的引入需要模块的 3D 视图以及新工具和规则的开发。SIP 设计过程也需要三维电学和物理表示（见图 8 - 47）。

3D 结构的电学建模涉及很多问题。在通常假设的理想力场下，可以简化连接模型。但工程师已不再满足于这种情况下设计印制电路板时常见的正交/对角线。对于典型的 SIP "瑞士奶酪型" 平面，需要将精确的平面模型与连接相结合，以便了解 SSN 和其他参数的情况。

在性能和能力方面的改进也对电源供应及其全周期的分配提出了要求。为了优化去耦能力参数，需要建立电源系统的直流压降和交流阻抗模型。而对于运行在较高频率（如 3GHz 以上）的元器件，需要完整的周期分配方法。目前，这些方法需要花费大量时间。仅 "分配（allocation）" 这一项工作就需要几天时间，这意味着在设计工具改进领域出现了另一个方向。

SIP 设计过程的另一个问题是大量功散，功耗过大可能会造成局部热点，并在焊点和芯片粘接点出现热应力和机械应力。使用 SIP 需要在生产前检查电气和热效应。因此，设计流程在 SIP 设计中起着重要作用，它可以将电气和热传输到集成电路以外，并提供更接近实际的更详细的分析。

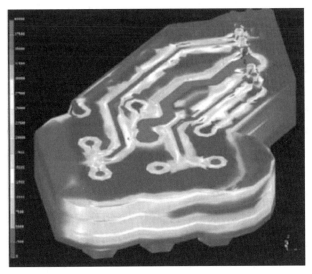

图 8 - 47　两对互补差分电场的三维图像

8.11.1　射频模块设计

　　射频模块必须在 VLSIC 开发过程的大背景下进行设计和验证，需要组合 RF VLSIC 和芯片封装等不同系统。为了获得正确的结果，设计人员需要在 VLSIC 和 RF 模块的要求之间做出折中，例如决定电感的位置是放在芯片上（占用宝贵的空间）还是放在基板上。如果不全面了解项目，就无法构思、建模和修改此类选项。

　　该解决方案将有助于为 VLSIC 创建单个电路和单独的模块，是一个好的起点。随后工程师将能够确定芯片和基板的寄生参数，并将在电路中建模这些寄生参数。

　　此外，在 RF VLSIC 设计流程中，必要的特性在 SIP 中开发单个 RF 模块时也是必需的。例如，用于无源射频元器件的参数化单元（P 单元）是 VLSIC 常规设计方法中的标准组件，但它没有包含在用于封装开发的主要工具中。实际上在设计流程中包含此类功能应该是任何 SIP 解决方案的一部分。

　　通常，SIP 的设计使制造商可以将用于 VLSIC 封装和测试的众多开发技术结合起来，以创建具有高集成度的产品，并优化成本、尺寸和性能。CAD 供应商也正在努力改进技术，以帮助 SIP 设计中心处理在联合设计、复杂封装和 RF 模块开发等领域出现的问题。

8.12　在设计用于 SIP 的 ULSIC 时需考虑的深亚微米技术特点

　　关于不稳定因素对数字微电路性能的影响，现有的 CAD 系统提供了估计电路在正常条件和边界条件下的性能的功能（温度升高与最小电源电压和最小 CMOS 晶体管电流相结合，温度降低与最大电源电压和最大晶体管电流相结合）。动态参数的统计计算方法仍在开发和试验测试中应用，考虑到脉冲噪声和工艺参数散布的影响，为了保证可靠运行，开发人员被迫降低数字微电路的速度，以使输出动态参数的变化不影响系统的性能。

对于设计规则大于 $0.25\mu m$ 且门数 100 万的项目，这些不稳定因素对数字集成电路输出参数的影响可以忽略不计。然而，对于 180nm 或更小的微电路，动态参数与计算值的偏差已经非常明显，并且这种偏差会随着集成度的增加呈指数级上升。在功率电路中，脉冲噪声的最大值可达几十个百分点。频率在 $30\sim300\text{MHz}$ 之间的组件显示出最大的振幅。这些是最常用的芯片同步频率。除此以外，动态参数计算的准确性也会受到导体中延迟计算的准确性的影响。对于元器件的最小尺寸为 $0.25\mu m$ 或更大的微电路，在大多数情况下，仅考虑导体电容就足够了。而对于 180nm 或更小的设计规则，则需要考虑通信线路电阻的影响。对于小于 90nm 的规则，则还要考虑电感的影响。当使用带有寄生电阻器和电感器的单元的完整模型时，计算时间会成倍增加。向简化模型的过渡往往会伴随着计算误差的增加[11]。

影响数字亚微米集成电路速度的另一个不稳定因素是工艺参数的非相关统计变化（波动），而这一点无法通过电路技术进行补偿。但是，事实上许多波动在较大的几何区域上具有相关性，所以在此范围内我们仍然可以使用校正电路技术。比如，形成 MOS 晶体管的隔离阱不是连接到电源总线，而是连接到可编程的偏置驱动器。通过改变偏置电压，可以同时改变很多晶体管中的阈值电压和最大电流。如果要使用这种方法，一个数字电路应被划分为相当大的局部片段，每个片段由它自己的校正单元控制。校正单元包括晶体管结构参数（电流、阈值电压）传感器和改变这些参数的控制电路。校正单元不仅可以补偿工艺散布，还可以补偿由温度或电源电压变化引起的偏差。

亚微米微电路的版图设计规则包括各种约束条件，其中最严格的约束条件由元器件要遵守的允许形式、最小尺寸、相对安排和间距要求所决定。元器件之间的最小间隙值取决于已使用的光学校正方法。应用 SRAF 校正（使用额外的部件）会导致最小间隙增加；相反，使用相移光掩膜（PSM）有助于减少最小间隙。

另一组约束定义了一套要求，根据这些要求，与尺寸变化相关的缺陷实际上不会影响成品率。但是在设计过程中，如果需要实现待开发元器件的预定义技术和经济特性，则可能会违反这些在成品率方面的最佳要求。

对芯片封装一致性的约束是为了减少元器件参数变化的影响。在同样封装的情况下，微电路的所有物理结构几乎处于相同的环境中，结构之间的相互影响被平均，元器件参数的变化减小。

另一组约束与天线效应有关。在等离子体蚀刻和抛光工艺过程中，导体会积聚大量的静电荷，从而导致 MOS 晶体管击穿。为了尽量减少天线效应，对金属化内层的连接区域引入了特殊限制。

在版图设计阶段，最困难的任务之一是在使用最优设计规则和使用最小设计规则之间找到一个折中。应用最适合生产过程的设计规则有助于实现高稳定的成品率，但会导致芯片面积增加和速度降低。甚至可以说，如果使用最优设计规则可以实现规范中要求的所有参数，那么这样的工艺选择也是错误的，这种微电路应该采用更廉价的工艺。如果只使用最小尺寸和间隙，速度会更高，面积会更小，但成品率和参数化可重复性会降低。作为一般规则，折中的方法是对关键单元使用最小标准，对非关键单元使用最优标准。然而，为了最终决定哪些元器件实施哪些标准，有必要计算与版图元器件尺寸变化相关的缺陷发生概率。

微电路芯片的物理设计过程包括以下几个阶段：

1）基于关键路径和单元识别的电路分解；

2）对关键单元使用最小设计规则标准，对其余单元使用最优设计规则标准进行版图综合；

3）版图优化和成品率估算；

4）提取导体的寄生参数；

5）带寄生参数的电路计算；

6）电路修改（或迭代改进）。

在根据亚微米工艺标准开发元器件时，版图优化时应考虑到版图元器件尺寸的自然变化。这种优化可以使用关键区域最小化标准，该标准反映了在热点中出现缺陷的概率。在这样的热点中，参数变化可能会引起破坏性缺陷。而对于每个版图层及元器件间隙短路、元器件破损和各层交叉短路等缺陷，应该分别计算关键区域的值。版图优化过程通常在下一次迭代对预计的成品率几乎没有影响时结束。在这个过程中，最大的优化机会在金属层上。通过使用一组迭代优化过程（见图 8 - 48)，这些层的关键区域面积可以减少 10 倍。

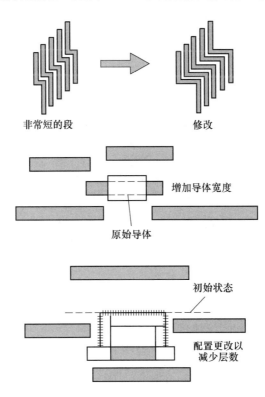

图 8 - 48　金属化版图的可能修改

为了版图元器件的均匀分布，可以使用额外的虚设组件。这里指的是其表现依赖于芯片封装密度的版图结构的层与元器件。因此，对于与半导体掺杂和刻蚀接触窗口以及 MOS 晶体管门的多晶硅栅工艺相关的版图层，比如一般会要求一致的芯片封装。而晶体管的侧向介质隔离会在微电路结构中产生热力学应力，这可以通过均匀地在芯片的空闲空间中填充虚设结构来降低。

金属化层上的密度平衡也可以降低热机械应力。此外，化学抛光和机械抛光可以改善晶圆的表面均匀性。通常采用两种虚设元器件来平衡密度，宽电介质间隙中的虚拟导体和宽导体中的虚设介电间隙。通常会使用 CAD 版图设计工具根据预先确定的封装一致性方面限制条件进行虚拟元器件的综合。在开发存储器单元、规则矩阵电路和库元器件的版图时，可以根据工艺 CAD 工具对过程建模的结果引入虚拟元器件。

天线效应的危害在于在生产过程中可能会损坏 MOS 晶体管的薄栅极电介质。这一效应的关键工艺过程包括光刻胶去除和电介质沉积。在等离子体化学刻蚀过程中，p‑n 结被加热到几百摄氏度，并被放电产生的辉光进行照射，它们的导电性足以将放电电流排放到衬底。电介质的电阻很高，绝缘的导体上的电压甚至可以达到几百伏，此时如果绝缘的导体与栅极发生耦合，则放电电流会导致栅极电介质的隧道击穿。当达到一定的电流密度时，晶体管参数就会发生变化，从而导致栅极和衬底的短路。为了控制天线效应，通常使用以下技术：限制 MOS 晶体管栅极的宽度；抑制与栅极的多晶硅耦合连接；将连接到栅极的导体转移到上面的金属层；连接到栅极和衬底的保护二极管的芯片结构。

对于 DFM 和 DFY 设计方法，在专注于设计电子设备的生产能力的英文文献中，经常会使用以下两个术语，即面向制造的设计（DFM）和面向成品率的设计（DFY）。术语 DFM 指的是一种设计方法，它包括作为自顶向下设计过程的一部分的架构、电路和微电路设计的优化。DFM 方法基于元器件的统计特征参数，来确保产品的输出参数。DFY 方法包括基于参数分布的统计性质优化物理结构、适当考虑特定过程的可行性以及模拟物理结构参数的过程。在一定程度上，DFY 方法可以看作是一种自底向上的数据库开发。DFM 和 DFY 过程的内容和所使用的数据往往是一致的，但它们的目标有所不同。

在亚微米级电路的设计过程中应该考虑元器件参数的统计特性、修改的可能性、设计优化的要求、节能和降低噪声水平的机会等因素，所有这些问题的解决都不能脱离特定制造工艺的特征。DFM 方法的基本理念是不使用针对不同制造过程的标准化的技术解决方案。优化技术解决方案的目的应该是在考虑特定制造过程能力的情况下实现最优结果。

DFY 方法主要考虑经济方面的因素。亚微米工艺技术形成了一个新的技术和经济约束体系，它的生产成本包括开发成本、前期生产成本和制造成本。一套 90nm 设计规则的光掩膜的成本就要超过 100 万美元。为了减少尺寸变化的影响，有必要进行优化以提高成品率，并使用复杂的方法和先进的生产技术校正光学畸变。因此，光掩膜的成本可能会增加数倍，设计过程的费用也会增加。DFY 方法对设计、前期生产和增加成品率的效益的费用进行了全面评估。从这种方法的观点来看，提供最佳经济性能的选择就是最优选择。

新的设计方法的引入需要使用新的 CAD 工具以及新的技术描述规则。根据 DFM 和 DFY 的原则，在设计实现方面需要评估描述制造过程能力的技术文件的完整性。虽然大多数技术仍在形成过程中，但是已经可以明确，DFM 和 DFY 原则的实施将是未来几年 VLSIC 设计领域的主要发展方向之一。

对于特殊用途（军事、太空、核工业）以及一般工业用途的现代电子元器件的开发人员应当掌握微电子产品的现代设计方法，熟悉微电子领域的现代计算机辅助设计系统的功能（主要来自这类软件的主要开发商如 Cadence、Mentor Graphics、Synopsys 等）以及这些系统，适应于采用 90nm、65nm 和 45nm 设计规则对集成电路的数字、模拟、射频以及数模单元进行高级设计的现代版本的特征。

8.13　SIP 对卫星系统研制概念演变的影响

如前所述，空间设备中的系统级封装（SIP）主要用于卫星的小型化（质量和尺寸减小）、功耗的降低以及其功能的增加。图 8-49[1,11]展示了 1958—2010 年期间 NASA 发射的卫星重量的简要情况。

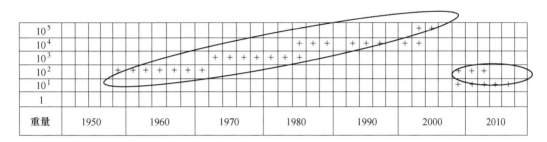

图 8-49　1958—2010 年 NASA 发射卫星的重量变化情况[11]

应该明白每颗特定卫星的特性取决于其目标和所分配的任务，但任何卫星技术项目开发总是基于当前的科技状况（如建造材料、微电子技术、应用软件等）。

这首先适用于小型航天器（如微卫星、纳卫星和皮卫星），因为在目前空间项目的预算限制下，这些卫星的特点是成本明显较低，实施周期相对较短，而且具有广泛的功能可能性，这可以通过快速发展的微电子技术，特别是 SIP 和 SOC 技术来解释。

对设计人员来说，它们的明显优势是可以广泛应用以前在经典大型卫星上掌握的所有传统技术解决方案。

从图 8-49 可以看出，1958—1970 年，一颗卫星的质量约为 100kg；1971—1984 年，它的重量达到 1t；1984—2002 年，NASA 发射的卫星重量超过 10t。这一趋势的主要原因是卫星的军事和商业任务范围显著增加，这同时导致为提高飞行器硬件的可靠性而设计的硬件重量大大增加，而硬件在数量和价格上都在不断增长（备份、重复、三重冗余、多数逻辑）[18-20]。

21 世纪初，SIC 和 SOC 的出现为最终解决这一问题提供了可能。2006 年，美国 NASA 开始发射小型卫星，其重量下降了三个数量级以上，但是这些卫星执行的任务功能非但没有减少，反而还增加了数倍。此外，这些装置的可靠性以及它们在太空中的使用寿命也明显提高。这种小型卫星飞行器的整个集群系统出现在地球轨道上，其中最著名的是电离层观测纳卫星编队（ION-F）。

毫不夸张地说，SIP 和 SoC 是空间工业的战略性创新微电子技术，国内空间工程行业应尽量利用这些技术，至少保持在已经占优势的空间活动领域。

应该注意另一个对理解空间技术发展至关重要的事实：根据电路设计者的说法，现在技术的快速发展已经产生了正反馈效应。现代微电子领域的 SIP 解决方案在小型化、功能强度和掌握设计解决方案方面给卫星-运载器设计师提供了更多机会，进一步促进了航天器设备建设的战略和概念的相应演变。

图 8-50 显示了 1980—2010 年发射的航天器设备建造主要概念的简化演变示意图，

以及到 2020 年的预测[4]。

以下是根据这一概念设计的航天器的主要（基本）类型。对于每一种类型（族），都有一个使用 SIP 的比率（相对于 REE 的总量）。

20 世纪 80 年代的第一个基本概念与伽利略号探测器有关，该探测器于 1989 年发射，用来研究木星及其卫星，最后成功地完成任务。然而，它在飞向木星的过程中以及随后在任务目标区域的操作中出现了许多问题。

专家们对这些问题进行了分类并分析原因，在当时就已经思考如何在未来的项目中避免这些问题。这些主要问题中，应该注意飞行器天线复合体的损坏与故障以及该复合体技术与管理中的故障。还有因研究过程中出现的新任务而带来的算法变化的组织和控制子系统运行程序的复杂性。

专家们在这一项目结束时得出的重要结论之一，就是用于直接在航天器上处理大量接收信息并随后将处理结果发送到地球的计算机系统和技术的效率低下。即使是在那个时候，也就是在 SIP 出现之前的 20 年里，设计工程师就设定了在每单位有用体积的 REE 中实现功能的超集成任务，但当时的微电子技术只允许在单个 LSIC 范围内提高功能的集成度，而不允许将不同芯片的功能集成到一个设计解决方案中。

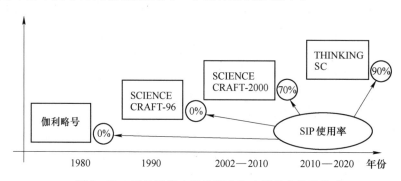

图 8 - 50　卫星系统小型化概念和功能复杂性的演变

第二个概念于 1996 年以 Science Craft - 96 的形式实现，它考虑了分析人员和批评者对前一概念的建议，有效载荷及其软件已采用了模块化原则，以确保它们可以在一个统一的软件和硬件平台上快速实现各类任务的技术解决方案。虽然它是在 SIP 之前很长时间出现的，但是这些指南为完成微电子行业在元器件功能密度方面的相关任务奠定了基础，并提高了其可靠性。也使得该系列设备能够成功执行分配的任务，包括飞往冥王星和在其轨道上进行 10 年活动的任务。

第三个概念更接近现代，它在 Science Craft - 2000 中实现，并被认为在航天器中使用了主流总线和模块方法，来建造具有更新和经过验证的软件的电子控制系统，而在根据这一概念设计的航天器中，以 SIP 和 SoC 形式建造的单元已经达到了所用技术解决方案的 80%～90%（取决于航天器任务）。

2002—2010 年间发射的大多数航天器都是根据这一概念的规定设计的，其中很大一部分在撰写本书时已成功运行。

最后，这些概念中的最后一个是 Thinking Space Craft，它除了通过多芯片 SIP 和 3D 系统级封装使用高级自配置（可自重构）软件（内置智能）之外，还有助于创建用于军事和商业目的的高性能空间卫星，并且可以在轨道上创建不同集群和自组织网络。

表 8-8 显示了创建三种重量（100kg、50kg、10kg）航天器的项目成本降低的计算（预测）动态，这取决于在设计 REE 时 SIP 使用的比例。假设不使用 SIP 的设计成本为 100%，那么，举例来说，对于重量为 1～10kg 且使用 85% SIP 的航天器，项目成本可以降低 75%；对于重量为 50～100kg 的卫星，成本可以降低 55%。

表 8-8　由于使用 SIP 而降低的航天器制造项目成本（取决于重量）[1]

实现微卫星系统项目途径	50～100kg	10～50kg	1～10kg
不使用 SIP 时的项目估计成本	100	100	100
SIP 占比 50%时的项目估计成本	70	60	50
SIP 占比 75%时的项目估计成本	55	40	30
SIP 占比 85%时的项目估计成本	45	30	25

SIP 用于当今美国、日本和中国生产的微卫星的几乎所有模块和子系统，它具备以下优势：

1）将数字、模拟和超高频子系统与 MEMS 模块和薄膜/厚膜结构集成在一个联合封装中，以获得单位体积的最大功能；

2）在平台和有效载荷上使用大量各种用途的 SIP，从而大幅降低微型卫星的重量和尺寸。例如，根据截至 2012 年底的信息，诺斯罗普·格鲁曼公司（美国）在其微型卫星中使用了 26 种类型的 SIP，波音公司使用了 19 种；

3）与传统的基础电子元器件相比，基于 SIP 的技术解决方案在可测试性、功能和程序灵活性以及可调性方面效率更高；

4）基于 SIP 的航天器通常在有效载荷测试仪台上进行测试（当进行装配时），所需的经济成本较低；

5）大幅降低卫星系统开发、测试和制造的总成本。

如今，空间（卫星）应用的典型 SIP 已经包含采用 2D 或 3D 设计实现的。多达八个半导体芯片（使用 CMOS、SOI、SOS 工艺制造）。而通常使用 LTCC 技术实现的陶瓷基板上已经有 50 多个分立的有源和无源元器件，这种 SIP 的特点是使用密封的陶瓷/金属封装或者金属封装。

生产 SIP 的典型装配技术包括安装倒装芯片、安装具有芯片尺寸的封装、安装 2D 和 3D 多芯片单元、安装基于半导体芯片、MEMS、RF 和光电元器件的微系统等。

一个典型的由两个芯片组成的 3D 组装通常只有 0.7mm 的高度，包括上芯片（厚度为 $110\mu m$）、粘接剂层（厚度为 $38\mu m$）、分离器、第二粘接剂层（厚度为 $38\mu m$）和带粘接剂层的下芯片（厚度为 $110\mu m$）。而输出的连接通常通过铝、金或特殊保护的铜线完成。

目前，国外领先的航天公司在 2017 年之前使用包含多达 14 个半导体芯片的 SIP。混合类型 SIP 组件已被国外领先公司的后勤保障系统视为基础电子元器件（ECB）。

作为本节的结束，应该指出系统级封装是全球和国内航天工业的一项战略技术，它决定了微卫星系统市场发展的可能性。

综上所述，并分析在国内产业中引入 SIP 及其在空间元器件中应用的可能性，我们可以得出以下结论：

1）国内抗辐射微电路（包括基于 CMOS、SOI、SOS 工艺的微电路）的产品类型非常有限，大多处于研发阶段。迄今为止，军用航天工业典型电子产品的类型包括 5000 多种。

2）SIP 技术需要使用芯片来实现 2D 和 3D 混合组件，这就意味着 KGD（已知良好芯片）市场的存在（见第 8.14 节）。而如今我们几乎没有这样的市场，因此从客观上我们需要使用国外的半导体芯片（晶圆）。

3）由于 SIP 的使用和卫星重量的减少，卫星系统项目的预计成本明显降低。

4）在俄罗斯，目前几乎没有关于半导体芯片（晶圆）和外国系统在封装中的应用的必要监管框架（OST、临时法规、决议等）。在现有基本法规的基础上，必须迅速制定和推行。

5）国内 SIP 元器件设计、制造和测试的实践还很落后。

6）国内仅少数企业具备在其实际基础上组装、测试 SIP 及工具的技术和生产条件。

7）为航天产业提供抗辐射芯片和以 KGD 形式提供芯片（晶圆）的国内的后勤保障行业已经相当发达。

因此，迫切需要在空间设备生产中引入 SIP 技术。航天工业是俄罗斯的战略性产业，有关机构和组织必须做出一定的努力和财政投资，以取得有竞争力的成果。

8.14　用于 SIP 的已知良好芯片的选择和应用特点

对于航天器来说，空间是一个极端的环境（如辐射暴露、极端温差、机械和电气过载、微流星体危险），但是设备必须在这种环境中长时间停留并执行所有必需的功能。此外，在这些条件下，修复故障元器件（单元）几乎是不可能的。

美国 NASA 的专家在（系统中）使用不同类型的基础电子元器件（ECB）方面拥有丰富的经验，根据他们的说法，只有通过使用可靠的、经过充分认证的基础电子元器件，才能建造出高质量的航天器。所以基础电子元器件的生产应受到主要关注，各种筛选应作为支持性辅助手段。

图 8-51 总结了不同质量等级设备（工业级、军标级和宇航级）的基础电子元器件故障密集度随时间的变化情况[17]。

制造工厂的筛选测试并不能剔除所有具有内部潜在缺陷的产品。筛选测试结束之后就可以观察到故障的峰值强度，而简单的物理解释，就是微电路的热和电过载加速了故障事件的发生，这些故障在地面上被排除而不是出现在太空中的航天器上是有好处的。从图 8-51 可以看出，在认证中心的特殊程序下进行适当测试后，故障率可以显著降低，从而使空间 ECB 可以确保电子设备的生命周期长达 20 年。

因此，在完成机载电子设备单元时，领先的航天公司通常只使用宇航级 ECB，并且只有在特殊情况下，才使用按照这一质量标准特别设计和制造的或经过军标级升级筛查等程序的 ECB。但是，此类产品始终被赋予非标准的状态，并且不包括在负有最重要责任的飞行器 REE 中。

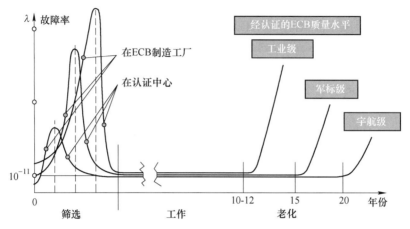

图 8-51 空间系统 ECB 的质量水平

当然，宇航级的 ECB 在质量上有更大的冗余（10～20 倍），这对于提供一定的可靠性储备以应对外层空间的外部因素是必要的，包括辐射（100krad 以上）和与静电相关的破坏性暴露等，所有的这些最终都会促进项目总成本的降低（没有错误、投诉、故障）。

仅靠传统的被动方法（使用钛、铅和铝片进行屏蔽和保护）无法实现新空间系统的抗辐射能力要求，因为卫星质量太小，保护系统不能超过它的几倍。因此，辐射耐受性的基础是特殊选择的半导体晶圆，包括绝缘体上硅和蓝宝石上硅。辐射防护的二级措施是陶瓷或陶瓷和金属的 SIP 封装，例如京瓷（日本）制造的封装。目前专家们已经解决了一系列问题，涉及封装中系统架构的选择及其系统要求、空间设施设计的具体特征，包括纳卫星、系统级封装的组装、可靠性以及辐射耐受性、效率和测试程序等。

我们一起来看看使用购自国外为空间应用 SIP 设计的未经封装芯片（晶片）的特点。

获得经过验证的高质量（KGD）芯片的第一步是选择潜在的制造商，一般有两种方法：一种是使用喷气推进实验室和电子部件工程办公室（NASA）的方法；另一种是采用美国国防部 MIL-STD 1388-1A"后勤支持分析"和 IEC 62258"半导体芯片产品"采购和使用要求的方法。

通常采用以下流程进行选择：

1）根据对后勤保障、技术、产品价格的初步判断，初步选择制造商；

2）在制造商的产品清单中查找所需产品；

3）熟悉从中（或在其上）制作产品的晶圆生产过程的技术特点；

4）熟悉已知的产品设计特点；

5）分析企业实施的质量体系；

6）分析产品的可靠性系统；

7）分析产品的测试环境和测试技术；

8）分析企业系统采用的筛选制度。

在外国制造商推荐的广泛的 KGD 列表中，最大的类别是 COB（板载芯片）。这些是未封装的芯片，它们通过非焊接方式（通过引线或 BGA）安装到基板上来进行互连。通常，它们具有以下特征：

　　1）芯片安装在基板上（或微晶圆上）；

　　2）芯片借助具有必要成分的导电或绝缘环氧树脂浆料粘合到基板上；

　　3）芯片通过横向连接与基板进行电连接；

　　4）芯片用特殊的保护涂层封装。

　　因此，COB 的进一步组装过程相当简单，仅包括三个基本步骤，即将芯片粘接在基板上、连接导线和封装。此外，应该注意的是，COB 连接对芯片应用区域和表面贴装组件都非常重要，它们必须安装在同一基板上。

　　为了成功应用这些产品，用户应熟悉并使用合适的标准。

　　1993 年，美国国防部 DARPA（国防高级研究计划局）制定了第一个用于获取和分销 KGD 的标准，现在是行业标准"JESD 49 已知良好芯片采购标准"。

　　这份 KGD 标准清单随后得到了补充：

　　1）J‑STD‑12 倒装芯片和芯片级技术的实现；

　　2）J‑STD‑26 针对倒装芯片应用的半导体设计标准；

　　3）J‑STD‑28 倒装芯片规模凸点结构的性能标准；

　　4）EDR‑4703 裸芯片，包括 KGD 的质量保证指南；

　　5）ES 59008 半导体芯片数据要求；

　　6）IEC 62258 半导体芯片产品采购和使用要求。

　　所有这些标准都需要详细解释，但必须特别注意其中两个。

　　第一个是《ES 59008 半导体芯片数据要求》，它决定了生产者应向消费者提供哪些 KGD 数据，以便对所选 KGD 的应用做出决定，具体如下：

　　1）产品识别数据；

　　2）产品技术特点、芯片设计参数以及芯片的测试、质量和可靠性数据；

　　3）对芯片运行条件、储存和装配安装的要求；

　　4）依照其技术规范，芯片在其不同的工作模式和不同环境中的热力学和电气特性。

　　第二个重要标准《IEC 62258 半导体芯片产品：采购和使用要求》涵盖了以下类型的 KGD 产品的采购和使用：待拼接晶圆和芯片、带有互连子系统的晶圆和芯片以及部分封装的芯片。该标准定义了对所提供 KGD 的相关文档中要包含的数据的最低要求，以及与 KGD 存储和运输相关的条件和程序。

　　KGD 装配和测试技术有其自身的特点。

　　SIP 中使用的芯片可以用平面组装和 3D 组装两种形式排列在公共基板上，这些组装的高度是 SIP 设计中的一个关键参数。当组装多达 8~10 个芯片时，现代技术设备允许以约 1.2mm 的高度进行组装，但小型化趋势要求高度为 1.0~0.8mm，这反过来又对焊球和用于拆焊的电线环的尺寸、基板厚度和封装涂层产生了许多限制。所有芯片均在厚度约 $350\mu m$ 的晶圆上生产，为了实现 8 个芯片的组装，晶圆首先需要减薄至 $50\mu m$。为此，可以使用几种方法，如机械抛光或化学与机械抛光、湿法或干法刻蚀以及等离子体处理等。经过这种处理后，晶圆（特别是芯片）的机械强度大大降低，进一步的处理很容易导致裂纹和内部区域产生机械应力，因此必须进行减薄后的测试和筛选。3D 组件中的芯片尺寸可能相同或不同。因此，有时专家会应用直接金字塔耦合（对于不同大小的芯片），或者对相同大小的芯片使用中介层耦合。由于单个芯片的粘附率不同，会导致耦合精度降低。

KGD 测试是 SIP 产品通用测试的一部分，它决定了测试方法开发的许多特性[17]。如果在制造工厂的晶圆和/或芯片级别上测试和筛选成功，并且相应的测试数据已传输给客户，那么 KGD 产品的测试技术应该应用这些数据，并且 SIP 设计对于其功能独立的单元应当是可测试的。

在设计和实现 SIP 时，最重要的任务是 KGD 的选择以及选择它们在 SIP 中的安装技术[17]。将未封装半导体元器件（裸芯片）与其他元器件一起安装在一个连接基板上始于 1960 年。从 1960 年开始这种技术一直用于研究和实验，直到 20 世纪 90 年代中期，在新的封装方法出现后，行业转向了在封装中创建微系统。如今，消费者可用的微电子产品列表包括以下类型的已知芯片[18]：

1）带有铝或金焊盘（信号和电源）可进行连接的未封装芯片（可粘合芯片）；

2）COB 基板（或微晶片）上非焊接的未封装芯片；

3）具有芯片表面的机械保护以及 I/O 端口和电源平台之间的集成互连或修改这些连接功能的半导体晶圆（晶圆级封装芯片）。

目前在美国，KGD 的供应商包括 AMI 半导体、Aeroflex、Avago Technology、Infineon Technology、NXP、Intel、Freescale、IBM、LSI Logic、Samsung Electronics、Texas Instruments、Analog Devices、Linear Technology、AMD、Catalyst、National Semiconductor、Maxim 和 Signal Process 等。国内企业在采购这些芯片时会出现很多问题，一是拟采购的 KGD 大部分不符合 QML Q/V 资质，二是由于多种原因，导致与制造商的沟通相当复杂。

应该指出的是，1995 年为了满足美国军工行业的需求而成立了 KGD 制造商协会——芯片产品联盟（DPC），其中包括大多数上述制造商，但截至当时，所有 KGD 基础设施都仅与美国国防部 DARPA 计划相关。1999 年，为了扩大多芯片组装市场，DPC 计划出现了。自 2000 年以来，DPC 已成为 KGD 领域的标准化机构。DPC 路线图以 2 年为周期构建，它在 SIP 技术的实际发展中占有特殊的地位。为此目的，该联盟成立了 SIP 项目组（SIP 开发组），其任务包括 SIP 的方法和技术开发、联盟成员之间的 SIP 信息交流、与联盟外部合作伙伴在技术和市场领域的合作等。现在有新的类似的开发团队，他们正在积极致力于开发空间应用的微电子元器件封装新技术。

8.15　带有集成辐射防护屏的封装设计

即便使用构造航天器保护结构的标准材料（铝及其合金），其辐射暴露水平仍然非常高，所以对于最脆弱的元器件，有必要使用局部防护[18]。

局部防护是专为保护关键部件和设备元器件而设计的附加屏障，不会导致严重的重量增加或航天器的尺寸增加，局部保护是确保 IC 辐射防护的最有效和最高效的方法之一。在这方面，一个非常有前景的趋势是构建了在封装设计中集成辐射防护屏（RPS）的新类型封装。

佐证这一点的是近来世界政治平衡的战略性变化，这导致抗辐射电子元器件的可用性降低。

在使用保护材料的屏蔽效能被实验证明后，在军事和民用空间系统中使用商用集成电路芯片和半导体元器件成为可能。IC 局部保护于 1979 年被首次提出，美国在 20 世纪 80 年代进行了方法有效性研究。

辐射暴露对元器件和航天器设备的主要影响取决于辐射的类型、能量、强度和物质体积中初级粒子和次级粒子的穿透能力。RPS 可以有效保护电子设备免受空间辐射软成分（电子、质子）暴露的影响，这些软成分在物质中没有深度穿透的能力。

对于穿透能力较高的电离辐射（X 射线、伽马射线、重离子），采用屏蔽手段对电子系统的保护效果较差。应当注意用一种方法不可能给航天器提供足够的保护来抵御整个范围的空间辐射暴露的影响。RPS 可以保护航天器元器件免受辐射负荷的累积（剂量）成分的影响，但是包括重离子在内的其他高能粒子具有可能的暴露特性，需要通过其他方式来提高抗辐射能力。

目前，俄罗斯和外国的专家正在从事 RPS 材料的开发。在国外，这些材料有惯用的名称：RAD－COAT（Space Electronics Inc.，美国）、RAD－PAK（Maxwell Technologies Inc.，美国）、WALOPACK（3D－Plus，法国）和 X—Rays（Actel Inc.，美国）。为了保护航天器结构中的集成电路免受电离辐射暴露，国外的公司开发了一系列的封装设计（见图 8 - 52）[21—24]。

根据美国 Maxwell Technologies Inc. 的数据，RAD－PAC 技术对吸收剂量效应的抵抗力水平不低于 100krad。这种保护的效率很大程度上取决于轨道参数、运行寿命和航天器装配，这一点至关重要。近年来逐渐形成了一种观点，认为最有效的防护特征是多层结构和复合材料，因为它们在降低重量-尺寸特性的同时，可使航天器元器件上的剂量负荷减少数倍。

基于 WALOPACK 的 PRS 封装是由 Al_2O_3 陶瓷和钨粉层交替组成的结构。

文献［24］表明，三层保护对地球静止轨道（GSO）更有效。在这种情况下，具有高原子序数（Z）的材料位于具有低原子序数材料的层之间，特别是 Al－W－Al 成分（见表 8 - 9）。

三层结构的最佳防护特性取决于材料的阻挡力与其原子序数的关系。铝的外层减少了高能电子，同时也是制动辐射（BR）的来源。重质材料的中间层由于具有较高的光效应截面，有效地降低了 BR，但它会产生康普顿光电子。中间层产生的 BR 微不足道。此外，钨大大减少了从第一层流出的初级电子。

RPS 的构造和尺寸应与标准 IC 封装的构造和尺寸相对应。2014 年，Testdevice 公司（莫斯科）开始着手创建自己的带有集成辐射防护屏的原始封装设计。他们研究了用于 RPS 的前瞻性材料，以确保在最佳质量、尺寸、特性和设定的热膨胀系数（TEC）下，使用用于生产金属陶瓷 IC 封装的材料（29HK 合金和 Al_2O_3 陶瓷），以获得最大的保护效能。他们对一系列空间轨道范围内的电子流和质子流 RPS 衰减系数进行了计算机计算，并与专家的结果进行了比较。

两种不同的金属陶瓷封装（MCP）被开发[24]。其主要区别在于封装空间下的密封方法（见图 8 - 53）：

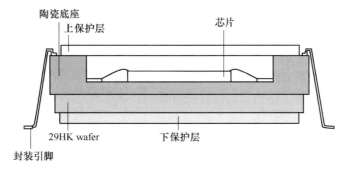

(a) 美国 Maxwell 公司的 RAD-PAC 技术

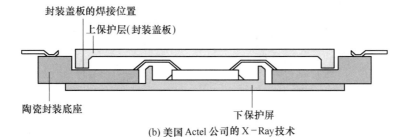

(b) 美国 Actel 公司的 X-Ray 技术

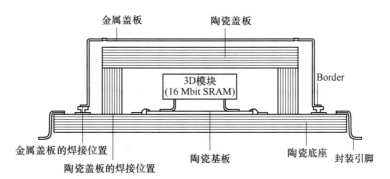

(c) 法国 3D-Plus 公司的 WALOPACK 技术

图 8-52　国外公司对空间设备结构中集成电路芯片的抗空间电离辐射暴露的局部防护技术

表 8-9　对 GSO 寿命为 11 年的三层保护 Al-W-Al 组合以减少电离辐射的剂量[24]

$d/(r/cm^2)$	电子 NERB/[rad(Si)]	质子 SCR/[rad(Si)]	全剂量/[rad(Si)]	三层结构/Al 屏蔽
0.54（0.08；0.38；0.08）	2.4×10^5	4.7×10^4	2.9×10^5	0.22
1.08（0.12；0.84；0.12）	6.18×10^3	1.3×10^4	1.9×10^4	0.36
NERB=自然地球辐射带				

1）密封采用对接滚焊方法（见图 8-54）。

2）密封采用焊接方法（见图 8-55）。

在 JSC ENPO SPELS（莫斯科）测试中心测试了基于 CM（复合材料）的带有集成保护屏封装的辐射防护特性的效能，表 8-10～表 8-12[24] 中呈现了所获得的 MCP 保护特性的实验研究结果。

使用具有集成辐射防护的封装将可以做到以下几点：

1）确保 IC、电子元器件和设备的先进抗辐射能力；

2）将商业和工业级电子元器件用于空间应用；

3）扩展所用集成电路的产品类别，从而降低在制造空间设备时的封装成本；

4）与标准设计保护方法相比，可以降低重量和整体参数。

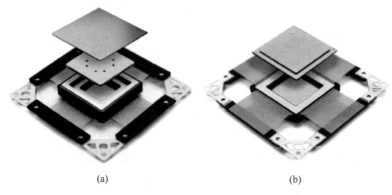

(a)　　　　　　　　　　　　　　(b)

图 8-53　两种不同的金属陶瓷封装（MCP）

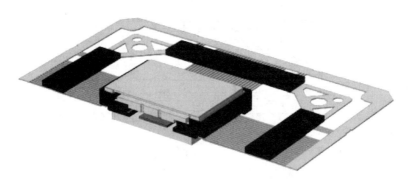

图 8-54　带有集成辐射防护屏的特殊 100 引脚平面金属陶瓷封装

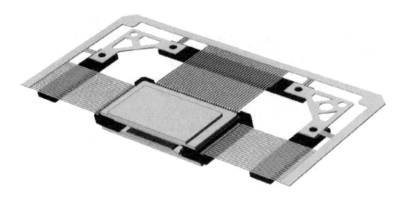

图 8-55　带有集成辐射防护屏的特殊 144 引脚平面金属陶瓷封装

表 8 - 10   主要技术特点[24]

参　　数	100 引脚平面金属陶瓷封装	144 引脚平面金属陶瓷封装
引脚数量	100	144
引脚间距/mm	0.5	
封装体尺寸/mm³	≤18.65×18.65×5.06	≤24.20×24.20×4.35
安装焊盘尺寸/mm	≥7.5×7.5	≥12.5×12.5
安装槽深度/mm	0.50±0.05	
密封方式	对接滚焊	焊接
引脚位置	封装体四周规则分布	
设计特征	边界（border）与♯100 引脚电连接。下防护屏和上防护屏与♯1 引脚电连接	下防护屏与♯1 引脚电连接。上防护屏与♯144 引脚电连接
金属化表面及金属化基座部分涂覆	镍	
盖板涂覆	化学镀镍	
隔离电阻/Ω	≥10⁹	
电隔离强度（最大测试电压）/V	≥200	
导电元器件电阻/Ω	≤1.0	
导线电容/pF	≤2.0	
太空环境下吸收剂量效应保护水平/krad	≥100	

8.16   MEMS 技术的 SHF 应用

8.16.1   射频 MEMS/CMOS 元器件的实现特点

在创建现代 HF 和 SHF 元器件以及基于它们的系统时，需要多个可重新配置的能够与各种通信协议配合使用的射频输入模块。在此类模块中，需要使用可调谐模块，而不是通道开关。这些模块应体积小、损耗低、频率调谐范围大且功耗低。如文献［25］所述，现代的 CMOS 电路无法完全实现这些目标，因此 SHF 系统的开发人员经常使用可重构的 MEMS 元器件，这些元器件可以在经典 CMOS 微电路的控制下工作，以解决他们的问题。下面简要回顾一下 RF MEMS/CMOS 开关、开关电容器、静电、电热、压电控制谐振器，它们将在不久的将来取代 RF 系统中基于标准场效应晶体管和具有高电子迁移率（HEMT）的晶体管的经典开关。

表 8 - 11   带防护屏的陶瓷金属封装（CMP）的电子与质子衰减系数

轨道类型	电子 NERB		质子 NERB	
	Ke 最小值	Ke 最大值	Kp 最小值	Kp 最大值
圆形极轨道	2384	51375	4	4
GSO	152537	152582	—	—
GLONASS	38759	47244	—	—
EEO	45941	146137	270	273
ISS	9289	59887	3	6

表 8 - 12　带防护屏 OS（外层空间）的辐射（质子和电子总量）衰减系数

轨道类型	最小 SA（太阳活跃）	最大 SA
圆形极轨道	39	8
GSO	152537	152582
GLONASS（GLONASS 卫星轨道）	38759	47244
EEO（加长椭圆轨道）	484	1266
ISS	12	533

第一批 MEMS 开关由 IBM（2004 年）和 NTT（2006 年）成功展示。NTT 的 MEMS/CMOS 微电路表现为 8 个方向的多通道单极开关，电压为 3.3V。MEMS 开关采用低温加工方法制造。据该公司称，该元器件已经经历了 10^9 次开关而没有发生故障。

到目前为止，RF MEMS（射频微机电系统）已经少量供应市场，主要用于测试设备。对它们在智能手机中使用的关注出现在 2010 年，当时 iPhone 4 智能手机遇到了在改变位置时接收信号的困难。事实证明，通过使用提供可调天线频率的 RF MEMS 可以有效解决"死亡之握"（death grip）问题。

2012 年初，专家拆解 2011 年 11 月上市的三星新智能手机 Focus Flash 时，发现了基于 WiSpry 公司 MEMS 电容的可调谐阻抗匹配（TIM）手机输入模块天线。IHS iSuppli 分析公司在评论 MEMS/ CMOS 天线调谐在三星智能手机中的应用时指出，RF MEMS 的销售额可能会增加 200 倍，即可能会从 2011 年的 72 万美元增加到 2015 年的 1.5 亿美元[25]。

WiSpry 公司一直致力于为无线系统开发可调谐射频半导体元器件，在 2010 年初该公司获得了一项 MEMS 电容器的专利，该专利包括数字电容重构、驱动器及其实现方法。就在同一年，该公司与 IBM 签订了一项协议，将已建立的 MEMS 电容开关与具有多层金属化的 $0.18\mu m$ CMOS 微电路进行集成。MEMS 电容器的功能类似于彼此独立运行的无源射频组件，这使得开发人员可以将它们结合起来产生用于滤波器、功率放大器、天线调谐器、匹配电路和通用电容器的可调谐射频元器件。

通过上述功能集成，可以提供一个包含四个元器件的两位数字可调谐 MEMS 电容器，它包括初级、次级驱动器、两个射频电容器和一条射频信号传输线。其中驱动器可以相互连接，也可以连接到单独的主节点。射频信号传输线和驱动器由气隙和氧化硅隔开。MEMS 电容器固定电极的隔离和 CMOS 电路第一金属层的介电涂层使得寄生并联电容最小化成为可能，可以通过倒装芯片方法减小用于安装元器件的接触焊盘的尺寸，从而减少了额外的寄生电容。

由 WiSpry 公司生产的具有 4 个可调电容器的单元具有以下规格：

1）关断（OFF）状态下的电容，C_{min}，pF：0.13；

2）开启（ON）状态下的电容，C_{max}，pF：1.27；

3）设定范围：10∶1；

4）1GHz 时的品质因数：160；

5）2GHz 时的品质因数：87；

6）允许的连续功率，W：2；

7）控制台缩回电压，V：27；

8）自操作（self—operation）电压，V：40；

9）工作电压，V：3.5～5.0。

2011 年，WiSpry 发布了两款用于手机天线阻抗调谐的 MEMS/CMOS 微电路，即 WS2017 和 WS2018，频率范围为 824～2170 MHz[25]。WS2018 电路可在 700～2600MHz 的 LTE 频率范围内工作。因此，这些天线阻抗调谐芯片可用于当时市场上的任何智能手机芯片组。这些电路包含一个低损耗的电感模块和具有 0.125 pF 间距的数字电容调谐的 MEMS/CMOS 电容器，该电容器允许动态补偿 20：1 或更高的电压驻波比（VSWR）。其中用于补偿天线阻抗变化的 WS2017 微电路设置由调制解调器通过 SPI 串行接口控制，WS2018 微电路通过 SPI 和 RFFE 接口控制。

2013 年 11 月，出现了电容开关 WS1050 射频微机电系统电路，它具有三个单独控制和可配置的电容器（见图 8 - 56）。该电路为固有频率超过 3.5GHz 的天线提供宽带调谐。利用美国国家仪器公司的 PXI 矢量网络分析仪进行的测试表明，WS1050 的电容调谐时间为 20μs。该开关具有以下特点：

1）电源电压范围：2.5～5.0V；

2）待机模式下，消耗电流：1.0μA；

3）工作模式下，消耗电流：38μA；

4）单位电容器的电容：0.5～6.0pF；

5）电容变化步长，最小值：0.1pF；

6）800MHz 时的品质因数：150；

7）在 C_{max} 和输入信号功率为 24dBm 时产生的谐波，第二谐波：—110dBc；

8）在 C_{max} 和输入信号功率为 24dBm 时产生的谐波，第三谐波：—130dBc；

9）串行接口输入端的时钟频率：26MHz；

10）MIPI RFFE 接口的参考电压：1.8V；

11）温度范围：—40～125℃；

12）使用寿命，循环次数：10^9；

13）封装 LGA 尺寸：2.6mm×2.7mm。

MEMS 电路的每个电容都有一个单独的端子。该电路可以与传输线串联或者并联。它的八个可配置的源标识符支持移动设备的每个总线多达八个单独的调谐器。WS1050 可以满足 2G、3G 和 LTE 手机调谐器的要求。它可以用于测量仪器、移相器、可调谐滤波器和放大器。

在 2014 年度世界移动通信大会上，WiSpry 推出了使用四个单独控制的 MEMS 电容器的三种新的手机天线调谐方案：WS1040、WS1041 和 WS1042（见图 8 - 57）[11]。其中内置的 DC 转换器通过单一的电源总线提供操作。用统一的源标识符和串行或者并行系统配置的使用为手机系统的设计提供了灵活性。

手机的 WS1040 天线阻抗匹配电路和输入单元的总电容为 12pF。它采用小型封装，比 WS1050 小 30%，该电路是专门为当今开发诸如便携式移动设备类系统而设计的。同时它在智能手机、移相器和功率放大器匹配元器件等应用领域也很有前景。

图 8-56　采用 LGA 型标准封装的 WS1050 MEMS 电路

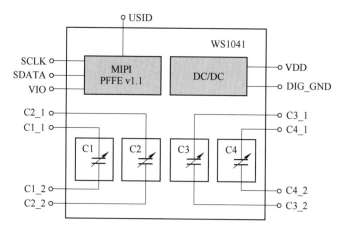

图 8-57　包含四个可调谐电容的 WS1040、WS1041 和 WS1042 型射频 MEMS 电路的框图

　　射频电路 WS1041 设计用于调节天线的频率。一般情况下，频率调节电路的总电容小于天线阻抗匹配电路和输入模块的总电容。它们需要提供高精度调节能力并承受高工作电压。与此同时，这种为 LTE 手机设计并支持载波聚合（CA）技术的电路不应产生谐波或降低天线品质因数。可承受高达 80V 电压的 WS1041 电路，符合这些要求。该电路产生的三次谐波为 150dBc，在最大电容和低频时品质因数为 159。该电路的总电容为 6pF。WS1041 与 WS1050 电路匹配良好，提供了广泛的阻抗匹配和频率设置。

　　WS1042 电路设计用于定制的滤波器。由于其高线性度，它可用于接收和发射通道。该电路的总电容为 3pF，其变化步长不超过 25pF，滤波器的频率调节不超过 $20\mu s$。该电路的品质因数在最大电容时为 200，工作电压可达到 100V。因此，WiSpry 公司提供了一种基于 MEMS 结构的具有极高的 Q（品质因数）值、低插入损耗和高线性度的数字软件控制的射频电容器矩阵。

　　如前所述，WiSpry 的主要竞争对手卡文迪许动力公司（Cavendish Kinetics）在 2010 年报道完成了一种内置金属层的标准 CMOS 开关，该开关带有一个金属焊接引脚[11]。对该开关的可靠性测试表明，在不改变驱动电压的情况下，开关可以承受多达 10^9 个开关周期。在 $-150\sim300℃$ 的温度范围内，驱动的应力保持恒定，但可能是由于金属电阻率和粘附强度的温度依赖性，接触电阻会略有变化。

　　该开关原本是想创建一个能够在恶劣环境条件下工作的非易失性存储器电路。然而，实际上对这种存储电路的需求很小，所以该公司决定使用开发的结构作为电容开关。施加到其上电极的恒定电压导致悬臂梁上升，因此，电极之间的间隙增加，电容减小。当电压施加到下电极时，间隙变小，电容增加（见图 8 - 58）。对 MEMS/CMOS 的可靠性测试也显示其在 10^9 个开关周期内无故障运行。该开关曾希望用作恶劣条件下工作的非易失性 MEMS 存储器，尽管还需要改进。基于此，为 700MHz～2.5GHz 频率范围的移动天线频率调谐电路构建了第三代可调谐电容的 RF MEMS 电容器[11]。

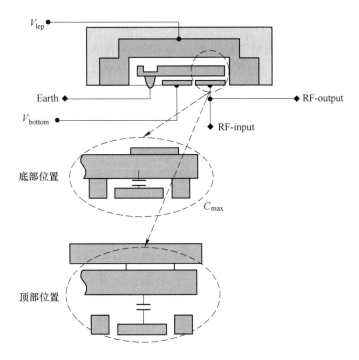

图 8 - 58　卡文迪许公司的射频 MEMS 电容开关

由于元器件的精细化设计和高水平制造技术，微电路中使用了最小尺寸的 MEMS 电容器。在这种情况下，插入损耗很小。此外，该开关具有非常小的最小电容 C_{min} 值，开关的频率范围为 5：1。与标称值的偏差不超过 0.25 LSP。开发人员设法通过降低电路的等效串联电阻（ESR）获得了低损耗。ESR 越大，电路的损耗就越大；等效电阻增加 1Ω 会导致天线损耗增加 2～3dB。因此，调谐器的 ESR 必须尽可能小。

开发人员通过在多层金属化结构中形成可调谐电容器并使用一层电介质解决了 ESR（等效串联电阻）减小这个问题，这使得降低 ESR 并提供 650V 的最大工作电压成为可能。如前所述，MEMS 电容取决于施加到上电极或下电极的电压。在调整装置的结构中，设置了固定悬臂梁的两个位置的机械约束。因此，施加的电压并不能准确地决定悬臂梁的位置，也就是说，电容值很可能决定了它从一个位置移动到另一个位置的速度。在开发的频率调谐方案中，将 22～24V 范围内的电压施加到悬臂梁上，该电压由电路内的 30V 电压充电单元产生。对于每个特定的 MEMS 结构，可以设置所需的驱动电压。电压越低，插入损耗越低。但是，如果电压过低，与限幅器的接触会恶化。如果电压过高，则可能会发生碰撞。

即使通过这种数字方法解决了频率调谐问题，开关的电容也可能会有所不同。因此，该公司的研究人员使用了由并联连接的小电容器组成的电容器，这使得元器件的电容值可以平滑调节。该矩阵可用于创建不同的电容器组合，从而获得不同的电容值。MEMS／CMOS电路中，天线频率开关包括一个包含了约700个小电容器的矩阵，其中一些通过连接产生32个不同的电容值。电容开关安装在尺寸略优于传统电容器的芯片级封装中。天线的MEMS/CMOS频率调谐电路的等效串联电阻（ESR）为0.3Ω，对应损耗为1dB。使用基于钛酸锶钡的传统可调谐介电电容器的开关电路ESR为3Ω，损耗小于3.5dB。

但是，使用高质量分立电容器得到的等效串联电阻（ESR），其值等于0.25Ω。

2013年，该公司向它的战略客户提供了MEMS开关电容器电路的样品，以确保其符合技术条件和可靠性的要求。由此，用于调谐手机天线的电容开关的MEMS电路设计便开始了，也许在一两年内，我们就将在下一代手机中遇到这样的调谐电路[11]。

8.16.2　射频MEMS开关

与引脚二极管和CMOS开关相比，MEMS开关的主要优点是插入损耗更小、隔离度更高、工作电压和线性度更高等。然而，很高的驱动应力阻碍了它们在移动设备收发器中的广泛应用。尽管如此，它们仍在积极发展。

在CMOS电路BEOL金属化层中采用后处理方法产生的RF MEMS/CMOS微电路中，应关注串行连接到传输线的热控开关[11]。该开关由休斯网络系统公司、华盛顿大学和加州大学圣巴巴拉分校的专家共同研制。该MEMS开关结构采用CMOS电路BEOL金属化制造，由AMI半导体公司的0.6μm工艺制造（2008年该公司被安森美半导体公司收购）。悬臂梁和交叉齿形成三层铝和二氧化硅，其中梁通过两个RIT操作制造。多晶硅被用作加热器材料从而驱动MEMS开关。接触焊盘用于提供直流偏置和射频信号。为了正确分离，悬臂梁和热驱动器在它们之间留出微小的间隙（见图8-59）。

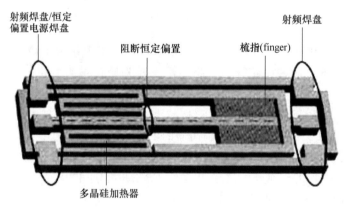

图8-59　热控MEMS电容开关

MEMS开关电容的调整通过它的梳状结构和热驱动器保证。当对热驱动器施加恒定电压时，驱动器被加热从而导致悬臂梁的下降，并与位于其两侧的梳指接触，这对应于开关的打开状态。梳指重叠部分的大小决定了电容的大小。在热驱动器上没有电压的情况下，悬臂梁的内应力会导致其上升，与梳指的接触中断，此时开关返回关闭即off状态。

导通和关断状态下的电容值之比为 15 ∶ 1。在 5.4GHz 频率下的插入损耗和隔离度分别小于 1.6dB 和 33dB。该开关适用于工业、科学和医疗系统以及无线局域网的输入级射频电路（压控发生器、滤波器、匹配电路）。

滑铁卢大学研究在开和关状态下电容值的大比例值，以及减少插入损耗，提高响应速度和工作电压的研究人员，提供了静电驱动的 MEMS/CMOS 电容开关设计方案，该方案中开关并联于传输线[11]。该电路采用代工厂台积电（TSMC）的 CMOS 电路 $0.34\mu m$ 后处理 BEOL 金属层工艺制作而成。开关部分的结构包括一个共面波导和两块由铝/二氧化硅带制成的向上弯曲的薄膜。为了减少插入损耗并消除由低电阻硅基板引入的寄生效应，信号导体由深度为 $0.65\mu m$ 的气隙形成。

薄膜固定在中心导体上，悬挂在波导的地线上（见图 8-60）。在最终实现 MEMS 开关之后，由于形成 MEMS 结构的金属和介电层的残余电压值的不同，薄膜发生弯曲。弯曲薄膜在上部位置时开关的信号导体与接地导体之间的电容最小，在下部位置时的电容最大。薄膜的弯曲通常被认为是不可取的，但在这种结构中是有用的，因为它导致了最小电容的降低和最大电容的增加，从而提高了开关的隔离度。

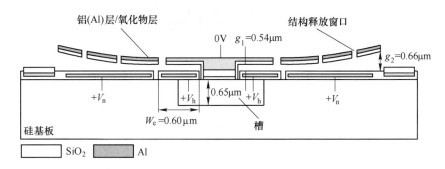

图 8-60 滑铁卢大学开发的电容开关 MEMS/CMOS 电路（下图为开关的横截面）

高电阻多晶硅驱动电极位于波导的信号电极和接地电极之间的间隙中，并与射频端口分离。向位于薄膜下方的驱动电极提供恒定偏置 V_b，可以使开关工作。当驱动电压较低时，电极与薄膜之间的气隙应较小。而为了将薄膜转换到较低的位置，需向信号和接地导体通过射频端口馈送恒定电压 V_h。

开发人员展示了两种新型结构的电容式 MEMS 开关。第一个频率开关导通和关断状态下的电容值之比为 91 ∶ 1。薄膜在上部位置时，在高达 20GHz 的频率下插入损耗不大于 0.98dB，薄膜在下部位置时反射损耗为 13dB；在 10～20GHz 的频率范围内，隔离度为 12.4～17.9dB。第二个电路包括了两个并联连接到高电阻减速传输线的电容开关。在高达 20GHz 的频率下，插入损耗不大于 1.41dB，反射损耗为－19dB；在 10～20GHz 频率范围内的隔离度为 19～40dB。

　　滑铁卢大学使用带有弯曲薄膜的电容开关射频 MEMS 电路，创建了 13～24GHz 范围内可调谐的 MEMS/CMOS 电路，以匹配天线阻抗和无线通信输入模块。该电路基于分布式 MEMS 传输线（DMTL），在 1.3mm×3.2mm 的芯片上，连接了 8 个 MEMS 开关的悬浮慢波（SSW）共面波导，允许在 24GHz 下以高达 11.5：1 的 VSWR 绘制 256 个不同的阻抗匹配节点，阻抗匹配超过 10dB，功率传输因数为 2.84dB[11]。

　　IHP、弗劳恩霍夫电子纳米系统研究所（德国）和萨班哲大学（土耳其）专家们的联合开展了非常具有挑战性的工作。他们利用五层金属的（0.25μm SiCe：C）BiCMOS 微电路的 BEOL 金属化层后处理技术，制作了高压 MEMS/CMOS 调谐器。MEMS 电容开关（见图 8-61）由第二（M2）和第三（M3）金属化层组成。第一层金属（Ml）用于形

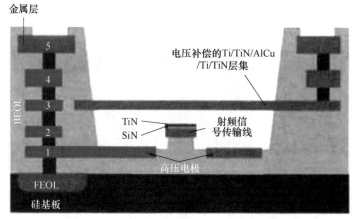

(a) 结构

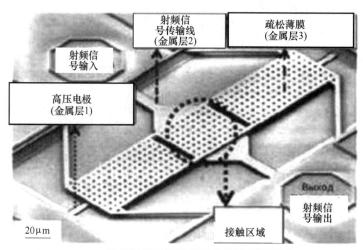

(b) 通过扫描电子显微镜获得的开关的类型

图 8-61　集成 RF MEMS 电容开关

成高压电极，第二金属化层中有薄 Si_3N_4/TiN 涂层的信号线。高压电极与作为开关薄膜制动器的信号线之间的距离相当大。MEMS 开关的多层薄膜是在第三金属化层的电压补偿 Ti/TiN/AlCu/Ti/TiN 层的基础上实现的（电压补偿不会降低 M3 层的功能特性）。这种 MEMS/CMOS 微电路的一个重要优势是在 200mm 晶圆上制造 BiCMOS 电路时，只增加了一个额外的掩膜和干能刻蚀工艺过程。

对晶圆上的电容开关规格的测量表明，关断状态（薄膜位于上部位置）的电容为 $25\sim30fF$，而在导通状态（薄膜位于下部位置）的电容为 $210\sim250fF$。因此，关断和导通状态下的电容值之比平均为 1：10，这在毫米波长范围内提供了良好的隔离率，因此，在 $60\sim110GHz$ 范围内的去耦损耗大于 15dB，插入损耗小于 1.65dB。

在 CMOS 电路中集成 MEMS 电容开关的技术能力已经通过一个电压控制的双量程振荡器得到了证明。实验发现振荡频率可以从 3.55GHz 变为 4.15GHz，在执行 10^9 个开关周期后，并未观察到频率特性下降[11]。

8.16.3　可变电容值的射频 MEMS 电容

卡耐基·梅隆大学（美国）开发了 MEMS/CMOS（Complementary Metal Oxide Semiconductor，互补金属氧化物半导体）交叉指状结构的可重构电容，我们以其中一个调谐范围为 60：1 的三位数数字电容的 MEMS/CMOS 微芯片为例进行说明。该芯片包含一组并联连接的开关电容器，通过位于其结构上方的工作电热驱动器和位于其结构平面的静电驱动的水平电极进行调节。在初始状态下，由于热张力的作用，电容器的工作电极位于结构的平面之上〔见图 8 - 62（a）〕。在电热驱动下，它们向下到达含有静止电极的结构的平面上〔见图 8 - 62（b）〕。水平电极的静电激活导致两个电极相互吸引并发生机械接触。当在它们的侧面形成电极时，施用钝化膜。无联锁电极时的电接触此刻的电容器电容值最大，同时不存在直流电的能耗。

对开关 MEMS/CMOS 电容的特性测量表明，其在 1GHz 频率下 Q 因数为 150，其自身振荡频率超过 10GHz。在电热激活电压值和静电激活电压值分别为 4V 和 20V 时，电容的开关时间不超过 1ms[11]。

另一所科学学院的代表（滑铁卢大学的专家）从事创造性研究工作，不仅包括具有平行电极几何结构和垂直移动控制梁的 MEMS 可重构电容器，还包括以其为基础的射频元器件。2009 年，滑铁卢大学的研究人员提出了第一个基于微处理产生的高 Q 感应因数的阻抗匹配 MEMS/CMOS 的频率可重构放大器平行电极的 MEMS 电容器。他们采用 TMSC 工艺通过对 $0.18\mu m$ 的 CMOS 芯片进行 BEOL 金属化后处理，制成了该 MEMS/CMOS 芯片。该放大器的工作频率为 5.2GHz，放大增益为 14.3dB，噪声系数为 2.3dB，功耗为 26mW。需要注意的是，最大放大系数并不取决于负载和信号源的阻抗值。该放大器适用于无线局域网络系统[11]。

在第四届芯片、电子学和微电子学领域的国际会议 CENICS - 2011 上，滑铁卢大学的代表报告了基于高 Q 因数和 MEMS 可重构电容器的阻抗匹配模块 AB 类多波段大功率放大器 CMOS/MEMS 芯片的研制。该芯片的工作频率范围为 1.7GHz、1.8GHz、1.9GHz 和 2.1GHz。在这些范围内的最大输出功率为 20dBm，可调放大超过 16dB，效率系数不小于 40%。

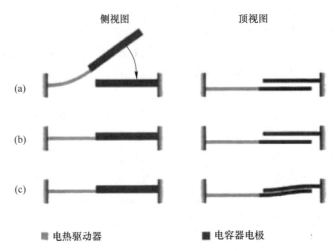

图 8-62　卡耐基·梅隆大学三位数数字 MEMS 电容的工作原理

(a) 最终安装 MEMS 电容后；(b) 在垂直平面上进行电热驱动后；(c) 在水平面上静电驱动后

该 CMOS 芯片采用 TMSC 的 $0.18\mu m$ 工艺制造，尺寸为 $3.5mm \times 1.5mm$，电源电压为 $1.8V$。然而，由于该 CMOS 芯片的击穿电压太小，限制了功率输出，所以只能增大晶体管的尺寸：接收最大为 200mA 漏极电流所需的元器件宽度等于 $400\mu m$。在 AB 类工作模式下，放大栅极电压等于 $1.05V$，对应于 90mA 的直流漂移。对于 $1.7\sim 2.1GHz$ 范围内的频率调谐，包含了信号源和感应系数分别为 15ng 与 12ng 的负载元器件链。电极之间有两个直流电供电的可变电容器，其电容值分别为 $0.6\sim 1.5pF$ 和 $0.63\sim 2.7pF$[11]。

在过去的几年里，由于可重构电容器的可靠性和对多个电容器的连续（模拟）控制的可能性提升，人们对可重构电容器电池的关注越来越多。然而，在电容器的静电激活时，电压-电容特性的双稳态迟滞将使模拟 MEMS 元器件设置调整变得复杂。此外，导致电压-电容特性退化的电介质充电效应会影响静电激活 MEMS 元器件的可靠性和调整（见图 8-63），并导致长期可靠性测试的失败。为了调整 MEMS 元器件的特性并保证其恒定值，必须精确控制其机械元器件的位置。

滑铁卢大学的研究人员解决了这个问题，他们建议利用位于 MEMS 结构下的多晶硅的压阻特性。为了展示对该结构位置的元器件的集成控制装置，选用了具有弯曲的控制梁的 MEMS 元器件。梁的弯曲程度变化会导致压敏电阻阻抗的变化，这可以通过内置的惠斯通电桥读出。为了评估使用接触机构控制机械元器件位置的优势，还测量了在没有压阻传感器和有压阻传感器的情况下，MEMS 可重构电容器的容量随电压和阻抗的变化（见图 8-63）。从图 8-63 (b) 可以看出，在设定的电压下，由于电介质的迟滞和充电，存在不同的电容可能值，而归一化电容器电容值与梁的阻抗的关系是由三个直线部分组成的，这三个直线部分对应于固定值控制电压时的工作模式。这是由该结构元器件的稳定位置提供的。

综上所述，前面所提出的方法可以解决电容值不稳定的问题[11]。

8.16.4　集成 MEMS/CMOS 谐振器

在 20 世纪 80 年代，带有机械振荡谐振器的 MEMS 发生器出现在市场上，但由于其

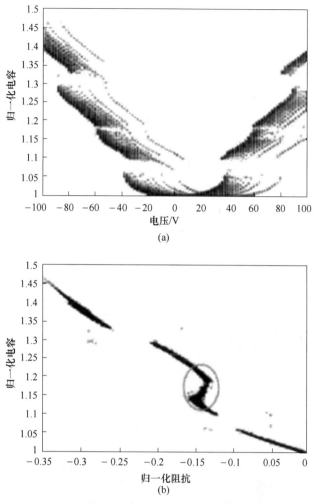

图 8-63　　(a) 在没有压阻传感器时可变电容器的电容值与张力的关系
　　　　　　(b) 在压阻传感器存在时电容值与阻抗的关系

温度系数高、需要使用复杂的温度补偿方案以及昂贵的金属或陶瓷体而没有被广泛采用。市场上出现的小型、廉价且具有高操作特性的 MEMS 谐振器需要不同 CMOS 元器件生产商的共同努力。在 2004 年的第 17 届微机电系统国际会议上，IBM 展示了第一个用 BiC-MOS 芯片的 BEOL 金属化制造的 MEMS 谐振器，其中谐振器控制梁是在铜金属化的介电层中实现的。该谐振器的谐振频率约为 4MHz，谐振器 Q 因子为 1200。该 MEMS 谐振器的尺寸为 $6\mu m \times 15\mu m$。

　　在 MEMS/CMOS 谐振器领域，第一次真正的成功是新的 SiTime 公司取得的，该公司没有自己的生产线，但是该公司在 2006 年报告说已经在 MEMS/CMOS 发生器的硅技术上创建了 SiTllxx（用于固定频率值）和 SiT8002（具有可编程频率）型号的产品。其中，频率为 1~125MHz 的 MEMS 发生器采用 QFN 型标准封装体，尺寸分别为 2.0mm $\times$ 2.5mm、2.5mm $\times$ 3.2mm 和 3.2mm $\times$ 5.0mm（所有版本的封装体厚度均为 0.85mm）[11]。

可以提供快速生产周期的基于廉价 MEMS/CMOS 平台的高 Q 因子谐振器的出现引起了报警系统模块和射频通信系统研究者的注意。具有大规模集成水平的 MEMS/CMOS 谐振器，可以测量到数千个单位的 Q 因子，并且没有直流的能量消耗，这明显地从根本上改变了普通电子元器件甚至是集成微系统的技术能力。然而，由于现代 CMOS 芯片能效对工艺尺寸缩减施加的限制，也由于 RTI 工艺的缺陷，在 MEMS 后处理时，电极和控制台光束之间的间隙最小化会导致出控制台光束的流动性引起的全阻抗大大超过标准工业值（即 50Ω）。但是我们可以通过使用电热或自组装驱动器、电极缩回机制和压阻式传感器，尝试将全阻抗降低到千欧姆范围内。然而，这些尝试会导致谐振频率对温度变化的敏感并导致驱动信号的不稳定性（由于 MEMS 结构的元器件热膨胀系数不匹配），在低 Q 因子中，电极缩回操作后由于非平稳边界机械条件的出现将会增加能耗。

（中国台湾）清华大学的研究人员解决了制造电极之间有相当大间隙的 MEMS/CMOS 谐振器的问题，该谐振器不影响由移动性引起的具有小全阻抗和高 Q 因子光束的机械边界条件。该结构两端有一个自由的控制台梁（自由-自由梁），它位于两个可伸缩框架之间，在结构的功能节点上固定有四根细支撑杆（见图 8 - 64），该结构是通过对放大器的 CMOS 芯片进行 BEOL 金属化后处理的方法创建的。支撑杆用于减少流向固定衬底的振动能量，从而防止谐振器依赖于移动梁的机械边界条件，以达到保持结构的共振能量，并提供谐振器的高 Q 因子的目的。为了减少缩回框架所需的张力，可以使它们通过曲折弹簧连接到相邻的固定装置上。金属化层中的 MEMS/CMOS 谐振器结构可以显著提高其热稳定性：在 $40\sim80^{\circ}$C 的温度范围内，其频率变化小于 1%。放置在可伸缩框架下的安装电极可以接近线性的调整频率，在该设置下频率和电压的关系是线性的。

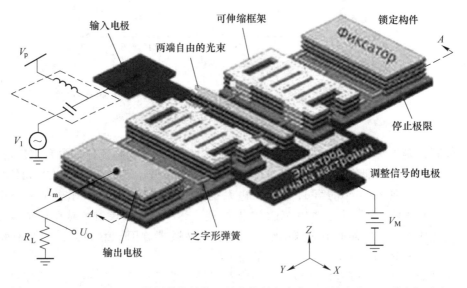

图 8 - 64　MEMS/CMOS 谐振器的结构（具有控制台光束、两端自由、亚微米间隙大）

一些大学的开发人员创建并测试了 MEMS/CMOS 谐振器，其两端的控制台光束自由程，间隙分别为 $110\mu m$、$210\mu m$ 和 $275\mu m$。该谐振器在 $275\mu m$ 的间隙下测得的谐振频率为 11.56MHz，Q 因素超过 2000，由于光束的移动性，全阻抗为 112kΩ。当使用谐振器模型时，可以进一步降低全阻抗，从而促进 MEMS 谐振器在发生器方案中的使用。集成在放大器 CMOS 芯片中的 MEMS 谐振器的尺寸等于 $300\mu m \times 130\mu m$ [11]。

因此，可以将本节的主要结果表述如下：

1）随着射频芯片的小型化和对其功能改进需求的增长，用于射频应用的 MEMS 和 CMOS 元器件的集成趋势将增加。

2）MEMS/CMOS 技术已经相当成熟，选择哪种类型取决于生产成本和 MEMS 元器件的质量。从 MEMS/CMOS 集成的三种方法来看，后处理方法是最受关注的。CMOS 芯片 BEOL 金属化后处理的第四种方法只有大学的研究人员感兴趣，因为它很便宜，并且允许使用不同代工厂生产的芯片。

3）虽然这种方法在形成 MEMS 时利用了金属化膜的厚度，并且其接收特性会受到限制，但它成功地应用于射频 MEMS/CMOS 芯片的生产。

8.16.5　MEMS 技术在雷达装置系统集成任务中的应用

8.16.5.1　微波元器件的标准 MEMS 产品

目前，MEMS 技术是无线电波和微波系列产品开发的优先方向之一。对如今有前景的微波工程产品最重要的要求是降低其重量、体积、功耗和成本，同时增加其功能、工作频率和集成水平。这些要求的实现基于 MEMS 技术的新型微波元器件，我们要利用系统方法来创建其体系结构。可以说，MEMS 技术为系统集成和新架构创建提供了新的机遇。

MEMS 技术在微波领域的广泛应用是由于它的灵活性，其可以克服集成微波元器件固有的限制，以实现芯片更高水平的集成。这就是为什么 MEMS 在微波工程中应用的最终目标是将元器件级的优势延伸到系统级，从而实现最终产品的突破性特性，如图 8-65 所示。之后，让我们简要地回顾一些已经制造的 MEMS 芯片的例子[11]。

8.16.5.2　电感线圈上的 MEMS 芯片

电感线圈是谐振轮廓线的关键元器件，特别是在提供网络的阻抗匹配时以及在低噪声放大器和由电压［压控发电机（VCG）］控制的发电机的操作中。

图 8-65　基于 MEMS 技术的系统集成策略

此类芯片中由于放大系数、功耗或相位噪声可用性的增加导致需要在一个晶体上安装 MEMS 电感线圈。但在使用 MEMS 电感线圈而取得的成就中，最引人注目的例子还是由 Chang、Abidi 和 Gaitan 进行的带有互补金属氧化物晶体管的谐振微波放大器的首次演示。

图 8-66 显示了去掉和未去掉电感线圈衬底的放大器的特性比较。

使用 MEMS 电感线圈的优点是放大率增加 12dB 以及谐振频率增加一倍。

8.16.5.3　基于变容二极管的 MEMS 电路

变容元器件是需要调整电路使用场景（如在不同的调整电路和 VCG 中）的必备元器件。

在这种情况下，尺寸减小的趋势仍然存在，但不能使用集成电路（芯片）生产中应用的传统技术来制造合适的半导体变容二极管，因此必须考虑 MEMS 变容二极管。举个例子，从研究人员 Dec 和 Suyama 的设计看，他们使用根据多晶二氧化硅微处理表面的标准技术制造的 1.4pF（$Q=14$，频率为 2GHz）平行平面电容显示了 VCG 在 2.4GHz 频率下的工作情况，当频率失谐 1MHz 时，相位噪声为 122dBs/Hz，并且在 5V 电压变化下其范围具有调整 3.4% 的可能性（见图 8 - 66）。

(a) 电感线圈横截面

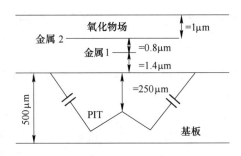

(b) 电感线圈特性

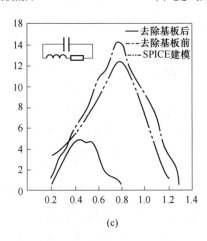

(c)

图 8 - 66　微波 CMOS 放大器采用悬挂式 MEMS 电感线圈

8.16.5.4　基于开关的 MEMS 电路

频率范围为 0～4GHz 的 MEMS 开关原型提供约 0.1dB 的插入损耗量和 50dB 的分辨率，这表明它们在替代损耗大、能耗大的半导体开关方面具有很大的潜力。这里还包括 T/R 开关、移相器、开关滤波器、交叉多路复用器开关、过调谐天线和相控栅极等。

在此领域中，产生了平均插入损耗仅为 1.4dB 且回波损耗超过 11dB 的多频段 4 位移相器（见图 8 - 67）。

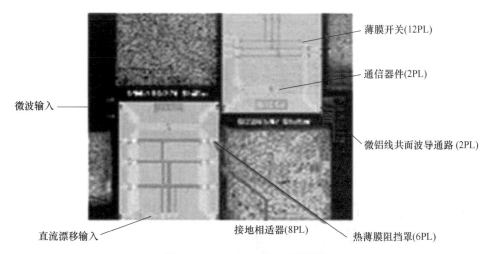

图 8 - 67　X - line 的 4 位移相器

8.16.5.5　基于腔谐振器的 MEMS 电路

众所周知，腔谐振器 Q 的优良性与其体积成正比。因此，在无法以不同的方式实现频率水平和高速性能的传统电路和应用中，考虑使用腔体谐振器是很自然的。

这些是发生电路、VCG 和滤波器。一个例子是 MMIC（单片微波集成电路），它代表频率为 33.2GHz 的发生器，由微处理的腔谐振器使其保持稳定，如图 8 - 68 所示，当失谐 1MHz 时，它提供 113dBs/Hz 的相位噪声，比没有稳定的 MMIC 小 18dB。

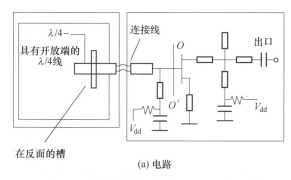

(a) 电路

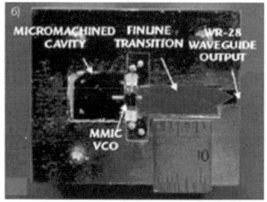

(b) 安装在波导体WR-28[11]上的音量发生器俯视图

图 8 - 68　微处理谐振腔上的 VCG

8.16.5.6　微机械谐振器上的电路

在低频时，腔谐振器的尺寸过大。因为它们的谐振频率与刚度与质量关系的平方根成正比（刚度-质量比），所以该计划中的微机械谐振器变得非常有吸引力，从而也对MEMS谐振器方向的发展特别是对滤波器产生了相当大的影响。

现在谐振频率远低于 1GHz（在 156MHz 的水平），在真空条件下测量的 Q 值接近 9400。

这些滤波器的工作频率从几千赫兹到几兆赫兹，图 8-69 所示为两个谐振器工作频率为 7.8MHz 时滤波器的等效电路和响应。

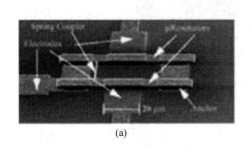

(a)

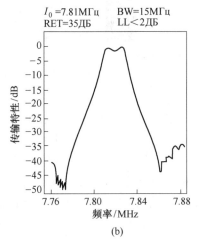

(b)

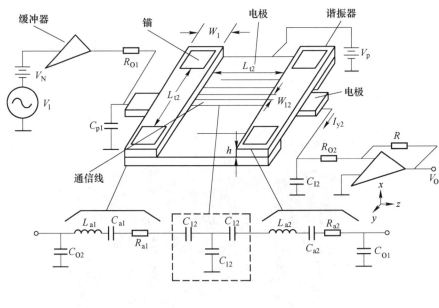

(c)

图 8-69　（a）Tico 谐振器 MEMS 滤波器；（b）特性；（c）电路模型[11]

8.16.5.7　传输线上的 MEMS 电路

传输线是许多电路和系统的关键元器件，它作为芯片的补充在微波电子中得到了广泛的应用。不同类型的线路（即滤波器、双工器和天线）所使用的一些电路如图 8 – 70 所示。

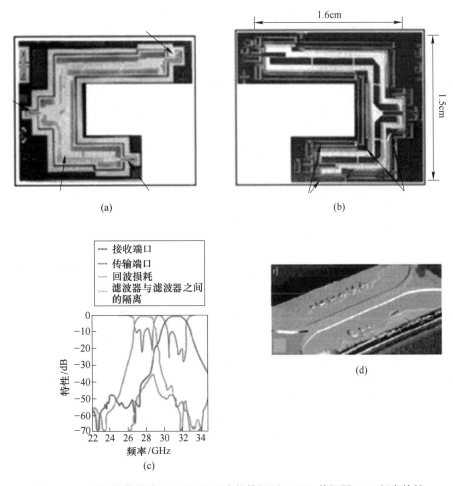

图 8 – 70 （a）微带线路上 MEMS 芯片的俯视图；（b）前视图（c）频率特性；
（d）波导天线配置的片段，范围为 140～220GHz[11]

8.16.5.8 微波 MEMS 元器件微安装技术

通信和雷达定位应用中对功率提升的要求极大地凸显了集成问题，虽然在移动电话、无线网络、雷达、LMDS、MMDS 系统、受控定向模式天线和卫星通信等产品中，成本降低、功耗问题及质量仍然是首要因素。MEMS 的一项有前景的创新是有可能提高微波元器件的集成水平，从而可以在系统集成领域采取下一步措施，并创建符合现代需求的新体系架构。

从下到上和从上到下安装微波 MEMS 有两种可能的方法。其中，从下到上的方法是假设根据预先开发的架构，用新的 MEMS 元器件简单地替换微波元器件。而在自上而下的场景中，有必要从系统架构的开发开始，它不受普通的微波组件施加的正常限制的扭曲判断。

图 8 – 71 所示为发射器–接收器正常架构下从下到上的典型方法示例。在这种情况下，很明显，芯片的无源组件、开关、滤波器、VCG、混合器、发生器和双工器都可以被

MEMS 的复制品直接替代。相控天线阵列（PAA）也可以是另一个从下到上构造的例子。

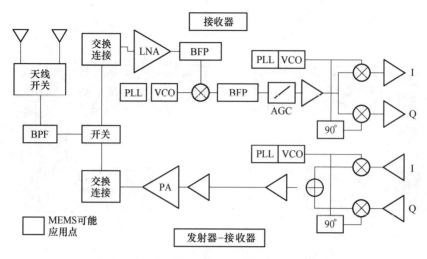

图 8 – 71　普通发射器–接收器的简化架构[11]

由于 MEMS 开关需要纳焦耳的开关能量和恒定的虚零能量，因此很容易提供给 PAA 多个值上的元器件，这比替换普通开关时可能提供的能量要多。

与此同时，文献中已经出现了一定数量的关于从上到下的发展情况的报告，特别是关于发射器–接收器的报告。图 8 – 72 中显示了接收器的两个这样的概念。

图 8 – 72（a）中的版本使用重构的输入滤波器，由于中频急剧下降，该滤波器可以提高电路集成度。图 8 – 72（b）中第二个版本使用了一组可切换的声共振滤波器，由于在同一时间使用了固定的外差，从而简化了系统。

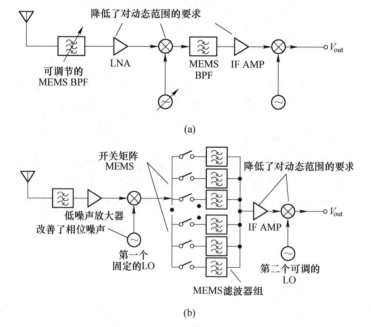

图 8 – 72　（a）基于可调输入 MEMS 滤波器的 MEMS 发射器–接收器框图；
（b）开关和 MEMS 滤波器的 MEMS 矩阵以及一组谐振滤波器 IF AMP[11]

类似的方法如图 8-73 所示，其中接收波段的选择是由具有匹配电路的开关滤波器来实现的。

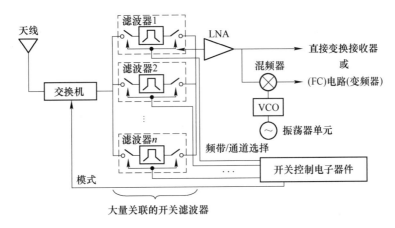

图 8-73　具有可调接收频带的 MEMS 接收器的结构[11]

基于 MEMS 技术的系统和产品的开发和快速投产离不开相应的环境，因为项目规模庞大，MEMS 设备的物理和多领域性质呈现出复杂的多样性。因此，相应的 MEMS 产品设计工具的创造成为 MEMS 微波系统的一个非常必要的条件。

CAES 工具（计算机辅助工程系统）提供了 MEMS 设备设计和生产的所有方面的环境，即从物理建模的原则到设备模型的系统级别。这类 MEMS 微波元器件的设计流程如图 8-74 所示。

使用机械和电气规范，设计过程往往是交互式的，直到两种规范都建立在项目的必要时间。在反馈信息的迭代循环中，可以使用专门的软件对项目进行调整，以消除一些潜在的外部以及元器件和设备本身的影响。例如，在生产过程中由于机械环境影响或温湿度的变化。设计过程以简短的 S 参数短文件结束。

8.17　金和铝在功率微波晶体管组装技术中的应用特点

20 世纪 70 年代中期，美国早期预警雷达项目 PAVE PAWS（Precision Acquisition Vehicle Entry 相控阵预警系统）功率微波晶体管广泛应用于脉冲模式。然而，经过一段时间（1 百万～2 百万次脉冲），这些晶体管开始大规模失效。经过几个月的艰苦研究，原因才被确定，即晶体管内的铝键合线断裂。首先晶体管参数略有恶化，然后该过程逐渐加速。在许多方面，故障时间取决于特定晶体管的工作条件，这使故障原因分析变得非常复杂。

上述情况给出的例子说明在晶体管组装技术中，应用的具体细节可能被忽略以及晶体管组装工艺中所使用的金属会导致工作可靠性降低。对于使用 CMOS 技术制造脉冲模式下功率微波晶体管的设计人员来说，这个问题再次变得十分重要。

其原因是，一些大型制造商开始使用与标准微控制器制造相同的工艺技术（CMOS）生产微波晶体管，而没有充分考虑到这些晶体管在脉冲应用条件下的细节内容。

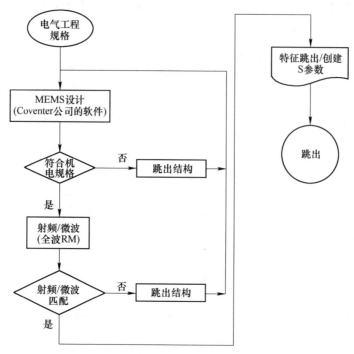

图 8 - 74　微波 MEMS 元器件创建算法

图 8 - 75 显示了采用 Integra 技术公司的功率微波晶体管内部结构的图像（在晶体管芯片、键合线、封装和引脚上只有金被使用）[11]。晶体管结构的主要元器件是它的芯片、几个用于匹配电路的 MOS 电容器以及一组键合导线（100～200 根导体）。

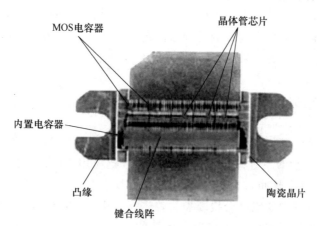

图 8 - 75　Integra 技术公司的功率微波晶体管结构[11]

这种结构的失效主要有以下几个原因：内部金属化电迁移过程、电或热操作模式违规以及晶体管芯片与其外部引脚之间的电接触恶化。

到 20 世纪 80 年代末，晶体管设计人员和制造商已经能够更好地了解电迁移过程并学会如何处理它（主要是由于芯片电流传输区域的截面积增加和特殊结构的使用，如 Al - Cu - Si）。这使得在芯片结构中使用铝制晶体管成为可能，其理论寿命（受电迁移效应的限制）约为 50～150 年。随后 LDMOS 技术（基于硅的转移扩散 MOS 技术）问世，为金与铝的竞争注入了新的活力。目前，金和铝都广泛用于微波晶体管的芯片和结构元器件，但是金属特性需要仔细考虑。

如果比较金和铝的电气和物理性能（如表 8-13 所示），而不考虑其成本，那么金毫无疑问将会胜出。这种金属技术上较为成熟，具有良好的电气和物理性能，可在晶体管需要具有高可靠特性的情况下使用。铝也有适合自己的市场，主要用于不需要高可靠性但价格至关重要的地方。

造成晶体管芯片与其他结构元器件之间电接触不良有两个主要原因，一是键合线破坏，二是由于金属间化合物在晶体管芯片或其他结构元器件（例如引脚）上的键合线固定点的问题。

至于导体，其破坏的原因相当明显，即当脉冲电流流过它们（导致它们发热）时，它们在冷却过程中先膨胀后收缩。如果导体由铝制成，铝的弯曲疲劳抗力很差，经过一段时间（大约 10^6～10^7 次），由于机械应力，它们就会断裂。2006 年，荷兰飞利浦半导体研究中心的一组工程师发表了一篇论文，题为《铝键合线的高周疲劳预测：一种结合实验和多物理模拟的失效方法》。在这篇论文中，工程师们试图分析这一过程的物理性质，找出导致导体断裂的主要因素，并建立精确描述这一过程的数学模型。

表 8-13　金和铝性能比较与这些金属在晶体管组装技术中应用的关系

金	铝
特征电阻：$2.1 \times 10^{-6} \Omega \cdot cm$	特征电阻：$2.6 \times 10^{-6} \Omega \cdot cm$
热导率：300W/(m·K)	热导率：220W/(m·K)
化学相对惰性	反应：极易氧化和腐蚀
熔点：1063℃	熔点：660℃
原子量：197	原子量：27
极好的台阶覆盖率（台阶覆盖是元器件边缘薄膜厚度与元器件平整表面或衬底薄膜的比例）	不总是拥有良好的台阶覆盖率，刻蚀均匀性差
极好的抗疲劳特性（对于引线键合至关重要）	抗疲劳特性差
热膨胀系数—14×10^{-6}/℃	热膨胀系数—24×10^{-6}/℃
在晶体管结构中只有一种金属，消除了金属间化合物的隐患	晶体管结构中使用不同的金属（引脚，晶体管内部键合线、芯片本身）；可能出现金属间化合物相关问题

这篇论文展示了 LDMOS 晶体管的内部视图，其中的例子显示了键合线由于材料疲劳而断裂（见图 8-76）。此外，论文中还展现了其中一个键合线剖面，演示了它在电流通过而加热时，其形状如何发生变化（见图 8-77）。测试组件是专门为获得实验数据而制作的（见图 8-78），由 25 个串行连接并安装在铜底座上的拼接铝跳线组成，而铜底座又连接到散热器（见图 8-79）。每个跳线并联连接到二极管，一旦发生跳线故障，二极管便立即开始传导电流。跳线受脉冲直流电压作用，脉冲持续时间在 10～100 ms 范围内，占空比为 50%。所以，设置这些条件是为了使跳线有时间加热，并在合理的时间内检测到 70% 的故障。在实验过程中，使用了四根不同拼接的铝线（见图 8-80），并不断监测每个测试组件的电压。一旦其中一个跳线断裂，就会导致电压突然增加（见图 8-81 中清

晰可见的图表上有一种台阶，显示了实验结果）。

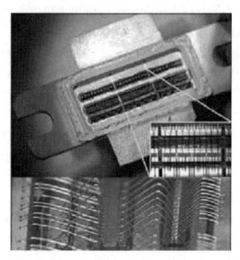

图 8 - 76　开盖后的 LDMOS 晶体管视图（放大后晶体管中使用的键合线的细节，
红色箭头标记的导线最容易由于材料疲劳而断裂）

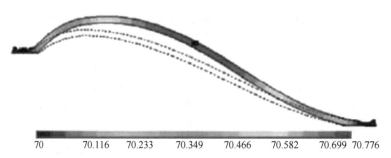

| 70 | 70.116 | 70.233 | 70.349 | 70.466 | 70.582 | 70.699 | 70.776 |

图 8 - 77　键合线加热时形状的变化（虚线表示初始焊丝形状）

图 8 - 78　用于获得实验数据的测试组件（特写显示拼接铝跳线的组件细节）

　　在实验结束后对破损的金属丝进行检查后，作者注意到一个重要的细节，即在一些引线上出现了条纹，表明材料疲劳（这与模拟结果非常吻合），但断裂总是发生在引线到表面的第一个固定点（见图 8 - 82）。在论文的最后，作者给出了在一定的脉冲参数下，根

图 8-79　实验单元总视图

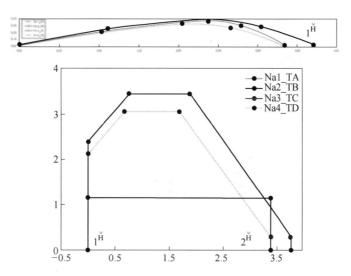

图 8-80　键合线型剖面（上图）及相应的焊接机理路径（下图）

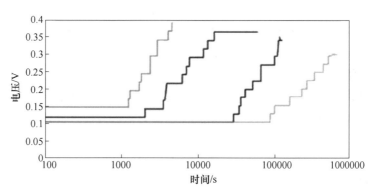

图 8-81　测试组件电压与时间的关系

据流过的电流选择最佳键合线角度的建议，并对所建立的模型进行了分析。

　　然而，上述研究并不影响导致晶体管芯片与其他结构元器件之间电接触破坏的第二个

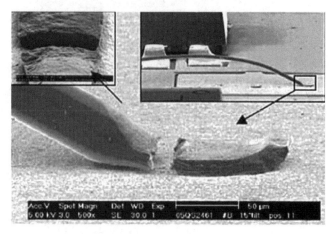

图 8 - 82　电子显微镜下铝丝断裂（500 倍放大）

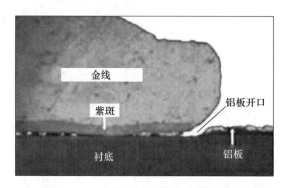

图 8 - 83　金铝接触点处出现紫斑外观

原因，即在芯片上固定键合线时金属间化合物的问题。这种联系是如何发生的？例如，如果我们使用根据 CMOS 技术制造的晶体管芯片（即使用铝）和镀金封装（大多数功率微波晶体管在封装和引脚上镀金，以改善电气参数并确保晶体管芯片之间更好的热传递和散热），那么金和铝的接触会不可避免地发生，我们得到经典的金属间化合物，但这种化合物不具有高可靠性。在金和铝接触点的操作过程中，会出现紫斑，即机械强度低的红色 $AuAl_2$ 化合物（见图 8 - 83）。不幸的是，并非所有微波晶体管设计人员都充分考虑了这种效应的后果。其中一些仍然使用金和铝结合，这对晶体管的可靠性产生了不利影响。然而，在晶体管结构（芯片，键合线和封装）中仅应用一种金属（金）除了改善晶体管参数外，可以完全避免这种影响。此外，使用金可以避免铝固有的许多技术问题（例如蚀刻不均匀）。

　　综上所述，如果需要提高正在开发的且能够应用脉冲信号的微波晶体管的可靠性，则不应使用存在金铝键合的晶体管，并且必须再看一下这些金属性能的比较表。

参 考 文 献

[1] Belous A I, Emelyanov V A. Technology Fundamentals in IC Micromounting [J]. DMK Press, 2013：316.

[2] Khokhlun A. Certain Global Electronics Development Trends: Prospects for Russian Industry [J].Electronics: NTV, 2012 (6): 146 – 152. http: //www. electronics. ru/files/ article _ pdf/3/article _ 3415 _ 236. pdf.

[3] Medvedev A. Modern IC Architechures [J]. Components and Technologies, 2007, (2): 152 – 156. http: //kit – e. ru/assets/files/pdf/2007 _ 02 _ 152. pdf.

[4] Belous A I, Ovchinnikov V I, Turtsevich A S. Design Peculiarities of Microelectronic Devices for Spacecraft [J]. Ministry of Education of the Republic of Belarus, Gomel State University Francysk Skorina, Gomel, 2015: 301.

[5] Medvedev A. Printed Circuit Boards [M]. Design Structures and Materials, Moscow: Technosphera, 2005.

[6] Chang – Chien P, Low Temperature, Hermetic, High – yield Wafer – Level Packaging Technology [J]. Northrop Grumman Technology Review Journal, Spring/Summer, 2006, 14 (1): 57 – 78.

[7] Yajima M. High Yields Intra – Cavity Interconnection Fabrication Method and Characterization Methodologies [C]. CS MANTECH Conference, Austin, Texas, USA, 2007: 151 – 154.

[8] Chang – Chien P. MMIC Packaging and Heterogeneous Integration Using WaferScale Assembly [C]. CS MANTECH Conference, Austin, Texas, USA, 2007: 143 – 146.

[9] Bonnet B. 3D Packaging Technology for Integrated Antenna Front – Ends [C]. Proceedings of the 38th European Microwave Conference, Amsterdam, North Holland, 2008: 1569 – 1572.

[10] Ingram B. WaferCap – packaged Amplifiers Drive Innovation into RF Designs [J]. Microwave Journal, 2008, 51: 114, 116, 118.

[11] Belous A I, Merdanov M K, Shvedau S V. Microwave Electronics in Radiolocation and Communication Systems: Technical Encyclopaedia [J]. 2016, 1 – 2: 1415.

[12] International Technology Roadmap for Semiconductors. Assembly and packaging. 2016.

[13] Nisan A. Eight Tendencies to Alter Electronics [J]. Technologies in Electronic Industry, 2011 (2): 12 – 15.

[14] Brizoux M. Industrial PCB Development Using Embedded Passive and Active Discrete Chips Focused on Process and DfR [R]. 2010.

[15] Vikulov I. Microwave IC Packaging on a Wafer: Technology, Advantages, and Results [J].Electronics: NTV, 2009 (3): 74 – 79. http: //www. electronics. ru/files/article _ pdf/0/ article _ 203 _ 853. pdf.

[16] Vasilyev A. Current 3D Integration Technologies [J]. Components and Technologies, 2010 (1): 156 – 158.

[17] Danilin N S. Information Technologies and Certification of the Element Base of New Russian Space Telecommunications [D]. Russian Customs Academy, Moscow, 2000.

[18] Nemudrov V. Systems – on – Chip and Systems – in – Package: New Opportunities for Military Equipment [J]. Electronics: NTB, 2014.

[19] Bykov V A, et al. Technological Nanoelectronic Complexes Using Uncommon Lithography System [J]. M. : Integral, 2013, 71 (3): 76 – 82.

[20] Danilin N, Imitrov D, Sabirov I, et al. Dynamics of Space Technology: Microsystems – in – Package [J]. M. : Modern Electronics, 2011 (3): 16 – 18.

[21] Raykunov G G. Ionizing Radiation of Outer Space and Their Influence on OnBoard Equipment of Spacecrafts [M]. M. Physmathlit, 2013: 256.

[22] Vasilenkov N, Maksimov A, Grabchikov S, et al. Special Radio – Protective Packages for Microelectronics Devices [J]. Electronics: NTB, 2015 (4): 50 – 56.

[23] Efremov G，et al. New Materials for Local Radiation Protection [J]. Physics and Chemistry of Material Processing，2003 (1) .

[24] Bogatyrev Yu. Screens of Local Radiation Protection for Microelectronics Devices [M]. Questions of Atomic Science and Technology，4th Ed. ，2014：53 - 56.

[25] Zabolotny V，Starostin E，Kochetkov A. Optimal Composition for Local Protection of On - Board Electronics Against Space Radiation [J]. Physics and Chemistry of Material Processing，2008 (5) .

第 9 章 批量生产中剔除带有潜在缺陷硅基微电路的方法

作为对本章的简要介绍，在此应该提供一些说明。专业人员都清楚，量产过程中测量微电路的标准方法和程序都有其自身的特点。例如，对于现代复杂微电路来说，用于设计测量和测试程序的费用支出实际上已接近此类产品的开发成本，其测量和测试设备的复杂性（以及相应的成本）在过去 10 年间呈现出两个数量级的增长。对大规模生产测试设备的主要要求是在测量晶圆上的单个芯片和单个已封装元器件的过程中，实现测试工作的高效化和低成本。批量生产过程中不能使用测量仪器，因为用测试仪器检查单个产品的性能指标是否符合产品规范需要花费数个小时。

此外，由于测试过程中隐藏缺陷[1]的激活，一个测试合格的芯片（元器件）在使用过程中有可能出现失效。这些隐藏缺陷的性质和表现是多样的，对它们的研究超出了本书讨论的范围。然而，在俄罗斯和国外用于筛选（剔除）这种存在可靠性风险的特殊方法被广泛用于制造高可靠电子元器件。下面是对其中一些基本方法的描述，关于它们的本质、条件和特点的更多细节已在之前发表的论文中进行了描述[2,3]。

9.1 标称工作模式下集成电路参数控制问题的构想

众所周知，一个集成电路（IC）工作范围的边界包含了该产品特定的、隐含的可靠性信息。确定工作范围边界值的过程可用于检测具有隐藏缺陷的集成电路。很明显，所选择的控制参数对施加于集成电路上的输入变化越敏感，测试效率就越高。本章介绍了从（制造过程中）测量的全部输出参数中检测此类高敏感度集成电路输出参数的方法。首先，有必要列出那些对特定类型的缺陷最敏感的信息参数。这一问题可以通过对制造中所检测参数的值进行经典的、不应被忽视的相关性分析来解决[1]。

半导体制造中诊断监测的经典无损方法的理论基础包括对半导体材料物理特性的研究和对其结构缺陷的检测。这些方法通常基于对失效物理机理的理论分析和导致失效的物理过程动力学研究的结果。同时，针对每一具体情况，采用了具体的失效物理数学模型。

一般情况下，任何集成电路输出特性都可以表示为[2]：

$$F = \varphi(g_1, \cdots, g_i, \cdots, g_n, E_1, \cdots, E_k, \cdots, E_n) \qquad (9-1)$$

式中，E_k 是半导体元器件的外部效应参数；g_i 是半导体元器件的内部参数。

外部效应（E_k）指的是环境（温度、振动、湿度、辐射）的影响、输入信号和电源电压特性的变化以及电学负载的变化。

内部参数（g_i）通常指集成电路的特定电气参数（输入和输出电流、开关阈值电压等）。

利用泰勒级数展开到第一级的精度，我们得到以下方程：

$$\Delta F_i = \sum_{i=1}^{n} \frac{\partial f(g_i, E_k)}{\partial E_k} \Delta E \tag{9-2}$$

在 Δg_i 绝对值之前的系数 ΔE_k 表征了对应参数 g_i 或 E_k 的数值偏差对第 f 个输出参数 F_{sp} 变化的影响，它们被称为敏感度系数。

如果我们将芯片的各种缺陷简化为所有电路单元之间不期望的电流通道（漏电），就可以将所有缺陷表示为等效的寄生在电路中的电阻，其阻值可以从 0 到 ∞。那么微电路 g_i 的整个内部参数范围可以通过结构缺陷参数 R_{ij} 表示为[2]：

$$g = \phi(R_{ij}) \tag{9-3}$$

式中，R_{ij} 是第 i 和第 j 个电路单元之间寄生电流通道的等效电阻。

应该注意，数值敏感度系数的准确性取决于描述这种相关性的函数类型：

$$F_i = f(g_i, E_k) \tag{9-4}$$

已知集成电路输出参数对各种内部缺陷的敏感度与集成电路基本元器件参数值的动态变化有关，即敏感度系数数值越高，缺陷对集成电路输出参数值的影响越大，越容易识别出有缺陷的元器件。

因此，要确定集成电路隐藏缺陷对输出参数影响的系数集，必须进行若干工作：

1）隐藏缺陷应按其对输出特性类型和数值的影响性质进行排序，其结果应用于创建一种适当的方法来剔除存在潜在缺陷的集成电路；

2）应该建立一个物理数学模型或等效电路，充分描述一个特定的缺陷如何影响集成电路输出特性；

3）确定专门的电测量方法，该方法会对每一种被检测和分类缺陷的具体类型产生影响。

让我们来考虑剔除这个潜在且不可靠的集成电路的具体解决方案。

9.2　双极集成微电路输出参数敏感度系数的测定方法

让我们以双极集成电路为例，研究所有电路单元中出现的缺陷导致寄生漏电通道的影响。期间，将每个单元表示为插入相应元器件等效电路之间的欧姆电阻。

为了便于说明，我们选择 STTL 电路作为基础，因为它最适合演示这种方法。图 9-1 显示的是 LSI1533 系列标准 STTL 反相器。其中，每个漏电类型的缺陷都表示为一个等效电阻 R_i。在这个包含 N 个节点的模型中，理论上可以包括 C_N^2 个不同的漏电电阻 R_{ij}，i 和 j 是存在漏电的电路节点数。

因此，对于 $N=12$、$C_{12}^2=72$ 的情况，会使问题的解决严重复杂化。因此，我们将假设电路中只存在一个漏电类型的缺陷，这种缺陷在实际制造条件下是很常见的，并被大量的失效微电路分析实践所证实。

等效漏电电阻的大小和节点 i、j 的数量对电路的功能有不同的影响，并对电路带来不同的风险。

然后，我们将使用敏感度系数的计算方法来定性地评估不同漏电对集成电路输出参数的影响，该敏感度系数显示了等效漏电电阻变化时参数的变化。敏感度系数数值计算公式

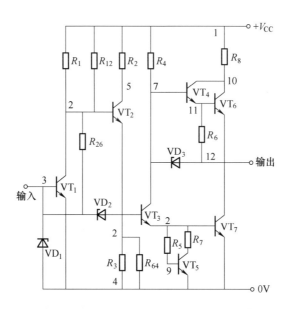

图 9-1　1533 系列反相器（带标记节点 1～13）

一般表示为：

$$K_{ij} = \frac{\Delta M(R_{ij})}{\Delta R_{ij}} \cdot \frac{R_{ij}}{N(R_{ij})} \qquad (9-5)$$

式中，R_{ij} 为第 i 和第 j 个电路节点之间的等效漏电电阻；$\Delta M(R_{ij})$ 是指由 R_{ij} 乘 ΔR_{ij} 变化所导致参数 $M(R_{ij})$ 的增量。

通常，为了创建一个有效的剔除方法，有必要评估以下微电路输出参数的敏感度：

U_{OH} 是逻辑高电压；

U_{OL} 是逻辑低电压；

U_{OH}、U_{OL} 是在低电源电压下测量的逻辑高电压和逻辑低电压；

U_{CCKP} 是关键电源电压；

$U_{L}(t_-)$ 是在低温（−60℃）下测量的逻辑低电压；

$U_{OL}(t_+)$ 是在高温（+125℃）下测量的逻辑低电压；

t_{OH} 为延迟时间；

$t_{OH}(-U_{CC})$ 是低电源电压下测量的延迟时间；

$t_{OH}(t_-)$ 是在低温（−60℃）下测量的延迟时间；

$t_{OH}(t_+)$ 是在高温（+125℃）下测量的延迟时间。

在试验过程中，借助探头在预定节点之间插入电阻，漏电效应在专门设计的元器件探针台测试系统中被机械的模仿（见图 9-2）。用冷热室评估温度效应，采用国产 EM6010 可编程探头和自动测量系统，可以对足够多的晶片（12 个批次中的 10 个晶圆）进行自动检测。同时，利用引入的漏电进行物理模拟，可以量化这些缺陷对 STTL 微电路输出参数和特性的影响。

通过对所获得的数据的统计分析可以得出结论，即只有特定的输出参数对漏电类型的电路缺陷的敏感度最高，包括关键电源电压、逻辑低电压、在低温和低电源电压下测量的动态参数。

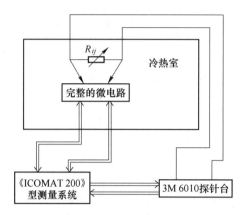

图 9-2　用于电路漏电建模的集成电路输出电参数测量框图

温度对于输出参数内部缺陷敏感程度的影响值得详细研究。

为了分析温度、输出参数及缺陷之间的敏感度关系，需要在集成电路周围环境温度的降低或升高过程中确定所选类型漏电的最大敏感度系数的值。图 9-3 和图 9-4 显示了在 $-60 \sim +90$℃温度变化范围内，K_{ij} 与 R_{2-8}、R_{6-8} 型缺陷之间的变化关系。输出敏感度系数对电源电压和温度（U_L 和 t_H）的相关性证明，随着温度和电源电压的降低，输出敏感度系数对隐藏缺陷的敏感度增加。在高温（$t > 90$℃）条件下，敏感度略有增加。然而，随后的分析表明，检测潜在不可靠的集成电路的效率与正常情况下大致相同，这在制造环境中更容易实现。

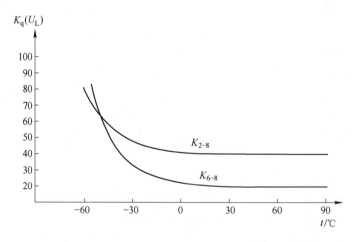

图 9-3　调节逻辑低电压时，值 K_{2-8}、K_{6-8} 对温度的依赖性

综上所述，在集成电路检测过程中，在超出产品规范规定的条件下识别带有隐藏缺陷的微电路的效率显著提高（由于敏感度提高）。很明显，在外部影响因素变化期间确定工作范围边界对于检测工作而言至关重要。

9.3　基于工作范围边界分析的潜在缺陷微电路检测

由文献［4］可知，研究电源电压、输入电压 1 和 0 的幅值、温度等关键参数变化时 IMC 工作范围边界是诊断微电路是否存在隐藏缺陷的有效方法之一。通过对 JSC Integral 批量生产的缺陷和无缺陷集成电路的工作范围（OR）边界进行比较分析，我们可以开发和实施一种有效的无损状态监测方法。

当改变这些参数时，OR 边界变化的方式可能表明内部单元存在特定类型的缺陷。因此，当检查微电路的频率接近 OR 边界下限时，发现当受到 n 个输入序列的影响时，在一些有重要统计意义的情形中，可能会发生特定的功能失效。所谓的功能失效，指的是集成电路电参数的测量值超出了产品规范所确定的范围。在某些以工作频率检查集成电路的测试中，出现功能失效会降低确定 OR 边界的准确性。在恒定输入信号频率重复多次的测试中，所存在的 n_1 个功能失效表明在 OR 边界附近受控逻辑集成电路输出参数不稳定，这既可以用偶然的物理性质来解释，也可以用不同的电路内部表面漏电的物理机制（其弛豫时间与输入脉冲重复频率相当）来解释，还可以用临界条件下输出信号随时间的显著变化来解释。

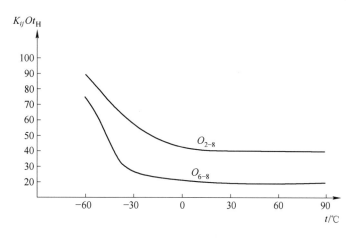

图 9 - 4　调节逻辑导通延迟时间时，值 $O_{2\text{-}8}$、$O_{6\text{-}8}$ 对温度的依赖性

图 9 - 5 显示了 1533 - LAZ 微电路的输出参数 U_L 与逻辑 1 状态切换时间之间的曲线关系。我们可以看到，当温度降至 -60℃，电源电压降至 3.5V 时，输出信号转换过程的稳定性在很大程度上取决于微电路的缺陷率。在 1.4V 水平下，随电源电压和温度的降低，系统的延迟标准偏差（σ_t）显著增大。由于 t 反映了多次试验中转换过程参数的波动，因此应注意该方法适用于检测出带有缺陷的集成电路。因为，对于存在缺陷的集成电路，σ_t 值增长较快，而 U_{CC} 和 t 值降低。图 9 - 5 和图 9 - 6 显示了 STTL 1533 集成电路的试验相关性 $\sigma_t = f(U_{CC})$ 和 $\sigma_t = f(t)$。

随着缺陷率的增加，微电路在临界控制环境中的动态参数离散也会增加，这将导致在设定的监控时间 t_k 内静态参数（U_L）离散增加。这反过来又会导致在执行 n 次试验时出

现功能失效次数 n_1 的增加。

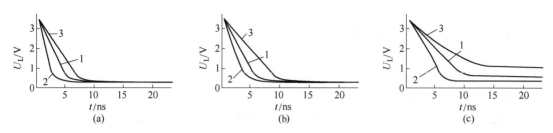

图 9-5　集成电路 1533 LAZ 的 $U_C - t$ 图：(a) $U_L = F$ (t) $[t = 20℃，$
$U_{CC} = 5V]$；(b) $U_L = F$ (t) $[t = -60℃，U_{CC} = 5V]$；
(c) $U_L = F$ (t) $[t = 20℃，U_{CC} = 3.5V]$

1 表示无缺陷电路；2 和 3 表示有内部漏电的电路

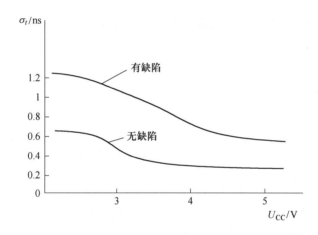

图 9-6　有缺陷和无缺陷 IC 1553 的 $\sigma_t - U_{CC}$ 图

为了确定与温度、电源电压和输入持续时间有关的 OR 边界的数值，需要确定一系列（n 次）试验中发生第一次功能失效对应的特定输入参数的数值，对上述外部环境参数从额定到极限的每一增量都要进行计算。这些外部环境条件的特征（在此条件下，因数 $n_1 = 1$ 的值）将是每个独立微电路的 OR 边界。在这种情况下，温度、电源电压和输入持续时间增量由所需的试验置信水平和所用监测设备的精度等级决定。因此，在我们的试验中，温度、电源电压和输入持续时间的增量分别为 1℃、0.01V 和 1ns。

OR 边界的数值用经典伯努利格式确定。这种选择是基于这样一种假设，即测试只有两种可能的结果，分别是通过和失效。此外，假设测试对象是相同的，即功能控制和统计控制的操作不会对内部微电路单元造成任何不可逆的后果。

在执行测试时，首先记录关于执行的测试数量（n）和测试期间发生的失效数量（n_1）的信息。

使用以下测试算法。让我们假设为了测试一个微电路，要进行 n 次试验。完成所有 n

次实验后，记录功能失效总数 n_1 次。n 和 n_1 的值将作为测试结果，并且作为确定被控集成电路可靠性参数的依据。

很容易证明，微电路在试验过程中性能无故障概率 P 点的估计与测试结果之间的关系为：

$$P = 1 - \frac{n_1}{n} \qquad (9-6)$$

这种对无故障性能概率的估计是无偏、连续和有效的。P 值的上下限将作为一个著名的 Clopper - Pearson 方程解的根来确定。

集成电路测试的测试结果向量 = $(0, 0, \cdots, 0)$ 和指定向量 = $(n_1, n_2, \cdots, n_N)$ 的概率 P 的置信下限方程为：

$$P_\gamma = (1 - \gamma)^{\frac{1}{n}} \qquad (9-7)$$

式中，γ 是预定的置信水平。

$$P_\gamma \leqslant P_{MP} \qquad (9-8)$$

式中，P_{MP} 是元器件在某一阶段（在测试过程中）性能无故障所需的概率。由式（9-7）可知，测试次数 n 由以下关系决定：

$$n = \frac{\ln(1-\gamma)}{\ln P_{MP}} \qquad (9-9)$$

其中：

$$P_{MP} = 1 - q \qquad (9-10)$$

式中，q 是集成电路技术规范中定义的批次淘汰率。

从式（9-9）可以得出，如果在这种情况下没有发生功能失效，则为了确认在置信水平为 γ 的试验中所需的性能无故障概率，有必要进行至少 n 次试验。因此，对于 1533 系列的集成电路，这样的条件为：$q = 0.01$、$\gamma = 0.95$、$P_{MP} = 0.99$。在这种情况下，n 值为 299。

为了通过选定的外部输入参数之一来确定 OR 边界的数值，我们赋值 γ 和 q，并确定 n 的数值。在此之后，我们将温度、电源电压和输入持续时间的数值从额定值降低到统计值，并定义一个增量。每有一个增量，所研究的外部输入（EI）参数的变化决定了过渡到下一步的集成电路测试，直到集成电路出现第一次失效。根据所定义的条件，这里的 EI 参数对应微电路 OR 的实际有效边界。

温度和电源电压升高时，OR 边界的具体数值没有确定，因为在这种情况下，集成电路输出参数对隐藏缺陷的敏感度降低。此外，参数检验的信息量也有所下降。试验证明，在测试过程中增加输入持续时间并不总是有效的。通过对计量系统现有标准（串行）运行程序的修改，实现了 n、n_1 数值的确定、新的运算算法的应用和 EI 参数的转换。

对于上述观察，可以获得以下关系图（见图 9-8）：

$$\frac{n_1}{n} = f(U_{cc}), \quad \frac{n_2}{n} = f_2(t), \quad \frac{n_1}{n} = f_2(t_n) \qquad (9-11)$$

式中，$n_1 = 1$；f_1、f_2 分别为无缺陷电路和缺陷电路的 OR 边界。

x、y 和 z 参数分别反映了缺陷集成电路和无缺陷集成电路在电源电压、温度和输入持续时间方面的关系变化。P_1、P_2、f_1、f_2、x、y、z 等值也是有价值的参数，其值的大小使检测微电路隐藏缺陷成为可能。

在温度测试、降低 U_{CC}、减少输入持续时间时，测试效率分别提高了 60％、80％ 和 40％。图 9-8 所示的试验图展示了该方法在确定温度、电源电压和输入持续时间相关的 OR 下边界时的特点。

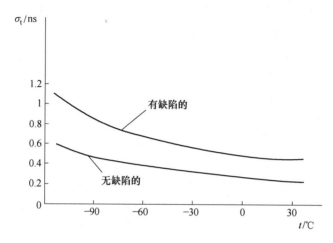

图 9-7　有缺陷和无缺陷集成电路 1533 的 σ_t-t 关系图 $\sigma_t = f(t)$

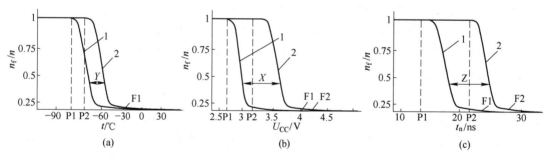

图 9-8　集成电路 1533 的关系图：（a）在 $U_{CC} = 5V$、$t_n = 100ns$ 时，$n_1/n = f(t)$；
（b）当 $t = 20℃$，$U_{CC} = 5V$，$t_n = 100ns$ 时，$n_1/n = f(U_{CC})$；
（c）在 $U_{CC} = 5V$，$t_n = t = 20℃$ 时，$n_1/n = f(t_n)$；1 为无缺陷电路；2 为有缺陷电路

可以肯定的是，确定上述外部参数的 OR 下边界，增加了所提方法对内部漏电的敏感度。增加 OR 下边界值的因素包括晶体管电流传输系数的减小（首先在低电流区域发现异常减小）、二极管和隔离节点的漏电流略有增加、电阻的缺陷以及连接点的金属涂层破裂和裂纹。与本节中描述的双极微电路相比，这些因素也是导致 CMOS 集成电路中一些晶体管阈值电压分散的原因。

试验结果同时表明，对于大多数 TTL 和 CMOS 逻辑集成电路，OR 的温度下边界在 -90~-70℃ 的范围内，电源电压为 2.8~3.5V，TTL 芯片输入持续时间为 15~70ns，CMOS 芯片为 80~200ns。

如果我们不能确信上述测试在本质上确实是非破坏性的，那么这种确定 OR 边界方法

的发展将是不完整的。鉴于此，在所有集成电路的测试完成后，还需在每个输入参数的预设值上进行重新测试，以确保重新获取的结果确实符合先前定义的理论和试验变化关系。因重新测试结果为正的，说明该方法是有效的。识别不可靠集成电路的可能性是基于 OR 下边界 U_{CC} 的值与温度之间的相关性。这允许在正常条件下通过低 U_{CC} 值进行实际测试，剔除在低温工作条件下必然会发生故障的逻辑集成电路（见图 9-7）。

所推荐的这种方法的另外一个优点是它可以应用不同集成电路制造商的标准的自动化输出监测设备。根据上述方法，对在大规模生产中被剔除的失效集成电路的分析表明，它们具有上述机理的缺陷。

9.4　基于集成微电路试验测试结果的可靠性指标数值评估

上述采用伯努利方案的集成微电路测试结果允许研究人员给出逻辑集成电路失效的相对数量。图 9-9 展示了具有不同缺陷率的电路的电源电压、温度和输入持续时间的函数。

从失效机理的描述可以看出，测试循环次数 n 的增加通常会导致 OR 边界的右移。在 $U_{CC}=5V$、$t=20℃$ 的条件下，对第一次功能失效的 N 次测试的 N 值包含了失效时间等标准可靠性指标的信息。故障时间 T_0 可以由如下公式确定[3]：

$$T_0 = N\tau_H \tag{9-12}$$

式中，N 为在额定参数值发生第一次功能失效前的试验平均次数；τ_H 为按操作频率（输入信号重复频率）检查时测试的持续时间。

通常的做法是当温度和电源电压在技术规格限制范围内时评估故障时间。然而，在外部输入参数如上所述的情况下，为了确定故障时间而进行多次试验是不现实的，因为从图 9-9 中所示的关系分析得出，需要进行大量的试验。事实上，这种测量理论上可以持续数年。

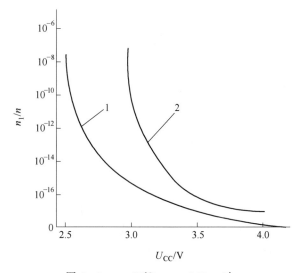

图 9-9　$t=20℃$、$t_n=100ns$ 时，
无缺陷（1）和有缺陷（2）的 1533 集成电路的 $n_1/n= f（U_{CC}）$ 的关系图

如第 9.3 节所述，在 $U_{CC}=3\sim5V$ 和 $t=-6\sim+20℃$ 的变化范围内，为集成电路 1533 IP4 建立了试验关联关系 $n_1/n=f(U_{CC})$ 和 $n_1/n=f(t)$。在这种情况下，应注意在外部输入值不变的情况下，n_1/n 值与功能故障发生前的试验次数 N 成反比。

在构建关系时，为了提高测试精度，对 560 个元器件进行了测试。这就保证了足够高的测试精度。

测试得出无缺陷电路和有缺陷电路 $n_1/n=f(U_{CC})$ 和 $n_1/n=f(t)$ 的一般形式是一致的（见图 9-9）。不同之处在于，一条曲线分别沿着 U_{CC} 轴或 $t=20℃$ 轴移动 x 或 y，得到另一条曲线。这些间隔的值取决于集成电路缺陷程度，关系如下：

$$\frac{n_1}{n}=f(U_{cc}-x) \tag{9-13}$$

$$\frac{n_1}{n}=f(t-y) \tag{9-14}$$

需要指出的是，集成电路的隐藏缺陷越多，x 和 y 的值就越大。长期试验证实了这一点。

一般来说，平均失效时间的确定被简化为测量 N 值，N 值由以下公式确定[3]：

$$\frac{1}{N}=\frac{n_1}{n} \tag{9-15}$$

同时，n_1/n 的比值应该在集成电路规范要求的温度或电源电压的条件下进行测量。

根据后一种情况，试验中的测量应是在 $U_{CC}=5V$ 和 $t=20℃$ 的条件下进行。图 9-9 所示的可靠性指标是在电源电压 $U_{CC}=5V$ 时确定的。

为了解决这个问题，有必要描述每种情况下 $n_1/n=f(U_{CC})$ 的相关性。在最常见的形式下，可以使用拉格朗日插值多项式来完成，在这种情况下，关系式如下[3]：

$$\frac{1}{N}=\sum_{k=0}^{m}\left(\frac{n_1}{n}\right)_k \frac{(U_{CC}-U_{CC0})(U_{CC}-U_{CC1})\cdots(U_{CC}-U_{CCk-1})(U_{CC}-U_{CCk+1})\cdots(U_{CC}-U_{CCm})}{(U_{CCk}-U_{CC0})(U_{CCk}-U_{CC1})\cdots(U_{CCk}-U_{CCk-1})(U_{CCk}-U_{CCk+1})\cdots(U_{CCk}-U_{CCm})}$$

$$\tag{9-16}$$

式中，U_{CC0}、U_{CC1}、$\cdots$、U_{CCk}、$\cdots$、U_{CCm} 为自变量值（在插值节点供电）；$(n_1/n)_k$ 为函数在第 k 个插值节点处的值。

类似地，$n_1/n=f(t)$ 的相关性也可以用拉格朗日插值多项式来描述。我们将这种关系称为参考依赖性（Reference Dependence）。

研究表明，在连续试验过程中，为了确定可靠性参数，必须在图上找到几个点（至少两个或三个点）。这对于确定 x 和 y 的真值是必要的。我们应该指出的是，测量必须在 $U_{CC}=3.5\sim4V$ 和温度 $t=-75\sim80℃$ 的范围内进行。使用这种测试模式将减少测试次数（$n=10^6\sim10^9$），并满足快速安全评估要求。将测量值 x 和 y 的数值插入上述由式 (9-15) 定义的关系式 $1/N=f(U_{CC})$ 及 $1/N=f(t)$ 中，取 $t=20℃$ 时 $U_{CC}=5V$ 的 N 值。在式 (9-16) 中插入 N 值可以确定平均失效时间。

上述方法可以确定由插值误差决定的精度较高的可靠性指标。插值误差评估表明其不超过 20%，是可接受的预测。

与测量温度和电源电压数值的所有已知测试方法相比，所考虑的确定 OR 边界的方法具有显著的优点。首先，该方法基于对微电路的多次测试，同时记录了测量温度、电源电压和输入持续时间。这确保了测试的高度精确。第二，功能失效的数量由规范中定义的批次淘汰率决定。第三，由外部输入参数确定的 OR 边界使用高度敏感的集成电路数据特性来获取，包括静态和动态特性。第四，这种方法允许快速评估平均失效时间，而无须事先进行统计操作和额外的集成电路测试。

执行该确定 OR 边界的方法需要确定对外部输入变化高度敏感的集成电路数据特征。此外，为了开发特定的测试技术和程序，有必要识别这些新的数据特征和隐藏缺陷之间的关系。

9.5　潜在缺陷对双极 IC 的基础统计参数值的影响机理研究

在基于电学特性分析的电子元器件无损检测方法中，对电流-电压特性（CVC）的监测是一种传统且基本的元器件故障诊断方法。

通常来说，采用 CVC 反向偏置区的测量来确定 p-n 结反向电流的极限数值，同样也适用于识别 p-n 结结构中的各种缺陷。

然而，通常 CVC 测试的正向偏置和反向偏置区域的参数分析只针对被选的单个芯片上的 p-n 结或特定失效芯片能够给出一个有效的结果，但是并不能解决监测和剔除具有隐藏缺陷的潜在不可靠的集成电路。通过分析大规模集成电路（LSI）的输出电学参数对各种存在隐藏缺陷的敏感程度，发现对比其他参数，U_L 能够反映更多的信息，因为所测参数对潜在缺陷的敏感性随着电源电压的增加而降低。从对所获取数据的处理可以得出这样的结论，当要准备剔除有缺陷的集成电路（ICs）时，最好是在低电源电压（U_{CC}）下测量静态参数 U_L 的值。

理论分析显示，集成电路在正常工作条件下的功能性失效可能都是由热模式（Thermal Mode）转换过程中观察到的同一种缺陷造成的。对微电路热裕量的分析使我们认为研究这些缺陷的影响是有必要的，因为它对于绝大多数微电路来说都是具有潜在危险，并且会导致输出参数的恶化。下面的例子是对一个标准的 STTL 反相器的节点 1 与节点 4 之间的泄漏电流的分析，如之前所述（见图 9-1）。这样做的原因是对这类缺陷最敏感的还是参数 U_L，正如前所述，参数 U_L 比参数 U_H 能够提供更多的信息。结果表明这样一个泄漏电流在 $t = -60℃$ 下使参数 U_L 出现了一个急剧的增加。参数 U_L 的值通过以下关系式与结构内部参数相关：

$$U_L = I_{BC} \cdot R_{TNT}(\beta + 1) + U_{CE07} \tag{9-17}$$

式中，I_{BC} 为第七个饱和晶体管的基极电流；β 是基极电流传输率。

$$I_{BC} = \left(I_{E2} - \frac{2U_{BE}}{R_3}\right)(\beta - 1) + U_{BE7}\left(\frac{1}{R_5} + \frac{1}{R_7}\right) \tag{9-18}$$

因为 $I_{E2} = I_{B2}(\beta + 1)$，所以

$$I_{BC} = \left(I_{B2}(\beta - 1) - \frac{2U_{BE}}{R}\right)(\beta - 1) - U_{BE7}\left(\frac{1}{R_5} + \frac{1}{R_7}\right) \tag{9-19}$$

当节点 2 和节点 4 之间发现一条电流泄漏通道时（见图 9-1），我们将获得一个如下的系统方程：

$$I_B^1 = \frac{(U_{CC} - 3U_{BE})}{R_1} - \frac{3U_{BE}}{R_{2-4}} = I_{B2} - \frac{3U_{BE}}{R_{2-4}} \tag{9-20}$$

$$I_{B7} = \left[\left(I_{B2} - \frac{3U_{BE}}{R_{2-4}} \right) (\beta + 1) - \frac{2U_{BE}}{R_3} \right] (\beta + 1) - U_{BE7} \left(\frac{1}{R_5} + \frac{1}{R_7} \right) = I_{B7} - \frac{3U_{BE} (\beta + 1)^2}{R_{2-4}}$$

$$(9-21)$$

式中，R_{TH} 为饱和模式下的电阻；U_{CE07} 为 VT7 饱和晶体管在零负载电流下的集电极-发射极间电压。

从式（9-21）可以看到，节点 2 和节点 4 之间的泄漏电流降低了 VT3 晶体管的基极电流，这将导致 VT7 晶体管基极电流的减小以及最终导致了最后一个晶体管饱和电阻的增加，在某些操作条件下（如航天器上）可能会导致无线电电子设备的错误激活。

基于所举实例和对 STTL 反相器的分析，可以得出结论，因为反相器是一个选通电路，同时 VT3 晶体管和 VT7 晶体管交替的工作在截止区和饱和区，芯片中大多数偶然缺陷的影响可以简化为输出晶体管中基极电流的变化。

9.6　对 CMOS 微电路加速应力试验结果的数学处理模型分析

正如所知[5]，在实际情况中，加速（极限）试验通常用于获取集成电路的可靠性特征。但目前还没有一种极限试验的通用理论，而且测试结果的处理在数学上和内容上都很复杂。就这点而言，开发一种高效且易于使用的数学处理方法对极限试验结果分析非常重要。让我们为以下的一些条件考虑一种简单的数学模型和特定的测试结果处理算法：

1）只考虑这些缺陷，其发展并不会导致失效机理的改变；

2）在极限测试中潜在缺陷的发展速度保持恒定。

以下将考虑构造模型来处理极限测试结果的通用方法。设 y_0 代表元器件在 $t_0 = 0$ 时刻的缺陷尺寸（缺陷面积），例如介质中孔的深度（见图 9-10），同时设 y 为元器件的特征尺寸（例如介质层厚度）。此后，对于失效时刻 t，我们可以认为 $y(t) = y_k$，同样设 $y(\tau)$ 为 τ 时刻的缺陷尺寸。

让我们同时假设初始尺寸为 y_0 的缺陷的生长速度在整个极限测试期间为常数，并且遵守以下的规则[5]：

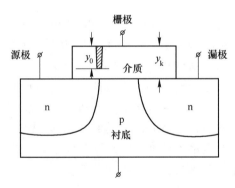

图 9-10　基本 CMOS 结构

$$\frac{dy}{d\tau} = cF(x_1, x_2, \cdots, x_k) \tag{9-22}$$

式中，c 为比例因子；$(x_1, x_2, \cdots, x_k)$ 是设计值的函数；$x_1, x_2, \cdots, x_k$ 是操作因子；$F(x_1, x_2, \cdots, x_k)$ 可以由艾林定律（Eyring's law）决定。

初始条件 $y(0) = y_0$，通过式（9-22），我们可以获得以下关于失效时间的表达式：

$$t = \frac{y_k - y_0}{cF(x_1, x_2, \cdots, x_k)} \tag{9-23}$$

设 $P(\upsilon)$ 表示在尺寸为 υ 的元器件中缺陷发生的概率。在假设中，根据分布参数 α 的指数法则，我们得到：

$$P(v) = 1 - \exp(-av) \tag{9-24}$$

如果 $av \ll 1$，则 $P(v) \approx v$。设 $\Phi_0(y_0)$ 代表初始时刻缺陷分布密度随尺寸变化的函数，则 y_0 尺寸的缺陷发生的概率密度用方程表示为：

$$\varphi(y_0,\ v) = P(v)\varphi_0(y_0,\ v) \tag{9-25}$$

根据文献 [6]，失效时刻的密度分布为：

$$f(t) = \varphi(y_0,\ v)\left|\frac{\mathrm{d}y_0}{\mathrm{d}t}\right| \tag{9-26}$$

让我们假设，从对一个特定的集成电路文件的测试结构进行测试的结果，可以得到失效时间的密度分布。根据式（9-22）~式（9-26），可知：

$$f_e(t_e) = av\varphi_0\big[y_{ce} - cF(x_{1e},\ x_{2e},\ \cdots,\ x_{ce})t_c\big]cF(x_{1e},\ x_{2e},\ \cdots,\ x_{ce}) \tag{9-27}$$

式中，e 指数与测试结构相关。

因此，对于所考虑的元器件，可以获得：

$$f(t) = av\varphi_0\big[y_c - cF(x_1,\ x_2,\ \cdots,\ xlc)t_c\big]cF(x_1,\ x_2,\ \cdots,\ x_c) \tag{9-28}$$

假设分布 $\Phi_0(y_0)$ 对于测试结构和所考虑的 IC 相等是合理的。通过使式（9-27）和式（9-28）中的 Φ_0 值相等，可以得到：

$$t = \frac{y_c - y_{ce} = cF(x_{1e},\ x_{2e},\ \cdots,\ x_{ce})}{cF(x_1,\ x_2,\ \cdots,\ x_k)} \tag{9-29}$$

从式（9-27）~式（9-29），元器件的失效时间密度分布可以通过以下方程确定：

$$f\left[\frac{y_c - y_{ce}}{cF(x_1,\ x_2,\ \cdots,\ x_c)} + \frac{F(x_{1e},\ x_{2e},\ \cdots,\ x_{ce})}{F(x_1,\ x_2,\ \cdots,\ x_c)}\right] = f_e(t_e)\frac{v}{v_e}\frac{F(x_1,\ x_2,\ \cdots,\ x_c)}{F(x_{1e},\ x_{2e},\ \cdots,\ x_{ce})} \tag{9-30}$$

一个简单的方程可用于确定参数 c：

$$c = \frac{y_c - y_{ce}}{F(x_{1e},\ x_{2e},\ \cdots,\ x_{ce})t_e} \tag{9-31}$$

在这里，$y_{0e} = 0$ 对应于测试结构最大可能安全程度，因此可以简化式（9-31）为：

$$c = \frac{y_{ce}}{F(x_{1e},\ x_{2e},\ \cdots,\ x_{ce})t_{\max}} \tag{9-32}$$

当 $t_{\max} \approx t_{\mathrm{ntest}}/t_{\mathrm{test}}$ 时，从式（9-29）~式（9-31）中可以得到测试结构的测试时间为：

$$c = \frac{F(x_{1e},\ x_{2e},\ \cdots,\ x_{ce})}{F(x_1,\ x_2,\ \cdots,\ x_c)}\left[t_e - t_{\mathrm{test}}\left(1 - \frac{y_c}{y_{ce}}\right)\right] \tag{9-33}$$

将式（9-29）代入，则式（9-30）将写作：

$$f(t) = f_e(t_e) \frac{\upsilon}{\upsilon_e} \frac{F(x_1, \ x_2, \ \cdots, \ x_c)}{F(x_{1e}, \ x_{2e}, \ \cdots, \ x_{ce})} \qquad (9-34)$$

以上所获得的式（9-33）和式（9-34）作为数学处理极限测试结果的常用方法的基础，可用于计算航天应用中现代集成电路的基础 CMOS 单元的可靠性指数。这种情况下的计算过程必须按照以下算法执行：

1）基于时刻 t_{ej} 的测试结果，$f_e(t_{ej})$ 通过式（9-27）以及文献［2］来计算：

$$f_e(t_{ej}) = \frac{\Delta n_{ej}}{M_e \Delta t_{ej}} \qquad (9-35)$$

式中，Δn_{ej} 是测量时间 t_{ej} 和 t_{ej+1} 之间的失效次数；$\Delta n_{ej} = t_{ej+1} - t_{ej}$；$M_e$ 为接受测试的试验结构数量。

2）通过已知的 t_{ej} 值和 $f_e(t_{ej})$ 值，结合式（9-32）和式（9-33），计算 t_j 和 $f(t_j)$ 的值。

3）元器件失效率通过以下公式计算：

$$\lambda(t_j) = \frac{f(t_j)}{1 - Q(t_j)} \qquad (9-36)$$

其中

$$Q(t_j) = \sum_{k=1}^{j-1} \frac{f(t_{k+1}) + f(t_k)}{2}(t_{k+1} - t_k) \qquad (9-37)$$

为了提出模型的有效应用，有必要评估基于测试结果的函数 F（x_1, x_2, $\cdots$, x_k）中的未知参数。这些评估方法是已知的，且在文献［3，4］的工作中已经明确。关键参数 y_c、y_{ce} 的值通过试验或通过描述 IC 稳态过程的已知的数学模型来获得。

上述方法的有效性通过试验数据验证。图 9-11 展示了在整个时间范围内测试的和计算的元器件失效密度函数之间的关系。该极限测试结果的处理方法还可用于计算采用其他技术制造的集成电路的可靠性（例如 BICMOS、双极元器件、BICDMOS 等）。

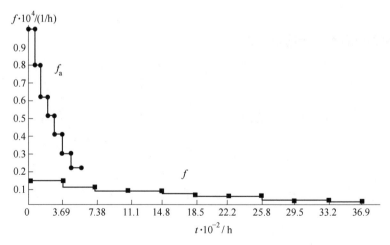

图 9-11　在整个时间范围内 CMOS 元器件测试的元器件失效率
函数和计算的元器件失效率函数之间的关系

9.7　在大规模制造中检测和剔除潜在不可靠电路的主要方法

工业中使用的各种筛选方法并不能始终有效地识别出所有潜在不可靠的微电路。然而不同类型的测试和老化试验（BIT）不仅需要工厂在测试台和测试设备上进行高额的投入，还会占用大量的生产区域。除此之外，老化试验还是一个高耗能的过程。

基于上述原因，科学家和制造者们不断地探索剔除潜在不可靠产品的替代方法。正如之前提到的，有许多方法可以测量低电流、噪声、临界电压、动态电流损耗以及工作边界条件。

这些方法自然可以用于大规模制造中，只要有试验能够证明新方法的准确性不会低于现有的标准筛选方法即可。

最近，一些用于识别潜在不可靠元器件的新方法已经被提出，这些新方法是基于对低频能谱噪声特性的分析。通过对附加噪声能谱的分析可以发现，晶体管和微电路的附加噪声波动能谱是介于线性谱和连续谱之间的。通过测量音频范围的噪声谱参数，便可能计算其他任何低频范围的振幅，并且可以通过噪声等级和振幅预测集成电路的参数漂移。除此之外，其他一些有效的方法也被应用于识别和剔除潜在不可靠的微电路，这些将在后文中进行描述。

9.7.1　通过静电放电确定潜在不可靠元器件的方法

这是一个已知的用于确定不可靠半导体元器件的方法[7]，当噪声强度被测量确定之后，一个超过最大允许值 1.5～5 倍的脉冲施加于被测元器件（晶体管），随后再次测量噪声强度，元器件的潜在可靠性可通过两个测量结果的偏差进行评估。

这种方法的缺点在于对被测元器件所施加的超过元器件最大允许值 1.5～5 倍的脉冲可能会对元器件结构造成一些不可逆转的损害，进而将导致较低的测试精度和工作中出现元器件的早期失效。

新提出的方法聚焦于提升测量的精度。该方法的本质是在一个批次的半导体元器件中，识别出不可靠的元器件并将之分离出来，在常温和高温下测量噪声强度，随后元器件暴露在不超过元器件技术说明书允许值的静电放电（ESD）脉冲下。在技术说明书允许的最大温度下进行 1～5 小时的热退火，在正常和逐渐升高的温度下测量噪声强度。根据每个元器件的噪声强度数据确定系数 A 的数值：

$$A = \frac{U_{e.t}^2 - U_{n.t}^2}{T - T_n} \tag{9-38}$$

式中，$U_{e.t}^2$ 和 $U_{n.t}^2$ 分别代表高温和正常温度下的噪声强度；T 和 T_n 则分别代表高温值和正常温度值。

如果满足以下条件，则认为该半导体元器件具有潜在稳定性：

$$A_{annd} \leqslant A_{init} \tag{9-39}$$

式中，A_{annd} 和 A_{init} 分别是退火后以及暴露在 ESD 前的系数 A。

试验结果验证了该方法的有效性。在一个批次中随机选择 10 个 KT3102 型晶体管，首先分别在正常温度（20℃）和高温（100℃）下、集电极电流为 $I_{ec}=5mA$ 的条件下，测量噪声强度，随后通过发射极/基极之间的结施加三次 $\pm 200\text{V}$（电压为额定允许的电压）的 ESD 脉冲，之后以 $T=100\text{℃}$ 的温度退火 4 小时，并重新测量高温和常温下的噪声强度。系数 A 的数值将由退火前后决定。该试验的结果如表 9-1 所示。

表 9-1　试验测量结果

元器件编号	初始 U_n^2/mV^2		退火后 U_{n0}^2/mV^2		$A/(\text{mV}^2/\text{℃})$		元器件稳定性
No.	在温度条件下/℃		在温度条件下/℃				
	$T=20$	$T=100$	$T=20$	$T=100$	初始	退火后	
1	33	36	37	38	0.0375	0.0125	S
2	32	35	34	37	0.0375	0.0375	S
3	35	37	39	41	0.025	0.025	S
4	43	44	47	47	0.0125	0	S
5	34	37	37	41	0.0375	0.05	U
6	23	27	24	30	0.05	0.075	U
7	26	30	27	31	0.05	0.05	S
8	21	25	24	26	0.05	0.025	S
9	29	35	32	36	0.075	0.05	S
10	27	33	31	35	0.075	0.05	S

注：S 为稳定元器件；U 为不稳定元器件。

完成上述流程之后，对整个系列的元器件进行了可靠性测试。其中第 6 号元器件在 250 小时后失效，第 5 号元器件在 500 小时后失效，由此证明了所提出方法的有效性。

9.7.2　一种微电路元器件老化试验改进方法

为了确保大规模生产中集成电路工艺的可靠性，多种对传统集成电路老化试验的改进方案被广泛地使用，这也是微电子产品强化失效测试的一种方法[5]。BIT 是一项高投入试验，其实施要基于 IC 类型设计并制造特定的测试平台，并且将 IC 装入特定负载电路板的过程十分耗时（只是检查接触连通性的过程就会花费大量的时间）。

在文献 [8] 中，提出了一种替代 BIT 的方法。该方法基于前述章节中详述的测试控制原理，而非耗时的 BIT 流程。

该方法是基于以下的算法：

1）测试结构是被制作在同一晶圆上作为芯片进行测试的微电路，结的击穿电压在自动模式下进行测量；

2）测试结构在 $T_n \geqslant 50\text{℃}$ 的温度下且试验结构满负载条件下维持固定的一段时间；

3）针对列表中第一条，相同测试结构的击穿电压的数值可通过自动模式进行测量；

4）确定击穿电压数值的差异（漂移），部分微电路将被剔除，不再向用户提供。

这个方法明显的缺点在于：

1）晶圆上每个测试结构的电学测试都需要大量的人力投入；

2）几乎不可能去量化被缺陷影响的最终可靠性，有可能在后续切片测试和封装阶段也会引入风险；

3）基于通过使用多探针接触测试电路的电学测试结果，很难计算一片晶圆上合格芯片所占的百分比。

　　我们已经提出了新方法并在生产工艺中对其进行了验证。该新方法仅仅基于不设置电学模型的温度效应，因此将不再需要 BIT 测试台和相关的测试电路板。这个简易的老化试验运行仅需要标准的温箱，并且使用标准的交互操作工艺容器（Interoperational Process Containers）将微电路置于温箱中。

　　该方法的实现过程可以描述如下：

　　1）根据指定集成电路类型的基本制造流程实施标准的老化程序；

　　2）所有通过标准老化程序的微电路在常温（25℃）下都要接受电参数值的调节；

　　3）基于电参数测试结果，两个关键参数的数值将被确定，即 P_R（剔除电路的百分比）以及 P_{PF}（所有被测 IC 的参数失效的百分比）；

　　4）分析参数 P_R 和 P_{PF} 的数值，如果 $P_R < 0.4\%$ 且 $P_{PF} \geqslant 90\%$，那么下一步将采取简易的 BIT 测试；

　　5）采用简化 BIT，其持续时间与标准 BIT 相同，温度比标准 BIT 有所提高，其温度值为：

$$\sum \Delta T = P \cdot R_H \tag{9-40}$$

式中，P 为老化过程中的功耗；R_H 为芯片到环境的热阻。

　　因此，BIT 的温度模型将会表述为：

$$TTT = T_{BIT} + P \cdot R_H \tag{9-41}$$

式中，T_{BIT} 为 BIT 温度。

　　当在 KP1005 系列元器件上进行该试验时，采用这种方法对 KR1005VI1 元器件进行了 N 为 30 个工艺批次的测试（总测试数量：8157 个元器件）。

　　在 BIT 试验以 $T = 55℃$ 持续 72 小时后，失效百分比 P_R 为 0.3%，P_{PF} 为 98%。为了评估所提出方法的有效性，第二部分 N 为 32 个工艺批次的 8640KR1005VI1 元器件测试仅采用上述的简易老化模型进行试验（$T = 70℃$ 且持续 72 小时）。测试结果获得了以下的数值，$P_R = 0.31\%$，$P_{PF} = 97.5\%$。由此证明了新方法的有效性。

9.7.3　基于临界电源电压参数检验高可靠集成电路的方法

　　高可靠集成电路的识别和选用对于实现航天器、核电站的安全与应急系统、潜艇的核动力单元等设备设施的电气控制系统至关重要。

　　在这些系统中，一个元器件的失效可能导致不期望的严重后果。因此，除了已知的提高这些设备设施可靠性和生存力的方法（冗余、备份、多数表决系统、专用软件算法）以外，在电气设备制造企业生产和来料检验过程中，科学家和专家们还在不断地寻找新的路径和方法来识别具有更高可靠性的微电路。

　　已知的 IC 分析和研发方法基于对各种温度及外部电学输入（高温、电学负载等）的研究，但这不能提供该问题的最终解决方案。解决该问题唯一可靠的途径是使用昂贵的 BIT 流程[8]。

　　值得注意的是，在这一研究领域中大家最关注且有效的方法是临界电源电压方法（CSV）。在一系列设备中实现了 CSV 方法的不同版本。该类方法的原则如下：通过对临界电压值分布情况的分析，并考虑了所获取的经验指标（标准），最终选择 E_{cr} 电压值作为关键指标，并基于此，将集成电路划分为不同的可靠性等级。通常认为集成电路的 E_{cr} 值越小，越可靠。该方法的明显缺点是对可靠性增强的批次产品的识别精度较低。

下面一种方法的原理如下：在 CSV 测试程序中，加入了几个暴露在不同极性 ESD 脉冲序列相关的附加操作，随后在允许的最大结温下进行（$t=4\sim8$ 小时）热退火操作。此外，该方法还涉及在 ESD 和退火前后对临界电源电压的测试。

ESD 电压值根据 IMC 技术规范中规定的最大允许值进行选择。

通过评估 ESD 和退火操作后 CSV 的相对变化，我们可以识别每批产品中可靠性较高的集成电路。

为实现上述目标，应采用下述关系式：

$$K = \frac{E_{cr.annd} - E_{cr.n}}{E_{cr.ESD} - E_{cr.annd}} \qquad (9-42)$$

式中，$E_{cr.n}$、$E_{cr.ESD}$ 和 $E_{cr.annd}$ 分别是 ESD 前的临界电源电压值、ESD 后的临界电源电压值以及退火后的临界电源电压值。

研究发现，根据得到的 K 值（针对每一种 IC 通过试验确定），不仅可以识别一组具有更高可靠性的集成电路，而且还可以将该批的其余部分划分为两个或更多的可靠性组。

具体来说，在对该方法的全面验证期间（RF 专利号：2269790），8 个批次的 $E_{n.nom}=5\sim0.5V$ 的 106LB1 类型 IC 样品暴露在幅值为 500V 的 ESD 脉冲中，然后在 150℃ 下退火 5 小时。

具体试验结果见表 9-2。

表 9-2　专利 No.2269790 RF 的测试结果

元器件编号	E_{cr}/V			
	ESD 之前	ESD 之后	退火之后	K
1	3.9	4.01	3.94	0.57
2	3.85	3.95	3.89	0.67
3	3.87	3.93	3.88	0.2
4	3.88	3.92	3.89	0.33
5	3.92	4.02	3.95	0.43
6	3.88	3.94	3.88	0
7	3.94	3.95	3.94	0
8	3.89	3.90	3.87	-0.67

在该情况下，当采用 $K\leqslant0$ 的筛选准则时，编号为 6、7 和 8 的 IC 将拥有更高的可靠性，而剩余的微电路将以 $K\leqslant0.4$ 的判据，分为两个可靠性分组。可以确定 3 号和 4 号 IC 将比 1 号、2 号和 5 号微电路更为可靠。

9.7.4　通过动态电流损耗剔除潜在不可靠微电路的方法

根据文献 [8，9] 可知，通过分析动态电流损耗的情况（参数），可以剔除有缺陷和潜在不可靠的电路，该方法适用于由不同技术制造的小、中、大规模的数字集成电路。在访问指定逻辑单元（或单元组）时，动态电流损耗的异常或是数值的变化表明集成电路内部存在潜在的缺陷，这些缺陷降低了电路的潜在可靠性。

文献［5］提出了一种剔除不可靠 CMOS IC 的方法，即将芯片放置在一个高温腔中并在高温下测量电流损耗，但这意味着测量的严重不确定性。

让我们考虑一个已经在大规模生产条件下得到验证的改进方法。根据该方法，针对某一特定类型的具有代表性的 IC 样本，采集并统计分析 IC 反相器开态和关态情况下动态电流功耗在静电放电之前和之后的变化以及此时电压等于技术规范规定的最大允许值。基于所获取的数据，可以确定系数的允许范围为：

$$K = I_{Doff} / I_{Don} \tag{9-43}$$

式中，I_{Doff} 为关态动态电流损耗；I_{Don} 为开态动态电流损耗。通过每个电路 ESD 前后测量数据计算系数 $A = K_{MAX} / K_{MIN}$（K_{MAX} 为单一 IC 的最大 K 值，K_{MIN} 为同一 IC 的最小 K 值），然后剔除潜在不可靠 IC 的准则就可以表示为：

标准 1：$A_{init} > 1.3$；

标准 2：$A_{ESD} > 1.3$。

这就意味着每只电路的 K_{MAX} 都不应该超过 K_{MIN} 的 30%，并且无论是暴露在 ESD 之前（A_{init}）还是之后（A_{ESD}）。如果一个集成电路不能满足这两个标准中的任何一个，就被认为是潜在不可靠的。

让我们考虑一个实际运用这种方法的例子。研究人员使用 C7-8 采样示波器测量了随机选取的 5 个 KR1533LN1 型集成电路（6 个 NOT 门），每个电路测量了 6 个反相器在 ESD 暴露前后的开启和关断时动态电流损耗幅值。

每个 IC 的各个反相器在暴露 ESD 前的测量结果如表 9-3 所示，K 和 A_{init} 的计算值如表 9-4 所示。

对每一个反相器的输入和相应的输出（有变化）进行一系列幅度为 200V（技术规范允许值）的静电放电后，测量动态电流损耗的数值。

每个 IC 的各个反相器在暴露 ESD 后的测量结果如表 9-5 所示，K 和 A_{init} 的计算值如表 9-6 所示。

表 9-3　暴露在 ESD 之前的电流损耗的试验测量结果

元器件编号	测量点	反相器动态电流损耗 I_D/mA					
		1	2	3	4	5	6
1	开启	9	8	8	8	9	8
	关闭	53	51	53	50	52	51
2	开启	8	8	10	8	10	9
	关闭	52	52	53	51	52	52
3	开启	8	8	9	8	7	8
	关闭	53	53	52	53	53	53
4	开启	10	10	9	9	8	9
	关闭	53	50	52	51	52	52
5	开启	9	9	9	9	10	9
	关闭	52	50	53	53	52	53

表 9 - 4　暴露在 ESD 之前系数 K 和 A_{init} 的计算值

元器件编号 No.	反相器的 K 值，$K = I_{Doff}/I_{Don}$						A_{init}
	1	2	3	4	5	6	
1	5.889	6.375	6.625	6.25	5.778	6.375	1.14
2	6.5	6.5	5.3	6.375	5.2	5.778	1.25
3	6.625	6.625	5.775	6.625	7.571	6.625	1.31
4	5.3	5	5.778	5.667	6.5	5.778	1.3
5	5.778	5.556	5.889	6.889	5.2	5.889	1.13

表 9 - 5　暴露在 ESD 之后的电流损耗的试验测量结果

元器件编号 No.	测量点	反相器动态电流损耗 I_D/mA					
		1	2	3	4	5	6
1	开启	10	9	9	8	8	8
	关闭	52	54	54	52	52	52
2	开启	9	9	9	10	10	10
	关闭	50	52	55	52	53	53
3	开启	9	9	11	9	7	7
	关闭	52	54	53	52	52	50
4	开启	10	11	10	10	11	10
	关闭	52	52	53	50	54	53
5	开启	10	10	11	8	10	10
	关闭	50	50	54	51	51	54

表 9 - 6　ESD 之后的系数值

元器件编号 No.	反相器的 K 值，$K = I_{Doff}/I_{Don}$						A_{ESD}
	1	2	3	4	5	6	
1	5.2	6	6	6.5	6.5	6.5	1.25
2	5.556	5.778	6.111	5.2	5.3	5.3	1.17
3	5.778	6	4818	5.778	7.429	7.143	1.54
4	5.2	4.728	5.3	5	4.909	5.3	1.12
5	5	5	4.909	6.375	5.1	5.4	1.27

　　从获得的数据中我们可以看到，根据标准 1 和标准 2，第三号 IC 将是潜在不可靠的。当对需要分析的 $n=5$ 个样品进行 500 个小时的测试时，在测试时间持续到 250 小时后，第 3 号 IC 出现了失效，这就证明了该方法的有效性。

9.7.5　降低电源电压的方法

　　大多数已知筛选方法的缺点是很难剔除真正不可靠的微电路，而仅能剔除那些在技术规格书中规定的供电电压或电流下不能正常运行的元器件。

在大规模集成电路制造中最广泛使用的筛选方法[5,9,10]涉及将测试图形传输至 LSI 电路，将所读取值与参考值进行比较，还将电源电压降低至 LSI 电路技术规范中规定的电源电压最小值，并在此条件下测试输入的静态参数（逻辑 0 和逻辑 1 的电压）。如果输入的静态参数值与参考值一致，则认为 LSI 电路没有缺陷。如果输出电压的测量值满足参考值 $U_{out.ref}^{1}$、$U_{out.ref}^{0}$，那么该 LSI 电路能够确保在扩展的温度范围内的正常运行；否则，它只能工作在狭窄的温度范围内。

然而有如下情况：

1）该方法仅限用于小规模和中等规模的集成微电路，因为它们在 LSI 电路的输入和输出之间具有低的逻辑深度和最少的单元数量；

2）这种方法除了需要进行功能测试外，每次测试都要测量输出静态参数，这降低了 IC 输出性能的监控效率，对测试设备的要求也更高，对于多输出的 LSI 电路实际上是无法实现的；

3）这种方法的主要缺点是无法剔除具有隐藏缺陷的不可靠的 LSI 电路。

在 LSI 电路的制造过程中，由于工艺再现的精度（工作模式和结构参数的允许散差）和半导体材料的纯度等因素，可能会形成各种类型的局部缺陷。在这种情况下，半导体区域和互连材料（铝、多晶硅、镍、铬、钒等）的表面电阻率不可避免地出现数值分散，这导致即使是相同的 LSI 电路单元，由于在半导体芯片表面的位置不同，其电学特性也会出现差异。在设计 LSI 电路时，由于其多样性、复杂性以及必要的结构和技术因素影响，这种差异无法得到充分的考虑，导致出现对 LSI 电路工作范围和可靠性的影响。随着时间的推移和暴露于不稳定因素（温度、临界电源电压）下，电学特性的差异可能会增加（参数退化、材料老化），可能最终导致 LSI 电路的参数超差或功能失效。

让我们简要地看一下提高不可靠 LSI 电路剔除准确性[7]新方法的原理。

首先将测试信号图形施加于被测微电路，并从微电路中读取的信息将与参考值进行比较，然后将 LSI 电路电源电压降低到读取的信息与参考值之间出现失配（Mismatch）的值。在一个测试图形中，测量读取的信息与参考值之间发生第一次失配处的第一个电压值。在给定的测试图形中，测量读取的信息与参考值之间发生失配的第二个电压值。如果第一和第二个被测电压之差的绝对值不超过预定值，则可认为该微电路无缺陷。图 9-12 给出了实现该方法的装置框图。

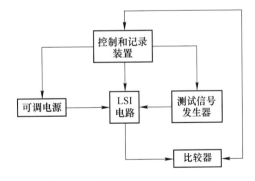

图 9-12　测试元器件的装置框图

测试图形从测试图形发生器传输到微电路。比较器（CR）比较从微电路中读取的信息（由微电路执行测试图形的结果）并比对（正确的响应），然后将比较结果传递给控制装置（CD）。

当比较结果为负时，CD 停止集成电路测试程序，将该 LSI 电路判定为失效。当比较结果为正时，控制装置对电源（PS）发出命令，使超过技术规范规定工作范围的电源

（U_c）逐渐减小。与此同时，控制装置记录第一个电压值（U_{c1}），即在这个电压值处，读取的信息与参考值发生了第一次失配。失效的测试图形（以下简称 Test）的数量并没有存储在内存中。然后，控制装置记录第二个电压（U_{c2}），即在这个电压下，经历给定的测试次数（n）后发生失效（例如，总次数的 30%）。如果差值绝对值 $\Delta V = (U_{c1} - U_{c2})$ 未超过预设值 U_{cmax}，则认为微电路没有缺陷；否则，它将被判为不可靠的元器件。

针对每种特定类型的微电路测试的次数 n 和数值 ΔU_{cmax} 是通过试验来确定的。

根据上述方法，元器件的功能可以由搭载有执行元器件控制功能的控制计算机的标准控制设备来执行。这意味着该方法可以在不配置额外硬件的情况下虚拟实现。

图 9-13 展示了潜在不可靠微电路的电源电压、测试序列数和失效数之间的关系。曲线 1 和曲线 2 表征了一个区域的边界，在这个区域中观察到同类型微电路样品的电源电压 U_c 与测试中失效百分比 $y = (n_i / N) \times 100\%$ 之间的对应关系（式中，N 是用于监控 LSI 电路功能的总测试数量；n 则是测试中失效的数量，且 $i = 1, \cdots, N$）。

曲线 3 和曲线 4 表征了一个区域的边界，在这个区域中观察到失效测试的百分比与电源电压差值 $\Delta U_{max}^i = (U_{c1}^i - U_{c2}^i)$ 之间存在对应关系，式中 U_{c1}^i 是在测试序列 i 下读取的信息与参考值发生第一次失配（即第一次测试出失效）的电压值，即第一个电压值；U_{c2}^i 是在所给的测试序列 n 下读取的信息与参考值发生失配的电压值，即第二个电压值。曲线 3 和曲线 4 能够通过对相同的 y 轴的曲线 1 和曲线 2 的图形化标绘（Graphical Plotting）获得。

曲线 3 表征了在长期的可靠性测试（通常是 125℃ 下、1000 小时）中，LSI 电路失效的数量（m）与上面确定的电压差 $U_{c1} - U_{c2}$ 的绝对值之间的关系。

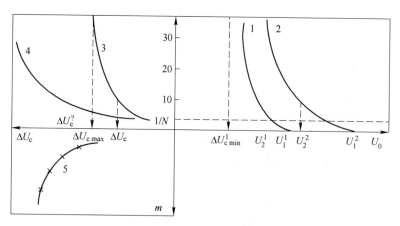

图 9-13　长时间测试下，电源电压（U_c）、测试序列数（N）和
LSI 电路失效数（m）之间的图形对应关系

为了解释图 9-13 中，从边界曲线 1 和 2 到边界曲线 3 和 4 的图形转换，我们已经介绍了中期阶段预设（$\gamma = 10\%$）的失效试验数量的设计。U_{c1} 和 U_{c2} 是微电路测试发生第一次失效时的第一个电源电压值，且设 U_{c1} 为该研究样本电压的最小值，U_{c2} 为最大值。同样 U_1^1 和 U_2^1 是第二个电源电压值，在电压值是预定试验次数 $\gamma = 10\%$、N 处读取的信息与参考值发生失配时的电压值，且设 U_1^1 为该被研究样本电压的最小值，U_2^1 为最大值。曲线

3 上的 ΔU_c^1 点通过分别减去 U_1^1 和 U_1^2 以及 U_1^1 和 $\Delta U_c^2 = U_1^2 - U_2^2$ 获得。

曲线 3 和曲线 4 上的 ΔU_c^1 值和 ΔU_c^2 值描述了第一和第二电源电压差值的数值边界，预设以失效测试 $\gamma = 10\%$ 为基础设置 LSI 电路控制测试（Control Test）的总数。

对曲线 5 的变化分析显示，第一次失效（不可靠的）的芯片已经出现在当第一电源电压和第二电源电压的差值的绝对值超过 ΔU_{cmax} 时；然后发生失效的 LSI 电路数量随着 ΔU_c 的数值增加而出现陡增。因此，ΔU_c 的数值可以被选作剔除不可靠 LSI 电路的一条准则。ΔU_{cmax} 数值的具体选择是根据经验确定的（建议每年至少一次），并且取决于 LSI 电路基本类型（CMOS I^2L、TTL、ECL、STTL）、供应商和客户可接受的风险值、制造条件、集成度以及经济因素。

曲线 3、4 和直线 ΔU_{cmax}（虚线）所限制的区域表示低失效概率的可靠 LSI 电路。如果收紧对 ΔU_c 数值的要求，则可以大大减少所述方法中选择的测试次数 n，从而提高剔除不可靠的 LSI 电路的程序有效性，并降低其价格。

如图 9-13 所示，从理论上讲，LSI 电路仍保持工作的最小电源电压（我们指的是在正常温度条件下）为 ΔU_{cmin}^1。因此，ΔU_{cmin}^1 的数值对于 TTL 电路大约是 2.8V、对于 I^2L 电路大约是 0.8V、对于低阈值 CMDS LSI 电路大约是 1.2V、对高阈值 CMDS LSI 电路大约是 2.0V 等。然而在实际中，正如上文提到的，由于在 LSI 芯片中的单元及其结构的电物理特性和技术参数存在不可避免的散差，因此这个值通常要高得多。众所周知，对于中等集成度的 LSI 电路，U_{cmin} 值在 3.1~3.2V 的范围内。在图 9-13 中，我们可以看到以最小 ΔU_c 值为特征的曲线 1 十分近似理想的 U_{cmin}。

通过双极 LSI 电路的例子可以很容易说明所提出的筛选方法的有效性。众所周知，降低双极（I^2L、TTL 和 STTL）LSI 电路质量和可靠性的主要缺陷类型是局部缺陷。该缺陷会导致各种电路元器件和单元之间的泄漏电流。例如，衬底-双极晶体管基极耦合 5kΩ 标称泄漏电阻只能在 $T = -60$℃时检测，在更高温度时则不可检测[11]。而等效电阻大于 5kΩ 的泄漏电流不能通过温度测试检测到。在长时间运行以及发生物理和化学变化的过程中，泄漏电流的数值可能会变化，并造成灾难性的失效。

随着电源电压的降低，双极晶体管的放大特性对泄漏电流的敏感性急剧增加，异常晶体管（有泄漏电流的）将首先失效。这些失效表明他们将是测量到的第一个失效电压 U_{c1}。其他没有缺陷的晶体管将继续工作至 U_c 并降低至 U_{c2}，此时由于到达最小理论边界 U_{cmin}，所以又开始出现失效。如果不存在有缺陷的单元，U_{c1} 和 U_{c2} 的差值将为最小。

该方法在大量 STTL 和 CMOS 型微电路样品（100 片）上进行了验证。在该情况下，当对在基本工艺下生产的连续三个批次的且通过标准可靠性测试的 100 片 1533IP4 微电路进行输出监测时，有 16 个微电路被剔除。对失效的微电路开展分析并确定了失效原因，即微电路内部存在（隐藏的）缺陷。

与此同时，作者对 100 个相同类型的微电路中的三个样品进行了测试，这些集成电路实际上已经提前通过了前面提到的电源电压降低的筛选测试方法（$U_{min}^1 = 2.85$V、$N = 20$个测试序列）。而当用这种方法进行测试时，有 12 个微电路被淘汰。在所有的微电路样品完成标准测试周期后（包括特别标注的 12 个不合格微电路），有 18 个微电路经标准测量方法被认定为不合格。在这些微电路中，有 12 个失效的微电路被提前标记，这证实了该方法对于 STTL 集成电路失效判断的有效性。

针对 1554 系列逻辑 CMOS 微电路开展的试验也获得了类似的结果[11]。

因此，与已知的方法相比，所开发的这套微电路剔除方法，可以显著提高对不可靠电路的剔除精度。

参 考 文 献

[1] Belous Λ I, Ovchinnicov V I, Turtsevich A S. Features of Microwave Devices Design for Spacecrafts [R]. Ministry of Education of the Republic of Belarus, Gomel University of Francysk Skoryna, Gomel, 2015.

[2] Gnedenko B V, Belyaev I K, Soloviev A D. Mathematical Methods in Reliability Theory [M]. Moscow: Nauka, 1965.

[3] Gavrikov A I. Evaluation of Parameters for IC Reliability Models [J]. ElektronnayaTekhnika. Ser. Microelectronics, 1984 (107): 49 - 52.

[4] Gavrikov A I, Katerinich I I, Babenko E N. On the Construction of a Model for MIS LSI Reliability Assessment [J]. ElektronnayaTekhnika. Ser. Quality Management, Standardization, Metrology, Testing, 1984 (107): 10 - 12.

[5] Fitero B. Methods for Accelerated Testing of Microelectronic Elements [J]. ZarubezhnayaRadioelektronika, 1982 (11) .

[6] Korn G, Korn T. Mathematics Reference Book [M]. Moscow: Nauka, 1973.

[7] Belous A I. Method for Rejection of Unreliable I2L Microcircuits [P]: USSR Invention Certificate 158036, Intl. Cl. G 05 L3/037, application May 13, 1988.

[8] Belous A. Methods for Improvement of Microcircuits Reliability Based on Test Structures [R]. Ministry of Education of the Republic of Belarus, Gomel FrancyskSkorynaState University, 2011.

[9] Miller B S. IC Reliability Physics [M]. Moscow: Sov. Radio, 1976.

[10] Belous A I. Method for Rejection of Defective I2L Microcircuits [P]. USSR Invention Certificate 1410671, Intl. Cl. G 01 R31/28, Application September 26, 1986.

[11] Belous A I, Silin A V, Ponomarev V N. Circuitry Design of Bipolar ICs for High - Performance Data Processing Systems [M]. Minsk: Polifakt, 1998.

关 于 作 者

阿纳托利·贝卢斯（Anatoly Belous）是白俄罗斯共和国国家科学院院士、技术科学博士、教授、白俄罗斯共和国国家奖获得者、白俄罗斯共和国功勋发明家。

他 1973 年毕业于明斯克无线电技术大学电子工程专业，是70 多个航天火箭工业微电子元器件开发项目的首席设计工程师，包括能源、安加拉和质子运载火箭，撒旦（SS‑18）弹道导弹，量子系列航天器，轨道和平号空间站，暴风雪号航天飞机和国际轨道站的 Kanopus 系列地球远程扫描卫星。

他被授予苏联劳动英勇金质奖章，同时发表了 300 多篇科学论文，拥有 150 多项专利，编撰了 18 部专著和 5 部教程。他是四种科学期刊的编委，也是白俄罗斯共和国微波电子学、光子学、微电子学和纳米电子学国家专家委员会主席，还是两届国际微电子年会计划起草委员会的副主席。

多年来，他在俄罗斯、白俄罗斯、中国、印度、保加利亚、越南、波兰和乌克兰的技术大学开设了空间电子学专题讲座。他在俄罗斯宇航局的会议、研讨会和工作会议上定期发表有关空间电子学的报告。

他是这本书的主编。

维塔利·萨拉杜哈（Vitali Saladukha）是苏联境内最大的半导体制造商 Integral 控股公司（明斯克）的总经理，该公司拥有设计中心、半导体工厂和装配线。1980 年，他毕业于白俄罗斯国立大学（明斯克），获得放射物理学和电子学学士学位。目前，他拥有博士学位，是白俄罗斯共和国国家奖获得者。

他专攻微电子技术的设计开发和工业应用领域，发表了100 多篇科学论文，出版了 7 本书，编写了两本教程。他是许多涉及空间应用微电子开发的重大科学项目的科学研究经理。他在微电子领域的新技术解决方案受 50 项专利保护。他最著名的著作包括三卷本的《在硅上制造半导体元器件和集成电路的基本工艺流程》和《集成电路和半导体元器件封装技术基础》。

西亚尔·史维道（Siarhei Shvedau）是 Integral 控股公司（明斯克）设计中心的主管。1980 年毕业于明斯克无线电技术大学半导体物理专业，是白俄罗斯共和国国家奖的获得者。

他专门从事核工业和航天工业抗辐射元器件底座的设计和生产实施，是 30 多个项目的首席设计工程师，发表了 100 多篇科学论文，在抗辐射集成电路创造领域拥有 20 多项专利。